Pirmin Stekeler-Weithofer
Formen der Anschauung

Pirmin Stekeler-Weithofer

Formen der Anschauung

Eine Philosophie der Mathematik

Walter de Gruyter · Berlin · New York

♾ Gedruckt auf säurefreiem Papier,
das die US-ANSI-Norm über Haltbarkeit erfüllt.

ISBN 978-3-11-019435-7

Bibliografische Information der Deutschen Nationalbibliothek

Die Deutsche Nationalbibliothek verzeichnet diese Publikation in der Deutschen Nationalbibliografie; detaillierte bibliografische Daten sind im Internet über http://dnb.d-nb.de abrufbar.

© Copyright 2008 by Walter de Gruyter GmbH & Co. KG, D-10785 Berlin

Dieses Werk einschließlich aller seiner Teile ist urheberrechtlich geschützt. Jede Verwertung außerhalb der engen Grenzen des Urheberrechtsgesetzes ist ohne Zustimmung des Verlages unzulässig und strafbar. Das gilt insbesondere für Vervielfältigungen, Übersetzungen, Mikroverfilmungen und die Einspeicherung und Verarbeitung in elektronischen Systemen.

Printed in Germany
Satzherstellung mit LATEX:Ptp-Berlin Protago TEX Production, www.ptp-berlin.eu
Umschlaggestaltung: Martin Zech, Bremen
Umschlagkonzept: +malsy, Willich
Druck- und buchbinderische Verarbeitung: Hubert & Co, GmbH & Co. KG, Göttingen

Vorwort

Es ist langsam Zeit für eine grundlegende Revision liebgewordener Bilder von der Philosophie. Nach einer dieser Vorstellungen ist Philosophie spekulative Erklärung von ersten und letzten Dingen. Doch es geht ihr nicht um Erklärungen, die in einem unklaren metaphysischen Sinn tiefer oder besser sein wollen, als die es sind, die wir in den Wissenschaften finden. Es geht ihr um ein besseres Verstehen unseres eigenen Tuns und Redens, gerade auch in den Wissenschaften. Das gilt seit Parmenides und Platon insbesondere für die Philosophie der Logik und Mathematik. Philosophie spricht nicht direkt, objektstufig, über Gegenstände in der Erfahrung oder jenseits der Erfahrung. Sie ist vielmehr metastufige Reflexion auf die Wissenschaften, ihre Sprach- und Schlussformen, samt der jeweiligen Methoden der Begründung von Aussagen. Noch höherstufig sind ihre kritischen Reflexionen auf die üblichen Aussagen über eine Wissenschaft, in unserem Fall die Mathematik, etwa über die Exaktheit und Formalität ihres Beweisbegriffs. Diese Reflexionen führen, wie wir sehen werden, zu einer in gewissem Sinn höheren, eben damit in gewissem Sinne das Verständnis vertiefenden, Ebene des Begründens als der des formellen mathematischen Beweisens. Das Allgemeinere erweist sich dabei auf scheinbar paradoxe Weise als das Fundamentalere.

Am Beispiel der elementaren Verfassung von Geometrie und Arithmetik werde ich entsprechend vorführen, dass eine strenge Reflexion auf die von uns durchgesetzten Formen des Argumentierens und Schließens in wissenschaftlichen Theorien nicht selbst schon ein bloß schematisches Rechnen in einer formalen Sprache sein kann. Es geht in einer solchen Reflexion vielmehr um die Einsicht, dass nicht bloß jeder praktische und empirische Wirklichkeitsbezug, sondern unsere formalen Redeweisen selbst immer durch eine ‚normale' und als solche nicht schon exakt geregelte, daher in gewissem Sinn ‚vage' Sprache vermittelt ist. Daher kann Philosophie nicht in der Form einer formalen Theorie betrieben werden. Ihre Aufgabe ist vielmehr die beschreibende Vergegenwärtigung interner Redeformen etwa von Theorien im Blick auf ihre externen Anwendungen. Es geht ihr um ein Verständnis der Theorie als Teil einer Praxis, über die Angabe ihres sinnvollen Ortes in unserer allgemeinen Lebenswelt. Dies enthält dann freilich oft eine

Kritik an Vorurteilen und populären Überzeugungen, wie sie sich aus einem bloß schematischen Umgang mit Theorien allzu leicht ergeben. In aktiver Übernahme dieser Grundeinsicht *Ludwig Wittgensteins* hat daher auch mein Lehrer *Friedrich Kambartel* immer eine entsprechende Klärung des Sitzes im Leben unserer wissenschaftlichen Rede- und Schlussformen verlangt, und zwar als notwendige Ergänzung jeder bloß formalen Sprachanalyse.

Als Ausgangspunkt für seine sinnkritische Reflexion gerade im Bezug auf die Mathematik und mathematikanaloge Theorien diente Wittgenstein die folgende Grundeinsicht, die er in kritischer Auseinandersetzung mit *Gottlob Frege* entwickelt hat und die eng verwandt ist mit einer parallelen Einsicht Kants: Solange wir mit einem Satz der Arithmetik oder dann auch der Geometrie nur formal rechnen und dabei ggf. wissen, dass er in eine Klasse der von uns *formal als wahr bewerteten Sätze* gehört, wissen wir noch nichts über den praktischen bzw. weltbezogenen Sinn der durch den Satz ausgedrückten ‚Wahrheit' (bzw. ‚Wahrheitsbedingungen' im Sinne von formalen Wahrheitswertbestimmungen). Dabei präsentieren sich Wittgensteins Überlegungen nur deswegen gelegentlich als Philosophiekritik, weil im üblichen Verständnis der Philosophie sowohl als Glaubenslehre an metaphysische Hinterwelten als auch als theoretisches Systemdenken ihr eigentlicher Sinn verfehlt wird bzw. immer wieder verloren zu gehen droht. Dabei ist Philosophie schon seit *Heraklit* und *Platon*, nicht erst seit Edmund Husserl, Martin Heidegger oder eben auch Wittgenstein, Erinnerung daran, dass jede strenge Wissenschaft eine *Rettung der Phänomene* leisten muss, wie dies *Jürgen Mittelstraß* in seinem Buch mit diesem Titel so schön dargestellt hat. Platons Lehre vom *projektiven* und zugleich *analogischen Verhältnis* zwischen reiner Idee oder Form und anschaulicher Erscheinung, der berühmten *Methexis*, dient entsprechend der Kritik an der Vorstellung, die reale Welt sei unmittelbar das, was sich in der Form einer formalen, mathematisierten, Theorie ausdrücken lässt. Ironischerweise wird bis heute unter dem Titel ‚Platonismus' der skeptische Bote Platon (und mit ihm seine geheime Lehrer Heraklit und Parmenides) für die Nachricht kritisiert. Die Nachricht besagt, dass die sich ändernde Welt der Erfahrung nicht unmittelbar durch die ewig-unbewegten Strukturen der Mathematik darstellbar ist. Zwar scheint schon Aristoteles an Platon selbst pythagoräistische Tendenzen zu kritisieren. Doch sind dessen eigene Absetzbewegungen vom Pythagoräismus weder zu übersehen, noch zu unterschätzen.

Gewissermaßen im Kontrast dazu – und doch eher als Ergänzung – verdanke ich *Arnim von Stechow* die Einsicht in die Bedeutsamkeit des Schematischen, der Syntax für die Sprache überhaupt und für die Mathematik im Besonderen. Diese Einsicht Freges, deren Ursprünge bei Aristoteles zu finden sind, darf dabei weder dogmatisch in ihrer Leistung überschätzt, noch durch eine allzu vage und allgemeine Rede von einer Praxis des Gebrauchs verstellt werden. Vielmehr sind die Analysen der Frege-Tradition, bis hin zu Noam Chomsky, Richard Montague, David Lewis oder Donald Davidson auf angemessene Weise positiv aufzuheben. Dabei sind die Differenzen zwischen mathematischer Sprache und Normalsprache anzuerkennen und damit die Probleme, die sich aus den immer bloß analogischen oder metaphorischen Projektionen mathematischer Modelle auf Sprache oder Welt ergeben. Aber die Philosophie kommt auch nicht ohne eine strenge Betrachtung der mathematischen Techniken sprachlicher Reglementierungen aus. Sie braucht, wie wir sehen werden, entsprechende Formalisierungen zur übersichtlichen Artikulation impliziter Formen unseres Redens und Handelns. Ohne zum Teil analogische Modellierungen ist eine solche Übersichtlichkeit nicht zu erhalten. Analogische Darstellungen aber setzen die Fähigkeit zu (oder das Streben nach) passenden Projektionen relevanter Formbestandteile des Modells auf das Modellierte voraus.

In ihrer Reflexion auf basale Formen von Sprache und Wissen sollte die Philosophie also formale Darstellungen angemessen gebrauchen, ohne die sich aus schematischen Regelungen ergebenden Ausdrucksbeschränkungen zu unterschätzen. Es wird hier daher weder versucht, auf Formeln zu verzichten, noch wird bloß dasjenige als Argument anerkannt, was sich schon als formaler Beweis im Rahmen einer vollformalisierten, axiomatischen Theorie darstellen lässt, wie das in einer zu einer Art Laienmathematik degenerierten Form der Philosophie und philosophischen Logik zumindest gelegentlich der Fall ist. Dieser Einschätzung entspricht, wie wir sehen werden, durchaus auch die reale Begründungspraxis der Mathematiker, die sich keineswegs auf formallogische Deduktionen aus formalen Axiomen oder Hypothesen reduzieren lassen. Ihre sonntäglichen Kommentare zu dem, was Mathematik eigentlich sei, sind dennoch leider geprägt durch die Ideologie des Exakten, genauer, der seit Aristoteles irreführenden Idee, dass ‚echte' Beweise immer nur in der Form logisch allgemeingültiger Deduktionen aus (hypothetisch) angenommenen ersten Sätzen zu führen seien.

Ohne die gleichzeitige, und, wie wir sehen werden, durchaus langwierige, Erinnerung an vormathematische Grunderfahrungen und Redeformen, gefolgt von einer schrittweisen Einführung formaler Ausdrucksweisen und dann besonders auch verschiedener Gegenstandsbereiche als Deutungsbereiche für Variablen, sind die schwierigen Verhältnisse der Konstitution weder der Arithmetik noch der mathematischen Geometrie und ihres Gebrauchs in Darstellungen von räumlichen Formen und von Bewegungsformen klar und deutlich rekonstruierbar. Es geht daher nicht um das *Dass*, es geht um das *Wie* des Gebrauchs des Formalen und Schematischen, und dabei insbesondere der Formeln und Schlusskalküle der formalen mathematischen Logik.

Das Buch ist eine Art Fortsetzung meiner 1986 bei de Gruyter erschienen *Grundprobleme der Logik* und seiner *proto- und metalogischen* Betrachtungen, auf die gelegentlich rückverwiesen wird, wo es eher um allgemeinlogische als um die hier im Vordergrund stehenden *protomathematischen* Themen geht. Es wäre nicht zustande kommen ohne die Unterstützung durch *Robert Brandom*, der mir über die Andrew-Mellon-Foundation ein Forschungssemester an der University of Pittsburgh ermöglicht hat. Ihm und *Ken Manders*, der in seinem Seminar ebenfalls die Verwendung von *lettered diagrams* im geometrischen Beweisen intensiv diskutierte, und last but not least *Vojtech Kolman, Christian Schmidt, Kristin Wojke, Doris Simon* und *Jörg Hartmann*, die wesentlich an der inhaltlichen und formalen Polierung des Textes mitgewirkt haben, sei hiermit herzlich gedankt.

Inhalt

Vorwort v

Einleitung 1
   0.1   Themen und Thesen 1
   0.2   Mathematische Redebereiche 16
   0.3   Positionen im Grundlagenstreit 20
   0.4   Materiale vs. reine Begriffe und Schlüsse 25
   0.5   Formen der Anschauung 29
   0.6   Gliederungsübersicht 40

1   Anschauung, Form und Begriff 47
   1.0   Ziel des Kapitels 47
   1.1   Zur Differenz zwischen Empirischem und Apriorischem 48
   1.2   Materialbegriffliche und andere generische Aussagen . . 53
   1.3   Kritische Reflexionen in der Wissenschaftsphilosophie . 57
   1.4   Empraktische Formen und Formen als abstrakte
         Gegenstände 63
   1.5   Wertsemantik als Grundlage formaler Schlüsse 69
   1.6   Zusammenfassung 73

2   Norm und Ideal 75
   2.0   Ziel des Kapitels 75
   2.1   Sind geometrische Aussagen analytisch? 75
   2.2   Demonstrationen und Analogien 82
   2.3   Zur ‚(Un-)Endlichkeit' von Raum und Zeit 84
   2.4   Anschauung als semantische Basis der Geometrie . . . 89
   2.5   Passungsnormen für Oberflächenformen 92
   2.6   Definitorische Gütekriterien für formstabile Quader
         und Keile 97
   2.7   Bemerkungen zur Konsistenz, Unabhängigkeit
         und Vollständigkeit der Kriterien 103

	2.8	Elementare Demonstrationen und axiomatische Deduktionen 111
	2.9	Zusammenfassung 113

3 Konstruktionen und Demonstrationen 117
   3.0 Ziel des Kapitels 117
   3.1 Grundbegriffe der ebenen Geometrie 118
   3.2 Konstruktion der Grundfiguren 126
   3.3 Grundurteile der ebenen (Proto-)Geometrie 130
   3.4 Demonstrationen grundlegender Fakten 135
   3.5 Flächenvergleiche und der Strahlensatz am Rechteck . . 143
   3.6 Der allgemeine Strahlensatz (Desargues) 152
   3.7 Zusammenfassung 156

4 Vom Konkreten zum Abstrakten: Zahlen, Formen und Punkte als mathematische Gegenstände 159
   4.0 Ziel des Kapitels 159
   4.1 Grundfragen der Abstraktionslogik 160
   4.2 Wahrheitswertsemantische Arithmetik 163
   4.3 Normierung diagrammatischer Konstruktionen 174
   4.4 Der Begriff der geometrischen Form 182
   4.5 Die Größeninvarianz geometrischer Formen 187
   4.6 Protogeometrische Festlegung elementargeometrischer Wahrheitsbedingungen 194
   4.7 Formen, Punkte und die ideale Ebene 197
   4.8 Zusammenfassung 202

5 Axiomatische, algebraische und analytische Geometrie . . . 205
   5.0 Ziel des Kapitels 205
   5.1 Die Axiome der ebenen Geometrie 209
   5.2 Die Körper der pythagoräischen und euklidischen Vektoren 214
   5.3 Räumliche Geometrie 219
   5.4 Algebraisierung und Arithmetisierung der Geometrie . . 231
   5.5 Der Fundamentalsatz der Algebra 248
   5.6 Bogenlängen und Kreisfunktionen 252
   5.7 Mengen als Gegenstände 258
   5.8 Nonstandard Axiome und Modelle 268
   5.9 Zusammenfassung 275

6	Geometrische Invariantentheorien und das Raumproblem	277
	6.0 Ziel des Kapitels	277
	6.1 Affine Abbildungen	278
	6.2 Riemannsche Mannigfaltigkeiten	283
	6.3 Die innere Geometrie von Flächen	285
	6.4 Vorstellungen nichteuklidischer Räume	291
	6.5 Zusammenfassung	294
7	Kinematik und der Begriff der Zeit	297
	7.0 Ziel des Kapitels	297
	7.1 Grundprobleme der Bewegungslehre	298
	7.2 Zeittaktgeber und Bewegungsvergleiche	303
	7.3 Gleichmäßige Bewegungen und Uhren	307
	7.4 Bewegungsformen und Zeitkontinuum	315
	7.5 Bewegte Uhren	319
	7.6 Gleichförmige Bewegung als Voraussetzung mechanischer Erklärung	323
	7.7 Zusammenfassung	326
8	Zeit und Raum in der (speziellen) Relativitätstheorie	329
	8.0 Ziel des Kapitels	329
	8.1 Die Isotropie der Lichtausbreitung	330
	8.2 Relativistische Längen- und Zeitrechnung	333
	8.3 Zeitdilatation und Zwillingsparadox	348
	8.4 Inwiefern ist der Raum dreidimensional?	356
	8.5 Zusammenfassung	369
Literatur		373
Personenindex		385
Sachindex		389

Einleitung

0.1 Themen und Thesen

Die hier vorgelegte Untersuchung zu den Grundlagen der Mathematik präsentiert eine Logik, oder Protomathematik, von Raum, Zahl und Zeit. Meine Leitfragen betreffen sprachtechnische Grundlagen der (Analytischen) Geometrie und (mengentheoretischen) Analysis, die freilich allzu oft mit Fragen nach metaphysischen oder ontologischen Meinungen vermengt bzw. verwechselt werden. Was etwa sind reine geometrische Formen? In welchem Sinne gibt es überabzählbar viele Punkte auf einer Linie? Wie verhalten sich empirisch richtige Aussagen über reale Figuren von Körpern und Bewegungen zu den idealen Wahrheiten einer rein mathematischen Geometrie? In einer Ausarbeitung von Einsichten Platons, Kants und Wittgenstein führe ich dazu vor, wie allgemeine Möglichkeiten der Formung von Dingen und Diagrammen unserer Praxis des rechnenden Beweisens zugrunde liegen.

Die Wahrheitsbedingungen der Aussagen in der (Euklidischen) Elementargeometrie werden im Rahmen der Anschauung von *benannten Diagrammen* bestimmt. Auf dieser Grundlage wird ein formallogisches Beweisen in der Geometrie erst sinnvoll. Algebraisierung, Arithmetisierung, mengentheoretische Logisierung und Axiomatisierung erweitern dann systematisch den Rede- und Beweisrahmen. Dies geschieht vor dem Hintergrund impliziter Vorentscheidungen. Es wird vorgeführt werden, wie diese die jeweiligen Darstellungstechniken prägen und wie sie sich im Verlauf der Mathematikentwicklung, etwa in der Mengenlehre Cantors und schließlich in Einsteins bzw. Minkowskis Raum-Zeit-Geometrie ergeben haben. Nicht die Arithmetik, sondern die Geometrie erweist sich dabei als die heimliche Königin der Mathematik. Das ist sie in der Form eines diagrammtheoretisch fundierten Strukturmodells, nicht in der Form eines axiomatischen Systems wie bei David Hilbert.

Geometrische Punkte sind dabei immer abstrakt und damit raumlos. Die Ausweitung des Punktbereiches, zunächst systematisch über den Fundamentalsatz der Algebra und über rekursiv definierte Cauchyfolgen, dann vage über Cantors Mengenlehre, liefert uns erwünschte Nullstellen für entsprechende stetige Funktionen.

Die uralte Pythagoräische Geometrie (ohne Kreis) erweist sich insgesamt als Theorie des Zusammenlegens von Quadern, rechtwinkligen Halbquadern oder Keilen bzw. Dreiecken, wie in einem Tangram-Spiel. In der Euklidischen Geometrie kommen Kreise hinzu, die Algebraische macht Kegelschnitte elegant behandelbar, während für jede Theorie des Raumes, in dem sich Körper bewegen, immer auch schon die Zeit mathematisiert werden muss. Daher ist der (mathematisierte) Bewegungsraum nie einfach ‚dreidimensional', anders als Paul Lorenzen bzw. Peter Janich behaupten. Aber auch im empiristischen Ansatz der Analytischen Philosophie wie bei Hans Reichenbach oder Adolf Grünbaum bleibt unklar, dass und wie Einsteins spezielle Relativitätstheorie allgemeinste Annahmen zum Verhältnis von lokalen und globalen Bewegungen in materialbegriffliche und insofern relativ apriorische Präsuppositionen des vierdimensionalen Minkowski-Modells der Raum-Zeit verwandelt.

Ich beginne meine Überlegungen zu den logischen oder prototheoretischen Grundlagen der Mathematik hier nicht, wie inzwischen üblich, mit einer Einführung in die inferentiellen Kalkülregeln der formalen Logik und in die Axiome einer Mengentheorie. Im Gegenteil, diese Art von Anfang führt in die Irre. Denn deduktive Systeme oder axiomatische ‚Theorien' sind bestenfalls Hilfsmittel, um eine Übersicht für Beweisschemata zu schaffen, die in ganzen Klassen von anderweitig schon definierten mathematischen Redebereichen jeweils zu Beweisen werden, und zwar, weil in ihnen ein formaler Wahrheitsbegriff mit gewissen Eigenschaften schon festgelegt ist. Solche Redebereiche sind die konkreten Modellstrukturen entsprechender axiomatischer Theorien. Die Axiome definieren also weder den Begriff der (mathematischen Wahrheit in einer solchen) Struktur implizit, noch den des mathematischen Beweises. Damit widerspreche ich einem tief verwurzelten Dogma sowohl in der Philosophie der Mathematik als auch im Selbstverständnis der gegenwärtigen Mathematik selbst.

Meine These richtet sich dann gleich weiter gegen eine inzwischen allgemein verbreitete Meinung. Ihr zufolge macht die formale Logik, Arithmetik und Mengenlehre den Kern der Mathematik als abstrakter und deswegen angeblich ‚unanschaulicher' (axiomatisch verfasster) ‚Strukturtheorie' aus, die als solche einer ‚anschaulichen' Geometrie in ähnlicher Weise gegenübergestellt wird wie eine ‚digitale' Repräsentation von Daten einer ‚analogen' Abbildung. Dieser Vergleich hat zwar durchaus vieles für sich. Es ist aber zu bedenken, dass es hier immer auf die *Kodierung* ankommt. Eine Antwort auf die Frage, was denn in der inzwischen an der Arithmetik ausgerichteten Sprache der Mathematik kodiert wird, erreichen wir dabei nur, wenn wir gerade *die Geometrie* und mit ihr *die Anschauung* wieder ins

Zentrum mathematischen Denkens setzen. Denn nur dann, das ist meine zweite These, können wir die Algebraisierung, Arithmetisierung und Axiomatisierung der Geometrie als einen stufenförmigen Prozess begreifen, in dem die früheren Stufen als sinngebende Voraussetzungen für die höheren zu verstehen sind. Die mengentheoretische Wende der Analytischen Geometrie und Analysis in der Mathematik am Ende des 19. Jahrhunderts ist dabei allererst als Antwort auf Probleme der arithmetisch-analytischen Darstellung geometrischer Formen systematisch verstehbar zu machen. Bloß formallogische Einführungen in die Logik und Mengenlehre greifen dabei zu kurz. Sie erkennen die Herkunft der Probleme der Mengenlehre aus Problemen der Analytischen Geometrie nicht bzw. beachten sie nicht streng genug.

Entsprechend rekonstruiere ich hier den systematischen Anfang eines anspruchsvollen mathematischen Denkens in der elementaren, ebenen Geometrie. Diese heißt *synthetisch*, soweit es ihr um die Lösung *diagrammatischer Konstruktionsaufgaben* geht. Als solche ist Geometrie zunächst, etwa bei Euklid, weder eine formale axiomatische Theorie, noch ist sie schon ‚analytische' bzw. ‚algebraische' Geometrie. Es gilt daher, die besonderen Formen des ‚Beweisens' von entsprechenden Konstruierbarkeitsaussagen anhand von realen *Diagrammen* in ihrer grundlegenden Bedeutung begreifbar zu machen. Dazu gehört dann offenbar gleich auch die Klärung der folgenden zentralen Fragen, die übrigens schon Gottfried Wilhelm Leibniz explizit gestellt hat: Wie können wir beurteilen, ob ein Diagramm hinreichend gut ist, so dass sich an ihm eine geometrische Aussage allgemein oder ‚generisch' als wahr demonstrieren lässt, so also, dass uns die Anschauung des Bildes nicht etwa irreführt? Und wie verhält sich überhaupt das ‚Beweisen' von geometrischen Sätzen (etwa mit Hilfe von Diagrammen) zur *definitorischen Festlegung* eines *formalen Wahrheitswertes für solche Sätze?* Denn eine solche Festlegung muss für das Beweisen schon vorausgesetzt werden, wenn man das Beweisen einer Wahrheit nicht auf das bloße Ableiten einer Formel reduziert, was man, wie zu zeigen sein wird, ohnehin nicht tun sollte.

Die Frage nach der definitorischen Bestimmung der Wahrheitsbedingungen (qua Festlegung von Wahrheitswerten) für Sätze einer zunächst rein syntaktischen bestimmten Form wird bisher in allen Ansätzen zur Philosophie der Mathematik unterschätzt. Das zeigt sich daran, dass es auf sie bisher im wesentlichen nur die folgenden Antworttypen gibt, die beide unzureichend sind: Die erste Antwort nimmt an, dass wir mathematische Prinzipien oder Axiome auf der Basis einer gewissen *Intuition* unmittelbar ‚einsehen'. Noch Edmund Husserl und mit ihm Oskar Becker verteidigen im

Grunde diesen Zugang zur Mathematik. Es gelingt diesem Ansatz nicht, das problematische ‚psychologische' Element aus dem Begriff des ‚intuitiven Einsehens' und damit aus ihrem ‚phänomenologischen' Zugang angemessen auszuschließen. Denn in der Rede von der ‚Intuition' verbirgt sich eine vage *Mischung zwischen realer Anschauung und subjektiver Vorstellung*. Am Ende erhalten wir statt einer befriedigenden Antwort eine Verwirrung des Begriffes der Anschauung, lateinisch: *‚intuitio'*, wie sie im Ausgang von den Kommentaren zur Geometrie schon seit der Antike in unseren europäischen Sprachen so allgemein geworden ist, dass man die entsprechenden Wörter fast nicht mehr gebrauchen kann.

Wir werden sehen, dass und warum ein entsprechend kritischer Kommentar auch noch für die neueren und wesentlich verbesserten Ansätze dieser phänomenologischen Tradition zutreffen, nämlich für die Varianten einer ‚konstruktiven' Geometrie bei Paul Lorenzen und Peter Janich. Bei diesen Autoren sollen nämlich *Postulate* der Formung von Körpern oder *technische Normen* für funktionstüchtige Geräte in einer Praxis der Längen- und Zeitmessung die Urteile über (reine) Intuitionen ersetzen. Die Probleme dieses Ansatzes bestehen, vorab gesagt, darin, dass es immer auch ein illusorisches, utopisches, *unausführbares Sollen* geben kann, dass man außerdem auf die Kontrolle *der Erfüllung von Sollensnormen in der realen Anschauung* nicht verzichten kann. Es ist insbesondere zu klären, wie wir zwischen einer *bloß vorgestellten*, möglicherweise völlig kontrafaktischen, *Erfüllung* solcher Normen und einer *vernünftigen Extrapolation realer Möglichkeiten des formenden Handelns* unterscheiden können.

Die genannten Probleme zeigen, warum wir versucht sind, sowohl alle ‚Intuitionen' als auch alle vermeintlich oder wirklich willkürlichen ‚Sollensnormen' aus den Wahrheitsbestimmungen der geometrischen Sätze herauszuhalten. Daher erscheint das Programm attraktiv, die geometrischen Theoreme rein ‚hypothetisch-deduktiv' durch eine mehr oder weniger konventionelle Festlegung von ersten Sätzen oder Axiomen über ‚logisch allgemein gültige' Schlussregeln zu ‚definieren'. Diese heute übliche Position vertreten lange vor David Hilbert schon Leibniz und Spinoza. Sie führt dazu, dass das diagrammatische und anschauliche Begründen aus dem Bereich ‚echter' Mathematik und ihren ‚exakten' Beweisen überhaupt verbannt wird. Dafür bleibt die Frage ungeklärt, welche Axiome zu wählen sind und was die formalen Herleitungen eines Satzes aus einer Liste von Axiomen mit der Frage zu tun hat, ob der Satz eine sinnvolle Wahrheit ausdrückt, etwa über real erfahrbare räumliche Verhältnisse in der Welt. Es wird im Folgenden noch genauer erläutert werden, warum das axiomatische Verfahren generell unbefriedigend bleibt. Zur Übersicht lässt sich aber schon

0.1. Themen und Thesen

jetzt sagen: Wenn wir bei der Begründung der Axiome einen Rückgriff auf intuitive Einsichten oder auf Normen (und damit einen impliziten Rückfall auf die eben als problematisch erkannten Positionen) vermeiden wollen, scheint es nur noch die Positionen des *Konventionalismus* und des *Empirismus* bzw. diverse pragmatische Mischungen zu geben.

Konventionalistisch (und pragmatistisch) ist zum Beispiel das Urteil, nach welchem die Axiome eine abstrakte, hoffentlich deduktiv konsistente Theorie ‚implizit definieren', wie man sagt, die sich in der Darstellung räumlicher Verhältnisse irgendwie als nützlich erweist. Empiristisch (und ebenfalls in der Regel pragmatistisch) ist das Urteil, dass sich die Axiome oder Theoreme einer axiomatischen Geometrie irgendwie empirisch, durch Beobachtung und Experiment, begründen oder widerlegen lassen. Für jetzt reicht es zu sehen, dass sich beide Positionen durch eine kaum überbietbare Vagheit im Blick auf das Verhältnis zwischen einem theorieinternen Beweis eines geometrischen Satzes und der externen Deutung des Satzes auszeichnen. Die Probleme, welche in den phänomenologischen und normativen Ansätzen, die hier (wie üblich) zur Übersicht unter das gemeinsame Label *‚Intuitionismus'* gestellt sind, wenigstens noch explizit machen, werden damit aber nur verdeckt oder verschoben. In jedem Fall stellen sich die Bedingungen der sinnvollen Möglichkeit eines Denkens und Schließens ‚*more geometrico'* in Spinozas Verständnis eines Deduzierens von Sätzen aus ersten Sätzen gemäß logisch allgemeingültigen Deduktionsregeln als sprachtheoretisch wesentlich komplexer dar, als sich dies all diejenigen vorstellen, welche Axiome als rein konventionelle Setzungen oder implizite Definitionen von Theorien auffassen oder gar als unmittelbare Wahrheiten über die Welt.

Zunächst ist dazu, das ist meine dritte These, das Verhältnis unserer vor- oder proto-theoretischen Erfahrungen und Reden, welche sich auf in der Anschauung reproduzierbare Gestalten von Körpern beziehen, zu einer Festlegung von formal als wahr bewerteten Sätzen über ‚reine', als solche ort- und zeitlose, geometrische Formen zu analysieren. Die ‚reinen' Formen sind abstrakte Gegenstände in einem schon mathematisierten Redebereich. Es gibt also (reine) geometrische Formen, weil – und nur weil – es für sie Namen in formal als wahr bewerteten Konstruierbarkeitsaussagen (zunächst der ebenen Geometrie) gibt. Diese Aussagen haben ein Janusgesicht. Aus der einen Richtung betrachtet, sagen sie etwas dazu, was zu tun ‚möglich' ist. Und sie werden gerade dadurch als wahr erwiesen, dass man diese Möglichkeit in einer Realisierung demonstriert. Diese Richtung vermittelt den Weltbezug der mathematischen Geometrie. Von der anderen Seite gesehen, konstituieren die als wahr bewerteten geometrischen Sätze, in denen Terme vorkommen, die sich als Namen oder Kennzeichnungen von Formen deuten lassen, den Bereich der reinen geometrischen Formen.

Es ist dabei das unendliche System der syntaktisch und rekursiv bildbaren Sätze und Namen, welches zu den die Mathematik charakterisierenden Unendlichkeiten führt. Radikal formuliert: Nur in der Mathematik und über die rekursiven Definitionen mathematischer Ausdrücke gibt es Unendlichkeiten. Diese anspruchsvolle These ist sicher nicht leicht einzusehen. Und doch ist sie schon eine der zentralen Einsichten Kants, der ja bekanntlich jede aktuale Unendlichkeit ablehnt. In gewisser Weise wird diese These auch von David Hilbert (etwa in dem Aufsatz ‚*Über das Unendliche*') und von allen ‚nominalistischen' Gegnern eines mathematischen Hinterweltenplatonismus wieder aufgegriffen. Um sie voll zu verstehen, bedarf es nun aber einer hinreichend klaren Unterscheidung der logisch wohlkonstituierten und eben damit mathematischen Begriffe des Unendlichen von der vagen ‚empirischen' Rede über sehr Vieles, über unausmessbar Großes oder über unermesslich Kleines. Wir benötigen dazu auch schon die praktische Beherrschung der offenbar schwierigen Differenzierung zwischen formell wohldefinierten unendlichen Folgen und einem vagen Hinweis auf ein ‚Und-So-Weiter'. Während sich im ‚empirischen' zweiten Fall das ‚so' bloß vage auf Beispiele bezieht, bezieht man sich im ersten Fall auf eine schon allgemein als beherrscht unterstellte Form oder Norm.

Einer langen Tradition zufolge ist der Raum dreidimensional. Peter Janich hat in diversen Texten, die in der Literaturliste aufgeführt sind, diese These verteidigt. Hier wird dieser These widersprochen, und zwar indem klargestellt wird, dass die zwei- und drei-dimensionalen mathematischen Punkträume der synthetischen Geometrie auf keinen Fall mit einem empirischen Stellenraum zu identifizieren sind. Der Fehler dieser Identifikation findet sich freilich nicht etwa nur in der Protophysik Lorenzens oder Janichs. Er findet sich insbesondere auch dort, wo man meint, es gäbe in der realen Welt und nicht etwa nur in unseren mathematischen Redebereichen überabzählbar viele Stellen oder Punkte. Zunächst werde ich dazu zeigen, in welchem Sinn die Geraden, Punkte und Ebenen der synthetischen Geometrie ort- und zeitlos sind. Obwohl das die Griechen schon gewusst haben, wird es immer wieder vergessen. Hier wird gezeigt, warum das so ist: In speziell formalisierten Formbenennungen der ebenen Geometrie kommen nämlich, wie wir sehen werden, *je bloß endlich* viele abstrakte Namen von Linien und Linienschnittpunkten vor. Diese Formen sind auf vielfältige Weise repräsentierbar. Sie lassen sich beliebig herstellen. Eben daher sind sie *zeit-* und *ortlos*. Die idealen Linien und Punkte der Geometrie sind also zunächst immer bloß Bestandteile in solchen endlichen Formen.

0.1. Themen und Thesen

In einem nächsten Schritt lässt sich einsehen, dass wir *je zwei* geometrische Formen zu einer *gemeinsamen Form* zusammenfügen können. Damit lassen sich die zunächst *formabhängigen* Punkte und Linien in (je zwei) verschiedenen Formen mit einander identifizieren und zwar am Ende so, dass ein abstraktes Gesamtsystem von *unendlich vielen Punkten und Linien* entsteht: *die zweidimensionale mathematische (Euklidische) Ebene* bzw. *der dreidimensionale mathematische (Euklidische) Punktraum*. Das ist meine vierte These. Sie macht klar, inwiefern die *unendlich vielen Punkte* der (ebenen) mathematischen Geometrie *keine Stellen im realen empirischen Raum sind*. Die Meinung, man könne nach Wahl eines Koordinatensystems mit Einheitslänge die Stellen im Raum doch mit den dreidimensionalen mathematischen Punkten identifizieren, bewegt sich dagegen in bloßen Vorstellungen oder ‚Intuitionen' (Meinungen), in Verkennung der Tatsache, dass die empirische Rede von *Stellen* so vage ist, dass das noch nicht einmal einen klaren Sinn hat. Es gibt unendlich viele Punkte, weil es unendlich viele Formen gibt.

Die Formalisierung der mathematischen Sprache und des schematischen Schließens bzw. Rechnens mit Benennungen von *konstruierbaren Punkten* in der *mathematischen Ebene* führt dann fast unmittelbar zu *algebraischen Rede- bzw. Zahlenbereichen*. Diese sind als solche zunächst *rein geometrisch konstituiert*, nämlich im Ausgang einer Grundkonstruktion, in welcher eine *x*-Achse, *y*-Achse und eine (beliebig wählbare) Längeneinheit festgelegt werden Und das heißt, das ist meine fünfte These, dass die ‚algebraischen' Operationen der Addition, Subtraktion, Multiplikation und Division von *Längen* bzw. dann auch von *Punkten der Ebene* direkt gewissen geometrischen Konstruktionen entsprechen. (Die Punkte der *x*-Achse korrespondieren dabei gerichteten Längen). Mit der Erinnerung an diese Selbstverständlichkeit verstehen wir auch erst, warum seit der Antike bis ins 19. Jahrhundert gerade nicht die Arithmetik, sondern die Geometrie die geheime Grundlagenwissenschaft der Mathematik gewesen ist, in der die Zahlen selbst als Verhältnisse geometrischer Größen in Formen, etwa als Längen bzw. Streckenproportionen, definiert waren. Erst durch *ihre Krönung in Cantors Mengenlehre* ist *die Arithmetik zu Königin der Mathematik geworden*. Weil in der üblichen Mathematikgeschichtsschreibung die formale *Axiomatik* überschätzt wird, gibt es kaum ein Verständnis für Ansätze, welche das mathematische Denken nicht auf das formallogische Deduzieren aus mehr oder weniger willkürlich gesetzten Axiomen verengen.

Indem die konstruierbaren Punkte der Ebene bzw. der *x*-Achse direkt zu einem *algebraischen Körper* (engl.: *field*) werden, kann man Konstruierbarkeitsaussagen durch Rechnungen beweisen und Konstruktionen durch das

Lösen von algebraischen Gleichungen ersetzen. Das klärt den engen Zusammenhang der Geometrie und der (zunächst linearen) Algebra. Als logische Voraussetzung für die zugehörige ‚Streckenrechnung', wie sie auch bei David Hilbert, dort allerdings ‚axiomatisch', also nicht rein geometrisch, begründet wird, das ist meine sechste These, brauchen wir eine genuin geometrische Definition für Wahrheitswerte der entsprechenden Gleichungen, und zwar auf der Grundlage von realen Konstruierbarkeitsaussagen. Diese werden zunächst diagrammatisch in der Anschauung als wahr aufgewiesen, und nicht etwa schon aus ersten Sätzen deduktiv ‚bewiesen', wie (scheinbar noch) in Hilberts axiomatischen Grundlagen der Geometrie (1899).

Formale Deduktionen von Sätzen sind keineswegs die einzigen ‚strengen' Beweise. Um das zu sehen, ist der sprachtheoretische Übergang von einer noch vagen Rede über gestaltete Körper zu einer exakten Rede über reine geometrische Formen zu begreifen. Es ist dazu das allgemeine Verhältnis zwischen *Anschauung und Begriff* zu klären bzw. das besondere Verhältnis zwischen *Diagrammen*, ihrer normalsprachlichen Beschreibung und einer *formalsprachlichen Reglementierung* der Satzbildung, welche allererst zu ‚reinen Formen' und zur Möglichkeit des formalen Beweisens führt. Die Geometrie wird damit zu einem allgemeinen Lehrstück für das Verhältnis zwischen besonderer und allgemeiner Erfahrung bzw. zwischen empirischer Deskription und einem schon generisch verfassten Denken. In ihr lässt sich nämlich in den notorisch vagen und vermischten Reden von ‚Vorstellungen' und ‚Ideen' relativ streng zwischen einer im praktischen Umgang mit Körpern fundierten *Anschauung* und sprachlichen bzw. ‚theoretischen' *Inferenzformen* unterscheiden, obgleich im realen Gebrauch der Sprache diese beiden Momente immer schon eng ineinander verflochten sind.

Meine systematische Rekonstruktion der gedanklichen Entwicklung der logischen Grundlagen der Mathematik beginnt mit einer Skizze unseres realen Umgangs mit Diagrammen auf einer ebenen Fläche und zuvor sogar mit einer etwas langwierigen Überlegung zu den erwarteten Eigenschaften einer solchen Fläche und daher mit Körperformen wie Quadern. Das ist sicher ungewohnt. Aber es geht hier nicht darum, schnell mit dem mathematischen Denken zu beginnen oder fertig zu werden. Es geht darum zu zeigen, welche faktischen Voraussetzungen, welche nichtsprachlichen Demonstrationen und sprachlogischen Techniken bei der Konstitution mathematischer Redeformen (Aussagen, Urteile) und Beweise eine Rolle spielen. Die Konstitution der Gegenstands- oder Variablenbereiche für die Quantoren ‚es gibt ein x' bzw. ‚für alle x' werden dabei eine zentrale Rolle spielen. Die Bedingung der Möglichkeit quantorenlogischer Schlüsse liegt nämlich in der Bestimmung des Gegenstandsbereiches. Das ist eine allgemeinlogische Einsicht, die übrigens schon für Kants Klärung der Bedingung der Möglichkeit propositional gefasster Erfahrung zentral ist.

Die Betrachtung der holistischen Quadereigenschaften im zweiten Kapitel ist nun insbesondere deswegen nötig, weil diese als Postulate bei der Kontrolle herangezogen werden, ob ein Diagramm gut genug ist, um eine geometrische Aussage in der Anschauung zu beweisen und damit in dem hier gemeinten Sinn zu ‚demonstrieren'. Erst dadurch werden Diagramme auch zu ‚symbolischen' Repräsentationen abstrakter oder idealer geometrischer Formen, in denen es ideale Punkte und ideale Linien gibt, über welche wir in der idealen Geometrie sprechen.

In einem nächsten Schritt werden dann die primären Gegenstände der Algebra als Linienschnitte rekonstruiert, wobei verschiedene Klassen von Polynomen über ihre ‚Nullstellen' zu diversen Punkte-Körpern der Ebene oder der Linie (zunächst der x-Achse) führen.

Erst gegen Ende des 19. Jahrhundert skizzieren Karl Weierstraß und besonders Richard Dedekind das Projekt der *Arithmetisierung* der Geometrie, zunächst der Zahlgeraden (der x-Achse) und dann auch der Ebene, und zwar so, dass kontinuierliche Linien bzw. Flächen mit einer ‚Mannigfaltigkeit' bzw. Menge von *Punkten* identifzierbar werden. Im Grunde gibt es erst seither einen logisch wenigstens in Umrissen geklärten Begriff der *reellen Zahl*. Vor Dedekind sind diese so genannten Zahlen zunächst bloß vage als *geometrische Längenverhältnisse*, also als *Proportionen* bestimmt, wobei, wie schon kurz erwähnt, zu den elementar konstruierbaren Längenproportionen zunächst die ‚algebraischen' Wurzeln und damit die Schnittpunkte von Polynomen mit der x-Achse hinzukommen, dann aber auch andere auf der Zahlgeraden effektiv lokalisierbare bzw. approximierbare ‚Punkte'. Doch auch diese reichen, wie ich zeigen werde, nicht aus.

Dedekinds Projekt der Arithmetisierung der Geometrie und damit der Mathematik wird erst mit Georg Cantors Mengenlehre abgeschlossen. Das ist so, weil man Linien und Flächen nur dann sinnvoll als Punktmengen auffassen kann, wenn man den Begriff der Menge von Punkten, genauer die implizite Vorstellung, wie ein solcher Bereich von Punkten zu definieren ist, gegenüber der Tradition neu fasst. Dabei werden die Grenzen jeder rein logischen bzw. algebraischen Gegenstandskonstitution überschritten, und zwar dadurch, dass nur noch ganz vage Bedingungen angegeben werden, was alles als Mengenbenennung zugelassen ist. Als eine Art Folgekosten dieser die Logik und Algebra transzendierenden Liberalisierung des Mengenbegriffs ersetzt jetzt eine *neue* kategoriale Differenz zwischen ‚abzählbaren' und ‚überabzählbarer' Punktmengen die *alte* kategoriale Differenz zwischen Linien und Punkten (als Linienschnitten) bzw. zwischen Flächen und Linien (als Flächenschnitten).

Während also die klassische Geometrie und Algebra, wenn man ihre implizite Form explizit macht, im Grunde nur ‚abzählbare' Systeme von Punkten kennen konnte, führen erst Dedekinds und Cantors *mengentheoretische* Definitionen der reellen Zahlen zu der uns heute bekannten abstrakten Analysis. Diese Definitionsvorschläge sind, das ist meine siebte These, durch ein genuin mathematisches Problem motiviert, das sich so skizzieren lässt: Man will erreichen, dass der Punktbereich der mathematischen (Euklidischen) Ebene so umfangreich ist, dass es zu jeder sinnvoll definierbaren stetigen Kurve mit Werten oberhalb und unterhalb der x-Achse einen Schnittpunkt mit der x-Achse gibt, dass also der *Zwischenwertsatz für stetige Funktionen formal wahr* wird.

Rein algebraische und formallogische Überlegungen tendieren zu einer Unterschätzung der Bedeutung des Problems, den Zwischenwertsatz wahr zu machen. Dabei ist er das zentrale Motiv für die Reform der Analysis durch Dedekind und Cantor in Fortsetzung von wichtigen Vorüberlegungen bei Bernard Bolzano und Karl Weierstraß. Andererseits bedarf es der Reflexion auf die *formallogischen* Wahrheitswertfestlegungen und allgemein gültigen Deduktionsformen. Denn nur dann ergibt sich ein klares Verständnis des *axiomatischen Denkens und deduktiven Beweisens*. Das gilt sowohl im Blick auf die Arithmetik (Frege 1879 und 1893–1903, Guiseppe Peano ab 1889), als auch auf die Geometrie (Hilbert 1899). Aber sogar noch Freges ‚logizistischer' Versuch einer Formulierung der *Grundgesetze der Arithmetik* bleibt unzureichend. Er wäre das selbst dann, wenn er sich nicht schon aufgrund der Russellschen Antinomie als formal widersprüchlich erwiesen hätte. Denn die am syntaktischen Aufbau der Formeln und Sätze orientierten Definitionsschemata Freges erlauben keineswegs eine volle Analyse der Mengenlehre, wie man sie für die Analysis braucht. Die bei Frege definierbaren Mengen oder Wertverläufe von Funktionen oder Relationen verlassen den Bereich des Abzählbaren nämlich eigentlich gar nicht. Der *Logizismus* Freges würde daher in jedem Fall zu einer Art *Revision* der Cantorschen Reform der Analysis führen.

Es ist schon daher kein Wunder, dass der späte Frege einen neuen Ansatz erwägt. Er möchte jetzt die Zahlbegriffe im Ausgang von der Geometrie rekonstruieren. Dabei kommt er aber nicht sehr weit, aus Gründen, die hier nicht näher ausgeführt werden können. Wenn man so will, wird hier aber Freges Idee aufgegriffen und wirklich durchgeführt. Man sieht dann auch, dass man dazu extern über die Definitionen der formalen Redebereiche und ihre formalen Wahrheitsbegriffe sprechen, diese jeweils praktisch erläutern muss. Das Reden und Schließen in einer formal schon reglementierten Sprache reicht dazu nicht aus. Freges Ansatz ist dagegen durchgängig geprägt durch die Forderung nach formaler Exaktheit. Motiviert ist sie durch eine Kritik an jedem vagen Platonismus, wie er besonders Cantors Selbstkommentare charakterisiert. ‚Platonismus' ist dabei einfach Titel für den Mangel einer zureichenden Analyse der formalen Konstitution der Gegenstände eines Redebereichs.

Allerdings besteht für die Kritik an dem innermathematischen Platonismus immer auch die Gefahr, dass man das Kind mit dem Bade ausschüttet. Um das zu vermeiden, bedarf es einer präzisen Differenzierung zwischen einem wirklichen und einem bloß vermeintlichen Pythagoräismus bzw. einer rationalen Rekonstruktion der haltbaren Lehrstücke bei Dedekind, Cantor und des (angeblich) sogar noch bei Frege zu findenden Platonismus. Denn nur dann lässt sich beurteilen, ob sich aus der Kritik an missverstehbaren Formulierungen eine Rechtfertigung für *revisionistische Neufundierungen* der Mathematik ergibt, wie sie gerade auch der (mengentheoretische) *Axiomatizismus* und die so genannten ‚Strukturtheorien' nach Hilbert darstellen, nicht anders als die Gegenpositionen des *Konstruktivismus* und *Intuitionismus*, welche in der Nachfolge L. Kroneckers bzw. L.E.J. Brouwers im Grunde an der Tradition festhalten und Dedekinds und Cantors Identifikation von Kontinua mit Punktmengen rückgängig machen (wollen). Brouwer will, sozusagen, weiterhin kategorial unterscheiden zwischen den immer bloß abzählbaren Systemen von durch berechenbare Approximationsschemata wohldefinierten Punkten und einem Kontinuum, in dem er seine so genannten freien Wahlfolgen situiert.

Es geht mir hier aber nicht nur um die Rekonstruktion einer *Gründegeschichte* dieser Entwicklungen und um Beurteilungen von Positionen im Grundlagenstreit der Mathematik des letzten Jahrhunderts. Vielmehr möchte ich die *Prinzipien* aufzeigen, welche im Ausgang von einem Operieren mit Dingen, Bildern und Diagrammen auf der einen Seite, mit Symbolen, Wörtern, Buchstaben und Zahlzeichen auf der anderen Seite in systematischer Weise die Konstitution mathematischer Rede- und Gegenstandsbereichen bestimmen. Die logisch grundlegenden Prinzipien sind dabei von Axiomen als den ersten Sätzen oder Formeln in vollformalen Deduktionen zu unterscheiden. Denn die Prinzipien sagen, wie die Gegenstandsbereiche verfasst sein müssen, damit in ihnen Axiome und Theoreme als wahre Sätze sinnvoll deutbar sind. Die durch sie charakterisierten Bereiche definieren allererst, was es heißt, die Variablen und Quantoren einer formallogischen oder mathematischen Theorie zu interpretieren. Nur in ihnen verwandeln sich bloße Formeln in wahre oder falsche Sätze.

Die definitorische Bestimmung eines solchen *mathematischen Redebereiches* besteht in der *erläuternden Definition* der Sätze bzw. Aussagen, in denen Namen bzw. Benennungen des Redebereiches vorkommen oder dann auch durch Variable vertreten werden, und in einer Zweiteilung dieser Sätze oder Aussagen in eine nicht leere Klasse der ‚wahren' und eine dazu disjunkte nicht leere Klasse der ‚falschen', und zwar durch Festlegung entsprechender formaler Kriterien. Diese Kriterien liefern uns nur manchmal, nicht immer, ein *Verfahren* zur Entscheidung, welcher der zwei ‚Wahrheitswerte' einem gegebenen Satz zugeordnet ist. Wohl aber sollte es immer eine allgemeine *Begründung* dafür geben, dass für jede im Bereich (also strukturintern) sinnvollen Aussage genau ein Wahrheitswert zugeordnet ist.

Es gibt dabei ein logisches Primat der Namen vor den Gegenständen. Und es gibt ein Primat der Sätze vor ihren Inhalten. Das klingt zunächst paradox oder gar falsch. Denn Namen benennen immer nur, so ist man geneigt zu sagen, was es schon gibt. Alles andere erscheint als eine Art (linguistischer) ‚Idealismus', wie man zu sagen pflegt. Insbesondere für formale Gegenstandsbereiche, wie wir sie in der Analysis und Mengenlehre betrachten, scheint die These obendrein unangemessen zu sein. Denn hier gibt es bekanntlich nicht schon für jeden Gegenstand der Rede einen Namen in einem syntaktisch fixieren System der Namensbildung. Das ergibt sich aus Cantors Überabzählbarkeitsargument. Dieses werden wir später noch etwas genauer betrachten. Für jetzt ist nur wichtig, dass auch dann noch die Gegenstände des mathematischen Denkens, die Mengen und die extensional, d. h. als Mengen von so genannten n-Tupeln, aufgefassten Relationen und Funktionen immer nur dadurch bestimmt sind, dass erläutert wird, was eine mögliche Belegung einer Mengenvariable durch eine Art *freie*, d. h. nicht an ein rein syntaktisch definiertes Namensystem gebundene, *Benennung* sein könnte. Dadurch (und nur dadurch) wird die Quantifikation über reelle Zahlen nicht mehr rein *namensubstitutionell* deutbar. Aber sie bleibt *benennungssubstitutionell*. D. h., wir müssen die Variablen durch Benennungen ersetzen, um sie auf einen konkret benannten Gegenstand beziehbar zu machen. Nur so lassen sich Variablen durch den Gegenstand, wie man sagt, ‚belegen'. Entsprechend bezieht man sich auf *Aussagen* und nicht bloß auf eine fixierte Liste von *Sätzen*, wenn man Formeln belegt. Das wird für die Rede über ‚alle möglichen' in einem unendlichen mathematischen Gegenstandsbereiches definierbaren Mengen (oder Eigenschaften) relevant werden.

Wie immer man aber zur These vom Primat der Benennungen und Aussagen vor den Gegenständen und Wahrheiten steht, wir müssen wenigstens das folgende Problem ernst nehmen: Wahre Behauptungen über die Gegenstände eines mathematischen Bereiches und korrekte Beweise werden erst dadurch möglich, dass zuvor für die zu den Bereichen gehörigen Sätzen bzw. sinnvollen Aussagen die Wahrheitswerte *festgelegt* worden sind. Diese Festlegung geschieht immer in einer Art metastufiger *Erläuterung*. Das oben skizzierte Paradox löst sich damit auf, wenn man begreift, in welchem Sinn die Erläuterungen der relevanten Sätze und Aussagen und die ebenfalls als sprachtechnische Erläuterungen zu begreifenden Festlegungen ihrer Wahrheitswerte dem objektstufigen *Bestimmen* der je schon festgelegten Werte oder Wahrheiten etwa in einem formellen Beweis systematisch vorhergehen. Damit wird dann auch die in der Philosophie übliche Unterscheidung zwischen einer ‚ontologischen' Ebene der mathematischen Existenz und Wahrheit und einer ‚epistemischen' Ebene des mathematischen Wissens, *Begründens und Beweisens* in einem gewissen Sinn zugleich erhalten und aufgehoben.

Der Form nach geht die Idee der Aufhebung der Ebene der Ontologie in einer Logik der Verfassung von Gegenstandsbereichen auf Kant und dann auch auf Frege zurück. Beide lassen allerdings, das ist meine achte These, den sprachlogischen Unterschied zwischen *vor-* oder *protomathematischen* und schon wirklich mathematisierten Redebereichen durchaus noch im Unklaren. Sie sehen nicht, dass es geradezu das Ziel der Konstitution mathematischer Gegenstandsbereiche ist, die Prinzipien des formalen logischen Schließens in diesen Bereichen *allererst durchzusetzen*. In der Durchsetzung dieser Schlussformen in der mathematischen Rede besteht gerade die ‚Erfindung' der Mathematik mit ihren ‚formalen' Wahrheiten und Beweisen und ihren ‚reinen' Gegenständen in der griechischen Antike.

Der Einsicht in die Bedeutung dieser Tatsache steht erstens der schon von Aristoteles verbreitete Glaube entgegen, die formale Logik sei die Lehre vom *allgemein* richtigen Denken oder wenigstens ein Organon expliziter Regeln *jedes* logisch richtigen Schließens. Sie ist aber nur die Lehre vom inferentiellen Rechnen in schon wohlkonstituierten mathematischen Redebereichen (oder mit formalen Terminologien). Zweitens flüchtet man sich seit der Antike in mehr oder minder obskure Kommentare über das Verhältnis zwischen mathematischen Symbolen und ‚fingierten' oder ‚fiktiven' mathematischen Gegenständen, etwa zwischen den geometrischen Diagrammen der griechischen Mathematiker und den idealen Vorstellungsformen, die sie irgendwie repräsentieren. Dabei sollen sogar noch logisch unmögliche Diagramme irreale Möglichkeiten darstellen, und zwar in einer Art ‚*make-belief*', wie sich Reviel Netz in seiner Analyse *The Shaping of Deduction in Greek Mathematics* ausdrückt. Es ist aber ganz unklar, was das eigentlich heißt. Eine analoge Kritik betrifft im Grunde alle neueren

Untersuchungen zum Ursprung des mathematischen Denkens in der griechischen Antike. In ihnen wird zwar die Bedeutsamkeit der *Praxis* gerade im Umgang mit *benannten Diagrammen* für das Verständnis der Entwicklung der Mathematik (in einer ‚*cognitive history*', wie sich Netz ausdrückt) inzwischen weitgehend anerkannt. Es bleibt aber offen, was man durch die Betrachtung solcher Diagramme beweisen kann, und wie man das kann. Denn auch die Rede von einem ‚*make-belief*' nennt nur das Problem und unterscheidet sich daher nicht wesentlich von der traditionalen Rede von einer Einsicht in Wahrheiten, die von idealen ‚platonischen' Formen handeln, wie etwa von einem Kreis an sich oder einem Quadrat an sich. Man beantwortet die Frage nicht, was eine (reine, mathematische) geometrische Form ist oder wie mathematische Gegenstände und Wahrheiten überhaupt konstituiert sind. Denn jede derartige Antwort müsste den Unterschied zwischen Diagramm (a) und der durch es dargestellten reinen Form (b) bzw. die Verhältnisse zwischen Diagrammbeschreibung (a^*) und wahren geometrischen Aussagen (b^*) bzw. zwischen Diagrammkonstruktion (a^{**}) und Beweis (b^{**}) klären.

Meine allgemeine, neunte, These zu diesem Thema lautet: Der praktische Übergang in eine ‚mathematische' Redeform besteht im Wesentlichen darin, dass die formallogischen Schluss- oder Beweisprinzipien *als gültig unterstellt werden*. Theoretisch bedeutet das, dass diese Prinzipien in einer besonderen, zunächst impliziten, Einrichtung der mathematischen Redebereiche *wahr gemacht werden*. Wie das konkret geschieht, bedarf immer einer strengen, in der Regel auf eine vorlaufende Praxis sinnkritisch reflektierende, Konstitutionsanalyse. Das erste Ziel dieser Untersuchung ist es daher, diese impliziten Einrichtungen etwa in der antiken Geometrie, der neuzeitlichen Algebra und der mengentheoretischen Analysis über eine rationale Rekonstruktion explizit zu machen. Daraus ergibt sich als wichtige Konsequenz einerseits die Einsicht in die Differenz einer mathematischen Modellierung unserer Reden über *Formen der räumlichen Anschauung*, die auf *Körper* und Körper-Gestalten mit gewissen Passungseigenschaften zu beziehen ist, andererseits das Verständnis einer Modellierung der Rede über den *Raum, in dem sich Körper bewegen* und in dem andere physikalische Prozesse stattfinden, wie z. B. die Ausbreitung elektromagnetischer Wellen. Die Differenzierung zwischen *statischem Anschauungsraum* und *Bewegungsraum* zeigt dann auch, dass die ‚klassische' Kinematik, gerade was die Deutung ihrer Zeitzahlen angeht, auf ungeklärten Prämissen aufruht. Die Folge ist, dass *Einsteins Revision der mathematischen Modellierung des Bewegungsraums* nicht, wie überall erklärt wird, ein *Umsturz in einem wohlgefügten Weltbild der Physik* ist. Es handelt sich vielmehr, das ist meine zehnte und letzte These, um das Ergebnis einer *im Grunde längst überfälligen Reflexion auf die Differenz zwischen lokalem Anschauungsraum und globalem Bewegungsraum*. Das heißt, die rein elementargeometrisch und im Blick auf eine lokale Zeitmessung definierten Begriffe der gleichförmigen bzw. unbeschleunigten (im Euklidischen Sinn ‚geradlinigen') Bewegung sind allein schon aufgrund ihrer Herkunft zunächst nur für eine Kinematik oder Bewegungslehre *in einem lokalen Anschauungsraum* angemessen.

Eine Geschichte impliziter Gründe, welche die Wissenschaft leiten, selbst wenn sie nicht schon explizit gemacht und voll durchschaut sind, wie ich sie hier bewusst *post hoc*, *de re* und d. h. in einer Orientierung an der Sache aus meiner Sicht und weniger an den faktischen Meinungen der Protagonisten selbst vorstelle, steht immer quer zu einer üblichen Doxographie. Eine bloße Realgeschichte der Meinungen über unsere Institutionen ist nämlich gerade deswegen unzureichend, weil im Selbstverständnis von Protagonisten einer Lehre in aller Regel die Signifikanz ihrer eigenen Lehre zunächst bloß implizit bleibt. Die Reflexion und Beurteilung, in der explizit gemacht wird, was man ‚eigentlich' tut, wenn man diese oder jene Sprachtechnik entwickelt oder gebraucht, folgt erst in einem zweiten Schritt auf das praktische Tun und Können.

Schon Parmenides, Platon und mit ihm dann wieder Hegel hatten zum Beispiel eine Reflexion auf den begrenzten Status der logischen Techniken des formalen Schließens im Umgang mit ‚ewigen' Sätzen verlangt. Diese meta-logischen Reflexionen wurden und werden leider weitgehend missverstanden. Das zeigt sich schon am üblichen Verhalten zu berüchtigten Titeln für diese Reflexionsform, nämlich zum Wort *‚Dialektik'* oder dann auch zu Hegels Rede von einem *An-Sich*. Dabei verstehen wir, Hegel zufolge, etwas bloß *an sich*, solange wir nur mit verbalen Urteils- und Inferenzformen rein formal korrekt umzugehen gelernt haben. So lernt das Kind, dass ‚an sich' Vögel fliegen oder Kühe ‚an sich' Milch geben, ohne dass alle Vögel fliegen könnten oder alle Kühe melkbar sind. Der angehende Mathematiker oder Physiker lernt entsprechend, dass ein Kreis an sich durch eine Kreisgleichung beschrieben sei oder dass der Raum an sich eine dichte Punktmenge, ein mathematisches Kontinuum sei, wobei über eine Metrik eine Topologie definiert werde. Es ist offenbar zu klären, was das heißt. *An und für sich* verstehen wir Sätze erst, wenn wir ihren angemessenen Gebrauch in unserer realen Rede- und Lebenspraxis voll beherrschen. Und dazu gehört, dass wir sie als zwar generisch-allgemeine, aber eben bloß vorläufige Groborientierungen behandeln, deren konkrete Anwendung die erfahrene Beherrschung einer Art Kanon des angemessenen Gebrauchs und dabei in jedem Einzelfall besondere Relevanzurteile voraussetzt.

0.2 Mathematische Redebereiche

Der Ausgangspunkt meiner Überlegungen ist sicher nicht ganz unkontrovers, zumal er notwendige Bedingung der Untersuchung und ihr Ergebnis zugleich ist. Es ist die schon in der Vorrede formulierte These, oder Einsicht, dass formallogische Schluss- oder Beweisprinzipien keineswegs ohne jede Einschränkung allgemein gültig sind. Diese Einsicht wird überall dort verdeckt, wo man glaubt, die formale Logik sei unmittelbar eine Lehre vom regelgerechten Denken. *Formale* Logik ist in Wirklichkeit immer bloß die Explikation von Schemata und Regeln *des mathematischen Beweisens* (unter Einschluss syllogistisch-terminologischen Schließens), die erst durch die *besondere Einrichtung* von *mathematischen Redebereichen* oder *formalen Terminologien* allgemein gültig werden. Diese Redebereiche können mathematisch relativ trivial sein, wie z. B. die disjunkten Klassifikationen bzw. terminologischen Bäume einer Zoologie oder Botanik, die ja bekanntlich schon Aristoteles als Grundlage für das mereologisch-syllogistische Schließen in solchen ‚enkaptischen Systemen' entworfen und erkannt hat. Diese Einsicht drückt Platons These (vielleicht mehr schlecht als recht) aus, dass die eigentlichen Gegenstände echten, d. h. verbal unmittelbar und sicher lehrbaren, Wissens am Ende immer *zeit- und ortslose Formen* bzw. rein *mathematische Strukturen* sind. Das mathematische Wissen hat dabei gerade deswegen *Ewigkeitsstatus*, weil die mathematischen Aussagen oder Sätze *situationsinvariant formuliert* und *situationsinvariant* (formal) als *wahr* oder *falsch* zu bewerten sind. Damit fragt sich natürlich, wie das Verhältnis zwischen einem solchen auf ‚ewige Formen' bezogenen Wissen und der sich in vielen ihrer Gestalten ändernden Welt ist. Das ist die Grundfrage nicht bloß einer Philosophie der Mathematik, sondern jedes logisch aufgeklärten Verständnisses der mathematisierten Naturwissenschaften, besonders der Physik.

Da hier nun nicht die formale Logik in ihrer ganzen Breite Thema ist, wird Sinn und Bedeutung meiner Aussage über das Verhältnis von Wahrheitsbewertung und Deduktionskakül nur für den seit Frege klassischen *Aussagen- und Prädikatkalkül* vorgeführt. Darüber hinaus behaupte ich allerdings, dass Analoges auch für alle so genannten nicht-klassischen Logiken gilt. Freges Kalkül erweist sich dann zwar insofern als *vollständig*, als in ihm alle allgemein, d. h. in allen möglichen *mathematischen Redebereichen eines bestimmten Typus*, zulässigen Inferenzformen qua Formeln, Regeln oder Sätze herleitbar sind. Aber alle Versuche, dieses Logikkalkül durch formale Axiome zu einer axiomatisch-deduktiven Grundlagentheorie der (gesamten) Mathematik oder auch bloß der elementaren Arithmetik zu machen, sind in folgendem Sinn wesentlich *unvollständig*. Es gibt höchst wichtige *Prinzipien* des Beweisens in konkreten mathematischen Redebereichen, und zwar schon in der elementaren Arithmetik, welche sich *nicht vollständig* als formale Anwendung von schematischen Kalkülregeln darstellen lassen. Das gilt sogar schon für das *Prinzip des indirekten Beweisens* der Wahrheit einer Aussage p durch Widerlegung der Annahme, die Aussage p sei falsch.

Eine erste Ahnung, wie der damit angesprochene Unterschied zu verstehen ist, erhält man schon, wenn man die Differenz betrachtet zwischen der Begründung einer Aussage der Form ‚*immer wenn p, dann q*‘ und einer Aussage der Form ‚*weil (in diesem besonderen Fall) p gilt, deswegen gilt auch q*‘. Im zweiten Fall kann sich der Übergang zu q immer auch auf Argumente stützen, die nicht in allen Fällen zur Verfügung stehen, in denen der *Satzform p* eine wahre Aussage entspricht. Das ‚*weil*‘ im zweiten Fall ist unter Umständen ‚bloß epistemisch‘, insofern die Wahrheit von q gar nicht auf besondere Weise von p abhängen muss. Das bedeutet, dass man sich hier oft ebenso gut beim Beweis von p auf q stützen kann. In einem alternativen Aufbau der Argumentation könnte dann gesagt werden, dass p gilt, weil q gilt. Es ist am Ende nur sicherzustellen, dass beide Aussagen wahr sind, also formal als wahr bewertet werden. Nur insofern sind ‚Zirkelargumente‘ auszuschließen.

In gewisser Weise verteidige ich hier das klassische mathematische Denken gegen alle Revisionismen. Solche Revisionismen finden sich aber, wie wir noch genauer sehen werden, nicht etwa nur im *Konstruktivismus* oder *Intuitionismus*, sondern auch im *Axiomatizismus*. Obendrein verdeckt der axiomatizistische Zugang zur Mathematik oft genug einen *Kryptoplatonismus*. Die übliche Gegenposition ist ein *radikaler Nominalismus*, dem zufolge die Mathematik insgesamt bloß ein reines Spiel mit Zeichen nach schematischen Regeln ist. Aber auch das ist ein Revisionismus. Denn faktisch untersucht man in der Mathematik keineswegs (bloß), was sich so alles als Folge ergibt, wenn man Axiome und schematische Regeln für ein bloß formales, verbales oder schriftliches, Deduzieren oder regelgerechtes Herleiten von Zeichen oder Symbolen *willkürlich* festsetzt. In partieller Kritik an einem solchen *Konventionalismus* sind dem *Empirismus* zufolge die Axiome und Theoreme der Mathematik teils irgendwie empirisch wahr, teils irgendwie konventionell gesetzt. Doch damit formuliert man wieder bloß das Problem, ohne dass man eine befriedigende Lösung anböte. Hinzu kommt, dass alle (zumeist selbsternannten) Empiristen notorisch schwanken zwischen der Meinung, dass das mathematische Denken nur in einem finiten Operieren mit Figuren nach Regeln besteht, deren korrekte Ausführung offenbar in der realen Anschauung (ggf. auch mit Hilfe von Maschinen) schematisch kontrolliert werden muss, und einem gerade von ihnen unbemerkten Appell an intuitive Einsichten in unendliche Bereiche. Hinzu kommt dann oft noch der *physikalistische Pythagoräismus*, d. h. die Überzeugung, dass irgendwelche mathematische Modelle die Welt, wie sie an und für sich ist, unmittelbar abbilden. Eine typische Meinung dieser Art wurde oben schon infrage gestellt, nämlich dass es ‚in der empirischen Wirklichkeit' bzw. ‚im realen Raum' überabzählbar viele Punkte gäbe.

Platonismus und Pythagoräismus ersetzen die nötige logische Analyse der Konstitution mathematischer Redebereiche einfach durch einen dogmatischen Glauben an eine ‚Ontologie'. Wohl aus Freude darüber, die exakten Redeformen zu beherrschen, vergisst man gerade in den so genannten exakten Wissenschaften, der Mathematik und mathematischen oder theoretischen Physik, in aller Regel die logische Reflexion auf die Konstitution (Verfassung und Status) der entsprechenden (formalsprachlichen) Regelungen und Beweisformen. Eine nur formalistisch, als Inferenzregelsystem gedeutete (mathematische und philosophische) Logik verhindert die Einsicht in die konstitutiven Bedingungen des exakten Schließens und Rechnens vollends.

Dabei hatte schon Rudolf Carnap gesehen, dass wir in der reflektierenden Analyse vom *materialen Redemodus* über *Gegenstände* und von den Behauptungen objektstufiger Wahrheiten in den von Carnap so genannten *formalen Redemodus* überwechseln müssen. Das Problem ist, das dieser Redemodus nicht selbst formal ist, sondern die (Formen der) Konstitution der Redebereiche zum Gegenstand hat. Ein besserer Titel wäre daher für diesen Reflexionsmodus Kants Wort ‚*transzendental*' oder Hegels Wort ‚*spekulativ*' im Sinne von ‚*hochstufig reflektierend*', zumal eine rein formale Analysesprache gerade nicht ausreicht, um die logischen Formen zu artikulieren. Die unmittelbaren Gegenstände dieses reflektierenden Redemodus sind die Zeichen, also die Namen und Sätze, und ihr Gebrauch. Dieser Gebrauch wird dabei teils vorgeführt, teils explizit kommentiert.

Formen und Inhalte als Gegenstände reflektierender Rede ergeben sich dann erst über die Vermittlung von je als relevant erachteten Relationen der Inhalts- oder der Formgleichheit. Die Wörter ‚Form' und ‚Inhalt' sind dabei von vornherein als *Abstraktoren*, genauer als Ausdrücke zur Anzeige der Anwendung eines Abstraktionsschemas zu begreifen. Das heißt, sie beziehen sich immer auf eine *je zugehörige* und je relevante *Formäquivalenz* oder *Inhaltsäquivalenz*. Die Rede von der Form des Kreises verweist damit auf eine relevante Äquivalenz der Formgleichheit mit etwas Kreisförmigen, die Rede von dem Inhalt eines Satzes auf eine Inhaltsäquivalenz zu anderen

0.2. Mathematische Redebereiche

Sätzen. Man kann daher nicht von ‚dem Begriff der Form' oder ‚dem Begriff des Inhalts' sprechen. Man kann diese ‚Begriffe' auch nicht wie die so genannten *sortalen Prädikate P* (wie zum Beispiel ‚ist ein Primzahl') durch eine definitorische Doppelimplikation oder ‚Bisubjunktion' der folgenden Form bestimmen, wobei man sich ohnehin auf einen schon wohldefinierten Gegenstandsbereich G beziehen muss:

‚x ist ein P genau dann, wenn $A(x)$ gilt, x also die (komplexe) Eigenschaft A hat'.

Wir werden am Beispiel der Unterscheidung zwischen geometrischen Gestalten und reinen geometrischen Formen und dann auch zwischen Zahltermen und Zahlen oder zwischen rationalen Zahlenfolgen und ihren reellzahligen Grenzwerten genauer sehen, wie diese Abhängigkeit der ‚abstrakten Gegenstände' von den definierenden Äquivalenzurteilen zu begreifen ist. Die Beherrschung der Sprachtechnik der Abstraktion wird sich dabei für ein volles Verständnis mathematischer Rede(formen) als schlechterdings grundlegend erweisen.

Eine gerade im mathematischen Denken übliche Vorstellung über Definitionen führt uns dabei notorisch in die Irre. Es ist die Vorstellung, es gehe in Definitionen immer nur um die Festlegung der Bedeutung der Wörter. Diese Bedeutungen oder Inhalte werden dabei als schon gegeben unterstellt. Die Schwierigkeit einer wirklich sinnanalytischen Philosophie, sich gerade auch bei mathematisch ausgebildeten Wissenschaftlern verständlich zu machen, liegt am Ende darin, dass es extrem schwer zu sein scheint, die logische Naivität in dieser Vorstellung vom Definieren einzusehen, oder wenigstens bereit zu sein, sich das Problem erläutern zu lassen. Gerade auch Mathematiker pflegen nämlich im materialen oder objektstufigen Modus zu denken. Damit setzen sie die Gegenstandsbereiche, über die sie reden, und die Wahrheiten, die sie beweisen, als gegeben voraus. Dabei war es immer eine Analyse der Konstitution dieser Gegenstandbereiche gewesen, welche die Mathematik wesentlich vorangebracht und neue Möglichkeiten des strengen Redens und exakten Beweisens geschaffen hat. Dies wird hier an den Beispielen der Konstitution der Gegenstands- und Redebereiche der elementarmathematischen Geometrie, von den Pythagoräern bis Euklid, der algebraischen Größen vor und nach Descartes und dann auch der reellen Zahlen bzw. der Mengen von Zahlen und Mengen nach Dedekind und Cantor vorgeführt.

Im Zentrum meiner Überlegung steht daher die Mathematisierung unserer vormathematischen Rede über räumliche und zeitliche Verhältnisse einerseits, die Anwendung mathematischer Darstellungen derartiger Verhältnisse auf die reale Welt andererseits. Das heißt, es geht um den *Weg in die Mathematik*, der, wie der Titel des Buches sagt, *bei der Anschauung beginnt* und zu *Formen* oder so genannten *Strukturen* führt. Und es geht um den *Weg aus der Mathematik*, der von den mathematischen Formen und Strukturmodellen zu Realisierungen der Modelle sowohl in der Anschauung, als auch in einer nicht mehr direkt in der Anschauung gegebenen und kontrollierbaren Welt führt. Man denke als vorläufiges Beispiel an die Darstellung numerischer Ergebnisse von Zeitmessungen und kalendarischen Zeitbestimmungen als Punkte auf einer gerichteten geraden Linie, dem ‚Zeitstrahl', der ja als solcher bestenfalls eine analogische Modellvorstellung ‚der Zeit' repräsentiert.

0.3 Positionen im Grundlagenstreit

Meine Definition eines mathematischen Redebereiches erkennt offenbar von vornherein die bekannten Einwände des so genannten *Intuitionismus* gegen die Zweiwertigkeit mathematischer Wahrheit nicht als triftig an. Es geht mir hier dennoch nicht darum, im Glaubenskampf zwischen einem mehr oder weniger *finitistischen Konstruktivismus* (von L. Kronecker über Paul Lorenzen, Errett Bishop oder Harold M. Edwards), dem *Logizismus* (von Frege und Russell bis zum implizit axiomatizistischen *Neologizismus* unserer Tage), dem *Platonismus* der klassischen Mengenlehre (von Dedekind und Cantor bis Gödel) und einem *Formalismus* und *Axiomatizismus* (wie in der mengentheoretischen Grundlegung der Mathematik von Zermelo und Hilbert bis zur Schule von Bourbaki) etwa gegen den ‚Intuitionismus' (L.E.J. Brouwer) Stellung zu beziehen. Ich halte vielmehr *alle* genannten Position für einseitig. Darüber hinaus bezweifle ich, dass die üblichen Gegenüberstellungen schon genügend durchdacht sind. Um hier die Diskussionslage voranzubringen, sind insbesondere in der Vielfalt der in der Mathematik vorgetragenen Argumente grob, aber dennoch streng, wenigstens die folgenden drei Begründungsarten zu unterscheiden:

1. *Proto-mathematische Begründungen*
2. *Mathematische Beweise der Wahrheit* von Aussagen in wahrheitswertsemantisch wohldefinierten mathematischen Redebereichen
3. *Vollformale Deduktionen von Formeln* als Vertreter von Satz- oder Aussageformen in einer formalaxiomatischen Theorie

Wir werden dazu erstens vor-mathematische Begründungen als metatheoretische Argumente in der (Proto-)Geometrie kennen lernen. Aber gerade auch Cantors Argument, dass es überabzählbar viele reelle Zahlen gibt, gehört zu den externen, vor-mathematischen, Begründungen, wie wir sehen werden, nicht zu den internen Beweisen, die eine Wahrheit in einem schon wohldefinierten Gegenstands- und Aussagenbereich aufweisen würden. Wir werden außerdem einige Probleme der Beweise der Wahrheit von Aussagen in wahrheitswertsemantisch wohldefinierten mathematischen Redebereichen am Beispiel des Fundamentalsatzes der Algebra besprechen. Ein eher unproblematisches Beispiel ist der Beweis der Erfüllung der Axiome der Geometrie Hilberts (zunächst ohne das so genannten Stetigkeits- oder besser Vollständigkeitsaxiom) in einem rein elementargeometrisch konstituierten Redebereich. Fragen nach der formaldeduktiven Konsistenz und Vollständigkeit formalaxiomatischer Theorie gehören in die formale Logik und Metamathematik; sie werden hier nicht behandelt, weil ich an anderen Stellen, besonders in dem Buch *Grundprobleme der Logik*, dazu das Wichtigste gesagt habe. Das betrifft auch die Frage nach inneren Modellen und relativen Konsistenzbeweisen, vermittelt über eine selbst wieder axiomatisch verfasste Metatheorie M für eine vorgelegte axiomatische Objekttheorie O und einen in M definierbaren Erfüllungsbegriff, wie er in Alfred Tarskis Untersuchung zum Wahrheitsbegriff in formalisierten Sprachen im Mittelpunkt des Interesses steht.

Philosophie der Mathematik ist mehr und anderes als bloße beweistheoretische Metamathematik der Deduktionskalküle. Sie ist auch mehr und anderes als es die Debatte um die Positionen im Grundlagenstreit der Mathematik des letzten Jahrhunderts nahe legt. Es geht in ihr, wie wir sehen werden, um die *praktische Form oder geformte Praxis*, in der wir in der Mathematik mit Figuren, etwa geometrischen Diagrammen und dann auch mit anderen einfachen und komplexen Zeichen oder Baumfiguren etwa in der Darstellung von Herleitbarkeiten umgehen. Dabei ist die Form einer Praxis zu unterscheiden von der Frage, wie in einer Praxis gewisse Zeichen zu Symbolen oder Namen für abstrakte, d. h. gegenständlich beredbare, Formen überhaupt, reine mathematische Formen im Besonderen werden. Zu analysieren ist dazu die Art und Weise, wie wir mathematische Redebereiche so konstituieren, dass man mathematische Wahrheiten formell beweisen kann. Das heißt, es geht um das Verhältnis von mathematischen und nicht-mathematischen Redeformen. Das hat Wittgenstein bemerkt und betont. Die Bedeutung dieser Einsicht sieht man besonders klar, wenn man die Mathematik von Raum und Zeit betrachtet. Hier geht es nämlich um die Frage nach dem Verhältnis von mathematischer Geometrie und Kinematik in ihrer logischen Konstitution auf der einen Seite, ihrer Anwendung in Darstellungen der Ergebnisse realer Messungen, physikalischer Experimente und allgemeiner Erfahrungen auf der anderen.

Was überhaupt sind genuin geometrische, also nicht bloß arithmetische, Modelle einer axiomatischen Geometrie im Unterschied zu den arithmetischen Modellen der Analytischen Geometrie? Wenn wir solche Modelle klar beschreiben können, haben wir zumindest schon einen relativen Konsistenzbeweis für die Axiome. Doch es geht nicht bloß um Konsistenz. Es geht um die Frage, wie man die wahren Sätze der Geometrie in einer guten Orientierung unseres weltbezogenen Handelns und Schließens zu gebrauchen hat. Und das geht immer nur über die Vermittlung der Modellstruktur. Wir können nämlich die ableitbaren Formeln eines axiomatischen Systems nie unmittelbar als wahre Aussagen über die Welt deuten.

Aber auch kein mathematisches Modell ist unmittelbar mit einem realen Erfahrungsraum oder mit einem System numerischer Ergebnisse von Messungen von realen Längen, Winkeln, Zeiten, und/oder Geschwindigkeiten identifizierbar. Trotz aller notwendigen Modifikationen ist daher Kants These ernst zu nehmen, dass Raum und Zeit *reine*, also *ideale*, Formen der Anschauung sind, und dass die Geltungsbedingungen der *genuin geometrischen* Aussagen *synthetisch*, d. h. *nicht analytisch*, und d. h. keine bloß formalen (rein konventionellen) Folgen von bloß terminologischen (wieder rein konventionellen) Definitionen sind. Es ist freilich zu klären, in welchem Sinn sie sich dennoch ‚a priori' *beweisen lassen* und warum wir zu ihrer Kontrolle nicht einfach empirische Verhältnisse in der Welt *beobachten* und *messen*.

Kants Antwort operiert mit einer doppelten Bedeutung des Wortes ‚synthetisch', das sowohl für ‚nicht-analytisch' als auch für ‚konstruktiv' steht: In der Geometrie produzieren und reproduzieren wir spontan, also willentlich, geometrische Formgestalten. Diese sind im Unterschied zu den reinen geometrischen Formen (wie sie nur in der mathematischen Geometrie aufgrund eines streng normierten Gebrauchs von entsprechenden Redeformen existieren) zunächst reale Figuren oder Diagramme auf hinreichend ebenen Flächen. An ihnen lassen sich aber die reinen geometrischen Wahrheiten *zeigen*. Aufgrund ihrer Abhängigkeit von solchen beliebig wiederholbaren *Demonstrationen* artikulieren die geometrisch wahren Aussagen weder bloß formal logisch gültige Folgerungen aus impliziten axiomatischen Definitionen, noch bloß induktive Verallgemeinerungen passiver Beobachtungen.

Wenn wir dagegen die Axiome der Geometrie einfach als erste Sätze in einem formalen Deduktions- oder Beweisspiel betrachten, erscheinen sie entweder als in ihrem Sinn noch nicht verstandene ‚Annahmen' über einen auf mystische Weise unterstellten Bereich mathematischer Gegenstände und Wahrheiten oder, noch schlimmer, als Behauptungen über die wirkliche Welt. Üblicherweise umgeht man diese unerfreuliche Alternative, indem man vage davon redet, dass es (empirische) Plausibilitätsbetrachtungen für die (am Ende konventionelle) Wahl von Axiomen gäbe. Das einzige Problem bestehe darin, die *deduktionslogische Konsistenz* des vorgeschlagenen Axiomensystems wenigstens irgendwie plausibel zu machen oder vielleicht sogar relativ zu einem anderen System zu beweisen. Aber sogar im Falle der Arithmetik ist die – im Grunde durch eine Fehldiagnose der Problemlage motivierte und daher revisionistische – Vorstellung von einer ‚axiomatischen Grundlegung' zu revidieren, gerade wenn wir die reale Praxis mathematischen Beweisens begreifen wollen.[1] Die Wahrheiten der Arithmetik beruhen, wie wir noch genauer sehen werden, auf einer Festsetzung von Wahrheitswerten für unendlich viele elementare Sätze und einer Erläuterung des Bereiches der in ihnen möglicher- bzw. erlaubterweise vorkommenden Terme. Die Form dieser Setzung macht die Terme allererst brauchbar dafür, Anzahlen oder Zahlen zu repräsentieren.

Die üblichen (prädikativen) Definitionen, an die dann übrigens auch noch Frege denkt, setzen einen irreführenden Ehrgeiz darein, die Zahlen aus einem umfänglicheren Bereich von Gegenständen durch Definition der Art ‚*x* ist eine (natürliche) Zahl genau dann, wenn *P(x)*' aussondern zu wollen, wobei die Eigenschaft *P(x)* irgendwie, etwa durch eine Liste formaler Axiome, beschrieben werden soll. Man kann Kants These, dass die Aussagen der Arithmetik zwar a priori gelten, aber keine analytischen Folgerungen aus einer rein terminologischen Aussonderung der Zahlen und in diesem Sinn nicht analytisch sind, als eine Art Ahnung ansehen, dass alle diese Versuche scheitern werden. In der Tat irrt sich Frege. Denn er möchte das Wort ‚Zahl' als *sortales Prädikat* auffassen und versteht es daher nicht wirklich, radikal genug, als *Abstraktor*, dem je nach der unterstellten Relation der ‚Zahlgleichheit' in einem prototheoretischen oder dann auch schon mathematischen Redebereich die natürlichen, algebraischen, reellen und komplexen Zahlen, bzw. die Ordinalzahlen und Kardinalzahlen korrespondieren. Kant behält also gerade auch für die elementare Arithmetik gegen die späteren holistischen Definitionsversuche der Zahlen im Rahmen logizistischer Satz- oder axiomatizistischer Formelsysteme soweit recht, als die elementaren Wahrheiten der Arithmetik durch eine praktische Formung eines im konkreten Fall immer *präsentischen Umgangs mit Zahlsymbolen in der realen Anschauung* festgelegt werden, also insbesondere nicht durch irgend ein bloß intuitives Vorstellen oder eine reine Imagination oder einen

---

[1] Wenn man ihn angemessen interpretiert, zeigt Gödels Beweis der Unvollständigkeit vollformaler oder axiomatisch-deduktiver Theorien der Arithmetik der ersten Stufe eben dieses.

bloß plausiblen Glauben an Axiome, etwa die, welche mit Recht den Namen Guiseppe Peanos tragen. Wenn man schon Plausibilitäten anruft, so sollte immerhin plausibel sein, dass die Wahrheiten der mathematischen Geometrie keine bloß schematischen Inferenzen aus verbalen Konventionen sein können. Sie sind aber auch keine empirisch durch Einzelbeobachtungen bestätigten oder widerlegbaren Aussagen über den Raum. Dasselbe gilt dann auch für die mathematisierte Bewegungslehre oder Kinematik. Auch ihre Aussagen beruhen nicht einfach auf induktiven Hochrechnungen von Einzelbeobachtungen. Zu klären, in welchem Sinn der Status ihrer Geltung am Ende doch den Titel ‚synthetisch a priori' verdient, allen gegenteiligen Aussagen der Analytischen Philosophie bzw. des Logischen Empirismus nach Rudolf Carnap und besonders nach Hans Reichenbach zum Trotz, ist Teil der Aufgabe unserer Untersuchung.

Dazu ist freilich die Differenz zwischen den analytischen und synthetischen Sätzen entsprechend zu begreifen bzw. zwischen den empirischen Sätzen a posteriori, die auf Einzelbeobachtungen beruhen, und Sätzen a priori, die sich auf eine beliebig reproduzierbare allgemeine und praktische Erfahrung beziehen. Man denke etwa an die Erzeugung geformter Körper oder auch wiedererkennbarer Zeichen (*icons*). Wir sollten dabei wohl Kant folgen, für den weder die Unterscheidung zwischen den Zeichen ‚1' und ‚2' oder ‚a' und ‚b' eine bloß *empirische*, also bloß auf einer *passiven Wahrnehmungsempfindung beruhende* Unterscheidung ist, noch die zwischen einer Kreisfigur und einer Strecke oder die zwischen einem Punkt in einem Kreis und einem Punkt außerhalb. Es handelt sich in allen drei Fällen um *gemeinsam überprüfbare* und daher von manchen Autoren schon als ‚begrifflich' gedeutete *Unterscheidungen in der Anschauung*. Als solche sind sie aber keine Unterscheidungen, die man ‚rein begrifflich', das heißt durch bloß verbale Regeln für terminologische Schlüsse lernen könnte. Man muss sogar zwischen ‚a' und ‚b' in der optischen oder akustischen Anschauung schon unterscheiden können, um die ‚diskursiven' Sätze ‚a' ist von ‚b' verschieden' (oder auch: ‚was ein a ist, ist kein b') überhaupt verstehen zu können. Das gilt für die Buchstaben ebenso wie die Wörter und Sätze, und zwar sowohl dann, wenn über die Symbole selbst gesprochen wird, als auch dann, wenn die Symbole zur Unterscheidung von anderen Dingen gebraucht werden.

Kurz, aller Unterschied beginnt in der Anschauung, dem Bereich gemeinsamer Unterscheidungen von etwas, das uns gemeinsam präsent *gemacht* werden kann, etwa durch die freie und beliebige Artikulation von Wörtern (und dann auch von Buchstaben oder von Sätzen) durch Laut oder

Schrift oder durch (andere) Diagramme. Noch elementarer aber ist der gemeinsame und unterscheidende Umgang mit Dingen, mit oder ohne Begleitung durch Worte.

0.4 Materiale vs. reine Begriffe und Schlüsse

Schon gemäß Platons Entwicklung der Ideenlehre bestimmt ein *Begriff* (*eidos*) A nicht bloß für einen zugehörigen (prädikativen) Ausdruck (*logos*) eine entsprechende Extension E (*horos*), eine Teilmenge (*meros*) bzw. eine Art oder Gattung (*genos*) von Gegenständen, sondern auch schon ein System ‚normaler' bzw. ‚generischer', aufgrund ihrer schematischen Form oft auch ‚abstrakt' genannter Folgerungen – so dass, wenn ein x ein A ist, für x ‚an sich', ‚*kath'auto*', auch $B(x)$ oder, um den Bezug auf andere Gegenstände und damit den sich ergebenden semantischen Holismus wenigstens anzudeuten, auch $C(x, y, \ldots)$ gelten sollte bzw. ‚idealiter gilt'. Im paradigmatischen Fall geometrischer Begriffe besagen die entsprechenden materialbegrifflichen Erwartbarkeiten oder auch ‚Defaultinferenzen', dass sich je zwei ebene Flächen, gerade Linien oder orthogonale Winkel aufeinander passen lassen (sollten); aber es ‚gilt' auch, dass z. B. ein Weberschiffchen *an sich* für die Tätigkeit des Webens (Platon: *Sophistes*) taugt bzw. ein Lebewesen *an sich* fähig ist, seine artgemäße Lebensform (bei Platon und Aristoteles auch wieder: *eidos*) zu aktualisieren. In gewissem Sinn ‚gilt', wie gesagt, sogar, dass Vögel an sich fliegen können.

Ein Begriff ist daher nicht, wie in der Tradition Freges, bloß eine Klassifikation von Gegenständen (also im wesentlichen identisch mit Freges Sinn der entsprechenden Mengenbenennung), sondern immer schon, wie der Inferentialismus von Sellars und Brandom sagt, mit materialen Schlussformen verbunden. Diese sind nun aber, anders als Brandom suggeriert, immer schon generisch, allgemein. Sie werden als solche in gewisser Weise als apriorische Normen zusammen mit dem Ausdruck empraktisch (Karl Bühler) gelernt. D. h. wir lernen sie zunächst implizit in einer Praxis des üblichen Schließens. Sie lassen sich dann auch explizit artikulieren und kontrollieren. Zu ihrem verständigem Gebrauch müssen wir dann aber, wie schon Hegel sieht, immer auch noch relativ frei darüber urteilen, welche der generisch in Geltung gesetzten (*allgemeinen*) Schlüsse in den je aktualen (*besonderen*) Fällen sinnvoll anzuwenden ist, welche nicht. So gibt es z. B. zwischen realen (nicht ganz exakten) Ebenen immer noch (kleine) Hohlräume, und viele Lebewesen können aufgrund zufälliger Deformationen vieles nicht, was sie artgemäß können sollten. Da Hühner schon artgemäß kaum mehr und Pinguine gar nicht fliegen können, bilden sie natürlich eigens auszusondernde Gattungen in der Familie der Vögel, so dass der obige Defaultschluss aufgehoben wird und gewissermaßen nur noch zur Entwicklungsphase des Begriffs bzw. unseres Wissens gehört.

Das Verhältnis zwischen dem realen Gebrauch von Begriffen und gewisser expliziter Aussagen über reine Formen lässt sich nun gerade am Beispiel der Geometrie durch folgende Unterscheidungen grob skizzieren: Ausgegangen sei von einem System $\mathfrak{P} : P_1, \ldots, P_n$ von Grundprädikatoren wie ‚gerade' oder ‚orthogonal', durch die nicht bloß unmittelbar beobachtbare Unterscheidungen an Produkten menschlicher Herstellungspraxis (z. B. an Körperoberflächen), sondern auch schon die Geltung entsprechender Folgerungen im Blick auf mögliche Passungen und andere Handlungsmöglichkeiten artikulierbar werden. R. Inhetveen und P. Lorenzen schlagen dann vor, die Rede von reinen Formen zunächst der ebenen Geometrie so zu verstehen, dass sich Figuren, die aus hinreichend guten Ausführungen der gleichen Konstruktionsvorschrift entstanden sind, zwei gleichseitige Dreiecke etwa, die gleiche geometrische Form repräsentieren, und das heißt, dass sie sich – das ist der Inhalt ihres so genannten Formprinzips – in der Sprache der reinen Geometrie nicht unterscheiden lassen (sollen). Eine zentrale Stelle in dieser Sprache nimmt dabei ein System von namenartig behandelten Konstruktionsvorschriften $\alpha(P_1, \ldots, P_n)$ ein. Im Gebrauch von solchen geometrischen Konstruktionen α und von Aussagen über sie lassen sich dann mit F. Kambartel folgende Unterscheidungen (1)–(4) treffen:[2]

(1) Die (gute) Formung von Körpern bzw. Flächen gemäß α *realisiert faktisch* eine Liste von Aussagenlisten Π_G, in denen die Prädikate $\mathfrak{P} : P_1, \ldots, P_n$ vorkommen können. D. h. die Produkte machen Π_G (deskriptiv) wahr.

(2) Eine (gute) Herstellungspraxis *realisiert* ein System von Sätzen Π_G samt gewisser Folgerungen *hinreichend* für eine bestimmte Verwendungspraxis. D. h. es zeigen die Produkte keine als wesentlich bewerteten Eigenschaften, die den üblicherweise erwarteten Implikationen aus den Π_G widersprechen. Man kann also ohne schlimme (d. h. unerwünschte, unerwartete) Folgen so handeln, *als ob* die Postulate Π_G und die relevanten Folgerungen erfüllt wären.

Man beachte die Bedeutung des Wortes ‚gut'. Über eine quadratische Figur lässt sich offenbar nicht so reden, als ob sie ein Kreis sei, es sei denn, wir interessieren uns nur für topologische Eigenschaften. Das ‚als ob' bedeu-

---

[2] Vgl. dazu den Artikel ‚Idee (systematisch)' in: J. Mittelstraß, Enzyklopädie für Philosophie und Wissenschaftstheorie, Metzler Verlag 1978.

tet daher praktisch immer nur, dass aus dem Gesamtbereich der möglichen Folgerungen aus Π_G durch eine Art Relevanzfilter die für die Verwendungspraxis angemessenen mit Urteilskraft ausgewählt werden.

(3) Von Π_G (wieder ggf. unter Einschluss mitgesetzter Folgerungen) wird ein *präskriptiver Gebrauch* als *ideales Postulatensystem* gemacht. Voraussetzung ist ein nicht bloß abstraktes Wissen dazu, dass die Anweisungen der Herstellungspraxis zielführend sind. Das aber heißt, dass die Postulate Π_G dem je relevanten praktischen Angemessenheitsfilter gemäß realiter *hinreichend gut erfüllbar* (oder im bloß deskriptiven Fall: hinreichend faktisch erfüllt) sind.

(4) Von Π_G wird, wie man sagt, ein bloß *fiktiver* Gebrauch als *ideales Postulatensystem* gemacht.

Üblicherweise erläutert man (seit der Antike) unsere Reden über ideale geometrische Formen und ihren weltbezogenen Gebrauch in der Form (4), was aber nach meinem Urteil faktisch nur bedeutet, dass man mit dem Satzsystem Π_G *formal* operiert, also in einer (im Allgemeinen axiomartig behandelten) Theorie Π_G über formallogische Deduktionsprinzipien Theoreme beweist und diese Theoreme irgendwie im Sinne von (3) bis (1) extern für brauchbar hält.

Ist nun $\alpha(P_1, \ldots, P_n)$ eine (in Π_G als ausführbar gesetzte) Konstruktion und orientiert man sich an α im Rahmen einer präskriptiven Verwendung von Π_G als idealem Postulatensystem, etwa beim Versuch einer fortsetzbaren Exhaustion, d. h. der immer besseren (genaueren bzw. umfänglicheren) Erfüllungen der Bedingungen für gute Realisierungen von α, so kann man von einem *ideativen* Gebrauch von α sprechen. Ein solcher Gebrauch von α lässt sich durch einen *Ideator* sprachlich anzeigen, etwa indem man gerade von *der reinen Form* oder *der Idee α* spricht oder den Ausdruck $\alpha(P_1^\Pi, \ldots, P_n^\Pi)$ durch einen formbildenden Operator als interne Kennzeichnung der zugehörigen Theorie Π_G kenntlich macht. Die Ideation im engeren Sinn des Wortes besteht dabei im wesentlichen in der Formalisierung der Sprache und der expliziten Schematisierung oder Mathematisierung der sich aus den Grundprädikaten $\mathfrak{P}: P_1, \ldots, P_n$ ergebenden Inferenzformen im Rahmen einer Theorie Π_G, wie wir sehen werden.

Lorenzens Formprinzip liefert dabei, wie wir sehen werden, noch keine Unterscheidung zwischen ausführbaren und nicht ausführbaren geometrischen Konstruktionen, sondern fungiert nur als ein (den Parallelensatz sicherndes) Großaxiom der so genannten formentheoretischen oder eben Euklidischen Geometrie. Am Beispiel einer Form wie der des Thalesrechtecks kann man dann sehen, dass sich in dieser zwar Größenverhältnisse zwischen Teilformen, aber keine realen Messgrößen artikulieren lassen. Wie in Hilberts Begründungsversuch der Euklidischen Geometrie durch einen relativen Konsistenzbeweis für ein Satzsystem Π_G bleibt aber auch hier die Frage offen, in welchem externen Realbereich die internen Theoreme zu einer guten Orientierung unseres weltbezogenen Handelns und Schließens führen. Denn wenn wir die größeninvarianten Aussagen aus Π_G unmittelbar zur Darstellung von Bewegungsformen im Raum der sich relativ zu einander und zu elektromagnetischen Wellen bewegenden Körper verwenden wollten, könnte das die Grenzen ihres sinnvollen Gebrauchs auf transzendente Weise überschreiten. *Der Raum, in dem sich Dinge bewegen*, lässt sich nämlich nicht etwa direkt im Ausgang von statischen Körperformungen, sondern nur unter *Weglassung von Zeitbestimmungen*, also durch *Abstraktion* aus einer *Raum-Zeit* bestimmen. Das geschieht unter impliziter Bezugnahme auf eine passende *Äquivalenzrelation der Gleichzeitigkeit von Ereignissen auch an weit entfernten Orten*. Diese sind ihrerseits immer nur konkret bestimmbar unter Bezugnahme auf sich schon relativ zu anderen bewegenden Körper. Es ist daher in diesem Fall, wie auch sonst ganz allgemein, immer zwischen Ideen, die eine in einem Anwendungsbereich sinnvoll befolgbare Richtung für unser Tun und Schließen bestimmen, und *irreführenden Fiktionen* oder unrichtigen Utopien zu unterscheiden.

Die hier vorgetragene Überlegung zur logischen Konstitution der Geometrie als geheimer Grundlage fast der gesamten Mathematik und praktisch jedes mathematischen Weltbezugs ist am Ende das Ergebnis einer Art Umordnung des Vorgehens von David Hilbert in seinen für die synthetische und axiomatische Geometrie geradezu monumentalen *Grundlagen der Geometrie*, und zwar aufgrund einer vergleichenden Gegenüberstellung zu einer *Konstruktiven Geometrie*. Der von Rüdiger Inhetveen entwickelte Ansatz ist in Paul Lorenzens schönem Buch ‚*Elementargeometrie*' ausgearbeitet worden. Allerdings sind meine Modifikationen sowohl gegenüber Hilberts axiomatischer Grundlegung entscheidend, als auch gegenüber den Varianten einer operativen Fundierung von Geometrie und Kinematik, wie sie von Peter Janich in seiner parallelen Auseinandersetzung mit Lorenzen in mehreren Büchern vorgetragen wurde. Bei allen diesen Autoren bleibt nämlich der sprachlogisch kategoriale Unterschied zwischen vormathematischen Argumenten und mathematischen Beweisen und zuvor schon zwischen einer in der Anschauung kontrollierten Geltung und einer formellen Wahrheitsbestimmung von Sätzen eines gesamten theoretischen Systems oder Modells von Sätzen und Termen noch unklar.

Als weiteres und wesentliches Resultat ergibt sich eine für das Verständnis der mathematischen Physik grundlegende Neudifferenzierung zwischen einem lokalen *Anschauungsraum*, einem *mathematischen Raum* und dem globalen *Bewegungsraum* der physikalischen Kinematik. Dabei ist der Anschauungsraum nicht, wie man Kants leicht missverständliche Formulierungen zu lesen pflegt, bloße Form unserer subjektiven Sinnesempfindung und auch nicht, wie Rudolf Carnap, Hans Reichenbach und Adolf Grünbaum den Ausdruck ‚Anschauungsraum' verstehen, bloßer optischer Sehraum (engl.: *visual space*). Das Wort ‚Anschauung' steht hier, wie eigentlich schon bei Kant, *pars pro toto* für jeden präsentisch-perzeptiven Dingbezug, wie er konkret durch unseren *praktischen Umgang mit formbaren Körpern strukturiert* ist. Die Form der Anschauung als praktische Form dieses Umgangs bildet neben allen sprachlichen Repräsentationen eine wesentliche Grundlage für jeden realen Objektbezug. Aus der immer schon kinematischen, also Zeitstrukturen wenigstens implizit enthaltenden, Geometrie des Bewegungsraumes lassen sich, wie man in einer entsprechenden Rekonstruktion der speziellen Relativitätstheorie Einsteins sehen wird, die Strukturelemente der physikalischen Dynamik nicht einfach abtrennen.

0.5 Formen der Anschauung

Formen der Anschauung, das sind zunächst die Formen, *in* denen wir etwas anschauen und Anschauungsurteile fällen, also etwas in der Anschauung von anderem unterscheiden. Formen der Anschauung sind aber auch Gegenstände, *über die* wir in gewisser Weise *reden*. Als solche sind sie *Gegenstände reflektierender Rede*. Wir gebrauchen die Form der gegenständlichen Rede schon dann, wenn wir über wahrnehmbare *Gestalten* oder *Figuren* sprechen und uns damit nicht bloß *praktisch* oder *tätig* im Raum orientieren. Allerdings ist die Beziehung der Gestalt- oder Figurengleichheit hier noch so vage, dass der Bereich der Rede über Gestalten oder Figuren noch keineswegs einen mathematischen Redebereich bildet. Das gilt auch für die Rede von Stellen (‚Punkten') im Raum oder von realen Linien oder Strecken in Diagrammen.

Formen der Anschauung, *in* denen wir auf Welt Bezug nehmen, sind dabei zunächst lebensweltliche, implizite, *empraktische* Formen unseres *Tuns* und *Handelns*, gerade auch des *Sprechens* und verbalen *Schließens*. Gegen die Annahme, die geometrischen Urteile seien analytisch, erinnert Kant gerade in diesem Kontext daran, dass die Bedeutungen der räumlichen Orientierungsworte wie ‚links', ‚rechts', ‚oben', ‚unten', ‚hinten', ‚vorne', der geometrischen Formworte wie ‚eben', ‚gerade', ‚orthogonal' oder auch der geometrischen Beziehungsworte wie ‚in/innen', ‚außen', ‚auf' oder ‚an' in der Anschauung, der exemplarischen Deixis, verwurzelt sind, und daher auch im hypothetischen Fall implizit immer einen (gedachten) Beobachter mitführen.[3]

Ein erstes Problem ergibt sich schon aus dem Übergang von gesprochener Sprache zur *Schrift*. Denn in der Rede bleibt die Position des Sprechers immer präsent. Zu einem schriftlichen Text muss dagegen der Autor samt seiner Perspektive immer noch extra *hinzugedacht* werden. An den empraktischen Formen im lauten Reden, leisen Sprechen und verbalen Schließen ändert sich zwar durch den Gebrauch der Schrift durchaus weniger, als man glauben mag. Für die mathematisierte Wissenschaft wird dieser Übergang aber deswegen so bedeutsam, weil ihre Aussagen ‚subjektlos' und ‚sprecherinvariant' werden.

Für die Geometrie ist dabei die ortsinvariante Herstellbarkeit von geformten Körpern zentral. Damit wird es wichtig, zu betrachten, wie wir mit Würfeln oder Quadern etwa bei der Bestimmungen von Richtungen und Winkeln praktisch umgehen, und dann mit den auf ihren mehr oder weniger ebenen Flächen eingeritzten oder aufgetragenen Diagrammen, wobei wir diese Diagramme durchaus immer als symbolische Andeutungen von *möglichen Schnitten* lesen dürfen. Es ist ja kein Zufall, dass entsprechende Schnittmuster oder Planaufrisse auch kurz ‚Schnitte' heißen.

Ebene Geometrie oder *Planimetrie* ist, in gewissem Sinn, eine Theorie der den Diagrammen entsprechenden *Quaderschnitte*. Mit ihnen beginnt die Geometrie. Und in der Tat, die bloß scheinbar merkwürdige Abfolge von Quader, Ebene, Gerade, Dreieck, Kreis, Zylinder, Kegel und ebenen *Kegelschnitten*, die zwischen geformten Gestalten von drei und zwei Dimensionen hin und her geht, macht den konstitutiven Zusammenhang zwischen *Planimetrie* und *dreidimensionaler Geometrie* allererst klar. Die zentrale Bedeutung der *Flächen* liegt dabei gerade darin, dass wir sie in der Anschauung (optisch und haptisch) relativ unmittelbar in ihrer Gestalt(ung) kontrollieren können.

Unsere Analyse beginnt daher mit der sprachlogischen Differenzierung zwischen präsentischen bzw. empirisch präsentierbaren *Figuren* oder *Gestalten* an entsprechend gestalteten Körpern auf der einen Seite, den durch solche Gestalten oder Figuren bloß angedeuteten oder repräsentierten, aber als solche nie wirklich präsentierbaren idealen bzw. ‚reinen' *Formen* auf der anderen Seite. Gestalten qua gestaltete Körper und Figuren sind *Gegenstände der Anschauung*. Körper und Figuren *haben*, wie wir vage sagen, eine geometrische Form. Und das heißt, dass wir eine Beziehung herstellen

---

3 Vgl. dazu etwa auch Kant 1781 (KrV) B 38ff.

0.5. Formen der Anschauung

zwischen Anschauungen von Figuren, Anschauungsurteilen über Figuren, und Aussagen über (ab jetzt a fortiori immer ‚reine') geometrischen Formen. Dabei thematisiert die (elementare) Geometrie eben diese Formen der Anschauung, macht sie also zu *Gegenständen theoretischer Rede*. Wie das funktioniert, ist nicht in wenigen Worten zu sagen.

Der Grund dafür, dass wir (reine, ideale) Formen nie *als solche anschauen* können, was auch immer Kant dazu sagen mag, liegt gerade darin, dass sie bloß als Gegenstände geometrischer *Rede* und damit des *Denkens* zu begreifen sind. Das dürfte der tiefere Grund dafür sein, dass nicht bloß Hegel gegen Kant unsere Wahrheitsbewertungen der Aussagen der Geometrie als durch analytische Konventionen bestimmt ansieht. Wir werden sehen, warum das dennoch ein vorschnelles Urteil über den Status geometrischer Aussagen ist. Denn dass geometrische Formen Gegenstände mathematischen Denkens sind, bedeutet zunächst nur, dass anschauliche Repräsentationen dieser Formen von diesen Formen selbst zu unterscheiden sind. Die Gestalten oder Figuren fungieren dann als (symbolische) Vertreter für abstrakte Gegenstände, eben die Formen, so wie wir ja auch zwischen Repräsentanten einer Zahl, ob durch Zahlsymbole oder durch eine Gegenstandsmenge repräsentiert, und der repräsentierten oder benannten abstrakten Zahl selbst unterscheiden müssen. Was auch immer Empiristen wie Protagoras, Epikur, Sextus Empiricus oder dann auch Hume zu dieser Unterscheidung skeptisch *sagen* mögen, auch sie müssen sie *machen*, wenn sie denn kompetent an unserer Praxis der Rede über Formen und Zahlen teilnehmen wollen.

Richtig an der skeptischen Haltung ist nur, dass gerade im Fall der abstrakten und idealen Gegenstände der Mathematik das Verhältnis zwischen Repräsentation und Repräsentiertem ein nicht ganz leicht zu begreifendes logisches Verhältnis ist. Das sieht man sofort, wenn man die Aspekte oder Momente der *Exaktheit* und der *generischen Allgemeinheit* mathematischer Aussagen über Zahlen und Formen betrachtet. Denn gerade weil wir die Aussagen über geometrische Formen wie etwa zum Verhältnis zwischen Seite und Diagonale eines Quadrats oder zwischen Radius und Umfang eines Kreises unabhängig von der *empirischen Größe* der sie realisierenden Figuren oder gestalteten Körper(oberflächen) halten, müssen wir sie *exakt* machen. Denn sonst können in den Anwendungen die *Fehler* beliebig groß werden. Mit anderen Worten, die *Exaktheit* der mathematischen Geometrie ist nur die andere Münzseite der intendierten *generischen Allgemeinheit*. Und diese ist, das ist jetzt wohl schon ersichtlich, nicht mit quantifizierten Aussagen über alle empirischen Einzelfälle zu verwechseln. Denn diese können wir jeweils nur unter gewissen Aspekten und Genauigkeitsbewertungen als ausreichende Repräsentanten der Form ansehen.

Die begriffliche Analyse des Unterschieds, und der Verhältnisse, von Form und Gestalt ist daher immer auch als zentrales Lehrstück oder Paradigma für die begrifflich zentrale Unterscheidung zwischen *generisch-allgemeinen* und *empirischen*, etwa auch empirisch-generellen (also allquantifizierten) Aussagen anzusehen. Diese logische Unterscheidung wurde bisher kaum angemessen erfasst. Hegel hat sie unter den Titeln (der Kategorie) des Einzelnen und Allgemeinen thematisiert, wobei die (Kategorie der) Besonderheit auf die ambivalente Rolle der Repräsentation von Allgemeinem im Einzelnen bzw. der Anwendung generischer Formen auf Einzelnes verweist.

Auch noch dann, wenn man mit Robert Brandom von einer *Explikation* impliziter Normen des richtigen Schließens spricht, bleibt die kategoriale Differenz zwischen einem rein formalen Schließen, das als solches immer nur im Bezug auf mathematisierte Redebereiche allgemein gültig ist, und materialen bzw. materialbegrifflichen Inferenzen in normaler Rede und im realen Weltbezug unanalysiert. Denn formallogische Schlüsse sind außerhalb der Einrichtung mathematikartiger Satz- und Aussagensysteme keineswegs allgemein gültig. Die formalen Kalküle der Logik, etwa auch einer Modal- oder gar einer sogenannten Relevanzlogik, konstituieren gerade kein allgemeines Organon inferenzsemantischer Reflexion, schon gar nicht auf unmittelbare Weise. Denn das, was ich materialbegriffliches Schließen nenne und dessen eigenständigen Status ich gerade in dieser Untersuchung am Beispiel protomathematischer Argumentationen paradigmatisch vorführe, ist noch nicht formal fixiert. Diese Argumentationen können und dürfen nicht einfach durch einen exakten Umgang mit logischen Inferenzformen repräsentiert werden. Jede derartige Darstellung wäre schon eine *metabasis eis allo genos*, also ein Wechsel der kategorialen Rede- und Schlussform. Mit anderen Worten, in unserer nicht schon logisch reglementierten Normalsprache schließen wir nie *rein* formal oder schematisch, und das aus sehr gutem Grund. Denn es muss, wie schon gesagt, immer noch angemessene und praktisch erfahrene Urteilskraft die schematische oder mathematische Form auf ihren je konkreten Anwendungsfall projektiv beziehen, und zwar unter strenger – und doch immer auch freier – Berücksichtigung von Relevanzgesichtspunkten in der allgemeinen Praxis und der besonderen Handlung und im Hinblick auf die bezweckte Kooperation oder Kommunikation.

Was die realen Repräsentanten von geometrischen Formen betrifft, also die gestalteten („geformten") Körper, so ist, wie wir noch sehen werden, die

0.5. Formen der Anschauung

konkrete Herstellbarkeit solcher Repräsentanten in einer weiten (allerdings nie ‚unendlichen') Variationsbreite für Größe und Genauigkeit zu beachten, ferner die Differenz zwischen realen Beschreibungen der konkreten Repräsentanten und die mathematischen Verbaldarstellungen (‚formalen Beschreibungen') der zugehörigen *idealen Formen*. Wir werden dann sehen, wie letztere zu *Normen* für die Beurteilung der Güte von Realisierungen der Form in konkreten Gestaltungen werden können. Umgekehrt werden ideale Wahrheiten über Formen durchaus anhand realer Gestalten bewiesen. Das heißt, es gibt in der Geometrie eine Praxis des Beweisens der mathematisch-notwendigen Geltung von geometrischen Sätzen durch Aufzeigen der Form an konkreten Gestalten. Es ist dann nicht unwichtig zu sehen, dass auch formale Deduktionen, wenn wir sie in der Form endlich verzweigter Herleitungsbäume darstellen, im Grunde geometrische Gestalten sind. Deduktive Beweise sind ja auch nur als solche Bäume (bzw. ihre Kodierungen) ‚maschinell' (analog oder digital) repräsentierbar und kontrollierbar.

In der üblichen Betrachtung der Rolle von Diagrammen für das geometrische Beweisen bleibt das Verhältnis zwischen Beweis und Wahrheitsbestimmung der geometrischen Sätze und Aussagen in der Regel obskur, was ja schon Leibniz beklagt. Denn wenn wir solche Beweise als *Nachweis einer allgemeinen Wahrheit über reine geometrische Formen* auffassen, fragt sich, wie *diese Wahrheit* denn überhaupt festgelegt, *definiert*, ist, und wie sie dann durch Betrachtung eines Diagramms bewiesen werden soll. Um das diagrammatische und demonstrative Beweisen in der Geometrie zu verstehen, müssen wir daher zunächst das Verhältnis zwischen realer Diagramm*gestalt* (qua Figur oder Bild, griechisch: *eidolon*) und der dargestellten reinen, idealen *Form* (griechisch: *eidos*) begreifen, ferner das Verhältnis zwischen der Geltung *deskriptiver* Aussagen über die Figur und der Geltung der am Ende *normativen* allgemeinen Aussagen über die Form. Dazu muss, wie gesagt, geklärt werden, wie die Geltung oder Wahrheit der letzteren überhaupt festgelegt ist. Daher ist nicht etwa bloß die Rolle der durch Buchstaben benannten Diagramme im geometrischen Beweisen zu betrachten, wie das unter vielen anderen etwa auch *Reviel Netz*, *Paolo Mancosu* oder auch *Ken Manders* tun, sondern es ist ihre *Rolle bei der Festlegung der Wahrheitswerte für idealgeometrische Sätze* zu klären. Das ist es, was hier mit einiger Geduld getan werden soll. Die üblichen axiomatischen ‚Fundierungen' mathematischer Theorien und Kalküle haben diese Geduld nicht. Sie erzeugen eben deswegen, wie alle Verfahren nicht genauer begriffenen Abkürzungen in einer Lehre, allerlei Mystifikationen über die Gegenstände und Anwendungsbedingungen der Theorien und Kalküle.

Parallel zur Frage nach den Bestimmungen der Wahrheitswerte der Sätze der elementaren Arithmetik (der natürlichen Zahlen) wird hier folgende Lösung für das Problem entwickelt: In der elementaren Arithmetik werden aus den rein syntaktisch definierten arithmetischen Sätzen die wahren ausgesondert, und zwar auf der Grundlage einer *bloßen Betrachtung der syntaktischen Form des jeweiligen Satzes* und der in ihm *vorkommenden Zahlterme*, die freilich auf ein schon wohlgebildetes Zahltermsystem zu beziehen sind. Diese Idee wird auf die Rekonstruktion des Begriffs der elementargeometrischen (planimetrischen) Form übertragen. Es werden dazu zunächst beliebige *Konstruktionsanweisungen t* für ‚mögliche' und ‚unmögliche' planimetrische Konstruktionen auf normierte Weise, d. h. rein syntaktisch, definiert. D. h. *t* ist eine Folge von Anweisungen etwa der folgenden Formen: (1.) Beginne mit zwei Punkten. (2.) Verbinde irgendwelche schon gegebenen oder konstruierten (benannten) Punkte P, Q durch eine gerade Linie. (3.) Schlage um den einen Punkt P einen Kreis, so dass der andere Punkt Q auf der Kreislinie liegt. (4.) Benenne entstehende Schnittpunkte von Geraden oder Kreisen (mit $M, N, \ldots$).

Offenbar kann man Punkte nur benennen, wenn es sie gibt. Und man kann ‚zwei' Punkte P, Q (realiter, in der Anschauung) nur dann gerade verbinden, wenn sie (klar ersichtlich) verschieden sind. Daher ist aus den bloß *formalen Konstruktionstermen t*, die zunächst nur abstrakt sagen, was getan werden *sollte*, die Teilklasse der *möglichen* bzw. der im Prinzip *ausführbaren*, Konstruktionen auszusondern, und zwar gerade durch eine *Betrachtung hinreichend guter Diagramme*, welche diese *Konstruierbarkeit von t*, also die *Ausführbarkeit von t* demonstrativ *zeigen*. A(t) steht im Folgenden kurz für ‚t ist ausführbar'.

Mit anderen Worten, über die Betrachtung von Diagrammen beweisen wir nicht etwa irgendwie anderweitig gegebene geometrische Wahrheiten, sondern durch (geeignete!) Diagramme wird die *Wahrheit* für elementargeometrische Aussagen der Form *A(t)* allererst *festgelegt*, und zwar so, dass die mögliche Konstruktionsanweisung *t* dann als *Name* oder *verbale Repräsentation* einer planimetrischen *Form* zählt. Damit ist über die Konstruktionsterme *t* und die dazugehörigen Diagramme der Begriff der idealgeometrischen Form selbst allererst definiert. Die fundamentale Aussageform *A(t)* wird sich (nach Vorarbeiten im 2. und 3. Kapitel im 4. Kapitel) sogar als geometrisch *entscheidbar* herausstellen. Neben der *demonstrativen* Entscheidung durch Betrachtung von Diagrammen gibt es dann aber auch ein einfacheres arithmetisches, genauer: algebraisches Entscheidungsverfahren für die Konstruierbarkeitsaussagen der besonderen Form *A(t)*. Das heißt nicht etwa, dass alle geometrischen Konstruktionsprobleme entscheidbar

0.5. Formen der Anschauung

wären. Insbesondere hängt das demonstrative Entscheidungsverfahren für $A(t)$ selbst schon auf eine nicht ganz leicht zu artikulierende Weise von einer praktischen Prüfung der Güte der Konstruktionsmittel ab, also der ebenen Fläche und der auf ihr abgetragenen geraden Linien oder Kreislinien bzw. den konstruierten Orthogonalen, während im algebraischen Verfahren nur Wurzeln zu ziehen sind.

Wie in der Arithmetik gilt selbstverständlich auch für die Ausführbarkeitsaussage $A(t)$, dass mit der Komplexität des Satzausdrucks die Komplexität der Bestimmung der Wahrheit der Aussage (in der Regel) zunimmt. Entscheidbar ist $A(t)$ trotzdem, und zwar in der Anschauung.[4] Das heißt, wir können zeigen, wie parallel zur syntaktischen Komplexität von t in der Regel auch die Entscheidung über $A(t)$ entsprechend komplexer wird. Die (offenbar abzählbare) ‚Unendlichkeit' der Punkte und Linien der elementaren Geometrie entsteht daher im Grunde genau gleich wie die ‚Unendlichkeit' der natürlichen Zahlen, nämlich dadurch, dass wir vernünftigerweise nichts über eine ‚maximale Länge' von geometrischen oder arithmetischen *Ausdrücken* festlegen, zumal es in beiden Fällen Methoden der extremen definitorischen Verkürzung von Ausdrücken unter Beibehaltung der formalen Bedeutung in Freges Sinn, nämlich mit gleicher denotativer Referenz gibt.

Während in meiner Rekonstruktion das Wahrheitswertprinzip $A(t)$ für elementare (Existenz-)Aussagen über geometrische Formen beweisbar ist, da sogar auf entscheidbare Weise bestimmt ist, ob $A(t)$ gilt oder nicht, hat die (antike) Tradition des geometrischen Denkens dieses Prinzip einfach *unterstellt*. Das aber heißt gerade: Die Gegenstände geometrischer Aussagen sind keine konkreten empirischen Gestalten mehr. Sie sind nur noch ideale geometrische Formen. Eben dies hat Platon wohl von Parmenides, dem heimlichen Begründer der Ideenlehre, gelernt, nämlich dass die formalen logischen Schlussschemata, besonders aber das Zweiwertigkeitsprinzip, nur dann absolut allgemein gelten, wenn wir über ideale Formen in einer Sprache sprechen, in denen jeder wahre Satz ewig wahr ist. Sie sind daher nie einfach gedankenlos auf unsere empirischen Aussagen anwendbar. Dabei verteidigt die Figur des Parmenides in dem diesem von Platon ge-

---

4 Natürlich ist man versucht, das Wort ‚im Prinzip' hinzuzufügen, da sehr komplexe Terme nicht unmittelbar entschieden werden können, so wenig, wie sehr komplexe rekursive Funktionen in den natürlichen Zahlen unmittelbar oder auch nur in absehbarer Zeit wirklich berechnet werden können. Man sollte sich also die Unendlichkeiten, die durch die rekursiven Definitionen von Termen in der Geometrie und Arithmetik erzeugt werden, und ihre Differenz zu unseren durch und durch endlichen Erfahrungsbereichen nicht zu einfach vorstellen.

widmeten Dialog nicht etwa eine mystische Ideenlehre, sondern kritisiert allzu naive Vorstellungen der Rede über Ideen, Formen oder abstrakte Gegenstände. Denn es ist in der Tat immer erst zuvor zu klären, ob wir uns schon in einem formalsemantisch wohlgeformten Redebereich bewegen, wenn wir formale deduktive Argumente akzeptieren wollen.

Wenn wir an einer Tafel und auf einem Blatt Papier zwei Diagramme derselben geometrischen Konstruktion in verschiedenen Größen vorliegen haben, dann sind dieses als Figuren einander bloß ähnlich, stellen aber dennoch dieselbe geometrische Form dar. Daher müssen wir offenbar unterscheiden zwischen einem *externen* Ähnlichkeits- und Kongruenzbegriff zwischen gestalteten Figuren und einem *internen* Ähnlichkeits- und Kongruenzbegriff zwischen Teilformen einer einzigen komplexen Form. Damit löst sich ein uraltes, schon von Platon diskutiertes, (Schein-)Problem, nach dem es zwar nur eine einzige ideale Form des Kreises oder Quadrats gibt, die in allen ihren Repräsentationen in beliebiger Größe repräsentiert wird, dass es aber in einer komplexen Form viele verschiedene Kreise oder Quadrate als Teile geben kann, die bloß ähnlich, aber weder gleich sind, noch im internen Sinn kongruent, wenn sie nämlich verschiedene Größen haben. Damit wird auch klar, dass es je nach dem, wie man die Formäquivalenzen definiert, viele verschiedene geometrische Formbegriffe gibt. Das sollte uns jetzt nicht mehr irritieren, nachdem wir die allgemeine Rolle der Ausdrücke ‚Form' und ‚reine (geometrische) Form' als namenbildende Operatoren bzw. Ideatoren schon skizziert haben.

Analoges gilt, gewissermaßen mit reziproker Problematik, für die Gleichheit. Während für die Gleichheit von Formen und Teilformen deutliche und klare Wahrheitsbedingungen (allerdings auch hier je nach Interesse auf verschiedene, aber dann eben feste, situationsinvariante, Weisen) definierbar sind, ist das für die Gleichheit von Figuren und Gestalten keineswegs der Fall. Denn erstens lassen sich an verschiedenen Figuren immer Gestaltunterschiede festmachen. Zweitens ist nicht einmal klar, wie weit allein schon die Perspektive des Blicks auf eine Figur zum Anlass genommen werden kann, von verschiedenen angeschauten Gestalten zu sprechen. Mit anderen Worten, die Wörter ‚Gestalt' und auch ‚Figur' sind *normalsprachliche Abstraktoren. Als solche sind sie immer bloß vage.* Erst vermöge konkreter und für situative Relevanzbestimmungen relativ offener, daher vager, Bewertungen der Figur- oder Gestaltäquivalenz bestimmen sie eine Art lokalen Bereich für sortale Gestaltprädikate. Das bedeutet zum Beispiel, dass eine Figur oder Gestalt, auf die wir uns etwa in der Anschauung deiktisch beziehen, manchmal als ausreichend kreisförmig und manchmal als bloße Ellipse oder als eiförmig zu zählen ist.

0.5. Formen der Anschauung

Prototheoretische Argumente beziehen sich auf Figuren. Formal mathematisch schließen können wir aber nur, wenn wir über Formen reden. Denn nur für sie sind Identitäten und Prädikate klar und deutlich genug definiert. Eben daher sind Formen, wie die Antike noch weiß, nicht als solche empirisch wahrnehmbar. Sätze über sie sind, wie alle Sätze theoretischer Wissenschaft, *generisch*. Ich werde dennoch zeigen können, dass und wie Argumente, die zunächst keineswegs als formale Beweise oder logische Deduktionen aus hypothetischen Axiomen zu verstehen sind, im formell konstituierten mathematischen Redebereich zu wahren Theoremen werden. Dabei beziehen sich diese dann keineswegs mehr unmittelbar auf die erfahrbare Welt. Wer das nicht gebührend anerkennt, missachtet oder missversteht Grundsätzliches an unserer Technik der Formalisierung und Mathematisierung.

Ein vielleicht überraschendes Nebenergebnis der Untersuchung ist, dass die rein formalen Auffassungen von Logik und damit die Verwendung logischer Schlussschemata, wie sie das Mathematische bestimmen, alles andere als voraussetzungslos sind. Denn wenn wir nach den Schemata irgend einer der Systeme der formalen Logik schließen, reden wir längst schon nicht mehr über die Phänomene der realen Welt, sondern über ideale Formen, über *Mathemata*: Ganz gemäß dem griechischen Wort ‚manthanein', d. h. ‚lehren', sprechen wir dann in einer Redeform, die sich *rein verbal und schematisch lehren und lernen* lässt. Was sich aber so lehren lässt, hat als das bloß verbal oder formal Gelernte noch keinen Bezug auf die reale Welt. Daher hat die Mathematik als solche noch keinen Bezug auf die reale Welt. Diese Einsicht, die im Grund auf Platon zurückgeht, findet sich gerade auch in Einsteins häufig zitiertem Aphorismus: ‚So weit sich die Mathematik auf die Welt bezieht, ist sie nicht sicher, und soweit sie sicher ist, bezieht sie sich nicht auf die Welt.' Das *bonmot* zeigt, dass es einer ernsten Klärung des Status des in der Form mathematischer Theorien dargestellten Wissens bedarf. Denn diese Theorien oder Modelle beziehen sich als solche bzw. unmittelbar immer nur auf eine Welt der reinen Ideen an sich. Diese sind in gewissem Sinn transzendent, überschreiten sie doch, was wir in Bezugnahme auf konkrete, empirische Erfahrungssituationen wahrnehmen oder sagen können. Daher stehen die entsprechenden theoretischen Gegenstände und Relationen, metaphorisch gesprochen, hinter den konkreten Phänomenen der Erfahrung. Aber dies bedeutet am Ende nur, dass neben dem ideativen Übergang von der deskriptiven Rede über Realformen (konkrete Figuren) zur mathematischen Rede über Idealformen (reine geometrische Formen) immer auch die projektive Beziehung von Idealformen auf Realformen angemessen zu begreifen ist.

Das hat schon Platon erkannt. Seine Rede von einer *Teilhabe* oder *Methexis* der Ideen mit der realen Erfahrung ist als Artikulation seiner Einsicht in diese Problemlage zu deuten. Dazu ist der besondere Status der idealen Formen zu begreifen. Denn sie allein können Gegenstände einer situationsinvarianten Wissenschaft, nicht bloß der Mathematik, sein. Die *Methexis* ist daher am Ende nichts anderes als ein Titel für eine urteilskräftige und erfahrene Reflexion auf die Beziehung zwischen einer nach einer Art logischem Lineal eingerichteten Formalsprache und Wissenschaft auf der einen Seite, eine Normalsprache und einem praktischen Können auf der anderen. Nur auf die zweite Weise nehmen wir relativ unmittelbar auf eine real erfahrbare Welt Bezug. Dabei geht es schon bei Platon, wie in jeder ernst zu nehmenden Philosophie der Mathematik bzw. der exakten Wissenschaften, um die Frage, wie sich das angeblich *strenge*, in Wirklichkeit aber nur *schematische* oder, wie man euphemistischer sagt, *exakte* Schließen gemäß den formalen Inferenzmustern der formalen Logik und Mathematik zu einem Urteilen und Schließen im Hinblick auf reale Erfahrungen verhält. Wenn man will, betrifft diese Frage das Verhältnis zwischen mathematisierten Formalsprachen und unserer ‚natürlichen' Normalsprache. Es bedarf dazu insbesondere der Einsicht in den besonderen *sprachtechnischen* und *pragmatischen* Charakter idealer Redeformen und in den ebenfalls besonderen Status *empirischer* Aussagen.

Schon die Schüler des Parmenides, unter ihnen besonders Zenon aus Elea, haben dabei offenbar das Grundproblem jeder mathematischen Theorie der *Bewegung* oder *Kinematik* erkannt. Es besteht erstens darin, dass wir in ewigen Sätzen ohne Anbindung an satzexterne gegebene Perspektiven (Orte und Zeiten) keine Bewegung oder Veränderung ausdrücken können. Es besteht zweitens darin, dass wir Bewegungen und damit die Zeit mathematisch sozusagen immer nur metaphorisch oder analogisch durch eine geometrische Linie darstellen. Damit bleibt aber notorisch unklar, was dabei dargestellt wird: etwa die Zeit selbst oder bloß die Ortslinie der Bewegung eines Körpers, oder, schon geometrisch idealisiert, eines ‚Punktes'? Eine weitere Frage ist, wie wir sehen werden, inwiefern Zeit eine *Form* ist. Können also zeitliche Verhältnisse, so wie das in der Geometrie dargestellte Räumliche, Gegenstand echten, d. h. situations- und damit zeitinvarianten, Wissens sein? Oder bleibt der Bezug auf Zeitliches immer *bloß empirisch*?

Diese Fragen zur Zeit stehen im 7. und 8. Kapitel im Zusammenhang mit Überlegungen Reichenbachs und Grünbaums zur Geometrie von Raum *und* Zeit. Der tiefere Grund, warum sich eine mathematische Geometrie des Raumes nicht, wie man zunächst zu glauben geneigt sein mag, von

Fragen der Zeitbestimmung abtrennen lassen, hängt mit der allgemeineren Frage zusammen, in welchem externen Realbereich die internen Theoreme einer mathematisch verfassten Theorie zu einer guten Orientierung unseres weltbezogenen Handelns und Schließens führen. Denn wenn wir die größeninvarianten Aussagen der Euklidischen Geometrie unmittelbar zur Darstellung von Bewegungsformen im Raum der sich relativ zu einander und zu elektromagnetischen Wellen bewegenden Körper verwenden wollten, könnte das die Grenzen ihres sinnvollen Gebrauchs auf transzendente Weise überschreiten. Der Raum, in dem sich Dinge bewegen, lässt sich nämlich nicht etwa direkt im Ausgang von Körperformungen, sondern nur unter Weglassung von Zeitbestimmungen, also durch Abstraktion aus einer Raum-Zeit bestimmen. Das geschieht unter impliziter Bezugnahme auf eine passende Äquivalenzrelation der Gleichzeitigkeit von Ereignissen an weit entfernten Orten, die ihrerseits immer nur bestimmbar sind unter Bezugnahme auf Relativbewegungen.

Es ist am Ende die scheinbar schon erledigte Debatte um ein angemessenes Verständnis der Einsichten Kants in die Grundlagen objektiven Erfahrungswissens gerade auch der Physik noch einmal neu und in größerer Gründlichkeit als bisher üblich zu eröffnen. Dies ist angesichts des *Ondits*, die Relativitätstheorie Einsteins sei ‚die wahre' Theorie ‚des Raumes' und ‚der Zeit' nötiger denn je. Denn diese Thesen werden immer noch allzu selten durch ein angemessenes Verständnis dessen begleitet, was damit eigentlich gesagt sein mag. Das zeigt sich nirgends so deutlich wie in den Spekulationen um angeblich mögliche *Zeitreisen* (wie sie inzwischen *ad nauseam* Science-Fiction-Romane und Kinos füllen) oder gar um eine Art der ‚*backward causation*', der zufolge spätere Ereignisse frühere vermeintlich kausal verursachen können, wie sie nicht nur in Populärphilosophie und Volkshochschulphysik mit Einstein als erstem Pop-Physiker, sondern leider auch in der Analytischen Philosophie, genauer, in einigen ihrer formalen bzw. scholastischen Theorien als Artikulationsform von sektenartigen Bekenntnissen und damit in einer reinen Glaubensphilosophie üblich geworden sind.

Es geht mir hier aber keineswegs bloß um Kritik an einer inzwischen modisch gewordenen neuen metaphysischen Ontologie der Raum-Zeit, die sich bei angemessener Deutung zu Unrecht auf Einstein beruft. Immerhin wäre es ein Fortschritt, wenn man allgemein einsähe, dass man und warum man die skizzierten Spekulationen nicht mehr einfach als angebliche Folgerungen aus Einsteins Physik weiter lehren sollte. Denn Einsteins Relativitätstheorie des Raumes und der Zeit widerlegt *Kants These von der Elementargeometrie als mathematischer Theorie der Formen der Anschau-*

ung gerade *nicht*. Kants Einsichten in die Grundlagen unserer Raum- und Zeitmessung in präsentischer Anschauung und ihrer mathematischen Darstellung lassen sich nämlich, wenn man ihren wesentlichen Kern angemessen versteht, mit Einsteins Einsichten in die Verhältnisse der Bewegung von Festkörpern und Lichtausbreitung verträglich machen, und zwar eben dadurch, dass wir jeweils den externen Projektionsbereich der internen Aussagen in den mathematischen Modellen streng bestimmen und von dem Aberglauben Abstand nehmen, sie beschrieben eine ‚empirische Welt an sich' auf unmittelbare Weise (was übrigens eine *contradictio in adjecto* ist, da sich keine Verwendung des Ausdrucks ‚an sich' auf Empirisches, d. h. Einzelnes, bezieht, sondern, wie Hegel bemerkt, immer auf Generisches, d. h. Allgemeines). Die Spezielle Relativitätstheorie erweist sich dann gerade aus logischer Sicht geradezu als fundamental für eine materialbegrifflich strenge Analyse unserer Konzepte des Raumes und der Zeit. Dazu ist allerdings zu begreifen, dass und wie Kants *Formen der Anschauung* und mit ihnen *die elementare Geometrie Euklids* sozusagen lokal auf einen *unmittelbaren Umgang mit geformten Körpern* bezogen bleiben.

Die Relativitätstheorie interessiert sich dagegen für *Formen eines vermittelten Weltbezugs*, in dem die unmittelbare Anschauung räumlicher Verhältnisse und die Gegenwart zeitlicher Abläufe gerade *überschritten*, sozusagen hypothetisch transzendiert werden. Die Geometrie der Raum-Zeit, also die relativistische Kinematik oder Dynamik, behandelt daher in einem gewissen Sinn nicht Formen der Anschauung, sondern *anschauungstranszendente Formen von relativ zu einander bewegten Dingen*. Diese sind dann freilich nicht im Sinn von Kants reinem Negativbegriff eines *Dinges an sich jenseits aller Erscheinung* zu begreifen, sondern gerade im Sinn von ‚Dingen für uns': Unser (gemeinsamer) Bezug auf diese ‚Dinge' ist immer schon vermittelt durch indirekte Beobachtungen und Messungen, d. h. auf der Basis von Rückschlüssen auf die Verursachungen des uns in der gegenwärtigen Anschauung Gegebenen.

0.6 Gliederungsübersicht

Das erste Kapitel artikuliert allgemeine Probleme der Wissenschaftsphilosophie, etwa bei der Rede über Formen und in der Differenzierung zwischen Aussagen in einem (ggf. schon empirischen) Redebereich und relativ apriorischen bzw. begrifflichen Vorbedingungen dafür, dass die entsprechenden Sätze überhaupt einen (ggf. empirischen) Gehalt haben. Das zweite zeigt, in welchen praktischen Zusammenhängen die elementaren geometrischen

Reden von ebenen Flächen, geraden Linien und rechten Winkeln ihren systematisch ursprünglichen Ort haben. Ohne behaupten zu wollen, dass man nur auf die vorgeführte Weise zu einem Verständnis des Zusammenhanges der mathematisch-geometrischen Redeweisen mit der externen Praxis gelangen kann, nämlich über die Betrachtung der Körperformen des Quaders und des rechtwinkligen Keils, liegt dieser Weg doch sehr nahe. Auch historisch kann man die Wurzeln der Geometrie im Umgang mit vorgeformten Quadern (gebrannten Ziegeln oder behauenen Steinen) etwa bei den Babylonier und Ägypter sehen, wobei architektonische Planzeichnungen zunächst auf ‚ebenen' Quaderflächen geritzt und dann auf abziehbare Folien wie Papier ‚geschrieben' werden.

Im dritten Kapitel zeige ich, wie sich in der Geometrie eine spezielle Praxis der geometrischen Konstruktionszeichnungen und ihrer normierten sprachlichen Beschreibung etablieren lässt. Diese wird dann ihrerseits die Grundlage für die Theorie der elementaren ebenen Geometrie darstellen, die im vierten Kapitel als wahrheitswertsemantisch konstituierter abstrakter (idealer) Redebereich rekonstruiert wird. Für ein Verständnis der Stufung geometrischer Rede ist es wichtig, die Ebene der Konstruktionsbeschreibungen und des anschaulich-demonstrativen Zeigens grundlegender geometrischer Fakten von der des vollformalen bzw. deduktiven oder halbformalen bzw. wahrheitswertsemantischen Beweisens zu trennen. Voll- und halbformale Beweisformen in der Geometrie sind erst nach einer ideativen Festlegung von Wahrheitswerten (oder analoger Geltungsregeln) auf anschaulich-deskriptiver Grundlage möglich.

Es sind nun geometrische Demonstrationen in der deiktischen Anschauung, auf deren Grundlage wir den Redebereich der idealen Geometrie allererst begrifflich konstituieren. Daher ist in den Demonstrationen eine basale geometrische Beweispraxis zu sehen, zu der dann die Idee oder Forderung hinzukommt, dass die geometrischen Sätze situationsinvariant als wahr oder falsch zu bewerten sind. Denn nur damit treten die schematischen Schluss- oder Inferenzformen der Wahrheits(wert)logik in Kraft. Es ist diese Idee, welche schon die Praxis der griechischen Mathematik implizit leitet. Was das bedeutet, wird weder in der Hilbertschen axiomatischen Geometrie noch in den konstruktiven Geometriebegründungen hinreichend deutlich: Die idealen Gegenstände der (euklidischen) Geometrie, die Formen oder geometrischen Ideen, sind durch diejenigen Konstruktionsanweisungen gegeben, die auf der Grundlage praktischer Erfahrung durch gewisse Extrapolationen als prinzipiell erfüllbar demonstriert werden können. Diese Erfüllbarkeit wird nicht etwa deduktiv bewiesen und kann dies auch nicht – im Gegensatz zu den Vorstellungen oder Unterstellungen sowohl der axiomatischen als auch der konstruktiven Geometrie. Der Aufbau der idealen Geometrie ruht vielmehr tatsächlich, wie Kant behauptet, auf einem synthetischen und auf einem apriorischen Grundpfeiler, auf der Anschauung und einer ideativen (idealisierenden) Wahrheitswertfestlegung.

Dabei nehme ich die Tatsache ernst, dass geometrische Konstruktionen, auch Konstruktionszeichnungen, zunächst wirkliche Konstruktionen mit formbaren Materialien in der präsentischen und gemeinsam zugänglichen Anschauung sind. Daraus ergibt sich, dass wir keineswegs einfach von den realen Normen, die wir an eine gute Konstruktionspraxis stellen und dort als erfüllbar kontrollieren, zu den geometrischen Ideen übergehen können, der *Fiktion* nämlich, *alle diese Normen seien irgendwie idealiter erfüllt*. Wir wissen nämlich sehr wohl, dass diese Fiktion oder *Vorstellung* faktisch nicht erfüllbar ist. Ist sie daher nicht einfach leer, wie Protagoras und mit ihm Sextus Empiricus oder Hume ja auch schon vermuten? Wie ist dann aber unsere Rede von den idealen geometrischen Formen zu verstehen?

Indem wir diese Frage ernst nehmen, wird unsere Untersuchung zugleich auch ein Lehrstück dafür, dass wir uns nicht allzu schnell mit *irrealen Konditionalaussagen* der Art ‚wenn das und das der Fall wäre, wäre das und das der Fall' abspeisen lassen dürfen. Denn die Frage ist, wie derartige Aussagen nach wahr und falsch zu bewerten sind. Und das ist gerade eine nicht triviale Frage. Mit der üblichen bloßen Behauptung der Konditionalaussage wird diese Frage bloß rein dogmatisch umgangen. Das ist aber nichts als ein Mangel an sinnkritischer Analyse irrealer Konditionalaussagen.[5]

Geometrische Formen sind, wie das vierte Kapitel zeigt, abstrakte, genauer: ideale, Gegenstände, konstituiert durch Wahrheitswertfestlegungen für gewisse (syntaktisch definierte) Sätze, in denen Konstruktionsterme vorkommen. Unsere Rekonstruktion weist damit insbesondere auf die zentrale Rolle hin, welche die Ausdrucksformen bei der Analyse abstrakter Gegenstände wie der geometrischen Ideen spielen. Andererseits wären die Festlegungen für die Wahrheitswerte der Sätze willkürlich, wenn es keine demonstrativen, anschaulichen, wenn man will: protogeometrischen Beweise gäbe, auf deren Grundlage man die Bedingungen der Möglichkeit einer größenunabhängigen Rede von geometrischen Formen *einsehen* kann. Der

---

5 Dieser Mangel prägt übrigens gerade auch alle Kausalitätstheorien, welche irreale Konditionalaussagen als quantifizierte Sätze über Mengen möglicher Welten deuten wollen. Sie bleiben ohne strengen Beurteilung dessen, wie die dabei formal für wahr erklärten Schlussformen realiter sinnvoll zu verwenden sind, durchgängig oberflächlich. Eine entsprechende sinnkritische Analyse der Leistungen und Grenzen der ‚modalen Revolution' (Brandom) in der Analytischen Philosophie existiert aber m. E. noch nicht.

für eine solche Demonstration benötigte Strahlensatz erweist sich dabei als eine keineswegs selbstverständliche Grundlage der Konstitution geometrischer Rede. Gerade diese Tatsache wird in Lorenzens konstruktiver Geometrie überhaupt nicht bemerkt, und zwar weil dort der Unterschied zwischen demonstrativen und logisch-deduktiven Beweisen am Ende doch nicht genügend beachtet wird.

Das fünfte Kapitel führt vor, wie man rein geometrisch, also ohne den üblichen arithmetischen Aufbau, die elementaren Operationen der Addition, Multiplikation und Division rationaler, pythagoräischer und euklidischer Längen und Vektoren einführen kann. Auf diese Weise können wir nicht bloß das geometrische Denken der griechischen Mathematiker und die Rede von der Zahlengerade besser verstehen, sondern auch die viel später ‚entdeckten' komplexen Zahlen und die Methode der algebraischen Erweiterung des Punktbereichs durch Wurzeln oder Nullstellen für Polynome. Das bedeutet nämlich, dass man nicht nur, wie in der elementaren Geometrie, die Schnittpunkte nicht paralleler Geraden in der Ebene betrachtet (die sich im Grunde als Geradenpaare auffassen lassen), sondern für alle polynomial darstellbare Kurven alle nötigen Schnittpunkte zum Punktbereich hinzufügt.

Im Anschluss daran lassen sich die Unterschiede des logischen Aufbaus der Geometrie und einer geometrisch fundierten Algebra einerseits, der Arithmetik und Analysis andererseits klar herausarbeiten. Es wird damit insbesondere das Problem des Kontinuums verstehbar als die Frage danach, ob unser Gegenstandsbereich genügend Punkte enthält, um ‚beliebige' Schnittpunkte von stetigen Funktionsverläufen zu repräsentieren, die sich (topologisch gesehen) kreuzen. Für die in der Elementargeometrie definierten Kurven, die Gerade und den Kreis, existieren diese Schnittpunkte sozusagen *per definitionem*, sie sind geradezu deren Gegenstand. Analoges gilt dann auch für die Polynome der Algebra. Aber erst in der arithmetisierten Analysis schaffen wir einen allgemeinen Funktionsbegriff und einen dazu passenden Begriff des ‚Punktes' in einer entsprechend vervollständigten mathematischen Ebene und den zugehörigen Begriff der ‚reellen Zahl'. In dem Kapitel wird dann auch noch vorgeführt, wie man die Überlegungen zur ebenen Geometrie auf eine Konstitutionsanalyse der räumlichen Geometrie übertragen kann, wie sich also der Begriff des dreidimensionalen euklidischen mathematischen Raumes ergibt. In einer Art modelltheoretischem Anhang werden dann noch Nonstandard-Modelle für geometrische Axiomensysteme skizziert. Das Ziel dieser Überlegungen ist rein negativ. Es soll nur auf gewisse Schwierigkeiten hingewiesen werden, welche bei einem naiven Umgang mit dem Begriff der axiomatischen Theorie oder der konstruktiven Methode der Ideation entstehen. Dabei spielt es überhaupt keine Rolle, dass die Modellkonstruktion selbst nicht konstruktiv ist, sondern auf den in der klassischen Mathematik üblichen Annahmen beruht. Es lässt sich mit Hilfe der Nonstandard-Modelle dennoch zeigen, dass und warum Dinglers Dreiplattenverfahren (man schleift die Flächen abwechselnd, um Krümmungen auszuschalten) den Begriff der ebenen Fläche logisch noch nicht eindeutig definiert. Auch Lorenzens Definition der Ebene als einer frei klappsymmetrischen Fläche garantiert noch nicht, dass das Formprinzip (der Parallelensatz, die Existenz von Rechtecken usf.) überhaupt (‚exakt') erfüllbar ist. Am Ende macht die Kritik völlig klar, was man von Anfang an hätte vermuten können: Die Existenz von Rechtecken gehört zu den holistischen Kriterien der Ebenheit einer Fläche.

Das sechste Kapitel schildert die interne (wahrheitswertsemantische) Konstitution geometrischer Invariantentheorien der affinen und der Riemannschen Geometrie. Es wird gezeigt, wie diese sich auf die externe Praxis der geometrischen Vermessung mit Gaußschen Koordinaten beziehen lassen. Diese Mess- und Rechenpraxis und die Entwicklung des entsprechenden Rahmenmodells für Riemannsche Mannigfaltigkeiten ist mathematische Vorbedingung für das Raum-Zeit-Modell der *Allgemeinen Relativitätstheorie*. Der dann auch noch erwähnte, in seiner Bedeutsamkeit für die Geometrie durchaus in aller Regel überschätzte, aber für das Verständnis des axiomatischen Verfahrens bahnbrechende Nachweis der deduktionslogischen Konsistenz von nichteuklidischen Geometrien durch Bolyai bzw. Lobatschevskij ist am Ende weder verwunderlich, noch ist er eine Argument dafür, dass eine solche nicht-euklidische Geometrie ‚die wahre Geometrie des Raumes' sein könnte. Die Rede von der Wahrheit der Axiome macht zunächst nur in Bezug auf einen schon wohlkonstituierten abstrakten Redebereich Sinn, in dem jedem Axiom intern der Wahrheitswert das Wahre zugeordnet ist. Deduktionslogische Abhängigkeiten und Unabhängigkeiten von Axiomen zeigen daher grundsätzlich nur die prinzipielle Möglichkeit oder Unmöglichkeit der Konstitution von wahrheitssemantisch verfassten Redebereichen, in denen die Axiome zu intern wahren Sätzen werden. Ob aber als prinzipiell möglich (existent im Hilbertschen Sinne) erwiesene nichteuklidische Redebereiche (Modelle von geometrischen Axiomen) wirklich sinnvoll – etwa zur Darstellung der Ergebnisse unserer Messpraxis – sind, steht auf einem ganz anderen Blatt.

Das siebte und das achte Kapitel wenden sich dann den Problemen der (geometrischen) Kinematik und damit der physikalischen Geometrie zu. Im siebten Kapitel wird dazu die Abhängigkeit des Zeitbegriffs von den als relevant erachteten mechanischen Bewegungsformen, also die logische

Interdependenz von Kinematik und Mechanik behauptet. Man kann die Kinematik nicht, wie in der konstruktiven Protophysik beabsichtigt, über allgemeine Homogenitätspostulate vor jedem, und unabhängig von jedem, mechanischen Grundwissen entwerfen. Der in der Protophysik (von Peter Janich) versuchte Beweis der Eindeutigkeit einer Zeitmessung mit schubsynchronen Taktgebern (Uhren) scheitert nämlich (in seinem Beweisziel) daran, dass sich nur innerhalb einer schon vorab bestimmten Klasse (hier so genannter) formgleicher Relativbewegungen (oder Zeittaktgeber) der angegebene Eindeutigkeitsbeweis durchführen lässt. Immerhin kann man an diesem Scheitern viel über das Problem der Zeitmessung lernen, mehr jedenfalls als in den üblichen axiomatischen Darstellungen. Wenn man aber das, was wirklich bewiesen wird, genau genug formuliert, dann liefert der (nach den nötigen Voraussetzungen letztlich triviale) Beweis sogar in dem begrenzten Bereich, in dem er korrekt ist, *keineswegs eine Garantie für die Bewegungsinvarianz der Uhrenzeiten*. Das heißt, es lässt sich durch ihn nicht die Erwartung begründen, dass Uhren, die nach einem gewissen Konstruktionsplan hergestellt sind und in ihrem Gang lokal geeicht werden, bei jedem Zusammentreffen die gleichen Zeiten (Zeitzahlen) anzeigen.

Eine Längenmessung, welche sich auf ein Wissen bzw. auf aus einem Wissen extrapolierte ideale Annahmen über die Ausbreitungsgeschwindigkeit des Lichtes einerseits, auf Zeitmessungen mit Uhren andererseits stützt, hat dann mit den entstehenden Problemen des Begriffes der Gleichzeitigkeit zurecht zu kommen. Man misst jetzt nämlich mit ortsfesten Uhren die Dauer des Hin- und Rückwegs eines an einem anderen Ort reflektierten Signals, wobei die dortige Ankunftszeit des Signals in einem gewissen Rahmen konventionell festgesetzt wird. Eine mathematische Darstellung so gemessener räumlicher Verhältnisse verlangt natürlich den Rahmen einer vierdimensionalen Raum-Zeit. Dies wird im achten Kapitel vorgeführt. Die Analyse bestätigt in gewissem Sinn Grünbaums Diagnose, dass die empirischen Ergebnisse etwa des Michelson-Versuches zwar notwendige Voraussetzungen der Relativitätstheorie sind, aber noch lange nicht ausreichen für so weitreichende Folgerungen, wie sie sich im berühmten Uhren- oder Zwillingsparadox zeigen. Damit wird klar, dass die Theorie mit einer ganz allgemeinen Behauptung über das globale Verhalten aller mechanischen und elektrodynamischen Systeme verbunden ist. Dieses Verhalten ist durch das Prinzip der Einweg-Konstanz der Lichtgeschwindigkeit ausdrückbar, weil Längen und ortsübergreifende Zeiten in der Relativitätstheorie von vorneherein auf der Basis der Lichtausbreitung und der zu den Standardbewegungen passenden Uhren definiert werden.

Viele der hier vorgetragenen Überlegungen sind in der einen oder anderen Hinsicht nicht neu. Insbesondere gehören die Ausführungen zur Analytischen Geometrie zum Allgemeingut mathematischen Wissens. Auch die Rekonstruktion der *Speziellen Relativitätstheorie* unterscheidet sich nur in einigen Details von dem, was man auch durch die Lektüre der einschlägigen Literatur zusammentragen könnte. Trotzdem scheint es mir sinnvoll, an die – übrigens nichtaxiomatische – innere Konstitution der entsprechenden mathematischen Redebereiche zu erinnern, insbesondere um Fragen nach der *mathematischen Verfassung* des Minkowski-Modells der *Speziellen Relativitätstheorie* streng von seiner *empirischen Deutung und Begründung* zu trennen. Denn *mathematisch* gesehen ist die euklidische Geometrie schon deswegen präsupponiert, da diese nach wie vor den innermathematischen Deutungsrahmen für Integrale und Differentiale abgibt. Physikalisch dagegen wird klar, dass sich die ‚geometrische Ausmessung' des ‚leeren' Raumes zwischen Körpern, ‚in dem' sich Körper bewegen und Licht ausbreitet, nicht einfach als unmittelbare Anwendung geometrischer Formbestimmungen verstehen lässt, wie sie im Kontext der elementargeometrischen Gestaltung und Ausmessung von Körpern entwickelt worden sind, als wäre dieser leere Raum eine Art Hohlraum in einem Körper. Im Grunde kannte schon Leibniz dieses allgemeine Problem. Was Leibniz nicht wissen konnte, war, dass die Definition der Gleichzeitigkeit von Ereignissen an verschiedenen Orten am Ende so schwierig sein würde, wie sie tatsächlich ist, und dass eben dies zur Revision der Idee führt, man könnte die Dimensionen des Räumlichen und des Zeitlichen fein säuberlich und das heißt, unabhängig vom Ort bzw. der Perspektive des Betrachters, so von einander trennen, wie wir die vier (oder n) Dimensionen in einem vier- (oder n-)dimensionalen *cartesischen* Zahlenraum trennen.

Dass in einer philosophischen Untersuchung nie alle Unklarheiten beseitigt werden können, liegt in der Natur der Sache. Es werden daher immer wieder Stellen auftreten, an denen eine weitergehende Analyse wünschenswert erscheint. Z. B. im Bereich der Konstitution der Mengenlehre und der klassischen Analysis ist dies von vornherein zu erwarten. Sofern Verständnisprobleme überhaupt gelöst werden können, sind diese Lösungen eben immer nur erste Angebote, die vielleicht dabei helfen, durch eigenes Nachdenken größere Klarheit zu erreichen. Und es ist natürlich jede Analyse immer auch noch einer Verbesserung fähig oder bedürftig.

1. Kapitel
Anschauung, Form und Begriff

1.0 Ziel des Kapitels

Gerade im Bereich der räumlichen Orientierung und damit der Geometrie wird eine Differenzierung zwischen empirischen Aussagen und begrifflichen Vorbedingungen dafür, dass die entsprechenden Sätze überhaupt einen empirischen Gehalt haben, zu einem zentralen Problem. In gewissem Sinn hat das schon Kant gesehen. Dessen schwierige, ja obskure, Unterscheidung zwischen einer reinen Anschauung bzw. reinen Anschauungsformen und realer Anschauung ist nämlich, wenn man sie verständig neu rekonstruiert, so zu verstehen, dass in jedem empirischen Anschauungsurteil, etwa dass links da drüben ein Stuhl ist, empraktische Formen der Unterscheidungen in räumlichen Orientierungen wie etwa zwischen *oben* und *unten*, *hier* und *dort*, aber auch *geradlinig* und *gekrümmt* oder dann auch bei Bewegungen zwischen *herüber* und *hinüber* bzw. dann auch zwischen *unbeschleunigt* und *beschleunigt* (etc.) schon vorausgesetzt werden müssen. Jedes Bild, das wir uns von der realen Welt und den realen räumlichen Beziehungen machen, auch jede entsprechende Aussage, hängt wesentlich von der praktischen Beherrschung dieser Unterscheidungen von Gestalten und Bewegungsgestalten im Reich der Dinge und ihrer Anschauung ab. Die entsprechende Kompetenz wird präsupponiert. Es handelt sich bei dieser Kompetenz daher bestenfalls insofern um eine empirische Tatsache, als *wir Menschen* sie in der Regel *erwerben* (können). Sie selbst wird in empirischen Aussagen a priori vorausgesetzt.

Wenn wir nun solche impliziten Formen *explizit* machen wollen, bedarf es einer besonderen Form der Rede über sie. Denn zunächst existieren sie in unseren Orientierungen und dann auch in der Artikulation räumlicher Verhältnisse rein praktisch. Um sie zu thematisieren, müssen sie in Redegegenstände verwandelt werden. Diese Verwandlung wird sprachlich oft angezeigt durch die Namen bildenden und eben damit abstraktiven Operatoren bzw. *Abstraktoren* ‚die Form ... (etwa: des Geraden)...' oder ‚die Gestalt ... (eines Kreises)' bzw. ‚die Figur ... (des Thales-Vierecks)'. Es bedarf dann schon einer besonderen Logik, wenn wir über *reine* Formen oder dann auch über *Strukturen* sprechen, also etwa über *ideale* Ebenen, Kreise oder Rechtecke. Dass dem so ist, mag nicht leicht einzusehen sein. Welche Sprachtechniken der *Ideation* dabei involviert sind, ist Thema einer philosophischen Reflexion auf die logische Konstitution der mathematischen Geometrie und dann auch der Mathematik überhaupt.

Am Ende ist die mathematische Geometrie als eine Art Begriffslogik reiner räumlicher Verhältnisse zu begreifen. Sie stellt nämlich auf ideale Weise das logisch-begriffliche Gerüst dar, das wir in der einen oder anderen Form immer schon gebrauchen, wenn wir etwa in einer mathematisierten Physik räumliche Verhältnisse und Bewegungen darstellen. Allerdings ist dabei, wie wir sehen werden, zwischen einem informellen und weltbezogenen, damit immer unreinen, vagen oder inexakten, und einem idealen bzw. formellen, nur als solchem reinen und exakten, Gebrauch dieses Gerüsts zu unterscheiden. Mit dieser Unterscheidung eng zusammen hängt die formelle Konstitution der mathematischen Rede über ideale geometrische Formen im Rahmen eines, wie wir sehen werden, wahrheitswertsemantisch konstituierten und eben damit mathematisierten Rede- bzw. Gegenstandsbereiches.

1.1 Zur Differenz zwischen Empirischem und Apriorischem

Ich werde im Folgenden zeigen, inwiefern die absolut allgemeine Tatsache, dass es Quader gibt, also dass sie als Körperformen in vielen verschiedenen Größen und Genauigkeiten herstellbar sind, die Grundlage der Geometrie ist. Man kann diese Tatsache, wenn man unbedingt will, ‚empirisch' nennen. Aber nicht einmal die Gesetze der formalen Logik haben der Form nach ein höheres Maß an Notwendigkeit und Allgemeinheit. Auch die Gesetze der Logik oder Arithmetik gelten nur in dem Maße, in welchem wir in der Anschauung symbolische Regeln oder Schluss-Schemata qua Ausdrucks- oder Übergangsformen einigermaßen sicher wiedererkennen und stabil mit ihnen umgehen können. Man denke etwa an Regeln der Form $(p, p \to q) \Rightarrow q$ oder $3 + 1 = 4 = 1 + 1 + 1$. Wittgenstein hat (wie zuvor schon Lewis Carrol und in gewissem Sinne schon Platon z. B. im *Philebos* 38c–40a) die grundlegende Bedeutung dieser Tatsache unseres realen Umgangs mit Zeichen und Schemata für alle inhaltlichen Reden gerade auch über Formen und Zahlen klar erkannt und entsprechend betont: Schon dort, wo es um die logische oder begriffliche Geltung etwa eines formalen Schlusses geht, setzen wir implizit voraus, dass sich die Zeichenschemata nicht unbemerkt oder unter der Hand ändern. Wir müssen uns zum Beispiel an entsprechende Laut- oder Schriftgestalten gut genug erinnern, Formäquivalenzen erkennen und laut oder leise, in innerer Vorstellung oder äußerlicher Darstellung äquivalente (Re-)Präsentationen der entsprechenden Formen reproduzieren können. Erst damit werden Zeichen zu Symbolen, d. h. zu Vertretern von allgemeinen bzw. reinen Formen. Wir denken, wenn wir denken, *immer* in anschaulichen Symbolen und Bildern, die wir spontan *(re)produzieren* und dann auch, wie beim stillen Lesen, in uns selbst *imaginieren* können.

Wenn wir nun speziell die formellen Deduktionen in axiomatischen Theorien betrachten, in die wir in den ersten Semestern des Mathematikstudiums eingeführt werden, so müssen wir auch dort immer verfolgen können, was in einer Herleitung schon hergeleitet ist. Wir müssen wissen, dass wir die Prämissen eines Beweises nicht im Nachhinein ändern, also die Vergangenheit einer Herleitung nicht sozusagen ungeschehen machen können. Wir müssen dazu, wie wir sagen möchten, in Herleitungsbäumen entsprechend zwischen vorher und nachher (in diagrammatischer Darstellung: zwischen oben und unten bzw. links und rechts) unterscheiden können. Wird dadurch die formale Logik oder axiomatische Arithmetik ‚empirisch'? Wieder kann man, ohne tieferen Sinn, so reden. Allerdings entleert man damit den Begriff des Empirischen. Denn damit wird am Ende alles irgendwie empirisch. Das Wort differenziert dann nichts mehr. Das ist gerade das Problem, das wir mit der Philosophie W.V. Quines haben sollten: Wir verzichten dann nämlich nur auf wichtige Unterscheidungen, etwa zwischen bloß empirischen Gewohnheiten und begrifflichen Normen, wie wir gleich genauer sehen werden.

Dazu hat schon Kant die Differenz hervorgehoben zwischen a) einem bloß (individuell oder kollektiv) *gewohnheitsmäßigen* Schließen, b) der *allgemeinen* Geltung von Normen und Regeln des richtigen Schließens, die in gewisser Analogie steht zu allgemeinen Rechtsgesetzen und, wie diese, auch schon kodifiziert sein können, z. B. in wissenschaftlichen Enzyklopädien, und schließlich c) dem *empirischen Beobachten* etwa beim *Lernen* des rechten Gebrauchs dieser Normen und Regeln durch den Einzelnen. Nach der empiristischen (behavioristischen, oder, wie Robert Brandom sagt, bloß *regularistischen*) Auffassung gründet sich die *Geltung* gewisser Schlüsse gerade auch in der formalen Logik oder Mathematik bloß *a posteriori* auf die Beobachtung des *Verhaltens* der Menschen im Umgang mit Zeichen. Aber ohne *normative Festlegungen* etwa im Hinblick darauf, was als Formäquivalenzen zählt oder was inferentiell aus seinem Gebrauch korrekt erschlossen werden kann, ist ein Zeichen noch gar kein Symbol. Seine Verwendung wäre noch kein symbolisches Handeln. Daher sind die entsprechenden ‚apriorischen' Regelungen für die *Bildung verstehbarer Ausdrucksformen* und die dabei *als bekannt vorausgesetzten materialbegrifflichen Inferenzformen* nicht einfach zu unterschlagen.

Es sind dazu allerdings die üblichen Missverständnisse zu vermeiden, nach denen ein *apriorisches Wissen* angeblich *angeboren* oder *ewig* oder ganz *erfahrungsunabhängig* sei, oder nach denen es als angebliche Einsicht in irgendeine *Innerlichkeit* oder gar in höhere Sphären *metaphysischer Wahrheit* ausgegeben wird. Die Differenzierung zwischen Sätzen bzw. Urteilen a priori und empirischen Sätzen bzw. Urteilen a posteriori betrifft in Wirklichkeit (gerade auch schon bei Kant) die Differenz zwischen der lernbaren *Kompetenz*, an einer schon normativ strukturierten gemeinsamen Handlungsform (normalerweise, wenn nichts dazwischen kommt) richtig teilzunehmen, und den *besonderen Erfahrungen* und *einzelnen Beobachtungen*, die wir dabei machen. Man denke bei den allgemeinen Fähigkeiten an so einfache Beispiele wie das verständliche Sprechen oder die Gestaltung von Körpern, an das Rechnen und Schließen in mathematischen Redebereichen oder an das Begründen oder das Anwenden von Aussagen der Wissenschaft. Dabei machen wir besondere Erfahrungen, wenn wir auf individuelle Sprachfehler oder Aphasien oder auf empirisch bedingte Deformationen von Körpern etwa durch Kälte, Hitze oder dann vielleicht auch durch große Beschleunigungen aufmerksam werden.

Die Geltung der Normen des generisch (*prima facie*) Richtigen ist also *a priori* in eben dem Sinn, dass ihre richtige Befolgung in spontanen (freien) Handlungen *zu lernen ist*. Das gilt insbesondere auch für materialbegriffliche Inferenzregeln. Derartige Normen und Regeln sind im Rahmen eines kooperativen Handelns, Könnens und Wissens von uns *allgemein* gesetzt. Das heißt, es sind weder *einzelne* Personen, noch sind es alle möglichen Personen, auf welche diese ‚Setzungen' zurückgehen. Eben das ist nicht leicht zu verstehen. Aber es ist anzuerkennen. Und diese Anerkennung verlangt, dass wir lernen, über so Allgemeines und zugleich Diffuses zu reden wie eine allgemeine kooperative Praxis, und so vage Titel angemessen zu gebrauchen und zu verstehen wie ‚die (deutsche) Sprache', ‚die Wissenschaft' oder ‚das Recht', bzw. ‚die Geometrie' oder ‚die Mathematik'. Offenbar verlangt gerade hier eine strenge Artikulation der begrifflichen Verhältnisse *vage Titel*, so wie der *strenge Begriff der empirischen Gestalt* hinreichend *vage* sein muss, im Unterschied zum exakten Begriff der reinen (idealen) geometrischen Form, der als generischer Begriff nicht unmittelbar auf Einzelnes in der empirisch erfahrbaren Welt, sondern auf ortlose Gegenstände eines formalen Redebereiches verweist, wie wir sehen werden.

1.1. Zur Differenz zwischen Empirischem und Apriorischem

Normen werden ‚von uns' praktisch anerkannt. Ihre Einhaltung wird ‚von uns' gemeinsam kontrolliert. In den entsprechenden sozialen Praxen, etwa dem allgemeinen Reden und Handeln oder dann auch schon in den Wissenschaften, gelten dem gemäß alle diejenigen Personen, welche die Normen etwa des richtigen logisch-begrifflichen Schließens im relevanten Redebereich nicht voll beherrschen, als solche, die erst noch auszubilden sind. Sie müssen also erst noch etwas lernen bzw. ein gewisses Können demonstrieren, bevor von ihnen vorgebrachte ‚Argumente' ernst zu nehmen sind. Schon Heraklit, Sokrates und Platon haben auf diese äußerst wichtige Tatsache kooperativer Wissenschaft hingewiesen: Nicht alles, was einer beliebigen Mengen einzelner Sprecher oder Hörer subjektiv als Argument erscheint, zählt *in Wirklichkeit*, d. h. in unserer arbeitsteiligen und im Blick auf Spezialkompetenzen ausdifferenzierten Kultur, Wissenschaft und Technik, als gutes Argument, nicht einmal dann, wenn das Vorgebrachte von einer überwältigenden *Mehrheitsmeinung konsensuell* als Argument anerkannt würde. Wir können uns nämlich auch schon mal kollektiv täuschen. Andererseits bedarf es immer auch einer *externen* Kontrolle der *internen* Wissensansprüche von Experten. Denn auch deren Ansprüche können irrtümlich oder angemaßt sein. Auch sie müssen vor der allgemeinen Menschenvernunft und allgemeinen Erfahrung ausweisen. Im Kontext einer entsprechenden Prüfung (aber dann auch nur in diesem Kontext!) zählt seine *Lehre* (griechisch: *doxa*) daher für den Prüfenden zunächst bloß als *Meinung* (griechisch ebenfalls *doxa*), selbst wenn es sich aus anderer Urteilsperspektive schon um ein etabliertes und, wie die Prüfung (hoffentlich) herausstellt, nach allen Regeln der Kunst anzuerkennendes, personeninvariantes und bleibendes, ‚Wissen' (griechisch: *epistēmē*) handelt.

In jedem Wissensanspruch und für jedes vernünftige Argument ist also, erstens, eine gewisse Statusdifferenz und zugleich Spannung zwischen den durch Experten geprüften Lehren und den Meinungen des Volkes (*laios*: der Laien) anzuerkennen. Es ist, zweitens, die Perspektivendifferenz zwischen etablierter Lehre und reflektierender Prüfung angemessen zu berücksichtigen. Das darf aber, drittens, nicht so geschehen, dass der Experte *a priori* recht behält. ‚Szientismus' ist der übliche Titel für eine solche allzu euphorische Wissenschafts- und Technikgläubigkeit, in welcher der zweite Schritt, eine autonom-reflektierende Kritik am Expertentum durch die Allgemeinheit, vernachlässigt wird. Dass gerade ein solcher Szientismus eine demokratische Autonomie gefährden kann, sieht man nicht zuletzt am Beispiel der Probleme der Idee einer ‚wissenschaftlichen', also expertokratischen, Politik, wie sie übrigens schon von Platon selbst in den *Gesetzen*, nicht etwa erst bei seinen Kritikern, wie z. B. Karl Popper, kritisch diskutiert werden. Für ein philosophisch aufgeklärtes Verständnis von Wissen und Wissenschaft ist zwischen bloßen Lehrmeinungen einerseits und autonom als kompetent geprüften Argumenten andererseits zu unterscheiden. Dazu ist die sokratische Einsicht in die *Ambivalenz* oder *Dialektik* zwischen spezialisiertem Expertentum und allgemeiner Kontrolle je konkret zu aktualisieren.

Neben dem *Statusunterschied von Personen*, also dem Statusunterschied von Experten und Laien, ist, viertens, die *Statusdifferenz von Aussagen* über ein *reproduzierbares Können* (‚a priori') gegenüber bloß einzelnen *empirischen Beobachtungsaussagen* ‚a posteriori' zu beachten. In den letzteren wenden wir in aller Regel ein implizit vorausgesetztes begriffliches Können an. Wir setzen dieses damit ‚a priori' voraus. Für diese Differenzierung zwischen handelnd realisierbaren Normen des Richtigen und bloß empirischen Widerfahrnissen bedarf es der Unterscheidung zwischen einem relativ apriorischen Können, das man *nach Belieben vorführen* können muss, und bloß empirischen Behauptungen über Einzelnes. Ein allgemeines Können muss man als im Prinzip wiederholbares Können *demonstrieren*, auf Einzelnes kann man immer nur in der Gegenwart *zeigen*.

Ein Können *zeigt sich* dabei, wie wir fünftens sagen, immer auf *generische Weise*, und zwar im *spontanen* (und das heißt: *willentlichen, nicht unwillkürlichen*) Handeln und Können. Die Wahrheit von einzelnen, bloß historischen Beobachtungsaussagen lässt sich dagegen nicht immer auf diese Weise sichern. Denn das, was vergangen ist, ist ja nicht mehr unmittelbar als empirisch Einzelnes vorhanden. Wenn hier etwas reproduzierbar ist, dann ist es nicht das einzelne von Einzelpersonen beobachtete Ereignis, sondern bestenfalls ein generischer Typ des *regelmäßig Beobachtbaren*. Zum regelmäßig Beobachtbaren gehören insbesondere sich reproduzierende Bewegungs- oder Prozessformen, bzw. Bewegbarkeiten, wie im Fall der für uns besonders relevanten *Passung* von Quadern auf Quader.

Allerdings müssen wir auch noch, sechstens, zwischen utopischen Wunschvorstellungen und wirklich Machbarem unterscheiden. Daher gehört zur Beurteilung der Normen des richtigen Handelns immer auch ein *Wissen über die Grenzen der Machbarkeiten*. Dieses Wissen wird nun in aller Regel selbst wieder als *empirisches Wissen* aufgefasst. Man denke z. B. an das Wissen über die Grenzen der Herstellbarkeit von gut zu einander passenden Quadern oder dann auch von Uhren. Andererseits hat diese Art von generischem Wissen über das Machbare und die allgemeinen Grenzen des Machbaren immer noch einen anderen Status als ein *bloß einzelnes* Beobachtungswissen oder ein bloß einzelnes Scheitern eines Handlungsversuchs. Denn generisches Wissen auch über allgemeine Unmöglichkeiten ist

Teil eines Systems apriorischer Voraussetzungen dafür, was im einzelnen Fall als Argument zählt.

Was man im *Nahbereich* gut genug tun kann (man denke etwa an die Herstellung und den Gebrauch von hinreichend guten Quadern oder Uhren), lässt sich aber möglicherweise nicht unbegrenzt auf Fernbereiche oder Mikrobereiche (in der Messung von Längen und Zeiten) ausdehnen. Wer daher in bloß diffuser Extrapolation eines Nahbereichskönnens nicht auch mit einem möglichen allgemeinen Wissen über die Grenzen des Machbaren in einem Fern- oder Mikrobereich rechnet, der beherrscht die Unterscheidung zwischen realen Möglichkeiten und bloßen Utopien noch nicht.

Die Unterscheidung zwischen apriorischen Urteilen über ein aktives Können und aposteriorischen Urteilen über passiv Erfahrenes, etwa auch im Blick auf die Grenzen unseres Könnens, wird durch die im sechsten Punkt genannten Problemlage keineswegs obsolet, allenfalls schwieriger. Denn ohne relativ apriorische Übergänge in der Form lehr- und lernbarer *begrifflicher Inferenzen gibt es keinen empirischen Gehalt*. Wir machen außerdem aktive Erfahrungen, indem wir die Grenzen unseres Könnens ausloten. Diese Art von Erfahrung ist von der bloßen Wahrnehmung und dispositionellen Reaktion etwa eines Tieres wesentlich verschieden, zumal es hier eine *gemeinsame Kontrolle* der allgemeinen Kompetenz bzw. Inkompetenz und dann auch von zugehörigen Aussagen gibt, wie sie sich bei Tieren nicht findet.

1.2 Materialbegriffliche und andere generische Aussagen

Adolf Grünbaum behauptet in seinen Schriften zur Philosophie des Raumes und der Zeit, dass seiner Verwendung der Worte gemäß unter anderem die folgenden Aussagen bloß ‚empirische' Wahrheiten artikulierten: Man kann die linke Hand nicht durch Bewegung zur Deckung mit der rechten Hand bringen. Es gibt kein Perpetuum Mobile. Die Zeit ist gerichtet. Man kann nicht in die Vergangenheit reisen. Man kann auch Geschehenes nicht ungeschehen machen. Aussagen dieser Art ist jedoch der besondere Status von *materialbegrifflichen* bzw. *synthetischen und doch apriorischen Wahrheiten* zuzusprechen. Der Grund dafür ist dieser: Bloße Einzelbeobachtungen und die zugehörigen empirischen Aussagen über Einzelnes *können eine allgemein funktionstüchtige Praxis bzw. ein allgemeines Wissen über Unmöglichkeiten nicht widerlegen und auch nicht begründen*. Aber auch bloß verbale Theorien können das nicht. Wenn uns eine Theorie sagt, dass etwas abstrakt, aus ihrer Sicht sozusagen, möglich sei, was offenkundig konkret nicht möglich ist, dann ist die Theorie in dieser Hinsicht einfach unzuverlässig. Andererseits sind viele Urteile über technische Möglichkeiten (zum Beispiel einer gut funktionierenden Längenmessung von Festkörpern auf der Erde) und über absolute Unmöglichkeiten (z. B. in die Vergangenheit zu reisen) transzendentale oder präsuppositionale Voraussetzung für sinnvolle empirische Inhalte. Denn diese müssen sich immer in einem entsprechenden Möglichkeitsrahmen bewegen.

Sätze der Form ‚der Stab war zum Zeitpunkt t sowohl 5 als auch 7 cm lang' oder ‚ich werde gestern in Rom sein' sind nicht etwa bloß empirisch immer falsch, sondern inhaltlich bzw. semantisch sinnlos. Dabei entspricht dieser semantischen Sinnlosigkeit positiv eine semantisch allgemein gültige Schlussform, wie etwa: ‚Jeder Stab hat zu einem Zeitpunkt genau eine Länge' oder: ‚das, was je geschehen ist, kann nicht ungeschehen gemacht werden'. Die erste Schlussform enthält freilich einen nicht unproblematischen impliziten Parameter, nämlich den Bezug auf eine Messpraxis, in der wir Stäbe bewegen und in ihrer Länge vergleichen, wobei wir zwar zunächst sehr gute Erfahrungen mit unseren Messergebnissen in Bezug auf Invarianzen machen, dann aber auch an Grenzen des Machbaren stoßen.

Die Härte *des logischen Muss*, von der Wittgenstein gelegentlich spricht, beruht dabei auf allerlei Grenzen für das, was begrifflich noch als sinnvolle Möglichkeit gelten kann, nicht etwa *bloß auf weitgehend willkürlichen Konventionen oder Regeln für den inferentiellen Umgang mit Worten und Zeichen bzw. die entsprechenden formallogischen Wahrheitsbedingungen*, wie Wittgenstein im Grunde im *Tractatus logico-philosophicus* noch unterstellt. Die Grenzen nicht bloß des *formallogisch* Möglichen, sondern auch des *(material)begrifflich* Möglichen gehen, wie schon Kant und Hegel je auf ihre Weise gesehen haben, in unsere Form der (Abbildung von) Welt ein *und bestimmen damit den Rahmen des empirisch Möglichen.*

Über die von Kant präsentierte Klasse von synthetisch-apriorischen Urteilen hinaus ist jedes technische Wissen, unter Einschluss unseres Wissens über absolute Grenzen für reale Möglichkeiten, im Falle seiner praktischen Bewährtheit nicht bloß gesicherter als jede sich bloß auf theoretische Einordnungen von Beobachtungen gründende Erklärung. Eine bewährte technische Erklärung, wie etwas zu bewerkstelligen ist, oder dass etwas zu tun unmöglich ist, hat *logisch* (genauer: *begrifflich*) einen anderen, wenn man will tieferen, fundamentaleren Status als eine theoretische Erklärung, welche bloß sagt, dass eine modellhafte Ordnung oder Darstellung irgendwie auf einen Bereich von Erfahrungsgehalten passt.

Sowohl empirisch als auch begrifflich falsch wäre etwa ein Satz wie der folgende: Man kann die Zukunft nicht beeinflussen, *‚what will be will be'.*

1.2. Materialbegriffliche und andere generische Aussagen 55

Es gibt für den Satz weder empirische noch irgendwelche anderen Begründungen. Das heißt am Ende, dass jeder Glaube an einen Prädeterminismus der Geschehnisse der Welt und an einen entsprechenden ‚Kausalnexus' zwischen allen Ereignissen, wie Wittgenstein sagt, aber schon Kant, Fichte und Hegel erkennen, einfach dogmatischer Aberglaube ist. Als bloß psychische Haltung lässt sich dieser Glaube freilich ebenso wenig ‚widerlegen' wie die Prädestinationslehren im Islam oder Christentum. Aber in einer vernünftig begriffenen Wissenschaft von der unbelebten und belebten Natur und von den Möglichkeiten und Grenzen menschlichen Handelns hat er nichts zu suchen. Es ist allerdings nicht einfach zu sehen, wie sich dieser Aberglaube von dem Prinzip der Wissenschaften unterscheidet, sich um generische Gesetzen und Formen zu bemühen, um durch sie Einzelereignisse allgemein zu erklären.[1]

Es gibt verschiedene Arten und unterschiedliche Deutungen unserer Extrapolationen aus der realen Erfahrung. Wenn wir durch idealisierende Fiktion einen physikalischen Wahrheitsbegriff extrapolieren, indem wir die uns faktisch (heute, mit unseren Mitteln) möglichen Messverfahren und Ergebnisse auf eine gewisse Weise transzendieren, dann bleibt der Sinn der sich so ergebenden Rede von wissenschaftlicher (etwa physikalischer) Wahrheit an die Ausgangspraxis gebunden. Wir sprechen dann über mögliche Messungen und Messergebnisse, z. B. auch über einen möglichen Beobachter. Die Rede von der (physikalischen) Wahrheit ist am Ende als idealisierende Vorwegnahme aller vernünftigen Erweiterungen unserer je faktisch begrenzten, aber immer auch mehr oder weniger gut geglückten Erfahrungspraxis und ihres immer in einem gewissen Rahmen auch vorläufigen, insofern bloß hypothetischen, Wissens zu verstehen, als idealer Grenzbegriff also. Dem kommt Kants Analyse des Wahrheits- und Objektivitätsbegriffs schon sehr nahe.

So, wie es sinnvoll ist, in der Arithmetik und Geometrie keine willkürlichen Grenzen für die Bildung von Zahltermen oder die Exaktheit und Größe von Figuren anzugeben, ist es auch in der Naturwissenschaft oft sinnvoll, keine willkürlichen Grenzen für den Begriff des (prinzipiell) Erfahrbaren zu ziehen. Wir berücksichtigen damit die Tatsache des Erkenntnisfortschritts. Es ist zugleich eine Vernunftnorm jeder ernst zu nehmenden Wissenschaft, dass jeder von uns, der den Anspruch erhebt, vernünftige Erwägungen anzustellen, die Beschränktheit bzw. Endlichkeit seiner bzw. unserer Kenntnisse, eingeschlossen seiner bzw. unserer Methoden und Sicht-

---
1 Die Frage nach der logischen Modalstruktur jeder Rede über Zukünftiges, also nach realen Möglichkeiten in entsprechenden Möglichkeitsspielräumen, geht über unser Thema weit hinaus.

weisen, anzuerkennen, und zwar angesichts der Vielfalt menschlicher Erfahrungen und der Möglichkeiten weiterer, besserer Erfahrungen, die aber, und hier wird das ‚Wir' und ‚Uns' zweideutig, immer *unsere* Erfahrungen sein werden, wie Kant mit Recht betont.

Es ist bleibende Aufgabe einer philosophischen oder logischen Reflexion auf die Wissenschaften, die Unterschiede im logischen Status ihrer verschiedenen Sätze zu erkennen. Erfahrungswissenschaften prüfen dabei gewissermaßen den Verlässlichkeitsbereich von Wissen oder dann auch von Hypothesen. Aber daneben finden wir in ihnen leider auch allerlei metaphysische und dogmatische Thesen, die von unserem praxis- und lebensbezogenen Verständnis wissenschaftlichen Wissens losgelöst sind. Dies ist überall dort so, wo man mit einem von unserer menschlichen Erfahrungs- und Lebenspraxis und dann auch unseren Techniken und Sprachtechniken gänzlich losgelösten, insofern transzendenten und absoluten, also nicht pragmatisch begriffenen Wahrheitsbegriff operiert – sei dieser physikalistisch-materialistisch oder theologisch –, oder aber, bloß scheinbar gegenläufig, mit einem allzu weiten Begriff des Möglichen, da ein solcher allzu schnell einen beliebigen Glauben an angebliche Möglichkeiten scheinbar sinnvoll macht.

Ein anderes Problem betrifft die inferentielle Logik modellhaft-analogischer Darstellungsformen. Denn gerade auch in der Logik und Mathematik arbeiten wir mit Bildern und Diagrammen. Daher muss jedes mathematische oder logische Argument in seiner inneren, bildinternen, Form und seinem externen Sinn erst angemessen verstanden werden. Es ist stattdessen leider weitgehend üblich geworden, formale Deduktionen aus Axiomen als letzte Argumentationsinstanzen zu betrachten. Dass weder die Logik noch die Mathematik ein sicheres Fundament wissenschaftlicher Argumentation abgeben kann, ohne strenge externe Deutung ihrer formalen Darstellungssysteme, wird im heute üblichen Wissenschaftsbetrieb, nicht nur in der Physik, sondern leider auch in der analytischen Logik, Wissenschaftstheorie und Philosophie nicht hinreichend zur Kenntnis genommen. Man meint, eine Wissenschaft oder Theorie sei erst exakt, wenn sie die Form eines formalen Axiomensystems mit formalen logisch-mathematischen Deduktionsregeln angenommen hat. Meist schneidert man mit der Formalisierung eines Gedankens diesem aber nur ein neues Kleid. Der Gedanke selbst wird dadurch weder klarer noch richtiger.

Außerhalb der praktischen Kontrolle geraten auch und gerade die Naturwissenschaften in die Gefahr, aus der Erfahrung extrapolierte Bilder nicht als rede- oder rechentechnische Hilfsmittel der Darstellung unserer Erfahrungen in der Welt anzusehen, sondern sie als allgemeine Erklärungen für die erfahrenen Phänomene auszugeben, ohne zu bemerken, wie schnell man damit pythagoräistische Weltanschauungen, etwa auch *science fiction*, entwirft, statt strenge Wissenschaft zu betreiben. Dies gilt insbesondere für die Vielfalt der theoretischen Bilder im Bereich der Kosmologie, auch und gerade im Anschluss an realistische Deutungen der relativistischen Raum-Zeit-Lehre.

1.3 Kritische Reflexionen in der Wissenschaftsphilosophie

Wenn wir unser Vertrauen in ein wissenschaftliches Expertentum setzen und blind auf eine allgemeine Kontrolle der Grundlagen der wissenschaftlichen Arbeitsteilung verzichten, verspielen wir das sokratisch-platonische Erbe. Eine Wissenschaftsphilosophie, welche nicht im skizzierten Sinn dialektisch ist, sondern nur auf dem Vorrang des Experten vor dem Laien beharrt, verdient daher ihren Namen nicht. Daher geht zum Beispiel Grünbaums bekannte Ablehnung jedes Arguments, das sich, wie in der ‚*ordinary language philosophy*' oder auch bei Wittgenstein, auf völlig allgemeine Erfahrungen und entsprechende materialbegriffliche Wahrheiten a priori stützt, weit über jede vernünftige Kritik hinaus. Es ist sogar so, dass wir die Grenzen innertheoretischer Begründungen nur dann auf nicht bloß dogmatische Weise überschreiten können, wenn wir in der Lage sind, entsprechende vortheoretische Begründungen zu begreifen, welche sich, wie die hier vorgetragenen, auf allgemeine Normalerfahrungen berufen, und wenn man dazu auch Argumente versteht und anerkennt, die in einer ggf. durch besondere terminologische Stipulationen lokal für das Argument entwickelten Normalsprache artikuliert sind.

Auch für den Experten stehen die impliziten Voraussetzungen seiner eigenen Arbeit, insbesondere also das, was er im Zuge einer großangelegten Arbeitsteilung des Wissens passiv oder verbal gelernt hat, verständlicherweise gerade nicht im Fokus seines professionellen Tuns. Dennoch ist oft schwer begreifbar zu machen, dass man zur übersichtlichen Artikulation, Explikation und reflektierenden Beurteilung dieser impliziten Voraussetzungen oft eigene Sprachformen entwickeln und beherrschen muss. Eine der Aufgaben der Philosophie ist dabei die Klärung der Stufung präsuppositionaler Voraussetzungen für das wissenschaftliche Argumentieren, Begründen und Beweisen. Dass es solche Stufungen gibt, wissen wir im Grunde alle: Nicht jeder kann die Messergebnisse eines Arztes oder Physikers oder alte Schriften oder archäologische Relikte ‚lesen'. Dazu muss man die relativen, materialbegrifflich-informellen Normen des Richtigen bzw. zugehörige formell festgesetzten Schemata oder Regeln kennen und einhalten. Ich werde hier einige dieser Stufen in der internen Definition mathematischer Wahrheiten aufzeigen. Dies geschieht im Rahmen einer Darstellung dessen, wie diese Definitionen ein formelles mathematisches Beweisen einer bestimmten logischen Form allererst möglich bzw. gültig machen. Zugleich wird auf vielfältige Probleme einer externen, projektiv auf die real erfahrbare Welt bezogenen Deutung dieser formalen Wahrheiten und Beweise hingewiesen.

Die Zumutungen, welche sich aus der Grundeinsicht der Philosophie in die Dialektik von Expertentum und allgemeiner Reflexion ergeben, sind offenbar. Wenn z. B. viele etwas noch nicht können, was andere können, zählt ihre Meinung nicht als Einwand. Wer z. B. die Sprach- und Kalkültechniken der Mathematik, sagen wir der Riemannschen Geometrie und Tensorrechnung, nicht beherrscht, dessen Meinung zählt nicht in der Debatte um die Bedeutung dieser Modelle zur Darstellung räumlicher Verhältnisse. Dasselbe gilt auch für die Experimentiertechniken und statistischen Kontrolltechniken der jeweiligen Naturwissenschaft. Daher dokumentieren gerade viele Qualifikationsarbeiten diese technischen Fertigkeiten. Und wir gewichten die Erfahrung anerkannter Experten so, dass man durchaus im positiven Sinn von Autoritätsargumenten sprechen kann. Dass diese Form von Argument immer auch falsch eingesetzt werden kann, etwa wenn man Physiker oder Techniker generell für Experten in Bezug auf alles und jedes, etwa auch auf sozialpolitische Prozesse und jede Art von klarer Sprache in allen möglichen Redebereichen hält, gehört sozusagen zur Natur der Sache.

Damit ist auch schon das janusartige Problem der philosophischen Skepsis benannt. Denn einerseits verhält sich diese im Interesse einer selbständigen Prüfung von Argumenten kritisch gegen jedes Autoritätsargument in jedem Expertentum und jeder bloßen Tradition. Andererseits geht der Skeptiker regelmäßig zu weit, wenn er als Empirist aufgrund der Überschätzung der eigenen Erfahrung oder als Formalist aufgrund überzogener Forderungen an ihn überzeugende Beweise am Ende Probleme hat, auf souveräne und kompetente Weise mit den abstrakten Redeformen in angemessener Form umzugehen. Daher behält z. B. ein Skeptiker wie Sextus Empiricus *gegen die Mathematiker* (so lautet der Titel eines seiner Bücher) *nicht* recht, wohl aber gegen viele ihrer missverständlichen Selbstkommentare. Denn die bis heute üblichen mystifizierenden Reden über transzendente Gegenstandsbereiche sind nicht dazu angetan, die berechtigte Skepsis gegen einen naiven Platonismus und unaufgeklärten Pythagoräismus zu entkräften.

Allerdings urteilt man auch in den Wissenschaften oft allzu schematisch, etwa wenn man mit den unqualifizierten Meinungen der Laien gleich auch noch diejenigen aus der Diskussion ausschließt, welche nur eine Prüfung der Angemessenheitsbereiche mathematischer Darstellungsschemata und Rechnungen fordern und damit unter anderem ein gedankenfreies, rein schematisches Rechnen und Beweisen infrage stellen. Der dogmatische Szientismus erweist sich damit am Ende ironischerweise gerade als Feind des wissenschaftlichen Fortschrittes. Denn erstens dürfen bei aller Anerkennung der Tatsachen der Arbeitsteilung und der zugehörigen Kompetenzdifferenzen neue Ideen, auch wenn sie von Dilettanten und anderen Außenseitern stammen, nicht durch ein institutionalisiertes Expertentum kategorisch ausgeschlossen werden. Zweitens ist besonders in einer (wie John Dewey sieht: notwendigerweise demokratisch verfassten) Wissensgesellschaft nicht bloß das schwierige Dauerproblem der Vermittlung von Wissen, sondern das noch viel schwierigere der Bildung von Urteilskraft bei Nichtexperten je auf angemessene Weise zu lösen. Drittens sind sokratische Fragen und kritische Reflexionen auf den jeweiligen Status eines Wissensanspruchs ernst zu nehmen. Sie zwingen zur selbstbewussten Vergewisserung des Sinnes und der Grenzen der Signifikanz schematisch lehr- und lernbarer Methoden.

Daher lohnt es sich oft immer auch, Minderheitenvoten zum ‚klassischen' Lehrbuchwissen anzusehen. Das schärft das kritische Denken, selbst wenn man am Ende die Skeptizismen und Gegenthesen doch nicht teilt. Dies gilt zum Beispiel für den Intuitionismus L.E.J. Brouwers, der versucht hatte, eine zu Dedekind und Cantor alternative Konzeption des Kontinuums der reellen Zahlen zu entwickeln. Die Grundidee, jenseits von allem technischen Detail, besteht nach meiner Rekonstruktion im Erhalt der traditionalen Kategoriendifferenz zwischen den (jeweils irgendwie effektiv) benennbaren Punkten (auf der Linie oder Ebene oder auch schon im elementargeometrischen Raum) und den offenen Kontinua. Diese werden also nicht als Punktmengen aufgefasst, sondern als Bereiche, in denen man auf eine logisch besondere Weise über ‚freie Wahlfolgen' sprechen möchte. Diese benennen keine Punkte, sondern sind immer nur Anfänge beliebiger Fortsetzungen. Dieser Vorschlag führt, wie Brouwer klar sieht, nicht bloß zur Notwendigkeit einer Revision der formallogischen Schlussregeln, sondern auch dazu, dass nur noch die (in den rationalen Zahlen) stetigen Funktionen auf dem Kontiuum überall definiert sind. Die Aussage, dass ein Punkt P mit der Eigenschaft E existiert, bedeutet bei Brouwer, dass derjenige, welcher die Aussage behauptet, zu ihrer Begründung einen Punkt P nennen und die Aussage $E(P)$ begründen muss. Aus einer Begründung einer Aussage, dass nicht auf alle Punkte die Eigenschaft non-E zutrifft, folgt dann aber noch keineswegs, dass man einen Punkt P nennen könnte, so dass $E(P)$ begründbar wird. D. h. die entsprechende Schlussweise der klassischen Logik ist in dieser Sichtweise nicht etwa nur deswegen nicht gültig, weil wir *epistemisch* beschränkt sind, so dass wir P zufälligerweise *nicht finden*, sondern weil es *möglicherweise gar kein je nennbares P* mit der Eigenschaft E *gibt*.

Es ist offenbar die kategoriale Unterscheidung zwischen benennbaren und damit auf der Zahlengeraden wohlsituierten konvergenten Folgen rationaler Zahlen und Brouwers Rede von freien Wahlfolgen, welche eine besondere deduktive Logik verlangt, wie sie als intuitionistischer Logikkalkül von Arend Heyting entwickelt wurde. In gewissem Sinn zeigt Brouwer damit ein Problem in Cantors Rede von allen Folgen. Cantor löst dagegen das Kontinuumsproblem dadurch, dass er, erstens, Kontinua als Punktmengen auffasst, zweitens an den Schlussformen der klassischen Logik festhält und, drittens, aufgrund einer völlig liberalen und vagen Vorstellung von *allen* Folgen oder Teilmengen in einer unendlichen Menge *zu Mengen verschiedener Mächtigkeiten* gelangt. Damit wird auf eine situationsinvariante Konstitution der Bereiche der Punkte verzichtet. D. h. im Rechnen mit gebundenen Variablen bleibt unklar, worauf die Variablen verweisen. Das kann man, muss man aber nicht als Argument gegen Cantors Lösung vorbringen. Brouwers ‚Intuitionismus' dagegen arbeitet im Grunde viel weniger als Cantor mit mentalistischen Intuitionen, sondern artikuliert eher die Einsicht, dass die realen Möglichkeiten der Belegung von Variablen durch Benennung von Punkten, wenn sie *situationsinvariant* sein sollen, nie den Bereich des Abzählbaren transzendieren, allen Reden von überabzählbaren Mengen und ihrer Existenzbeweise zum Trotz. Das gilt sogar, wenn wir sie abhängen lassen von einer konkreten und je gegenwärtigen *Anschauung* (Intuition), in der sozusagen *ad hoc* eine neue approximierende Folge metastufig bestimmt wird.

Aber selbst wenn wir dabei Brouwers Problemanalyse anerkennen, ist sein Lösungsvorschlag nicht nur deswegen problematisch, weil seine quantorenlogischen Aussagen über solche ‚freie Wahlfolgen' etwa in Dezimalentwicklungen mit fixierter endlichen Anfangsfolge am Ende keineswegs klarer sind als Cantors Aussagen über ‚alle möglichen' Folgen rationaler Zahlen oder natürlicher Zahlen in Dezimalbruchentwicklungen. Gravierender als die sprach- und beweistechnische Komplexität des Ansatzes von Brouwer ist, erstens, dass bei ihm die überall auf seinen Wahlfolgen definierten Funktionen alle stetig sein müssen und dass, zweitens, der Zwischenwertsatz für alle (jeweils zulässigen) Funktionen keineswegs in dem

1.3. Kritische Reflexionen in der Wissenschaftsphilosophie 61

Sinn erfüllt ist, dass wir aus einer Funktionsbeschreibung eine entsprechende Nullstelle effektiv erhalten.

Unser Kontinuumsproblem lässt sich gerade in diesem Satz ausdrücken. Er artikuliert den Wunsch einer Korrespondenz zwischen den Punkten und den sich schneidenden (stetigen) Linien. Unser Kontinuumproblem hat übrigens wenig mit der üblicherweise unter eben diesem Titel behandelten Frage zu tun, ob die erste nicht abzählbare Kardinalzahl gerade die Kardinalität der Potenzmenge der natürlichen Zahlen ist.

Der Konstruktivismus Errett Bishops oder Paul Lorenzens zeigt dann immerhin, wie weit man in der Analysis kommt, wenn man an der effektiven Approximierbarkeit eines jeden Punktes oder wenigstens seiner Benennbarkeit festhält. Wie im Intuitionismus Brouwers müssen auch hier beim formalen Beweisen gewisse quantorenlogische Schlussformen der klassischen Logik außer Geltung gesetzt werden, da nur die vollformalen Regelungen des von Heyting entwickelten intuitionistischen Kalküls und die zugehörigen halbformalen Regelungen in Paul Lorenzens materialen Dialogspielen die für das konstruktive Schließen zentrale Eigenschaft garantieren, dass beweisbare Aussagen der Form ‚es gibt zu jedem x genau ein y mit $A(x,y)$' nachweisbar eine effektiv berechenbare Funktion $y = f(x)$ im jeweiligen Gegenstandsbereich darstellen.

Am Ende wird man aber auch hier auf Beweise im ‚klassischen' Argumentationsrahmen nicht einfach verzichten wollen, so dass sich die konstruktive Mathematik, statt als ein revisionistischer Ersatz, eher als interessante und wichtige Ergänzung darstellt. Dem entspricht auch die Abkehr des späteren Hermann Weyl von einer zunächst recht dogmatischen Haltung im Blick auf Grundlegungsansprüche einer konstruktivistischen Mathematik. Aus einer allgemeinen philosophischen Sicht findet diese aber bis heute bei M.A.E. Dummett Sympathie und wird innermathematisch auch noch von Harold M. Edwards vertreten.

Analoges gilt auch für die Minderheitenvoten in der Physik, etwa für die notorischen Kritiker der Relativitätstheorie Hugo Dingler, Herbert Dingle, Paul Lorenzen oder auch Peter Janich. Der Operationalismus, der diesen Ansätzen trotz aller Differenzen unter einander (oder mit Percy Bridgman) gemein ist, weist mit Recht auf die Bedeutung der Herstellung und Funktionskontrolle von Geräten, gerade auch von Messgeräten wie Uhren oder Längenmaßstäbe, und auf die Kulturpraxis des Messens hin. Er unterscheidet demgemäß zwischen empirischen Einzelwahrnehmungen einerseits (auf die sich im Logischen Empirismus die Bestätigungen oder Verifikationen von Theorien irgendwie vage induktiv stützen sollen und die auch noch im so genannten Kritischen Rationalismus für mögliche Widerlegungen entsprechender hypothetischer Theoriekonstruktionen angeblich unmittelbar taugen) und durch Geräte vermittelten Messungen und Experimenten andererseits. Außerdem achten Konstruktivisten wie Lorenzen auf die sprachtechnische Darstellungs- und Modellierungspraxis der Mathematik. Während die Einklammerung jedes Dogmatismus in den klassischen Lehren und die Erwägung alternativer Möglichkeiten zu Zwecken einer kritischen Reflexion berechtigt ist, geht der operative Ansatz tendenziell zu schnell zur Forderung nach einer Revision der anerkannten ‚Mehrheitsmeinung' über.

Es wäre z. B. durchaus korrekt zu sagen, dass die empirische Lage zum Zeitpunkt von Einsteins Entwurf der Speziellen Relativitätstheorie 1905 noch keineswegs so war, dass man seine beiden Prinzipien, das Relativitätsprinzip und das Prinzip der allgemeinen Isotropie der Lichtausbreitung, als gesichert annehmen konnte oder gar ‚musste'. Vielmehr handelte es sich um einen zunächst durchaus noch mutigen Vorschlag, der sich dann aber, aus im Folgenden in einigen Details noch zu diskutierenden Gründen, theoretisch und praktisch als ausgesprochen sinnvoll erwiesen hat. Der Vorteil einer allgemeinen Revision von Einsteins Revision der klassischen Kinematik und Dynamik ist insbesondere dann nicht mehr einzusehen, wenn man den Status der Elementargeometrie als Theorie von lokalen und auf Körper bezogenen Anschauungsformen im Unterschied zu einer Darstellung eines Bewegungsraumes einmal begriffen hat, so dass ich sozusagen gerade auf der Grundlage von Einsichten, die auf Lorenzen selbst zurückgehen, seine eigenen Ergebnisbeurteilungen und die seiner Schüler infrage stellen werde.

Gegen Dinglers Operationalismus wird hier der Anschauungscharakter der geometrischen Formen und die Bedeutung der normierten Sprachpraxis betont werden. Lorenzens Wiederaufnahme der Ebenendefinition Dinglers sowohl über das operative Verfahren des Ebenenschleifens als auch in der Idee freien Klappsymmetrie wird als unzureichend kritisiert. Insbesondere muss der Raum anders als dort begriffen werden. Und es sind die Ideen, die geometrischen Aussagen artikulieren, keine unmittelbaren Normen für eine unendliche Exhaustionsmethode. Der tiefe Grund dafür ist dieser: Man kann nur exhaurieren (ausschöpfen), *was sich sinnvoll exhaurieren lässt*. Damit fällt, wie wir sehen werden, Dinglers Kritik an der Relativitätstheorie in sich zusammen, aber auch Lorenzens etwas moderatere Idee, dass nur die Massendefinition, nicht die Messpraxis, eine relativistische Revision sinnvoll mache.

1.4 Empraktische Formen und Formen als abstrakte Gegenstände

Jede Beschäftigung mit den Themen Raum, Zeit und Anschauung bzw. Geometrie, Arithmetik und Physik wird mit dem wohl schwierigsten Wort der Philosophie zurechtkommen müssen. Es ist das Wort *‚Form'*. Dabei habe ich eben schon den Weg der Verschiebung der Aufmerksamkeit vom *Thema* zum *Wort* betreten. Es ist dies der *Weg der Logik* oder, wie man heute dazu auch sagt, der Weg der *linguistischen Wende*. Diese Wende ist nichts anderes als die moderne Version der Reflektion, im Sinne des *reflectere animum*. Wir wenden uns weg von einem materialen oder inhaltlichen Gebrauch der Sprache zur Betrachtung der Form des Gebrauchs, wozu dann auch die Form der Sätze gehört und die Formen des Schließens oder Begründens.

Man kann dabei allerdings die Wendung vom inhaltlichen Thema zum Ausdruck auch übertreiben. Denn Begriffe werden dann zu *bloßen* Wörtern. Schlüsse werden zu *bloß schematischen Deduktionen* oder Regelanwendungen. Diese Übertreibungen charakterisieren einen Nominalisten oder Formalisten. Ein solcher hat nur den rein verbalformalen, damit bloß oberflächlichen, Teilaspekt des Gesamtgebrauchs der Sprache und gerade nicht die Gesamtform der betreffenden Praxis der Erfahrung, Kommunikation und Kooperation in seinem Blick. Ein solcher Nominalist oder Formalist pflegt den Philosophen dafür zu kritisieren, dass dieser überhaupt über *Inhalte* oder *Ideen* (als nicht bloß schematische *Formen*) und dabei insbesondere über *Praxisformen* oder gar eine *Lebensform* spricht.

In der Philosophie werden diverse Reden über Formen thematisch. Gerade auch Platons Rede über Ideen oder unsere Reden über Inhalte oder Bedeutungen sind Reden über Formen. Diese Formen lassen sich nun aber nicht, wie Nominalisten oder Formalisten glauben oder unterstellen, bloß als implizit beherrschte Schemata des Verhaltens, Handelns oder Redens begreifen. In der Tat sind es gerade die Explikationsprobleme von Formen, welche die Philosophie zu einer eigenen Disziplin machen. Das methodische Basisproblem liegt in der komplexen Beziehung zwischen impliziten, also nicht schon artikulierten, und expliziten, auf die eine oder andere Art gegenständlich beredbar gemachten Formen.

Wie komplex das Problem eines angemessenen Verständnisses von *Formen* ist, und zwar in völliger Analogie zum Problem des Verständnisses unserer Reden über *Regeln*, zeigt folgender Versuch eines thesenartigen Kommentars zum Verhältnis von Formen, die sich im Handeln oder in einer Praxis zeigen, und Formen, die Gegenstand explizit reflektierter Rede sind: Wir kennen die *externen* Anwendungsbedingungen von Regeln oder normativen Handlungsformen zunächst immer erst implizit, empraktisch, indem wir sie beherrschen und ihre konkreten Anwendungen (gemeinsam) kontrollieren. Die Formen *expliziter* Rede sind dagegen wesentlich *interne* Gegenstände reflektierender Redeformen. Vor die Alternative gestellt, die schwierigen Formen in bloß zeigender Rede, damit rein paradigmatisch und bloß vage anzudeuten, oder aber sie zu ‚benennen', hat sich gewissermaßen schon Platon für die *explizite Rede über Formen* entschieden, trotz der ihm selbst durchaus bekannten Probleme seiner ‚Ideenlehre', inklusive gewisser Gefahren des metaphysischen ‚Platonismus'. Das Wort dient mir als Titel für jedes hypostasierende bzw. ontisierende Missverständnis oder ontologische Fehlverständnis gegenstandsartiger Reden über Formen. Hypostasierende Ontisierungen bestehen darin, dass abstrakte Gegenstände etwa reflektierender oder dann auch mathematischer Rede als in irgendeinem Jenseits existierend unterstellt werden, als gäbe es etwa ein Bewusstsein jenseits unserer bewussten Akte, eine Seele jenseits unseres Lebens bzw. unserer Rede über Personen, ob noch lebend oder schon tot, oder Zahlen jenseits unseres Gebrauchs von Zahlsymbolen, und zwar nicht bloß als Numeralia wie in 5 cm, sondern als Namen für reine Zahlen. Entsprechendes gilt für geometrische Formen. Paradigmatischer Leitfaden der Reflexion auf Formen überhaupt ist bei Platon, nicht im Platonismus, und dann übrigens auch bei Aristoteles die in der griechischen Wissenschaft gewissermaßen eben erst entwickelte Rede der *Geometrie* über ideale planimetrische Formen. Der Analytischen Philosophie seit dem so genannten *Linguistic Turn* in Wittgensteins *Tractatus* dienen entsprechend die Redeformen der Arithmetik und deren Konstitutionsanalysen bei Frege als Orientierung.

Weder der Begriff der Form noch der Begriff der Gestalt sind hier wahrnehmungspsychologisch zu lesen. Die Gestaltpsychologie untersucht gar nicht den Begriff der Gestalt oder der geometrischen Form, sondern ‚natürliche' Vorbedingungen dafür, dass wir derartige Begriffe beherrschen können. Nicht die Psychologie, sondern eine formale (nicht bloß formalistische) Sprachanalyse, in welcher der Zusammenhang von Sprache und Praxis auch für die hochstilisierten mathematischen (theoretischen) Reden vergegenwärtigt wird, ist hier die richtige Methode der Reflexion auf den Begriff.

Die zugehörigen *Realformen* (‚für sich') der Anwendungen von Verbalformen sind selbst immer nur *empraktisch*, d. h. im Tun und Reden gegeben. Die zur Verbalform des Kreises (genauer, wenn auch ungewöhnlicher: des Kreisförmigen im Sinne des Kreisgestaltigen) gehörige Realform kennen wir zum Beispiel aus der Praxis, eine Oberfläche als Kreis (kreisför-

1.4. Empraktische Formen und Formen als abstrakte Gegenstände 65

mig, kreisgestaltig) anzusprechen oder eine kreisförmige Oberfläche herzustellen.

Die zu einem *Begriff* gehörige *Realform* ist entsprechend gegeben *im Gebrauch eines Begriffswortes W auf die Welt*, während die *Verbalform*, wie etwa in die ‚Bedeutung des Ausdrucks *W*' oder auch in ‚die Form *W*', ein abstrakter Gegenstand reflektierender Rede ist. Solche abstrakte Gegenstände (im Modus des ‚an sich') sind dadurch charakterisiert, dass ihre Benennungen in ‚reinen' Aussagen auftreten. Zur Realform der Zahlen gehört ihre Verwendung als Numerale, wie etwa in 2 cm. Zur abstrakten Verbaloder Idealform der Zahl 2 bloß an sich gehören alle reinen arithmetischen Aussage über die 2. Entsprechendes gilt für das Wort ‚Kreis', das in der Realform auf irgendwie in der Welt realisierte Kreisgestalten verweist, in den idealen Reden der Geometrie aber auf die reine Form des Kreises bzw. entsprechende Teilformen in komplexen Formen.

Schon um einen Ausdruck wie ‚die Bedeutung von *W*' in seinem Gebrauch angemessen zu begreifen, müssen wir den Gebrauch des *idealisierenden Abstraktors* ‚die Bedeutung von *X*' (mit *variablem X*) oder dann auch ‚die Form *Y*' bzw. ‚die Zahl *Z*' schon beherrschen *und* die zu ihr gehörige Beziehung zwischen *Aussagen über die Bedeutung* von *X*, die Form *Y* bzw. die Zahl *Z* zu unserem realen Gebrauch von *X*, *Y* oder *Z*. Der fälschlicherweise Wittgenstein zugeschriebene Satz ‚Die Bedeutung ist der Gebrauch' ist demnach ganz und gar unglücklich formuliert. Im Übrigen ist der Schachzug einer nominalistischen Philosophie etwa bei Quine, das Wort und den Begriff der Bedeutung (der Intension, des Inhalts, des Begriffs, am Ende auch der Form) *einfach zu vermeiden*, ebenfalls ganz unglücklich, zumal dadurch nichts klarer wird. Er bedeutet nur, dass man Anderes zu tun gedenkt, als philosophisch nachzudenken, so dass sich aus Quines berühmte *Flucht vor jeder Intension* eine *Flucht aus der Philosophie* in eine bloß formale Logik einerseits und in einen allzu vertrauensvollen Glauben an die Naturwissenschaft andererseits ergibt.

Die Verbalform eines Begriffs (*an sich*) ist, wie wir jetzt sehen, nur zu verstehen im Kontext der Rede *über* den Begriff, also über die Bedeutung eines Ausdrucks oder einer Rede(form). In entsprechender Weise wird zum Beispiel die (ideale) Verbalform des Kreises nur verstanden im Kontext der geometrischen Aussagen ‚über den Kreis' – wobei der Ausdruck ‚der Kreis' den genaueren Ausdruck ‚die geometrische Form des Kreises' bzw. ‚die Form des Kreisgestaltigen' vertritt, also einen Ausdruck, der den *ideativen* Abstraktor oder *Ideator* ‚die geometrische Form (von) *Y*' enthält. In der entsprechenden abstrakten Redeform sprechen wir dann auch von einem Gebrauch eines Wortes *W* in einer bestimmten Bedeutung (‚*an und für sich'*) und benutzen dabei eine Verbalform, die uns den Unterschied verschiedener Gebrauchsweisen zu artikulieren erlaubt.[2]

Auch Ausdrücke wie ‚die Menge der X' oder ‚die Extension von Y' sind zunächst Benennungen von Verbalformen und gehören damit zu den abstrakt-reflektierenden Redeformen. Man könnte sagen, dass diese Einsicht eine der größten Leistungen Freges war. Sie besteht in der Erkenntnis der abstraktionstheoretischen Verfassung von Mengen oder Wertverläufen auf der Grundlage von schon sinnvollen, d. h. in ihrem Gebrauch schon wohldefinierten, ein- oder mehrstelligen Prädikats- oder Funktionsausdrücken.[3] Die zugehörigen *Abstraktoren* sind natürlich *sprachliche Operatoren*. Es handelt sich um die Operatoren ‚die Menge der X' bzw. ‚die Extension von Y'. Diese machen, sozusagen, aus einer Realform X bzw. Y eine Verbalform.[4] Die Realform selbst ist hier gegeben in einem ‚Gebrauch' der je konkreten Prädikate $P(x, y, \ldots)$ bzw. im Gebrauch entsprechender Funktionsausdrücke $f(x)$ in einem schon als definiert unterstellten Gegenstandsbereich G.

Dabei ist wie folgt zwischen rein *abstraktiven Verbalformen* und *ideativen Idealformen* zu unterscheiden: *Mengen* oder auch Kreis*gestalten* sind rein abstraktive Verbalformen. Das heißt, wenn wir explizit über sie sprechen, unterstellen wir einfach eine passende *Äquivalenzbeziehung*, die wir durch ein entsprechendes Sprachdesign, das oft ‚Abstraktion' genannt wird, in eine *Gleichheit* verwandeln. Es handelt sich im ersten Beispiel um die *Mengengleichheit*. Diese ist, genauer gesagt, eine *Umfangsgleichheit* von *Mengen*, die sich aus der extensionalen Äquivalenz der die Mengen bestimmenden Begriffe bzw. Prädikate ergibt. Im zweiten Beispiel handelt es sich um die (vage!) *Figurengleichheit*. Diese ist, genauer, eine *Gestaltgleichheit* von *Figuren*, die sich aus der Gestaltäquivalenz etwa von Körpern oder

---

2   Auf die Schwierigkeit, dass der Ausdruck ‚der Gebrauch von X' wie jede Nominalisierung dieser Form selbst ein Abstraktor ist, sei hier explizit hingewiesen, auch wenn sie an dieser Stelle nicht zur Diskussion steht.

3   Lange vor Frege hatte schon Platon erkannt, dass sich nichttriviale Klassifikationen oder Extensionen nur über Begriffe bzw. die empraktische Realform des normgerechten Gebrauchs prädikativer Ausdrücke nur über den *logos* und das zugehörige *eidos* bestimmen lassen. Quines Flucht vor Intensionen wäre nur dann eine Tugend, wenn sie nicht zugleich Flucht vor expliziten Konstitutionsanalysen wäre. So aber ist sie bloß eine Verwechslung zwischen ungeklärt unterstellten (mentalen) Entitäten und Fregeschem Sinn bzw. Begriff. Vgl. dazu aber auch das schöne Buch von Mark Wilson, *Wandering Significance*, das im Geiste Quines gegen Quines Flucht vor dem Begriff des Begriffs Stellung nimmt.

4   Die Abstraktion wird etwa bei Quine und vielen anderen Autoren der Analytischen Philosophie i. a. leider bloß als Mengenabstraktion behandelt, obwohl sie als Sprachtechnik viel allgemeiner ist.

1.4. Empraktische Formen und Formen als abstrakte Gegenstände   67

Oberflächen ergibt. Die *Form* des idealen Kreises ist eine *‚absolute' Idealform*. Ihre Identität lässt sich nicht einfach durch eine bloße Äquivalenz zwischen Repräsentanten der Realform *für sich* definieren. Dazu muss man vielmehr *zusätzlich* die Verbalform unserer idealen Reden über die Form des Kreises *an sich* kennen und beherrschen. Wir können daher jetzt auch sagen, dass das *Für-sich-sein* des Kreises die Kreis*gestalt* ist, repräsentiert durch alle genügend kreisgestaltigen *Figuren*, während das *An-und-für-sich-sein* des Kreises in der kanonischen Beziehung zwischen *geometrischer Kreisform an sich* und Kreisgestalten besteht.

Praktisch alle unsere Real- oder Gebrauchsformen sind längst ‚in sich reflektiert'. Das heißt, sie ‚enthalten' die Praxis ihrer reflektierenden Kommentierung ‚in sich', wie wir metaphorisch sagen. So enthält die Realform eines (einstelligen) Begriffs zum Beispiel oft schon ganze Systeme implizit (‚auswendig') gelernter terminologischer Regeln, zusammen mit einer Praxis ihrer Anwendung. Diese wiederum enthält (Prinzipien für) Beurteilungen dazu, welche (expliziten) Inferenzregeln ‚im Allgemeinen' zulässig und ‚im besonderen Anwendungsfall' jeweils relevant und wesentlich sind. Sie enthält außerdem die Orientierung an dem allgemeinen Prinzip, im Interesse des Erfolgs intersubjektiver Verständigung je zu erwartende *Inkohärenzen* (Widersprüche, Inkompatibilitäten, Dysfunktionalitäten oder andere Desorientierungen) nach Möglichkeit zu vermeiden – wobei wir um die Grenzen dieser Möglichkeit wissen (könnten und sollten).

Realformen, Realbegriffe und Realwissen sind als solche implizite Formen eines Gebrauchs, etwa von Ausdrücken oder von Sprechakttypen. Realformen sind also mehr oder weniger klar bestimmt in einer gemeinsamen Praxis des Umgangs mit ihnen. Wenn wir uns dabei auf sie zurückbeziehen, nehmen wir (wenigstens implizit) schon in reflektierender Weise auf eine zugehörige *Verbalform* anaphorisch Bezug.

Anaphorisch beziehen können wir uns nur auf Explikationen oder Nennungen der Verbalform. Diese können freilich eine deiktische Form haben, etwa wenn wir im Falle der Äußerung von ‚dieser Handlung' auf einen einzelnen Vollzug verweisen. Dies geschieht aber zumeist in impliziter Bezugnahme auf eine generische Form des Aktes. Implizite Formen werden in Explikationen der einen oder anderen Art thematisch. Dies gilt insbesondere auch für Ereignisse oder für das Vorkommen konkreter Sprech- oder Anschauungssituationen.

Die (implizite) Realform *zeigt sich* dabei als solche immer nur empraktisch, eben im Modus des *‚für sich'*. Explizit lässt sich ihre *Identität* erst im Kontext vergegenständlichender Reflexion als Verbalform, also im Modus des *‚an sich'*, näher bestimmen. Daher ist eine vollbestimmte, ‚gediegene'

Form immer eine Form ‚an *und* für sich', in der Typ und Akt, allgemeine Form und ihre (Re)Präsentation im Einzelfall schon als ‚zusammengewachsen', als *‚con-cretum'*, erscheint.

Unsere Überlegungen werden zeigen, warum wir auf die Unterscheidung zwischen dem Begrifflichen und dem Empirischen bzw. den materialbegrifflichen Aussagen in Bezug auf eine Normalsprache und formalbegrifflichen Reglementierungen in mathematisierten Redebereichen *nicht* verzichten sollten, um bloß noch vage von Kernüberzeugungen und peripheren Hypothesen zu sprechen, wie etwa W. V. Quine vorschlägt. Denn dies bedeutet am Ende den völligen Verzicht auf eine strenge Kontrolle des Verhältnisses zwischen mathematischen Modellkonstruktionen und der realen Welt. Es bedeutet außerdem das Ende des Projekts der Philosophie. Dieses besteht darin, Wissenschaft als kooperative Tätigkeit von Menschen zu verstehen, in welcher neben bloßen empirischen Beobachtungen insbesondere sprachtechnische Artikulationsprobleme gelöst werden. Dies kann eben nie so geschehen, dass jeder empirische Einzelfall berücksichtigt wird, sondern immer nur so, das zwischen generischem, allgemeinem, Wissen und Können auf der einen Seite sowie bloß empirischem Einzelwissen auf der anderen systematisch unterschieden wird.

Dabei ist sogar noch der so genannte Kritische Rationalismus Poppers trotz aller Verweise auf Kant ein Empirismus, da auch Popper unterstellt, die Aussagen der mathematisierten Wissenschaften seien im Grunde unmittelbare *Allaussagen über empirische Einzelfälle* und daher auch durch Einzelaussagen ‚widerlegbar', wenn auch nicht ‚induktiv begründbar'. Dieses formallogische Bild von der Verfassung der (mathematisierten) Wissenschaften ist aber nicht weniger naiv als der Induktivismus der Tradition, die von Hume zu Carnap und zum gegenwärtig noch immer verbreiteten Probabilismus führt.

Es ist insbesondere zu berücksichtigen, dass wir immer auf ‚bestmöglichen Entscheidungen' für die sprachliche Artikulation von Wissen angewiesen sind, so dass sowohl die Idee, es gäbe absolut zwingende Gründe für eine Darstellungsform, verfehlt ist, als auch die Meinung, es gäbe nicht häufig doch auch überwältigende gute Gründe für bzw. gegen eine ‚im Prinzip mögliche' Entscheidung. Jede wirklich realistische Reflexion auf unsere Praxis in den Wissenschaften sollte diese fundamentale Tatsache ernst nehmen, da sich daran entscheidet, ob man wirklich begreift, wovon man redet, oder sich mit einem Sonntagsglauben über die Wissenschaft zufrieden gibt.

Dabei ist sogar noch Wilfrid Sellars' Prinzip der *scientia mensura* höchst problematisch. Nach diesem Prinzip sei die faktische Wissenschaft, also wohl die Mehrheitsüberzeugung einer wissenschaftlichen *peer group*, das

Maß aller Dinge, dessen was es gibt, und dessen, was es nicht gibt. Doch gerade auch in den Wissenschaften gibt es die Gefahren des hartnäckigen Festhaltens an ein bloßes *Hörensagen*. Gerade daher kann ‚die Wissenschaft' (als reale Institution mit formellen Mitgliedern, den Wissenschaftlern) nicht allein entscheiden, was wahr ist und was als falsch gelten soll. Denn es gibt auch in ihr immer wieder Fälle, die an Andersens Märchen über des Kaisers neueste Kleider gemahnen.[5]

1.5 Wertsemantik als Grundlage formaler Schlüsse

Meine logische Grundthese zur Klärung der gerade bei Kant noch unklaren Rede von einer ‚reinen' Form ist die, dass reine mathematische Gegenstände, Wahrheiten und Beweise im Blick auf *wahrheitswertsemantisch wohlgeformte mathematische Redebereiche* zu deuten sind. Diese These richtet sich zugleich gegen den herrschenden Empirismus, aber auch gegen Revisionismen in der Philosophie der Mathematik, wie ich sie sowohl im Intuitionismus als auch im formalistischen Axiomatizismus diagnostiziere. Ein mathematischer Redebereich ist dabei ein Bereich von Sätzen oder möglichen Aussagen, für die ein *zweiwertiger* Begriff der Wahrheit in der Form von Wahrheitsbewertungen *schon definiert ist*. Eine solche Wahrheitsbewertung teilt die (semantisch wohlgeformten) Sätze oder Aussagen des jeweiligen mathematischen Bereichs, z. B. über natürliche Zahlen, elementargeometrische Geraden oder Punkte, algebraische Größen oder dann auch reelle Zahlen, in genau zwei nichtleere Klassen ein. Dazu muss (in ausreichender Weise) dafür gesorgt sein, dass jedem Satz oder jeder sinnvollen Aussage des Bereiches durch gewisse erläuternde Festlegungen entweder der ausgezeichnete Wert ‚das Wahre' (oder etwa auch ‚1') nach gewissen Kriterien zugeordnet ist, oder eben der zweite, komplementäre, Wert ‚das Falsche' (oder etwa auch ‚0'). Denn nur auf diese Grundlage kann man sagen, dass jeder (semantisch wohlgeformte) Satz oder jede (sinnbestimmte) Aussage des Bereiches *wahr oder falsch* ist, also *in genau einer der zwei Klassen liegt*.

Redebereiche, in denen bloß erst ein *offener* Begriff der ‚*Begründbarkeit*' definiert ist, sind (nach meinem terminologischen Vorschlag) bloß erst *als proto-mathematische Redebereiche konstituiert*. Noch vager sind Be-

---

[5] Etwas mehr Realismus und selbstkritische Bescheidenheit würde einer inzwischen von öffentlichen Finanzierungen und Meinungen abhängigen und daher in ihren Werbungen der Tendenz nach leider allzu oft großsprecherischen Wissenschaft gut tun. Die Philosophie wenigstens sollte der Anwalt eines solchen Realismus bleiben.

reiche, in denen wir über wahrgenommene Farben reden oder über die Gestalt eines Dinges oder gar die Schönheit von Dingen oder Prozessen. Der eine kann in einer Wolkenformation einen Berg sehen wollen, ohne dass der andere dem zustimmen muss. Man kann von der Kugelgestalt der Erde sprechen, auch wenn ein anderer eher die Form des Apfels heranziehen würde, obgleich natürlich auch dieser Vergleich hinkt. In derartigen, noch nicht einmal proto-mathematischen, Bereichen mag für manche Aussagen nach irgendwelchen stillschweigenden Prinzipien gelten, dass sie in einem Redekontext schon dann als begründbar gelten sollen, weil sie eine bessere Orientierung ermöglichen als relevante Alternativen. Für manche Sätze mag gelten, dass ihre Negation oder Verneinung entsprechend begründbar ist. Für andere mag noch offen sein, ob sie begründbar sind oder nicht. Und für weitere Aussagen mag noch gar nichts dazu festgelegt sein, was es heißen könnte, sie zu begründen oder zu widerlegen oder dass sie überhaupt semantisch wohlgeformt sind.

Die Idee, den Begriff des mathematischen Redebereiches über den Begriff der Wahrheitsbewertung für einen den Redebereiche bestimmenden Satz- oder Aussagebereich zu definieren, geht bekanntlich auf Frege zurück. Aber weder Frege selbst noch seine Nachfolger haben gesehen, dass Freges formaler Begriff der Wahrheitsbewertung *nur* auf mathematisch wohlkonstituierte Redebereiche, also *bloß* auf das Reich der *mathematischen Gedanken*, und keineswegs auf alle sinnvollen Aussagen oder Gedanken wirklich passt. Wittgenstein hat immerhin schon im *Tractatus* betont, dass die Projektion formaler Logik auf die Normalsprache immer nur im vagen Modus des bloßen Zeigens analogischer Formen oder Ähnlichkeiten möglich ist.

Darüber hinaus ist es sogar in der Mathematik durchaus irreführend, einen fixfertigen Gesamtbereich eines mathematischen *universe of discourse*, etwa aller abstrakten Mengen, zu unterstellen, aus dem man irgendwelche Teilbereiche durch aussondernde Definitionen bestimmt. Vielmehr sind die Redebereiche der Mathematik, etwa über die natürlichen Zahlen oder die so genannten Grenzwerte von Folgen rationaler Zahlen, zunächst ‚konkret' und damit ‚lokal' definiert, nämlich durch Festlegung der elementaren Sätze oder Aussagen der zugehörigen Struktur samt der zugehörigen Wahrheitsbewertung. Das gilt selbst dann, wenn wir sie nachher irgendwie zusammenfügen oder in vage Superbereiche wie ‚alle irgend vorstellbaren Mengen' einbetten oder etwa die natürlichen Zahlen aus den reellen Zahlen und diese aus den komplexen Zahlen wieder aussondern.

Der Begriff des mathematischen Redebereiches ist dabei so verfasst, dass in solchen Redebereichen (bzw. ‚Strukturen' oder ‚Modellen') und nur in ihnen die Schluss- und Beweisformen des klassischen Funktionen- oder Prädikatenkalküls (samt zugehöriger Aussagenlogik) sozusagen blind anwendbar sind. Das gilt insbesondere für das Prinzip des indirekten Schließens, nach dem wir aus einer Widerlegung eines Satzes oder einer semantisch wohlgeformten Aussage der Form *nicht-p* die *Wahrheit von p folgern* dürfen. Das Prinzip ist als solches übrigens von den junktoren- und prädikatenlogischen Kalkülregeln für das schematische logische Deduzieren von Formeln aus formalen Axiomen zu unterscheiden. Es ist als solches zum Beispiel nicht zu verwechseln mit der Regel, nach der man von einer regelgemäß hergeleiteten Formel ohne freie Variablen der Form *nicht-nicht-p* zur Formel *p* übergehen kann.

Überhaupt ist zu differenzieren zwischen einem Axiom im Sinne eines *wahren Satzes* oder einer wahren Aussage *in* einem *bestimmten* semantisch wohlgeformten mathematischen Redebereich, wie zum Beispiel dem der natürlichen Zahlen oder der Geraden, Punkte und (algebraischen) Längen der pythagoräischen oder euklidischen Geometrie einerseits, einem Axiom im Sinne einer Satz-, Aussage- oder Beweis*form* andererseits, welche für eine ganze *Klasse* solcher Bereiche gültig ist. Eine solche Form wird repräsentiert durch eine *Formel* oder ein *Schema*. Die so genannten Axiome einer formalen axiomatisch-deduktiven Theorie sind in der Regel von der zweiten Art. Sie definieren zwar die zugehörige ‚axiomatische Theorie'. Diese bestimmt aber, das sei noch einmal gesagt, immer nur die *Klasse* der mathematischen Redebereiche, in denen die Axiome und die Theoreme zu wahren Aussagen werden. Das sind die so genannten *Modellklassen* der formalen Theorien. Nur in sehr seltenen Fällen enthalten diese nur ein Element *bis auf Isomorphie*, also unter Absehung der verschiedenen Gegebenheitsweisen form- oder strukturgleicher Redebereiche. Die Theorie heißt dann ‚kategorisch'.

Die ‚Modelle' oder ‚Strukturen' werden nun üblicherweise leider allzu schnell mit so genannten *strukturierten Mengen der Mengenlehre* identifiziert. Das Problem dieser Identifizierung liegt darin, dass man dabei die Bedeutung der *verschiedenen*, wenn auch gelegentlich als isomorph erweisbaren *Gegebenheitsweisen* der Modelle übersieht. Denn es sind gerade die *verschiedenen Darstellungen* der gleichen Form oder Struktur *als wesentliche Informationsträger* zu begreifen. Wir rechnen und schließen ja auch immer mit ihnen.

Im Übrigen ist das Wort ‚Struktur' nicht anders als das Wort ‚Form' selbst ein *Abstraktor*, der im Ausgang von konkreten mathematischen Redebereichen unter Bezugnahme auf eine je als relevant betrachtete Relation der Strukturäquivalenz oder Strukturgleichheit bzw. Isomorphie einen neuen Gegenstandsbereich konstituiert, eben den der mathematischen Strukturen. Dieser Gegenstandsbereich aller Strukturen ist extensionsgleich zum Bereich aller denkbaren Modelle formalaxiomatischer Theorien. Strukturierte Mengen, bestehend aus einer Grundmenge G, aus Relationen in G, die man in der Regel als Teilmengen der n-stelligen cartesischen Produkte G^n auffasst, und Funktionen sind dabei als bestimmte Repräsentationsformen solcher Strukturen zu begreifen. Die so genannten *allgemein* gültigen Formeln der seit Frege klassischen formalen mathematischen Logik, also des Prädikatenkalküls der ersten Stufe, sind dabei – gemäß dem von Gödel 1930 erstmals vollständig aufgewiesenen, von Frege bloß intuitiv erahnten, Vollständigkeitssatz – gerade diejenigen, welche in *jedem mathematischen Redebereich der geschilderten Art* den Wert das Wahre erhalten, wenn man sie als durch die logischen Zeichen ‚zusammengesetzte' Sätze in dem Bereich interpretiert.

Die Theoreme in formalen Theorien ergeben sich aus den Axiomen durch Anwendung der Deduktionsregeln. Hier beschränke ich mich auf den Prädikatenkalkül (der ersten Stufe). Axiomensysteme sind damit als technische Hilfen erkennbar, die wir dazu gebrauchen, um Wahrheiten in ganzen Systemen mathematischer Redebereiche, nämlich in allen Strukturen der Modellklasse der Theorie zu beweisen. Ein deduktiver Beweis einer Formel aus einem formalen Axiomensystem nimmt dabei die Form eines endlich verzweigten Ableitungsbaumes mit Zweigen endlicher Länge an. Im Grundsatz lässt sich ein solcher Baum in der Anschauung schematisch und eben daher auch maschinell auf Korrektheit kontrollieren. Diese Art von Beweisen *definieren* aber die Redebereiche und ihre Wahrheitsbegriffe keineswegs.

Die Differenz zwischen der Wahrheit in einem Redebereich und der Ableitbarkeit eines Theorems in einer axiomatischen Theorie T wird schon dadurch klar, dass in T zumeist nur für manche Formeln *p* ohne freie Variablen gilt, dass entweder *p* oder *nicht-p* gemäß den logischen Deduktionsregeln aus die die Theorie T definierenden Axiomen herleitbar ist. Aus der Nicht-Herleitbarkeit von *nicht-p* folgt daher nicht allgemein die Herleitbarkeit von *p*. In einem mathematischen Redebereich in unserem Sinn muss dagegen gelten, dass aus einem Beweis der Falschheit von *nicht-p* die Wahrheit von *p* folgt.

Eine der Zielsetzungen des Buches ist es daher, den Unterschied zwischen der Verfassung eines *mathematischen Redebereiches* wie der elementaren Geometrie und dann auch der Arithmetik mit den je zu ihm gehörigen *Beweisformen* (1), der Verfassung *vor- oder proto-mathematischer* Redebereiche und ihren *Begründungsformen* (2) und der Verfassung *formaler Axio-*

mensysteme und ihrer kalkülartigen *Deduktionen* (3) im Detail aufzuzeigen. Wie dabei prototheoretische Argumente zur Sinnbedingung von Wahrheitswertfestlegungen für Aussagen in mathematischen Redebereichen werden und diese wieder zur Voraussetzung der Deutung formallogischer Deduktionen als Beweise, wird dabei zunächst am Beispiel der Geometrie, dann aber auch der Algebra und Analysis vorgeführt.

Diese Zusammenhänge zu begreifen ist bedeutsam für die Mathematik selbst. Denn vollformale Beweise (Deduktionen) gelten immer nur für innermathematische Wahrheiten, also für formal als wahr bewertete Aussagen in mathematischen Redebereichen. Das zeigt im Grunde schon Gödels Vollständigkeitssatz. Jeder Versuch, Axiome, etwa einer Geometrie, direkt als wahre Aussagen über den realen (,physikalischen') Raum anzusehen, ist dabei logisch irreführend. Das ist eine Kernthese des Buches. Nur über die Projektion von auf passende Weisen wahrheitswertsemantisch verfasste ideale Gegenstandbereiche auf vor- oder prototheoretische Redebereiche lassen sich Axiome und Theoreme formalaxiomatischer Theorien auf die reale Welt beziehen. Damit wird der Glaube kritisiert, die Welt selbst habe schon die Struktur, die wir in den mathematischen Modellen konstruieren. Dieser Glaube heißt traditionell ,Pythagoräismus'. Hegel hat ihn schon treffend als ,Kindheit des Philosophierens' bezeichnet. Es handelt sich in der Tat um eine noch unausgereifte Stufe der Reflexion auf die Mathematik und die Wissenschaften.

1.6 Zusammenfassung

Seit es die Mathematik und die exakten Wissenschaften gibt, ist eine der zentralen Fragen kritischer Wissenschaftsphilosophie die Frage nach dem Verhältnis zwischen empirischem Gehalt und begrifflicher Form wissenschaftlicher Aussagen. Dabei erweist sich, dass es nicht bloß analytische Voraussetzungen für die Inhaltsbestimmung von Aussagen gibt, wie sie in der formalen Logik und in rein konventionellen Terminologien artikuliert werden, sondern auch Bedingungen einer, wie sie Kant nennt, ,transzendentalen' Logik. Diese Bedingungen nenne ich hier, um einige nahe liegende Missverständnisse der Rede von einem Apriori zu vermeiden, ,materialbegrifflich'. Indem der (Logische) Empirismus in der Philosophie und im Selbstverständnis der Wissenschaften den besonderen (logischen) Status materialbegrifflicher Urteile nicht (an)erkennt, bleibt seine Auffassung von Logik und Mathematik formalistisch, sein Verständnis von Erfahrung und Empirie oberflächlich. Allerdings ist eine Analyse der Begriffe der

Form im Spannungsfeld zwischen einer bloß empraktischen Beherrschung und der explikativen Artikulation von Handlungs- und Praxisformen, aber dann auch der reinen bzw. idealen Formen der Geometrien und überhaupt der Konstitution abstrakter Strukturformen in einer nicht bloß formalistischen oder finitistischen Mathematik notorisch schwierig. Die allgemeine Bedeutsamkeit einer entsprechenden Analyse zeigt sich am Ende nirgends so deutlich wie in der Kritik an dem vermeintlich ‚wissenschaftlichen' Glauben an einen kausalen Prä-Determinismus aller Ereignisse in der ‚natürlichen' Welt, als wären alle Bewegungsbahnen von Dingen nicht bloß unter einander stetig, sondern schon vorab determiniert, und als gäbe es keinen wesentlichen Unterschied a) zwischen einem Rückblick auf vergangene Bewegungsbahnen, die sich niemals mehr ändern lassen, b) einem Vorblick auf *mögliche* Bahnen, samt dem Ausschluss physikalisch *unmöglicher* Bewegungsformen in der Zukunft, und c) einer bloß *kontrafaktischen Fiktion* eines Rückblicks aus einer ferneren Zukunft, einem *futurum exactum* oder gar *sub specie aeternitatis,* auf ‚die reale Zukunft', als sei diese heute schon über entsprechende Möglichkeits- und Unmöglichkeitsspielräume hinaus determiniert. Das falsche Bild der Zukunft entsteht aus der irreführenden Vorstellung, man könne das Zeitliche verräumlichen, wie das durch das mathematische Bild einer von Modalitäten und eben damit von jedem Zeitlichen freien globalen *Raumzeit* suggeriert wird.

2. Kapitel
Norm und Ideal

2.0 Ziel des Kapitels

Im Ausgang von Kants These, dass die Aussagen der Geometrie einen besonderen logischen Status haben, da sie weder empirisch, durch bloße Beobachtung, begründet, noch bloß analytische Folgen reiner Verbaldefinitionen sind, beginnen wir unsere Betrachtung mit materialbegrifflichen Normen für die Wörter ‚gerade', ‚eben' und ‚rechter Winkel' im Kontext von Quadern, Rechtecken und rechteckigen Keilen. Denn auf der Grundlage dieser Normen beurteilen wir, ob ebene Diagramme in realer Anschauung als hinreichend gut oder weniger gut ausgeführt gelten können. Die Wahrheitsbedingungen und Inferenzregeln für das Beweisen in der mathematischen Geometrie ruhen, wie die Kapitel 3 und 4 zeigen werden, auf diesen vormathematischen Normen auf. Es ist daher der innermathematische Begriff der idealgeometrischen Wahrheit weder rein konventionell gesetzt, wie H. Poincaré sagt, oder doch zu sagen scheint, noch kann er unmittelbar, ohne angemessene Projektion, zur Beschreibung geformter Körper oder empirischer räumlicher Verhältnisse verwendet werden.

2.1 Sind geometrische Aussagen analytisch?

Kant fasst bekanntlich die geometrischen Urteile als synthetische Urteile auf, und zwar weil sie nicht einfach logische Deduktionen aus impliziten oder expliziten definitorischen Festsetzungen sind. Urteile, die analytisch, also nicht synthetisch, sind, können immer nur solche Beziehungen wiedergeben, die durch *rein konventionelle* Normierungen oder Stipulationen für *Wörter und Sätze* definiert sind.[1] In der Geometrie geht es jedoch wohl nicht *nur* um Worte. Am Beispiel der Geometrie lässt sich daher vielleicht auch am eindrucksvollsten der Sinn und die Bedeutsamkeit des Kantischen

---

[1] Dass analytische Sätze nur Beziehungen zwischen Worten wiedergeben, ist übrigens selbst ein begriffsanalytischer Satz.

synthetischen Apriori darlegen. Man gelangt dann auch zu einem tieferen Verständnis der Transzendentalität gewisser Urteile, besonders der mathematischen, und zwar entgegen dem verbreiteten Vorurteil, es handele sich hier um Pseudo-Begriffe oder um Schlimmeres, nämlich um einen Rückfall in metaphysische Rede und Spekulation.[2] Denn die Urteile der Geometrie sind, wie Kant, in diesem Fall mit Leibniz, betont, auch nicht einfach empirische Urteile a posteriori, welche etwa die räumlichen Verhältnisse der Dinge der Welt oder vielleicht sogar den Raum selbst als eine Art Behältnis der Dinge[3] in seiner Struktur[4] beschreiben würden, obwohl man in der Physik immer einmal wieder dieser Meinung war bzw. ist. Erstens gibt es nämlich geometrische Demonstrationen und Beweise, welche offenbar keine Experimente sind. Es gibt, zweitens, bewiesene geometrische Wahrheiten, welche sich nicht so ohne weiteres durch Einzelbeobachtungen widerlegen lassen. Drittens werden die Formen räumlicher Orientierung (Winkel, gerade Linie, Richtung, Ebene etc.) bei der Bestimmung der Identität der körperlichen Dinge und bei der Beschreibung ihrer Bewegungen (bzw. von deren Formen) schon vorausgesetzt.

Urteile über geometrische Formen sind in der Tat relativ unabhängig von Einzelbeobachtungen. Denn wir können die Gestalten als Repräsentanten der Formen spontan tätig hervorbringen (und zwar in einem recht großen Spielraum für Größe und Genauigkeit). Eben daher nennt Kant die Urteile über diese Formen ‚synthetisch a priori'. Als Voraussetzung objektiver Aussagen über Dinge und Dingbewegungen in Raum und Zeit heißen sie ‚transzendental'. Moderne Wissenschaftstheoretiker glauben dagegen mehrheitlich, die Axiomatisierungen der Arithmetik durch Peano, der Geometrie durch Pasch und Hilbert und schließlich der Mengenlehre durch Zermelo und andere zeigten die *Analytizität* der mathematischen Urteile, so dass die Kantische These gegen Leibniz, diese seien insgesamt synthetisch (wobei natürlich die trivialen Fälle reiner Nominaldefinitionen, also bloßer notationeller Abkürzungen, und deren deduktionslogischen Folgen auszuschließen sind), als Irrtum erkannt und widerlegt wäre.[5] Dabei beruft man sich auf die (angebliche) Möglichkeit impliziter Definitionen von Begriffen im Rahmen formaler Axiomensysteme. Sind aber die Beweise der

---

2 Dies behauptet etwa auch E. Tugendhat, etwa in Tugendhat/Wolf 1983, 43ff.
3 Zu Kants Kritik an der (Newtonschen) Behältnis-Vorstellung des Raumes vgl. ‚De mundi sensibilis...' (Kant 1770) § 15 D (Kant, Akad. Ausg. II, 403).
4 Zur Problematik der Rede von Strukturen aber auch zu den hier vorgeschlagenen Analysen geometrischer Rede vgl. Friedrich Kambartel, *Erfahrung und Struktur*, Frankfurt/M. 1968.
5 Cf. dazu R. Carnap, ‚Die alte und die neue Logik', abgedr. In G. Skirbekk (ed.), *Wahrheitstheorien*, Frankfurt/M. (Suhrkamp) 1977, 85.

2.1. Sind geometrische Aussagen analytisch?

Geometrie tatsächlich rein ‚strukturtheoretisch', d. h. als formale Deduktionen aus Axiomensystemen, zu verstehen?[6] Sind die Bedeutungen der geometrischen Grundworte tatsächlich rein formal (axiomatisch-implizit und damit konventionell-willkürlich) festgelegt oder auch nur auf diese Weise rekonstruierbar? Wie, andererseits, wären Urteile der dritten Kategorie, eben synthetisch-apriorische Urteile, angemessen zu verstehen?

In einer Art Kommentar zu einer Überlegung bei Leibniz erklärt Kant, ein (offenbar zunächst bloß rein verbal erläuterter) Begriff der geraden Linie enthalte (rein formallogisch) noch nichts darüber, ob eine gerade Linie die kürzeste Verbindung zwischen zwei Punkten sei oder nicht.[7] Denn Anschauung müsse zu Hilfe kommen, um den entsprechenden – aprioríschen – Satz durch Betrachtung der Seiten eines Dreiecks zu begründen. Leibniz dagegen lässt seinen Theophilus entsprechend gegen die vermeintlichen oder wirklichen Anhänger eines ‚Empirismus' (etwa Locke) wie folgt argumentieren:[8]

‚Euklid hat z. B. unter die Axiome eines gesetzt, welches darauf hinausläuft, *dass zwei gerade Linien sich nur einmal treffen* können. *Das von der sinnlichen Erfahrung hergenommene Phantasiebild* erlaubt uns nicht, uns mehr als eine Begegnung zweier Graden vorzustellen, *aber darauf darf die Wissenschaft nicht begründet werden.*' (...) ‚Archimedes hat eine Art Definition der geraden Linie gegeben, indem er sagt, dass sie *der kürzeste Weg zwischen zwei Punkten* ist. Aber er setzt dabei *stillschweigend* voraus (indem er in den Beweisen solche Elemente anwendet, wie die des Euklid, welche auf die beiden von mir erwähnten Axiome gegründet sind), dass die Affektionen, von denen diese Axiome reden, der von ihm definierten Linie zukommen. Wenn Sie also mit Ihren Gesinnungsgenossen glauben, dass man unter dem Vorwande der Übereinstimmung und Nichtübereinstimmung der Vorstellungen in der Geometrie das annehmen durfte und noch darf, *was die Bilder uns angeben, ohne jene Strenge der Beweise durch die Definitionen und Axiome* anzustreben, welche die Alten in dieser Wissenschaft gefordert haben, wie, glaube ich, viele, ohne untersucht zu haben, urteilen durften, so gestehe ich Ihnen, dass man sich damit hinsichtlich derer zufriedenstellen kann, welche sich *nur um die gewöhnliche praktische Geometrie* bemühen, nicht aber hinsichtlich derer, welche *die Wissenschaft*, mit der man die Praxis selbst zu vervollkommen hat, haben wollen. Und wenn die Alten dieser Meinung gewesen und in diesem Punkte lässig gewesen wären, so glaube ich, wären sie nicht vorwärts gekommen und hätten uns nur eine solche praktische Geometrie hinterlassen, *wie die der Ägypter augenscheinlich war und die der Chinesen noch zu sein scheint.* Dies hätte sie der schönsten

---

6 Deduzieren heißt, mit Worten nach gewissen (syntaktischen, schematischen) Deduktionsregeln so zu operieren, als seien sie bloße Marken, genauer: syntaktische Konfigurationen.
7 Cf. I. Kant, Kritik der reinen Vernunft, 2. Aufl. Einleitung, KrV B 17.
8 G.W. Leibniz: Neue Abhandlungen über den menschlichen Verstand / Nouveaux essais sur l'entendement humain, S. 493f.

physischen und mechanischen Erkenntnisse beraubt, welche die Geometrie sie auffinden ließ und die überall da unbekannt sind, wo es unsere Geometrie ist. Es hat auch den Anschein, dass man, *wenn man den Sinnen und deren Bildern gefolgt wäre*, in Irrtümer verfallen sein würde, ungefähr so, wie man sieht, dass alle diejenigen, welche nicht *in der wissenschaftlichen Geometrie* unterrichtet sind, auf das Zeugnis ihrer Einbildungskraft hin als eine unzweifelhafte Wahrheit annehmen, dass zwei sich beständig einander nähernde Linien zuletzt zusammenkommen müssen, während die Mathematiker mit gewissen Linien, welche sie Asymptoten nennen, Beispiele vom Gegenteil geben.' (*Hervorhebungen von mir PSW*).[9]

Hegel nimmt später wieder *gegen Kant* Stellung und erklärt die umstrittene Aussage über die Äquivalenz zweier nach Kant logisch von einander unabhängigen Definitionen der geraden Linie – übrigens auf ganz obskure Weise – zu einer *analytischen* Wahrheit:

,Es handelt sich [...] nicht von einem *Begriffe des Geraden* überhaupt, sondern von gerader Linie, und dieselbe ist *bereits ein Räumliches, Angeschautes*. Die Bestimmung (oder wenn man will, der Begriff) der geraden Linie ist doch wohl keine andere, als dass sie die *schlechthin* einfache Linie ist [...] Der Übergang [...] zur quantitativen Bestimmung (des Kürzesten) [...] ist *ganz nur analytisch*. [...] *das Wenigste* [...] von einer Linie gesagt, ist das *Kürzeste*.'[10] (*Hervorhebungen von mir PSW*).

Leibniz und Hegel behalten hier aber keineswegs Recht. Denn in der mathematisierten Geometrie sind die Aussagen, dass eine Linie *L* von *A* nach *B gerade* ist und dass das *Längenmaß* jeder anderen Linie *L** von *A* nach *B* größer ist, *formalbegrifflich* bzw. *logisch-deduktiv* tatsächlich *unabhängig* von einander, was Kant klar sieht. Kant geht es dann darum, die Begründung des Satzes in der Anschauung gegen die Idee einer willkürlichen Setzung von Axiomen zu verteidigen, ohne dass deswegen die Aussagen der Geometrie zu empirischen Aussagen würden. Eben darum geht es auch in dieser Abhandlung.

Hegel behält allerdings insofern Recht, als es insgesamt eine *materialbegriffliche* Wahrheit ist, dass es keine kürzere Verbindung zwischen zwei Punkten gibt als die gerade. Offenbar geht der Streit darum, wie man zwischen *materialbegrifflichen* und *formalanalytischen* Aussagen oder Folgerungen zu unterscheiden hat.

Unsere Messungen und Berechnungen von Längen und Größen von Körpern und damit die Deutung der Maßzahlen beruhen offenbar auf der ‚Tat-

---

9 Zur Kritik an der Anschauung in geometrischen Argumenten vgl. auch Karzel / Kroll, *Geschichte der Geometrie*, Vorwort, IX.
10 G.W.F. Hegel, Wissenschaft der Logik I, in: Ders., Gesammelte Werke, Bd. 21, hg. von Friedrich Hogemann, Walter Jaeschke, Hamburg 1984, 199 f.

sache', dass in jedem Dreieck die Länge einer Seite *immer* kleiner ist als die Summe der anderen. Kant nennt gerade derartige Wahrheiten *synthetisch*, weil sie eben keine *rein formalanalytischen* Folgen *rein verbaler* Definitionen oder Konventionen, hier: für das Wort ‚gerade' sind. Sie sind dennoch *apriorisch*, und zwar *weil sie durch keine Einzelempirie widerlegbar sind*.

Zwar ist es auch nach Hegel außerordentlich wichtig gewesen, dass Kant die Frage nach den *synthetischen Urteilen a priori* aufgeworfen habe. Aber Hegel selbst ordnet die Begriffe neu. Er weitet, wie später auch Frege oder Carnap, den Begriff der analytischen Wahrheit aus, weit über die formallogischen Folgerungen aus rein terminologischen Regeln hinaus. Z. B. behauptet er, wie später auch Frege und seine Nachfolger, gegen Kant kurz und lakonisch: „*Arithmetik ist analytische Wissenschaft*".[11] Quines berühmter Angriff auf Carnaps vergeblichen Unterscheidungsversuch zwischen rein analytischen (definitorischen, bloß sprachbezogenen) und synthetischen (weltbezogenen, empirischen) Axiomen in formalen Theorien[12] zeigt im Grunde nur, dass das Problem nach wie vor nicht gelöst ist und dass insbesondere die von Hilbert eingeführte und von Carnap übernommene Rede von axiomatisch-impliziten Definitionen nicht weiterhilft. Im Gegenteil, sie macht erst recht unklar, welche Teile (Axiome, Schlussregeln) einer hypothetisch-deduktiven Theorie als bloße Sprachkonventionen und welche als empirisch gehaltvolle Aussagen zu werten sind. Als Ausweg schlägt Quine den *Verzicht auf die Unterscheidung* vor und erklärt, dass Theorien immer als Ganze, und das heißt im Klartext: holistisch und völlig vage daraufhin beurteilt werden, ob wir mit ihnen insgesamt gute Erfahrungen gemacht haben. Aus dieser ‚Kritik' am logischen Empirismus Carnaps resultiert ironischerweise eine Art *postmoderne Glaubensphilosophie*: Man ist von der allgemeinen Richtigkeit irgendwelcher praktisch irgendwie nützlichen Theorien überzeugt. Quines Naturalismus als überschwängliches Vertrauen in die Wissenschaft und seine Skepsis gegen jede sinnkritische Philosophie stützen sich dabei gegenseitig. Dabei ist schon die offenbar allgemein anerkannte Prämisse höchst problematisch, dass wissenschaftliche Theorien eine axiomatische oder hypothetisch-deduktive Form haben. Die Prämisse ist vielmehr selbst eine Folge eines oberflächlichen Verständnisses der Konstitution mathematischer Theorien.

Wenn man den Begriff des Empirischen nicht auf Aussagen über Einzelfälle und eben damit auf rein subjektive Erfahrungen einschränkt, wird am Ende wirklich alles und jedes auf triviale Weise empirisch. Während

---

11 A.a.O., S. 203.
12 Cf. W.V. Quine, 'Two Dogmas of Empiricism', in ders.: *From a Logical Point of View*, 20–46.

Quine entsprechend auch jede materialbegriffliche Aussage, Inferenz oder Begründung allein schon deswegen für ‚empirisch' halten würde, weil jede von ihnen irgendwie holistisch ‚in der Erfahrung' kontrolliert wird, werden von Hegel generische Inferenzerlaubnisse *als begriffliche* von *bloßen Einzelurteilen* (einer Einzelperson) und damit von *empirischen* Aussagen oder Inferenzen i. e. S. unterschieden. Mit Kant können wir dann immer noch zwischen *rein konventionellen*, also bloß *formalanalytischen, Verbaldefinitionen* und *materialbegrifflichen* (also *synthetisch-apriorischen*) Inferenzen oder Aussagen unterscheiden. Letztere enthalten immer schon Urteile über allgemeine Normalitäten. Sie beruhen auf praktischer Erfahrung und ihre Anwendungen auf Urteilskraft. Sie sind damit keine *rein verbalen* Schlüsse oder *rein schematischen* Folgerungen. Sie werden zwar in der *reinen Form mathematischer Rede* oft so dargestellt. Ihr konkreter Gebrauch *außerhalb der Mathematik* unterstellt aber auch disziplinierte und reflektierte, kurz: vernünftige Urteilskraft. Diese enthält, wie hier immer wieder betont werden muss, ein gewisses Maß an Erfahrung, Gemeinsinn und Kooperativität. D. h. der Hörer oder Leser muss, um etwas zu begreifen, immer selbständig mitdenken. Er beurteilt nämlich immer auch selbst frei, was er für mitgesagt hält. Und er urteilt vernünftig, wenn er das als mitgesagt hält, was man im entsprechenden Kontext aus dem Gesagten schließen darf und soll. Wesentlicher Bestandteil ist dabei die Beurteilung der Relevanz eines (Sprech-) Akts oder einer konkreten Anwendung einer Form im individuellen oder gemeinschaftlichen Handeln. Denn solche Relevanzurteile über das, was gerade wichtig ist, bestimmen im konkreten Fall immer mit, wie ein *allgemeiner Maßstab* des *generisch Richtigen* im Einzelfall zu gebrauchen ist.

Dies gilt auch für den Umgang mit materialen Anwendungen mathematischer Sätze etwa in der Realgeometrie, Kinematik, Physik, der Ökonomie oder Semantik. Denn nicht alles, was z. B. in der idealen Geometrie ‚gilt' oder als logische Folgerung aus Axiomen zählt, gilt für reale Figuren unmittelbar. Es ist immer eine *projektive Entidealisierung* der ‚unendlichen' mathematischen Rede- und Folgerungsformen dazwischenzuschalten. Eine solche (*Re-*)*Finitisierung* idealer oder formaler Redeweisen macht immer von einem *Kanon*, d. h. einem *System von Maßstäben* und von *materialbegrifflichen Anwendungskriterien* Gebrauch. Ein praktischer *Relevanzfilter* bestimmt dabei in jedem konkreten Anwendungsfall, welche der idealallgemeinen formallogischen Schlüsse oder Gültigkeiten zu material korrekten Folgerungen oder Wahrheiten im besonderen Fall führen, welche nicht.

Es ist z. B. keine Figur oder Linie in der realen Welt *im idealen Sinn* kreisförmig oder gerade. Die Variablen und Kennzeichnungen der mathematischen Geometrie beziehen sich also nicht einfach auf *erfahrbare Gegenstände*. Es ist daher ein Truismus, dass es die idealen geometrischen Formen *in der realen, erfahrbaren Welt nicht gibt*.[13] Es gibt sie nicht so, wie es die formalen Wahrheitsbewertungen und das formale Schließen im Rahmen der idealgeometrischen Sätze über ideale Ebenen, Geraden, Kreise, Dreiecke usf. vorsehen oder verlangen. Es gibt sie nur in einem *modell*- oder *theorieinternen* Sinn, als abstrakte und ideale Gegenstände formaler geometrischer Rede.

Praktisch werden aus dem Gesamtbereich der *möglichen* Folgerungen aus idealen Sätzen über ideale Formen diejenigen, welche für eine konkrete Praxis angemessen sind, immer mit Urteilskraft ausgewählt. So reichen etwa die bei Maurern üblichen Glattstrichverfahren für die Herstellung ebener Flächen in der Regel aus, um die Erwartungen zu erfüllen, die beim Hausbau und in der Hausbenutzung an solche Flächen gestellt werden; nicht gilt dies jedoch für ähnliche rohe Verfahren, wenn es um den Bau optischer Instrumente geht. Wir gebrauchen daher eine Art Relevanzfilter, wenn wir die ‚Eigenschaften eines idealen Quaders' realiter benutzen, um etwa die Güte der Herstellung von rechten Winkeln und ebenen Flächen an einem konkreten Körper oder einem ummauerten Raum zu prüfen: Sind *nicht alle Winkel hinreichend untereinander* und mit ihren *Nebenwinkeln* gleich (und in diesem doppelten Sinn ‚orthogonal'), so werden wir *materialiter* wie folgt schließen: Entweder sind die *Wände nicht eben genug* oder die Winkel der Wände sind nicht gut genug, nicht *wirklich rechtwinklig*. Da wir an diesem Kontrollprinzip der praktischen Orthogonalität und Ebenheit keineswegs zweifeln, bezweifeln wir auch die *Korrektheit* der *materialbegrifflichen* Aussage, dass der vierte Winkel in einem ebenen Rechteck durch die drei anderen schon eindeutig als orthogonal bestimmt ist, *praktisch* keineswegs. Damit benutzen wir eine logische Folgerung des *Parallelenprinzips* im Kontext mit anderen geometrischen ‚Prinzipien' zur Kontrolle der Güte von Körperformungen, ohne im Geringsten an der ‚Wahrheit' des Prinzips in dieser Anwendungsform zu zweifeln.

Immerhin gibt es eine wichtige Differenz zwischen der Anerkennung des Winkelsummensatzes bzw. des Parallelenaxioms als *materialbegriffliche Wahrheit* oder *holistische Gütenorm* für ebene Flächen, gerade Linien und orthogonale Winkel und der *formallogischen* Aussage, dass die entsprechenden *Sätze* in einem *bestimmten* Axiomensystem gemäß den formallogischen Deduktionsregeln deduzierbar seien. Ein Axiomensystem sollte daher zunächst nur als eine Art stenographisches Kurzsystem zur Erzeu-

---

13 Das hatte im Grunde schon Platon bemerkt und dem Protagoras zugestanden.

gung vieler Sätze oder ‚Theoreme' begriffen werden. Deren systeminterne Deduzierbarkeit bestimmt ihren *Sinn* noch keineswegs zureichend. Um ihren Sinn zu kennen, dazu braucht es die Kenntnis zugehöriger kanonischer Projektionen.

2.2 Demonstrationen und Analogien

Die folgende, auf Späteres vorgreifende, Skizze einer *materialbegrifflichen Begründung des Parallelenaxioms* zeigt, warum man es möglicherweise sinnvollerweise als ‚wahres' Prinzip zu der Liste der formal als wahr bewerteten Sätze der idealen ebenen Geometrie hinzunehmen kann oder sollte: Wenn zwei Geraden g und g^* in den Punkten P und P^* orthogonal zu einer Geraden $g^{\#}$ in der Ebene stehen, dann bildet jede Gerade g^{**} durch P^*, die nicht identisch ist mit g^*, einen positiven Winkel zu g^*. Dieser kann noch so klein sein, man kann dennoch aus seiner Größe abschätzen, wie lange es dauern wird, dass g^{**} auf g trifft (‚treffen muss', wenn g^{**} gerade ist). Daher kann man sagen, dass *genau* die doppelt orthogonale Gerade in der Ebene eine gegebene Gerade g nicht schneidet. Überall dort, wo ein *Kanon der Kontrolle ebener Flächen und gerader Linien* anwendbar ist, ist das Prinzip anwendbar. Für Bewegungsformen von Körpern und Licht bzw. von elektromagnetischen Wellen im ‚kosmologischen Maßstab' ist das aber unter Umständen nicht der Fall, und zwar weil es dabei immer schon um Relativ*bewegungen* geht und damit anders als im Fall der ‚statischen' Passungen der Körperformen (*nach* derartigen Bewegungen) von Zeiten und Gleichzeitigkeiten nicht einfach abgesehen werden kann.

Eine demonstrative Begründung wie die skizzierte gehört offenbar zu einer besonderen Begründungsart. Sie ist kein formeller deduktiver Beweis. Wir appellieren in ihr an *Standarderfahrungen* in Bezug auf prototypische und reproduzierbare *Urbilder*. Diese sind in der Geometrie im Grunde (Oberflächen-)Gestaltungen von Quadern. Man kann ja auch noch unsere Praxis diagrammatischer Zeichnungen so verstehen, dass in ebene Quaderflächen (gerade) Linien geritzt werden, und zwar als einfache symbolische Andeutungen für ebene Quaderschnitte. In der entsprechenden Gesamtpraxis finden wir die *kanonische* Basis der mathematischen und eben damit *idealen Planimetrie* als *Geometrie der Ebene* und dann auch der (euklidischen) *Geometrie des dreidimensionalen Raumes als Theorie der Volumina von unbewegten Körpern*.[14]

---

14 Realisierungen von Grundgestalten wie des Quaders, des Ebenen und des Geraden sind prima facie beliebig verbesserbar. Diese sehr allgemeine Grundtatsache betrifft dennoch

2.2. Demonstrationen und Analogien 83

In einem Appell an eine *empraktische Erfahrung* lassen sich dabei materialbegriffliche Normen dafür, was je als ausreichend eben und gerade zählt, *implizit aufrufen*. Das ist es, was uns Platon im Dialog *Menon* im Kontext eines kleinen Beweises, wie man die Fläche eines Quadrats verdoppelt, zeigt. Was als so genannte *Anamnesis*- oder *Wiedererinnerungslehre* bekannt ist, möchte ich entsprechend als *Aha-Theorie bleibender Formerfahrungen* bezeichnen. Solche Formerfahrungen lassen sich, wenn es sein muss, an einem einzigen Paradigma oder Repräsentanten der Formgestalt machen, *epagogisch*, wie Platon sagt. Es entsteht ein allgemeines, Wissen und generisches, wiederholbares, Können. Es ist als solches gerade *nicht* bloß empirisch auf den Einzelfall bezogen. Daher ist die *epagōgē* nicht bloß als ‚induktive Verallgemeinerung' von einigen (endlich vielen) Einzelbeobachtungen zu begreifen, wie das Empiristen behaupten oder unterstellen. Sie ist auch keineswegs nur ein ‚schwacher Schluss' (*asthenēs syllogismos*), wie Aristoteles sagt.

Eine Kreisgestalt und gerade Linie verhalten sich zur Idealform des Kreises und der Geraden so, wie sich die Gebrauchsweisen der Wörter ‚kreisförmig' und ‚gerade' außerhalb und innerhalb mathematisierter Geometrie zu einander verhalten. Dieses Verhältnis ist *analogisch*. Denn das Wort ‚*analogia*' heißt ja ‚Wortgleichheit' und meint die Artikulation projektiver Beziehungen verschiedener Redebereiche oder Redeformen durch Gebrauch der *gleichen Ausdrücke*. Die Explikation der ‚Eigenschaften' von Gestalten durch Sätze über Formen führt in eine mathematisierte Geometrie, wenn wir die Sätze mit formalen Wahrheitswerten belegen und entsprechend im formallogischen Schließen verwenden.[15]

Materialbegriffliche Aussagen werden nun gerade dadurch in formelle verwandelt, dass wir mit den Sätzen nach formallogischen Regeln der inferentiellen Deduktion rechnen. Die Sätze haben dann sowohl eine ‚deskriptive' als auch eine ‚normative', eine ‚reale' und eine ‚ideale' Sinn- bzw. Gebrauchskomponente. Der Sinn von Ideationen ist es gerade, rein an der Syntax der Sätze orientierte Schlussformen *durchzusetzen* und zwar so, dass

---

zunächst nur Festkörper, formbare Werkzeuge und Dinge und bleibt damit in gewissen realen Grenzen. Diese Grenzen liegen weit diesseits jeder *beliebigen* Formgenauigkeit und Formausdehnung.

15 Diese Praxis der formalen Mathematik ist eine Erfindung der Griechen. Sie transzendiert die praktische Mathematik der ‚Ägypter', bzw. des vorderen Orients und führt zum Begriff des logisch-mathematischen *Beweises* im Unterschied zum Begriff der *protomathematischen* und als solcher *materialbegrifflichen Begründung*, wie man ihn neben den anschaulichen Demonstrationen der Geometrie auch in der Arithmetik der *psephoi*- oder Steinchen-‚Beweise' kennt. Es ist aber keineswegs so, dass wir in der modernen Mathematik ohne protomathematische Begründungen auskämen.

sie an die materialbegrifflichen Schlussformen der intendierten Urbildbereiche nach Möglichkeit angepasst sind. Diese Anpassungen sind, hoffentlich, durch einen projektiven *Kanon analogisch* vermittelt. Nur wenn sie in diesem Sinn *kanonisch* sind, sind sie *nachvollziehbar und in ihrer Anwendung gemeinsam beurteilbar*. Ideale Theorien und ihre internen Folgerungsregeln sind zwar als solche immer *exakt definiert* und insofern *formal deutlich*. Sie sind aber in ihrem Weltbezug oft noch ganz *unklar*. Sie sind unklar, solange ihre externe Beziehung zu materialbegrifflichen Aussagen und Schlüssen nicht *kanonisch* ist.

2.3 Zur ‚(Un-)Endlichkeit' von Raum und Zeit

Die Frage nach dem richtigen Verständnis der Geometrie und Kinematik, und das heißt dann auch des Raum- und Zeitbegriffs, ist eine Grundfrage der modernen Physik und Wissenschaftstheorie, aber längst auch schon der traditionellen Philosophie. Die Antworten auf sie haben keineswegs nur Folgen im engeren Bereich der (mathematisierten) Naturwissenschaften, sondern auch, wie dies etwa schon Kant sieht, für jedes kritische Verständnis dessen, was in der Tradition unter dem Titel ‚Metaphysik' zunächst der Natur, dann auch des Geistes, abgehandelt wurde. Dazu gehören vorzüglich auch Themen wie die Endlichkeit unseres Lebens angesichts der Unendlichkeit der Zeit oder des Weltenraumes. Gerade hier wird eine strenge Sprachanalyse nötig, welche zu überprüfen hat, ob derartige Reden über Unendliches und die damit verbundenen ontologischen Lehren nicht etwa bloß auf eine gewisse Schwierigkeit des richtigen Verständnisses unserer Sprechweisen und gewisser Sprachkonstruktionen zurückgehen. Man kann dabei Kants transzendentale Dialektik so lesen, dass sie zeigt, inwiefern jede sinnvolle Rede von einer *wirklich* unendlichen Raumausdehnung oder der Zeit am Ende doch wieder *bloß mathematisch* zu verstehen ist (vgl. dazu etwa KrV, B 461, Anm.). Jedenfalls gibt es eine *klare Rede über Unendliches* (nur) im Rahmen der Geometrie bzw. Arithmetik: Nur hier gibt es die von uns eigens konstituierten abstrakten Redebereiche über beliebig komplexe *reine geometrische Formen* mit ihren unendlich vielen reinen Punkten und Geraden bzw. ihren unendlich vielen Zahlen und reinen Mengen. Die projektive Anwendung dieser reinen Formen und Mengen auf die wirkliche Welt unserer Erfahrung bezieht sich immer auf endliche Bereiche in einer durchaus immer endlichen und informalen Sprache. Jede unmittelbare Deutung des mathematisch Unendlichen erweist sich dabei als (quasi theologische) Metaphysik und als Relikt eines Platonismus oder Pythagoräismus, in dem abstrakte Gegenstände und Begriffe hypostasiert, und das heißt, für existent und oft genug für kausal wirksam erklärt werden. Das gilt insbesondere auch für die Unterstellung infinitesimaler Kräfte oder für die Vorstellung, das so genannte Kontinuum der realen Raum-Zeit sei unmittelbar als kontinuierliche mathematische Mannigfaltigkeit beschreibbar. Aus dieser allzu einfachen Vorstellung vom Verhältnis zwischen mathematischem Modell und Realität folgen viele Unklarheiten der modernen Physik und ihrer Lehrbücher, obgleich Kant im Prinzip eben dieses Problem schon erkannt hatte. Anderseits treten die Probleme gewissermaßen immer nur am Rand einer ansonsten funktionstüchtigen Praxis auf. Implizite Korrekturen erklären, warum gerade bei Praktikern die entsprechenden Fehlverständnisse darüber, wie wir in der Mathematik über unendliche Bereiche reden, so tief verwurzelt sind, dass es extrem schwer fällt, sie überhaupt als Missverständnisse über unseren Umgang mit reinen Begriffen und reinen Ideen begreifbar zu machen.

Die sinnbestimmenden (Inferenz-)Postulate für reine Begriffe und Formen gelten nur ‚generisch' oder ‚an sich' (idealiter), gerade weil sie schematisiert sind. Das heißt, sie sind per Konstruktion in der realen Erfahrungswelt nie vollständig realisiert bzw. realisierbar. Eben daher müssen wir jede Rede über reine Formen (an sich) kategorial von der Rede über empirisch reale Objekte unterscheiden. Anderseits ergibt sich, dass empirische Aussagen über Phänomene bestenfalls näherungsweise als ‚wahr' gelten, sofern man – und das definiert den besonderen *Idealismus* Hegels und seine Einsicht in die *Idealität des Begrifflichen und des Wissens* in der Tradition von Platon und Aristoteles – das Wahre nicht, wie im Empirismus, an bloß subjektiv erfahrenen Einzelerscheinung misst, sondern an den in einer allgemeinen Wissenschaft (*epistēmē*) generisch gesetzten idealen Geltungen, zumal nur diese in der Form theoretischer Satzsysteme explizit lehrbar und gemeinsam kontrollierbar sind. Die Differenz zwischen den inferentiell extrem schwachen rein subjektiven und als solchen bloß behavioralen Reaktionen auf Sinnesempfindungen (*sensations*) und einem begrifflichen Erfassen des in der Anschauung (objektiv) Wahrgenommenen besteht daher in einer Unterstellung generischer Inferenznormen, so dass, wie John McDowell mit Kant betont, in der menschlichen Wahrnehmung das Rezeptive der Anschauung mit der Spontaneität der Ideen und d. h. mit dem (immer schon kooperativen) Handlungscharakter des begrifflichen Urteilens und Schließens untrennbar verbunden ist. Theoretisch bewusst gemacht werden solche Unterstellungen durch Aussagen, in denen nominalisierte Ausdrücke für Begriffe oder Bedeutungen vorkommen, also in einer Sprachebene der metastufigen Reflexion über Formen, in der wir die impliziten sprachtechnischen Formen des begrifflichen Denkens vergegenständlichen und eben dadurch thematisieren. Kritisch entwickelt werden die Unterstellungen in expliziten Kontrollen und Setzungen entsprechender Inferenzregeln. Das Ergebnis ist dabei immer eine Idealisierung, wie sie als solche aber auch schon in jedem durch den normalen Sprachgebrauch empraktisch geleiteten Schließen enthalten ist, wenn auch bloß vage und implizit.

Durch logisch exakte Regelungen einer am Ende immer mathematischen Ideation werden die impliziten Inferenzformen aber nicht etwa bloß explizit gemacht, sondern der Form nach verändert, und zwar indem man sie sprachintern völlig schematisiert. Das Grundproblem des Naturalismus oder Physikalismus nicht erst seit dem 18. Jahrhundert, sondern schon seit den Pythagoräern besteht dabei in einer Unterschätzung der informalen und zugleich metastufigen Form erfahrener Vernunft, welche allein einen strengen Weltbezug für die exakten Aussagen und Schlüsse sichern kann, die als solche bloß an sich, im Reich der reinen Ideen theoretisch verfasster Wissenschaft, in Geltung gesetzt oder als wahr erklärt werden. Das Grundproblem des empiristischen Skeptizismus und der Sophistik besteht spiegelbildlich in einer überschwänglichen Kritik an jedem Gebrauch von (mathematischen) Ideen und generischen Gesetzen als ‚eigentlich falsch' bzw. in rein formalistischen Argumentationen unter Absehung von jedem Gebrauch vernünftiger Urteilskraft. Verantwortlich für die Entstehung und die Hartnäckigkeit derartiger Missverständnisse ist die grundsätzliche Schwierigkeit, unsere Reden von Gegenständen und Wahrheiten in ihrer inneren Form angemessen zu verstehen. Eine Auflösung der Schwierigkeiten erfordert daher sprachphilosophische und logische Analysen.

Eine logische Klärung der semantischen Grundbegriffe lässt sich nun aber nicht im Rahmen einer *allgemeinen* Bedeutungs-, Gegenstands- und Wahrheitstheorie anzugeben. Denn diese unterscheiden nicht genug zwischen dem, was für besondere Redebereiche gilt, und was als einleuchtende oder richtungsrichtige Bemerkung in Bezug auf die gesamte Sprache gelten mag.[16] Erst wenn man die Methode der Idealisierung bei jeder Mathematisierung eines Wissensbereiches genau versteht, wird man die Grenzen der sinnvollen Anwendungen mathematisierter Theorien (Modelle, Bilder)

---

16 Globale Einschätzungen geometrischer und mathematischer Rede gibt es genug – mit allen ihren Unschärfen und den auf diesen gelegentlich beruhenden Vor- und Fehlurteilen. Dasselbe gilt für die physikalische Raum-Zeit-Lehre der Relativitätstheorie. Hier ist dagegen eine möglichst detailgenaue Analyse der inneren logischen Form mathematischer Modelle angestrebt und zwar so, dass diese dann auf ihre externe Anwendbarkeit zur Darstellung von Erfahrung beurteilbar werden.

als jeweils in der Logik des Vorgehens begründet verstehen und beurteilen können.

Dabei bleibt gerade die neuzeitliche mechanistische oder materialistische Naturwissenschaft dem pythagoräischen Missverständnis verhaftet. Sie deutet nämlich die von ihr zur Beschreibung der erfahrenen Phänomene benutzten mathematischen Modelle und Bilder in aller Regel realistisch, korrespondenz- oder abbildtheoretisch. Man beachtet dabei zu wenig, dass wir die Modelle erfinden und gestalten, und dass unsere Erklärungen des Naturgeschehens durch Gesetze zunächst schlicht modellinterne Bewegungen in einem Sprachsystem sind, gemäß gewissen, meist formalen, Sprachumformungsregeln. Dabei ist der modellinterne Begriff der Wahrheit und Folgerung streng zu unterscheiden von einem externen Begriff der Richtigkeit oder Angemessenheit der modellartigen Darstellung unserer Erfahrungen.

Unsere Erklärungsmodelle sind letztlich nichts anderes als zweckorientierte Darstellungen regelmäßigen Geschehens in der Natur. Das heißt nicht etwa schon, dass das Geschehen durch eine Regel oder ein Gesetz hervorgebracht wäre. Es heißt nur, dass wir gute Erfahrungen mit entsprechenden expliziten Darstellungen oder auch nur impliziten Erwartungen gemacht haben und machen. Auf diese werden wir uns nach einer für unsere jeweiligen Zielsetzungen als hinreichend unterstellten Überprüfung natürlich in unserem Handeln und in unseren Erwartungen verlassen. Daher nennen wir dann die betreffenden bewährten Erklärungen ‚richtig' bzw. ‚wahr' und zwar jetzt im (modell- bzw. mathematik-)externen Sinn.

Die Frage nach der externen Deutung einer Theorie, die sich als naturwissenschaftlich oder empirisch versteht, lässt sich demgemäß, entgegen der üblichen Haltung in den betreffenden Wissenschaften, nicht einfach durch den Hinweis abtun, das Modell zeige eben, wie sich die Dinge in Wirklichkeit verhalten, oder es sei einfach als ganzes hinreichend empirisch bestätigt. Das Buch der Natur ist keineswegs, wie man sagt, in mathematischer Sprache geschrieben. Es muss vielmehr allererst in dieser Sprache geschrieben werden. Jeder Eintrag ist dann auf seine Zwecke hin zu beurteilen, wobei schon die mathematische Form an die Zielsetzungen und im Übrigen an die Methoden der Erfahrungstätigkeit, also an die Messverfahren, angepasst sein muss.

Zur Frage nach dem rechten Verständnis unserer Rede vom (Welt-)Raum, seinen Dimensionen, seiner Ausdehnung und seiner (mathematischen) Struktur finden sich schon bei Kant und nicht erst in der theoretischen Physik zu Beginn des 20. Jahrhunderts die zentralen Argumente gegen Newtons Vorstellung, der Raum sei ein unendlich großes Behältnis der Körperdinge, und im übrigen sei der Fluss der Zeit ein absoluter und doch wirklicher Maßstab jeder Bewegung. Wie aber sind Kants Thesen, dass Raum und Zeit apriorische Ordnungsprinzipien der Erfahrung sind, die von uns auf der Basis synthetischer Grunderfahrungen etabliert werden, genau zu verstehen? Es bedarf dazu offenbar einer strengen logischen Analyse der geometrischen und dann auch der chronometrischen Sprache vor dem Hintergrund unserer Praxis der Längen- und Zeitmessung. Dazu werden sich formale Rekonstruktionen als unverzichtbar erweisen. Was immer in anderen Bereichen der Sprachanalyse angemessen sein mag, eine Analyse der Sprache der Mathematik und der mathematisierten Naturwissenschaften wird ohne die Hilfe formal geregelter Ausdrucksweisen nicht möglich sein.

Die üblichen mathematischen Analysen des Raumproblems, wie man sie etwa in Riemanns berühmtem Habilitationsvortrag oder in den Arbeiten von Hermann Weyl findet, bewegen sich dann aber dennoch viel zu schnell in die Gefilde der Analytischen Geometrie. Es seien dazu die einleitenden Sätze aus Riemanns Vortrag ‚Über die Hypothesen, welche der Geometrie zugrunde liegen' kurz zitiert:

> Bekanntlich setzt die Geometrie sowohl den Begriff des Raumes, als die ersten Grundbegriffe für die Konstruktionen im Raume als etwas Gegebenes voraus. Sie gibt ihnen nur Nominaldefinitionen, während die wesentlichen Bestimmungen in Form von Axiomen auftreten. Das Verhältnis dieser Voraussetzungen bleibt im Dunkeln; man sieht weder ein, ob und wieweit ihre Verbindung notwendig, noch a priori, ob sie möglich ist.

In der Tat ist der Raumbegriff, insbesondere auch die Konsistenz und der Sinn der geometrischen Definitionen und Axiome, klärungsbedürftig. Auch kann man durchaus sagen, dass die geometrischen Axiome Unterstellungen artikulieren. Nur sind derartige Unterstellungen nicht einfach durch empirische Beobachtung begründet oder widerlegbar. Es sind vielmehr methodologische und dann auch semantische (begriffliche) Präsuppositionen, welche die Messpraxis und unsere mathematische Darstellung und Deutung ihrer Ergebnisse allererst ermöglichen. Wie solche präsuppositionale Bedingungen der Möglichkeit a) messender und b) mathematisierter Erfahrung im Einzelnen zu verstehen und warum sie sinnvollerweise ‚synthetisch a priori' genannt werden können, werden wir genauer zu betrachten haben. Eine solche Klärung kann nun durch den Vorschlag Riemanns nicht, jedenfalls nicht so ohne weiteres, erreicht werden, nach dem auf einer abstrakten (stetigen) mehrdimensionalen Größe (Menge oder Mannigfaltigkeit) differentialanalytisch definierte Maßverhältnisse auf empirischer Grundlage – durch Berücksichtigung wirkender Kräfte – zu bestimmen seien. Gründe für diese eher skeptische Beurteilung der in der Nachfolge Riemanns stehenden Grundvorstellung der (relativistischen) Raum-Zeit werden im Einzelnen vorgeführt werden. Dazu wird es nötig sein, sich die Konstitution der Analytischen Geometrie sehr genau klar zu machen. Es ist dann auf Riemanns Frage eine etwas andere Antwort zu geben: Der Raumbegriff der elementaren, euklidischen, Geometrie entsteht durch eine bestimmte Art des (immer auch idealisierenden) Redens zunächst über unsere Konstruktions- und dann auch über unsere Messpraxis, nicht etwa bloß durch die empirische Beobachtung des dem Raume zugrunde liegenden Wirklichen, wie sich Riemann ausdrückt. Insbesondere ist, wie wir sehen werden, die Frage nach der Stetigkeitsstruktur des Raumes (an sich und damit auch an und für sich) *keine empirische Frage, sondern ein Moment des mathematischen Modells.*

Wenn man die naturwissenschaftlichen Raum- und Zeit-Begriffe nicht als mathematischen Schemata begreift, mit denen wir unsere Erfahrung artikulieren und ordnen, dann sind metaphysische Deutungen im schlechten Sinne unausweichlich. Ich will hier daher zeigen, wie sich die relativistische Kinematik, nicht anders als die durch sie abgelöste klassische, sinnvoll als eine synthetisch-apriorische Theorie einer Längenmessung auffassen lässt: Letztere bezieht sich auf die Messung mit (für zugehörige Zielsetzungen ausreichend) formstabilen Maßstäben, erstere auf die Messung mit optischen bzw. elektrodynamischen Methoden. Die verschiedenen Meßmethoden und die zugehörigen mathematischen Darstellungen der Ergebnisse sind also unter Berücksichtigung der zu betrachtenden Größenbereiche und u. U. auch der angestrebten Exaktheit der Messung im Kleinen oder Großen auszuwählen. Außerdem sind gewisse Extrapolationen aus als gesichert geltenden Erfahrungen für die Deutung der Messergebnisse und ihrer mathematischen Darstellungen konstitutiv.

2.4 Anschauung als semantische Basis der Geometrie

Ohne die *allgemeine* Erfahrung im formenden Umgang mit Körperdingen, z. B. in der Praxis des Figurenzeichnens oder der Herstellung von Formen hinreichend starrer, und das heißt schlicht: relativ zueinander *formstabiler*, Körper und ohne Rückgriff auf eine reale Betrachterperspektive lassen sich die Grundworte und Grundurteile der Geometrie nicht angemessen verstehen. Insbesondere sind fiktive oder bloß vorgestellte Betrachterperspektiven nur auf der Grundlage *realer* möglich: Um zu wissen, was eine gerade Linie ist, muss man sie (ihren Anfang) in aller Regel ziehen (spontan zeichnen) können;[17] um zu wissen, dass sich in einem nach einer vorgegebenen Anweisung korrekt gezeichneten Bild zwei gerade Linien schneiden (müssten), müssen wir – in aller Regel – gute Ausführungen der Anweisung betrachten; und um einzusehen, dass ein Schneckenhaus bzw. ein Handschuh nicht die Kopie ihrer dreidimensionaler Spiegelbilder sind, bedarf es anschaulicher Operationen mit Hohlformen, welche auf die Körper passen, bzw. der Auszeichnung einer (nicht mitgespiegelten) Betrachterperspektive, welche es ja erst erlaubt, Linkswindungen von Rechtswindungen zu unterscheiden.[18]

Die Bedeutung der Perspektivität der Rede von den Richtungen wird deutlich, wenn wir an typische Gebrauchsbeispiele der Unterscheidungen zwischen links und rechts, oben und unten, vorne und hinten denken, also an Gebrauchssituationen von Sätzen wie: ‚Das ist die linke Hand.' ‚Biege links, nicht rechts ab!' ‚Drehe den Hahn links herum, gegen den Uhrzeigersinn!'

Nun hat die Rede von den geometrischen Formen und Figuren wie die von Quadern und Rechtecken, Keilen und Winkeln, Kreislinien und Geraden einen besonderen Sitz im praktischen Umgang mit mehr oder weniger starren Körpern, d. h. solchen, die genügend lange und genügend genau (etwa auch bei relativer Bewegung) ihre Form bewahren[19] – und nicht etwa in einer bloß auf instabile, vielleicht bloß subjektive, Wahrnehmungen von Gestalten bezogenen Beschreibungssprache.[20] Die grundsätzliche Wiedererkennbarkeit gewisser Gestalten konstituiert noch lange keinen klaren Gegenstandsbereich. Was wir alles als ‚gestaltgleich' bewerten, ist nämlich zunächst weitgehend offen. Es ist sogar so, dass erst in der Geometrie die Rede von Gestalten über eine Normierung, artikuliert durch den Übergang zur Rede von Formen, in dem Sinne klar und deutlich wird, dass Formen von einander unterschiedene und, wie man sagt, (mit sich identische) Gegenstände der Rede werden. Dies geht freilich nur vermöge der Definition der Formgleichheit – und einer formalen Ideation. ‚Reine Anschauung' ist bei

---

17 Vgl. Kant, Kritik der reinen Vernunft (1781), KrV, B 180, ferner im handschriftlichen Nachlass (Akad. Ausgabe 18), 84f.
18 Vgl. dazu etwa auch Kant, *Prolegomena* (1783) § 13, Akad. Ausg. 285, und Kant, ‚Von dem ersten Grunde des Unterschieds der Gegenden im Raume', Akad. Ausg. 379.
19 Die Formstabilität (Starrheit) eines Körpers ist selbstverständlich immer nur relativ zu einer Klasse von Vergleichskörpern zu verstehen: Von einer absoluten Starrheit, welche nicht bloß die Formverhältnisse der Körper beträfe, lässt sich sinnvoll gar nicht reden. Dies werden die weiter unten vorgeführten Postulate für formstabile Quader und Keile noch klarer machen.
20 Wichtig ist, dass der Formbegriff ohne die Bewegungsstabilität der geformten Körper gar keinen Sinn macht. Auch dies werden wir bei der Rekonstruktion der geometrischen Grundformen weiter unten genauer sehen.

2.4. Anschauung als semantische Basis der Geometrie

Kant gerade Titel für die (entsprechend geformte) Praxis des Umgangs mit diagrammatischen Formgestalten als Repräsentanten reiner geometrischer Formen bzw. mit typischen Prozessen als Repräsentanten idealer Bewegungsformen etwa in unseren Zeitbestimmungen – jedenfalls nach meiner Lesart.

Gäbe es nun keine hinreichend formstabilen Körper und keine formbaren Materialien, gäbe es darüber hinaus nicht die Praxis des modellierenden Gestaltens von Körperoberflächen, etwa auch des Kopierens geformter Körper durch Abdruck- oder Gussverfahren,[21] so hätten wir letztlich keinen Anlass und keine Möglichkeit, von geometrischen Formen (im Unterschied zu vagen Wahrnehmungsgestalten) zu sprechen. Das Sprachspiel der (formentheoretischen) Geometrie verlöre weitgehend seinen (praktischen) Sinn, ja es wäre – wenigstens in zentralen Teilen – sogar unmöglich.[22] Aber es gibt eben faktisch formbare und dann hinreichend starre Materialien, es gibt die technische Herstellungspraxis mehr oder weniger stabiler Körperformen (genauer: gestalteter körperlicher Figuren).[23] Und es gibt die zugehörige geometrische Praxis des Pläne-Zeichnens. Eine Analyse der Geometrie, der geometrischen Sprache, des geometrischen Beweisens und der geometrischen Planzeichnungen wird sich daher auf diese Praxis (als gegebene) stützen können. Sie wird verständlich machen müssen, wie die (axiomatischen oder wahrheitswertsemantischen)[24] Theorien der idealen Geometrie mit der genannten Praxis zusammenhängen.

Wenn nun aber die geometrischen Grundbegriffe untrennbar mit fundamentalen Erfahrungstatsachen verbunden sind, wenn uns also die Rede von geometrischen Formen nicht ohne die Tatsache der Existenz genügend starrer Körper zur Verfügung steht, wie sollen dann noch apriorische Urteile und Beweise in der Geometrie möglich sein?

---

21 Man kann durchaus auch an Schleifverfahren denken, etwa wie sie in Janich 1969 (bzw. 1980) in der Nachfolge Dinglers zum Ausgangspunkt einer operativen Definition der Ebene verwendet werden sollen, nur haben diese keine Monopol für die Gestaltung ebener Flächen.
22 Nur weil es stabile Gestalten gibt, lassen sich Gestaltworte situationsinvariant und gemeinsam gebrauchen, gibt es für sie Gebrauchskriterien.
23 An der Existenz einer derartigen Praxis kann man nicht sinnvoll zweifeln. Allenfalls kann man sie in mancherlei Hinsicht für unbefriedigend halten, ihr nicht folgen wollen oder nicht folgen können, etwa mangels (Aus)Bildung oder auf Grund gewisser Krankheiten, etwa auch des Gehirns.
24 Der Begriff der wahrheitswertsemantischen Theorie wird im nächsten Kapitel erläutert und der Aufbau einer idealen Wahrheitsbedingungen-Semantik der (synthetischen) Geometrie in den Kapiteln 4 bis 6 vorgeführt werden.

2.5 Passungsnormen für Oberflächenformen

Im folgenden geht es mir nicht eigentlich um einen ausgezeichneten Aufbau der Geometrie oder um eine ‚lückenlose' Begründung geometrischer Urteile.[25] Denn es ist unklar, was das sein könnte. Es ist schon viel, wenn wir besser verstehen, wie die Entwürfe mathematisch-geometrischer Modelle und die idealen Reden über geometrische Formen, die modellinternen logischen Deduktionen und der Raumbegriff der mathematischen Naturwissenschaft (der Physik) zusammenhängen mit unseren nichtmathematischen und insofern vortheoretischen Raumorientierungen einerseits, unserer Praxis der Herstellung geformter Vergleichsgegenstände und ihrer Verwendung als Messgeräte in einer (physikalischen) Mess- und angeschlossenen Rechenpraxis andererseits. Wir werden dabei insbesondere die innermathematischen (idealen) Raumbegriffe von den kosmologischen Reden der Physiker über den Weltraum, bzw. die mathematischen Geometrien von den physikalischen, zu unterscheiden haben.[26]

Im Zusammenhang der Herstellung bestimmter Körper- und Oberflächenformen sagen wir nun üblicherweise, dass zwei Körper jedenfalls dann die gleiche Gestalt und zwei Oberflächenstücke die gleiche Form[27] haben, wenn sie (mehr oder weniger gute) *Kopien* von einander sind, wenn sie in eine entsprechende Hohlform passen (würden) und insofern als Abdrücke der gleichen Hohlform aufgefasst werden können. Zwar verstehen wir die Rede von den (noch ‚vagen') Gestalten und den (schon klarer definierten) Formen so, dass auch Körper oder Flächen *verschiedener* Größe gestalt- oder formgleich heißen können. Ich werde hier einen (aber nicht den einzig möglichen) Weg vorführen, wie wir systematisch von der *Kongruenz* von Körpern, Körperstücken und Oberflächen, d. h. der Relation, Kopien voneinander zu sein, zu einem klaren Verständnis der Rede von der (abstrak-

---

25 Gerade in dieser Hinsicht scheinen mir die Ansprüche von Lorenzen 1984 (Elementargeometrie) und Inhetveen 1983 (Konstruktive Geometrie) zu hoch gesteckt zu sein und einem Vergleich mit ihrer Durchführung nicht standzuhalten.

26 Die physikalische Raum-Zeit (oder der Kosmos) als empirisch bewährtes (oder sich erst noch zu bewährendes) System der räumlichen und zeitlichen Ordnung physikalischer Phänomene ist von unserem praktischen Handlungs- und Orientierungsraum einerseits, von der auf diesem ruhenden idealen Konstruktion eines mathematischen Raumbegriffes in der Geometrie andererseits streng zu unterscheiden.

27 Dass zwei Körper oder Flächen gestaltgleich sind, ist logisch betrachtet ein wesentlich einfacheres Urteil als es die (abstrakte) Rede von den Formen selbst ist. Diese wird nämlich erst über eine abstraktionstheoretische bzw. ideative Gegenstandskonstitution verständlich, wie wir sie im Folgenden vorführen wollen.

2.5. Passungsnormen für Oberflächenformen

teren) größenunabhängigen Ähnlichkeit oder Formgleichheit und damit zur (sortalen) Rede über geometrischen *Formen* gelangen können.[28]

Dazu erinnere ich an die empraktische Basis des Begriffs Kongruenz: Ein Körper- oder Flächenstück passt in eine Hohlform, wenn es eine entsprechende Passlage gibt. Zwei Flächenstücke F_1 und F_2 befinden sich in Passlage, wenn zwischen sie nichts mehr passt, d. h., wenn es an beiden Körpern keine Oberflächenstücke im Inneren von F_1 bzw. F_2 gibt, die sich nicht berühren, zwischen die also ein (starrer) Körper noch eingeschoben werden könnte. In der Praxis heißt dies natürlich: Die Genauigkeit der Passung ist bestimmt durch die maximal noch als zulässig erachtete Größe der Körper, die zwischen die aufeinander gepassten Flächen noch passen dürfen. Der praktische Umgang mit solchen (zweckbezogenen) Normgrößen ist uns vertraut, und zwar in der Regel *vor* jeder *zahlenmäßigen* Größenangabe. Man denke etwa an die Art und Weise, wie wir die Güte von Gussoder Druckverfahren beurteilen und dabei entscheiden, welche Verunreinigungen der Guss- oder Druckformen jeweils noch toleriert werden, wenn gute Kopien eines geformten Körpers hergestellt werden sollen.

Von einem guten Kopierverfahren und von genügend formstabilen Körpern und Oberflächen verlangen wir nun – im Interesse ihrer Reproduzierbarkeit – dass man zu jeder Kopie eines Originals (zu jedem Abdruck der Original-Hohlform) wieder eine Hohlform herstellen kann (oder könnte), so dass sich auch deren Abdrücke wieder in die Originalhohlform passen lassen, etwa wenn sie dorthin bewegt werden. Auch die Oberflächen der Hohlformen sollen also Kopien voneinander sein, so dass wir sagen könnten, ein Abdruck einer Hohlform sei die Hohlform der Hohlform, auch wenn diese erweiterte Rede von Hohlformen zunächst etwas merkwürdig scheint. Denkt man an Flächenpassungen, so leuchtet dies sofort ein: Hohlformen sind dann ja irgendwelche (Ober-)Flächenstücke, welche keineswegs hohl zu sein brauchen.

Die beschriebene Forderung besagt in mathematischer – und damit schon idealisierter – Sprache, dass die Kongruenz (Kopien-Eigenschaft) von Körpern resp. Flächenstücken (idealiter) eine *Äquivalenzrelation* sein soll. Die Forderung ist gerade die der schwachen Transitivität der Passungs-

---

[28] Zunächst heißen Körpergestalten und Oberflächenformen (für sich) dann und nur dann ‚kongruent' (für sich), wenn sie als (reale, konkrete) Kopien voneinander, d. h. als Abdrücke der gleichen Hohlform zählen können. Nach dieser Terminologie sind zwei ebene Dreieckgestalten nur kongruent, wenn sie durch Verschiebungen (und Drehungen) auf der Ebene zur Deckung gebracht werden können. Es wird sich später aber als nützlich erweisen, wenn wir auch das Spiegelbild eines Dreiecks als zu diesem ‚kongruent' nennen, und zwar weil man in der räumlichen Geometrie vom gleichen Dreieck in Vorder- und Rückansicht sprechen kann bzw. will.

relation für Oberflächenstücke, die man als Formel so notieren könnte:

(∗) $\quad !\,(0_1 p 0_2 \wedge 0_2 p 0_3 \wedge 0_3 p 0_4) \rightarrow (0_1 p 0_4)$[29]

Wir schreiben, wie üblich, ‚∧' für ‚und' und ‚→' für ‚wenn-dann', später dann auch ‚≙' für die Kongruenzbeziehung. Die Formel ist so zu lesen: In einer entsprechend guten Kopierpraxis formstabiler Körperoberflächen soll ein Oberflächenstück 0_1 (mit oder ohne Ecken und Kanten) jedenfalls dann auf ein Oberflächenstück 0_4 passen, wenn 0_1 auf 0_2, 0_2 auf 0_3 und 0_3 auf 0_4 passt, wenn also 0_2 Hohlform von 0_1 und 0_4 Kopie von 0_2 ist.

(∗) ist keine Aussage, sondern eine (gewissermaßen technische) Norm. Dies soll durch das Ausrufungszeichen zum Ausdruck gebracht werden. Normen sind als solche natürlich weder *wahr* noch *falsch*; sie sind nicht eigentlich begründet oder begründbar. Sie sind vielmehr in der Praxis mehr oder weniger gut *erfüllbar*. Und es gibt für sie praktische Rechtfertigungen der Art, dass es für bestimmte Zwecke nützlich ist, sich in seinem Handeln an die Norm zu halten, sie möglichst zu erfüllen. Allerdings ist es, wie gesagt, in der Regel eine notwendige Bedingung für die Sinnhaftigkeit einer derartigen Norm, dass sie – wenigstens in einigen relevanten Fällen – *befriedigend erfüllbar* ist. In unserem Falle heißt das, dass nicht jeder Gestaltungsversuch gemäß (∗) am Material oder gar an der Logik der Postulate selbst scheitert. Man könnte z. B. aus logischen Gründen nicht verlangen, dass eine (herzustellende) Oberfläche 0_1 zwar auf 0_2, nicht aber 0_2 auf 0_1 passen soll, und zwar weil wir Passungen allein danach beurteilen, dass in einer Passlage zwischen 0_1 und 0_2 nichts mehr passt, und das heißt eben auch, dass dann zwischen 0_2 und 0_1 nichts mehr passt.

Auf der Grundlage der Passungsrelation werden wir im Folgenden ein Postulatensystem für die Formen des Quaders und des rechtwinkligen Keils genauer artikulieren. Z. B. fordern wir von formstabilen Quadern, dass ihre Oberflächen immer partiell, d. h. bis auf Überlappungen, aufeinander passen und dass wir entsprechend zusammengelegte Kopien eines Quaders durch weitere Kopien des gleichen Quaders immer zu größeren Quadern ergänzen können. Ob eine Quaderform hinreichend gut realisiert ist, kann dann unter Umständen auch danach zu beurteilen sein, ob sich bei diesen Anpassungen der Kopien des Quaders auch im Großen – und das heißt natürlich: in den unter den geeigneten Gesichtspunkten noch relevanten Größen – wieder ein Körper von der Quaderform ergibt oder ergeben würde.

Da ich vorschlagen werde, ebene Flächen als Oberflächen von Quadern zu definieren, insbesondere weil ich den logisch komplizierteren, weil

---

[29] Vgl. Lorenzen 1984, 25ff. und Inhetveen 1983, 20.

2.5. Passungsnormen für Oberflächenformen

abstrakt-idealen Begriff der Ebene nicht schon bei der Definition des Quaders benutzen will resp. kann, wird es von den möglichen Erweiterungen einer Fläche abhängen, ob sie als hinreichend eben zu betrachten ist. Diese Erweiterungen lassen sich durch das Zusammenlegen von Quadern (in einem noch genauer zu klärenden Sinne: eindeutig) definieren – was nicht möglich wäre, wenn wir die Ebenheit einer Fläche unabhängig von der Quaderform definieren wollten.[30]

In unserer Analyse wird dann auch verständlich, warum gewisse (etwa durch Wasserwaagen überprüfte) Flächenstücke unter gewissen Gesichtspunkten als hinreichend eben, unter anderen Gesichtspunkten aber – wegen der Krümmung der Erdoberfläche – vielleicht als gekrümmt zu beurteilen sind. Der *mathematische* Begriff des Quaders und der Ebene ist dann aber wahrheitssemantisch so fixiert, dass eine Beurteilung der noch relevanten Prüfgrößen nicht mehr nötig und nicht mehr möglich ist. Die mathematisch-geometrischen Begriffe sind nämlich, wie wir sehen werden, völlig *größenunabhängig* bestimmt. Dies ist der Grund dafür, dass in jeder Anwendung der ideal-geometrischen Begrifflichkeit, etwa in der physikalischen Weltbeschreibung, die Idealisierung der mathematischen Rede gewissermaßen wieder rückgängig zu machen ist. Dies muss dann bezogen auf die relevanten Gesichtspunkte und Zwecke geschehen und ist nicht schematisch, nicht ohne Urteilskraft, möglich.

Die logische Konsistenz eines Postulatensystems, wie wir es weiter unten für die Quaderform genauer ausführen werden, ist mit seiner Erfüllbarkeit gesichert. Normen artikulieren also Erfüllungsbedingungen, indem sie sagen, wie etwas sein soll, das sie erfüllt. Erfüllungsbedingungen wiederum rekurrieren auf Beschreibungen, in unserem Fall auf Formbeschreibungen konkret vorgelegter geformter Körper. Die *Wahrheit* resp. *Falschheit* eines *deskriptiven* geometrischen Urteils, etwa der Art, dass zwei Flächen tatsächlich aufeinander passen, ist dabei, das scheint mir wichtig zu beachten, durch das (möglichst *gemeinsame*) *Urteil* darüber bestimmt, ob bzw. wann wir mit der Passung *zufrieden* sind. Die Zweiwertigkeit der deskriptiv-geometrischen Urteile ist also zumindest zunächst nicht einfach eine Fiktion, in welcher bloß *so getan wird, als ob* den betrachteten Körpern gewisse *ideale Eigenschaften* zukämen. Dazu wäre ohnehin erst einmal zu klären,

---

30 Die verschiedenen Versuche, etwa der Konstruktiven Geometrie, den Begriff der Ebene ohne Bezugnahme auf den des Quaders und d. h. ohne den Zusammenhang mit dem Begriff der Orthogonalität zu definieren, scheitern, wie wir noch sehen werden.

wie die Rede von derartigen idealen Eigenschaften zustande kommt und zu verstehen ist.[31]

Zunächst bedeutet aber die Forderung der Zweiwertigkeit der eben genannten Urteile nur die *Hoffnung* bzw. die *Unterstellung*, dass wir in jedem Einzelfall nach hinreichender Beurteilung von Relevanzgesichtspunkten die hinreichende Erfülltheit der angestrebten Eigenschaften mehr oder weniger stabil gemeinsam beurteilen können. Unterstellt wird damit nicht mehr und nicht weniger als die Möglichkeit der Verständigung im Bereich der betreffenden Handlungs- und Redepraxis. Diese Verständigung hat immer offene Grenzen. Die Zweiwertigkeit ist daher hier immer nur relativ zu gewissen, im besonderen Fall je aufzuweisenden oder zu nennenden, Gesichtspunkten und den zugehörigen Genauigkeitsstandards und keineswegs schon schematisch oder formal zu verstehen. Daher würden wir auch sagen, einer habe den deskriptiven Sinn der geometrischen Prädikate und die Rede von der Wahrheit entsprechender Urteile nicht verstanden, wenn er nicht in der Lage ist, in Bezug auf einen gegebenen (und nicht jeden) Gesichtspunkt (z. B. Zweck) gemeinsam mit uns zu entscheiden, ob die Postulate *hinreichend* erfüllt sind, ob wir also zufrieden sein können resp. sollen oder nicht. Einer, der immer neue Gesichtspunkte und immer genauere Genauigkeitsstandards anführt, etwa um sagen zu können, es gäbe *eigentlich gar keine* absolut hinreichenden Passungen, der hätte allererst deutlich zu machen, was seine Rede von einer *absoluten Passung* eigentlich besagen soll. Dass *alle möglichen Gesichtspunkte* berücksichtigt und *alle möglichen Genauigkeitsstandards* realisiert werden sollen, ist eine praktisch unmögliche und daher zumindest zunächst *sinnlose* Forderung. Sie spielt in der Praxis der Herstellung und Verwendung geometrischer Formen und des deskriptiven Urteilens ja auch keine Rolle. *Und sie konstituiert auch keineswegs die ideale Rede von den geometrischen Formen*, etwa dadurch, dass dabei von den jeweils verbleibenden Realisierungsmängeln einfach abgesehen würde.[32] Im Übrigen ist es eine ganz allgemeine Tatsache, dass man

---

31 Lorenzen nimmt die Schwierigkeit nicht genügend ernst, welche sich aus dem geschilderten Sachverhalt ergibt. Wie sollen nämlich in der idealen Rede über Konstruktionen, in denen man ja nicht einfach vorliegende Zeichnungen kommentieren kann, die Aussagen über die prinzipielle Konstruierbarkeit verstanden und begründet werden? Vgl. dazu Lorenzen 1984, Kap. 2, §§ 1 und 2.

32 Schon Aristoteles beklagt, dass Platons Rede von der *Teilhabe* der natürlichen Dinge an idealen Eigenschaften nur ein Problem anerkennt und benennt, es aber nicht befriedigend löst. Seiner eigenen Abstraktionslehre, der Aphairesis, zufolge sehen wir in abstrakten Reden ab von allerlei Realisierungsmängeln idealer Eigenschaften in der konkreten Körperwelt. Vgl. dazu Lorenzen 1984, 37f und Inhetveen 1983, 21. Wir werden noch genauer sehen, warum auch das nicht befriedigen kann.

zusätzlich zur Möglichkeit einer bestimmten Einteilung eines phänomenalen Gegenstandsbereichs in Klassen die Möglichkeit von Verfeinerungen hat. Diese Verfeinerungen widersprechen der ersten Möglichkeit überhaupt nicht, allerdings sind die Gesichtspunkte und ‚Maßstäbe' (bzw. Kriterien) jeweils konkret anzugeben.

2.6 Definitorische Gütekriterien für formstabile Quader und Keile

Beim Bauen mit behauenen Steinen oder geformten Ziegeln ist man, wie wir wissen, besonders an Quadern interessiert. Ihre technische Bedeutung besteht dabei unter anderem darin, dass kongruente Quader auf- und nebeneinander passen, und zwar so, dass dabei größere Quader, z. B. Mauern, entstehen. Für deren Stabilität ist es bekanntlich von Vorteil, dass Quader auch verschiebbar aufeinander passen, also etwa so:

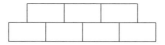

Abbildung 1.

Praktisch wissen wir alle, was ein Quader ist, welche Eigenschaften wir also von einem Quader erwarten, und dass wir diese auch mehr oder weniger gut realisieren können. Die folgende Kriterienliste versucht nur, *die wichtigsten inferentiellen Postulate*, *die für Quader gelten sollen*, *explizit zu artikulieren und damit auf geordnete Weise sprachlich zu vergegenwärtigen*. Selbstverständlich könnte es hierbei auch andere Ordnungen geben.

Kriterium 1: Ein Quader ist ein Körper mit 6 Flächen, die wir unter einer festen Betrachterperspektive als obere, untere, vordere, hintere, linke und rechte Flächen von einander unterscheiden. Er hat 12 Kanten und 8 Ecken.

Bemerkung: Offenbar tritt hier – wie bei jeder Erläuterung von Grundbegriffen – das Problem auf, dass die erläuternden Worte schon verstanden sein müssen. Eine Fläche ist, so kann man dieses Verständnis vielleicht etwas befördern, eine Oberfläche eines Körpers, die sich aus einem flachen Schnitt durch einen Körper ergibt.[33] Eine Fläche möge also keine inneren

---

33 Oberflächen haben – nach dem hier vorgeschlagenen Sprachgebrauch – evtl. noch Kanten und Ecken, Flächen aber nicht. Allerdings sind für uns nicht nur ebene Flächen, sondern alle kantenfreie Gebilde, etwa auch Well- oder Kugelflächen, flach.

Kanten und Spitzen oder Ecken haben. Eine Kante entsteht bei einem (nicht allzu flachen, nicht tangentialen) Schnitt durch eine Fläche, eine Ecke bei einem (wieder nicht zu flachen) Schnitt durch eine Kante. Selbstverständlich setzen wir für das Verständnis dieser weiteren Erläuterungen die Erfahrung im Umgang mit Körpern und Körperschnitten voraus. Ebenfalls vorausgesetzt ist, dass wir Körper in aller Regel anschauen können, uns um sie herum bewegen können und so die Perspektive (relative Lage der Körper zu uns, unserem Leib) ändern können. Und dann können wir auch von fiktiven Betrachterperspektiven sprechen, etwa wenn die Körper zu groß oder zu weit entfernt sind.

Kriterium 2: Sei F eine Fläche eines Quaders Q und sei Q^* eine Kopie von Q, so dass die Fläche F^* auf Q Kopie von F ist, so dass also beide Flächen auf *eine* Fläche F der zugehörigen Quaderhohlform passen. Dann sollen sowohl F und F^* als auch F und F_u^* ganz aufeinander passen, wenn F_u^* die untere (gegenüberliegende) Seite zu F^* an Q^* ist. Bringt man zwei Quader Q und Q^* an aufeinanderpassenden (nicht überlappenden) Flächen in Passlage, so soll immer ein neuer (größerer) Quader entstehen.

Bemerkung: Es sind offenbar F, F^* und F_u^* jeweils sowohl Kopien als auch Hohlformen voneinander. Wie man Körper durch Bewegungen in eine Passlage bringt, wenn es eine solche gibt, wird als bekannt vorausgesetzt. Das Kriterium verlangt, dass alle Winkel eines Quaders gleich (orthogonal) sind und sich zu einer geraden Linie bzw. ebene Fläche ergänzen.

Kriterium 3: Man kann einen Quader, auf dem im Innern einer Seitenfläche eine Stelle markiert ist, wirklich oder fiktiv auf eindeutige Weise durch genau zwei Schnitte in vier Quader zerlegen, so dass die markierte Stelle zu einer gemeinsamen Ecke der entsprechend zusammengelegten Teilquader wird.

Bemerkung: Das ist nur eine dreidimensionale Formulierung dafür, dass wir Rechtecke entsprechend in vier Rechtecke zerlegen können. Da gerade Linien auf ebenen (Quader-)Flächen als Andeutungen für (orthogonale) Quaderschnitte zu lesen sind, sagt das Postulat etwas über die Zerlegbarkeit von Quadern. Es geht hier wesentlich darum, einsehbar zu machen, dass eine ebene Fläche als Oberfläche eines Quaders ein ganzes System von inferentiellen Aussagen bzw. Erwartungen erfüllen muss. Dabei können wir nicht bloß Eigenschaften des Zusammenlegens betrachten, sondern müssen auf Teilbarkeiten und den sich ergebenden Zusammenlegbarkeiten eingehen. Was innere Punkte einer Fläche und was im Unterschied dazu Randpunkte oder Kantenstellen sind, wird als bekannt vorausgesetzt. Wir können Quader auf die beschriebene Weise zerschneiden, etwa indem wir andere Quader zur Konstruktion von Führungslinien und Führungsflächen für das Schneiden mit flachen Quadern, etwa Messern,[34] benutzen – wenn sich das Material schneiden lässt. Beim Zeichnen mit rechtwinkligen Linealen (das sind Führungsquader) *markieren* wir auf Quaderflächen Schnittlinien – und können uns den Quader dann fiktiv als entlang dieser Linie in Teilquader zerlegt denken.[35]

Kriterium 4: Sind F und F^* Flächen auf Quadern Q und Q^*, welche nicht kongruent zu sein brauchen, also beliebige Größe haben können, und markiert man im Inneren von F und F^* je eine beliebige Stelle, so lassen sich Q und Q^* in diesen Stellen zur Berührung bringen. Jede derartige Berührlage ist dann eine (partielle) Passlage. Das heißt, es passen diejenigen Flächenteile schon aufeinander, welche nicht überlappen. Man kann entsprechend einen Quader auf einem anderen verschieben oder drehen. Die entstehenden Grenzen dieser Flächenteile sind jeweils durch die Quaderkanten bestimmt. Dass ebene Drehungen um einen Berührpunkt bei Erhaltung der partiellen Passlage unbeschränkt möglich sind, ist in der oben gegebenen Formulierung gewissermaßen enthalten.

Bemerkung: Es gelingt uns keineswegs jeder Versuch, zwei beliebige Körper an beliebig markierten Stellen (Punkten) in eine Berührlage zu bringen. Kugeln berühren zum Beispiel nie die Ecken einer Quaderhohlform (von innen). Und selbstverständlich ist nicht jede Berührlage von Körpern eine partielle Passlage für die Flächen um den Berührpunkt. Alle diese Formulierungen dienen im Grunde nur der Erinnerung an allgemeinste Erfahrungen im Umgang mit quaderartigen Gebilden und wie wir diese uns implizit längst bekannte Praxis inferentiell explizit artikulieren können. Die Formulierungen sind (noch nicht) so zu lesen, dass man mit ihnen nach formalen logisch-deduktiven Schlussregeln schon rein schematisch umgehen könnte. Das ist auf der Ebene empraktischer Kommentare, ja im Bereich der Protowissenschaft überhaupt, grundsätzlich (noch) nicht sinnvoll, da diese sich noch nicht auf wahrheitswertsemantisch wohlkonstituierte Redebereiche beziehen, in denen allein das formale Schließen gültig wird.

Kriterium 5: Zwei Quader, die auf einer Quaderfläche liegen, befinden sich schon dann in einer partiellen Passlage, wenn sie sich an zwei Stellen auf den Auflagekanten oder den gegenüberliegenden Kanten berühren. Passen die aufliegenden Kanten (als gleich lang) zu einander, die Flächen aber noch nicht, so gibt es einen Quader (d. h. er lässt sich mehr oder weniger

---

34 Freilich haben unsere Messer die Form von Keilen, aber das ist hier nicht relevant.
35 Gerade Linien in ebenen Zeichnungen (Aufrissen) sind nichts anderes als auf (mehr oder weniger gut realisierten) Quaderflächen bloß markierte, also noch nicht durchgeführte Schnittlinien.

befriedigend herstellen), so dass man durch ein entsprechendes Zusammenlegen der drei Quader einen Quader erhält.

Bemerkung: Zum Verständnis von Kriterium 5 malt man sich am besten Bilder der Quader im Profil, um dadurch an unsere praktische Erfahrung im Umgang mit Quadern und Quaderpostulaten zu erinnern: Nach dem ersten Teil des Kriteriums sollen u. a. Verhältnisse, wie sie in den folgenden Bildern repräsentiert sind, ausgeschlossen sein, wenn A, B und C hinreichend gute Quader sein sollen:

Abbildung 2.

Nach dem zweiten Teil sollen sich A und B auf folgende Weise durch einen Quader D zu einem Quader ergänzen lassen, wenn A und B schon in kongruenten Kanten zusammengelegt sind:

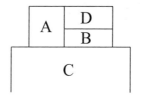

Abbildung 3.

In einem gewissen Sinne ist Kriterium 5 eine Präzisierung von Kriterium 2 und Kriterium 4.[36] Die folgenden Kriterien betreffen die Zerlegbarkeit von Quadern in rechtwinklige Keile und deren Zusammensetzbarkeiten. Wieder wird nur artikuliert, was wir längst schon kennen und zwar aus einem Umgang mit rechtwinkligen Dreiecken, die, wie wir sehen werden, gewissermaßen die Urformen der Geometrie darstellen, da sich ja die Rechtecke bzw. Quader aus ihnen zusammensetzen lassen. Kriterium 6 liefert entsprechend die praktische (manche würden sagen: ‚empirische') Basis für den geometrischen Begriff des *Winkels*:

---

36 Zusammen fordern diese Kriterien, dass die Flächen beliebiger Quader lokal betrachtet Kopien und Hohlformen voneinander sind, dass die Winkel sich zu geraden Kanten ergänzen und ebenfalls Kopien voneinander sind.

2.6. Definitorische Gütekriterien für formstabile Quader und Keile

Kriterium 6: Durch je zwei (räumlich) diagonal gegenüberliegende Kanten eines Quaders gibt es genau einen diagonalen Ebenenschnitt, der den Quader in zwei *rechtwinklige Keile* zerschneidet. Die Schnittflächen dieser Keile passen dreh- und verschiebbar auf beliebige Quaderflächen (bis auf Überlappungen). Die beiden aus einem Quader entstehenden oder zu einem Quader zusammenlegbaren Keile sind Kopien voneinander.

Bemerkung: Betrachtet man Keilecken als kongruent, wenn sie lokal in die gleiche Hohlform passen, so lässt sich die Rede über (die rechten und spitzen) *Winkel* als invariante Rede über kongruente Keilecken resp. deren Hohlformen rekonstruieren. Dabei wissen wir natürlich praktisch, dass gerade die beiden nicht orthogonalen Winkel im rechtwinkligen Dreieck, dem Aufriss eines rechtwinkligen Keils, spitze Winkel sind bzw. so heißen. Durch Zusammenlegen von rechten und spitzen Winkeln gelangen wir dann auch zu stumpfen Winkeln, während sich die gestreckten, überstumpfen und vollen Winkel durch Zusammenlegen von zwei rechten, zwei stumpfen bzw. vier rechten Winkeln ergeben, wie wir aus dem Umgang mit Dreiecken natürlich praktisch längst schon wissen, was weiter unten aber noch etwas genauer erläutert werden wird.

Ein besonders wichtiges Kriterium der allgemeinen Formstabilität (Festigkeit, Starrheit) geformter Körper, nicht nur von Quadern oder Keilen, wird durch das folgende Teilbarkeitspostulat artikuliert:

Kriterium 7: Wenn wir von geformten Körpern an der gleichen Stelle kongruente Teile wegnehmen oder anpassen, so sollen kongruente Körper entstehen.

Bemerkungen: Kriterium 7 verlangt, dass die Kopieneigenschaft von kongruenten Körpern oder Flächen auch bei Zusammenlegungen und Teilungen der geschilderten Art erhalten bleiben, wobei natürlich das Verständnis der Rede von den gleichen Stellen vorausgesetzt wird. (Man macht sich an Beispielen leicht klar, wie sie gemeint ist.) Dieses Postulat artikuliert einen der mehreren Sinne des Satzes: ‚Gleiches zu Gleichem hinzugefügt und Gleiches von Gleichem weggenommen ergibt Gleiches', und zwar den Teil, der die Kongruenz (und nicht etwa die Volumen- oder Flächengleichheit) geformter Körper betrifft.

Die Forderung, kongruente Körper formstabil in kongruente Teile zerlegen und wieder zusammensetzen zu können, ermöglicht es erst, *Anzahlen* von gleichen Teilen in einem entsprechend zusammengesetzten Ganzen auf situationsunabhängige und intersubjektive Weise bestimmen zu können. Zerlegungen und Zusammenlegungen sind übrigens wie schon die Herstellung von Kopien und der Vergleich ihrer Formstabilität *praktisch* immer nur durch Bewegungen der Körper zueinander möglich.

Dass ein echter Teil einer Figur (eines Körpers) kleiner als das Ganze ist, ergibt sich aus Kriterium 7: Würde ein echter Teilkörper K' eines Körpers K ganz in eine Hohlform von K passen, so wüssten wir immer schon aus begrifflichen Gründen, dass K' oder die Hohlform sich inzwischen in ihrer Form verändert haben muss. Kriterium 7 liefert also insbesondere die (Forderung der) Möglichkeit, formstabile Körper ihrer Größe nach zu ordnen. Schreiben wir ‚$K' \leq K$' für: ‚K' ist kongruent zu K oder es gibt einen Körper K^*, so dass ein durch Zusammenlegen von K' und K^* entstehender Körper kongruent ist zu K', dann ist die Relation $\leq$ (idealiter) eine (nicht totale) Partialordnung auf den formstabilen Körpern. D. h., für hinreichend formstabile Körper K, K', K^* wird die hinreichende Geltung der folgenden Ordnungspostulate gefordert:

i) $K \leq K$
ii) $(K \leq K' \wedge K' \leq K^*) \rightarrow K \leq K^*$
iii) $(K \leq K' \wedge K' \leq K) \rightarrow K \,\widehat{=}\, K'$

Auf die Schwierigkeit, dass diese Ordnungspostulate noch gar nicht für mathematische Gegenstände K, K^* etc., sondern nur erst für reale Körper formuliert sind, und daher noch keine formalen Axiome sind, sei wieder eigens hingewiesen. Die Verwendung der mathematischen Zeichen suggeriert sonst eine irreführende Lesart.

Kriterium 7 ermöglicht mit dem stabilen Zusammenlegen von Keilen (Keilspitzen) auch die so genannte Addition bzw. Subtraktion von *Winkeln*. Man kann dann eine entsprechende Profilzeichnung zusammengelegter Keile wie üblich kommentieren:

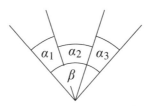

Abbildung 4.

Man sagt, der Winkel β sei die Summe der Winkel α_1, α_2 und α_3. Dazu braucht noch keineswegs ein Zahlenmaß für Winkelgrößen eingeführt zu sein. Das folgende so genannte *Archimedische Prinzip* beschließt unseren Katalog der Forderungen an die Stabilitätseigenschaften geformter Quader und anderer Körper, indem es zusätzlich zu den bisherigen Kopien- und

Zerlegungseigenschaften fordert, dass Quaderkopien bzw. die geraden Kanten anderer formstabiler Körper (etwa von Keilen) bei Zusammenlegungen (das sind Bewegungen) zumindest in dem durch das Kriterium artikulierten Sinne nicht schrumpfen:

Kriterium 8: Zu je zwei Quaderkanten k_1 und k_2 gibt es eine (natürliche) Zahl n, so dass das n-fache Aneinanderpassen von Kopien von k_1 die Kante k_2 (längenmäßig) übertrifft, und das heißt, dass die entstehende Kante in einer entsprechenden Lage k_2 auf beiden Seiten überlappt.

Bemerkung: Dass wir die Kriterien 1–5 für Quader, Kriterium 6 für rechteckige Keile und Kriterien 7 und 8 für Teilungen und Passungen von Keilen und Quadern üblicherweise fordern, natürlich unter Berücksichtigung der jeweils angestrebten Realisierungsgenauigkeit, ist eine Tatsache. Und es gibt, wie wir wissen, allerlei Materialien, in denen wir die betrachteten Körperformen mit ihren Stabilitäts- und Passungseigenschaften für allerlei Zwecke hinreichend genau realisieren können. Kriterium 8 setzt noch keine Arithmetik der reinen Zahlen voraus. Man muss nur schon mit beliebigen benannten Zahlen, Zählzahlen (Numeralia) oder Vielfachheiten praktisch umgehen können.

2.7 Bemerkungen zur Konsistenz, Unabhängigkeit und Vollständigkeit der Kriterien

Für den, der schon logisch oder mathematisch trainiert ist, liegt es nahe zu fragen, ob die im letzten Abschnitt angegebenen Kriterienliste logisch widerspruchsfrei, logisch von einander unabhängig und in irgendeinem erläuterbaren Sinn vollständig ist. Die Widerspruchsfreiheit scheint sich zunächst aus unserer Praxis im Umgang mit Quadern und rechtwinkligen Keilen unmittelbar zu ergeben. Doch die Dinge sind deswegen nicht ganz so einfach, weil es ganz offenbar ideale Quader realiter gar nicht gibt. Was die logische Unabhängigkeit angeht, so muss für diese allererst klar genug definiert werden, was man als logischen Schluss ansehen möchte. Der Begriff der logischen Unabhängigkeit ist nämlich vor einer formallogischen Normierung der Sprache und damit vor der erst in den nächsten beiden Kapiteln rekonstruierten Definition geometrischer Terme als Benennungen reiner Formen und der idealen Wahrheitsbedingungen geometrischer Sätze noch gar nicht verfügbar. Und auch für die Frage nach der Vollständigkeit müssen wir erst einmal die entsprechende Bedingung, die zu erfüllen ist, bestimmen oder rekonstruieren. Obwohl also die Frage wichtig ist, wann wir sicher sein können, im wesentlichen alle für die Geometrie relevanten Kriterien namhaft gemacht zu haben, so dass sich der Postulatenkatalog als vollständige Definition der betreffenden geometrischen Formen, der Quader und der rechtwinkligen Keile verstehen lässt, lässt sie sich nicht unmittelbar beantworten.

Um die Rolle der bisher nur zusammen mit mehr oder weniger einleuchtenden Erläuterungen, warum wir sie brauchen, aufgelisteten Kriterien für eine Rekonstruktion des gestuften Aufbaus geometrischer Rede etwas näher zu erläutern, betrachten wir daher erst einmal paradigmatisch die Frage, ob Kriterium 6, also die Möglichkeit (Existenz) eines diagonalen ebenen Schnitt durch einen Quader Q und die Kongruenz der entstehenden Keile K_1 und K_2, schon aus den übrigen Kriterien folgt, bzw. in welchem Sinne wir hier von Folgerungen reden (können). Faktisch lassen sich ebene diagonale Quaderschnitte (rechtwinklige Keile) in vielerlei Materialien hinreichend genau herstellen und zwar so, dass sie Kopien von einander sind und sich zu einem Quader zusammenpassen lassen. Was ist aber der Grund für diese Tatsache? Nun, sollte ein entsprechender Satz prädikatenlogisch aus den anderen Gütekriterien für Quader deduzierbar sein, nachdem wir diesen eine sprachliche Form gegeben haben, dass man den Kalkül der Prädikatenlogik anwenden kann (und das ist nicht etwa selbstverständlich), so wäre dies in der Tat ein Grund. Es wäre aber ein Grund nur, weil wir am Ende die Postulate so *verstehen (wollen)*, dass auch alle ihre *wahrheitslogischen Folgerungen* als *Gütekriterien herangezogen* werden *können* (aber dies *praktisch keineswegs* immer *müssen*).[37] Andernfalls handelt es sich um eine *zusätzliche* Forderung, ein weiteres definitorisches Kriterium, und zwar für die Herstellungspraxis guter *Keile*.

Rein logisch, d. h. sprachlich betrachtet, ist ohne Kriterium 6 keineswegs klar, dass und warum sich Quader in zwei kongruente Keile zerlegen lassen, und das heißt, warum sich zu jedem Quader Q (immer) zwei zueinander kongruente rechtwinklige Keile konstruieren lassen, die entsprechend zusammengelegt einen zu Q kongruenten Quader ergeben. Ja es ist nicht einmal klar, dass die diagonale Teilung einer Quaderfläche, etwa durch das Anlegen einer Quaderkante an die diagonalen Eckpunkte, zu zwei kongruenten Flächen führt. In der Tat ist Kriterium 6 empraktische Grundlage für das (berühmt-berüchtigte) Parallelenpostulat, wie wir genauer sehen

---

37 Deduktionen nach den Regeln des Prädikatenkalküls gehen bei jeder wahrheitswertsemantischen Interpretation der Formeln (oder der zunächst bloß schematisch verstandenen Sätze) in logisch gültige Schlüsse über. Das heißt, sie führen von wahren Prämissen zu wahren Folgerungen. In der Praxis werden nicht alle Folgerungen aus den Formpostulaten zur Beurteilung der Güte von Formrealisierungen herangezogen und können dies auch nicht.

2.7. Bemerkungen zur Konsistenz, Unabhängigkeit und Vollständigkeit der Kriterien

werden. Aus den Kriterien 6 und 8 wird sich über den Wechselwinkelsatz an doppelt orthogonalen Geraden[38] eine Art Beweis des Parallelenaxioms ergeben. Daher fügen diese zu den Kriterien 1–5 wirklich etwas hinzu. Allerdings sind unsere Formulierungen der Formkriterien bisher noch keineswegs in eine solche logische Form gebracht, dass die Frage nach exakten wahrheits- bzw. deduktionslogischen Abhängigkeiten hier schon einen klaren Sinn machen würde. Um eine derartige Form zu erreichen, sind nämlich noch einige sprachliche Zurechtstellungen und Normierungen nötig. Es ist sogar so, dass die durch den Prozess der Ideation konstituierte Rede von idealen geometrischen Formen notwendige Bedingung dafür ist, dass wahrheits- und deduktionslogisch formal geschlossen und argumentiert werden kann.

Aber gerade darum geht es ja in dieser Untersuchung: Zu zeigen, dass und welche Maßnahmen nötig sind, um in der Geometrie überhaupt deduktiv argumentieren und eine strukturtheoretische (axiomatische) und/oder analytische (arithmetische) Geometrie anschließen zu können. In einem gewissen Sinne verfolgen wir dabei Freges Analyse-Programm und passen es an die Geometrie an. Frege hatte über die Kritik an Hilberts impliziten Definitionen hinaus die Klärung des Zusammenhangs der formalen Axiome in dessen System mit der normalen, und das heißt nach unserem Verständnis: der empraktischen und vortheoretischen, geometrischen Rede gefordert.

Die Definitionen der elementaren Geometrie sind, das ist hier die These, implizit in unserer Praxis der Formung von Körpern und der Beurteilung der Güte der (Stabilität der) Körperformen enthalten. Und das ist ein ganz anderer Sinn als der es ist, den wir in der Lehre von axiomatisch-impliziten Definitionen des Inhalts von Wörtern im Rahmen von ganzen formaldeduktiven Theorien finden. Diese Differenz zwischen empraktisch-impliziten und theoretisch-impliziten Definitionen macht es so schwierig, die empraktischen Postulate und Kriterien in voller Gänze und in einer übersichtlichen Ordnung explizit zu machen: Die Postulate beziehen sich nämlich keineswegs, wie man zunächst vielleicht glauben möchte, nur auf die äußere Gestalt eines Körpers zu einem Beobachtungszeitpunkt, sondern auch auf stabile Möglichkeiten des Umgangs mit ihm, etwa auf Ergebnisse beim Zusammenlegen. Sie sind insofern holistisch in eine Praxis eingebettet. Und sie stehen immer schon in einem Bezugsrahmen empraktischer Inferenznormen für die Sprache, in der wir die entsprechenden Möglichkeiten explizit artikulieren.

---

38 Der Wechselwinkelsatz (vgl. § 3.1.3) ergibt sich aus der Passungseigenschaft für Keile in Quaderpostulat 6.

Die holistischen Kriterien 6 bis 8 zeigen z. B. schon durch ihre Formulierung, dass der (volle) Begriff der Form des Quaders keineswegs *allein* über die Passungseigenschaften 1–5 definierbar ist. Kriterium 6 verknüpft die Quaderform mit der Form des rechtwinkligen Keiles, Kriterium 7 sogar mit allen polygonalen Körperformen und Kriterium 8 ist eine Art Messpostulat, das eine stabile Vergleichbarkeit der Quader untereinander in Bezug auf ihre Kantenlängen fordert.

Auch die Definitionen der Begriffe der ebenen Fläche, geraden Linie und des orthogonalen Winkels sind dann zu beziehen auf eine gesamte *Praxisform* des Umgangs mit Körpern: Wir sagen, *eben* sei eine Fläche, wenn sie auf Quaderflächen passt, *gerade* eine Linie (Kante), wenn sie auf Quaderkanten passt. Eine Quaderfläche, begrenzt durch Kanten, heißt *Rechteck*. Ein Linienpaar heißt *rechtwinklig, lotrecht* oder *orthogonal*, wenn es zur Ecke eines Rechtecks passt. Auf analoge Weise verstehen wir auch die Rede von der Orthogonalität eines (ebenen) Flächenpaares (an einem Körper): die betreffenden Flächen des Körpers müssen sich in die Hohlform eines (entsprechend groß zu wählenden) Quaders passen lassen.

Die bedeutsame Besonderheit derartiger *holistischer anschauungs-* bzw. *erfahrungsbezogener* Definitionen der Begriffe *eben, gerade* und *orthogonal* wird in folgenden Vergleich vielleicht etwas deutlicher: Nach dem Definitionsvorschlag in der Konstruktiven Geometrie soll eine ebene Fläche durch ihre *freie Klappsymmetrie*[39] (bezogen auf die – partielle – Flächenpassung) bestimmt sein. Eine gerade Linie ist dort eine (mögliche) Klapplinie ebener Flächen. Zwei gerade Linien g_1 und g_2 auf einer ebenen Fläche sollen (per definitionem) orthogonal zueinander stehen, genau wenn bei einer Klappung der Fläche um g_1 die Linie g_2 in sich übergeht. Die Winkelhalbierende zwischen zwei sich schneidenden Linien g und h ist definiert dadurch, dass sie Klapplinie ist für eine Klappung, welche die Linie g zur Passung bringt mit der Linie h.[40]

Ich benutze im folgenden den Index L, um auf diese Definitionen *Lorenzens* hinzuweisen. Definiert man dann ein Rechteck$_L$ als ebene Figur oder Fläche, deren Grenzlinien g_1, g_2, g_3 und g_4 gerade$_L$ sind und zwar so, dass g_1 orthogonal$_L$ zu g_2, g_2 zu g_3, g_3 zu g_4 und g_4 zu g_1 stehen, so ist zu fragen: Warum gibt es überhaupt in jeder ebenen$_L$ Fläche Rechtecke$_L$? Schneidet g_4 überhaupt g_1, noch dazu orthogonal$_L$, immer dann wenn die ersten drei Bedingungen erfüllt sind, wenn also drei der vier Winkel orthogonal$_L$ sind? (Vgl. Bild 5 unten.) Die L-Definition der Ebene erlaubt es nicht, diese Frage

---

39 Vgl. hierzu Inhetveen 1983, 31ff. und 63ff. mit Lorenzen 1984, 33ff., 38 und 43.
40 Die Idee dieser Definitionen findet sich übrigens schon in H. Weyl, Raum, Zeit, Materie, § 1.

2.7. Bemerkungen zur Konsistenz, Unabhängigkeit und Vollständigkeit der Kriterien   107

a priori zu beantworten: Wir werden nämlich sehen, dass die L-Definitionen der Ebene, Geraden, Winkelhalbierenden und Orthogonalen, wenn man sie wie in der Konstruktiven Geometrie als formal exakte und vollständige Definitionen behandelt, gerade *nicht ausreichen*, und zwar weil sie die *Existenz von Rechtecken* nicht garantieren.

Nicht viel besser steht es mit folgender Quadratkonstruktion: Man errichtet auf einer geraden$_L$ Linie g_1 in zwei Stellen P_1 und P_2 orthogonale$_L$ Linien g_2 und g_3 und halbiert die rechten$_L$ Winkel zwischen g_1 und g_2 bzw. g_1 und g_3. Die Schnittpunkte der Winkelhalbierenden$_L$ mit g_2 und g_3 nennt man P_3 und P_4 (resp.). Warum, so ist bei dieser zweiten Konstruktion (übrigens mit *Sacchieri*) zu fragen, steht die gerade Verbindungslinie g_4 der Punkte P_3 und P_4 orthogonal$_L$ zu g_2 und g_3?

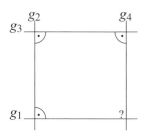 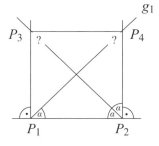

Abbildung 5.   **Abbildung 6.**

Wenn man, wie in der Konstruktiven Geometrie Lorenzens, die Ebenheit einer Fläche nicht in Bezug auf die Passungseigenschaften der Quader definiert und wenn man insbesondere das holistische Quaderkriterium 6 auslässt, gelangt man bestenfalls zur so genannten absoluten Geometrie, in der die Existenz von Rechtecken schlicht offen gelassen wird. Nachdem man den Begriff der Ebene so unterbestimmt hält, lässt sich auch nicht mehr so ohne weiteres das so genannte *Formprinzip* fordern, nach welchem alle Konstruktionen *größenunabhängig ausführbar oder nicht ausführbar*[41] sein sollen.

---

[41] Zum Formprinzip, nach welchem gleiche Konstruktionsanweisungen zu formgleichen Figuren führen sollen, vgl. Lorenzen 1984, § 3 und Inhetveen 1983 II.2. Ich werde zeigen, wie auf der Grundlage unserer Quaderpostulate eine (größenunabhängige) Rede von geometrischen Formen allererst möglich wird. Eine entsprechende Begründung des Formprinzips gibt es in der Konstruktiven Geometrie Inhetveens und Lorenzens gerade nicht. Vielmehr wird unterstellt, das Formprinzip bedeute nur die Einschränkung der geometrischen Prädikate (Satzformen) auf größeninvariante. Dies allerdings ist ein logischer Irrtum.

Dass die beiden gerade beschriebenen Konstruktionen zu Rechtecken führen, ist in dem hier vorgeschlagenen Vorgehen schon *Teil der materialbegrifflichen Postulate* für Quader und damit für ebene Flächen und rechte Winkel, und zwar aufgrund von Kriterium 2 bzw. 6. Nach Kriterium 2 sind ja alle Winkel von Quadern, damit von Rechtecken, unter einander und mit den Nebenwinkeln kongruent, und das reicht schon für den ersten Fall. Kriterium 6 sagt, dass diagonal halbierte Rechtecke bzw. Quader kongruent sind, und das reicht für den zweiten Fall. Wir wissen, dass wir diese Postulate neben den anderen ganz gut realisieren können. Das und nur das ist die Grundlage dafür, dass wir über die genannten Kriterien *fordern*, dass die beiden Konstruktionen zu Rechtecken führen. Mit anderen Worten, die Begriffe der ebenen Fläche, geraden Linie, orthogonalen Winkel und dann auch des rechtwinkligen Dreiecks sind material(begrifflich) bzw. inferentiell gar nicht unabhängig von einander, sondern ‚holistisch' verfasst. Sie artikulieren, wie unsere Kriterienliste zeigt, Teilaspekte der basalen geometrischen Formgestalten von Körpern, nämlich der Quader und der rechtwinkligen Keile als entlang einer Rechteckdiagonale halbierte Quader. Das bestätigt aufs Schönste die These von Sellars und Brandom von der holistisch-inferentiellen Form unserer Begriffe. Wichtig ist dabei, dass man die Differenz zum Theorienholismus Quines erkennt.

Am Ende ergibt sich, wie wir aber erst nach einigen weiteren Überlegungen sehen werden, neben den anderen Basisaxiomen der Geometrie das Formprinzip und damit das Parallelenaxiom bzw. die Euklidizität der entstehenden Geometrie materialbegrifflich aus unseren Quaderpostulaten. Sie sind gewissermaßen gerade so gemacht, dass entsprechende informale oder demonstrative Beweise möglich werden. Eben darin besteht ihre ‚Vollständigkeit'.[42] D. h. im Gegensatz zu den L-Definitionen werden in der folgenden Rekonstruktion des logischen Aufbaus geometrischer Rede, das heißt des wahrheitswertsemantischen Modells der euklidischen Geometrie, keine weiteren Kriterien *dieser* (*empraktischen*) Art benötigt. Wohl aber werden gewisse Verschärfungen ihrer Deutung, genauer: gewisse Idealisierungen vorgenommen, da in den idealen Reden der mathematischen Geometrie auf die bisher immer nötige Klausel: ‚in den Grenzen der angestrebten bzw. möglichen Genauigkeiten' verzichtet wird. Es wird gezeigt werden müssen, warum dieser Verzicht sinnvoll ist und welche Vorsichtsmaßnahmen bei der Deutung der idealen Redeweisen der Mathematik zu berücksichtigen sind. Das aber heißt am Ende, dass das Formprinzip bzw.

---

42 Vgl. die §§ 3.5, 4.2 und 4.3. Der logisch schwächere Parallelensatz und mit ihm die Konstruierbarkeit von Rechtecken ergeben sich aus dem Formprinzip auf eher triviale Weise. Vgl. dazu auch den Anfang von § 4 von Lorenzens Elementargeometrie.

2.7. Bemerkungen zur Konsistenz, Unabhängigkeit und Vollständigkeit der Kriterien

das Parallelenaxiom nicht als ein mehr oder weniger willkürliches Axiom anzusehen ist, sondern sich aus den materialbegrifflichen Kriterien der Beurteilung guter Konstruktionen ergibt. Der normale Sinn der geometrischen Grundworte ‚Quader' und ‚eben', ‚gerade' und ‚orthogonal', das halte ich für evident, ist der hier durch die Quader- und Keilpostulate geschilderte. Und dieser führt, wie wir sehen werden, nicht bloß zur absoluten, sondern gleich zur Euklidischen Geometrie.

Demgegenüber fordern Lorenzen und Inhetveen das Formprinzip *zusätzlich* zu ihren Definitionen der Ebene, Geraden und Orthogonalität, ohne jede Begründung und ohne explizit zu bemerken, dass diese Forderung die Begriffe der Ebene und Gerade gegenüber den offiziell gegebenen L-Definitionen abändert, nämlich verschärft.

Ohne Kriterium 6 entsteht also eine definitorische Lücke, welche zur Folge hätte, dass die Reden über geometrische Formen *nicht*, wie ich dies von der Euklidischen Geometrie werde zeigen können, größenunabhängig und wahrheitswertsemantisch korrekt einführbar sind.

Die synthetische Apriorizität der Euklidischen Geometrie, wie sie von Kant behauptet wird, besteht nach meiner Deutung in der *Tatsache, dass wir* die hier aufgelisteten Kriterien in der – erfolgreichen – Praxis der Quaderherstellung und der Beurteilung ihrer Formstabilität benutzen.[43] Dass wir uns mit den Formkriterien (zunächst) im Bereich des zweckorientiert Realisierbaren bewegen, versteht sich als allgemeine Klausel von selbst.

Als Zielnormen und Kriterien für eine gute Praxis der Herstellung von Messgeräten (etwa Messlatten) sind die hier genannten Postulate in dem Sinne ‚transzendental', als sie zusammen mit dem Faktum ihrer jeweils hinreichenden Realisierbarkeit zu den *allgemein* (bzw. ‚a priori') *vorausgesetzten Möglichkeitsbedingungen* situationsinvarianter Längen-, Winkel-, Flächen- und Volumenmessungen gehören. Sie ermöglichen oder konstituieren eine objektive Messpraxis allererst. Insofern gehören sie zu den *Grundlagen* der messenden Erfahrungswissenschaft. Sie können daher *aus methodologischen Gründen* durch keine entsprechend *gemessene Einzelerfahrung* oder empirische Beobachtung widerlegt werden. Möglich allerdings sind Erkenntnisse über die Grenzen der *Realisierbarkeiten* der Formkriterien.[44]

---

43 Die Realisierbarkeit der geometrischen Stabilitätspostulate bestimmt das Ausmaß der erreichbaren intersubjektiven Stabilität und damit der Objektivität von Urteilen auf der Basis einer Mess- und Rechenpraxis, die sich auf entsprechend geformte Geräte stützt.

44 Es gibt natürlich faktische Grenzen der Realisierung hinreichend exakter Quader. Insbesondere ist unklar, in welchen Größenbereichen Lichtstrahlen noch als gerade betrachtet

Wir verlangen z. B. von guten Messlatten oder Maßbändern, dass ihre Kopien wenigstens ‚der Länge nach' möglichst immer zu einander passen, dass sie sich also (in der Länge) nicht relativ zueinander verformen, da wir sonst nicht zu (situationsinvarianten) Längenmaßzahlen gelangen könnten. Diese (den zu messenden Längen und den angestrebten Messgenauigkeiten angepasste) *Starrheit* einer Messlatte ist ideale Zielvorstellung exakter Längenmessung. Die mehr oder weniger guten Realisierungen ebener Flächen benutzen wir als Maß für die Krümmungen von anderen Oberflächen (etwa von Linsen). Die rechtwinkligen Keile führen zu den Winkelmaßen. So sind und bleiben gerade auch die hier aufgelisteten Formpostulate Vorbedingungen für jede optische Längenmessung, zumal diese ohne den entsprechenden lokalen *Winkelbegriff* gar nicht denkbar ist.

Dass alle Realisierungen euklidischer Formen auch im mittleren Größenbereich bloße Näherungen, also immer im Rahmen gewisser Toleranzgrenzen zu beurteilen sind, das kann man, wie wir schon gesehen haben, von vornherein, also a priori, wissen. Ich werde darüber hinaus zeigen, dass jeder mathematische Modellentwurf einer sinnvollen Raum-Zeit-Geometrie die Euklidische Geometrie *wenigstens lokal*, in lokalen Umgebungen jedes Raumpunktes, *als gültig annehmen muss*, dass mit anderen Worten wenigstens lokal von ebenen Flächen, geraden Linien und den Raumrichtungen in unserem Sinne gesprochen werden muss, wenn eine Längenmessung auf der Basis der Lichtausbreitung sinnvoll sein soll. Darüber hinaus lassen sich nur unter der genannten Voraussetzung differentialanalytische Rechnungen sinnvoll geometrisch deuten. Die konstruktiv-synthetische Euklidische Geometrie erweist sich damit als ein Sinn-Apriori für die *geometrischen* Deutungen differentialgeometrischer (analytischer) Rechnungen (in der Physik und anderswo).

Die Tatsache also, dass es eine genügend gute räumliche Messpraxis gibt, mit Geräten, welche die erforderlichen Formstabilitäten im hinreichenden Maße erfüllen, ist eine für die höhere Physik apriorische, sinnkonstitutive, Bedingung. Ohne sie könnte eine messende und rechnende Naturwissenschaft sinnvoll nicht in Gang gebracht werden. Und gerade auf diese gestufte Logik naturwissenschaftlicher Erfahrung, in der Grundtatsachen eine geplante intersubjektive Erfahrungspraxis allererst ermöglichen und von erst danach erfassbaren weiteren Tatsachen zu unterscheiden sind, macht Kants Rede von den synthetischen und apriorischen Grundlagen der messenden Physik aufmerksam.

---

werden können. Betroffen sind dadurch allerdings zunächst nur die Anwendungen, nicht die idealen Begriff der Ebene, Geraden und Orthogonalität.

Unsere Rekonstruktion beansprucht dabei keineswegs, in dem Sinne *eindeutig* zu sein, dass nicht auch andere Wege zu einem guten Verständnis des Zusammenhanges der mathematischen Geometrien (seien diese axiomatisch-struktureller oder arithmetisch-analytischer Natur) mit der elementaren geometrischen Praxis und Rede führen könnten. Doch denke ich, diesen Zusammenhang hier strenger als üblich aufweisen zu können.

2.8 Elementare Demonstrationen und axiomatische Deduktionen

Ich nenne den Teil unserer Überlegung ‚elementare Geometrie‘, welcher zur *Konstitution* der *idealen wahrheitswertsemantischen Modelle* (Strukturen) geometrischer Axiome und zu einem geometrischen Verständnis der (rein arithmetischen) Analytischen Geometrie führt. Anders gesagt: In der Elementargeometrie, die ein besonderer Teil der Protogeometrie ist, gelangen wir von den empraktischen Formpostulaten über hier so genannte Demonstrationen zur (formalen, mathematischen) Geometrie. Demonstrationen sind Vergegenwärtigungen der Folgen unserer Formpraxis und der empraktischen Postulatenkataloge. Es wäre vorschnell, diese Folgen immer schon als logische Folgerungen im Rahmen axiomatisch-deduktiver Systeme von Postulaten und/oder Wortgebrauchsregeln verstehen zu wollen: Ein derartiges Verständnis ist erst *nach* einer Erörterung *der inneren Form und der (externen) Bedeutsamkeit* geometrischer Rede in der wahrheitssemantischen Geometrie möglich.[45]

Die Beweispraxis der traditionellen Geometrie, wie sie seit der Antike gelehrt wurde, war denn auch durchaus nicht deduktiv, sondern (weitgehend) demonstrativ im weiter unten genauer vorgeführten Sinne. Es sind dann erst *die demonstrativ festgelegten Wahrheitsbedingungen der elementaren Geometrie*, welche die Anwendung der sich an der syntaktischen Form der Sätze orientierenden Deduktionsregeln der formalen Prädikatenlogik auf geometrische Formen und die in ihnen vorkommenden Punkte und Linien bzw. dann auch auf die Punkte der euklidischen Ebene bzw. des dreidimensionalen euklidischen Punktraums möglich machen. Ich werde zeigen, wie und auf welcher Grundlage diese Wahrheitsbedingungen auf der Basis elementargeometrischer Demonstrationen festgelegt werden.

---

45 Erst in der idealen Redeebene, in welcher dann das Wahrheitsprinzip streng gilt, führt das formal-logische Deduzieren nach den Regeln des klassischen Logikkalküle (etwa der Prädikatenlogik der ersten Stufe) zu allgemein gültigen Schlüssen. Die Argumente der Protogeometrie bestehen dagegen in Demonstrationen in der Anschauung und sind, wenn man sie recht beherrscht, trotz Bedenken, wie sie u. a. Leibniz artikuliert hat, keineswegs weniger sicher oder streng.

Die Geometrie ist in ihrer basalen Form *Elementargeometrie*. Als solche ist sie, entgegen einem spätestens seit Spinoza gängigen Vorurteil, noch *keine deduktive Wissenschaft*. Dieses Faktum ist allerdings nicht etwa als Mangel an Klarheit zu bewerten. Die hier anzustrebende *Klarheit* bedarf eben anderer Methoden als die Deutlichkeit qua terminologische Exaktheit im formalen, verbalen, Schließen, wie sie erst im Rahmen formaler Gegenstandsbereiche (Modelle) und axiomatisch-deduktiver Theorien möglich wird.

Um die Bereiche der idealen geometrischen Gegenstände, der reinen Formen, Punkte und Kurven, und ihre Eigenschaften zu rekonstruieren, ist zunächst insbesondere zu klären, was geometrische Gegenstandsnamen, Prädikate und Sätze sind und wie die Wahrheitswerte dieser Sätze festgelegt wurden. Denn erst nach Festlegungen derartiger Werte durch Kriterien (Wahrheitsbedingungen) macht es überhaupt Sinn, von idealgeometrischen Wahrheiten zu sprechen bzw. derartige Wahrheiten begründen (beweisen) zu wollen. Insbesondere machen wahrheitslogische Deduktionen aus formalen Axiomen, etwa gemäß den Regeln des Prädikatenkalküls erster Stufe, erst einen Sinn, wenn man sie als Folgerungen in einem wahrheitswertsemantischen Redebereich deutet, in welchem die Axiome zu wahren Sätzen werden. Was also, so ist zu fragen, bedeutet es, wenn man Axiome etwa der Hilbert-Geometrie oder eines anderen Systems als wahre *geometrische* Sätze betrachtet? Wie ist der oder sind die Redebereiche der (idealen mathematischen) Geometrie konstituiert?

Hilbert und die Vertreter einer axiomatischen Auffassung von mathematischen Theorien glauben, die Axiome (Formeln) selbst definierten den Gegenstandsbereich und den Wahrheitsbegriff einer Theorie wie der Geometrie ‚implizit', und zwar dadurch, dass man den Axiomen und allen ihren prädikatenlogischen Deduktionen den Wert ‚wahr' schlicht definitorisch zuordnet. Die einzige Bedingung, die neben einer allgemeinen Brauchbarkeit des axiomatischen Sprachsystems noch gefordert wird, ist die *deduktionslogische Konsistenz*, das heißt, dass aus den Axiomenformeln gemäß den prädikatenlogischen Deduktionsregeln keine Formel der Form $p \wedge \neg p$ (lies: ‚p und nicht p') herleitbar ist. In prädikatenlogisch inkonsistenten Axiomensystemen lässt sich intern nämlich kein Unterschied feststellen zwischen wahren und falschen Formeln, da dann *alle* Formeln, also mit ‚q' auch immer ‚$\neg q$' (‚nicht q'), herleitbar sind. Damit wird das System aber unbrauchbar. Es erlaubt es nicht mehr, irgendwelche Unterscheidungen zu artikulieren. Im Übrigen haben nach dem Korrektheitssatz des Prädikatenkalküls nur konsistente Axiomensysteme (erster Stufe) wahrheitswertsemantische Interpretationen (Modelle).

Nun sollten sinnvolle Definitionen nicht bloß (syntaktisch) konsistent sein, sondern sie sollten vorhandene (praktische und sprachliche) Zusammenhänge bewahren bzw. neue Sinnzusammenhänge herstellen.[46] Dies allerdings geschieht wohl kaum durch rein konventionelle Setzungen, wenn man von notationellen Abkürzungen einmal absieht.

Logisch, und das heißt hier ausnahmsweise: axiomatisch-implizit, möglich wäre z. B. sicher auch eine Definition der ebenen Fläche, nach welcher keineswegs klar wäre, dass die einzige Körperform, die durch vier ebene Flächen begrenzt ist, die Dreieckspyramide ist. Doch dies wäre dann nicht *unser Begriff* der ebenen Fläche. Wir wüssten nicht, mit welcher Rechtfertigung und in welchem Sinn innerhalb des betreffenden formalsyntaktischen Axiomensystems die Worte ‚eben' bzw. ‚Fläche' verwendet werden: Als bloß homonyme Ausdrücke für etwas ganz anderes, wie etwa im Fall des mathematischen Begriffs der Gruppe, der mit dem soziologischen nicht viel mehr als das Wort gemein hat, oder in dem Sinn, dass es einsehbare Wege von *unseren* (empraktischen, vortheoretischen) zu den mathematischen Begriffen gibt, also gewisse Familienähnlichkeiten, deren Zusammenhänge und Unterschiede bekannt sein sollten, wenn man die entsprechenden Reden streng verstehen und nicht bloß oberflächlich daherreden möchte.[47]

2.9 Zusammenfassung

In seinen Grundlagen der Geometrie meint Hilbert offenbar (noch), es wäre möglich, Begriffe implizit (axiomatisch, strukturell) zu definieren. Solche Axiomensysteme charakterisieren aber, wenn man sie wirklich vollformal und erststufig hält, bloß Modell- und Begriffs*klassen*, nicht wahrheitssemantische Redebereiche und Begriffe.[48] Axiomensysteme lassen sich aber zunächst immer nur in entsprechend sprachlich verfassten (syntaktisch aufgebauten und wahrheitswertsemantisch gedeuteten) Modellen (formalen Redebereichen) deuten, und nur über diesen Weg, nicht etwa direkt, auf einen Bereich von Erfahrungen irgendwelcher Art beziehen. Es ist daher ganz irreführend, wenn man ohne Berücksichtigung der *formalen Wahr-*

---

46 Derartige Zusammenhänge zwischen der synthetischen (konstruktiven) und der analytischen (zunächst algebraischen) Geometrie gibt es natürlich.
47 In einer streng vorgehenden Wissenschaft kontrollieren wir durchaus immer auch Fragen der Relevanz. So würde z. B. kein ernsthafter Mathematiker rein formale Definitionen und Deduktionen untersuchenswert finden, wenn diese nicht in einen anerkannten Sinnzusammenhang (etwa der Analysis, Algebra, Kalkültheorie usf.) eingeordnet werden könnten.
48 Man vgl. dazu etwa H.G. Steiner ‚Frege und die Grundlagen der Geometrie', Math.-phys. Semesterberichte X, Heft 2, 175–186 und XI, 35–47 (1964/65).

heitswertfestsetzungen einen (externen, sich angeblich direkt auf die Wirklichkeit beziehenden) Wahrheitsbegriff (als geklärt) unterstellt. Dies geschieht jedoch immer, wenn man *umstandslos* von einer durch Modelle oder in der Sprache abgebildeten Wirklichkeit spricht, ohne auf die Verfassung dieser Rede, ihren Zusammenhang mit unseren *praktischen Erfahrungen* und unseren *Sprachkonstruktionen* zu reflektieren.

Sowohl die allgemein anerkannten, als auch die umstrittenen ‚Axiome' oder ‚Prinzipien' der mathematischen Geometrie, wie zum Beispiel das Parallelenaxiom, werden sich aus dem in diesem Kapitel skizzierten vormathematischen und holistischen Materialbegriff des Quaders mit seinen sechs ebenen Flächen, zwölf geraden Kanten und den entsprechenden rechten Winkeln ergeben. Vormathematisch lassen sich die Forderungen, dass sich die Flächen eines Quaders so aufeinander passen lassen, dass keine (relevanten) Lücken oder Hohlräume entstehen, dass alle Winkel gleich und als solche rechte Winkel sind und dass sich Quader diagonal halbieren lassen bzw. sich aus solchen rechtwinkligen Keilen zusammenlegen lassen, in variablen Größen und Genauigkeiten praktisch erfüllen. Das ist wesentlich mehr, und etwas anderes, als eine bloße formallogische Konsistenz von Sätzen oder Formeln. Noch wichtiger ist die Eigenschaft, dass wir Quader zu größeren Quader zusammenlegen oder in kleinere Quader zerteilen können, da sich aus ihr die Größeninvarianz der elementargeometrischen Formen, eine Ordnung der Größe der Quader und das Archimedische Prinzip ergibt, nach dem jeder gegebene Quader durch Zusammenlegen kleinerer Quader in der Größe übertroffen werden kann. An der Frage, ob man die Erfüllbarkeiten dieser Postulate ‚empirisch' zu nennen beliebt, oder nicht, entscheidet sich, ob man Kants These, dass die materialbegrifflichen Aussagen über räumliche Verhältnisse und die sich ergebenden ‚reinen' Aussagen der ‚idealen' Geometrie als synthetisch apriori zu werten sind, ablehnt oder nicht. Das heißt, die ‚Kritik' des Logischen Empirismus bei etwa Reichenbach oder Grünbaum an Kant beruht am Ende nur auf einer Verbaldefinition und einem Fehlverständnis des Ausdrucks ‚a priori': Kant nennt bloß das ‚empirisch', was von uns nur *passiv und einzeln beobachtet* werden kann, nicht schon das, was von uns *allgemein aktiv hergestellt werden kann*. Dabei ist freilich zuzugeben, dass die Herstellbarkeiten von den *Tatsachen der Welt* abhängen.

Aussagen gelten, wenn wir Kants Idee angemessen auslegen, a priori, wenn wir ihre *Geltung tätig durchsetzen können*, also nicht weil wir sie als ewige Wahrheiten einer transzendenten Art durch eine ungeklärte Form *introspektiver Intuition* irgendwie erahnen oder ‚einsehen'. Allerdings ist Kants Rede von der Form unserer *Sinnlichkeit* etwas obskur. In Wirklichkeit

2.9. Zusammenfassung

enthält sein Begriff der *Anschauung* das aktive Element der eigenen *Produktion von Mustern als typischen Vertretern von gemeinsam wiedererkennbaren Formen*, wie etwa von Körperformen, Diagrammen oder dann auch phonematischer oder graphematischer Formen von Wörtern, Sätzen und inferentiellen Übergängen oder Schlüssen. Würde man diese Formen der Anschauung alle ‚empirisch' nennen, gäbe es natürlich keine analytischen oder begrifflichen Formen mehr. Wenn wir daher Kants Analysen entsprechend deuten, können wir genauer als im Logischen Empirismus zwischen verschiedenen Begründungsformen und Wahrheitsbegriffen unterscheiden, insbesondere zwischen den empirischen (i. e. S.) (1), den herstellungspraktischen und als solchen konstruktiv-synthetischem und doch schon apriorischen (2), den rein verbalterminologischen oder analytischen (i. e. S.) (3) und dann auch den abstraktiven und ideativen (4), wie sie den sprachtechnischen Übergang von prämathematischen materialbegrifflichen Aussagen zu den reinen Gegenständen und Wahrheiten mathematischer Rede leiten.

3. Kapitel
Konstruktionen und Demonstrationen

3.0 Ziel des Kapitels

Im Ausgang von den Formpostulaten für Quader und rechteckigen Keilen kann man demonstrativ, und das heißt in meiner Diktion: noch prä-mathematisch oder proto-geometrisch, in der Anschauung aufweisen, wie sich zentrale Prinzipien der ebenen Geometrie ergeben. Dazu gehört zum Beispiel das Parallelenprinzip, nach dem sich je zwei Geraden auf einer ebenen Fläche in genau einem Punkt, im Diagramm an einer Stelle, schneiden – mit der einzigen Ausnahme der Orthogonalen auf einer orthogonalen Geraden. Diese im Folgenden auch als *doppelt orthogonal* gekennzeichneten Geraden (auf der Ebene) sind gerade die Parallelen. Die wichtigste Aussage aber ist der *Strahlensatz* bzw. der (von Hilbert in seiner Geometrie von 1899 so genannte) *Satz von Desargues*, der hier wie bei Hilbert nur in seiner ganz *elementaren Form* betrachtet wird. In dieser Form sagt er: Die Ecken von ähnlichen (zunächst rechtwinkligen) Dreiecken mit parallelen Seiten liegen auf zentralprojektiven Strahlen oder, wenn die Dreiecke kongruent sind, auf Parallelen. Diese Aussage wird hier durch eine bloße Betrachtung flächengleicher Recht- und Dreiecke und der zugehörigen Multiplikation von Strecken auf der Basis der Quaderpostulate gezeigt werden. Das heißt, ich werde mich hier nicht, wie üblich, auf ein Rechnen mit abstrakten (reinen) Proportionen stützen, wie dies auch noch Hilbert in seinen verschiedenen Grundlegungen der Geometrie und im Buch von 1899 tut. Dieser Verzicht auf Proportionen ist dadurch begründet, dass diese nur auf der Grundlage schon wohldefinierter Wahrheitswerte für Größenvergleiche und der entsprechenden Teilbarkeiten und Vielfachheiten von Größen exakt definierbar sind. Aufgrund der Umgehung der (übrigens seit Eudoxos klassischen) Definition von Proportionen, wie sie im 5. Buch des Euklid dargestellt ist, werden unsere protogeometrischen Aussagen dagegen unmittelbar zur systematischen Basis für die (elementar)geometrische Rede über die *Formäquivalenz von Dreiecken*. Dies führt dann per Abstraktion direkt zum Begriff der *größenunabhängigen geometrischen Form*. Das wird im 4. Kapitel gezeigt werden. Reine Zahlen und reine Größen werden erst danach definierbar. Dabei sind die *pythagoräisch* (ohne Kreis) oder *euklidisch* (mit Zirkel) konstruierbaren Punkte der idealen Ebene immer als Punkte in den abstrakten, weil orts- und größenunabhängigen, Formkonstruktionen aufzufassen. Die idealen Geraden haben also im Unterschied zu den Linien in Diagrammen aufgrund der Größeninvarianz der Formen *keine Breite*. Damit entmystifizieren wir das bekannte Diktum Euklids, das vielen Interpreten bis heute Probleme macht oder stört.[1] Die idealen Punkte sind im Unterschied zu den Stellen eines Diagramms entsprechend *unausgedehnt*. Sie sind sogar an sich *ortlos*, da wir sie und die Geraden immer als Bestandteile einer ortlosen, weil durch *beliebige* Diagramme repräsentierbaren, idealen und abstrakten Form begreifen müssen.

3.1 Grundbegriffe der ebenen Geometrie

Die Frage, wie wir von den Reden der Protogeometrie zur formalen Rede über ideale Gegenstände und Wahrheiten der Geometrie an sich gelangen, lautet konkret so: Wie gelangen wir von einem Konstruieren nach materialbegrifflichen Normen und einem demonstrativ-deiktischen Kommentieren wirklicher Körperformen (als realen Gestalten für sich, etwa von Zeichnungen oder sonst wie gestalteten Körpern oder Oberflächen) in einen formalen Redebereich, in dem ein formallogisches Schließen möglich wird? Und wie ist das möglich, ohne dass man sich einfach *willkürlich dazu entschließen* müsste, formell so zu schließen? Solche dogmatische Beschlüsse haben nämlich den Nachteil, dass man nicht begreift, was man dabei tut und warum man das überhaupt tun darf, ohne dass zu befürchten wäre, dass Paradoxien oder antinomische Widersprüche auftreten. Solche Widersprüche entstehen mit schöner Regelmäßigkeit, wie schon die Eleaten, Megariker und Platon wissen, wenn man *das formale logische Schließen gedankenlos*, d. h. ohne *vorherige Prüfung seiner Anwendbarkeitsbedingungen einfach gebraucht*. Gerade auch die Geschichten von Till Eulenspiegel zeigen dies in ihrer ironischen Kritik an scholastisch-sophistischen Methoden des Argumentierens.

Ein besonderes Beispiel des allgemeinen Problems ist die Antinomie des Lügners (‚ich lüge hiermit'), ein anderes bildet das Haufenparadox, ein drittes die Russellsche Antinomie in einer allzu naiven Mengenlehre, in welcher, wie noch in Freges Grundgesetzen der Arithmetik, nicht zuvor

---

[1] Vgl. dazu die Bemerkungen von Karzel/Kroll zu Euklid, p. 12: ‚Mit diesen Erklärungen kann man im Grunde nichts anfangen'.

zureichend überprüft wird, ob die Elementbeziehung überhaupt eine wohldefinierte Relation auf einem wohldefinierten Gegenstandsbereich ist.

Es soll hier gezeigt werden, dass wir die formellen Wahrheitsbedingungen einer wahrheitswertsemantisch verfassten elementaren Geometrie für Aussagen über geometrische Formen aus der Betrachtung ebener Zeichnungen oder Diagramme und damit dezidiert und wörtlich *auf anschaulicher Grundlage* entwickeln können. Der Anfang in der Planimetrie ist ja auch deswegen geboten, weil ihre Diagramme relativ übersichtlich, einfach herzustellen und anzuschauen sind und weil wir in die Praxis des geometrische Zeichnens auch alle aus der Schule eingeführt sind. Dabei geben uns allerdings die schon für dreidimensionale Körpergestalten formulierten Quaderpostulate die Kriterien an die Hand, nach welchen wir die Güte der gezeichneten Figuren beurteilen (können).[2]

3.1.1 Definition der protogeometrischen Ebene

Oberflächen von Quadern und Flächen, die auf diese passen, haben wir ‚eben' genannt. Eine protogeometrische *Ebene E* ist dann durch einen festgehaltenen Quader Q und eine auf ihm (z. B. als obere) ausgezeichnete Fläche F bestimmt, und zwar dadurch, dass wir durch fortgesetztes Anpassen von Kopien von Q an die Seiten von Q bzw. die Seiten der schon so zusammengelegten Quader immer größere Quader erhalten, deren obere Fläche dann die Fläche F fortsetzt. F repräsentiert dann, wie wir sagen, jede dieser (möglichen, nicht willkürlich zu begrenzenden) Fortsetzungen und damit die protogeometrische Ebene E. F selbst kann auch als (protogeometrische) Teilfläche von E aufgefasst werden. Sprechen wir von (protogeometrischen) Ebenen, so sprechen wir also gewissermaßen über die *Methode* der beliebigen ebenen Erweiterung ebener Flächen. Ebenen existieren nur in der gegenständlichen, nichtsdestotrotz schon abstrakten Art, auf die wir über die durch die Quaderpostulate geforderten Möglichkeiten der (eindeutigen) ebenen Flächenerweiterungen reden. Dabei ist die Rede von Ebenen hier, wie gesagt, erst noch protogeometrisch, noch nicht mathematisch, zu verstehen: Gesprochen wird gewissermaßen über ein abstraktideales ‚Und-so-weiter' der Vergrößerung von Quaderflächen. Daher ist die Rede von Ebenen bisher tatsächlich noch sehr vage: Unser protogeome-

---

[2] Dieses Kapitel ist der Analyse der ebenen Geometrie oder Planimetrie gewidmet. Dabei werden wir uns nicht all zu sehr um die Tatsache kümmern müssen, dass Ebenen als solche immer relativ zu einem Bezugsquader zu verstehen sind, was in der räumlichen Geometrie natürlich zu berücksichtigen ist.

trischer Begriff der Ebene ist eben noch kein mathematischer, formaler Rede-Gegenstand. Die Buchstaben *E* und *F* sind noch nicht als formale Gegenstandsvariable zu behandeln.

Die relative Lage ebener Flächen zueinander, das sehen wir jetzt deutlich, nimmt immer Bezug auf einen fix gewählten (festgehaltenen) Bezugskörper, vorzugsweise einen Quader oder gar einen Würfel Q_B, an dem man eine Ecke (den Bezugspunkt) und mit den drei Kanten an dieser Ecke die (Raum-)Richtungen auszeichnet. Es lassen sich dann alle ‚lokalen' Ebenen im Raum durch wirkliche oder bloß markierte (fingierte) Quaderschnitte (natürlich auch diagonale) in ihrer Lage zu den durch Q_B fixierten Grundebenen charakterisieren.

3.1.2 Definition der Geraden als protogeometrischer Formgestalt

Eine Kante eines Quaders und jede zu ihr passende Linie auf einer ebenen Fläche, die sich dann auch als Abdruck der Kante verstehen lässt, haben wir ‚*Gerade*' genannt. Es ist so wichtig, dass dieser Begriff der Geraden noch nicht als mathematischer, sondern erst noch als ein vortheoretischer, protogeometrischer Begriff verstanden wird, dass ich es hier noch einmal sage. Es handelt sich also noch um keine ideale geometrische Form, sondern erst noch um eine praktische Formgestalt. Es liege uns nun eine – je nach Bedarf eben erweiterbare – ebene Fläche *F* vor (vor uns), welche eine *Grund-* oder *Zeichen-Ebene E* repräsentiert. Durch Ritzen (Reißen) und Zeichnen lassen sich auf *F* (bzw. auf *E*) *gerade Linien* als Abdrücke von Quaderkanten markieren, die sich etwa durch Anlegen längerer Quaderkanten oder auch durch stückweises Verschieben und Anpassen einer Quaderkante fortsetzen lassen. Jede derartige beliebig fortsetzbar gedachte gerade Linie repräsentiert, wie wir sagen, *genau eine Gerade g*, auf welcher alle die geraden Linienerweiterungen *liegen*. Protogeometrische Geraden *g* sind also beliebige gerade Erweiterungen sie repräsentierender gerader Linien. Sie sind insofern *eindeutig* bestimmt, *als beliebige Quaderkanten verschiebbar* auf *g* passen (sollen) und in den je konkreten, die Güte der Konstruktion begrenzenden, Spielräumen von Genauigkeiten dies auch tun. *Strecken* sind dann durch zwei verschiedene *Punkte* begrenzte gerade Linien, wobei (prototheoretische) *Punkte* immer als (nicht-tangentiale!) *Linienschnittpunkte* zu verstehen sind. Man kann dazu z. B. die Schnittlinien der Quaderkanten nehmen, so dass Strecken einfach die durch die *Ecken begrenzten* Abdrücke von *Quaderkanten* sind. (Da Punkte immer als Linienschnitte zu zeichnen sind, markieren wir sie ja auch üblicherweise so: ‚x', nicht etwa so: ‚·'.)

3.1. Grundbegriffe der ebenen Geometrie

Beim Zeichnen von Strecken auf vorliegenden ebenen Flächen können wir immer *zwei Richtungen* unterscheiden. An den Strecken selbst lässt sich diese Unterscheidung durch Markierung eines *Anfangs* und eines *Endes* der Strecke veranschaulichen, etwa durch das Zeichen einer Pfeilspitze und ggf. auch eines Pfeilendes. Derartige Strecken mit Anfang und Ende heißen ‚*gerichtete Strecken*‘, wobei sich hier der protomathematische Gebrauch des Wortes auf diagrammatische Repräsentanten der mathematischen Gegenstände bezieht. Das heißt, wir kommentieren hier (zunächst) nur markierte Bilder (Zeichnungen). Ähnlich wie gerade Linien zugehörige Geraden repräsentieren können, können *gerichtete Strecken* auch *gerichtete* Geraden bzw. *Halbgeraden (Strahlen)* repräsentieren, nämlich indem man sie gerade fortsetzbar bzw. nur in Pfeilrichtung fortsetzbar denkt. Gerichtete Geraden haben also weder einen Anfang noch ein Ende, wohl aber eine Richtung. Strahlen dagegen beginnen in einem Anfang, haben aber kein Ende.

Wir *benennen* nun Zeichnungen von (gerichteten) Strecken, (gerichteten) Geraden, Strahlen und Linienschnittpunkte auf normierte Weise, um die Diagramme geordnet kommentieren zu können.[3] Dabei verwenden wir für die *Punkte* die (unten und gelegentlich auch oben) durch Zahlsymbole oder andere Markierungen indizierten Buchstaben P_i^j, wobei der obere Index in der Regel die (Teil-)*Zeichnung* charakterisieren soll, auf die sich die Benennung bezieht. Für die *Geraden* verwenden wir die analog indizierten Buchstaben g_i^j. Gerichtete *Strecken* notieren wir in der Form $\overrightarrow{P_iP_k}$, und benutzen (gelegentlich) für sie auch indizierte Buchstaben h_i. Ansonsten schreiben wir auch $g(P_iP_j)$ für die durch (die verschiedenen Punkte!) (P_iP_j) bestimmte Gerade, $\vec{g}(P_iP_j)$ für den in P_i beginnenden *Strahl* in Richtung P_j. Gerichtete Geraden könnte man dann in der Form $g(\overrightarrow{P_iP_j})$ notieren. Wichtig ist, dass diese Benennungen zunächst *deiktisch*, in Bezugnahme auf vorgelegte, schon verfertigte, Zeichnungen und Markierungen oder, wenn man will, empraktisch zu verstehen sind. Die Möglichkeit der abstrakten Rede von idealen Geraden und Strahlen, Punkten und Strecken wird später zu erläutern sein. Dazu ist zu zeigen, wie wir unabhängig vom Bezug auf *konkrete Zeichnungen* (für sich) werden und gleichwohl zur Rede von bestimmten Geraden und Strahlen, Punkten und Strecken *an sich* übergehen können. Erst nach der Konstitution des abstrakt-idealen Redebereichs der Geometrie werden dann die Zeichnungen als *Bilder* der

---

3 Man wird sehen, dass geeignete Benennungen der Zeichnungen für eine Rekonstruktion des sprachlichen Aufbaus der idealen Geometrie eine zentrale Rolle spielen. Mathematiker werden die vielen Indizierungen nicht mögen. Sie sind aber unbedingt nötig, da die indizierten Buchstaben nicht als Gegenstandsvariablen zu lesen sind, sondern als Namen. Die Indizes i, j sind Variable für Zahlensymbole.

idealen Formen an sich, also als *Abbilder der Ideen* im Sinne Platons, verstehbar. Erst dann können sie auf die Ideen, das ideal Gemeinte, ihr Urbild, verweisen! M. a. W., Zeichnungen werden erst zu *Darstellungen* von idealen Formen oder Ideen, nachdem diese selbst durch die genormte (geformte) Praxis des richtigen Zeichnens und richtigen Kommentierens der Zeichnungen konstituiert sind. Analoges gilt dann auch für die Formen der räumlichen Geometrie.

3.1.3 Quadrate, Dreiecke und Winkel

Würfel sind natürlich Quader mit (sechs) kongruenten Flächen bzw. (zwölf) kongruenten Kanten. *Rechtecke* sind Abdrücke von Quaderflächen, *Quadrate* von Würfeln auf ebenen Flächen. Ein *rechter Winkel* ist ein Abdruck einer Quaderecke mit zugehörigen Kanten-Anfängen auf einer ebenen Fläche. Die dabei zu zeichnenden geraden Linien resp. die zugehörigen Geraden stehen, wie wir sagen, *senkrecht* (*lotrecht* oder *orthogonal*) aufeinander.

Ein *rechtwinkliges Dreieck* ist ein *Profil-Abdruck* eines rechtwinkligen Keiles (eines diagonalen Quaderschnittes) auf einer ebenen Fläche; dabei ist also nicht etwa die (rechteckige!) *Schnittfläche* oder eine der beiden anderen Rechteckflächen auf die Zeichenfläche zu legen, sondern eben eine der beiden *Dreiecksflächen des Keiles*.

Auf Grund des Kriteriums 6 für gute Quader und rechtwinklige Keile gilt (soll gelten): Es lässt sich ein rechtwinkliges Dreieck immer durch das Anlegen einer seiner Kopien an die Diagonale zu einem Rechteck ergänzen. D. h. es gilt der *Wechselwinkelsatz* für die Rechteck-Diagonalen:

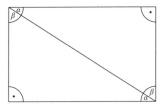

Abbildung 7.

Dabei ist der in der Zeichnung zusammengelegte Winkel rechts unten, auf den ich mit ,$\alpha + \beta$' beziehe, ein rechter Winkel. Es ist, wie ich dafür schreibe, $\alpha + \beta = R$. (In Kommentierungen von Zeichnungen drückt ,R', wie üblich, aus, dass der Winkel – intentionsgemäß – möglichst ein rechter sein soll.)

3.1. Grundbegriffe der ebenen Geometrie

Wir verwenden dabei die (evtl. indizierten) Buchstaben $\alpha, \beta, \gamma \ldots$ zur Benennung der konkreten Winkel in den Zeichnungen, aber auch zur Bezeichnung der Winkelgrößen, d. h. der Kongruenzklasse gleich großer Winkel. Dabei ist natürlich die (lineare) Ordnung der Winkelgrößen nicht durch die Ordnung von schon definierten Winkel*maßzahlen* definiert, sondern durch die Größe der Keilspitzen: Man legt Winkelflächen entsprechend aufeinander – etwa indem man ein Kantenpaar zur Passung bringt – und prüft, ob sie überlappen, bzw. welche Fläche überlappt.

Dabei ist ein *spitzer Winkel* einfach ein Abdruck einer der beiden Spitzen eines (rechtwinkligen) Keils zusammen mit einem Anfangsstück der zugehörigen Kanten. Diese Anfangsstücke bestimmen die *Schenkel* des Winkels, d. h. die vom Scheitelpunkt, dem Abdruck der Spitze selbst ausgehenden Strahlen. *Kongruent* heißen (spitze) Winkel natürlich gerade dann, wenn sie (lokal betrachtet) Abdrücke des gleichen Endes (Endstückes) eines (formstabilen) Keils sind.

Allgemeiner heißen beliebige *geordnete* Paare von Strahlen *Winkel*, wenn sie von einem Scheitelpunkt ausgehen. Wir notieren Winkel im Folgenden in der Form $\alpha = \sphericalangle(h_i, h_j)$, wobei h_i und h_j die Schenkel, also die vom Scheitelpunkt ausgehenden Strahlen, benennen. Die Schenkel können ihrerseits durch gerichtete Strecken mit Anfang im Scheitelpunkt P_s gegeben sein, so dass etwa $h_i = \vec{g}(P_s, P_j)$ zu schreiben wäre. Neben den Sonderfällen des *vollen* Winkels (1), bei welchem die h_i, h_j einfach Namen des gleichen Strahls sind, und des *gestreckten* Winkels (2), in welchem die h_i und h_j die *beiden* im Scheitelpunkt P_s ausgehenden Halbgeraden einer Geraden g durch P_s sind, unterscheiden wir die *überstumpfen* Winkel (3) von den *stumpfen* Winkeln (4), den *rechten* Winkel (5) und den *spitzen* Winkeln (6) so, wie es die folgenden Bilder zeigen.

Wenn man den Winkelbenennungen $\sphericalangle(h_i, h_j)$ dabei in den Zeichnungen genau einen Winkel zuordnen will, also den *Ergänzungswinkel* vom Winkel selbst unterscheiden will, ist per Konvention ein Drehsinn zu wählen. Wir haben dazu den Uhrzeigersinn gewählt, wie dies die Pfeilspitze der Winkelkreise in den Zeichnungen (Abbildungen 8–13) zeigt.

(1) $\alpha = \sphericalangle(h_i, h_j) = \sphericalangle(h_i, h_i)$:

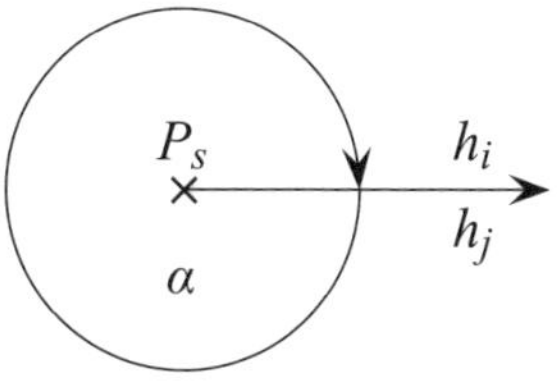

Abbildung 8.

124   3. Konstruktionen und Demonstrationen

(2) $\alpha = \sphericalangle(h_i, h_j)$:

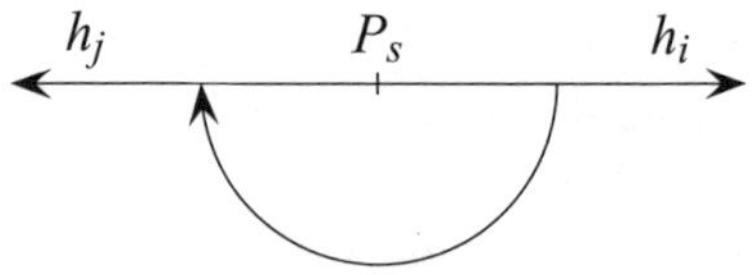

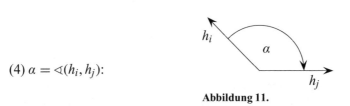

Abbildung 9.

(3) $\alpha = \sphericalangle(h_i, h_j)$:

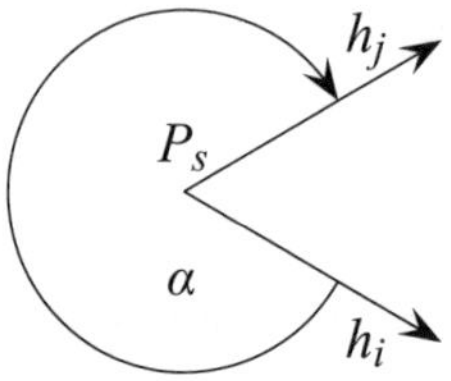

Abbildung 10.

(4) $\alpha = \sphericalangle(h_i, h_j)$:

Abbildung 11.

(5) $\alpha = R = \sphericalangle(h_i, h_j)$:

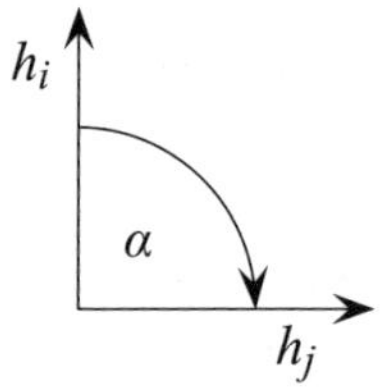

Abbildung 12.

(6) $\alpha = \sphericalangle(h_i, h_j)$:

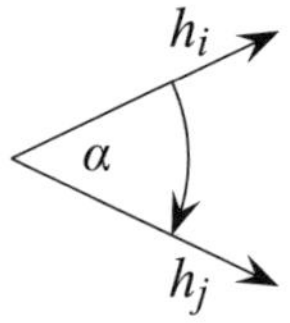

Abbildung 13.

Der Ergänzungswinkel $\sphericalangle(h_j, h_i)$ ergänzt immer den Winkel $\sphericalangle(h_i, h_j)$ zu einem vollen Winkel. Überstumpfe Winkel sind Ergänzungswinkel zu spitzen, rechten und stumpfen Winkeln. Stumpfe Winkel ergeben sich durch Zusammenlegen von rechten und spitzen Winkeln (resp. der entsprechenden Keile). Zu jedem spitzen, rechten oder stumpfen Winkel $\alpha = \sphericalangle(h_i, h_j)$

ist der *Scheitelwinkel* $\beta = \sphericalangle(h_i', h_j')$ und sind die *Nebenwinkel* $\gamma = \sphericalangle(h_j', h_i)$ und $\delta = \sphericalangle(h_j, h_i')$ wie im folgenden Bild bestimmt (zu bestimmen):

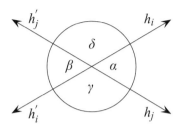

Abbildung 14.

Die folgende Rechnung bzw. Folgerung: ‚Aus $\alpha + \gamma = 2R = \alpha + \delta$ folgt $\gamma = 2R - \alpha = \delta$' ist hier insofern ein demonstrativer Beweis des so genannten *Scheitelwinkelsatzes*, als sie uns zeigt, wie wir Keilspitzen resp. Flächen zusammenlegen bzw. auseinandernehmen müssen, um aus der im (Quader-)Kriterium 7 geforderten Möglichkeit der Addition und Subtraktion von Winkeln einzusehen, dass $\gamma \widehat{=} \delta$ und $\alpha \widehat{=} \beta$ ist (sein muss).[4] Wir erhalten nun *beliebige Dreiecke* dadurch, dass wir jeweils zwei zueinander passende rechtwinklige Dreiecke aneinanderlegen, etwa so, wie es die beiden folgenden Bilder zeigen:

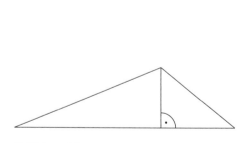 

Abbildung 15.   Abbildung 16.

Dabei heißt ein Dreieck der linken Art *stumpfwinklig*, der rechten Art *spitzwinklig*. Dreiecke sind, wie man jetzt vielleicht schon sieht, ganz allgemein

---

4 Man kann sich den Scheitelwinkelsatz auch dadurch klar machen, dass man die Winkel einfach aufeinander klappt. Doch auch eine solche Klappung von Folien zeigt nur, dass entsprechende Keile etwa bei einer Verschiebung in die gleichen Keilhohlformen passen (sollten), falls sie sich in ihrer Form bei der Bewegung nicht verändert haben.

Tripel von paarweise verschiedenen, *nicht kollinearen* Punkten auf einer Ebene. Dabei heißen Punkte kollinear, wenn sie *auf einer Geraden* liegen.

3.2 Konstruktion der Grundfiguren

Mit dem Markieren von Kanten-, Keil- und Quaderabdrücken, dem Zeichen von geraden Linien, Dreiecken und Rechtecken bzw. rechten Winkeln beginnen die Figurenkonstruktionen der ebenen (Proto-)Geometrie. Mit den deiktisch-deskriptiven Kommentaren zu diesen Figuren und mit der Bewertung der Güte (Akribie) der Zeichnung (des Materials und der Ausführung) beginnt das Reden und Urteilen über die Formen der ebenen Geometrie.

Nachdem wir annehmen, dass wir hinreichend gute Quader herstellen können, stehen uns als Konstruktionsmittel jeweils eine (beliebig erweiterbare) ebene Zeichenfläche und *beliebig lange* Lineale zur Verfügung. Lineale sind (aus technischen Gründen flache) Quader, sie sind also mit geraden Kanten und rechten Winkeln versehen. Mit diesen Mitteln lassen sich offenbar (u. a.) folgende Konstruktionen ausführen:[5]

(1) Das Zeichnen von Strecken:
Von jedem auf einer ebenen Fläche markierten Punkt P_i kann man zu jedem anderen auf ihr markierten Punkt P_j die gerade Verbindungslinie ziehen, also die Strecke $P_i P_j$ bzw. die gerichtete Strecke $\overrightarrow{P_i P_j}$ zeichnen.

(2) Das Verlängern von Strecken:
Jede gegebene (gezeichnete) Strecke auf einer ebenen Fläche kann man in beide Richtungen auf der Ebene beliebig gerade verlängern.

(3) Das Errichten bzw. Fällen von Orthogonalen:
Zu jedem konstruierten Punkt P_i und jeder gegebenen Geraden g_j auf der ebenen Fläche kann man das Lot (die Senkrechte) durch P_i auf g_j zeichnen.

Aus unseren Quaderpostulaten, insbesondere dem Postulat 5, nach welchem sich Quader auf ebenen Flächen ohne Lücken aneinander anpassen lassen (sollen), ergibt sich, dass gut genug gezeichnete Bilder die folgenden Bedingungen erfüllen (sollten):

(a) Eindeutigkeit der Strecken:
Es gibt eine und nur eine gerade Verbindungslinie zwischen zwei Punk-

---

[5] Bei Euklid artikulieren die Postulate Konstruktionsmöglichkeiten und die Axiome wahre Sätze über die Konstruktionen. Vgl. dazu Inhetveen, ‚Konstruktive Geometrie' III. 2.

3.2. Konstruktion der Grundfiguren   127

ten der Ebene. Insbesondere ist in einem Bild der folgenden Art (Abbildung 17):

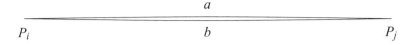

Abbildung 17.

mindestens eine der beiden Linien a oder b nicht (ausreichend) gerade.

(b) Eindeutigkeit der Geraden:
Es gibt zu jeder Strecke eine und nur eine Gerade. Insbesondere ist in einem Bild der folgenden Art (Abbildung 18):

Abbildung 18.

mindestens eine der beiden Linien g_k oder g_l keine (ausreichend) gerade Verlängerung der Strecke P_iP_j.

(c) Eindeutigkeit der rechten Winkel:
Alle rechten Winkel und ihre Nebenwinkel sind gleich (kongruent). Insbesondere ist in Bildern der folgenden Art mindestens einer der mit ‚α' resp. ‚β' bezeichneten Winkel kein (hinreichend guter) rechter Winkel (wobei anzunehmen ist, dass in den folgenden Abbildungen 19 und 20 die Schenkel g_i hinreichend gerade sind):

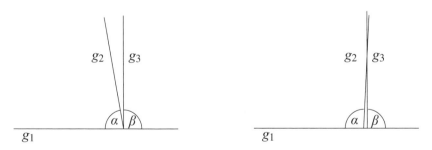

Abbildung 19.   **Abbildung 20.**

Aus (c) folgt (materialbegrifflich!) sofort, dass es immer nur eine Orthogonale auf g durch P gibt, ferner dass doppelt orthogonale Geraden, die beide auf einer dritten Geraden senkrecht stehen, sich in guten Zeichnungen oder guten Erweiterungen guter Zeichnungen nicht schneiden (dürfen), also Parallelen sind. Wir sagen dabei allgemein, dass zwei Geraden g_1 und g_2 parallel sind, wenn sie entweder die gleichen Geraden sind oder wenn sie sich in keiner hinreichend guten Erweiterung der Zeichnung schneiden (dürfen).

Als weiteres Konstruktionsmittel betrachten wir das hier so genannte *Eichmaß*, das ist eine feste Markierung *zweier* Stellen (Punkte) Θ und Φ auf den Kanten aller im Verlauf einer Zeichnung benutzten (natürlich möglichst formstabilen) Lineale, so dass die Kantenabschnitte immer zueinander passen (kongruent sind). Dann lässt sich folgende weitere Konstruktion ausführen:

(4) Das Antragen und Abtragen der Einheitslänge (des Eichmaßes):
Zu Beginn einer jeden Zeichnung trägt man die Einheitsstrecke $\Theta\Phi$ auf die Zeichenfläche an, benennt den linken Punkt (bei Draufsicht auf die Zeichnung) mit ‚P_0‘, der dann auch ‚Anfangspunkt‘ der Zeichnung oder ‚Nullpunkt‘ oder ‚Ursprung‘ heißt, den anderen, rechten, nennt man (auf normierte Weise) ‚P_1‘.

Die Strecke $P_0 P_1$ soll also auf die Eichstrecke $\Theta\Phi$ auf dem Lineal passen. Sie definiert die Einheitslänge e. Ist auf einer schon gezeichneten geraden Linie g ein Punkt P_j schon konstruiert, so kann man von P_j aus diese Einheitslänge e auf g (in eine der beiden Richtungen) abtragen und so weitere Punkte P_i resp. P_k auf g konstruieren.[6]

Wir werden im Folgenden geometrische Zeichnungen so normieren, dass immer mit folgender Grundkonstruktion zu beginnen ist: Nach dem Antragen der Eichstrecke $\Theta\Phi$ in dem so genannten Ursprungsvektor $P_0 P_1$ soll in P_0 die Orthogonale zu $g(P_0 P_1)$ errichtet werden und auf dieser

---

6 Man könnte zwar die Konstruktion 4, das mehrmalige Antragen einer Einheitslänge, wie in der Konstruktiven Geometrie Lorenzens durch die Konstruktion der Winkelhalbierenden ersetzen. Da aber eine wirkliche Konstruktion der Winkelhalbierenden ohne Rückgriff auf das Eichmaß bestenfalls über die Klappung dünner durchsichtiger Folien geschehen kann, sehe ich keinen tieferen Sinn in diesem Vorgehen. Man müsste ja die Konstruktionsmittel auf eher unübliche Weise erweitern. Obendrein sind dann nicht mehr bloß die Passungseigenschaften der Lineale, sondern auch noch die Dünne und die Faltgenauigkeit der Folien zu beurteilen. Lorenzens Definition der Winkelhalbierenden als Klappachse artikuliert zunächst nur das *Ziel* der Konstruktion, dass die entstehenden zwei Abdrücke von Keilspitzen Kopien (bzw. als ebene Figuren auch Hohlformen) von einander sein sollen, so wie sich etwa auch definieren lässt, was es heißen würde, dass eine (fiktive) Konstruktion einen Winkel drittelt. Nötig ist hier aber offenbar eine ausführbare Konstruktionsvorschrift. Wir können mit Hilfe des Thalesvierecks zeigen, dass unsere Konstruktion mit dem Eichmaß das *Ziel* erfüllt. Vgl. Lorenzen 1984 pp. 73ff.

3.2. Konstruktion der Grundfiguren

von P_0 aus linkssinnig die Einheitslänge $e = \overline{\Theta\Phi} = \overline{P_0P_1} = \overline{P_0P_2}$ abgetragen werden. Es soll also der Winkel $\sphericalangle(g(P_0P_2), g(P_0P_1))$ der rechte Winkel sein, der Winkel $\sphericalangle(g(P_0P_1), g(P_0P_2))$ dessen Ergänzungswinkel. Es entstehen mit den beiden Ursprungsvektoren $\overrightarrow{P_0P_1}$ und $\overrightarrow{P_0P_2}$ die beiden *Koordinatenstrahlen* und in der *Zeichenebene*.

Um auszudrücken, dass entsprechend benannte Strecken einer Zeichnung kongruent sind (bzw. sein sollen), schreiben wir neben $P_iP_j \hat{=} P_kP_1$ auch $\overline{P_iP_j} = \overline{P_kP_1}$. Wir sagen dann, dass *die Länge* $\overline{P_iP_j}$ gleich der Länge $\overline{P_kP_1}$ ist. Das Zeichen ‚=' benutzen wir gelegentlich auch, um die Kongruenz zwischen Winkeln und Polygonen (Dreiecken, Vierecken usf.) zum Ausdruck zu bringen. Dreiecke benennen wir im Folgenden in der Form $\triangle(P_iP_kP_j)$, Vierecke, die natürlich nicht immer Rechtecke zu sein brauchen, in der Form $\square(P_jP_kP_1P_i)$. Dabei unterstellen wir (in aller Regel), dass je drei Punkte nicht auf einer Geraden liegen, also nicht kollinear sind.

Im § 3.4.2 werden wir zeigen, wie man allein über die Konstruktionen (1) bis (4) die Winkelhalbierende konstruieren, im § 3.4.3, wie man dann auch jede beliebige Streckenlänge $\overline{P_iP_j}$ auf einem Strahl mit Ausgangspunkt P_m abtragen kann. Für das Abtragen von Strecken und das Halbieren von Winkeln benötigen wir also die gleich zu besprechende Kreiskonstruktion nicht, wohl aber müssen wir die Markierung der Einheitsstrecke auf den Linealen (das Eichmaß) benutzen. Eine bloß gemäß den Verfahren (1) bis (4) gezeichnete ebene Figur nennen wir *kreisfrei* oder auch eine *pythagoräische* Figur.

(5) Die Konstruktion von Kreislinien:
Sind auf unserer Zeichenebene zwei Punkte P_i und P_j schon konstruiert, so kann man an einem Lineal eine zu P_iP_j kongruente Strecke $P'_iP'_j$ markieren (oder einen Zirkel entsprechend einstellen) und das Lineal (den Zirkel) um P_i drehen, indem man die markierten Punkte P_i und P'_i in Berührlage hält. Die *Führungslinie* des Punkts P'_j, die wir auf der Zeichenfläche ggf. markieren, heißt *Kreislinie* um P_i mit Radius $r = \overline{P_iP_j}$. Wir bezeichnen sie mit $\odot(P_iP_j)$. M. a. W., es soll (per definitionem) für jede hinreichend gut gezeichnete Kreislinie um P_i gelten: Je zwei Punkte (Stellen) P_k und P'_k auf ihr haben von P_i den gleichen Abstand, d. h. es soll gelten: $r = \overline{P_iP_k} = \overline{P_iP'_k}$.

3.3 Grundurteile der ebenen (Proto-)Geometrie

3.3.1 Deskriptionen

Über deiktisch benannte Zeichnungen, in denen verschiedene Punkte und Geraden verschieden bezeichnet und gelegentlich verschiedene Namen den gleichen Punkten resp. Geraden zugeordnet sind, lassen sich deskriptive Urteile der folgenden Art in einem gewissen Toleranzrahmen auf ihre Richtigkeit resp. Falschheit überprüfen.

Wir können vielfach direkt *sehen*, ob sich eine etwa mit g_i bezeichnete gerade Linie oder eine Kreislinie $\odot(P_k P_1)$ *in einer Zeichnung* mit einer geraden Linie g_j oder einer Kreislinie $\odot(P_n P_m)$ *schneidet*, so dass wir dem (oder den) Schnittpunkt(en) einen *Namen* zuordnen können, etwa P_q (und P_r). Entsprechend können wir anhand einer Konstruktion sehen, ob sich eine vorliegende Zeichnung in einem vorher abgesteckten Größenrahmen (der noch zulässigen ebenen Fläche) (wirklich) so erweitern lässt, dass sich die *gerade verlängerten* geraden Linien schneiden. In Bezug auf eine benannte Zeichnung können wir nun auch folgende formelartigen Abkürzungen für die zugeordneten Sätze benutzen: ‚$g_i \cap g_j$' bedeute ‚g_i schneidet (in der Zeichnung oder in einer guten Erweiterung der Zeichnung) g_j wirklich'. Entsprechend schreiben wir: ‚$\odot(P_k P_1) \cap g_i$' bzw. ‚$\odot(P_k P_1) \cap \odot(P_m P_n)$' für ‚Die Kreislinie $\odot(P_k P_l)$ schneidet die gerade Linie g_i bzw. die Kreislinie $\odot(P_m P_n)$'.

Um schriftlich auszudrücken, dass ein deskriptiver Satz nicht nur erwähnt, erwogen usf., sondern wirklich *behauptet* wird, benutzen wir Freges Urteilsstrich. Wir schreiben demgemäß etwa ‚$\vdash g_1 \cap g_2$', um zu behaupten, dass sich in der folgenden, zugehörigen Zeichnung g_1 und g_2 schneiden:

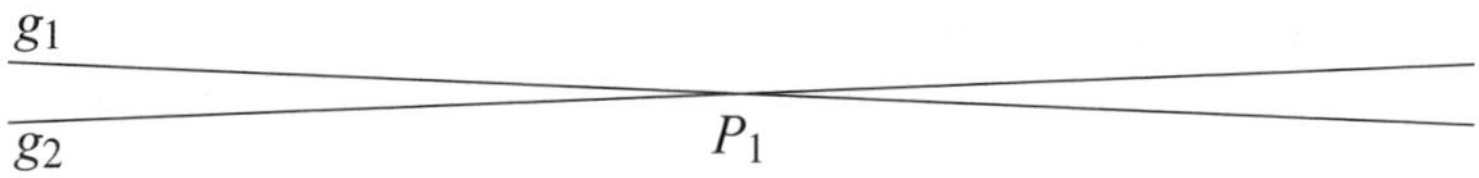

Abbildung 21.

Offenbar kann jeder sehen, dass unsere Behauptung *wahr* ist. Weniger gut können wir hier den *Schnittpunkt* in seiner Lage identifizieren; nichtsdestotrotz können wir ihn *benennen*.[7]

---

7 Die Zuordnung eines Namens zu einem (Schnitt)Punkt ist also keineswegs so zu verstehen, als benenne der Name genau eine reale Stelle auf dem Papier. Schnittpunkte sind als Figurenformen zu verstehen, nicht als bloße Stellen.

3.3. Grundurteile der ebenen (Proto-)Geometrie

Während wir auch in den folgenden Fällen I und II (Abbildungen 22 und 23) wenig Probleme haben, die Wahrheit der neben die Zeichnung gestellten Behauptung einzusehen, wird unser Urteil im Fall III (Abbildung 24) etwas schwankend:

I $\quad \vdash g_1 \cap \odot(P_1 P_2)$

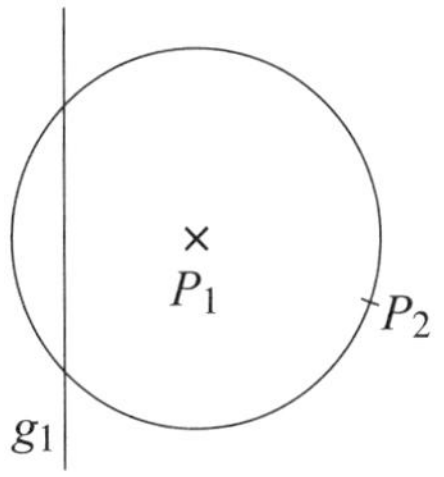

Abbildung 22.

II $\quad \vdash \neg(g_1 \cap \odot(P_1 P_2))$

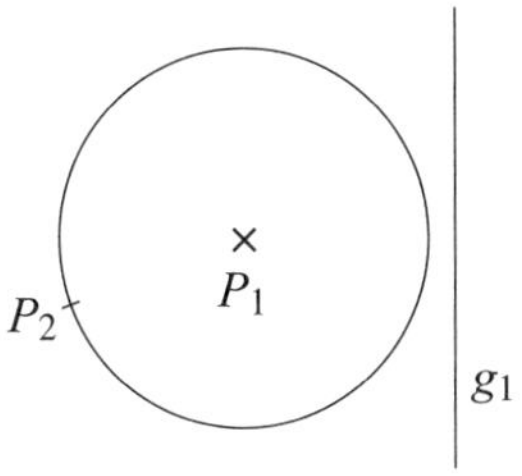

Abbildung 23.

III $\quad g_1 \cap \odot(P_1 P_2)$

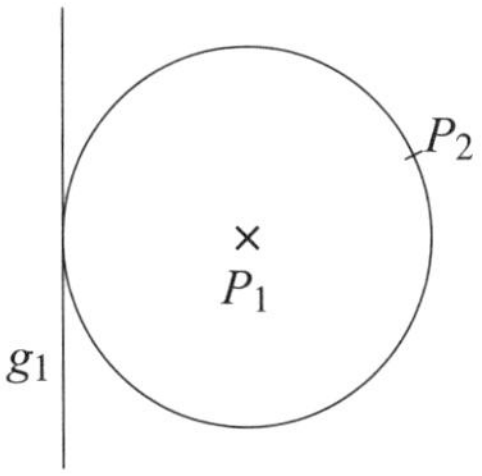

Abbildung 24.

Im Falle III (Abbildung 24) sagen wir jedoch, dass sich g_k und $\odot(P_i P_j)$ *nicht schneiden*, sondern *bloß berühren*. Diesen Berührpunkt können wir, wie wir aus der Schule wissen, (eigentlich) erst benennen, nachdem wir das Lot von P_i auf g_k gefällt haben. Denn erst dann kann man den Berührpunkt *als Schnittpunkt* visualisieren. Und wir haben ja verabredet, dass wir *nur Schnittpunkte als benennbare Punkte in Zeichnungen oder Konstruktio-*

nen zulassen wollen. Mit anderen Worten, so genannte Berührpunkte von Geraden und Kreisen werden *als Punkte* erst durch das Lot auf die berührende Gerade prototheoretisch definierbar. Eine deskriptive, auf eine Zeichnung bezogene, Behauptung der Form $\vdash g_i \cap \odot(P_k P_1)$ werten wir also nur dann *als wahr*, wenn wir *genügend deutlich sehen*, dass (mindestens) *zwei Schnittpunkte* entstehen; entsprechendes gilt für eine Behauptung der folgenden Form: $\vdash \odot(P_n P_m) \cap \odot(P_k P_1)$. Die Tatsache, dass sich Kreise mit Kreisen und Geraden *höchstens zweimal* schneiden und höchstens einmal berühren, werden wir allerdings noch genauer zu bedenken, nämlich aus unseren Grundpostulaten zu *demonstrieren haben*.

Auf analoge Weise können wir durch Anpassen von rechtwinkligen Linealen überprüfen und in einer gewissen Toleranzgrenze beurteilen, ob sich in einer Zeichnung zwei Geraden g_i, g_j (hinreichend genau) orthogonal schneiden: Wenn wir keine Abweichungen vom rechten Winkel (deutlich genug) bemerken können, sagen wir, die Linien stünden senkrecht zueinander. Dieses Urteil drücken wir im Folgenden auch durch die Notationsweise $\vdash g_i \perp g_j$ aus.

Ebenfalls in einer gewissen Toleranzgrenze können wir beurteilen, ob in einer Zeichnung ein Punkt P_i auf einer Geraden g_j liegt bzw. ob er identisch ist mit einem (etwa auf andere Weise, durch den Schnitt anderer Linien zustande gekommenen) Punkt P_k: Hier müssen wir die Unterschiede *sehen können*, andernfalls sind für uns die Punkte (deskriptiv) ununterscheidbar (also identisch) bzw. der Punkt liegt auf der Geraden. So sind im folgenden Bild I die Schnittpunkte der einen Geraden mit dem Kreis von denen mit der zweiten sichtlich unterscheidbar. In Bild II lässt sich allerdings nicht so ohne weiteres *sehen*, dass der Berührpunkt der Geraden g_i mit dem Kreis *nicht identisch* ist mit dem Geradenschnittpunkt und dieser nicht mit dem Schnittpunkt des Kreises mit der Geraden g_j:

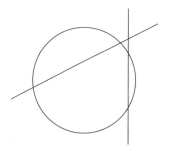

Abbildung 25.

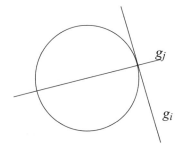

Abbildung 26.

3.3. Grundurteile der ebenen (Proto-)Geometrie

Damit zeigt uns das Bild II (Abbildung 26) gerade ein Problem: Erst wenn wir nämlich das Lot vom Kreismittelpunkt auf g_i konstruieren und entsprechend akribisch zeichnen, *sehen* wir, dass es hier *drei* (Schnitt-)Punkte gibt (geben müsste).[8]

Auf welcher Grundlage beurteilen wir nun, wie eine gute Zeichnung *auszusehen hätte*? Wie lassen sich Inexaktheiten einer Zeichnung, Mängel am Zeichenmaterial feststellen, etwa dass eine Fläche nicht eben, eine Linealkante nicht gerade, ein Winkel nicht orthogonal genug ist? Nun, zunächst können wir immer exakter zeichnen, indem wir etwa schärfere Kanten und feinere Reißinstrumente verwenden. Dann können wir *die gleiche Konstruktion* in größerem Maßstab ausführen, um zu sehen, wie die zu zeichnende Figur auszusehen hätte. Was es allerdings heißt, dass die Figuren unabhängig von der Größe *gleich aussehen sollten*, wie diese Forderung zu verstehen und worin sie begründet ist, werden wir in unseren weiteren Überlegungen deutlich machen müssen.

3.3.2 Sollensnormen und Absichten

Zum Zwecke der Abwehr des nahe liegenden und verbreiteten Missverständnisses, die geometrischen Formen seien abstrakte Ideen oder ideale Vorstellungen im Bewusstsein des Geometers, muss zunächst noch auf eine bedeutsame sprachliche Unterscheidung hingewiesen werden: Wenn wir sagen, eine Zeichnung *solle diese oder jene Eigenschaften haben*, z. B. wenn wir ein Orthogonalzeichen in einer Zeichnung verwenden, dann bedeutet dies, dass die Zeichnung auf eine gewisse Weise verstanden werden soll. Diese Absicht kann man auch in einem Kommentar kundtun, etwa indem man sagt, die mit g_i bezeichneten Linien *sollen* gerade sein, die Winkel … *sollen* orthogonal, der Punkt P *soll* auf der Linie … liegen usf. Allerdings muss dieser Kommentar insoweit richtig, d. h. passend, sein, dass er (in gewissen Grenzen) nicht dem an der Zeichnung *Sehbaren* widerspricht. So wäre es offenbarer Unsinn, wenn einer als Kommentar zu den folgenden Zeichnungen sagte, g_1 solle eine gerade Linie sein, P_1 solle auf g_2 liegen oder die Winkel zwischen g_3 und g_4 sollen rechte Winkel sein (usf.).

---

[8] Damit wird wohl auch klar, dass wir für die Entscheidung, ob gewisse Schnittpunkte (oder auch Berührpunkte) identisch sind oder nicht, kein rein deskriptives Kriterium benutzen.

134 3. Konstruktionen und Demonstrationen

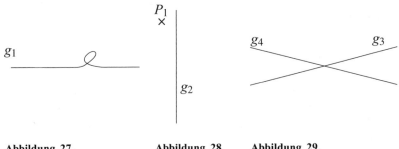

Abbildung 27.   Abbildung 28.   Abbildung 29.

Denn man kann nicht einfach Beliebiges mit Zeichnungen sagen wollen (oder: meinen). Es gibt Richtigkeitsbedingungen für die den Zeichnungen zugeordneten Kommentare, welche nicht umgestoßen werden können, indem man sagt, die Zeichnung sei *anders* (nämlich so ...) *gemeint*. Wohl aber gibt es verschiebbare Toleranzgrenzen, wie wir wissen, wenn wir in das Zeichnen und Kommentieren von groben Planskizzen (etwa im elementargeometrischen Unterricht) eingeführt sind.

Ganz anders zu verstehen sind Kommentare, welche besagen, was für eine gute Zeichnung (einer bestimmten Art) *gelten sollte*. Hier *meint* nicht ein Zeichner mit seiner Zeichnung ein Urbild, eine Idee oder eine Vorstellung. Hier bezieht man sich vielmehr auf *etablierte Kriterien der Beurteilung der Güte einer Zeichnung*, unter Bezugnahme auf unsere Quadernormen und Passungs-Postulate (inklusive der *Starrheit*, also der Äquivalenzen im Längenvergleich), und zwar unter Berücksichtigung der je zugehörigen relevanzbezogenen Toleranzgrenzen. Nicht etwa ein (unerklärliches, gewissermaßen mystisches) Wissen über die Eigenschaften irgendwelcher jenseitiger Ideen der Geometrie leitet dabei unser Urteil. Auch lässt sich die Rede von derartigen Ideen keineswegs einfach als *Fiktion* der idealen Erfülltheit gewisser rein konventionell gesetzter Normen ausreichend verständlich machen. Vielmehr ist die Rede von den idealen Gegenständen und Wahrheitsbedingungen *auf der Basis der Rede* über – nach Plänen oder Konstruktionsanweisungen – *wirklich geformte Körper* und gezeichnete Bilder konstituiert. Diese Verfassung gilt es logisch zu analysieren (rekonstruieren). *Erst dann* können ideale geometrische Sätze und ihre Beweise dazu dienen, den Gütegrad einer irgendwie realisierten etwa materiellen Figur oder Gestalt resp. deren Formstabilität zu beurteilen.

Das Hauptproblem der Konstitution idealer Gegenstände und Wahrheiten in der Geometrie besteht darin, von den *deiktischen*, auf *konkrete Anschauungen bezogenen*, *Bildbeschreibungen* bzw. benannten Diagrammen (*lettered diagrams*) und den in ihnen verwendeten deiktischen Namen zu *Formbeschreibungen* überzugehen, *die dann nicht mehr von den einzelnen Bildern abhängen*, insbesondere nicht von ihrer *Größe*, sprich: der *Wahl der Maßeinheit*. In ihnen sollen auch die Namen von Teilformen *situationsinvariant* gedeutet werden können, d. h. als *Namen abstrakter resp. idealer Geraden, Punkte und Kreise* an sich. Den Sätzen sollen situationsunabhängige, gewissermaßen ewige Wahrheitswerte zugeordnet werden. Um nun zu *sehen*, auf welchem Wege die Passungs- und Formpostulate für Quader und Quaderschnitte in die Wahrheitswertfestlegungen für die idealen geometrischen Sätze eingehen, werden wir noch eine Reihe elementarer Eigenschaften guter Zeichnungen demonstrativ vorführen müssen.

3.4 Demonstrationen grundlegender Fakten

3.4.1 Winkelsummen- und Parallelensatz

Zunächst erhalten wir den wichtigen *Winkelsummensatz* für beliebige Dreiecke, nämlich *dass* $\alpha + \beta + \gamma = 2R$ ist, aus dem Faktum, dass jedes Dreieck entweder selbst rechtwinklig ist oder sich in zwei rechtwinklige Dreiecke so zerlegen lässt, dass $\gamma = \gamma_1 + \gamma_2$ ist, wie dies das folgende Bild (Abbildung 30) zeigt:

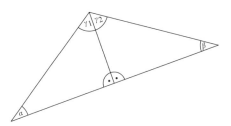

Abbildung 30.

Im rechtwinkligen Dreieck ergibt sich der Winkelsummensatz daraus, dass es sich durch eine Kopie (ein kongruentes Dreieck) zu einem Rechteck ergänzen lässt, also letztlich aus dem (Quader-)Kriterium 6. Im allgemeinen Fall ist, wie Abbildung 30 zeigt,

$$\alpha + \beta + \gamma = (\alpha + R + \gamma_1) + (\beta + R + \gamma_2) - 2R = 4R - 2R = 2R.$$

Diesen Winkelsummensatz für beliebige Dreiecke Satz haben wir ersichtlich *nicht* auf dem Wege einer *logischen Deduktion*, eines bloßen Operierens mit Satzfiguren nach sogenannten logischen Deduktionsregeln bewiesen. Nichtsdestotrotz wird mit ihm klar, warum sich Kopien der drei Winkel eines Dreiecks immer zu einem gestreckten Winkel zusammenlegen lassen (müssen) – sofern die Dreiecksseiten genügend gerade und die Winkelkopien genügend genaue formstabile Flächen (an Körpern) sind.

Beachtet man den wichtigen Unterschied zwischen protogeometrischen Demonstrationen und Deduktionen im Bereich einer wahrheitswertsemantischen Modells oder einer axiomatisierten Geometrie, so lässt sich auch die vieldiskutierte Frage nach Sinn und Geltung des *Parallelensatzes* relativ einfach auflösen. Dazu erinnern wir zunächst daran, dass in Konstruktionen der folgenden Art:

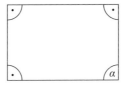

Abbildung 31.

der jeweils vierte Winkel ein (hinreichend) rechter Winkel ist (sein muss), *wenn* unsere Konstruktionsmittel gut genug sind. Dies ergibt sich offenbar aus unseren Quaderpostulaten. *Dass* wir allerdings je nach Gesichtspunkt hinreichend gute Quader, etwa Lineale mit geraden Kanten und *vier kongruenten rechten Winkeln*, realisieren können, ist eine *Tatsache, die als solche nicht eigentlich beweis- oder widerlegbar ist*. Es ist daher nicht verwunderlich, dass alle Versuche, deduktiv beweisen zu wollen, dass α ein rechter Winkel ist, entweder scheitern (müssen) oder schlicht das zu Beweisende in einer (meist allgemeiner formulierten) Prämisse nur etwas undurchschaubarer verstecken, also das Problem bloß verbal verschieben. Die zentrale *Eigenschaft von Rechtecken*, dass *alle vier Winkel unter einander kongruent und auch zu den Nebenwinkeln kongruent* sein sollen, gehört eben zur *materialbegrifflichen* (und eben damit generisch-normativen) *Definition* des Rechtecks, genauer: der Quader und Quaderflächen.

Der *Parallelensatz* bzw. das *Parallelenaxiom* ergibt sich nun aus den Quaderpostulaten. Dabei besagt der Parallelensatz, dass in der Ebene *genau die doppelt orthogonalen* Geraden Parallelen sind. Parallelen liegen also in einer Ebene und stehen beide senkrecht auf einer Geraden.

Für eine protogeometrische Demonstration des Parallelensatzes reicht es nun zu zeigen, dass sich *nur* doppelt orthogonale gerade Linien *in keiner ebenen Erweiterung* der Zeichenfläche schneiden (dürfen): Es seien also

3.4. Demonstrationen grundlegender Fakten

zwei Geraden g_1, g_2 gegeben (sie seien konstruiert), und zwar so, dass sie sich in der Zeichnung noch nicht schneiden. Sei P_1 ein auf g_1 schon konstruierter Punkt (einen solchen gibt es immer). Dann lässt sich die Zeichnung offenbar auf folgende Weise erweitern: Man fällt das Lot g_3 von P_1 auf g_2 und errichtet in P_1 das Lot g_4 zu g_3. Ist dann in der Zeichnung g_4 nicht unterscheidbar von g_1, so sind g_1, g_2 von doppelt orthogonalen Geraden nicht zu unterscheiden, d. h. es ist dann nichts mehr weiter zu zeigen. Unterscheiden sich g_4 und g_1 jedoch, so kann man auf g_1 in hinreichender Entfernung von P_1 einen Punkt P_2 konstruieren (etwa über mehrmalige Anwendung der Konstruktion (4)),[9] von P_2 das Lot g_5 auf g_4 fällen und den Schnittpunkt mit P_3 bezeichnen. *Dann* kann man auf g_5 von P_2 aus in Richtung g_2 die Streckenlänge von $\overline{P_2 P_3}$ so oft abtragen, bis man jeweils zu einem Punkt jenseits g_2 gelangt. Man benenne die entstehenden Punkte mit Q_1, Q_2, usf.

Die Konstruktion führt zu einem Bild der folgenden Art (Abbildung 32):

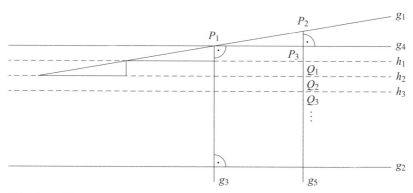

Abbildung 32.

Es ist anschaulich klar, dass es ein (erstes) n mit Q_n jenseits von g_2 gibt (geben muss): Wir können nach Kriterium 8, dem Archimedischen Prinzip, jede beliebige Streckenlänge durch endlich viele aneinander gelegte Kopien einer beliebig kleinen Strecke übertreffen.[10] Mit Hilfe der Zahl n kann man nun abschätzen, wie weit wir die Zeichenfläche (nach links oder rechts) eben erweitern müssen, um den Schnittpunkt von g_1 und g_2 zeichnen (bzw. sehen) zu können: Spätestens nach n-facher Verlängerung der Strecke $P_1 P_2$

---

9 Vgl. § 3.2.
10 Wir zeigen hier also, dass und wie sich aus dem Archimedischen Prinzip auf der Ebene der Demonstrationen zusammen mit den anderen Formkriterien die Paralleleneigenschaft (als spezielles Formkriterium) ergibt. Wir werden im § 6.4 sehen, dass es sehr einfache analytische Modelle der übrigen geometrischen Axiome gibt, in denen weder das Archimedische Axiom noch das Parallelenaxiom erfüllt ist.

in die entsprechende Richtung schneiden sich die Linien. Dass dem so ist, zeigen die gestrichelt eingezeichneten zu g_4 doppelt orthogonalen Linien durch die Q_i, also die $h_1, h_2, h_3, \ldots$, und die Orthogonalen in den Schnittpunkten der h_i mit der Geraden g_1. Wegen des Stufenwinkelsatzes an doppelt orthogonalen Geraden, der sich aus dem Wechselwinkelsatz und dem Scheitelwinkelsatz sofort ergibt, sind nämlich die markierten Dreiecke kongruent, da ja nach Konstruktion die Abstände der Linien h_i kongruent sind. Dies wiederum gilt aufgrund des einfachsten der Kongruenzsätze für Dreiecke, den wir *Kongruenzsatz 1* nennen wollen: Ein Dreieck, dessen Ecken im Uhrzeigersinn mit P_1, P_2, P_3 benannt sind, ist (als Fläche) kongruent zu einem zweiten Dreieck, genau wenn dessen Ecken im Uhrzeigersinn so benannt werden können, dass gilt:

$$P_1 P_2 = P'_1 P'_2, \; \sphericalangle \, (g(P_1 P_2), g(P_1 P_3)) = \sphericalangle \, \big(g(P'_1 P'_2), g(P'_1 P'_3)\big)$$

und

$$\sphericalangle \, (g(P_2 P_1), g(P_2 P_3)) = \sphericalangle \, \big(g(P'_2 P'_1), g(P'_2 P'_3)\big),$$

also genau wenn eine Seite und die beiden anliegenden Winkel (in der richtigen Reihenfolge) kongruent sind.

Winkel- und Strecken-Kongruenzen sind offenbar immer lokalere Eigenschaften als Flächenkongruenzen, diese wiederum sind lokaler als Körperkongruenzen. Daher ist noch eine (allerdings sehr einfache) Demonstration dieses Kongruenzsatzes nötig: Ließe sich im geschilderten Fall nicht eine Dreieckshohlform des einen Dreiecks auf das andere ohne Überlappungen passen, indem man einfach die in der Voraussetzung genannte Seite und einen der beiden Winkel zur Passung bringt, so wären offenbar die zweiten Winkel nicht kongruent (sofern die Begrenzungslinien der Flächen hinreichend gerade sind, was bei Dreiecken bzw. Winkeln natürlich vorauszusetzen ist); oder aber die Fläche oder die Zeichnung, im Ganzen also der geformte Körper, wäre bei der für die Anpassung nötigen Bewegung nicht hinreichend formstabil.

Wir sehen jetzt, aus welchem Grunde und in welchem Sinne es keinen Sinn macht, an der Geltung des Parallelensatzes zu zweifeln: Soweit man unsere Kriterien und ihre demonstrierbaren und wahrheitslogischen Folgen als Gütekriterien für hinreichend genaue Befolgungen von (sprachlich artikulierten) Konstruktionsanweisungen *versteht, ist auch der Parallelensatz ein (mögliches) Gütekriterium für die Genauigkeit einer Konstruktion*, etwa der Ebenheit der Zeichenfläche, der Güte der anderen Konstruktionshilfsmittel (der Lineale) oder der Sorgsamkeit der Zeichnung. Das Parallelenaxiom als solches ist also *keineswegs eine Annahme über eine unendliche Wirklichkeit*, sondern *Teil der Kriterien für die Ebenheit einer endlichen Fläche bzw. Geradheit einer endlichen Linie.*

Eine *empirische Annahme* allerdings ist es, wenn man sagt, Lichtstrahlen seien (hinreichend) gerade, oder genauer: die Lichtausbreitung um den Sendepunkt sei (streng) kugelförmig. Dann nämlich müssten diese Strahlen das Parallelenaxiom (in einer gewissen Messgenauigkeit) hinreichend erfüllen. Selbstverständlich aber macht es gar keinen Sinn, davon zu reden, das Parallelenaxiom könnte durch die Lichtstrahlen absolut erfüllt sein: Es gilt ja in der Elementargeometrie und a fortiori in der Physik unsere Generalklausel, nach welcher die noch nicht rein mathematische protogeometrische Rede sich notwendigerweise im Rahmen gewisser zweckbezogener Mess(un)genauigkeiten bewegt. M. a. W. in Protogeometrie und Physik *gibt es keine (aktuale) Unendlichkeit*. Jede Rede von einer derartigen Unendlichkeit ist semantischer Unsinn. Unendliches gibt es nur in der Mathematik und in anderen von uns entworfenen Extrapolationen der Erfahrungswelt. Was aber sinnvoll ist, ist die Angabe der Abweichungen realer Bewegungen von idealen Formen zum Zwecke einer Fehlerrechnung. In der Physik sind wir entsprechend z. B. an Einwirkung von Gravitationskräften auf die Lichtausbreitung interessiert und wollen sie geometrisch beschreiben. Die sich daraus ergebende Rede von den Krümmungen (der Nichtgeradheit) der Lichtstrahlen ist dabei allerdings nur in Bezug auf die (idealen euklidischen) Postulate *verstehbar*. Wir werden darauf noch genauer zurückkommen.

3.4.2 Winkelhalbierende und das Thalesviereck

Es folgt eine kreisfreie Konstruktion der Winkelhalbierenden, in welcher nur Konstruktionsschritte gemäß (1)–(4) aus § 3.2 verwendet werden. Es seien dazu zwei Geraden g_1 und g_2 schon konstruiert, welche sich im Punkt P_s schneiden. Die durch die g_i und den Punkt P_s bestimmten Strahlen seien dann wie unten im Bild mit den Buchstaben h_i bzw. h'_i bezeichnet, und zwar so, dass der Winkel $\sphericalangle(h_1, h_2)$ größer oder gleich dem rechten Winkel R und kleiner als der gestreckte Winkel $2R$ ist. (Es ist bei sich schneidenden Geraden immer ein Winkel oder sein Nebenwinkel größer oder gleich R und kleiner $2R$.) Dann tragen wir auf h_1, h'_1 und h_2, h'_2 von P_s aus die Einheitslänge $e = \overline{P_0 P_1} = \overline{\Theta \Phi}$ auf den Schenkeln ab und nennen den auf h_1 entstehenden Punkt P_1. P_2 ist der Punkt auf h_2, P_3 ist der Punkt auf h'_1 und P_4 ist der Punkt auf h'_2. Auf die Gerade $g = g(P_1 P_2)$ fällen wir von P_s

aus das Lot g_3 und nennen den Winkel zu h_1 ,α', den zu h_2 ,α''. Zu zeigen ist dann, dass $\alpha = \alpha'$ ist.

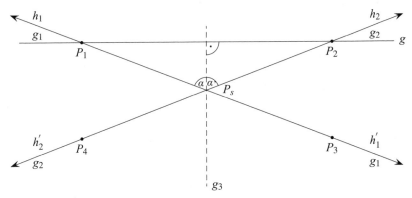

Abbildung 33.

Zunächst trifft das Lot von P_s auf g tatsächlich, wie im Bild, immer zwischen den Punkten P_1 und P_2 auf die Gerade g. Ein Bild der folgenden Art (Abbildung 34):

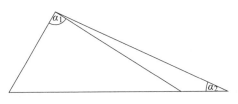

Abbildung 34.

Mit $\alpha_1 \geq R$ und $\alpha_2 = R$ ist nämlich wegen des Winkelsummensatzes sicher nicht möglich. Um nun zu zeigen, dass $\alpha = \alpha'$ ist, verbinden wir auch durch Geraden P_2 mit P_3, P_3 mit P_4 und P_4 mit P_1. Ferner errichten wir in P_s das Lot g_4 zu g_3 und nennen die zu g_3 gehörigen Strahlen wie im folgenden Bild h_3 bzw. h'_3, die zu g_4 gehörigen h_4 bzw. h'_4. Das Bild zeigt auch, welches die Punkte P_5, P_6, P_7, P_8 sein sollen.

Aus dem Scheitelwinkelsatz ergibt sich, dass die Dreiecke $\Delta(P_s P_1 P_2)$ und $\Delta(P_s P_3 P_4)$ Kopien und Hohlformen voneinander sind: Denn es sind zwei Dreiecke Kopien (resp. Hohlformen) voneinander, wenn zwei Seiten in der passenden Reihenfolge und der eingeschlossene Winkel kongruent sind. Diesen Kongruenzsatz 2 für Dreiecke macht man sich ebenfalls

3.4. Demonstrationen grundlegender Fakten 141

leicht anhand der Passungspostulate und der Eindeutigkeit der (geraden!) Schenkel eines Winkels klar. Daher sind aber auch alle mit β bezeichneten Winkel in der Zeichnung gleich (kongruent). (Man muss dazu nur das Bild anschauen.) Wendet man den Winkelsummensatz auf die Dreiecke $\Delta(P_1 P_s P_5)$ und $\Delta(P_2 P_s P_5)$ an, so erhält man die gesuchte Gleichheit der Winkel α und α'. Der Wechselwinkelsatz zeigt die Gleichheit der Winkel β und β' und der Winkel α und α_1. Das heißt, g_4 halbiert den Winkel $\sphericalangle(g(P_s, P_4), g(P_s, P_1))$ und man erhält über den Winkelsummensatz: $\alpha_1 + \beta = R$, also den Satz des Thales: ‚Der Winkel im Halbkreis ist ein rechter', wobei der aufgrund der Gleichheit der Einheitsstrecken der Halbkreis von P_4 über P_1 nach P_2 um P_s geschlagen wird. Ersichtlich spielt die Wahl des Radius $r = e = \overline{\overline{\Theta \Phi}}$ für das Argument keine Rolle. Dass die mit γ_1, γ_2 und γ_3 bezeichneten Winkel rechte Winkel sind, sehen wir jetzt ebenfalls sofort.

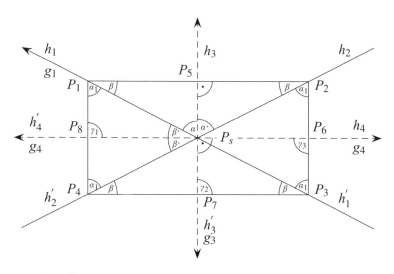

Abbildung 35.

Aus der Konstruktion des Thales-Vierecks ergibt sich, dass die Diagonalen im Rechteck kongruent sind und sich im Rechtecksmittelpunkt P_s schneiden, so dass man Rechtecke auch dadurch konstruieren kann, dass man auf den Diagonalen in die vier Richtungen eine jeweils gleiche Streckenlänge abträgt. Selbstverständlich gilt dies nur für Ebenen in unserem Sinne, d. h. für Quaderflächen: Für diese ist das Quaderpostulat 6 zu den rechtwinkligen Keilen, die Grundversion des Parallelensatzes, über unsere synthetisch-apriorische Definition erfüllt, d. h. es sollte (hinreichend) erfüllt sein. Darüber hinaus sehen wir, dass sich auch spitze Winkel immer dadurch halbieren lassen, dass man auf den Schenkeln gleiche Streckenlängen abträgt und vom Scheitelpunkt auf die Verbindungslinie der entstehenden Punkte das Lot fällt.

Folgende Diagramme liefern einen demonstrativen Beweis dafür, dass eine Kreislinie eine gerade Linie höchstens zweimal schneidet. In gewissem Sinne sehen wir zwar auch unmittelbar, dass eine (angeblich gerade) Linie h eine (angebliche) Kreislinie k nur in Fällen der folgenden Art mehr als zweimal schneiden könnte:

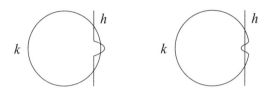

Abbildung 36.   Abbildung 37.

Die allgemeine Demonstration aber, dass in Bildern der Form der folgenden Abbildung 38:

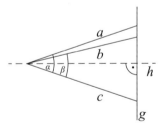

Abbildung 38.

c nicht gleichzeitig zu a und b kongruent sein kann, ergibt sich aus unserer Überlegung über die Eindeutigkeit der Orthogonalen h von P_s auf g: h kann offenbar nicht gleichzeitig den Winkel α und β halbieren. Damit haben wir auch gezeigt, dass ein Dreieck, dessen Lot von einem Dreieckspunkt P auf die gegenüberliegende Seite den Dreieckswinkel an P halbiert, ein gleichschenkliges Dreieck ist.

3.5 Flächenvergleiche und der Strahlensatz am Rechteck

Wir schreiben im folgenden $g_1 \| g_2$ bzw. $P_1 P_2 \| P_3 P_4$, um auszudrücken, dass die Gerade g_1 parallel zu g_2 bzw. die Strecke $P_1 P_2$ parallel zu $P_3 P_4$ ist oder sein soll, und $P_i = P_k$, um zu sagen, dass in einer Zeichnung ein mit P_i benannter Linienschnittpunkt auch den Namen P_k trägt; außerdem nennen wir ab jetzt zwei Dreiecke (in einer Zeichnung) *ähnlich* genau dann, wenn es für diese Benennungen der Form $\Delta(P_i P_j P_k)$ resp. $\Delta(P_l P_m P_n)$ gibt, so dass die Winkel an den Eckpunkten P_i und P_l und an P_j und P_m jeweils gleich sind. Wir schreiben:

$$\Delta(P_i P_k P_l) \cong \Delta(P'_i P'_k P'_l).$$

Es folgt nun eine elementargeometrische Demonstration des für eine größenunabhängige Rede über geometrische Formen fundamentalen Strahlensatzes. Dies geschieht, und das ist für meine Argumentation zentral, ohne Vorgriff auf eine *Proportionenlehre* oder gar auf die *Analytische Geometrie* und auf den dort üblicherweise entweder durch Rechnungen mit *Proportionen* oder sogar schon durch *Approximationsmethoden* bewiesenen *Strahlensatz*. Zur Vermeidung eines solchen Vorgriffs führe ich die Relationen der *Zerlegungsgleichheit* und der *Flächengleichheit* von Polygonen ein, ohne den Begriff der *Flächenmaßzahl* schon zu benötigen. Im Anschluss an die Definition der Flächengleichheit gelangen wir dann durch logische Abstraktion zu einem immer noch rein geometrischen Begriff der *Flächengröße*. Dieser Begriff ist streng zu unterscheiden von den *Flächen* im Sinne von konkret gezeichneten Flächen, von Klassen kongruenter Flächen, dann aber auch von den abstrakten Flächen in einer abstrakten Konstruktion (wie sie im nächsten Kapitel eingeführt wird), aber auch von der logisch erst nach der Definition der Flächengleichheit und Flächengröße definierbaren Flächenmaßzahl. Dass wir für einen lückenlosen protogeometrischen oder diagrammatischen Beweis des Strahlensatzes den Weg über solche Flächenvergleiche gehen können, wurde bisher meines Wissens noch nirgends bemerkt. In einer wirklich strengen, lückenlosen, proto- und elementargeometrischen Begründung sowohl des Formprinzips als auch der geometrischen Proportionenlehre sehe ich dazu aber kaum eine Alternative. Im Übrigen spielen Flächenvergleiche für den Aufbau jeder Analytischen Geometrie eine zentrale Rolle, gerade auch für die geometrische Deutung der Multiplikation von Strecken (Längen) mit Strecken (Längen) als Ergebnis, wie sie systematisch der Algebraisierung der Geometrie durch Descartes zugrunde liegt und zu geometrischen Repräsentationen algebraischer Längenkörper mit Multiplikation und Division führen. D. h. am Anfang der

Analytischen Geometrie steht nicht etwa das Rechnen mit (echten) Zahlen, sondern mit Längen. Das kommt schon in der Rede von einer Zahlen*gerade* klar zum Ausdruck. Eine wirkliche Arithmetisierung dieser zunächst bloß geometrisch konstituierten Zahlen gibt es erst, nachdem Karl Weierstraß bzw. Richard Dedekind rein arithmetische Definitionen der reellen Zahlen über eine Äquivalenzrelation für konvergente Folgen oder nach oben beschränkte Mengen rationaler Zahlen gegeben haben. Georg Cantors Mengenlehre versucht dabei die Frage klären, wie man die Rede von *allen* derartigen Mengen und Folgen zu verstehen hat, während Gottlob Frege die in beliebigen formalen Redebereiche gültigen logischen Deduktions- oder Inferenzformen des Prädikatenkalküls entwickelt und die Funktionsweise einer Abstraktion vorführt, in welcher irgend eine Äquivalenzrelation zu einer echten Gleichheit in einem neuen Gegenstandsbereich wird. So wird zum Beispiel die Umfangsäquivalenz für einstellige Prädikate oder die Wertverlaufsäquivalenz von Funktionen zu einer echten Gleichheit für Mengen oder Wertverläufe. Dabei bestimmen die mit den Gleichungen verträglichen elementaren Prädikate den jeweils entstehenden formalen Redebereich. Mit anderen Worten, wir sollten diese Bereiche, etwa die reellen Zahlen mit ihrer Körperstruktur, nicht einfach bloß als Mengen auffassen (da etwa die Frage, welche Elemente eine reelle Zahl hat, nicht eigentlich zur Sprache der reellen Zahlen gehört), auch wenn wir im Rückblick, wenn es denn unbedingt sein muss, alle formale Redebereiche in Mengensprache beschreiben könnten. Dabei geht allerdings in der Regel die Einsicht verloren, dass die Mengenabstraktion nur ein besonderer Fall eines ganz allgemeinen logischen Verfahrens ist.

Mein Vorgehen im Aufbau der Geometrie über Flächenvergleiche steht etwas quer sowohl zur realen Entwicklungsgeschichte der Geometrie, als auch zu den modernen Zugängen, und wird daher etwas ungewohnt erscheinen. Und doch ist die hier vorgeschlagene Rekonstruktion impliziter Gesichtspunkte wesentlich konsequenter und in ihrem pragmatischen Zusammenhang viel besser durchschaubar als die ‚Vereinfachungen' oder besser Abkürzungen, welche sich durch die Vermischung der demonstrativ-konstruktiven Argumentationsebene mit der axiomatisch-algebraischen und der arithmetisch-analytischen ergeben. Diese Ebenenvermengung, so verständlich sie aus der Sicht des praktizierenden Mathematikers ist, ist in einer logischen Analyse in gewisser Weise rückgängig zu machen. Denn es geht ja immer auch darum, das Verhältnis zwischen Geometrie und höherer Arithmetik bzw. zwischen geometrischen Proportionen und arithmetisch, abstraktionslogisch und mengentheoretisch definierten reellen Zahlen besser zu begreifen. In einem allzu schnellen Übergang von der demonstrativen

3.5. Flächenvergleiche und der Strahlensatz am Rechteck 145

Elementargeometrie in die Analytische Geometrie wird jedenfalls immer über bestimmte Problemlagen einfach dogmatisch hinweggegangen, etwa indem man die Geltung des Formprinzips oder irgend welcher anderer formalen Axiome einfach unterstellt, statt sie lückenlos zu beweisen, und zwar in dem Beweisrahmen, der dafür angemessen ist. Das exakte axiomatische Verfahren, für das ja schon Leibniz eintritt, erweist sich hier gerade als mathematisch nicht streng genug. Diese Einsicht steht schon im Zentrum von Wittgensteins Philosophie der Mathematik.[11] Einer ernsthaften logischen Rekonstruktion geometrischer Rede sollte es aber gerade darum gehen, die Begründung der zentralen Prinzipien, Axiome oder basalen Theoreme einer zunächst prototheoretisch demonstrativen, dann algebraischen und schließlich analytischen (d. h. voll arithmetisierten) Geometrie zu verstehen und den jeweiligen logischen Status und Sinn der argumentativen und deduktiven Beweise voll zu begreifen.

Zunächst definieren wir nun die protogeometrische Relation der Flächengleichheit $F_1 =_F F_2$ für durch gerade Linien begrenzte ebene Flächen (Polygone) F_1 und F_2. Wir folgen hierin in gewisser Weise der traditionellen anschaulichen Demonstrationspraxis der Elementargeometrie. So stützen sich etwa die aus der Schulgeometrie bekannten Beweise des Satzes von Pythagoras wesentlich auf die Möglichkeit, eine Fläche in Flächenteile zu zerlegen und diese wieder neu zusammenzulegen.[12]

Als erste Teildefinition der Flächengleichheit definieren wir die protogeometrische Relation der *Zerlegungsgleichheit* polygonaler Flächen:

(1) Zwei Polygone E und F sind zerlegungsgleich, und der (noch deskriptiv zu deutende) Satz ‚$E =_Z F$' erhält per definitionem den Wert das Wahre genau dann zugeordnet, wenn es eine Zerlegung der Flächen E bzw. F in n paarweise disjunkte Polygone (etwa Dreiecke) $E_1, \ldots, E_n$ bzw. $F_1, \ldots, F_n$ gibt, so dass die E_i und F_i zueinander kongruente Polygone sind.

Die folgende Benennung für eine derartige (disjunkt) zerlegte oder zerlegt gedachte Fläche E benutzt eine in der Mengenlehre in etwas anderer Bedeutung schon etablierte Schreibweise und ist daher mnemotechnisch hilfreich. Wir schreiben: $E = \dot{\bigcup}_{i=1}^{m} E_i$. Da wir noch immer deskriptiv über protogeometrische Figuren sprechen, sind dabei ‚E' und die ‚E_i' als Namen konkreter Flächen und nicht etwa gewisser Kongruenzklassen bzw. Formen

---

11 Vgl. dazu besonders auch Friedrich Kambartel ‚Strenge und Exaktheit', in: G.-L. Lueken (Hg.) *Formen der Argumentation*, Leipzig (Universitätsverlag) 2000, 75–86.
12 Der Satz des Pythagoras wird hier deswegen nicht behandelt, weil er anders als der Satz des Thales für den systematischen Aufbau der Geometrie keineswegs eine entscheidende logische Rolle spielt, wohl aber für das geometrisch-algebraische Rechnen.

zu verstehen. D. h. die Benennungen sind jeweils deiktisch den Flächen zuzuordnen.

Die Relation $=_Z$ definiert auf hinreichend formstabilen ebenen Polygonen eine (protogeometrische) Äquivalenzrelation. Die Reflexivität folgt dabei sofort aus der Reflexivität der Kongruenz, die Symmetrie aus der symmetrischen Formulierung der definitorischen (Wahrheits-)Bedingung für $F =_Z E$. Die Transitivität (also: wenn $E =_Z F$ ist und $F =_Z G$, dann ist $E =_Z G$) ergibt sich aus folgender Überlegung:[13] Es sei $E = \dot{\cup}_{i=1}^{n} E_i$; $F = (\dot{\cup}_{i=1}^{n} F_i) = (\dot{\cup}_{j=1}^{m} H_j)$ und $G = \dot{\cup}_{j=1}^{m} G_j$. Wir schreiben dann „$S_{ij} = F_i \cap H_j$" für die Schnittfläche S_{ij} von F_i und H_j, d. h. für das Polygon in F, welches durch eine der Grenzlinien der Flächen F_i bzw. H_j ($1 \leq i \leq n, 1 \leq j \leq m$) begrenzt ist, sofern es ein solches Polygon gibt. (Das alles versteht man nur, wenn man auf die entsprechend kommentierten Bilder blickt, d. h. es sind keine Definitionen jenseits einer kommentierten Anschauung!) Überlappen die Flächen F_i und H_j nicht, so betrachten wir hier „S_{ij}" bzw. „$F_i \cap H_j$" als Benennung einer leeren Fläche, d. h. als bloß verbalen Platzhalter in der folgenden Überlegung, welche damit gewisse Fallunterscheidungen nicht explizit benennen muss. Ersichtlich ist dann die Fläche F so zerlegbar, wie es die Gleichung $F = \cup_{i=1}^{n} \cup_{j=1}^{m} S_{ij}$ ausdrückt. Außerdem ist $F_i = \dot{\cup}_{j=1}^{m} S_{ij}$ und $H_j = \dot{\cup}_{i=1}^{n} S_{ij}$. Da die E_i kongruent zu den F_i und die G_j kongruent zu den H_j sind, gibt es Zerlegungen für die Flächen E_i und G_j der folgenden Art: $E_i = \cup_{j=1}^{m} {}^*S_{ij}$ und $G_j = \cup_{i=1}^{n} {}^\#S_{ij}$ mit ${}^*S_{ij} \cong {}^\#S_{ij} \cong S_{ij}$ für $1 \leq i \leq n$ und $1 \leq j \leq m$. Man hat dazu ja nur eine entsprechend zerlegte Kopie oder eine Hohlform der F_i bzw. H_j auf die E_i bzw. G_j zu legen. Das heißt, es ist $F = \dot{\cup}_{i=1}^{n}\dot{\cup}_{j=1}^{m} {}^*S_{ij}$ und $G = \dot{\cup}_{i=1}^{n}\dot{\cup}_{j=1}^{m} {}^\#S_{ij}$, also $F =_Z G$, was zu zeigen war. Es folgt die Definition der Flächengleichheit für Polygone:

(2) Sind die Flächen E_1 und E_2 zerlegungsgleich, und sind F_1 und F_2 Teilflächen von E_1 bzw. E_2, die ihrerseits zerlegungsgleich (oder beide leer) sind, so sind die Restflächen $G_1 = E_1 - F_1$ und $G_2 = E_2 - F_2$ per definitionem flächengleich. Wir schreiben dann $G_1 =_F G_2$.

Zunächst überlegen wir uns, dass die so definierte (protogeometrische) Relation $=_F$ zwischen formstabilen ebenen Polygonen tatsächlich eine Äquivalenzrelation ist. Da die Reflexivität und Symmetrie klar ist, bleibt die Transitivität der Relation zu zeigen. Es seien dazu E, F und G Restflä-

---

[13] Die bis S. 148 vielleicht allzu detaillierte Überlegung sieht nur kompliziert aus und kann überschlagen werden. Es handelt sich um die Herleitung einfachster Gesetze der Boolschen Algebra oder Aristotelischen Logik, die ja alle an Flächendiagrammen anschaulich expliziert werden können.

3.5. Flächenvergleiche und der Strahlensatz am Rechteck   147

chen der zu betrachtenden Art. Das heißt, es gelte

$$E = E_1 - E_2 = (\dot{\cup}_{i=1}^{m_1} E_1^i) - (\dot{\cup}_{j=1}^{m_2} E_2^j);$$
$$F = F_1 - F_2 = (\dot{\cup}_{i=1}^{m_1} F_1^i) - (\dot{\cup}_{j=1}^{m_2} F_2^j)$$
$$= H_1 - H_2 = (\dot{\cup}_{k=1}^{m_3} H_1^k) - (\dot{\cup}_{l=1}^{m_4} H_2^l)$$

und

$$G = G_1 - G_2 = (\dot{\cup}_{k=1}^{m_3} G_1^k) - (\dot{\cup}_{l=1}^{m_4} G_2^l)$$

mit $E_1^i \hat{=} F_1^i, E_2^j \hat{=} F_2^j, H_1^k \hat{=} G_1^k$ und $H_2^l \hat{=} G_2^l$. Zu zeigen ist dann, dass gemäß Definition (2) auch $E =_F G$ gilt. Es ist offenbar:

$$F = (F_1 \cap H_1) - (F_2 \cap H_2) = (\dot{\cup}_{i=1}^{m_1} {}_{k=1}^{m_3} F^i \cap H_1^k) - (\dot{\cup}_{j=1}^{m_2} {}_{l=1}^{m_4} F_2^j \cap H_2^l).$$

Wir setzen $S_{ik} := F_1^i \cap H_1^k$ und $T_{j1} := F_2^j \cap H_2^l$, $S_{i0} := F_1^i - (F_1^i \cap H_1)$ und $T_{j0} := F_2^j - (F_2^j \cap H_2)$. Eine kurze Überlegung, etwa an Hand des folgenden Diagrammes, zeigt, dass die Fläche $F_1 - (F_1 \cap H_1)$ gleich der Fläche $F_2 - (F_2 \cap H_2)$ sein muss, wobei $F_2 = F_1 - F$ und $H_2 = H_1 - F$ ist.

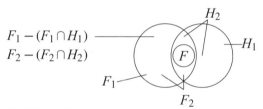

Abbildung 39.

Daher ist auch jede der Flächen S_{i0} Teilfläche der Fläche $F_2 - (F_2 \cap H_2) = \dot{\cup}_{j=1} T_{j=0}$ und jedes der T_{j0} Teilfläche der Fläche $F_1 - (F_1 \cap H_1) = \dot{\cup}_{i=1} S_{i0}$. D. h., die Flächen $R_{ij} := S_{i0} \cap T_{j0}$ sind Teilflächen sowohl von F_1 als auch von F_2, es ist $\cup_{i=1} R_{ij} = T_{j0}$ und $\dot{\cup}_{j=1} R_{ij} = S_{i0}$.

Dann sind die Flächen S_{ik} und R_{ij} disjunkte Teilflächen von F_i bzw. die Flächen T_{jl} und R_{ij} disjunkte Teilflächen von F_j (für $1 \leq i \leq m_1, 1 \leq j \leq m_2, 1 \leq k \leq m_3, 1 \leq l \leq m_4$). Daher lassen sich in den E_i und E_j disjunkte und zu den Flächen S_{ik} und R_{ij} bzw. zu T_{jl} und R_{ij} kongruente Teilflächen $*S_{ik}, *T_{jl}$ und $*R_{ij}$ finden, so dass $E_1^i = \dot{\cup}_{k=1}^{m_3} *S_{ik} \dot{\cup}_{j=1}^{m_2} R_{ij}$ ist, und $E_2^i = \dot{\cup}_{l=1}^{m_4} T_{jl} \dot{\cup}_{i=1}^{m_1} R_{ij}$. Somit gilt: $E = (\dot{\cup}_{i=1}^{m_1} {}_{k=1}^{m_3} *S_{ik}) - (\dot{\cup}_{j=1}^{m_2} {}_{l=1}^{m_4} *S_{jl})$. Setzen wir entsprechend: $S_{0k} := H_k - (H_k \cap F_1)$ und $T_{0l} := H_l - (H_l \cap F_2)$ und $Q_{kl} := S_{0k} \cap T_{0l}$, so lassen sich in den G_1^k und G_2^l disjunkte und zu den

S_{ik}, Q_{kl} und T_{jl} kongruente Teilflächen $^{\#}S_{ik}$ bzw. $^{\#}T_{jl}$ und $^{\#}Q_{kl}$ finden (für $1 \leq i \leq m_1, 1 \leq j \leq m_2, 1 \leq k \leq m_3, 1 \leq l \leq m_4$), so dass

$$G_1^k = \bigcup_{i=1}^{m_1} {}^{\#}S_{ik} \mathbin{\dot\cup} \bigcup_{l=1}^{m_4} {}^{\#}Q_{kl}$$

ist und

$$G_2^l = \bigcup_{j=1}^{m_2} {}^{\#}T_{jl} \mathbin{\dot\cup} \bigcup_{k=1}^{m_3} {}^{\#}Q_{kl}.$$

Daher gilt auch:

$$G = (\mathbin{\dot{\bigcup}}_{i=1}^{m_1} \mathbin{}_{k=1}^{m_3} {}^{\#}S_{ik}) - (\mathbin{\dot{\bigcup}}_{j=1}^{m_2} \mathbin{}_{l=1}^{m_4} {}^{\#}T_{jl}),$$

und es ist die Behauptung $F =_F G$ gezeigt.

Jetzt sind unschwer auch folgende Aussagen einzusehen: Wenn $F_1 =_F F_2$ und $G_1 =_F G_2$ flächengleiche Polygone in unserem Sinne sind, so dass die G_i in den F_i liegen, dann ist auch $F_1 - G_1 =_F F_2 - G_2$. Sind die F_i disjunkt zu den G_i, so ist (sozusagen per definitionem) $F_1 - G_1 =_F F_2 - G_2$, da beide Male nichts abgezogen wird. Außerdem lassen sich Polygone auf folgende Weise in ihrer Flächengröße partial ordnen: Wir schreiben $F_1 <_F F_2$, genau wenn es eine (polygonale) Teilfläche H_1 einer (polygonalen) Fläche H_2 (etwa in einer auf entsprechende Weise erweiterten Zeichnung) gibt mit $F_1 =_F H_1$ und $F_2 =_F H_2$. Es kann dann ganz analog zur vorangegangenen Demonstration gezeigt werden, dass die Relation $<_F$ transitiv ist. Ist G eine echte Teilfläche von F und gilt $G' =_F G$ und $F' =_F F$, so gilt offenbar *nicht* $G' =_F F'$, *sondern* $G' <_F F'$. Genauer: Dies sollte gelten, wenn man mit hinreichend formstabilen Materialen die Größenvergleiche auf die beschriebene Art (durch Zusammenlegen und Subtraktionen polygonaler ebener Flächen) vornimmt. Das ist einfach das durchaus wichtige Prinzip, das sagt, *dass eine ganze Fläche immer größer ist als ein echter Teil von ihr.*

Dass aber die Relationen $=_F$ und $<_F$ zusammen wirklich eine Totalordnung auf den Polygonen definieren, d.h., dass, für je zwei polygonale Flächen G und H, $G \leq_F H$ oder $H \leq_F G$ gilt (demonstrierbar ist), werden wir erst mit Hilfe des Strahlensatzes zeigen. Für dessen Beweis benötigen wir nur die Transitivität von $=_F$.

Analog wie die Streckenlängen als Gegenstände durch Sätze konstituiert werden, in denen die Ausdrücke P_iP_j vorkommen und bezüglich der Gleichheit $\overline{P_iP_j} = \overline{P_kP_l}$ das Leibnizprinzip gilt (vgl. S. 169 unten), wird die Flächengröße F definiert durch die Gleichheit $\overline{\overline{F}} = \overline{\overline{G}} := F =_F G$. Auf entsprechende Weise gelangen wir durch Abstraktion bezüglich der Äquivalenzrelation der Winkelkongruenz zur (noch immer protogeometrischen

3.5. Flächenvergleiche und der Strahlensatz am Rechteck

und noch nicht metrischen!) Rede von der Winkelgröße und deren Gleichheit. Auf alle diese geometrischen Größen erstreckt sich dann natürlich der Grundsatz der Komparativität, den Euklid in der bekannten Formel ausdrückt: Sind zwei Größen einer dritten gleich, so sind sie auch untereinander gleich. Die Flächengröße eines *Rechtecks* $\Box(P_1 P_2 P_3 P_4)$ können wir nun auch in der Form $\overline{P_1P_2} \times \overline{P_2P_3}$ bzw. $a \times b$ (für $a = \overline{P_1P_2}$, $b = \overline{P_1P_2}$) notieren und definitorisch festlegen, dass $a \times b = b \times a$ gilt, und zwar ohne dass wir deswegen schon *Flächenmaßzahlen* zur Verfügung haben müssten. Wir werden vielmehr erst später sehen, warum es sinnvoll ist, hier das Multiplikationszeichen zu benutzen. Wichtig ist, dass vorderhand $a, b, \ldots$ *keine Variable für Zahlen* sind, sondern Namen einer durch konkrete Strecken gegebenen Streckenlängen im protogeometrischen Sinn. Alle Flächengrößen von Flächen, die zu Rechtecken flächengleich sind, lassen sich dann offenbar in der Form $a \times b$ notieren. Dann lässt sich *ohne Maßzahlen* folgende vereinfachte Version des *Strahlensatzes* am Rechteck demonstrieren: Liegt P_1' auf $g(P_0 P_1)$ und sind $P_1 P_2$ und $P_1' P_2'$ orthogonal zu $g(P_0 P_1)$, so gilt $\overline{P_0 P_1} \times \overline{P_1' P_2'} = \overline{P_0 P_1'} \times \overline{P_1 P_2}$ genau wenn P_2' auf $\vec{g}(P_0 P_2)$ liegt.

Man betrachte dazu das Dreieck $P_0 P_2' P_1'$ in folgendem Bild (Abbildung 40):

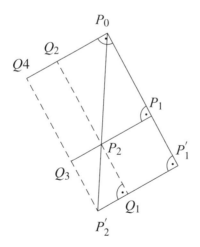

Abbildung 40.

Liegt P_2' auf $\vec{g}(P_0 P_2)$, so ist $\Box(P_0 P_1' Q_1 Q_2) =_F \Box(P_0 P_1 Q_3 Q_4)$, weil ganz offenbar $\Box(Q_2 P_2 P_2' Q_4) =_F \Box(P_1 P_1' P_2' P_2)$ ist. Liegt P_2' nicht auf $\vec{g}(P_0 P_2)$, so sieht man sofort ein, dass $\Box(P_0 P_1' Q_1 Q_2) \neq_F \Box(P_0 P_1 Q_3 Q_4)$ gelten muss.

Für beliebige rechtwinklige Dreiecke mit einem rechten Winkel in P_1 bzw. P_1' gilt also: $\Delta(P_0 P_1 P_2)$ ist ähnlich zu $\Delta(P_0' P_1' P_2')$ *genau dann, wenn* $\overline{P_0 P_1} \times \overline{P_1' P_2'} = \overline{P_1 P_2} \times \overline{P_0' P_1'}$ ist. Die Dreiecke sind nämlich offenbar ähnlich, *genau dann, wenn* sich ein zu $\Delta(P_0' P_1' P_2')$ kongruentes Dreieck $\Delta(P_0 P_1'' P_2'')$ mit P_1'' auf $\vec{g}(P_0 P_1)$ und P_2'' auf $\vec{g}(P_0 P_2)$ konstruieren lässt.

Für den elementargeometrischen Beweis des Strahlensatzes ohne Zuhilfenahme von Längenmaßzahlen benötigen wir nun noch einige einfache Tatsachen der Streckenrechnung, wie sie sich auf folgende Weise aus unserem Strahlensatz am Rechteck ergibt:

Es sei für eine Zeichnung die Einheitslänge $e = \overline{\Theta \Phi}$ festgelegt. Dann liefert folgende Konstruktion zu jedem Rechteck der Größe $a \times b$ ein flächengleiches Rechteck mit einer Seitenlänge $= e$:

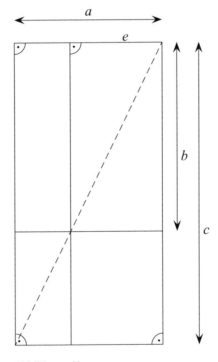

Abbildung 41.

Wir beschreiben dann: ‚$c = a \cdot b$' für die betreffenden Streckenlängen (bezogen auf die Einheit $e = \overline{\Theta \Phi}$!) Jetzt können wir offenbar Strecken auch mehrmals multiplizieren, also Konstruktionsanweisungen der Art: ‚Konstruiere die Streckenlänge $d = (a \cdot b) \cdot c'$ verstehen. Dabei gilt das wichtige *Assoziationsgesetz*: $(a \cdot b) \cdot c = a \cdot (b \cdot c)$. Man konstruiere dazu zunächst die Strecken $d = a \cdot b, f = a \cdot c$ und $g = d \cdot c$. Die Konstruktion der Strecke $b \cdot f$ führt dann gerade zur Strecke g, wie dies das folgende Bild zeigt:

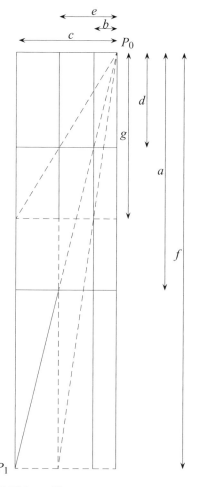

Abbildung 42.

Um dabei einzusehen, dass $(a \cdot b) \cdot c = b \cdot (a \cdot c)$ ist, reicht es zu sehen, dass die Flächen $d \times c$ und $b \times f$ flächengleich sind. Das sind sie aber per Konstruktion, nach unserem Strahlensatz am Rechteck, angewendet auf den Strahl $\vec{g}(P_0 P_1)$. Aus $(a \cdot b) \cdot c = b \cdot (a \cdot c) = (c \cdot a) \cdot b = a \cdot (c \cdot b) = a \cdot (b \cdot c)$ erhält man sofort das Assoziativgesetz der Streckenmultiplikation.

Es ist klar, wie die Streckenaddition ‚$a+b$' und die Streckensubtraktion ‚$a-b$' (für den Fall, dass a länger als b ist) zu verstehen ist, und dass die Distributivgesetze $(a+b) \cdot c = a \cdot c + b \cdot c$ bzw. $(a-b) \cdot c = a \cdot c - b \cdot c$ gelten. Für die Streckeneinheit $e = \overline{\overline{\Theta \Phi}}$ gilt natürlich $e \cdot a = a \cdot e = a$ und zu jeder (positiven) Streckenlänge a lässt sich genau eine Streckenlänge b konstruieren, so dass $a \cdot b = e$ oder, wie wir auch schreiben, $b = 1/a$ ist:

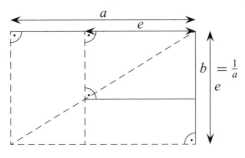

Abbildung 43.

Es lassen sich bekanntlich beliebige Polygone P als Differenzen disjunkter Vereinigungen von Dreiecken darstellen, also in der Form $P = \dot{\bigcup}_{i=1}^{m} D_i - \dot{\bigcup}_{j=1}^{n} D_j$. Zu jedem der Dreiecke D_i bzw. D_j lässt sich mit Hilfe des vorgeführten Strahlensatzes auf einfache Weise ein flächengleiches Rechteck mit einer normierten Seite, insbesondere also mit Seitenlänge $e = P_0 P_1$ konstruieren. Es ist dazu auf bekannte Weise in einem Zwischenschritt ein zu dem Dreieck flächengleiches Rechteck auf einer Grundseite des Dreiecks mit halber Dreieckshöhe zu konstruieren. Legen wir dann die zur ersten Gruppe von Dreiecken gehörigen normierten Rechtecke an den normierten Seiten zusammen und subtrahieren die zur zweiten Gruppe gehörigen Rechtecke (beides lässt sich auch durch zeichnerische Konstruktionen kongruenter Rechtecke ohne wirkliches Verschieben von Figuren ausführen), so erhalten wir ein zum Polygon flächengleiches Rechteck mit normierter Seite. M. a. W., wir können beliebige Polygone in ihrer Flächengröße rein (proto-)geometrisch vergleichen, da wir die Seiten(längen) der flächengleichen Rechtecke mit einer normierten Seite vergleichen können.

3.6 Der allgemeine Strahlensatz (Desargues)

Aus unserem Strahlensatz am Rechteck ergibt sich nun eine Demonstration des für die synthetische Geometrie absolut zentralen Strahlensatzes. Dieser wird damit auf unsere Formpostulate für ebene Konstruktionen (oder

3.6. Der allgemeine Strahlensatz (Desargues) 153

Konstruktionszeichnungen, Pläne) zurückgeführt. Der Satz ermöglicht allererst eine größeninvariante Rede über die Form von Dreiecken und damit über geometrische Formen und klärt damit die fundamentalen Begriffe der geometrischen Ähnlichkeit und des Winkels.

Der Satz lautet: Liegen die Punkte P_1' bzw. P_2' auf den Strahlen $\vec{g}(P_0 P_1)$ bzw. $\vec{g}(P_0 P_2)$, so dass $P_1 P_2 \| P_1' P_2'$ ist, und gilt für ein drittes Punktepaar $P_3, P_3' : P_2 P_3 \| P_2' P_3'$, so liegt P_3' auf dem Strahl $\vec{g}(P_0 P_3)$ genau dann, wenn $P_1 P_3 \| P_1' P_3'$ ist. (Dabei wird selbstverständlich angenommen, dass $P_i \neq P_0$ und $P_i' \neq P_0$ ist für $i = 1, 2, 3$.)

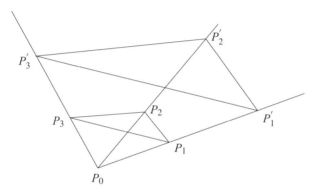

Abbildung 44.

Der Satz, der völlig einleuchtend zu sein scheint, ist keineswegs unmittelbar elementar zu demonstrieren, wenn man die üblichen, arithmetisch formulierten Rechnungen mit Proportionen noch nicht benutzen darf. Die eine Richtung des Satzes allerdings ist aus der anderen leicht zu beweisen, wenn wir und weil wir schon wissen, dass es zu einer Geraden durch einen beliebigen Punkt genau eine Parallele gibt. Sind nämlich die Voraussetzungen des Satzes erfüllt und gilt $P_1 P_3 \| P_1' P_3'$, so liegt P_3' tatsächlich auf dem Strahl $\vec{g}(P_0 P_3)$. Ist nämlich Q der Schnittpunkt von $g(P_2' P_3')$ mit $g(P_0 P_3)$, dann ergibt sich aus der schwierigeren Richtung des Satzes, dass $P_1' Q \| P_1 P_3$ gelten sollte. Da es nach dem Parallelensatz genau eine Parallele zu $g(P_1 P_3)$ durch P_1' gibt und da Q und P_3' sowohl auf dieser Parallele als auch auf $g(P_2' P_3')$ liegen sollten, muss $Q = P_3'$ sein, d. h. es muss P_3' auf $g(P_0 P_3)$ liegen.

Für die andere Richtung des Satzes benötigen wir folgendes zentrale Lemma:

Liegen P_1' bzw. P_3' auf den Strahlen $\vec{g}(P_0 P_1)$ bzw. $\vec{g}(P_0 P_3)$, gilt $P_1 P_2 \| P_1' P_2'$ und liegen die Punkte P_3 bzw. P_3' auf den Orthogonalen zu

$g(P_1P_2)$ in P_2 bzw. $g(P'_1P'_2)$ in P'_2, so gilt $P_1P_3 \| P'_1P'_3$ genau dann, wenn P'_2 auf dem Strahl $\vec{g}(P_0P_2)$ liegt. (Es sollen hier selbstverständlich verschieden benannte Punkte auch verschieden sein.)

Zum Beweis der einen Richtung, dass also $P_1P_3 \| P'_1P'_3$ gilt, falls P'_2 auf dem Strahl $\vec{g}(P_0P_2)$ liegt, betrachte man ein Bild der folgenden Art:

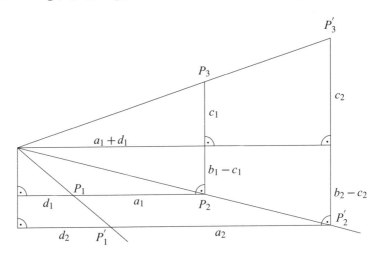

Abbildung 45.

Es seien dabei $a_1 = \overline{P_1P_2}$, $a_2 = P'_1P'_2$, $b_1 = P_2P_3$, $b_2 = P'_2P'_3$ und die Strecken c_i und d_i wie in der Zeichnung angegeben.

Nach unserem Strahlensatz gilt dann offenbar:

(1) $(b_1 - c_1) \cdot (a_2 + d_2) = (b_2 - c_2) \cdot (a_1 + d_1)$

(2) $c_1 \cdot (a_2 + d_2) = c_2 \cdot (a_1 + d_1)$

(3) $(b_1 - c_1) \cdot d_2 = (b_2 - c_2) \cdot d_1$

Die Addition der Gleichungen (1) und (2) ergibt die Gleichung (4), die Subtraktion der Gleichung (3) von der Gleichung (1) ergibt Gleichung (5):

(4) $b_1 \cdot (a_2 + d_2) = b_2 \cdot (a_1 + d_1)$

(5) $a_2 \cdot (b_1 - c_1) = a_1 \cdot (b_2 - c_2)$

Durch Multiplikation jeweils der Seiten der Gleichungen (4) und (5) und durch Umordnung der Multiplikanden erhalten wir die Gleichung:

(6) $(a_2 \cdot b_1) \cdot ((b_1 - c_1) \cdot (a_2 + d_2)) = (a_1 \cdot b_2) \cdot ((b_2 - c_2) \cdot (a_1 + d_1))$

Durch Division jeweils der Seiten der Gleichung (6) durch die Seiten der Gleichung (1) erhalten wir nun die Gleichung:

(7) $a_2 \cdot b_1 = a_1 \cdot b_2$

Diese Additionen, Multiplikationen und Divisionen sind (zunächst) nicht *arithmetisch*, sondern *geometrisch* zu verstehen. Sie artikulieren also auf kurze Weise komplexe *Konstruktionen gemäß unserer Flächen- und Strecken- und unserer Streckenmultiplikation (auf der Basis der Flächenvergleiche)*. Bei der Herleitung von Gleichung (6) wird dabei von dem oben demonstrierten Assoziationsgesetz der Streckenmultiplikation wesentlich Gebrauch gemacht.

Aus Gleichung (7) folgt nun ganz offensichtlich, dass die Dreiecke $\Delta(P_1 P_2 P_3)$ und $\Delta(P'_1 P'_2 P'_3)$ ähnlich sind, dass also die (in die Zeichnung nicht eingezeichneten) Geraden $g(P_1 P_3)$ und $g(P'_1 P'_3)$ parallel sind, was wir ja zeigen wollten.

Im Falle, dass das Lot von P_0 auf $g(P_1 P_2)$ anders als in der Zeichnung zwischen P_1 und P_2 auftrifft oder das Lot von P_0 auf $g(P_2 P_3)$ nicht zwischen P_2 und P_3, hat man zur Durchführung unserer Argumentation offenbar nur die Vorzeichen der c_i bzw. d_i ($i = 1, 2$) geeignet abzuändern. Falls die c_i oder die d_i verschwinden, ist der Beweis ohnehin trivial.

Für den zweiten Teil des Lemmas ist zu zeigen, dass unter den betrachteten Voraussetzungen P'_2 auf dem Strahl $\vec{g}(P_0 P_2)$ liegt, falls $g(P_1 P_3)$ parallel ist mit $g(P'_1 P'_3)$.

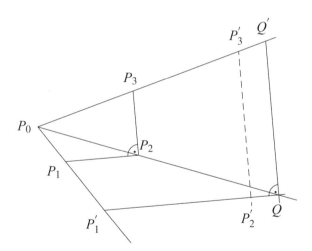

Abbildung 46.

Es sei dazu Q der Schnittpunkt der Geraden $g(P'_1 P'_2)$ mit $g(P_0 P_2)$. Errichtet man in Q dann die Orthogonale zu $g(P'_1 P'_2)$ und schneidet diese den Strahl $\vec{g}(P_0 P_3)$ $\vec{g}(P_0 P'_3)$!) im Punkt Q', so gilt nach dem Gezeigten

$g(P_1 P_3) \| P'_1 Q'$). Nach dem Parallelensatz muss offenbar, anders als in der Zeichnung, $Q' = P'_3$ sein, also auch $Q = P'_2$, woraus die Behauptung folgt.

Aus dem Lemma erhalten wir nun einen demonstrativen Beweis der schwierigeren Richtung des Strahlensatzes auf folgende einfache Weise: Liegen die P'_i ($i = 1, 2, 3$) auf den Strahlen $\vec{g}(P_0 P_i)$ und gilt $P_1 P_2 \| P'_1 P'_2$ und $P_2 P_3 \| P'_2 P'_3$, so fälle man von P_1 das Lot auf $g(P_2 P_3)$ und von P'_1 auf $g(P_2 P_3)$ und nenne die Fußpunkte Q bzw. Q'.

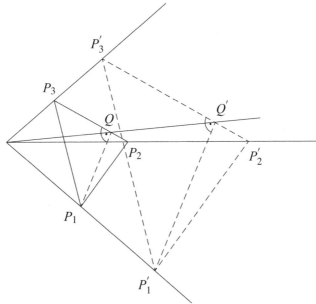

Abbildung 46.

Ist $Q = P_2$, so ergibt sich die Behauptung $P_1 P_3 \| P'_1 P'_3$ sofort aus dem Lemma. Ist $Q \neq P_2$, so zeigt der zweite Teil des Lemmas, dass Q' auf dem Strahl $\vec{g}(P_0 Q)$ liegt, woraus wir mit Hilfe des ersten Teils die Behauptung erhalten, wenn wir die Dreiecke $\Delta(P_1 Q P_3)$ und $\Delta(P'_1 Q' P'_3)$ betrachten. Damit ist der Strahlensatz bzw. unsere vereinfachte Version des Satzes von Desargues prototheoretisch bewiesen.

3.7 Zusammenfassung

Wir haben damit im Ausgang von der Quaderpostulaten protogeometrisch gezeigt, dass der Multiplikation von Strecken die geometrische Konstruktion flächengleicher Rechtecke korrespondiert, wobei man die Einheitslänge beliebig wählen kann. Aufgrund dieser Multiplikation kann man auf die logisch nicht ganz einfachen eudoxischen bzw. pythagoräischen Definitionen von Proportionen verzichten, wie sie etwa im 5. bzw. im 10. Buch Euklids zu finden sind. Damit kann man die Arithmetik der rationalen und irrationalen Proportionen und das ohnehin historisch erst sehr spät, nicht vor Diophant, bekannte Bruchrechnen aus der Geometrie praktisch ganz heraushalten. Das hat, wie wir sehen werden, den Vorteil, dass man die *geometrische Konstitution* eines ‚Längen-‘ bzw. ‚Punkte-‘*Körpers* (englisch: *field*) mit seiner additiven Null und seiner multiplikativen Einheit besser begreifen kann, als wenn man, wie inzwischen üblich, mit rationalen *Zahlen* beginnt. Den Strahlensatz bzw. den Satz von Desargues in der für uns allein relevanten Einfachversion haben wir zunächst für rechtwinklige Dreiecke als materialbegriffliche Folge der Quaderpostulate aufgewiesen. Wir besitzen in ihm die Grundlage für die im nächsten Kapitel vorgeführte Demonstration, dass bzw. wie die *elementaren* Konstruierbarkeitsaussagen der Geometrie im Prinzip durch Diagramme und damit in der Anschauung entscheidbar sind. Damit erläuterten wir – gewissermaßen im Vorbeigehen – auch die bei Kant noch ganz obskure Differenzierung zwischen realer Anschauung von Diagrammen und reiner Anschauung, in welcher Diagramme zu symbolischen Vertretern größenunabhängiger Formen werden.

4. Kapitel
Vom Konkreten zum Abstrakten: Zahlen, Formen und Punkte als mathematische Gegenstände

4.0 Ziel des Kapitels

Im diesem Kapitel führe ich eine ganz allgemeine Normierung für die syntaktische Formulierung von elementaren Konstruktionsanweisungen ein. Denn dann kann man diejenigen Konstruktionsterme t, die man in der Anschauung diagrammatisch als ausführbar ausweisen kann, als Namen abstrakter geometrischer Formen auffassen. Der Strahlensatz bzw. der Satz von Desargues in unserer einfachen und noch prototheoretischen Version zeigt dabei, dass wir aufgrund der Quaderpostulate den Maßstab zur Ausführung der Konstruktion beliebig klein oder beliebig groß wählen können, je nach Bedarf, so dass wir die nötige ‚Genauigkeit' der Diagramme an die Komplexität der Konstruktionsterme anpassen können bzw. müssen. Damit wird klar, was es heißt, dass z. B. zwei in t genannte (Schnitt-)Punkte ‚mit geometrischer Notwendigkeit' gleich (oder ungleich) 'sein müssen'. Es heißt, dass sie *in hinreichend guten Diagrammen* gleich (oder ungleich) *sind*, wobei einerseits die Quaderpostulate, andererseits die Terme t bestimmen, was ein für die Ausführung der diagrammatischen Konstruktion t ‚hinreichend gutes' Diagramm ist. Der Fundamentalsatz der elementaren Geometrie artikuliert gerade die externe (prototheoretische) Größeninvarianz geometrischer Formen. Er führt damit zum internen Begriff der idealen und als solcher gänzlich *größeninvarianten* und *ortlosen* (und daher scheinbar transzendenten) geometrischen Form. Über den weiteren Schritt der Zusammenfügung zweier Formkonstruktionen gelangen wir zur idealen Ebene als System der in irgendwelchen Formen vorkommenden Punkte bzw. Geraden. Zuvor allerdings bedarf es der Einführung in die mathematische Sprachtechnik der Abstraktion und Ideation.

Was man üblicherweise Idealisierung nennt, ist die Verwandlung von Redebereichen mit situationsabhängigen Benennungen, vagen Eigenschaftszuschreibungen bzw. perspektivisch zu verstehenden Aussagen in situationsübergreifende Benennungen generischer Formen, ‚ewige' Prädikate bzw. allgemein als wahr oder falsch bewertete Aussagen. Dieser Übergang ist typisch für jede Mathematisierung.

Die Form eines mathematischen Redebereiches zeigt sich dabei am deutlichsten am Beispiel der *elementaren Arithmetik*. Denn hier macht die Festlegung der Wahrheitswerte für die elementaren Sätze die in diesen Sätzen vorkommenden namenartigen Symbole oder Zeichen allererst zu *Zahl*symbolen oder *Zahl*termen. Das heißt, die elementaren Benennungen von natürlichen Zahlen sind immer schon Bestandteile elementarer arithmetischer Sätze. Die elementaren Zahlnamen unterscheiden sich dabei von logisch komplexen Zahlkennzeichnungen wesentlich dadurch, dass sie keine (gebundenen) Variablen (für Zahlen) enthalten. Es lassen sich an diesem Paradigma die allgemeinen Prinzipien für die definitorische Konstitution eines mathematischen Gegenstandsbereiches mit Gleichheit und eines dazu passenden Redebereiches, definiert durch eine Klasse von zur Gleichheit passenden Prädikaten (Eigenschaften, Relationen, auch Funktionen) formulieren. Diese Prinzipien müssen erfüllt sein, damit alle Regeln des formalen deduktiven logischen Schließens der Prädikatenlogik der ersten Stufe mit Gleichheit im Redebereich gültig werden.

4.1 Grundfragen der Abstraktionslogik

Üblicherweise sagen wir, dass Zahlausdrücke, etwa ,1000^{1000}' oder ,π', abstrakte Gegenstände, nämlich natürliche oder reelle Zahlen benennen, dass Punkte, Geraden, Quadrate oder Kreise als geometrische Formen abstrakte Gegenstände der Geometrie sind, oder dass eine Menge in ihrer Identität durch die Extension der Elementbeziehung bestimmt ist, also dadurch, dass festgelegt ist, welche Gegenstände Elemente der Menge sind, welche nicht. Und wir sagen, Sätze wie ,$17 < 10^{10}$', ,Jedes in einen Halbkreis einbeschriebene Dreieck ist rechtwinklig' oder ,Zu jeder Menge gibt es die Menge aller Teilmengen'[1] seien wahr, während wir von Sätzen wie ,Es gibt eine größte Primzahl' oder ,Es gibt eine Abzählung der reellen Zahlen' sagen, sie seien falsch. Dabei besteht das Problem jeder idealen Rede, gerade auch in der Geometrie, darin, dass wir festlegen müssen, was wahre bzw. falsche geometrische Sätze sind. Wir dürfen also, wenn wir streng und genau genug nachdenken, nicht einfach wie im pythagoräistischen Platonismus unterstellen oder voraussetzen, dass deren Wahrheit oder Falschheit

---

1 In der Mengenlehre wird ein derartiger Satz für ,wahr' gehalten bzw. als ,Axiom' betrachtet. Die Frage ist, was das bedeutet.

schon definiert sei, so dass das einzige Problem in der epistemischen Suche nach einem Beweis oder einer Widerlegung ihrer Wahrheit bestünde.

Nehmen wir das Problem der Konstitution mathematischer Redebereiche und Geltungsbegriffe ernst, dann müssen wir erst definieren, was die relevanten Sätze sind, welche Namen oder Benennungen in ihnen vorkommen dürfen und wie ihre Wahrheitswerte bestimmt sind. Das Verfahren der Konstitution eines Bereichs geometrischer Formen und Aussagen besteht also nicht etwa *negativ* darin, dass wir von Endlichkeiten, Ungenauigkeiten oder Begrenztheiten wirklicher geometrischer Formgestalten an entsprechend geformten Körpern als empirischen Realisierungen von Formen *absähen*. Wir müssen vielmehr *positiv* auf der Basis von wirklichen Realisierungen solcher Gestalten den Formaussagen eines am Ende syntaktisch definierten Satzsystems *genau einen von zwei Wahrheitswerten zuordnen*. Die Aufgabe ist, bei der Bewertung der Sätze das faktisch Realisierbare immer streng im Auge zu behalten, wenn anders unser Denken und Argumentieren nicht in idealistische bzw. formalistische Sphären bloß vager Vorstellungen abdriften soll.

Insbesondere sind die Operations- und Konstruktionspläne in der Geometrie nicht losgelöst von Machbarkeiten. Ihr Verständnis ist nur im Zusammenhang der zugehörigen Befolgungspraxis zu erreichen. Ohne sie macht schon die Rede von einer Regel (oder einer Anweisung) keinen Sinn. In der (geometrischen) Befolgungspraxis haben wir es aber mit konkreten Dingen und Materialien, nicht mit reinen Formen zu tun. Dabei lässt sich die Rede über *Folgerungen aus den Plänen selbst*, wie man sie benötigt, wenn man die ideal-abstrakte Rede von der Wahrheit und Begründung von Sätzen über diese Pläne erläutern möchte, zunächst nur als Rede über Folgen im Bereich der Planrealisierung verstehen. Man spricht also nicht bloß darüber, was *bei einer hinreichend guten Befolgung der Pläne alles gelten soll*, sondern darüber, was, wie wir aus der *praktischen Erfahrung* mit der Befolgung der Pläne wissen, *auch gelten wird*. Damit und nur damit überwinden wir die Rede von einem leeren Sollen, was, wie Hegel bemerkt, auch sonst wichtig ist.

Die ‚faktische' Geltung wird – deskriptiv – in der Anschauung, durch Beobachtung, kontrolliert. Die ideale Geltung im Bereich der idealen Formen oder Normen wird auf der Grundlage der Betrachtung realer Figuren und Diagramme erläutert. Aus methodischen Gründen kann also die Rede von der faktischen Geltung nicht, wie Platon anscheinend meinte, als bloß partielle Realisierung der normativ angestrebten idealen Geltung erläutert werden: Um zu wissen, was es heißt, dass ein Urteil idealiter oder im Prinzip *gelten soll*, müssen wir schon wissen, *was es im Einzel-*

*nen heißt, dass es realiter im Blick auf besondere Erfüllungsbedingungen gilt.*²

Eine Analyse der logischen Verfassung der Rede von abstrakten Gegenständen wird nun – das dürfte manchen überraschen – die Rede über konkrete oder physische Gegenstände ebenfalls betreffen: Auch für die (sinnvolle, verständliche) Rede über Dinge gibt es logische (formale, apriorische) Konstitutionsbedingungen. Daher wäre es eher verfehlt (naiv), so zu tun, als verstehe sich die Rede über Konkretes von selbst, so dass man nur noch erläutern müsste, wie man ausgehend von den einzelnen, wirklichen Dingen, mit denen wir etwa praktisch umgehen, (ein Verständnis von) Formen und Eigenschaften, Mengen und Zahlen, durch Abstraktion, also Absehen von gewissen anderen Eigenschaften, gewinnen kann.

Die nicht nur im Konstruktivismus verbreitete Ansicht, die Rede über abstrakte Gegenstände sei als *façon de parler* über Konkretes zu verstehen, ist noch aus anderen Gründen unzureichend. Nach dieser Deutung spräche man in der Arithmetik *eigentlich* über (konkrete) Zahlfiguren (Strichlisten, Zahlworte), in der ebenen Geometrie über mehr oder weniger gut gezeichnete konkrete Figuren auf mehr oder weniger ebenen Flächen. Allerdings *interessiere* man sich dabei, so wird gesagt, je nur für bestimmte Prädikate und Aussagen – z. B. in der Arithmetik für arithmetische Gleichungen und Ungleichungen und arithmetische Operationen oder in der Geometrie für formentheoretische Sätze, d. h. solche, die invariant sind oder sein sollen bezüglich der einzelnen Realisierungen eines Konstruktionsplans, sofern diese hinreichend gut sind. Die Schwierigkeit bei diesem Deutungsvorschlag besteht zum einen darin, dass die relevanten Prädikate explizit anzugeben wären. Dazu bedarf es der Angabe der entsprechenden kriterialen Wahrheitsbedingungen oder Begründungsverpflichtungen. Zum anderen ist die Tatsache zu beachten, dass wir üblicherweise nicht sagen würden, in der Arithmetik spreche man *über* Zahl*symbole* oder in der Geometrie *über reale* Körper oder *konkrete* Zeichnungen. Wir betrachten nämlich in der Tat, wie Frege gegen die formalistischen Auffassungen der Arithmetik betont, Zahlsymbole als *Namen von (reinen) Zahlen*, und, wie Platon schon sagt, geometrische Zeichnungen (zusammen mit zugeordneten Konstruktionsbeschreibungen) als eine Art Vertreter oder Repräsentanten (idealer) *geometrischer Ideen* oder *reiner Formen*. Und das bedeutet, dass *die idealen Formen selbst* in gewisser Weise unabhängig werden von *besonderen* oder einzelnen *Rea-*

---

2   Es müssen die ‚Erfülltheitsbedingungen' des Urteils ggf. relativiert auf Gesichtspunkte, Zwecke und zugehörige Vagheitsspielräume festgelegt sein. Vgl. hierzu auch Kambartel 1976 (‚Apriorische und empirische Elemente im methodischen Aufbau der Physik').

lisierungen der Formen. Es gilt, diese Art zu reden *anzuerkennen*, die innere Form und den Sinn dieser Reden zu *verstehen* bzw. explizit zu erläutern.

Die hier vorgetragene Lehre von der Abstraktion unterscheidet sich außerdem wesentlich von den in der modernen Logik und Mathematik weitgehend üblichen Einbettungen der Abstraktionstheorie in eine (meist axiomatisch aufgefasste) Mengentheorie. Der Unterschied liegt darin, dass die Redebereiche der Mengenlehre (die hierarchischen Modellstrukturen für die axiomatische Mengentheorie) selbst als nach den hier vorgetragenen (wahrheitswertsemantischen) Prinzipien konstituiert oder wenigstens konstituierbar betrachtet werden müssen, wenn die Mengenlehre nicht ihren Sinn verlieren soll.[3]

4.2 Wahrheitswertsemantische Arithmetik

Um Dinge zu zählen, benutzen wir bekanntlich Symbole, sprachliche oder schriftliche Zeichen, Zahlworte oder geschriebene Zahlausdrücke, etwa des Dezimalsystems. Das Zählen selbst kann dabei, wie Kant schon sagt, als die Herstellung und der Vergleich von Ordnungen konkreter Dinge in der Anschauung verstanden werden.[4] Dazu benutzen wir nicht etwa nur Finger oder Striche auf einem Kerbholz. In den Zahlwortreihen haben wir gewissermaßen Standardordnungen für derartige Vergleiche hergestellt. Deren interne Beziehungen, insbesondere die Grundbeziehung des direkten Nachfolgers eines Symbols in der Symbolreihe, müssen wir freilich zuvor lernen; ferner auch die Herstellung eines solchen Nachfolgersymbols. Derartige, in den verschiedenen menschlichen Kulturen verschiedene, Symbolreihen konstituieren die je gemeinsame Zählpraxis.

Dass also in unserem Zahlwort- und (arabischen) Zahlsymbolsystem nach der ‚Eins' (‚1'), die ‚Zwei' (‚2'), nach ‚Neun' (‚9') ‚Zehn' (‚10') und dann ‚Elf' (‚11') kommt, dass ‚99 + 1 = 100' gilt, das ist in einem gewissen Sinn rein konventionell für die Zeichen festgesetzt und muss gelernt

---

3 Die übliche mathematische (mengentheoretische) Modelltheorie zeigt nur den rekursiven Aufbau der Wahrheitswertfestlegungen für Formeln eines prädikatenlogischen Systems unter der Voraussetzung, dass der Bereich (die ‚Klasse') der ‚Gegenstände' des Modells und die ‚Prädikate' (Wahrheitsbedingungen), welche als Deutungen der Prädikatkonstanten angegeben werden, schon vorab als bestimmt (‚existent') betrachtet werden können. Wie derartige Bereiche (Mengen und Prädikate) selbst zu bestimmen resp. zu verstehen sind, wäre aber bei einem strengen Vorgehen logisch allererst zu klären. Dies wird in der Einbettung in eine (axiomatische) Mengentheorie regelmäßig unterschlagen.
4 So lese ich die Zahldefinition Kants im ‚Schematismuskapitel' (KrV B 183). Vgl. dazu meinen Aufsatz ‚Sind die Urteile der Arithmetik synthetisch a priori'.

werden, ebenso dass man zu jedem Zahlwort Z oder Zahlsymbol S den Zahlausdruck ‚Z plus eins' bzw. den Zahlterm ‚$S+1$' bilden kann, so dass die Zahlsymbolreihe nach oben unbegrenzt ist.

Gleichzeitig lernen wir, Zahlsymbolreihen *zum Zählen* zu verwenden, insbesondere auch zum Weiterzählen von einem Symbol n an. Wir bestimmen ja das Summenzahlwort $n+m$ in einer Zahlsymbolreihe, indem wir vom Symbol n an m Symbole weiterzählen. Das m wird dabei offenbar als Zählwort zum Zählen der Anzahl der Schritte der Form ‚plus Eins' verwendet, die man braucht, um von der durch n bestimmten Stelle in der Zahlwortreihe zu einem Zahlwort k zu gelangen, für das, wie wir dann sagen, $k=n+m$ gilt. Wieder ist es hier extrem wichtig, an das konkrete Operieren mit lautlichen und schriftlichen Symbolen zu erinnern, da dieses die reale Grundlage für den Begriff der (reinen) Zahl(en) ist und, wie wir sehen werden, auch für den Begriff der (reinen) Menge(n).

Es ist dann auch möglich, Zahlsymbole verschiedener Zahlwortreihen (man denke also nicht bloß an dekadische, sondern auch an irgendwelche andere Systeme) einander zuzuordnen bzw. als Symbole der gleichen Zahl anzusehen, und zwar genau dann, wenn sie im jeweiligen System die gleiche endliche (An)Zahl von Symbolvorgängern haben. Das heißt, zur Bestimmung der Anzahl kann man irgendeine Standardzählreihe benützen und in ihr die Zahl benennen. Die Rede von den durch die Symbole (in den Systemen) benannten Zahlen wird dabei, wie noch etwas genauer erläutert werden wird, durch die Festsetzung der Zahlgleichheit und diese durch eine (umkehrbar eindeutige) Zuordnung der Symbole der verschiedenen Systeme konstituiert. Diese Symbolzuordnung kann dann gewissermaßen erweitert werden zur Gleichheit der Anzahlen beliebiger (endlicher) Dingfolgen bzw., wenn man die Möglichkeit der Ordnung der Dinge unterstellt, beliebiger endlicher Dingmengen. So wie man Strichlisten auch als Zahlsymbole verwenden oder betrachten kann, so eben auch die Finger an einer Hand oder die Kugeln auf einem Abakus.

Ist irgendeine Standardzahlreihe mit jeweils einem Standardsymbol für jede Zahl charakterisiert (skizziert), z.B. die Dezimalsymbolreihe mit irgendwelchen konventionellen Festlegungen für große Zahlen, etwa der Art, dass man bei Zahlworten mit mehr als 100 Stellen additive Exponentialschreibweisen verwendet (o.ä.), so lassen sich auf ihrer Basis weitere rekursive Aufbauregeln für die Bildung komplexer arithmetischer Terme und arithmetischer Sätze formulieren. Man erweitert dabei die verwendeten Symbole und ordnet den Termen jeweils ‚im Prinzip' ein Standardsymbol und damit einen Platz in der Standardsymbolreihe zu.

4.2. Wahrheitswertsemantische Arithmetik

In unserer skizzenartigen Darstellung des Vorgehens benutzen wir die schematischen Variablen ‚n', ‚m' evtl. mit Indizes als Platzhalter für (jetzt ‚elementar' genannte) *Standardzahlsymbole* (wie z. B. 12 oder 144) und die indizierten Buchstaben ‚t_i' als Vertreter für (evtl. schon komplexe) *Zahlterme* wie z. B. $n+m$ oder $n \cdot m$. Wir notieren etwa mit $(n_i + m_i) \cdot t_k$ die Form eines Terms, der mit einem Summationsausdruck zweier Standardzahlen beginnt, gefolgt vom Multiplikationszeichen und einem beliebigen schon wohlgebildeten Term. Man denke als Beispiel an den Ausdruck $(7+5)10^7$. In diesen Zahltermen gibt der Aufbau, insbesondere die Klammerung, an, in welcher Reihenfolge gewisse Rechenoperationen (das sind Operationen mit den Termen!) ausgeführt werden sollen. Man kann dabei zunächst an die Bestimmung eines elementaren Zahlwortes (der Standardreihe) als Rechenergebnis denken – so wie wir in der Schule das Ausrechnen von Zahltermen gelernt haben. Man kann dann natürlich auch die (noch nicht ausgerechneten) Zahlterme selbst als (neue) Zahlsymbole betrachten, wenn nur sichergestellt ist, dass man sie ausrechnen könnte, dass also der Term in die Standardreihe der Zahlsymbole eingeordnet ist. Dazu muss offenbar prinzipiell für genau eine Gleichung der Form $n = t$, in unserem Beispiel also $120.000.000 = (7+5)10^7$ der Wert das Wahre zugeordnet sein. Das heißt nichts anderes, als dass dem Term genau ein Standardzahlwort in irgendeinem der Standardzahlwortsysteme zugeordnet sein muss. Auf diese Weise werden auch die Terme zu Namen der Zahl, die durch das Ergebniszahlwort der Standardreihe als solche bestimmt ist. Für Standardzahlwortreihen gilt, sozusagen, die Regel ‚ein Zahlwort jeder Zahl korrespondiert genau einem Standardzahlwort und umgekehrt'. Eine Zahl ist aber zugleich auch die Stelle in der Ordnung aller möglichen Standardzahlwortreihen. Und diese ist durch die Ordnung und Gleichungen der Zahlterme bestimmt. Natürliche Zahlen sind daher wesentlich durch die von uns gesetzten relationalen Bedingungen an (basale) Zahlrepräsentanten definiert. Entscheidend ist, dass diese folgende Eigenschaft haben sollen:

1. Die basalen Zahlrepräsentanten sind ausgehend von einer (nichtleeren) Klasse von Vertretern der Eins, also der Zahl 1 (etwa ‚eins' oder ‚1') zu bestimmen.
2. Zu jedem N, das schon als Vertreter N einer Zahl bestimmt ist, lässt sich im Ausdruck $(N+1)$ ein möglicher Vertreter einer Nachfolgerzahl bilden (also etwa ‚$(1+1)$' oder ‚$(5+1)$'), und es gilt per Festsetzung $N < (N+1)$; ferner gilt per Festsetzung: wenn $M < N$ gilt, so gilt auch $M < (N+1)$.
3. Wie auch immer wir zum Zweck der Verkürzung der Notationen die Ausdrucksketten $((1+1)+1)\cdots +1)$ abkürzen (also etwa durch defini-

torische Gleichungen wie: $2 := (1 + 1); 3 := (2 + 1)$ etc.) und dadurch (Äquivalenz-)Klassen von Namen der gleichen Zahl bilden, die entstehenden Klassen der Vertreter (Ausdrücke!) verschiedener Zahlen müssen disjunkt (eben *Äquivalenz*klassen) sein. Es dürfen also verschiedene Zahlen in keinem wohlgeformten Zahlausdruckssystem durch denselben Ausdruck benennbar sein, weil sonst (durch die Festsetzungen nach 2) $N < N$ ‚gelten' würde, was gerade auszuschließen ist.

4. Alles und nur das, was sich über die Regeln 1–3 (in endlich vielen Schritten) als Ausdrücke bilden lässt, sind zulässige basale Ausdrücke (Namen) natürlicher Zahlen, und nur das ist eine natürliche Zahl n, was durch einen zulässigen basalen Zahlnamen N benennbar ist.

Es ist leicht zu sehen, wie in strenger Parallele zu den Regeln 1–3 die Addition $n + m$, Multiplikation $n \cdot m$ und beliebige primitiv-rekursive Operationen für Zahlausdrücke und damit die entsprechenden (übrigens immer noch basalen) Zahlbenennungen zu definieren sind. Im Grunde ist nur über derartige praktische Erläuterungen der *Begriff der natürlichen Zahl* konkret über den Begriff der möglichen Zahlterme relativ zu einem wohlgeformten Zahltermsystem und den zugehörigen Äquivalenzen oder Gleichungen definiert. Es ist also immer erst festzulegen, was mögliche Zahlrepräsentanten sind und wie die skizzierten Äquivalenzklassen bzw. Äquivalenzbeziehungen zu bilden sind, welche den Begriff der Zahlgleichheit definieren. Und das heißt gerade: der Variablenbereich für Zahlvariablen etwa in quantifizierten arithmetischen Sätzen oder in quantorenlogisch komplexen (und daher nicht basalen) arithmetischen Kennzeichnungen ist durch die Bedingungen an Zahltermsysteme definiert. Dabei sind Zahlen von den Klassen (etwa von Mengen) äquivalenter Zahlsymbole zu unterscheiden. Der Unterschied besteht im Wesentlichen darin, dass Klassen Elemente haben, während für Zahlen nur arithmetische Eigenschaften definiert sind. Wir sagen also nicht, etwas sei Element der Zahl 17. Wohl aber sagen wir, ‚17' sei Element der Klasse der zu ‚17' äquivalenten Zahlbenennungen; oder 17 sei Element einer entsprechenden Einermenge {17} bzw. $\{x : x = 17\}$ mit nur einem einzigen Element, eben der Zahl 17. Und wir sagen, dass der Ausdruck ‚17' ein Name der Zahl 17 sei. Dabei fungiert der Ausdruck ‚die Zahl' als *Abstraktor*, der sich auf entsprechende Weise von dem Abstraktor ‚die Menge' oder ‚die Klasse' unterscheidet. Abstraktoren sind sprachliche *Funktoren*, welche wir gebrauchen, um *abstrakte Namen* zu bilden, mit denen wir auf je besondere Bereiche abstrakter Gegenstände verweisen, also etwa auf Mengen, Folgen, Zahlen, Bedeutungen oder Begriffe.

Die (basalen) Eigenschaften von natürlichen Zahlen sind dabei über die (basalen) arithmetischen Sätze bestimmt, in denen (basale) Zahlbenennun-

4.2. Wahrheitswertsemantische Arithmetik

gen vorkommen und für die formale Wahrheitsbewertungen festgelegt sind. Diese elementaren Eigenschaften der Zahlen sind also keineswegs durch irgendwelche mystischen oder intuitiven Eigenschaften in einem abstrakten Jenseits bestimmt. Man sollte sie zunächst auch nicht durch so genannte Axiome ausdrücken, die als logisch komplexe Formeln von irgendwelchen Gegenständen erfüllt werden können. Es ist vielmehr die *Praxisform* unseres *Umgangs mit basalen arithmetischen Symbolen oder möglichen Zahlvertretern*, in der allein der Zahlbegriff auf nicht dogmatische und nicht mystische (pythagoräistische) Weise klar und deutlich definiert ist.[5] Auf ihrer Grundlage werden die Axiome zu wahren Sätzen und nur so.

Jetzt lässt sich das geschilderte Verfahren der Term- und Satzbildung in der Arithmetik durch folgende schematische Schreib- und Redeweisen etwas genauer artikulieren:

(1) *Standardzahlsymbole N sind elementare Zahlterme.*
(2) *Sind t_i bzw. t_j Zahlterme, so sind $t_i = t_j$ und $t_i < t_j$ elementare arithmetische Sätze.*

Für diese Sätze sind die Wahrheitsbedingungen gerade dadurch festgelegt, dass einem Satz der Form $t_i = t_j$ der Wert das Wahre genau dann zugeordnet wird, wenn das *Ausrechnen der Terme* zum gleichen Standardzahlsymbol führt (oder führen würde), falls man sich die Mühe machte, auch bei großen Zahlen die Standardterme in einer ganz bestimmten Lieblingsnotation, etwa der binären Zahlen, auszurechnen. Man sagt dann auch, der Satz sei wahr. Damit sehen wir, dass dieses Ausrechnen selbst in nichts anderem als einem Vergleich verschiedener elementarer Zahlnotationen besteht. Einem Satz der Form $t_i < t_j$ wird das Wahre zugeordnet genau dann, wenn Ausrechnen zeigt, dass die Zahlterme entsprechend angeordnet sind.

Ist nun einem Satz $t_i = t_j$ das Wahre zugeordnet,[6] ist er also gemäß den genannten Festlegungen wahr, so sagen wir, die Terme t_i und t_j stünden qua

---

5   Vermöge der allgemeinen Form unserer Zahl(wort)bildung gibt es potentiell unendlich viele Zahlen. Aristoteles hatte dagegen den Begriff der Anzahl noch an Klassen realer Substanzen (Dinge) gebunden, mit der unerfreulichen Folge, dass es dann nur endlich viele Zahlen geben würde, da es immer zu wenige physische Dinge gibt, um die Unendlichkeit der Zahlenreihe auszuschöpfen. Freges Zahldefinition in den *Grundgesetzen der Arithmetik* ist auf andere Weise zu konkretistisch, da sie an ein ganz bestimmtes System der Ausdrucksbildung für reine Mengen gebunden bleibt. Die Vermeidung des schwierigen Begriffs der Form erzeugt offenbar nur noch größere Aporien. Immerhin erkennt Frege die holistische und relationale Form der Definition einer Zahl im Gesamtsystem der Zahlen klar und deutlich.

6   Da wir über die Wahrheitswertzuordnung für die Sätze die Wahrheitsbedingungen der durch die Sätze ausgedrückten Aussagen festlegen, macht es nicht viel aus, wenn wir hier auf Anführungszeichen verzichten: Statt zu sagen, dem Satz sei der Wert das Wahre

Terme in der Gleichheitsrelation, oder auch, sie seien *Namen der gleichen Zahl*. Wir sagen auch kurz, die t_i und t_j seien gleich (gleiche Zahlen), und sprechen dann nicht über die Terme, sondern über die durch sie in besonderer Weise repräsentierten Zahlen. Dies sagen wir auch, wenn wir Terme verschiedener Zahlsymbolreihen einander zuordnen, etwa wenn wir sagen, die Zahl 3 habe im Dualsystem den Namen ‚11'. So werden Zahlterme zu Namen der Ordnungsstellen in den Symbolreihen, also Namen von Ordnungszahlen. Durch die Redeweise, die Zahl t_i sei kleiner als die Zahl t_j, wenn dem Satz $t_i < t_j$ nach unseren Festlegungen der Wert das Wahre zugeordnet ist, wenn also der eine Term in der Symbolreihe vor dem anderen liegt, wird die Ordnungsrelation der Terme zu einer Ordnung der (durch die Terme benannten) Zahlen.

Zahlen gibt es also in gewissem Sinn gar nicht außerhalb unserer Praxis des Umgangs mit Symbolen zur Herstellung von Ordnungen. Zahlen sind zugleich abstrakte Gegenstände insofern, als unsere Urteile über sie eigentlich als Urteile über die Praxisform der durch unsere Festlegungen geschaffenen Ordnungen von Symbolen und der eben damit möglichen Ordnung beliebiger Dinge zu verstehen sind. Aussagen über Zahlen handeln daher nicht von den Gegenständen einer konkreten Symbolreihe, sondern von der Form aller möglichen Zahltermreihen.

Es werden nun aus den Sätzen vermöge der ihnen zugeordneten Wahrheitswerte Aussagen. Diese sind durchaus im üblichen Sinne wahr oder falsch. Wir können also ganz zurecht sagen, dass sie etwas von Gegenständen, den Zahlen, aussagen, wenn in ihnen Namen für Zahlen und arithmetische Prädikate vorkommen, welche mehr oder weniger basale oder komplexe arithmetische Eigenschaften oder Relationen ausdrücken. Die Sätze können also auch behauptet und bestritten werden: Die Aussagen besagen gerade, dass dem Satz, mit dem sie artikuliert sind, der Wert das Wahre zugeordnet ist – und zwar durch die von uns vorab getroffenen (kriterialen) Festlegungen.

Zahleigenschaften und Zahlrelationen lassen sich also so verstehen, dass vorab, durch eine bedeutungskonstitutive Festsetzung, elementaren Sätzen, in denen Zahlterme vorkommen, Wahrheitswerte auf gewisse geregelte Weise zugeordnet worden sind. So lassen sich Relationen wie t_3 ist Summe (oder Produkt) von t_1 und t_2 definitorisch auf die Termgleichungen zurückführen, etwa wie im Folgenden angedeutet:

$$(P_+ t_1, t_2, t_3) \leftrightarrow_{df} [(t_1 + t_2) = t_3].$$ (Lies: t_3 ist Summe von t_1 und t_2)

---

zugeordnet, sagt man dann eben, die durch den Satz ausgedrückte Aussage sei wahr, oder auch – lax wie in der Normalsprache – der Satz sei wahr.

4.2. Wahrheitswertsemantische Arithmetik

Die definitorische Äquivalenz „:↔$_{df}$" ist so zu verstehen: Die Wahrheitswerte für Sätze der auf der linken Seite angedeuteten Form sind über die Wahrheitswerte der rechten Seite festgelegt. Entsprechend können wir schreiben:

$P_x(t_1, t_2, t_3) :\leftrightarrow [(t_1 \cdot t_2) = t_3]$. (Lies: t_3 ist Produkt von t_1 und t_2)
$P_<(t_1, t_2) :\leftrightarrow [t_1 < t_2]$. (Lies: t_1 ist kleiner als t_2)
$P_S(t_1, t_2) :\leftrightarrow_{df} [t_1 + 1 = t_2]$. (Lies: t_2 ist Nachfolger, Sukzessor, von t_1)

Wichtig ist, dass für die aufgeführten elementaren arithmetischen Eigenschaften und die Gleichheit „=" das so genannte Leibnizprinzip gilt: Es sind die Wahrheitswerte der Sätze $P_i^n(t_1, \ldots, t_n)$ und $P_i^n(t_1^*, \ldots, t_n^*)$ immer dann gleich, wenn die Gleichungen $t_i = t_i^*$ für $i = 1, \ldots, n$ wahr sind. (Wir verwenden hier und im Folgenden die Buchstaben P_i^n als schematische Vertreter für n-stellige Prädikatworte, unter Einschluss der Gleichheit.) Nur wenn dieses Leibnizprinzip gilt, können wir die P_i^n sinnvollerweise als n-stellige Eigenschafts- oder Relationsworte verstehen, deren Wahrheitsbedingungen Eigenschaften oder Relationen zwischen den durch die t_i benannten Gegenständen, den Zahlen, definieren. Darüber hinaus gilt das ebenso wichtige *Allgemeine Substitutions- und Wertigkeitsprinzip* (kurz *ASWP*):

ASWP: Für beliebige Terme des Redebereiches der Arithmetik $t_1, \ldots, t_n$ sind die Wahrheitswerte der Sätze $P_i^n(t_1, \ldots, t_n)$ festgelegt.

Jedem durch Substitution von Termen aus einem wahren oder falschen Satz hervorgegangenen (logisch elementaren oder logisch komplexen) Satz der Arithmetik ist also genau einer der beiden Werte, das Wahre oder das Falsche, zugeordnet.

Man versteht diese Bedingung nur, nachdem geklärt ist, was die relevanten substituierbaren Terme und die relevanten Sätze oder Aussagen sind. Im Fall der Arithmetik sind die elementaren Sätze auf der Grundlage der Schilderung der Konstitution von Standardreihen von Zahlsymbolen über weitere syntaktische Term- und Satzbildungsregeln festgelegt.

Nur wenn *ASWP* gilt, macht es Sinn zu sagen, jede (entsprechend artikulierte) elementare arithmetische Aussage sei wahr oder falsch. Die Bedeutung dieses Prinzips wird noch deutlicher im quantorenlogischen Aufbau komplexer arithmetischer Sätze und deren Wahrheitswertfestlegungen:

(¬, ∧) Sind A und B (elementare oder schon komplexe) Sätze der Arithmetik, so sind ¬A und $A \wedge B$ komplexe arithmetische Sätze. Dem Satz ¬A wird der Wert das Wahre zugeordnet, genau wenn dem Satz A das Falsche schon zugeordnet ist, das Falsche sonst. Dem Satz $A \wedge B$ wird der Wert das

Wahre zugeordnet, genau wenn A und B der Wert das Wahre schon zugeordnet ist, das Falsche sonst.

Nur wenn $ASWP$ gilt, ist $A \wedge B$ falsch, genau wenn A falsch ist oder B falsch ist, bzw. es ist $\neg A$ falsch, genau wenn A wahr ist.

($\forall$) Ist $A(t)$ ein arithmetischer Satz, in welchem der arithmetische Term vorkommt, so ist auch $\forall x.A(x)$. ein komplexer arithmetischer Satz. Ihm wird der Wert das Wahre zugeordnet, genau wenn jedem der Sätze $A(t_i)$ schon der Wert das Wahre zugeordnet ist für jeden Zahlterm t_i, das Falsche sonst. Die Zeichen x resp. t_i ersetzen hier das Zeichen t an allen Vorkommensstellen.[7] Wichtig ist für unser im Grunde substitutionelles Verständnis der Quantifikation nicht etwa, dass es rein syntaktische, sozusagen rein konfigurationale, Bestimmungen substituierbarer Terme gibt, sondern dass der Variablenbereich, also die Bestimmungen dafür, wie eine Variable in eine mögliche Benennung eines Gegenstandes im intendierten Redebereich zu überführen ist, nicht vom besonderen Satzkontext $A(x)$, wohl aber von der Redesituation abhängen darf, zumal sogar in der Mathematik, wie wir noch genauer sehen werden, auf deiktische und anaphorische Rückbezüge in situationsabhängigen Sprechakten keineswegs verzichtet wird.

Selbstverständlich sollen hier nicht die Worte ‚nicht', ‚und' oder ‚alle' ganz allgemein, in allen ihren Verwendungen, definitorisch erläutert werden. Definiert wird nur die Bedeutung der normierten Schreibweisen oder Sätze *der Arithmetik* durch Wahrheitswertfestlegungen entlang ihrem Aufbau, unter Rückgriff auf die empraktische, also schon durch Übung erlernte, Fähigkeit, Anweisungen wie die der beliebigen Substitution von Termen eines entsprechend charakterisierten Bereiches an eine Stelle in einem Ausdruck zu befolgen. Es ist, wie man sich nach einiger Überlegung klarmachen kann, gar nicht möglich, die Bedeutung der Worte ‚alle', ‚nicht' und ‚und' auf allen Redeebenen und für alle möglichen Redebereiche durch schematische Regeln festzulegen, zumal bei allen derartigen Festlegungen *auf das praktische (Vor-)Verständnis der normalsprachlichen Worte* ‚alle', ‚nicht' und ‚und' zurückgegriffen werden muss.[8] Ganz entsprechend ist es nicht möglich, *ohne Kenntnis unserer Zählpraxis* den (vollen) Begriff der Zahl (und der Zahlwortreihe) rein schematisch – etwa axiomatisch-implizit – zu definieren. Wenn man will, könnte man das als den verteidigbaren Gehalt von Kants These ansehen, *dass die Arithmetik synthetisch und nicht analytisch* ist.

---

7 Eigentlich müssten wir hier die Zeichen der Objektsprache genau bestimmen, doch es ist praktisch klar, wie die Formbildungen zu verstehen sind, auch wenn wir keine Anführungszeichen für die Benennung von Ausdrücken gebrauchen.

8 Genaueres hierzu findet sich in Stekeler-Weithofer 1986.

4.2. Wahrheitswertsemantische Arithmetik

Nur wenn *ASWP* erfüllt ist, ist jeder Satz der Form $\forall x(A(x))$ falsch genau dann, wenn es im Bereich der Zahlennamen ein t_i gibt, also grundsätzlich aufgefunden werden könnte, für welches der Satz $A(t_i)$ falsch ist. Unsere Festlegungen sind allerdings von der Art, dass ein Aufweis der Falschheit von $\forall x.A(x)$. noch keineswegs bedeutet, dass man ein derartiges t_i auch *wirklich finden* kann.

Über eine vollständige Induktion *entlang dem Aufbau der Sätze* lässt sich *einsehen* (aber nicht etwa deduktiv beweisen!), dass für die komplexen arithmetischen Sätze sowohl das Leibnizprinzip als auch das Prinzip *ASWP* erfüllt ist. Diese Einsicht ist eine der wesentlichen Grundlagen der Mathematik. Dem ist selbst dann so, wenn man dieser am Ende die Form axiomatisch-deduktiver Theorien geben möchte. Denn andernfalls ließen sich z. B. keine Beweise der Beweisbarkeit einer Aussage führen, sondern es bliebe nur die Möglichkeit, konkret vorgeführte Operationen mit Zeichen (auf einer Tafel oder in einem Buch) daraufhin zu überprüfen, ob sie gewissen schematischen Regeln folgen. Darauf hat sich die Mathematik aber faktisch nie beschränkt – und dies auch völlig zu Recht.

Auf der Basis der geschilderten Einsicht können wir aus jedem wohlgeformten Satz $A(t)$ der Arithmetik einen Ausdruck der Form $\lambda x.A(x)$. bilden und als Ausdruck einer (dann ggf. logisch schon sehr komplexen) *Zahleigenschaft* verstehen. Man sagt: Die Eigenschaft $\lambda x.A(x)$. kommt denjenigen Zahlen t_i zu, oder diejenigen Zahlen t_i haben oder erfüllen diese Eigenschaft, für welche der Satz $A(t_i)$ (bzw. die Aussage $A(t_i)$) wahr ist. Man schreibt dafür auch in der Form einer definitorischen Äquivalenz: $t_i \varepsilon \lambda x.A(x)$. :↔ $A(t_i)$. Man verwechsle das Zeichen ‚ε' nicht mit dem Zeichen ‚$\in$' für die Elementbeziehung. Das erste ist eine synkategorematische Kopula, also nur eine Notationsvariante der Anwendung eines komplexen einstelligen Prädikats auf einen durch einen Namen oder eine Variable vertretenen Gegenstand. Entsprechend ist ein komplexes Prädikat bzw. die zugehörige Eigenschaft unbedingt von der zugehörigen Klasse oder Menge zu unterscheiden. Dabei interessieren uns die Abstraktoren ‚die Eigenschaft' oder ‚das Prädikat' nicht weiter, d. h. wir legen für die Identität der ggf. entstehenden abstrakten Gegenstände der Rede und für (höherstufige) Aussagen *über* Eigenschaften und Prädikate nichts weiter fest. M. a. W., Prädikate und Eigenschaften kommen hier nur in ihrer prädikativen Rolle rechts der Kopula ‚ε' vor.

Aufgrund des Leibnizprinzips kann man nun aber schon, wie üblich, so schließen: ‚Da t_1 die Eigenschaft $\lambda x.A(x)$. besitzt und t_2 nur ein anderer Name für t_1 ist (also der Satz $t_1 = t_2$ wahr ist), ist auch der Satz $A(t_2)$ wahr.' Aufgrund von *ASWP* ist der folgende Schluss gültig: ‚Gilt nicht $\forall x.\neg A(x)$., so gibt es ein t, so dass $A(t)$ gilt.' Die Schlussformen des klassischen Prädikatenkalküls (mit Gleichheit) sind also (nur) gültig, wenn (bzw. weil) das Leibnizprinzip und *ASWP* schon als erfüllt vorausgesetzt werden können. Die Gültigkeit der üblichen (klassischen) prädikatenlogischer Schlussformen ist von der Erfülltheit eben dieser Bedingungen abhängig.[9]

Ganz allgemein gilt: Ein formaler oder mathematischer *Gegenstandsbereich* G ist wohlkonstituiert, wenn und nur wenn eine (hinreichend genaue) Charakterisierung der elementaren *G-Benennungen* t vorliegt – die keineswegs immer rein syntaktisch charakterisiert werden müssen – und durch die Angabe einer (reflexiven, symmetrischen und transitiven) Gleichheitsrelation auf G, d. h. durch entsprechende Festlegungen der Wahrheitswerte für Sätze der Form $t_1 = t_2$. Diese Festlegung braucht keineswegs so zu sein, dass wir immer verfahrensmäßig entscheiden können, ob eine Gleichung wahr ist oder falsch. Festgelegt soll jedoch sein, was es heißt zu behaupten, eine derartige Gleichung sei wahr resp. falsch. Es soll also festgelegt sein, welche Bedingungen ein Nachweis dieser Behauptung, ein Aufweis der Erfüllung der bei der Festlegung skizzierten Kriterien, erfüllen muss, wie er zu beurteilen ist.

Ein formaler Gegenstandsbereich G heiße formaler oder mathematischer *Redebereich*, wenn zusätzlich zur Gleichheit irgendwelche n-stellige Prädikatworte P_i^n und die zugehörigen Wahrheitswertzuordnungen festgelegt sind, so dass sich mit diesen Worten Prädikate auf G ausdrücken lassen. Genauer: Es muss für jeden Satz der Form $P_i^n(t_1,\ldots,t_n)$ genau einer der beiden Wahrheitswerte festgelegt sein, wenn die t (wohlgeformte) G-Benennungen sind, und zwar so, dass außerdem das Leibnizprinzip bezüglich der G-Gleichheit erfüllt ist.

Dann und nur dann, wenn die genannten Wohlgeformtheitsbedingungen für Redebereiche erfüllt ist, ist für alle syntaktisch nach den oben skizzierten Regeln ($\neg$, $\wedge$, und ($\forall$) zusammengesetzten Sätze S über G genau ein Wahrheitswert festgelegt. Es ist dann, wie wir sagen, auf G ein Wahrheitsbegriff definiert. Aufgrund der beiden Grundprinzipien, des Leibnizprinzips und des Prinzips ASWP, lassen sich Deduktionen gemäß den Regeln des Prädikatenkalküls als Folgerungen, als Nachweise der Wahrheit von G-Sätzen, deuten, wenn man den Prämissenformeln schon in G als wahr erwiesene Sätze zuordnen kann. Wie diese Zuordnung zwischen G-Sätzen

---

9 ‚Allgemein gültig' heißen Schlussregeln, wenn sie in allen denjenigen Fällen, in denen sie angewendet werden dürfen, von ‚wahren' Sätzen zu ‚wahren' Sätzen führen. Wir werden die ‚Anwendungsbedingung' dieser Regeln, die vorgängige Festlegung eines Wahrheitsbegriffs im betrachteten Redebereich, noch genauer schildern.

4.2. Wahrheitswertsemantische Arithmetik

und Formeln zu bewerkstelligen ist, ist in jeder guten Einführung in die Logik erläutert.

Formale Redebereiche sind also nichts anderes als wahrheitswertsemantische Interpretationen prädikatenlogischer Formelsysteme. Sie sind Modelle formaler Axiomensysteme (der ersten Stufe), in denen gewisse Axiome (Formeln) zu wahren Sätzen werden. In ihnen konstituieren die Festlegungen für Gleichungen zusammen mit dem Leibnizprinzip das, was wir – in einer *façon de parler* – die durch die G-Benennungen benannten internen oder abstrakten Gegenstände des (formalen) Redebereiches G *an sich* nennen.

Wir sagen nun, zwei formale Gegenstandsbereiche G_1 und G_2 seien bloße Ausdrucksvarianten des gleichen Gegenstandsbereiches, genau wenn man auf der disjunkten (etwa durch Verwendung von Indizes disjunkt gemachten) Vereinigung $G_1 \dot\cup G_2$ der beiden Namenbereiche eine Gleichheitsrelation so definieren kann, dass diese eine Erweiterung der Gleichheiten in G_1 und G_2 ist und es zu jedem t_{i_1} aus G_1 ein t_{i_2} aus G_2 gibt und zu jedem t_{i_2} aus G_2 ein t_{i_1} aus G_1, so dass der Gleichung $t_{i_1} = t_{i_2}$ der Wert das Wahre zugeordnet ist.

G_1 und G_2 sind bloße Ausdrucksvarianten des gleichen Redebereiches oder besser: des gleichen strukturierten Gegenstandbereiches, genau wenn darüber hinaus für die Prädikate das Folgende gilt: Es seien $^1Q_i^n$ bzw. $^2Q_i^n$ die Erweiterungen der Prädikate $^1P_i^n$ auf G_1 bzw. $^2P_i^n$ auf G_2 auf den Bereich $G_1 \dot\cup G_2$, definiert durch folgende Wahrheitswertfestsetzungen: $^KQ_i^n(t_1,\ldots,t_n) \leftrightarrow {}^KP_i^n({}^Kt_1,\ldots,{}^Kt_n)$, wobei die ^kt_j aus G_k ($k = 1$ oder $k = 2$) so zu wählen sind, dass ($^kt_j = t_j$) in $G_1 \dot\cup G_2$ wahr ist für $1 \leq j \leq n$. Dann soll es für jedes $^1Q_i^n(^2Q_i^n)$ ein komplexes Prädikat $\lambda x.A(x)$ in G_2 (G_1) geben, so dass für das entsprechende Erweiterungsprädikat $\lambda x.A^*(x)$ auf $G_1 \dot\cup G_2$ (das entsteht, indem man alle vor kommenden Prädikate auf den Bereich $G_1 \dot\cup G_2$ erweitert) gilt:

$$\forall x_1\ldots x_n. {}^1Q_i^n(x_1,\ldots,x_n) \leftrightarrow A^*(x_1,\ldots,x_n).$$

und:

$$\forall x_1\ldots x_n. {}^2Q_1^n(x_1,\ldots,x_n) \leftrightarrow A^*(x_1,\ldots,x_n).^{10}$$

Strukturierte Gegenstandsbereiche sind also formale Redebereiche unter Vernachlässigung von *Ausdrucksvarianzen oder Isomorphien*. Zur Bestimmung eines strukturierten Gegenstandsbereiches gehört neben der Angabe

---

10 Üblicherweise erläutert man dies dadurch, dass man über bijektive bzw. isomorphe Abbildungen spricht. Damit wird aber schon vorausgesetzt, was hier erst erläutert wird, nämlich wie ein strukturierter Gegenstandsbereich von einem formalen Redebereich zu unterscheiden ist. Denn Isomorphie ist eine Beziehung zwischen formalen Redebereichen. Völlig

eines der zugehörigen formalen Gegenstandsbereiche, die syntaktisch-wertsemantisch konstituiert werden müssen, immer auch schon die explizite Angabe der betrachteten elementaren Prädikate.

4.3 Normierung diagrammatischer Konstruktionen

Jetzt erst können wir die Wahrheitsbedingungen formaler Aussagen über geometrische Formen und ihre Teile definieren. Wir betrachten ab jetzt nur noch solche Zeichnungen und die in ihnen vorkommenden Geraden, Kreislinien und Linienschnittpunkte, welche gemäß den in § 3.2 beschriebenen Konstruktionsverfahren (1)–(5) entstehen. Dabei erlauben wir nur in Ausnahmefällen, nämlich in den hier so genannten Doppelzeichnungen, die Benutzung von Linealen mit *verschiedenen* Einheitslängen $e = \overline{\Theta_1 \Phi_1}$ und $e^* = \overline{\Theta_2 \Phi_2}$. In den einfachen Zeichnungen sollte ja die Längeneinheit $e = \overline{\Theta \Phi}$ die einzige *frei gewählte*, d. h. nicht konstruierte, Streckenlänge sein.

Jeder Figur, die in einfachen Zeichnungen entstehen kann, lässt sich nun eine komplexe Konstruktionsanweisung in der Form einer Folge von Grundanweisungen (1)–(5) aus § 3.2 zuordnen. Dabei spielt für die Ausführung bzw. Ausführbarkeit der Konstruktion bei (fast) jedem Schritt die Wahrheit gewisser deskriptiver Kommentare über die schon gezeichnete Figur eine Rolle. Es kann z. B. wichtig werden, ob zwei in der Konstruktionsbeschreibung gekennzeichnete Linien in der nach ihr ausgeführten Zeichnung einen Schnittpunkt haben oder etwa (deskriptiv) ununterscheidbar von parallelen Geraden sind. Ebenfalls relevant wird in der Regel, ob zwei auf verschiedene Weise charakterisierte Linienschnittpunkte im Bild auch wirklich deutlich genug unterscheidbare Punkte (Stellen) sind, oder ob sie als eine Folge der Gütekriterien ununterscheidbar sein sollten.

Mit den folgenden Normierungen und Formalisierungen rekonstruieren wir die formale Grundlage unserer Rede über ideale Formen, d. h. wir besprechen explizit, was wir implizit tun, wenn wir über geometrische Gegenstände Aussagen mit dem Anspruch auf Wahrheit artikulieren. Im Mittelpunkt steht dabei die *Demonstration des Fundamentalsatzes der*

---

isomorphe Redebereiche verweisen daher auf *identische strukturierte* Gegenstandsbereiche. Es verhalten sich daher formale Redebereiche zu strukturierten Gegenstandsbereichen wie Namen zu Gegenständen, und die (völlige) Isomorphie zwischen Redebereichen ist im Blick auf den strukturierten Gegenstandsbereich eine Identität, so wie eine Äquivalenzbeziehung per Abstraktion zu einer Gleichheit werden kann, was wir im Grunde beim Übergang von Zahlworten zu Zahlen schon gesehen haben.

4.3. Normierung diagrammatischer Konstruktionen

formentheoretischen synthetischen Geometrie. Dieser besagt, dass für die – syntaktisch bestimmten – *idealgeometrischen Sätze* genau einer der beiden Wahrheitswerte auf der Grundlage der Anschauung der Betrachtung guter Konstruktionszeichnungen, und zwar *auf (im Prinzip) entscheidbare Weise*, zugeordnet werden kann. Selbstverständlich geht diese Zuordnung über die *faktisch* mögliche Anschauung hinaus, und zwar gerade dadurch, dass keine (*willkürlichen*) *Grenzen* für die Komplexität der Formen (Terme) und der durch diese ggf. geforderte Zeichengenauigkeit und Größe der Zeichnung angenommen werden – ähnlich wie wir in der Arithmetik keine (willkürlichen) oberen Grenzen für die Länge der Zahlsymbolausdrücke oder der Symbolreihen annehmen (wollen).

Die Behauptung eines geometrischen Satzes besagt dann – strukturell ähnlich wie im Fall der Arithmetik –, dass *dem Satz als Figur* über die kriterialen Zuordnungen der Wert das Wahre zugeordnet ist. Ein Beweis einer derartigen Behauptung hat dann einsichtig zu machen, dass die vorab festgelegten Kriterien erfüllt sind, nach denen wir dem Satz den Wert das Wahre zugeordnet haben. Wie in der Arithmetik unterscheiden sich auch in der Geometrie die Zuordnungsbestimmungen der Wahrheitswerte und die möglichen Methoden der Verifizierung kategorial voneinander.

Der Fundamentalsatz zeigt, in welchem Sinne es einen wohlgeformten (formalen) Gegenstands- und Redebereich der idealen Geometrie gibt. Man kann daher tatsächlich die Wahrheit von Sätzen aus schon bewiesenen Sätzen in diesem (bzw. über diesen) Bereich mit Hilfe von formallogischen Deduktionen gemäß den Regeln des Prädikatenkalküls beweisen. Für die Prämissen einer solchen Folgerung muss man freilich die Wahrheit zeigen. Wir werden Entsprechendes für Hilberts Axiomatisierung der Geometrie zeigen.

Wir gehen dabei folgendermaßen vor: Zunächst normieren wir die sprachliche Artikulation der Konstruktionsanweisungen und der Benennungen der Punkte in den nach den Anweisungen konstruierten (oder zu konstruierenden) Zeichnungen. Dann zeichnen wir gewisse Folgen von Grundanweisungen als formal wohlgeformte Terme aus. Diese zerfallen dann in die (prinzipiell) ausführbaren (insofern bedeutungsvollen) und die (sicher) unausführbaren (bedeutungslosen).

In der Arithmetik lassen sich entsprechend die syntaktisch nach gewissen Regeln aufgebauten Terme ebenfalls als Anweisungen, nämlich zum Ausrechnen der Terme, verstehen. Die elementaren arithmetischen Terme sind aber alle in dem Sinn bedeutungsvoll, als jeder genau eine Zahl korrespondiert. Erst im Bereich der partiell-rekursiven Funktionsterme tritt ein

Fall auf, wie er hier für die Geometrie relevant wird, nämlich dass nur *manche* Terme Zahlen benennen bzw. nur manche Terme mit freien Variablen totale Funktionen auf den natürlichen Zahlen definieren.[11]

Der Fundamentalsatz gibt nun gerade das Kriterium an, nach dem zu beurteilen ist, ob ein formal wohlgebildeter Term bedeutungsvoll oder bedeutungslos ist. Die bedeutungsvollen Terme lassen sich dann als Namen idealer geometrischer Formen deuten, nachdem eine Gleichheitsbeziehung zwischen den Termen festgelegt ist. Wir gehen dabei einfach von der Rede über Sätze und ihren Wahrheitsbedingungen über zur objektsprachigen Rede, gebrauchen also die Sätze so, als sprächen sie über Gegenstände, welche durch die in den Sätzen vorkommenden Terme benannt werden.[12] Wie wir verlangt haben, wird also der objektsprachliche Redebereich der idealen Geometrie dadurch konstituiert, dass in der (erläuternden) Metasprache ein Termbereich charakterisiert und den objektsprachlichen Sätzen, insbesondere den Gleichungen, genau einer von zwei Wahrheitswerten zugeordnet wird, und zwar so, dass das Leibnizprinzip und *ASWP* erfüllt sind.[13] Ausgehend von den Formen (Konstruktionen) werden wir dann auch den Gegenstands- und Redebereich der (idealen) Ebenenpunkte und damit den Begriff der idealen Ebene als Punktmenge einführen können, ohne dabei in irgendeiner Weise in die Arithmetik (reelle Analysis) überwechseln zu müssen.

Geometrische Terme t sind im folgenden syntaktisch definiert als Folgen von Grundanweisungen, die wir (metasprachlich) in der Form: ‚$t = < [\ldots], [\ldots], \ldots, [\ldots] >$' notieren wollen. Um auszudrücken, dass die Grundanweisung $[\ldots]$ an die Folge $< \ldots, \ldots, \ldots >$ angehängt werden soll, so dass die Folge $< \ldots, \ldots, \ldots, [\ldots] >$ entsteht, schreiben wir: ‚$< \ldots, \ldots, \ldots >^\cap [\ldots]$' oder auch $t^\cap [\ldots]$ bzw. dann auch $t^\cap t^*$. Man beachte, dass das (hochgestellte) Zeichen ‚$\cap$' für die Konkatenation von Termen steht und als solches

---

11 Vgl. dazu etwa Stekeler-Weithofer 1986 § 10.3.
12 Gerade indem man in der (platonischen) Rede von idealen Gegenständen (Ideen, Formen) und den idealen Eigenschaften die Schlussregeln der Wahrheitslogik benutzt, unterstellt man das Tertium non datur. Dies führt bei mangelnder logischer Analyse zu einem platonistischen oder pythagoräistischen Missverständnis mathematischer oder anderer abstrakter bzw. idealer Gegenstände. Eine Gegenstandskonstitution der hier betrachteten Art zeigt, dass diese Fehldeutungen unnötig sind, ohne dass Anlass dazu besteht, das (formale!) Wahrheitsprinzip als solches anzugreifen – wie dies im Intuitionismus und Konstruktivismus geschieht – oder der Mathematik nicht eine *wahrheitssemantische*, sondern *axiomatisch-deduktive* Grundlage zu geben, wie dies die Formalisten unter den Logikern vorschlagen.
13 Schon Ockhams Nominalismus, der sich (durchaus zu Recht) in der Nachfolge der Logik des Aristoteles sieht, lässt sich so verstehen, dass die Rede über abstrakte Gegenstände als (*metasprachliche*) Rede über den *Sprachgebrauch* gedeutet wird.

4.3. Normierung diagrammatischer Konstruktionen

nichts mit dem Flächen- (oder dann auch Mengen-)Durchschnitt ‚∩' zu tun hat.

Es gibt unendlich viele Möglichkeiten, ein explizites Termsystem zur Benennung planimetrischer Konstruktionsformen und ihrer Teile zu definieren, so wie es unendlich viele Möglichkeiten gibt, Zahltermsystem zu definieren oder Ausdruckssysteme der formalen Logik und abstrakten Mengenlehre. Mit anderen Worten, die Wahl des besonderen Systems, an dem wir die allgemeine Idee demonstrieren, ist weitgehend willkürlich und lässt sich im Blick auf besondere Wünsche an Artikulationskraft und Einfachheit entsprechend verändern, vielleicht auch verbessern. Die Grundanweisungen notieren wir hier jedenfalls so:

(1) $t_0 \equiv\ <[: P_0 P_1 P_2]>$ ist ein wohlgebildeter Term. Als Anweisung gelesen bedeutet er: Konstruiere das durch die Anfangspunkte P_0, P_1 und P_2 bestimmte orthogonale Achsenkreuz, wie wir es schon definiert haben. Jeder wohlgebildete Term muss mit diesem Grundterm $[: P_0 P_1 P_2]$ beginnen.

(2) Ist $t \equiv\ <[: P_0, P_1, P_2], .., ..>$ schon ein (syntaktisch wohlgebildeter) Term, und ist k der höchste Zahlenindex an einem der in t vorkommenden Punktbezeichnungen P_i, ist ferner $m, n, j \leq k$, so sei auch die Folge $t^* \equiv t^\frown \left[P_m P_n \perp P_j : P_{k+1}\right]$ ein (syntaktisch wohlgebildeter) Term.

Dabei bedeute die (Grundanweisungs-)Formel ‚$\left[P_i P_j \perp P_h : P_{k+1}\right]$': Konstruiere, falls ‚$P_i$' und ‚$P_j$' Namen *verschiedener* Punkte sind, durch P_h das Lot auf $g(P_i P_j)$. Nenne, falls P_h nicht auf $g(P_i P_j)$ liegt, den Schnittpunkt des Lotes mit $g(P_i P_j)$ ‚P_{k+1}'. Liegt P_h auf $g(P_i P_j)$, so trage die Einheit $e = \overline{\Theta \Phi}$ auf die Orthogonale an und nenne den entstehenden Punkt ‚P_{k+1}', und zwar so, dass sich die gerichtete Gerade $\overrightarrow{g}(P_h P_{k+1})$ aus einer Vierteldrehung *im Uhrzeigersinn* aus der gerichteten Geraden $\overrightarrow{g}(P_i P_j)$ ergibt.

Bemerkung: Es ist hier sehr wichtig, dass keine freien Wahlen für die Benennungen auftreten, so dass später keine entsprechenden Fallunterscheidungen zu behandeln sind. Es ergeben sich nach der Vorschrift, sofern sie ausführbar ist, also – alternativ – Bilder der Form von Abbildung 48 oder der Form von Abbildung 49, wobei hier die Voraussetzung ist, dass P_i und P_j im schon konstruierten und benannten Bild unterscheidbare Punkte benennen:

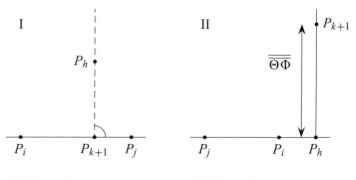

Abbildung 48.   **Abbildung 49.**

Ersichtlich *gilt* in allen nach (2) hergestellten Zeichnungen per Konstruktion das Urteil $\vdash g(P_i P_j) \perp g(P_h P_{k+1})$ bzw. es sollte gelten. Allerdings entspricht nicht jedem *in einem bloß syntaktischen Sinne formal wohlgebildeten* Term eine mögliche Zeichnung, etwa wenn P_i und P_j ununterscheidbar sind. Um dies zu beurteilen, bedarf es der Anschauung von *passenden* Bildern für t^*. Dies gerade ist der Sinn der Rede von einer ‚reinen Anschauung', an der wir die Ausführbarkeit eines Konstruktionsterms wie t^* sozusagen messen. Die generelle Normierung der Drehrichtung, so unnatürlich sie zunächst auch scheinen mag, macht offenbar die Konstruktionsanweisung *erst eindeutig*, verhindert also, dass *willkürliche Wahlen* der Lage von P_{k+1} vorgenommen werden (müssen). Diese Normierung ist zur Vermeidung der gerade in der Geometrie äußerst lästigen Fallunterscheidungen und damit zur Erzeugung der für uns wesentlichen Übersichtlichkeit extrem wichtig.

(3) Es sei t schon ein (syntaktisch wohlgebildeter) Term, k der höchste Index der $P's$ und $t, i, j, m, n \leq k$. Dann sei auch (per definitionem):

$$t^* \equiv t^{\frown} \left[P_i P_j \cap P_m P_n : P_{k+1} \right]$$

ein (syntaktisch wohlgebildeter) Term.

Dabei bedeute die angehängte (Grundanweisungs-)Formel: Falls in der Zeichnung die P_i, P_j und P_m, P_n paarweise verschiedene Punkte sind, dann erweitere, wenn nötig und möglich, die Zeichenfläche und die geraden Linien $g(P_i, P_j)$ und $g(P_m, P_n)$, bis sie sich sehbar in einem mit ‚P_{k+1}' zu benennenden Punkt schneiden.

Bemerkung: t^* ist eine zwar formalsyntaktisch wohlgeformte, aber – jedenfalls im Maßstab $\overline{\overline{\Theta\Phi}}$ – häufig *nicht befolgbare* Anweisung, z. B. wenn $g(P_i, P_j)$ parallel zu $g(P_m, P_n)$ liegt oder wenn die Punkte P_i, P_j in den Zeichnungen ununterscheidbar sind. Allerdings kann t^* auch bloß als nicht

4.3. Normierung diagrammatischer Konstruktionen

befolgbar *scheinen*, etwa wenn wir schlecht, ungenau, zeichnen oder die Unterlage nicht eben genug ist etc. Das Zentralproblem der synthetischen Geometrie betrifft die Frage, was es heißt, dass t^* *wirklich*, wenn man will: prinzipiell oder *an sich*, befolgbar resp. nicht befolgbar ist, z. B. weil $g(P_i, P_j)$ und $g(P_m, P_n)$ *an sich* parallel verlaufen (sollten).

(4) Es sei t ein Term, k maximaler Index der $P's$ in t, also $i, j, n, m, ,i, i\ldots \leq k`k$. Dann sei auch

$$t^* \equiv t^\cap \left[P_i P_j \cap \odot(P_n P_m) : P_{k+1}, P_{k+2} \right]$$

ein (formal wohlgebildeter) Term.

Der letzte Termteil bedeute: Zeichne, falls möglich, den Kreis um P_n mit Radius $r = \overline{P_n P_m}$ und nenne, falls möglich, die *beiden Schnittpunkte* der Kreislinie mit der Geraden $g(P_i, P_j)$ ‚P_{k+1}' und ‚P_{k+2}'. Dabei normieren wir diese Benennungen noch unter Rückgriff auf die Einheitsrichtungen der x- und y-Koordinaten, indem wir festlegen: P_{k+1} soll möglichst links von P_{k+2} liegen, wenn aber beide parallel zur y-Achse liegen, so soll P_{k+1} oberhalb von P_{k+2} liegen.

Bemerkung: Wieder ist t^* (zunächst: bezogen auf eine schon angefangene Zeichnung) unausführbar, wenn P_i und P_j bzw. P_m und P_n im Bild ununterscheidbar sind oder wenn die Kreislinie die Gerade nicht (deutlich genug) in zwei Punkten schneidet.

(5) Es sei t ein Term, k der maximale Index der P's in t, $i, j, m, n \leq k$. Dann ist auch

$$t^* \equiv t^\cap \left[\odot(P_i P_j) \cap \odot(P_n P_m) : P_{k+1}, P_{k+2} \right]$$

ein formal wohlgebildeter Term.

Die letzte Grundanweisung bedeutet hier: Zeichne, wenn möglich, die Kreise um P_i und P_n mit den Radien $\overline{P_i P_j}$ und $\overline{P_n P_m}$ (resp.) und nenne, wenn möglich, die beiden sich ergebenden Schnittpunkte ‚P_{k+1}' und ‚P_{k+2}', und zwar in der gleichen Reihenfolge, wie sie in (4) als Normierung festgelegt wurde. Wenn sich die Kreise bloß berühren sollen P_{k+1} und P_{k+2} nicht definiert, der Term also bedeutungslos sein.

Bemerkung: Genau diejenigen Ausdrücke, welche nach den Regeln (1)–(5) gebildet sind, sind die im Folgenden betrachteten *Terme* der (idealen) Geometrie.

Zur Veranschaulichung der geometrischen Bedeutung der Terme als ausführbare Konstruktionsanweisungen sei ein Konstruktionsterm t für das

180   4. Vom Konkreten zum Abstrakten

Einheitsquadrat mit Diagonalenschnittpunkt notiert:

$$t \equiv < [: P_0, P_1, P_2], [P_1 P_0 \perp P_1 : P_3], [P_0 P_3 \cap P_1 P_2 : P_4] >$$

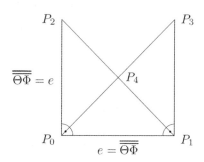

Abbildung 50.

Die Anweisung sagt: Beginne mit dem Achsenkreuz (1. Schritt), errichte das Lot in P_1, trage die Einheitslänge auf ihm ab, nenne den entstehenden Punkt P_3 (2. Schritt) und nenne den Schnittpunkt der (diagonalen) Linien $P_0 P_3$ und $P_1 P_2$ ‚P_4' (3. Schritt). Für den Term $t^* \equiv t^{\cap} [P_2 P_3 \perp P_3 : P_5]$ (lies: errichte das Lot in P_3 und nenne den Punkt im Abstand der Einheitslänge (im Uhrzeigersinn) ‚P_5') gilt dann, dass der Punkt P_1 noch den zusätzlichen Namen ‚P_5' erhält, so dass etwa der Term $t^* \cap [P_1 P_5 \cap P_0 P_1 : P_6]$ (lies verbinde P_3 mit P_5 durch eine gerade Linie und nenne den Schnittpunkt mit der x-Achse $P_0 P_1$ ‚P_6') notwendig bedeutungslos ist, da man einen einzigen Punkt nicht mit sich gerade verbinden kann. Dabei wird natürlich benutzt, dass nach den Quaderpostulaten P_5 und P_1 in guten Zeichnungen tatsächlich immer unterscheidbar sein sollten, weil gegenüberliegende Rechteckseiten kongruent und der vierte Winkel im Rechteck ein rechter sein sollte. Wenn man den zu t, t^* passenden Konstruktionsverlauf und das entstehende Bild selbst nachzeichnet, sieht man, dass weder die Bilder noch ihre Benennungen *alleine* den Begriff der geometrischen Form bestimmen. Beide sind (nur) im Zusammenhang, also in der Verbindung von (reiner, d. h. im Blick auf den Term und die zu prüfende Konstruktion passend gemachten) *Anschauung* und *Konstruktionsbeschreibung*, unseren normierten Termen, angemessen zu verstehen.

Damit erlernen wir im Begriff der geometrischen Form ein sprachanalytisch äußerst wichtiges Paradigma, das ganz allgemein zeigt, wie abstrakte Begriffe eine *Praxisform* in vergegenständlichter Ausdrucksweise beredbar machen. Analoges gilt schon für den Begriff der Zahl.

4.3. Normierung diagrammatischer Konstruktionen

Das Hauptproblem einer Konstitutionsanalyse der idealen Gegenstände und Wahrheiten der Geometrie besteht nun im Nachweis, dass sich die Terme tatsächlich aufgrund von (reiner) Anschauung *genau* in zwei Klassen, die prinzipiell als Anweisungen ausführbaren und die prinzipiell unausführbaren, einteilen lassen. M. a. W. es geht um eine von der besonderen *Zeichnung unabhängige* Wahrheitswertfestlegung für *Sätze* der folgenden Form: ‚der syntaktisch bzw. formal wohlgebildete Konstruktionsterm *t* ist auch semantisch sinnvoll' oder einfacher ‚die Konstruktion *t* ist ausführbar', und zwar so, dass am Ende *situationsunabhängig* gilt: *t* ist ausführbar oder *t* ist unausführbar. Wir schreiben dafür in etwas formalerer und sehr kurzen Notation „*A(t)*" oder sagen, ‚*t*' benenne eine Form.

Unsere rekonstruktive Analyse der Rede von den *Formen* geometrischer Figuren, benannt durch sinnvolle Konstruktionsanweisungen (Terme), hat nun zumindest nachzuweisen, dass die Wahrheitsbedingungen des Prädikats *A(t)* bzw. die geschilderte Einteilung der Terme *unabhängig von der Wahl des Maßstabes* festlegbar sind. Die angestrebte und zu beweisende Zweiteilung der Terme nenne ich in Anlehnung an Inhetveen und Lorenzen ‚*Formprinzip*': Schon die Rede von Figuren*formen* in der normalen Sprache unterstellt ja, dass es dabei auf die *Größe* der Figur nicht ankommt. Das Formprinzip ist allerdings *nicht etwa eine dogmatisch eingeforderte Norm oder einfach apriorisch vorausgesetztes Beweisprinzip*. Es ist ein demonstrativ aufzuweisendes Konstitutionsprinzip der Möglichkeit der *Rede über geometrische Formen als logische Gegenstände*. Zentral ist, dass für die zugehörigen Formaussagen Wahrheitswerte (Wahrheitsbedingungen) festgelegt sind.

Wie wir wissen, entstehen in Zeichnungen, die im kleinen Maßstab ausgeführt werden, Unschärfen häufig dadurch, dass Punktepaare, die Geraden oder Kreise bestimmen sollen, zu nahe beieinander liegen. Zeichnungen in großen Maßstäben dagegen verlangen gelegentlich sehr große Zeichenflächen und Lineale, um die relevanten Geradenschnittpunkte wirklich zu konstruieren. Gerade die Strahlensätze liefern dabei die Projektionsmethode, nach welcher wir Figuren (etwa auch lokal, also Figurenausschnitte) in gewissem Sinn beliebig *vergrößern und verkleinern können*, um jeweils *praktisch ausreichend scharf* (klar und deutlich) entscheiden zu können, ob eine Zeichnung gemäß *t* hinreichend gut möglich ist oder nicht. Wir können also Maßstab und Zeichengröße an die Komplexität von *t* anpassen – und so einsehen, warum eine in einem Maßstab ausführbare Figur *in jedem Maßstab prinzipiell ausführbar ist (sein sollte)*. Nun ja, wir erläutern hiermit, was das *eigentlich heißt*. In der Tat ist die Größenvarianz der Planzeichnungen bzw. die Projektionsmethode das technisch Wichtigste an den geometrischen Konstruktionen, wie wir aus allen Bereichen der (Gebäude- oder Maschinen-) *Architektur* wissen.

4.4 Der Begriff der geometrischen Form

Wir haben gesehen dass sich die Konstruktionsterme zunächst keineswegs allein vermöge formaler, bloß den *syntaktischen Aufbau* der Terme berücksichtigender, Regeln und ohne Anschauung in die beiden Klassen der prinzipiell ausführbaren und der prinzipiell unausführbaren Terme einteilen lassen. Vielmehr bedürfen wir dazu einer *reinen Anschauung* im hier skizzierten Sinn

Auch im Fall der Definition der rekursiven Funktionen $f(x)$ in den natürlichen Zahlen bedarf es immer erst *eines Beweises*, dass ein zugehöriger rein syntaktisch definierter Ausdruck $f(x)$ für jede Zahl überhaupt einen Wert liefert. Eine rekursive Funktion ist daher immer nur als *ein Paar* definiert, bestehend aus einem *syntaktischen Ausdruck*, der ein *partielle* rekursive Funktion definiert, und einem *semantischen Beweis*, der zeigt, das diese Funktion total ist. In analoger Weise sind nach Weierstraß bzw. Cantor reelle Zahlen konkret als Paare definiert, bestehend aus einer Folge rationaler Zahlen und einem Beweis, dass diese Folge konvergiert. Nach Dedekind ist eine reelle Zahl als Paar definiert, bestehend aus einer Benennung einer Menge rationaler Zahlen und einem Beweis, dass diese nach oben (oder unten) beschränkt ist.

In unserem Fall wird eine planimetrische Form entsprechend *rein geometrisch* als Paar definiert, bestehend aus einem syntaktisch wohlgebildeten Konstruktionsterm t und einer anschaulichen Demonstration, die zeigt, dass t zu den geometrisch ausführbaren gehört, dass also $A(t)$ wahr ist. Für jede derartige Demonstration bedarf es eigentlich der wirklichen Ausführung der Konstruktionen. Allerdings können wir uns Bilder, statt sie zu malen, auch vorstellen, so wie wir nicht bloß laut, sondern auch leise lesen können oder nicht nur laut, sondern auch leise sprechen bzw. *denken* können

Gerade weil wir an die Anschauung in unseren Demonstrationen gebunden bleiben, sind die Sätze der Form $A(t)$ nicht *analytisch* (im Sinne Kants). D. h. sie sind nicht bloß auf Grund ihrer *syntaktischen* Form als wahr oder falsch bewertbar, wie das bei von uns definitorisch festgesetzten terminologischen Regeln, formallogischen Wahrheiten und formallogischen Folgerungen aus Definitionen der Falls ist. Kurz, Urteile der Form $A(t)$ sind in Kants Sinn *synthetisch*: In ihre Wahrheitsbedingungen gehen deskriptive Urteile über wirklich konstruierte Figuren ein. Dennoch sind

4.4. Der Begriff der geometrischen Form

diese Sätze keineswegs rein deskriptiv oder empirisch; sie sind keine Erfahrungssätze, deren Wahrheit (Wahrheitswert) abhinge von empirisch in Einzelbeobachtungen kontrollierten, durch sie begründeten oder widerlegten Gestalteigenschaften der Körper und Figuren in der Welt. Denn erstens sind die Diagramme, an denen wir die Wahrheiten kontrollieren, von uns spontan herstellbar. Zweitens gehen in die Wahrheitsbedingungen über die Bewertung der zureichenden Güte der Diagramme *normative Postulate* ein, wie z. B. das Postulat, dass alle Winkel in gut realisierten Rechtecken (hinreichend) orthogonal, also untereinander und zu den Nebenwinkeln kongruent sein sollen. Kurz, eine Aussage der Form $A(t)$ ist, wenn sie wahr ist, a priori wahr. Aber sie ist nicht formalanalytisch wahr.

Unsere Demonstrationen im letzten Kapitel haben schon gezeigt, wie sich aus den Grundpostulaten auf nicht-formalistische Weise *materialbegriffliche Folgerungen* ergeben, etwa der Art, dass die Winkel in Halbkreisen immer rechte Winkel sind (falls wir gut genug zeichnen). Da die Quaderpostulate *definitorische Forderungen* an ebene Flächen, rechte Winkel und gerade Kanten sind, allerdings *synthetisch-apriorische*, d. h. als mehr oder weniger *erfüllbar aufzeigbare*, liegt es dann doch wieder nahe zu sagen, ein Satz wie der Satz des Thales *folge aus dem Begriff des Quaders*, er sei *insofern* (quasi) *analytisch*. Eben so redet Hegel. Wir müssen aber die bloß *verbale Frage*, ob man geometrische Sätze, insbesondere auch die Sätze der Form $A(t)$, ‚analytisch' nennen kann oder soll, unterscheiden von der Frage nach dem *besonderen Sinn synthetisch-apriorischer Begriffsbestimmungen* und *demonstrativer Folgerungen*. Der Sinn der Worte ‚Begriff', ‚Definition' und ‚Folgerung' ist hier eben *anders*, aber keineswegs weniger präzise, als im Falle formsyntaktischer (axiomatisch-impliziter) Definitionen und der Anwendung deduktiver Figurenumformungsregeln bestimmt.

Synthetisch ist natürlich jedes deskriptive Urteil der Art, dass Punkte und Linien in einer Zeichnung wirklich so ... zueinander liegen. Das gilt gerade auch dann, wenn das klar und deutlich sehbar ist. Es ist nun dringend zu beachten, dass auch kein Meta-Urteil über die Deduzierbarkeit einer Formel aus Axiomen klarer und deutlicher sein kann als etwa das Urteil, dass im folgenden Bild der Punkt P_1 auf der Randlinie, P_2 im Innern der Fläche F, der Punkt und der Punkt P_3 außerhalb der Fläche liegt:

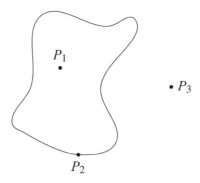

Abbildung 51.

Die Möglichkeit der Vorführung einer kalkülmäßig-figurativen Deduktion beruht ja selbst immer darauf, dass wir (oder dann auch Maschinen) deutlich sehbare Figuren wie ‚α' identifizieren und von Figuren wie ‚β' – bzw. im auditiven Bereich die entsprechenden Laute – gemeinsam und sicher unterscheiden können. Und es müssen die Herleitungsbäume oder Graphen der deduktiven Beweise daraufhin kontrolliert werden, ob sie eine regelgerechte Anschauungsform haben.

A priori aber fordern wir in beiden Fällen, also im Fall geometrischer Demonstrationen wie im Fall von Herleitungsbäumen gemäß konfigurativer oder schematisch-deduktiver Regelungen, dass die richtige Ausführung der Zeichnungen bzw. der Deduktion *übereinstimmend beurteilbar* sein soll. Und wir *etablieren* diese Praxis der normgemäßen Ausführung und Beurteilung von Figuren lehrend und lernend. Ihre Möglichkeit *zeigt* sich dann in ihrer Wirklichkeit. In der Mathesis, der Lehre, ist die Grundlage der Mathematik zu sehen, nicht etwa in den deduktiven Axiomensystemen, in deren richtigen Umgang samt richtigen Verständnis wir ja auch immer erst eingeführt werden müssen. Weil nun aber die Grundunterscheidungen und Grundregeln der mathematischen Praxis anschaulich klar und deutlich sind, nehmen wir zu Recht an, dass im Falle eines Nicht-Gelingens der gemeinsamen Beurteilung von Konstruktionen oder Deduktionen bei den Beteiligten eine Störung vorliegen muss. Diese kann etwa in einer (irgendwie anderweitig verursachten) Lernunfähigkeit oder Lernunwilligkeit der Schüler bestehen oder in der Ungeduld oder mangelnden Sorgfalt der Lehrer.[14]

---

14 Jede Nichtübereinstimmung zeigt daher in diesen Bereichen, dass einige der Beteiligten etwas nicht (richtig) verstanden haben – oder aber an etwas anderes denken. Daher gibt es m. E. nicht eigentlich eine Grundlagenkrise der Mathematik, wohl aber allerlei Verständ-

4.4. Der Begriff der geometrischen Form

Gerade am Beispiel der Geometrie lässt sich nun illustrieren, dass und warum ein bloßes deduktives Rechnen in axiomatischen Systemen ein profundes Begreifen der Mathematik eher verstellt als befördert. Dabei soll nicht in Abrede gestellt werden, dass die axiomatisch-deduktive Methode hilfreich sein kann, allgemeine formal-deduktive Zusammenhänge übersichtlich und ökonomisch *darzustellen* – dies allerdings vornehmlich für diejenigen, welche schon wissen, *was hier womit* zusammenhängt, etwa die Geometrie mit der Arithmetik und Analysis oder der Körper- und Gruppentheorie der Algebra, also für die in die Geheimnisse der Mathematik schon Eingeführten. Der Fehler besteht darin zu glauben, die Axiomensysteme *definierten* die Gebiete und Begriffe etwa der Geometrie und Arithmetik allererst exakt; so dass eine Einführung in die Mathematik nur durch Einübung in das axiomatisch-deduktive Beweisen geschehen könne, da nur so die Vagheiten der Anschauung in strenge Mathematik überführbar sei.[15] Es ist dies ein *logischer Irrtum*.[16] Denn die axiomatische Methode in der Geometrie wird nur dadurch sinnvoll möglich, dass jeder Normalsinnige mit einer ausreichenden geometrisch-mathematisch-logischen Ausbildung an entsprechend deutlich und exakt konstruierten Bildern *die Wahrheit* der in den Axiomen artikulierten *geometrischen Urteile* unbezweifelbar feststellen kann. Und dies ist möglich, weil wir Zeichnungen beliebiger Genauigkeit herstellen können und dadurch einen *klaren Wahrheitsbegriff* für

---

nisprobleme bei Logikern und Mathematikern in Bezug auf Aussagen, welche ihr eigenes Tun betreffen.

15 Man vgl. diese Kritik an einem bloß axiomatizistischen Mathematikverständnis mit den allerdings eher aphoristischen Überlegungen Wittgensteins in seinen Bemerkungen über die Grundlagen der Mathematik.

16 Platon unterscheidet noch explizit zwei Typen von Argumentations- und Beweismethoden, nämlich die hinführende epagogische Demonstration von der definitorisch-apagogischen Deduktion nach formalen Schlussregeln. Während Platon die epagōgē nicht nur in der Geometrie sondern auch in der Philosophie für viel bedeutsamer hält als die bloß mit Worten operierende apagōgē, (miss)deutet Aristoteles wohl schon die epagōgē als ein bloß empirisches, induktives Verfahren der Auffindung von Argumenten, die sich vielleicht oder wahrscheinlich als gültig herausstellen möchten. Seither gelten empirische Beobachtungen und deduktive Beweise auf der Basis erster Sätze, der als wahr angenommenen oder schon erwiesenen Axiome, als die einzig möglichen Methoden der Wissensbildung und Wissenssicherung. Den Rest betrachtet man als (bloße) Heuristik, die im Vorhof wissenschaftlichen Denkens angesiedelt wird. Zwar orientiert sich Euklid selbst wohl nicht explizit an der aristotelischen Wissenschaftslehre. Spätestens seit der Scholastik aber wurden die geometrische und die axiomatische Methode meist als im Wesentlichen gleich betrachtet. Nach Art der Geometer zu argumentieren bedeutet, so glaubte man, axiomatisch deduktiv zu argumentieren. (Descartes allerdings scheint in seiner Kritik am zu engen scholastischen Beweisbegriff die Differenz der Argumentationsweisen wieder zu bemerken!)

geometrische Urteile (Sätze) *ohne* Vorgriff auf die analytische oder die axiomatische Geometrie einführen können, und zwar ohne Verwendung der in der Tat vagen, logisch unklaren Reden von unendlich dünnen Linien und von den idealen Ausführungen der Konstruktionsanweisungen.

Der Aufweis der Konstitution des idealen Redebereiches und Wahrheitsbegriffs der nicht-axiomatischen synthetischen Geometrie ist nicht nur für das logische und mathematische Verständnis der Geometrie und Analysis äußerst bedeutsam, sondern auch für die physikalischen Geometrien, die physikalische Rede vom Raum (und von der Zeit). Denn auch dort sind die (formalen!) *Gegenstandsbereiche der axiomatischen Raum-Zeit-Theorien* allererst *mathematisch* zu konstituieren. Es ist *logischer Unsinn* zu sagen, wirkliche Lichtstrahlen seien die Gegenstände, auf die sich die Geraden-Variablen des Modells direkt beziehen. Die so genannten ‚Lichtstrahlen' sind längst schon theoretische Konstrukte. Der Entwurf einer relativistischen Raum-Zeit-Theorie ist ein mathematisches Modell, dessen Rechtfertigung nicht darin bestehen kann, dass es irgendeine Wirklichkeit unmittelbar richtig darstellte. Seine Rechtfertigung besteht, wie wir sehen werden, darin, dass es gewisse Probleme löst und gewissen Darstellungszwecken gemessener Erfahrung hinreichend gut dient.

Von einer unmittelbaren Widerlegung der euklidischen Geometrie in der relativistischen Physik[17] kann insofern keine Rede sein, als die Zweckdienlichkeit der klassischen Geometrie als *semantischer Rahmen* der Rede von räumlichen Formen und Kongruenzen außer jedem Zweifel steht – jedenfalls für den, der weiß, dass sich unsere modell*internen* Wahrheitsbegriffe geometrischer Rede nicht unmittelbar abbildtheoretisch interpretieren lassen. Dazu gilt es zu sehen, dass und wie der Wahrheits- und der Gegenstandsbegriff auch der nicht-euklidischen Geometrien zunächst *intern*, d. h. bezogen auf das mathematische Modell, zu verstehen (resp. zu rekonstruieren) ist.[18]

So wie der Wahrheitsbegriff der Arithmetik semantisch-notwendig ist, um arithmetische Urteile und Beweise (etwa im Rahmen der Peano-Axiome) überhaupt zu verstehen, so ist der Wahrheitsbegriff der synthetischen Euklidischen Geometrie eine *conditio sine qua non* für ein angemessenes Verständnis von nonstandard Geometrien,[19] die entworfen werden, etwa um

---

17 Davon spricht man in der relativistischen Raum-Zeit-Lehre meist in scharfer Polemik gegen diejenigen, welche mit Kant den apriorischen Charakter der geometrischen Sätze behaupten.
18 Zur Konstitution einer relativistischen physikalischen Geometrie vgl. Kap. 7 und 8 unten.
19 Dazu gehören alle inneren Geometrien auf (möglicherweise) gekrümmten Flächen. Vgl. dazu § 6.3.

die Verhältnisse von Linien und Punkten auf gekrümmten Flächen (z. B. Kugeloberflächen) geordnet darzustellen oder um der – physikalischen – Tatsache Rechnung zu tragen, dass wir *faktisch* Quader, ebene Flächen und gerade Linien immer nur in begrenzter Genauigkeit und Größe zur Verfügung haben (herstellen können). Aber sowenig die faktische Begrenzung der für uns noch überschaubaren *Zahlbenennungen* dazu Anlass geben sollte, den Wahrheitsbegriff der Arithmetik ‚metaphysisch' zu nennen (und etwa nonstandard Arithmetiken zu entwerfen, in denen die Zahlenreihe *endlich* ist), so wenig gibt es Anlass, darauf zu verzichten, die Euklidische Geometrie weiterhin als idealen Rederahmen und Maßstab zu benutzen,[20] freilich nur in dem Bereich, auf den sie zugeschnitten ist: auf Körperformen.

4.5 Die Größeninvarianz geometrischer Formen

Dass die Terme t größen- bzw. maßstabsinvariant ausführbar sind, wenn sie überhaupt ausführbar sind, ergibt sich nun aus folgender Tatsache:

Es sei uns eine Zeichnung gemäß Anweisung t im Maßstab $e=\overline{\overline{\Theta\,\Phi}}$ gegeben. Tragen wir dann von P_0 aus auf den Strahlen $\vec{g}(P_0P_1)$ [und $\vec{g}(P_0P_2)$] eine beliebige zweite Einheit $e^* = \Theta'\,\Phi'$ an und erhalten so die zweiten Einheitsvektoren $P'_0P'_1$ [und $P'_0P'_2$] (mit $P'_0 := P_0$), dann gilt für die Punkte P'_i einer Ausführung von t im Maßstab $\Theta'\,\Phi'$:

(i) Die P'_i liegen alle auf den Ursprungsstrahlen $\vec{g}(P_0P_i)$, sofern $P_i \neq P_0$ ist. Ist $P_i = P_0$, so ist $P'_i = P'_0 = P_0$.

(ii) Es liegen alle Geraden $g(P'_iP'_j)$ parallel zu den Geraden $g(P_iP_j)$.

Diese Eigenschaften zeigen neben der Größeninvarianz[21] der Konstruierbarkeit auch eine mögliche Methode zur Beurteilung der Exaktheit einer Zeichnung: Man kann jetzt ja globale oder lokale Bilderweiterungen, etwa in einem größeren Maßstab, und die parallelen Hilfslinien (als Projektionslinien) konstruieren, auf denen die Schnittpunkte der gegebenen Zeichnung liegen müssten. Den (natürlich epagogischen, demonstrativen) Beweis dieses Faktums führen wir nun induktiv entlang des Termaufbaus vor:

(1) für die Grundkonstruktion $t = [: P_0P_1P_2]$ ist die Behauptung offenbar richtig, womit der Induktionsanfang gemacht ist.

---

20 Tatsächlich stützt sich auch die Revision des euklidischen Raummodells in der relativistischen Kinematik faktisch und sogar begrifflich notwendigerweise auf den Rederahmen der Euklidischen Geometrie, wie wir in Kap. 7 und 8 zeigen werden.

21 Der folgende Nachweis dieser Eigenschaft auf der Basis der Quaderpostulate stellt also eine Begründung des Formprinzips als Beweisprinzip oder als wahres Axiom dar.

Jetzt nehmen wir an, es sei die Behauptung für den Term t schon gezeigt; wir haben sie dann für die nach (2)–(5) bildbaren Termfortsetzungen $t^* = t^\cap [\ldots : P_{k+1}]$ bzw. $t^* = t^\cap [\ldots : P_{k+1}, P_{k+2}]$ zu zeigen.

Wir nehmen dazu an, dass für den Term t^* schon eine hinreichend gute Zeichnung im Maßstab $\Theta\Phi$ vorliegt und zeigen, dass wir dann auch eine gute Zeichnung im Maßstab $\Theta'\Phi'$ erhalten. Dabei sind die Punkte $P'_{k+1}(P'_{k+2})$ sogar die Schnittpunkte der Strahlen $\vec{g}(P_0 P_{k+1})$ bzw. $\vec{g}(P_0 P_{k+2})$ mit einer der durch ein P'_i gelegten Parallelen zu $g(P_i P_{k+1})$ bzw. $g(P_i P_{k+2})$. Ist $P_{k+1} = P_0$ bzw. $P_{k+2} = P_0$, so ist dann auch $P'_{k+1} = P_0$ bzw. $P_{k+2} = P_0$!

Da sich offenbar die Orthogonalenkonstruktion durch Kreiskonstruktionen immer ersetzen lassen, reicht es, die Fälle (3)–(5) zu betrachten. (Man könnte allerdings auch den Fall (2), also $t^* = t^\cap [P_i P_j \perp P_e : P_{k+1}]$, in einer einfachen Fallunterscheidung eigens behandeln, etwa wenn man nur an *kreisfreien* Konstruktionen interessiert ist.)

(3) Ist $t^* = t^\cap [P_i P_j \cap P_m P_n : P_{k+1}]$, so betrachten wir ein Bild der Form der folgenden Abbildung.

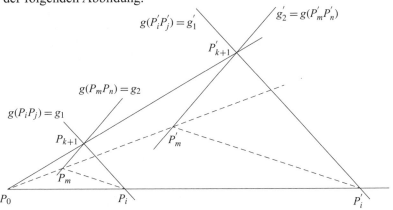

Abbildung 52.

Nach Induktionsvoraussetzung liegt P'_m auf $\vec{g}(P_0 P_m)$, P'_i auf $\vec{g}(P_0 P_i)$ und es gilt: $P_i P_m \parallel P'_i P'_m$, $P_m P_{k+1} \parallel P'_m P'_{k+1}$, $P_i P_{k+1} \parallel P'_i P'_{k+1}$, wobei P'_{k+1} der Schnittpunkt der entsprechenden Parallelen ist. Dass P'_{k+1} auf $\vec{g}(P_0 P_{k+1})$ liegt, ergibt sich sofort aus dem Strahlensatz.

Geht g_1 bzw. g_2 durch P_0, so gilt nach Voraussetzung $g_1 = g'_1$ bzw. $g_2 = g'_2$. Ist also $P_{k+1} = P_0$, so ist auch $P'_{k+1} = P_0$.

(4) Im Falle, dass $t^* = t^\cap [P_i P_j \cap \odot(P_n P_m) : P_{k+1}, P_{k+2}]$ ist, betrachten wir ein Bild der folgenden Art:

4.5. Die Größeninvarianz geometrischer Formen

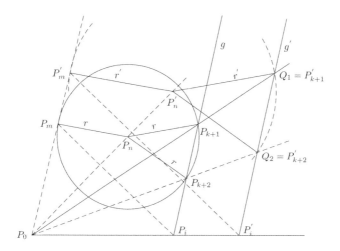

Abbildung 53.

Nach Induktionsvoraussetzung liegt der Punkt P'_i auf dem Strahl $\vec{g}(P_0 P_i)$, der Punkt P'_n auf $\vec{g}(P_0 P_n)$, P'_m auf $\vec{g}(P_0 P_m)$. Ferner gilt: $P_i P_m \parallel P'_i P'_m$, $P_m P_n \parallel P'_m P'_n$ und $g \parallel g'$, wenn wir setzen: $g := g(P_i P_j)$ und $g' := g(P'_i P'_j)$. (Die Punkte P_j und P'_j sind als eher unwichtige Punkte nicht eingezeichnet. Die Bedingungen gelten unter der Voraussetzung, dass die Punkte, welche die genannten Geraden bestimmen, verschieden sind.)

Es mögen die Schnittpunkte P_{k+1} und P_{k+2} des Kreises $(P_n P_m)$ mit g wie in der Figur existieren (also etwa deutlich unterscheidbar konstruiert sein). Zu zeigen ist, dass dann auch die Schnittpunkte P'_{k+1} und P'_{k+2} des Kreises $(P'_n P'_m)$ mit der Geraden g' existieren und dass für diese die Induktionsbedingungen erfüllt sind, d. h. dass sie auf den Strahlen $\vec{g}(P_0 P_{k+i})$ liegen (bzw., falls P_{k+i} gleich P_0 ist, dass auch $P'_{k+i} = P_0$ ist) und dass für jeden Punkt $P* = P_{k+i}$ und den zugehörigen Punkt $P*'$ der Konstruktions-Doppel-Zeichnung gilt: $P^* P_{k+i} \parallel P^{*\prime} P'_{k+i} (i = 1, 2)$.

Dazu unterscheiden wir folgende Fälle:

Fall 1: Es sei zumindest eines der beiden Punktetripel P_n, P_m, P_{k+1} oder P_n, P_m, P_{k+2} (wie im Bild) nicht kollinear, z. B. das erste. Der Punkt Q_1 sei dann als Schnitt der Parallelen zu den Geraden $g(P_m P_{k+1})$ durch P'_m mit der Parallelen zu $g(P_n P_{k+1})$ durch P'_n bestimmt. Das sich ergebende gleichschenklige Dreieck $\Delta(P'_n P'_m Q_1)$ zeigt dann, dass $P'_n P'_m = P_n Q_1$[22] Nach

---

[22] Benutzt wird hier der Satz, dass gleichschenklige Dreiecke durch zwei gleiche Winkel charakterisiert sind. Der demonstrative Nachweis dieses Satzes lässt sich leicht ergänzen.

dem Strahlensatz liegt Q_1 auf dem Strahl $\vec{g}(P_0 P_{k+1})$, sofern $P_{k+1} = P_0$ ist. (Wäre $P_0 = P_{k+1}$, so gälte offenbar $g = g'$ und $g(P'_n P'_{k+1}) = g(P_n P_{k+1})$, also $P_0 = Q_1 = P'_{k+1}$.) Und es liegt Q_1 auf g, woraus $Q_1 = P'_{k+1}$ folgt.

Definiert man dann Q_2 als den Schnitt der Parallelen zu $g(P_n P_{k+2})$ durch P'_n mit der Parallelen zu $g = g(P_{k+1} P_{k+2})$ durch Q_1, falls P_n nicht auf g liegt (andernfalls betrachtet man das Dreieck $\Delta(P_n P_m P_{k+2})$), so folgt auf die gleiche Weise, dass $P'_n P'_{k+1} = P'_n Q_2$ ist. Wegen des Strahlensatzes liegt der Punkt Q_2, falls nicht etwa $P_0 = P_{k+2} = Q_2$ gilt, auf $\vec{g}(P_0 P_{k+2})$ und laut Konstruktion auf g', d.h. es ist $Q_2 = P_{k+2}$. Die Parallelität jeder Geraden $g(P^* P_{k+i})$ zu der entsprechenden Gerade $g(P^{*\prime} P'_{k+i})$ folgt dann ebenfalls aus dem Strahlensatz. Dass die richtige Reihenfolge der Benennung der Schnittpunkte in den Zeichnungen gewahrt bleibt, macht man sich leicht klar.

Jetzt ist noch der folgende Fall zu betrachten:

Fall 2: Es sind alle vier Punkte P_m, P_n, P_{k+1} und P_{k+2} kollinear. In diesem Fall ist insbesondere P_m gleich P_{k+1} oder gleich P_{k+2} (oder es ist $P_{k+1} = P_{k+2}$, m.a.W. $g(P_i P_j)$ ist eine Tangente). Dann liegt nach Voraussetzung P'_m auf g', zugleich auch $g(P'_n P'_m)$, und, falls $P_m \neq P_0$ und damit $P'_m \neq P_0$ ist, auch auf $\vec{g}(P_0 P_m)$. (P'_m ist dann also gleich P'_{k+1} resp. P'_{k+2} und erfüllt alle verlangten Bedingungen.) Es sei nun (ohne Beschränkung der Allgemeinheit) $P_m = P_{k+1}$. Die Existenz des zweiten Schnittpunktes (des Kreises $\odot (P_{n'} P_{m'})$ mit g') P'_{k+2} mit g' ist in diesem Fall klar. Zu zeigen ist jetzt nur noch, dass $P'_{k+2} = P_0$ ist, falls $P_0 = P_{k+2}$ ist, und dass sonst P'_{k+2} auf $\vec{g}(P_0 P_{k+2})$ liegt. Dann gilt nämlich wegen des Strahlensatzes für jeden Punkt Q^* bzw. $Q^{*\prime}$ der (Doppel)Zeichnung mit $Q^* \neq P_{k+2} : Q^* P_{k+2} \parallel Q^{*\prime} P'_{k+2}$.

Ist $P_{k+2} \neq P_0$, so liegt P'_{k+2} tatsächlich auf dem Strahl $\vec{g}(P_0 P_{k+2})$: Dies ist klar, falls $g = g'$ durch P_0 geht. Andernfalls betrachten wir – wie im Bild unten – einen zweiten Schnittpunkt R des Kreises $(P_n P_m)$ mit dem Strahl $\vec{g}(P_0 P_{k+2})$ und – für den Fall, dass ein solcher nicht existiert, dass also $\vec{g}(P_0 P_{k+2})$ den Kreis bloß berührt – einen zweiten Schnittpunkt S des Kreises mit dem Strahl $\vec{g}(P_0 P_{k+1})$. In beiden Fällen erhalten wir über den Strahlensatz für die Schnittpunkte R' bzw. S' von $\vec{g}(P_0 P_{k+2})$ bzw. $\vec{g}(P_0 P_{k+1})$ mit der Parallelen zu $g(P_n R)$ bzw. zu $g(P_n S) : P'_n R' = P'_n P'_m = P'_n S'$. Aus der Ähnlichkeit der gleichschenkligen Dreiecke $\Delta(P_n R P_{k+2})$ und $\Delta(P'_n R' P'_{k+2})$ bzw. $\Delta(P_n S P_{k+2})$ und $\Delta(P'_n S' P'_{k+2})$ folgt, dass P'_{k+2} auf $\vec{g}(P_0 P_{k+2})$ liegt, was wir zeigen wollten.

4.5. Die Größeninvarianz geometrischer Formen 191

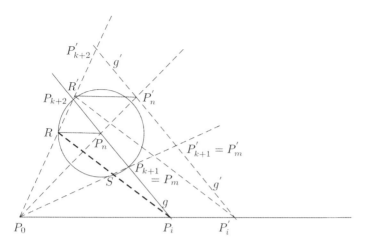

Abbildung 54.

Ist dagegen in unserem 2. Fall $P_0 = P_{k+2}$ und damit $g = g'$, so betrachte man die laut Induktionsannahme ähnlichen Dreiecke $\Delta(P_0 P_1 P_m)$, $\Delta(P_0 P_1' P_m')$, oder falls P_1 auf g liegt: $\Delta(P_0 P_2 P_n)$ und $\Delta(P_0 P_1' P_m')$:

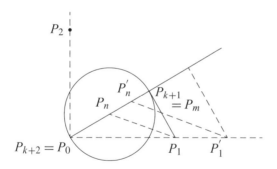

Abbildung 55.

Analog wie in der vorherigen Überlegung zeigt man, dass P_n' die Strecke $P_0 P_m'$ halbiert, und das heißt, dass P_0 der zweite Schnittpunkt des Kreises $\odot(P_n' P_m')$ mit g ist. Damit haben wir die Behauptung für Terme der Form (4) gezeigt.

Um nun nicht auch noch für den Fall (5) der Schnitte zweier Kreise, wenn also $t^* \equiv t^\cap \left[\odot(P_i P_j) \cap \odot(P_n P_m) : P_{k+1}, P_{k+2} \right]$ ist, eine analoge längere Fallunterscheidung durchführen zu müssen, zeigen wir stattdessen, dass sich die die Konstruktion (5) immer *ersetzen* lässt, d. h. dass es für jeden nach ihr konstruierbaren Punkt auch eine komplexe Konstruktionsanweisung (einen Term) gibt, in welcher nur die Grundkonstruktionen (1)–(4) verwendet werden. Dies zeigen wir algebraisch, unter Verwendung der Streckenrechnung, anhand des folgenden Bildes:

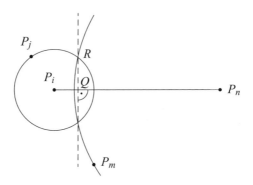

Abbildung 56.

Um die beiden Schnittpunkte der Kreise $\odot(P_i P_j)$ und $\odot(P_n P_m)$ zu konstruieren, nachdem die Punkte P_i, P_j, P_n, P_m als schon konstruiert vorausgesetzt werden, reicht es offenbar, die Streckenlänge $a = \overline{P_n Q}$ zu konstruieren: Es ist dann ja nur noch die Orthogonale in Q zu errichten und deren Schnittpunkte mit *einem* der beiden Kreise zu betrachten. Nach dem Satz des Pythagoras (dessen protogeometrischer Beweis auf der Basis von Flächenvergleichen aus der Schulgeometrie hinreichend bekannt ist) gelten die (hier *geometrisch*, nicht *arithmetisch* zu deutenden) Längengleichheiten $r_1^2 = a^2 + b^2$ und $r_2^2 = (c-a)^2 + b^2$, wenn wir setzen $r_1 = \overline{P_i P_j}, r_2 = \overline{P_n P_m}$, $b = \overline{QR}$ und $c = \overline{P_i P_n}$. D. h. es ist $(c^2 + a^2 + b^2) - (2ac + a^2 + b^2) = r_2^2 - r_1^2$, falls wir (o.B.d.A.) annehmen, dass $r_2 \geq r_1$ ist. Es ist also $2ac = c_2 + r_1^2 - r_2^2$ und $a = (1/2c) \cdot ((c^2 + r_1^2) - r_2^2)$, womit wir eine Konstruktionsanweisung auf der Grundlage der durch unseren Strahlensatz ermöglichten geometrischen Streckenrechnung für die Länge a und damit, wie erwünscht, eine gerade Ortslinie für die beiden Kreisschnittpunkte gefunden haben.

Damit ist die behauptete Größeninvarianz geometrischer Konstruktionen *demonstrativ bewiesen*. Zugleich sehen wir, dass ausführbare Konstruktionsanweisungen immer zu ähnlichen Figuren führen. Es lässt sich nämlich eine zweite Zeichnung gemäß einer Konstruktionsanweisung t immer durch eine Bewegung des (in diesem Fall etwa als durchsichtige und natürlich hinreichend formstabile Folie zu denkenden) Zeichenblattes so mit einer ersten Zeichnung zu einer Doppelzeichnung im gerade betrachteten Sinne zusammenfügen, dass die Koordinatenstrahlen $\vec{g}(P_0 P_i)$ und $\vec{g}(P_0' P_i')$

4.5. Die Größeninvarianz geometrischer Formen

zusammenfallen und die vorstehenden Überlegungen anwendbar werden. (Man beachte, dass diese Bewegung hier noch keine innermathematische Funktion ist. Auch alle bisher verwendeten Variablen beziehen sich auf benannte wirkliche Zeichnungen, nicht etwa auf abstrakte Gegenstände, etwa von Punktmengen.) Erst der Übergang von der Protogeometrie zur theoretischen (mathematischen, analytischen) Geometrie wird die Rede von den abstrakten Punkten und Punktmengen ermöglichen.

Für jeden vorgelegten formal wohlgebildeten Konstruktionsterm t können wir nun offenbar je nach seiner Komplexität Maßstab und Größe der Zeichenfläche wählen, um über eine Zeichnung gemäß der Konstruktionsanweisung t oder dem ersichtlichen Scheitern eines Versuches, die Anweisung zu befolgen, nachzuprüfen, ob $A(t)$ gilt oder nicht, ob also t eine geometrische Form ist oder nicht.[23] Damit erhalten wir in den normalen Fällen eine praktisch hinreichend scharfe und im allgemeinen Fall eine prinzipielle Methode der Einteilung der Terme in sinnvolle und sinnlose.[24] Insbesondere wird jetzt klar, wie es zu verstehen ist, dass *Punkte-in-Formen* keine Ausdehnung haben, dass *Geraden-in-Formen* keine Breite haben usf.: Man muss ja nur den Maßstab entsprechende vergrößern, um jeweils zu sehen, ob ein Punkt für eine gute Zeichnung zu grob oder eine Gerade zu dick gezeichnet ist usf.

Wem die damit geschilderte Zweiteilung der Klasse der Konstruktionsterme auf der Basis der Anschauung, also die definitorische Wahrheitswertfestlegung für den Prädikatausdruck ‚$\lambda x A(x)$', zu inexakt vorkommt, der sollte sich vergegenwärtigen, dass auch in den axiomatischen Systemen der Mathematik die Einteilung der Sätze resp. Formeln in die ableitbaren (beweisbaren) und die nicht ableitbaren keineswegs exakter ist. Auch sie bedarf der anschaulichen Kontrolle der Ableitungsbäume, also der richtigen Anwendung schematischer Figurenregeln. (Diese Regeln kann freilich auch ein Automat überprüfen). Der (metatheoretische, wahrheitswertsemantische) Begriff der Ableit*bar*keit *erweitert* dann auch in den axiomatischen Systemen die faktischen Möglichkeiten der Kontrolle endlicher Ableitungen auf ideale Weise. Nicht-effektive Ableitbarkeitsbeweise werden gerade durch den Wechsel vom anschaulichen Operieren mit Figuren in die Wahrheitssemantik der Metasprache möglich. Ableitbarkeitsbeweise

---

23 In welchem Sinne die Terme ‚t' Namen für geometrische Formen sind, wird im nächsten Paragraphen genauer vorgeführt.

24 Die Methode ist natürlich nicht wirklich effektiv, zumal es ja faktische Begrenzungen wirklicher Konstruierbarkeiten gibt. Der Fall ist ähnlich wie in der Arithmetik, wo trotz der faktisch begrenzten Benennbarkeit beliebig großer Zahlen mit der Unterstellung gerechnet wird, dass zu jedem komplexen Zahlnamen prinzipiell ein Standardname angebbar ist.

sind also i.A. *keine* schematischen Deduktionen, sondern (wahrheitssemantische) *Folgerungen*.

Anders gesagt: *Ableitbar* ist eine Formel aus formalen Axiomen (der ersten Stufe) vermöge der Regeln der Prädikatenlogik genau dann, wenn es eine endliche (Standard)Zahl von Ableitungsschritten *gibt*, die zu der Formel führen. Diese Existenz braucht keineswegs immer effektiv bewiesen zu werden. Wohl aber wird die Rede von dieser Existenz gänzlich unverständlich, wenn man nicht den Begriff der (standard-)natürlichen Zahl zur Verfügung hat, wie wir ihn in oben erläutert haben.

Eine Maschine kann, so können wir übrigens – gerade auch auf der Basis der Gödelschen Sätze – sagen, zwar Sätze oder Satzformen aus anderen gemäß gewissen Deduktionsregeln herleiten, aber sie kann *keine (metatheoretischen, wahrheitswertsemantischen) Folgerungen ziehen*: Dazu nämlich bedarf es des Verständnis der kriterialen Wahrheitswertfestsetzungen. Und die Methode der prinzipiellen oder idealen Wahrheitswertsemantik, in deren Rahmen der Folgerungsbegriff definiert ist, transzendiert den Bereich des schematischen Operierens mit Symbolen; erst recht wenn man auf ihren externen Sinn achtet. Deduktionsmaschinen müssen neben den Regeln auch die Prämissen, die Axiome, von außen erhalten. Sie können die Wahrheit und den Sinn der Axiome (etwa einer axiomatisierten Arithmetik oder Geometrie) nicht verstehen und daher nicht mit semantischen Beweisen umgehen.[25]

4.6 Protogeometrische Festlegung elementargeometrischer Wahrheitsbedingungen

Wir sagen nun, ein formal wohlgeformter Konstruktionsterm ‚t' *benenne* eine Konstruktion oder geometrische Form dann und nur dann, wenn er prinzipiell ausführbar ist.[26] Ähnlich wie im Fall der total-rekursiven Funktionen ist der Namenbereich der geometrischen Formen über eine wahrheitswertsemantische Aussonderung von sinnvollen Termen aus einem größeren, syntaktisch charakterisierten Termbereich bestimmt: In der Theorie der rekursiven Funktionen ist dies der Bereich der Namen partiell-rekursiver Funktionen,[27] hier der Bereich der Konstruktionsterme, also der Namen

---

25 Wer nur Ableitungen nach schematischen Regeln als einen Beweis anerkennt, reduziert den Beweisbegriff (ja die Mathematik als ganze) auf das formale Operieren mit Symbolen.
26 Die Frage, wann zwei Terme die *gleiche Form* benennen, kann erst etwas später exakt beantwortet werden.
27 Vgl. dazu etwa ‚Grundprobleme der Logik' § 10.3.

4.6. Protogeometrische Festlegung elementargeometrischer Wahrheitsbedingungen

möglicher Konstruktionsanweisungen, sofern man zu diesen auch unausführbare Anweisungen rechnet. Die Konstruktive Geometrie Lorenzens und Inhetveens hat nicht genauer untersucht, was es heißt, eine Konstruktionsanweisung als ausführbar zu erweisen. Damit aber wurde das zentrale logische Problem der Konstitution der Rede über ideale Formen noch überhaupt nicht angegangen.

Es sind nun auch Sätze resp. Urteile der folgenden Art in ihren idealen Wahrheitsbedingungen zu erläutern: ‚Zu jedem Punkt auf einer Kreislinie gibt es genau eine tangentiale Gerade'. Ein solcher Satz besagt natürlich, dass man eine Konstruktion t, in welcher durch zwei Punkte P_i und P_j die Kreislinie $\odot(P_i P_j)$ bestimmt ist, immer zu einer Konstruktion t' erweitern kann, in welcher es einen Punkt P_k gibt, der die Tangente $g(P_j P_k)$ durch P_j bestimmt. $g(P_j P_k)$ ist also die (eindeutig bestimmte) Gerade, welche den Kreis $\odot(P_i P_j)$ nicht schneidet und doch den Punkt P_j mit ihm gemeinsam hat.

Derartige Wahrheitsbedingungen für geometrische Prädikate und Relationen, die nicht mehr protogeometrisch und das heißt u. a. nicht mehr deskriptiv zu verstehen sind, ergeben sich nun wieder durch Wahrheitswertfestsetzungen für Sätze. Wollten wir diese jedoch so festlegen, dass die Konstruktionsterme t nicht bloß in der schon eingeführten Satzform ‚$A(t)$', sondern ganz generell als Formnamen in den einzuführenden Sätzen weiter vorkommen, so gerieten wir in eine Schwierigkeit: Die Punktnamen P_i haben nämlich nur in Bezug zu den Termen, in denen sie stehen, eine Bedeutung. Unabhängig von ihnen benennen sie nichts. Wir können ja bei der abstrakten Rede über Formen und Punkte nicht mehr auf wirkliche Zeichnungen zurückgreifen, in denen den Punktnamen Linienschnittpunkte zugeordnet wären. Und selbst dort ist ja deutlich zu machen, auf welche Zeichnung sich ein Punktname der Art ‚P_i' beziehen soll.

Das Problem ist also, aus den zwei Namenbereichen, den Formnamen (den Termen t) und den Punktnamen P_i einen einzigen Gegenstandsbereich zu machen. Andernfalls hätten wir zwei Substitutionsklassen für die Variablen oder eben zwei Gegenstandssorten zu betrachten. Dieses Vorgehen hätte für das wahrheitslogische bzw. deduktive Argumentieren erhebliche Nachteile, da das Allgemeine Substitutions- und Wahrheitsprinzip (das *Tertium non datur*) für die elementaren Sätze nicht erfüllt wäre, so dass weder die formalen Schlussregeln der klassischen, noch die der konstruktiven Prädikatenlogik anwendbar wären.

Wir streben daher von vorneherein an, ähnlich wie in der Arithmetik auch in der (ebenen bzw. dann auch räumlichen)[28] Geometrie zunächst nur *einen* Gegenstandsbereich zu konstituieren, nämlich den der *Punkte*. Wir werden dabei zu der bekannten Auffassung der Ebene (des Raumes) und dann auch aller anderen geometrischen Formen wie der Geraden, Kreise, Dreiecke usf. als *Punktmengen* geführt. Diese Auffassung ergibt sich hier jedoch nicht etwa definitorisch dadurch, dass man gewisse Gegenstände einer abstrakten Menge einfach ‚Punkte' nennt und gewisse ihrer Teilmengen ‚Geraden' oder ‚Kreise', sondern indem wir auf der Basis von (präsuppositionslogischen) Wahrheitswertfestlegungen diese Mengen konstituieren.

Mein Vorschlag zu einer Konstitutionsanalyse der Rede von den (konstruierbaren) Punkten der Ebene und ihren Eigenschaften geht nun folgendermaßen vor: Wir können zunächst zwei Konstruktionsterme t und t' zu einem Konstruktionsterm $t \circ t'$ verknüpfen, der dann gewissermaßen ein *gemeinsamer Erweiterungsterm* von t und t' ist. Dazu sei P_k der Punktname in t mit dem größten Index. Wir ersetzen dann jeden Punktnamen P_i in t' mit $3 \leq i$ durch den Punktnamen $P_i^* \equiv P_{k+i-2}$ und lassen den ersten Grundterm $[: P_0 P_1 P_2]$ einfach weg. Den so aus t' erhaltenen Termteil t^* hängen wir an t an, setzen also: $t \circ t' :\equiv t \frown t^*$. In dem dann offenbar wohlgebildeten Konstruktionsterm $t \circ t'$ erhalten die in t' mit P_i benannten Punkte die neuen Namen $P_i^* = P_{k+i-2}$. Und doch ist klar, dass $t \circ t'$ eine Erweiterungskonstruktion ist, in welcher t als *Teilkonstruktion vorkommt*. Wir müssen dazu ja nur in jeder zugehörigen Zeichnung die Punkte entsprechend umbenennen.

Wir schreiben nun ‚P_i^t' für den in t definierten Punkt P_i, wenn ‚P_i' in ‚t' vorkommt. Und wir nennen ‚P_i^t' *wohlgeformt*, wenn der Satz ‚$A(t)$' wahr ist. Wir betrachten im Folgenden die Ausdrücke ‚P_i^t' als Punktnamen der ebenen Geometrie. Damit diese aber wirklich abstrakte Gegenstände, nämlich ideale Punkte, benennen, müssen natürlich erst einmal die Wahrheitswerte für Punktgleichungen festgelegt werden. Dies kann etwa auf folgende Weise auf der Basis des Prädikats $\lambda x A(x)$ geschehen:

(0) Es seien P_i^t und P_j^s wohlgeformte Punktnamen in den Termen t bzw. s. Dem neuartigen Satz ‚$P_i^t = P_j^s$' (lies: ‚P_i^t und P_j^s sind die gleichen Punkte') werde dann per definitionem der Wert das Wahre zugeordnet genau dann, wenn für den zusammengefügten Term $t^* \equiv (t \circ s) \frown [P_i P_j \perp P_i : P_{k+1}]$ gilt: Der Satz $A(t^*)$ ist falsch, oder, was dasselbe ist, $\neg A(t^*)$ ist wahr, und das heißt gerade, dass die Punkte P_i und P_j identisch sind. Denn $t \circ s$ ist nach

---

[28] Zur Konstitution des abstrakten dreidimensionalen Raums in der räumlichen Geometrie vgl. das nächste Kapitel.

Voraussetzung ein sinnvoller Term. D. h. es gilt $A(t \circ s)$. Daher besagt $\neg A(t^*)$ gerade, dass es kein (gutes) Bild gibt, in welchem sich eine gerade Linie $g(P_i P_j)$ zeichnen lässt. Das aber heißt, dass die Punkte P_i in t und P_j in s in guten zusammengelegten Zeichnungen gemäß Konstruktionsvorschrift $(t \circ s)$ immer ununterscheidbare Punkte benennen. Es ist jetzt auch leicht zu sehen, dass die so auf den Punktnamen definierte Relation reflexiv, transitiv und symmetrisch ist, so dass sie tatsächlich in der Lage ist, eine Gleichheit für die durch die Namen benannten abstrakten Gegenstände, die Punkte, zu definieren, und zwar in entsprechender Unabhängigkeit von t oder s.

Das System dieser Punkte, benannt durch die Punktnamen ‚P_i^t', ist nun der Gegenstandsbereich der idealen ebenen Geometrie, den man auch die ‚ideale euklidische Ebene' nennen könnte. Selbstverständlich liegt diese Ebene nirgends: Für sie sind im Gegensatz zu den Ebenen der räumlichen Geometrie nicht einmal Lagebeziehungen zu anderen idealen Ebenen definiert.

Auch der ideale dreidimensionale Raum der räumlichen Geometrie ist als System abstrakter (Raum)Punkte auf analoge synthetisch-apriorische Weise wie die ideale Ebene zu rekonstruieren, was wir im nächsten Kapitel genauer zeigen werden. Das heißt aber, auch dieser Raum liegt nirgends in der (externen) Welt. Er ist streng von unserem Erfahrungsraum zu unterscheiden, so wie wir schon die ebenen Flächen, auf denen wir zeichnen, von der idealen Ebene unterscheiden müssen.

Jetzt können wir auch formal exakt definieren, wann zwei (sinnvolle) Terme ‚t' und ‚s' die gleiche Form resp. die gleiche Konstruktion benennen: Dies soll gerade der Fall sein, wenn es in $t \circ s$ zu jedem P_i^t ein P_j^s und zu jedem P_j^s ein P_i^t gibt mit $P_i^t = P_j^s$.

4.7 Formen, Punkte und die ideale Ebene

Bisher stand für die Gleichheit der Anweisungen, dargestellt durch Terme, nur die Gleichheit des Termaufbaus zur Verfügung, der für die Konstruktion die Reihenfolge der Ausführung der Grundanweisungen eindeutig festlegte. Wir können jetzt klar machen, inwiefern diese Reihenfolge als nicht relevant betrachtet wird: Unser neues Kriterium für die Gleichheit von Formen oder Konstruktionen besagt, dass die Anweisungen zu den gleichen Punkten führen. Mit dieser Neudefinition definieren wir in gewissem Sinne einen neuen, abstrakteren, Konstruktions- und Formbegriff.[29] Man kann dieses

---
29 Diese wichtige Differenz der Konstruktionsbegriffe wird in der konstruktiven Geometrie, aber auch sonst, nicht genügend beachtet.

Kriterium ein wenig verschärfen, etwa indem man fordert, dass jeweils die gleichen Geraden und Kreise konstruiert werden sollen. Wir bemerken hier also eine systematische Mehrdeutigkeit des üblichen Gebrauches der Wörter ‚Konstruktion' oder ‚Form', welche darin besteht, dass gewissermaßen als impliziter Parameter eine relevante Äquivalenzbeziehung zwischen zunächst verschiedenen Formen oder Konstruktionen unterstellt wird.

Wir wollen nun die wichtigsten Relationen zwischen idealen Punkten auf der Grundlage des Prädikats $\lambda x A(x)$, also der Ausführbarkeit von Konstruktionsanweisungen, definieren. Wenn klar ist, auf welchen Term t wir uns beziehen, lassen wir dabei häufig die oberen Indizes t an den Punktnamen weg und schreiben einfach ‚P_i' statt ‚P_i^t'.

(1) Wir schreiben im Folgenden ‚$Q_Z(P_i, P_j, P_l)$' für: ‚Der Punkt P_j liegt (echt) zwischen den Punkten P_i und P_l auf der Geraden $g(P_i P_l)$'. Formell lässt sich diese Eigenschaft etwa so definieren: Dem Satz ‚$Q_Z(P_i^t, P_j^t, P_l^t)$' ist der Wert das Wahre zugeordnet genau dann, wenn folgendes gilt: Es sei t^* derjenige Erweiterungsterm von t, nach welchem zunächst die Orthogonale o durch P_j zu $g(P_i P_l)$, dann je zwei verschiedene Schnittpunkte von o mit den Kreisen $\odot(P_i; P_l)$ und, $\odot(P_l P_i)$ und dann die Schnittpunkte der Orthogonalen p zu o durch P_j mit dem Kreis $\odot(P_i; P_l)$ zu konstruieren sind. t^* ist damit offenbar eindeutig beschrieben. Dann soll für einen der beiden letzten Punktnamen ‚P_{k+1}' oder ‚P_{k+2}' in t^* gelten: $P_l = P_{k+1}$ oder $P_l = P_{k+2}$.

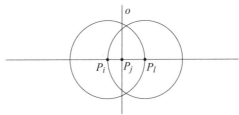

Abbildung 57.

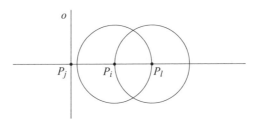

Abbildung 58.

4.7. Formen, Punkte und die ideale Ebene

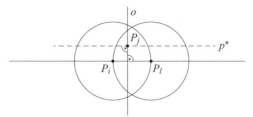

Abbildung 58.

Läge P_j zwar auf $g(P_i P_l)$, aber nicht dazwischen, läge o außerhalb der Kreise (Abb. 56). Läge P_j oberhalb von $g(P_i P_l)$, so kann P_l nicht auf p^* liegen (Abb. 57).

Zentral ist die (natürlich unterstellte) Bedingung, dass $A(t^*)$ gilt (t^* also ausführbar ist). Dann besagt unsere Bedingung in der Tat, dass P_j in jeder t-Zeichnung echt *zwischen* P_i und P_l auf der Geraden $g(P_i P_l)$ liegt. Denn wenn P_j nicht auf $g(P_i P_l)$ liegt, kann weder $P_l = P_{k+1}$ noch $P_l = P_{k+2}$ gelten (wie die gestrichelte Linie für einen Fall zeigt). Liegt P_j zwar auf der Geraden, aber nicht echt zwischen den anderen zwei Punkten, schneidet o nicht beide Kreise in zwei Punkten (es soll also bloße Berührung ausgeschlossen sein und damit der Fall, dass nur zwei Punkte im Spiele sind).

Es ist nicht wichtig, wie man ‚$Q_Z(..,..,..)$' definiert. Man kann z. B. auch eine kreisfreie Definition angeben, die allerdings wohl etwas umständlicher zu formulieren wäre. Mit Hilfe der Relation Q_Z lässt sich aber die ideale Beziehung der *Kollinearität* von Punkten ganz leicht völlig allgemein definieren: P_i, P_j und P_k sind kollinear genau dann, wenn sie entweder nicht paarweise verschieden sind (dann sind es maximal zwei Punkte) oder wenn P_j (echt) zwischen P_i und P_k liegt oder P_i zwischen P_j und P_k oder P_k zwischen P_i und P_j. Damit lässt sich dann auch die (ideale) Relation Q_A zwischen einem Punkt P_i und einer Geraden $g = g(P_j P_k)$ definieren, welche besagt, dass P_i *auf* g liegt: Dem Satz $Q_A(P_i, g(P_j P_k))$ wird einfach *das Falsche* zugeordnet, wenn die Punkte $P_i P_k$ und P_j *nicht kollinear* sind, das Wahre jedoch nicht etwa schon dann, wenn die Punkte kollinear sind, sondern nur dann, wenn sie kollinear *und* P_j und P_k *verschiedene* Punkte sind. Mit anderen Worten, die Verwendung des Ausdrucks ‚$g(P_j P_k)$' als Name einer Geraden *präsupponiert* (unterstellt) die Verschiedenheit der Punkte P_j und P_k: Wir betrachten ihn nur dann als *semantisch wohlgeformt*. Erst unter dieser Präsupposition gilt nämlich das *Wahrheitsprinzip* für die Relation Q_A, welches besagt, dass jeder Punkt *entweder aufliegt oder nicht*. Die Erfülltheit dieses Prinzips ist also keineswegs trivial, sondern setzt die genannte semantische Präsupposition bei der Verwendung des Ausdrucks für die Gerade voraus. Wir unterstellen ab jetzt aber für die Ausdrücke der Formen ‚$g(P_i^t P_j^t)$' oder ‚$\vec{g}(P_i^t P_j^t)$', dass sie semantisch wohlgebildete Namen idealer Geraden, Strahlen (bzw. dann auch gerichteten Geraden etc.) sind. Das ist genau dann der Fall, wenn der Satz (die Gleichung) ‚$P_i^t = P_j^t$' *syntaktisch wohlgebildet* und *falsch* ist.

Die Gleichheiten für ideale Geraden und ideale Strahlen sind kanonisch auf folgende Weise zu definieren:

2a) ‚$g(P_i^t P_j^t) = g(P_l^t P_m^t)$' ist wahr, genau wenn beide Punktetripel P_i^t, P_j^t, P_l^t und P_i^t, P_j^t, P_m^t kollinear sind.

2b) ‚$\vec{g}(P_i^t P_j^t) = \vec{g}(P_l^t P_m^t)$' ist wahr, genau wenn gilt: Es ist $P_i^t = P_l^t$, das Tripel P_i^t, P_j^t, P_m^t ist kollinear, und es liegt P_i^t nicht zwischen P_j^t und P_m^t.

Es wird damit wohl auch klar, wie die Gleichheit für ideale Strecken und Vektoren (gerichtete Strecken) zu definieren ist. Die Kongruenzrelation der Längengleichheit für Strecken und die Gleichheit der Streckenlängen definieren wir dann durch die Festsetzungen:

2c) ‚$\overline{P_i^t P_j^t} = \overline{P_i^t P_l^t}$' ist wahr genau dann, wenn entweder ‚$P_i^t P_j^t = P_i^t P_l^t$' wahr ist (und dies ist der Fall, genau wenn $P_j^t = P_l^t$ ist) oder wenn für $t^* = t^\cap [P_j P_{\bar{j}} \perp P_i : P_{k+1}]$ gilt: P_{k+1} liegt auf der Winkelhalbierenden zu $\sphericalangle(g(P_i^t P_j^t), g(P_i^t P_l^t))$. Es ist klar, wie die letzte Bedingung durch die Angabe eines entsprechenden Erweiterungsterms formal auszuführen ist.

2d) Sind $P_{i1}^t, P_{i2}^t, P_{i3}^t, P_{i4}^t$ paarweise verschiedene Punkte, so ordnen wir dem Satz ‚$\overline{P_{i1}^t P_{i2}^t} = \overline{P_{i3}^t P_{i4}^t}$' bzw. dem das Gleiche bedeutenden Satz ‚$P_{i1}^t P_{i2}^t = P_{i3}^t P_{i4}^t$' das Wahre zu, genau wenn es einen sinnvollen Erweiterungsterm t^* von t mit Punkten $P_j^{t*}, P_l^{t*}, P_m^{t*}$ gibt, d. h., wenn er bildbar ist, so dass, unter Verwendung von 2c), gilt: $P_{i1}^t P_{i2}^t = P_{i1}^t P_j^{t*}$, $P_l^{t*} P_j^{t*} = P_l^{t*} P_m^{t*}, P_l^{t*} P_{i1}^t = P_l^{t*} P_{i3}^t$ und $P_{i3}^t P_m^{t*} = P_{i3}^t P_{i4}^t$.

Wir verwenden hierzu folgende Konstruktion der Streckenabtragung, welche nur die Verfahren (1)–(4) aus § 3.2 benutzt: Man errichtet zu $P_1 P_1'$ in den Endpunkten die orthogonalen Strahlen h_2 und h_3, welche in die gleiche Richtung zeigen sollen, etwa so wie in der folgenden Zeichnung. Den Schnittpunkt der beiden Halbierenden der rechten Winkel nennt man P_3 und fällt durch P_3 das Lot g_1 auf $P_1 P_1'$. Dann konstruiere man die Winkelhalbierenden zu $\sphericalangle(h_2, g(P_1 P_2))$ und $\sphericalangle(h_1, h_3)$, wie in der Zeichnung angegeben. Den Schnittpunkt des Lotes g_2 von P_2 auf w_1 mit h_2 nenne man

P_4, den des Lotes g_3 von P_4 auf g_1 mit $h_3 P_5$. Der Schnitt des Lotes g_4 von P_5 auf w_2 mit h_1 ist der gesuchte Punkt P'_2. Es ist dann ganz offenbar $P_1 P_2 = P_1 P_4 = P'_1 P_5 = P'_1 P'_2$, wobei $P_1 P_4 = P'_1 P_5$ aus den Rechtecks- bzw. Quadereigenschaften folgt:

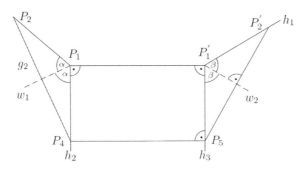

Abbildung 55.

Die Konstruktion kann, wie wir sehen, als Gütekriterium für das Abtragen von Strecken mittels fester Eichlängen auf markierten Linealen verstanden werden. Sie stellt eine Art formentheoretische Definition der Strecken dar, vor dem Hintergrund des Postulates, dass Kopien gegenüberliegender Kanten an Quadern immer aufeinander passen.

Für die Konstruktion der Streckenabtragung benutzt Lorenzen eine Konstruktion der Winkelhalbierenden durch Klappungen bzw. Faltungen von Diagrammen etwa auf einem Blatt Papier. In seinem Aufbau einer *Elementargeometrie* verzichtet er entsprechend auf das Abtragen fester Eichlängen (der Einheitslänge e) mit Hilfe markierter Lineale. Lorenzen übersieht aber, dass seine ‚Definition' der Längengleichheit nur sinnvoll ist, wenn schon klar ist, dass (gute) Kopien gegenüberliegender Kanten an Quadern immer auf einander passen. Man kann daher die Kongruenzgeometrie keineswegs *in toto* durch eine rein formentheoretische Geometrie ersetzen. Man kann nämlich nicht einfach ‚fordern', dass das folgende Formprinzip ‚gelten soll': Geometrische Formen sind generell größenunabhängig, d. h. unabhängig von der Wahl der Einheitslänge. Denn der für die synthetische Geometrie schlechterdings fundamentale Strahlensatz von Desargues musste ja allererst aus unseren Formpostulaten für Quader und Keile *demonstriert* werden. Lorenzens Formprinzip dagegen setzt diesen Satz *einfach a priori als gültig voraus*. Wir brauchen aber einen demonstrativen Beweis, um zu verstehen, was es überhaupt heißt, mit dem Formprinzip Beweise zu führen oder ein derart allgemeines Postulat überhaupt als Gütekriterium für gute (formstabile) Körper zu benutzen. Ohne einen solchen

Beweis kann daher von einer lückenlosen prototheoretischen Begründung der (axiomatischen und analytischen) Geometrie, wie sie in der Konstruktiven Geometrie Inhetveens und Lorenzens angestrebt wird, nicht die Rede sein.

Es lässt sich nun auch definieren, was es heißt, dass eine Streckenlänge $P_i^t P_j^t$ echt kleiner ist als $P_l^t P_m^t$: Man legt für den Satz ‚$P_i^t P_j^t < P_l^t P_m^t$' den Wert das Wahre fest, genau wenn $P_i^t P_j^t = P_l^t P_n^{t^*}$ ist für ein $P_n^{t^*}$ zwischen P_l^t und P_m^t.

4.8 Zusammenfassung

Alle Prinzipien der Konstitution des mathematischen Redebereiches der geometrischen Formen bzw. der ausführbaren planimetrischen Konstruktionen und dann auch der konstruierbaren Punkte und Geraden in der idealen Ebene werden intern zu wahren Sätzen der ebenen Geometrie. Das gilt z. B. für den Parallelensatz, den Satz des Thales, den Strahlensatz oder den Satz von Desargues, die Streckenrechnung oder die Konstruktion kongruenter Strecken. Damit können wir auch ganz allgemein erklären, wie geometrische Beweise anhand von Diagrammen zu lesen sind: Wenn die Ausgangspunkte einer Konstruktionsaufgabe so klar beschrieben sind, dass eine vollständige Unterscheidung aller zu betrachtender Fälle vorliegt, sollen – und können – die Diagramme zeigen, wie Konstruktionen t, welche die Ausgangsbeschreibungen erfüllen, fortzusetzen sind zu Konstruktionen t^* welche die Zielbeschreibung der Aufgabe erfüllen. Unsere Konstruktion der idealen Ebene in der Form eines Gesamts konstruierbarer Punkte zeigt darüber hinaus, dass man die Frage nach der Lösbarkeit von Konstruktionsaufgaben in die Frage nach der Existenz bestimmter Punkte überführen kann, deren Eigenschaften sich prinzipiell durch Gleichungen darstellen lassen. Denn wir können, wie wir noch etwas genauer sehen werden, die bekannten bzw. gegebenen, und davon auch die unbekannten oder gesuchten Punkte (bzw. die durch sie repräsentierten Ursprungsvektoren) mit einander addieren, multiplizieren, subtrahieren und, falls es sich nicht um den ‚Nullvektor' handelt, auch dividieren. Damit kann man Konstruktionsaufgaben systematisch in das Problem der Lösung entsprechender algebraischer Gleichungen überführen.

Insbesondere sehen wir jetzt, dass es einen internen und einen externen Begriff der Ähnlichkeit bzw. der Kongruenz planimetrischer Formen gibt: Intern handelt es sich immer um exakte Äquivalenzbeziehungen zwischen Teilformen einer komplexen geometrischen Form oder, was dasselbe ist, zwischen Systemen von Punkten und Geraden in der idealen Ebene. Extern handelt es sich um prätheoretische oder protogeometrische Beziehungen zwischen realen Diagrammen bzw. gestalteten Körpern. Es ist angesichts der komplexen begrifflichen Lage kein Wunder, warum sowohl Platon als auch seine Kritiker (letztere übrigens bis heute) Probleme damit hatten und haben, dass es einerseits nur eine einzige Kreisform oder eine einzige Form der geraden Linie oder des rechten Winkels gibt, dass aber komplexe geometrische Formen viele verschiedenen Kreise, Geraden oder rechte Winkel als Teile enthalten können, und dass dann auch zwischen identischen, kongruenten und ähnlichen Dreiecken zu unterscheiden ist, obwohl alle diese Gegenstände, ja sogar alle Punkte und Linien der idealen Ebene, als Gegenstände formentheoretischer Rede und daher völlig ort- und zeitlos konzipiert und zu begreifen sind.

5. Kapitel
Axiomatische, algebraische und analytische Geometrie

5.0   Ziel des Kapitels

Die Wahrheitswerte für geometrische Sätze, die über Punkte, gerade Linien oder dann auch Kreise in den formalen Gegenstandsbereichen der pythagoräischen Punkte der idealen Ebene G_1 oder der euklidischen Punkte der idealen Ebene G_2 sprechen, sind nach unserer Analyse rein geometrisch auf der Basis einer Bewertung der Konstruktionsterme t (als ausführbar) durch die Anschauung von entsprechenden Diagrammen festgelegt. D. h. wir kontrollieren einerseits jeden der Terme t durch Betrachtung von Diagrammen, welche für die Beurteilung von $A(t)$ geeignet sind. Wir beurteilen andererseits die Güte eines Diagramms, indem wir prüfen, ob es für die diagrammatische Beurteilung der Wahrheit der Aussage $A(t)$ gut genug ist. Insofern geht, wie Platon schon sagt, die Idee des Guten in den Begriff der (invarianten) Wahrheit ein.

Die Beurteilung der Güte geschieht in Abhängigkeit des je vorgelegten endlichen Terms t, nicht etwa im Blick auf alle möglichen geometrischen Konstruktionen. Nur daher macht es nichts, dass es in keinem realen Diagramm wirklich Linien gibt ‚ohne jede Breite' und auch keine Punkte ‚ohne jede Ausdehnung'. Im Grunde verstehen wir nur aufgrund unserer Analyse, was diese traditionellen Formulierungen eigentlich besagen. Sie besagen nämlich nicht, wie man seit der Antike glaubt, dass die Geometrie bloß von idealen Vorstellungen handelt, die es nur als Ideen oder als ‚*make-believe*' gibt. Sondern sie besagen, dass wir, wenn wir von den Diagrammen (Platons Bildchen oder *eidola*) zu den Formen (Platons *eidē*) übergehen, eine logische *metabasis eis allo genos*, einen Wechsel des Gegenstands- und Redebereiches, vornehmen. Diesen Wechsel habe ich hier als Wechsel von der proto-theoretischen oder proto-geometrischen Beurteilung der Aussage $A(t)$ durch Diagramme zu den formalen Gegenstandsbereichen G_1 oder G_2 beschrieben. Das ‚ideative' oder ‚idealisierende' Grundprinzip, das diesen Übergang konstituiert, ist das Formprinzip. Es besagt, dass das Ausführbarkeitsprädikat $\lambda x A(x)$ auf ‚allen' (formal wohlgebildeten) Konstruktionstermen (Anweisungen) t das Wahrheitsprinzip (*Tertium non datur*) erfüllt. Dieses Prinzip ist für komplexe t als (sprachtechnische) Extrapolation und Idealisierung der uns faktisch in der Anschauung möglichen Kontrollen zu verstehen, nicht anders als die Rede von ‚allen' Zahltermen und die Wahrheit von quantifizierten Aussagen über ‚alle' Zahlen. Aber für die je endlichen Terme t ist das Prinzip nicht einfach ein abstraktes Postulat; und die Wahrheitsbewertung von $A(t)$ ist nicht einfach durch irgendeine mehr oder weniger willkürliche sprachtechnische Konvention festgelegt, wie es der Axiomatizismus erscheinen lässt, der im Grunde ein verbaler Konventionalismus bzw. linguistischer Idealismus ist. Ich habe hier dagegen gezeigt, dass die Terme t und die in ihnen vorkommenden Benennungen von Punkten und Linien eine doppelte Rolle als (Teile von) Konstruktionsbeschreibungen und als (Teile von) Formbenennungen in dem über das formale Prädikat $A(t)$ bestimmten Redebereich der abstrakten Formen spielen. Eben damit konstituieren sie die zentrale projektive Beziehung zwischen formaler oder mathematischer Rede über ideale Formen und weltbezogene Aussagen über reale Formgestalten in der realen Erfahrung im Umgang mit geformten Körpern. Dabei ist nach meiner (leicht zurechtgestellten) Interpretation der Bereich der Gegenstände der *realen Anschauung* nichts Anderes als die Welt der *anschaubaren geformten Körper*. Der Bereich der Gegenstände *reiner Anschauung* ist dann der Bereich der idealen Formen t bzw. der mit seiner Hilfe definierte Bereich der idealen Punkte P^t, Geraden g^t oder der durch die verschiedenen idealen Punkte P^t und Q^t bestimmten Kreise $\odot(P^t, Q^t)$.

Grundsätzlich ist dabei die Situation in der Geometrie nicht anders als in der Arithmetik. Auch dort ist der reale Weltbezug vermittelt durch eine doppelte Deutung der endlichen Zahlterme n, die man einmal als *benannte Zählzahlen* etwa der Form n Äpfel, n cm, oder in Ausdrücken wie ‚eine Menge mit n Elementen' gebrauchen kann, dann aber auch als *Benennungen unbenannter, reiner Zahlen*, etwa in rein arithmetischen Satzumgebungen wie $n + m = k$. Der Weltbezug der so genannten natürlichen Zahlen ergibt sich immer dadurch, dass wir mit ihnen bzw. den sie repräsentierenden Ausdrücken oder Termen endliche Systeme oder so genannte Mengen von Dingen oder Gegenständen zählen bzw. deren Anzahl in einer bestimmten Form angeben (könnten). Die reine Arithmetik ergibt sich dadurch, dass wir den Ort eines Zahlterms n in einem zugehörigen System endlicher Zahlterme und damit seine Rolle in arithmetischen Gleichungen und Ungleichungen betrachten. Insofern ist eine reine Zahl n selbst *eine Form*. Ihr entspricht das System (die reine Menge) aller der (reinen) Zahlen, die gemäß der von uns gesetzten Zahlordnung für die Zahlterme echt kleiner als n sind (wie wir schon objektstufig sagen und damit über reine Zahlen sprechen, obwohl wir uns dabei zunächst auf die Zahlterme in einem festen Zahltermsystemen beziehen müssen).

Kants These oder Einsicht, dass es sowohl hier, in der Arithmetik, als auch in der Geometrie immer nur um eine potentielle Unendlichkeit geht, lässt sich jetzt recht präzise so verstehen, dass die Anwendung der formalen Aussagen der Arithmetik und der Geometrie auf die reale Welt immer nur über derartige endliche Terme vermittelt ist. Diese Einsicht hat am Ende zur Folge, dass alles Reden über überabzählbare Raumpunkte oder infinitesimale Längen oder Kräfte und dergleichen, wenn man sie nicht in erster Linie auf unsere mathematisch konstituierten Redebereiche oder Modellstrukturen bezieht, zutiefst fragwürdig, am Ende schlicht zu metaphysischem Gerede wird. Dieses Gerede entsteht dadurch, dass man innermathematische Redeformen und Gegenstände so auffasst, als sprächen wir in ihnen unmittelbar über die Welt. Diese korrespondenztheoretische Auffassung der formellen Wahrheiten der exakten, also mathematisierten, Naturwissenschaften, besonders also der Physik, ist im Hinblick auf unsere sprachtechnische Konstitution mathematischer Redeformen uninformiert und übersieht zugleich die immer noch notwendigen Projektionen dieser Redeformen auf die reale Welt. Eben dies hat Kant erkannt, auch wenn ihm die Artikulation dieser Einsicht nicht immer so geglückt sein mag, dass es auch seine Leser verstanden hätten.

Ironischerweise ergibt sich die Sogkraft und damit die Problematik der skizzierten Korrespondenztheorie aus einer missverstandenen Forderung nach formaler Exaktheit. Denn diese Forderung macht es unmöglich, die Konstitution exakter Redeformen auf angemessene Weise explizit zu machen. Man übersieht damit die tiefe Differenz zwischen der Sprache, wie sie für eine expliziten Artikulation der Konstitution exakten Redens notwendig ist, und einem schlichten Rechnen in einem formalen Redebereich. Und man verkennt die für eine aufgeklärte Explikation der kanonischen Projektionsformen formaler Redeformen notwendigen Sprachformen. Auch diese sind nämlich als erinnernde Kommentierungen eines empraktischen Könnens, wenn man will, einer technē, zu begreifen, nicht etwa als Behauptungen über bloße Tatsachen in der Welt – es sei denn, man versteht unter einer Tatsache eine Sache, die Folge unserer Taten ist.

Kants Einsicht, dass es Unendliches nur als potentielles Unendliches gibt, bezieht sich demgemäß auch nur auf den Weltbezug des Mathematischen, nicht auf die innermathematischen Redeformen selbst. *In der Mathematik* können wir selbstverständlich *über alle* natürlichen Zahlen oder über *alle* elementargeometrischen geometrischen Formen t (die $A(t)$ erfüllen) bzw. über alle in diesen t vorkommenden Punkte und Geraden quantifizieren. Und das sind nicht bloß endlich, sondern unbegrenzt, im wörtlichen Sinne unendlich, viele. Es lassen sich auf dieser Grundlage innermathematisch noch weitere Unendlichkeitsbereiche definieren, und zwar zur Lösung artikulationstechnischer Probleme, wie wir noch genauer sehen werden.

Die zunächst entstehenden Redebereiche G_1 und G_2 der pythagoräischen bzw. euklidischen Punkte oder Ursprungsvektoren lassen sich nun auch ‚axiomatisch beschreiben', ferner ‚algebraisieren' und ‚arithmetisieren'. Es geht mir mit der folgenden Erinnerung an diese im Grunde bekannten Tatsachen darum zu zeigen, was, erstens, eine rein geometrisch konstituierte Interpretation der seit Hilbert üblichen Axiome der ebenen Geometrie ist, wie sich eine geometrische Algebra, zweitens, direkt aus den geometrischen Operationen der Addition von Ursprungsvektoren bzw. Punkten der Ebene und einer Multiplikation von Längen ergibt. Der zentrale Schritt ist hier die definitorische Identifikation der *Größe einer Fläche* mit der *Länge eines flächengleichen Rechtecks*, dessen eine Seite die normierte Einheitslänge $e = 1$ hat. Es entsteht ein relativ einfaches und völlig naheliegendes algebraisches Rechnen mit (Benennungen von) Punkten auf der x-Achse und dann auch der Ebene. Allerdings bedarf es im zweiten Fall einer historisch erst spät, nach der Erfindung der komplexen Zahlen, gefundenen Multiplikation der Vektoren der Länge $e = 1$ auf dem Einheitskreis: Hier bedeutet die Multiplikation, dass die Winkel addiert werden. Die pythagoräischen bzw. euklidischen Ursprungsvektoren der Ebene, also die Punkte der Redebereiche G_1 und G_2, bilden, drittens, auch den systematischen Ausgangspunkt für die mathematischen Definitionen von gekrümmten Linien durch Polynome. Deren Nullstellen oder Wurzeln, als Schnitte mit der x-Achse, werden dann als weitere Punkte zur Ebene hinzugenommen, womit die *Punktkörper* zunächst der x-Achse und dann auch der Ebene entsprechend algebraisch erweitert werden. Dies alles geschieht auf rein geometrischer Grundlage. Das heißt, es bedarf für diese Entwicklung einer geometrisch fundierten Größenlehre weder des arithmetischen Begriffes der rationalen Zahlen (per Abstraktion im Bezug auf eine bekannte Äquivalenzrelation zwischen Brüchen), noch der Proportionen (wie sie etwa über eine Äquivalenzrelation zwischen schon definierten idealen geometrischen Größen zu Beginn des 5. Buches des Euklids bestimmt ist). Schon gar nicht sollten wir den Bereich aller reellen Zahlen voraussetzen, da es ja darum geht, zu verstehen, was zu seiner Definition führt.

Mit den Polynomen kann man dann insbesondere auch die rein anschaulich schwierig zu behandelnden Kegelschnitte und alle anderen Formen der (elementaren) analytischen Geometrie elegant angehen. Erst wenn man dann auch noch weitere stetige Funktionen betrachtet, etwa stetige Grenzwerte von Funktionsreihen, ergibt sich ein erneutes Problem der Ergänzung des Punktebereichs durch die zusätzlich nötigen Linienschnittpunkte oder Nullstellen. Dies erst führt zu den allgemeinen Begriffen der reellen Zahl, und zwar zunächst in der Form von Dedekinds Definition und dann in Cantors mengentheoretischer ‚Fundierung' der Analysis. Die Signifikanz der Erweiterung von Beweismethoden werden wir schon am Beispiel des so genannten Fundamentalsatzes der Algebra sehen. Dieser sagt, dass jedes Polynom n-ten Grades, definiert auf den Ursprungsvektoren oder Punkten der Ebene, genau n (ggf. nichtverschiedene) Nullstellen hat, die alle algebraisch sind, sofern es nur die Koeffizienten des Polynoms sind.

5.1 Die Axiome der ebenen Geometrie

Für unsere weiteren Überlegungen wird es sich als nützlich erweisen, wenn wir hier die Axiome der ebenen Geometrie für einen (zunächst planimetrischen Punkt- oder Gegenstandsbereich G) in der Fassung und Gliederung von Hilberts *Grundlagen der Geometrie* vergegenwärtigen.

I. *Axiome der Verknüpfung:*
    I.1   Zu zwei verschiedenen Punkten gibt es genau eine Gerade, auf denen die Punkte liegen.
    I.2   Zu jeder Geraden gibt es mindestens zwei Punkte, die auf ihr liegen, und es gibt drei nicht kollineare Punkte.

II. *Axiome der Anordnung:*
    II.1 Liegt ein Punkt x_2 zwischen x_1 und x_3, so auch zwischen x_3 und x_1, und alle drei Punkte liegen auf einer Geraden.
    II.2 Zu je zwei (verschiedenen) Punkten x_1, x_3 gibt es einen Punkt x_2, so dass x_2 zwischen x_1 und x_3 liegt.
    II.3 Sind x_1, x_2, x_3 kollinear, so liegt, falls x_2 zwischen x_1 und x_3 liegt, x_1 nicht zwischen x_2 und x_3, und es liegt x_3 nicht zwischen x_1 und x_2.
    II.4 Sind x_1, x_2, x_3 nicht kollineare Punkte, und gibt es einen Punkt x_4 zwischen x_2 und x_3, der auf einer Geraden y liegt, dann liegt entweder x_1 auf y oder es gibt einen Punkt x_5 auf y zwischen x_1 und x_2 oder es gibt einen Punkt x_6 auf y zwischen x_1 und x_3. D. h., grob gesagt, eine Gerade y, welche die Strecke von x_2 bis x_3 teilt, teilt die Ebene so in zwei Teile, dass man unter Bezugnahme auf x_2 und x_3 unterscheiden kann, ob der Geradenstrahl von y auf der Seite von x_1 ‚oberhalb' oder ‚unterhalb' des Geradenstrahls $g(x_1, x_4)$ liegt (sofern er nicht mit ihm identisch ist), wenn wir

für unsere Artikulationszwecke hier den Ausdruck ‚oberhalb von $g(x_1,x_4)$' als die Seite definieren, in der x_2 liegt.

III. *Axiome der Kongruenz:*

III.1 Zu jeder Strecke $x_1 x_2$ gibt es auf jedem Strahl mit Anfangspunkt x_3 eine kongruente Strecke $x_3 x_4$.

III.2 Die Streckenkongruenz ist eine Äquivalenzrelation (d. h. die Relation ist reflexiv, symmetrisch und transitiv).

III.3 (Axiom der Addierbarkeit von Strecken): Sind die Punktetripel x_1, x_2, x_3 und x'_1, x'_2, x'_3 jeweils kollinear und gilt für die Strecken $x_1 x_2 = x'_1 x'_2$ und $x_2 x_3 = x'_2 x'_3$, so gilt auch $x_1 x_3 = x'_1 x'_3$.

III.4 Die Winkelkongruenz ist eine Äquivalenzrelation, und es gibt zu jedem gegebenen Winkel $\alpha = \sphericalangle(h_i, h_j)$ und zu jedem Strahl $h = g(x_1, x_2)$ genau zwei kongruente Winkel, welche h als einen ihrer Schenkel und x_1 als Scheitelpunkt besitzen.

III.5 Sind x_1, x_2, x_3 und x'_1, x'_2, x'_3 zwei Tripel nicht kollinearer Punkte, gilt für die Strecken $x_1 x_2 = x'_1 x'_2$, $x_1 x_3 = x'_1 x'_3$ und für die Winkel $\sphericalangle(g(x_1 x_2)g(x_1 x_3)) = \sphericalangle(g(x'_1 x'_2)g(x'_1 x'_3))$, so gilt auch $\sphericalangle(g(x_2 x_1)g(x_2 x_3)) = \sphericalangle(g(x'_2 x'_1)g(x'_2 x'_3))$.

IV. *Euklidisches Axiom (Parallelenaxiom):*

Zu jedem Punkt x (auf einer gegebenen Ebene E), der nicht auf einer gegebenen Geraden y liegt, gibt es höchstens eine Gerade y^* in E mit x auf y^*, so dass y^* mit y keinen Punkt gemeinsam hat.

Eine leicht verschärfte Formulierung dieses Axioms ist:

IV* Zu jedem Punkt x in E, der nicht auf einer Geraden y liegt, gibt es in E genau eine Gerade y^*, auf der x liegt und die mit y keinen Punkt gemeinsam hat.

V. *Axiome der Stetigkeit (oder der Vollständigkeit):*

V.1 *Archimedisches Axiom*: Sind x_1, x_2, x_3, x_4 (paarweise) verschiedene Punkte, so gibt es eine Zahl n, so dass das n-malige Abtragen der Strecke $x_1 x_2$ auf dem Strahl $\vec{g}(x_3 x_4)$ von x_3 aus zu einem Punkt x_5 führt, mit der Eigenschaft, dass der Punkt x_4 zwischen den Punkten x_3 und x_5 liegt.[1]

---

1 Zur Formulierung des Archimedischen Axioms werden neben den Variablen für Punkte und Geraden auch Variable für Zahlen benötigt. Wenn man diese Variable vollformal, axiomatisch, deuten wollte, müsste man mindestens die Peano-Axiome für Zahlen hinzufügen. Unglücklicherweise reicht das nicht einmal aus, da sich der Gegenstandsbereich der natürlichen Zahlen vollformal gar nicht eindeutig charakterisieren lässt. Kurz, es gibt gar keine wirklich vollständige und eindeutige erststufige (i. e. vollformale) *Axiomatisierung* der Geometrie, wenn man den Begriff des Axioms entsprechend streng versteht und prototheoretische, wahrheitswertsemantische und formal-deduktive Argumente ent-

5.1. Die Axiome der ebenen Geometrie

V.2 *Postulat der (linearen) Vollständigkeit* (Vollständigkeitssatz): ‚Die Elemente (d. h. die Punkte, Geraden und Ebenen) der Geometrie bilden ein System, das bei Aufrechterhaltung der Verknüpfungs-, Anordnungs- und Kongruenzaxiome und des Archimedischen Axioms, also erst recht bei Aufrechterhaltung sämtlicher Axiome I–V.1, keiner Erweiterung durch Punkte, Geraden und Ebenen mehr fähig ist.' (Das ist ein wörtliches Zitat aus Hilbert 1899).

Das Postulat ist offenbar weder im Bereich der pythagoräischen Punkte G_1 noch im Bereich der euklidischen Punkte G_2 erfüllt, da diese ja noch nicht einmal algebraisch abgeschlossen sind. D. h. nicht alle Polynome haben in diesen Bereichen Schnittstellen. Der Idee nach korrespondiert dieses Meta-Postulat der Meta-Forderung Cantors, dass die Potenzmenge der natürlichen (bzw. rationalen) Zahlen *alle möglichen* Teilmengen enthalten soll. In der Tat ‚beweist' Hilbert mit Hilfe dieses Postulats, dass das von ihm ‚axiomatisch-implizit definierte' G isomorph ist zum Raum der beliebigen Paare reeller Zahlen. Wir betrachten zunächst aber nur die Axiome I-V.1, da diese auch in G_1 und G_2 erfüllt sind. Um die Gültigkeit der aufgelisteten ebenen Axiome (also ohne V.2) in diesen zwei rein geometrisch konstituierten wahrheitslogischen Redebereichen G_1 und G_2 der idealen ebenen Geometrie einzusehen, reichen folgende Bemerkungen zu den einzelnen Axiomgruppen:

Die Axiome 1 und 2 der Gruppe I sind offenbar schon aus definitorischen Gründen erfüllt, nämlich wegen der idealen wahrheitslogischen Festlegung der Gleichheiten von Geraden und der Koinzidenzrelation Q_A von Punkten und Geraden. Die Grundkonstruktion liefert uns drei nicht kollineare Punkte, also die Erfülltheit von I.3.

II.1 und II.3 folgen direkt aus der Definition der Zwischenrelation Q_Z. II.2 folgt aus der Konstruktion der Streckenhalbierung, etwa indem man in den Eckpunkten ein Lot der Länge 1 nach oben resp. nach unten errichtet und die Punkte verbindet.

Die Wahrheit von Axiom II.4 in den abstrakten Redebereichen G_1 und G_2 sieht man anschaulich sofort ein, wenn man sich ein passendes Bild aufzeichnet. III.1 ergibt sich für den pythagoräischen (kreisfreien) Bereich G_1 aus der der kreisfreien Abtragung von Streckenlängen. III.2 haben wir schon als wahr in der idealen Geometrie (G_1 bzw. G_2) gezeigt; dass das Axiom III.3 der Addierbarkeit von Strecken wahr ist, sieht man ebenfalls

---

sprechend von einander trennt, wie ich das hier tue. Ich werde auf diesen Punkt noch zurückkommen.

sofort. Dass die Winkelkongruenz eine Äquivalenzrelation ist, ergibt sich direkt aus ihrer Definition. Den Rest von Axiom III.4 zeigen wir für den Redebereich G_2 durch folgende einfache kreisfreie Konstruktion der Winkelabtragung mit Hilfe der kreisfreien Streckenabtragung:

Ist der Winkel $\sphericalangle(h_1, h_2)$ mit Scheitelpunkt P_S gegeben und soll ein kongruenter Winkel in x_S an den Schenkel (Strahl) h in einer der beiden möglichen Richtungen angetragen werden, so trage man die Einheitslänge e von P_S aus auf den h_i und von x_S aus auf h an. In den erhaltenen Punkten P_i und x_1 errichte man die Senkrechten, und trage die Länge $a = P_1 P_3$ von x_1 aus auf dieser Senkrechten in der gewünschten Richtung ab. Trägt man die Strecke $b = P_1 P_2$ von x_1 aus auf der Orthogonalen durch x_1 zur Winkelhalbierenden $w = g(x_S x_3)$ an, so erhält man den Punkt x_2 und die gesuchte Winkelantragung.

Ebenso einfach zeigt man nun, dass Axiom III.5 in G_2 gilt. Die Geltung des Parallelensatzes haben wir ja schon aus den Quaderpostulaten demonstriert und das Archimedische Prinzip ist selbst schon ein Stabilitätspostulat für Quaderkopien.

Die Gegenstandsbereiche G_1 und G_2 mit den vorgeführten Wahrheitswertfestlegungen sind also Modelle der Hilbertaxiome I–V.1 für die ebene Geometrie. Damit ist die deduktive Konsistenz dieser Axiome offenbar über die Existenz eines rein geometrischen Modells semantisch erwiesen, ohne dass man ein arithmetisches Modell der (ebenen) analytischen Geometrie bemühen müsste.

Es dürfte einem Kenner von Hilberts Grundlagen der Geometrie aufgefallen sein, dass mein Vorgehen manche der dort geführten Beweise gewissermaßen umkehrt: Ich benutze die Flächenzerlegung zur Demonstration der Eigenschaften der Streckenrechnung, woraus man über den Strahlensatz die Größeninvarianz der Konstruierbarkeit und damit unser rein geometrisches Modell der Hilbertschen Axiome erhält. Ein solches Modell kennt Hilbert nicht.

Mein Vorgehen entspricht der realen historischen Entwicklung der pythagoräischen Geometrie insofern, als diese zunächst eine Theorie der Dreiecke gewesen ist. Man begann dabei offenbar mit *Beschreibungen* geometrischer Zeichnungen ohne Kreise und gelangte in die formalen Redeweisen der idealen Geometrie, indem man einfach das *Wahrheitswertprinzip* (bzw. das *Formprinzip*) in den Beweisen *unterstellte,* statt, wie hier, zu demonstrieren. Gerade dieses Verfahren der Unterstellung *mystifizierte* aber die *Seinsweise* der idealen geometrischen Gegenstände, der geometrischen Formen und Teilformen, der Punkte und Geraden. Die gleiche Mystifizierung wird leider auch noch in allen axiomatischen Theorien mitgeschleppt. Denn auch sie postulieren nur die Prinzipien und Regeln des formallogischen Deduzierens als gültig, ohne darüber nachzudenken, dass diese Prinzipien nur in wahrheitswertsemantisch schon entsprechend ideal eingerichtete Rede- und Gegenstandsbereichen und nicht etwa in der wirklichen, empirischen, Welt gültig sind. Dabei hat schon Platon dieses Problem gesehen.

Im axiomatischen Vorgehen werden also die Prinzipien nicht etwa begründet, sondern mehr oder minder willkürlich postuliert. Die intendierten Gegenstands- und Redebereiche, samt der zugehörigen Wahrheitsbegriffe, werden dabei bloß als an sich existent unterstellt. Sie werden gerade nicht für sich konstituiert. Indem diese Gegenstands- und Redebereiche in einem bloß vage skizzierten Ideen- oder Vorstellungsreich möglicher Modelle für die Axiome, etwa der naiven Mengenlehre, als irgendwie schon gegeben unterstellt werden, lässt sich insbesondere der für jedes Verständnis der Mathematik wesentliche Unterschied zwischen genuin geometrischen und arithmetischen Modellen für solche Axiome gar nicht mehr formulieren. Mit anderen Worten, die axiomatische Geometrie untersucht immer nur, welche Sätze in *allen möglichen wahrheitswertsemantischen Redebereichen* gelten, in denen gewisse Axiome wahr werden, etwa wenn diese anhand von Zeichnungen vage anschaulich einzuleuchten scheinen. Mit der Beschränkung auf solche vagen Plausibilitätsbetrachtungen für den Sprung in die Axiome bleibt der genuine Wahrheitsbegriff der Geometrie bzw. ihr Redebereich unterbestimmt und ungeklärt.

Unsere bisherigen Wahrheitswertfestlegungen waren dagegen in der Tat rein geometrisch und stützten sich nicht bloß vage, sondern auf klare und deutliche Weise auf die Anschauung von Bildern und Diagrammen. Dabei sagt das bei Lorenzen wie schon in der Antike bloß dogmatisch bzw. axiomartig geforderte Formprinzip, dass das Ausführbarkeitsprädikat $\lambda x A(x)$ auf den Konstruktionsanweisungen t das Wahrheitsprinzip (*Tertium non datur*) erfüllt. Ich habe hier gezeigt, wie dieses Prinzip begründet werden muss und dass es entsprechend begründet werden kann. Es handelt sich also weder um einen allgemeine logische Wahrheit, noch einfach um eine konventionelle Annahme oder Axiom. Sondern das Prinzip lässt sich im Umgang mit ebenen Diagrammen und zugehörigen Konstruktionsanweisungen als wohlbegründet und nicht etwa bloß als plausible ideale Vorstellung demonstrativ aufweisen.

Im Strahlensatz bzw. unserer Version des Satzes von Desargues mussten wir unterscheiden, ob die ähnlichen Dreiecke verschieden groß oder gleich groß (kongruent) sind. Das allein gibt schon Anlass zu einer formalen Erweiterung des Punktbereiches zu einer *projektiven Ebene*: Man nimmt dazu einfach für Parallelen jeweils genau einen ‚unendlichen Schnittpunkt' an, den man aus Gründen der Normierung ggf. jeweils ‚oberhalb' der x-Achse auf einem Halbkreis mit ‚unendlichem Radius' situiert (wobei man sich auf der x-Achse ggf. nach rechts orientiert). Diese ‚Annahme' ist natürlich nur ein sprachtechnischer Schachzug. Mit ihm erspart man sich Fallunterscheidungen. Und man macht den Satz wahr, dass sich je zwei Geraden in genau einem Punkte schneiden. Damit wird die Symmetrie zwischen Punkten und Geraden erst vollständig: Je zwei Punkte determinieren eine Gerade und je zwei Geraden determinieren einen Punkt. An der hier allerdings nicht weiter betrachteten projektiven Geometrie und dann auch an den Operationen mit komplexen Punkten oder ‚Zahlen' kann man schön sehen, wie bedeutsam derartige ‚linguistischen' Erweiterungen von mathematischen Gegenstands- und Redebereichen gerade für die Vereinfachung der Artikulation von Beweisen sein können.

5.2 Die Körper der pythagoräischen und euklidischen Vektoren

Es folgt eine *arithmetikfreie* Einführung der algebraischen Vektor- und Körperstruktur auf den Gegenstandsbereichen G_1 und G_2, die sich als Teilkörper des Körpers der so genannten komplexen Zahlen erweisen werden, und dann auch der pythagoräischen oder euklidischen Längen $\mathbb{P}$ bzw. $\mathbb{E}$, die Teilkörper der so genannten reellen Zahlen sind. Die lineare Algebra der weiter unten eingeführten dreidimensionalen Räume G_1^* bzw. G_2^* ergibt sich dann auf kanonische Weise.

Zunächst lassen sich, wie schon mehrfach erwähnt, die Punkte P_i der idealen Ebenen G_1 und G_2 identifizieren mit den Ursprungsvektoren $P_0 P_i$. P_0 selbst ist der Nullvektor. Diesen Punkten bzw. Ursprungsvektoren lassen sich dann auch auf einfache Weise mit Hilfe der Konstruktion der Orthogonalen zu den (gerichteten) Koordinatenachsen $g(P_0 P_1)$ und $g(P_0 P_2)$ neue Namen zuordnen. Man erinnere sich zunächst, dass die Punkte P_1 und P_2 mit dem Abstand $e = 1$ vom Koordinatenursprung P_0 gewählt sind. Dann betrachten wir zunächst die Darstellung der Ebenenpunkte in den üblichen *cartesischen* (Orthogonal-)*Koordinaten*: Ist P_i ein Punkt der Ebene, dann schreiben wir ab jetzt $P_i = (x_i, y_i)$, wenn die (x_i, y_i) die Projektionen von P_i auf die x- bzw. y-Achse sind:

5.2. Die Körper der pythagoräischen und euklidischen Vektoren   215

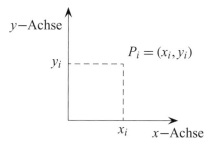

Abbildung 61.

Die Vektoraddition der Ortsvektoren von Punkten (mit dem Koordinatennullpunkt P_0 als Ursprung) ist dann wie üblich gliedweise definiert: Wenn $P = (x_1, y_1)$ und $Q = (x_2, y_2)$ ist, so ist $P + Q = (x_1 + x_2, y_1 + y_2)$. Dabei sind $x_1 + x_2$ bzw. $y_1 + y_2$ Längenadditionen auf den jeweiligen Achsen, wobei die Vorzeichen (Richtungen) wichtig werden, wie wir gleich noch genauer im Zusammenhang mit den auch sonst wichtigen *Polarkoordinaten* sehen werden:

Ist $P \neq P_0$ ein Punkt der Ebene, dann schreiben wir nämlich ab jetzt auch ‚$\|P\|$' für denjenigen Punkt Q auf der positiven x-Achse, für welchen gilt: $\overline{P_0 Q} = \overline{P_0 P}$, und ‚$P^*$' für den Schnittpunkt des Strahls $\vec{g}(P_0 P)$ mit dem Einheitskreis. Wir können dann offenbar jeden Punkt P auf genau eine Weise als (*skalares*) Produkt $P = \|P\| \cdot P^*$ notieren.

Wir definieren nun eine (*komplexe*) Multiplikation zwischen zwei Punkten P und Q *verschieden vom Nullpunkt P_0*, und zwar so: $P \cdot Q = R$ soll gelten genau dann, wenn für R gilt:

(i)   Es ist der Strahl $\vec{g}(P_0 R)$ der zweite Schenkel des an den Winkel $\sphericalangle(g(P_0 P_1), g(P_0 P))$ (entgegen dem Uhrzeigersinn) angetragenen Winkels $\sphericalangle(g(P_0 P_1), g(P_0 Q))$.

(ii) Es ist $\overline{\overline{P_0 R}} = \overline{\overline{P_0 P}} \cdot \overline{\overline{P_0 Q}}$.

(iii) Für den Nullpunkt P_0 und einen beliebigen Punkt P setzen wir (rein konventionell): $P_0 \cdot P = P \cdot P_0 = P_0$.

Damit ist offenbar klar beschrieben, wie der Punkte Q zu konstruieren ist.

Üblicherweise schreibt man $-P_1$ oder auch $(-1, 0)$ für den im ‚Nullpunkt' $P_0 = (0, 0)$ *gespiegelten* bzw. um 180 Grad gedrehten Punkt $P_1 = (1, 0)$. Man schreibt dann: $-P = (-x, -y) = -P_1 \cdot P = (-1, 0) \cdot (x, y)$ für das Ergebnis einer Spiegelung eines Punktes $P = x, y)$ im ‚Nullpunkt' $P_0 = (0, 0)$. Es gilt offenbar: $(-P_1) \cdot (-P_1) = P_1$ und $-P_1 \cdot (x, y) = (-x, -y)$. Mit dieser Multiplikation ist offenbar auch die Subtraktion $P-Q$ zweier Punkte P, Q beschrieben, nämlich als Addition von P und $-Q$.

Ersichtlich ist diese Vorzeichenkonvention nur ein besonderer Fall der Drehkonvention der Multiplikation zweier komplexer Punkte. Die geometrische Multiplikation von zwei Punkten P, Q der Ebene bedeutet also allgemein, dass man den einen Punkt zunächst auf die x-Achse, den anderen auf die y-Achse dreht, dann die entstehende Rechtecksfläche in eine positive Länge (ein Rechteck mit Einheitslänge e) verwandelt und sich dann noch um die *Vorzeichen* der Polarkoordinate kümmert, also den Winkel des Vektors $P_0 R$ zum positiven Einheitsvektor $P_0 P_1$ bestimmen muss. Dazu bestimmt man den zugehörigen Punkt R^* auf dem Einheitskreis. Dieser Punkt R^* ist natürlich nichts anderes als die *Multiplikation* von P^* und Q^* auf dem Einheitskreis, die sich geometrisch als nach links orientierte *Winkeladdition* darstellt. Dass diese Winkelabtragung auf dem Einheitskreis wirklich eine *Multiplikation* ist, sieht man eben daran, dass $P_1 = (1, 0)$ multiplikatives Einheitselement ist, für das gilt: $P_1 \cdot P = P$ (also auch $P_1 \cdot P_1 = P_1$), während P_0 das additive Nullelement ist mit $P_0 + P = P$, für jeden Punkt P.

Für die Vektordivision $P_i : P_j = P_i/P_j = P_i \cdot (1/P_j)$ mit $P_j \neq P_0$ ist nur noch die Operation $P_j \mapsto 1/P_j$ zu definieren, und zwar so:

(iv) ,$1/P_j$' ist für $P_j \neq P_0$ eine neue Bezeichnung für denjenigen Punkt P_k der Ebene, für den gilt: $(P_0 P_j) \cdot (P_0 P_k) = P_0 P_1$ ($= e$).

Sind P_j^* und P_k^* die Schnittpunkte von $g(P_0 P_j)$ bzw. $g(P_0 P_k)$ mit dem Einheitskreis, so gilt: $P_j^* \cdot P_k^* = P_1$. Wie wir Strecken einer Länge mit der in (iv) beschriebenen Eigenschaft konstruieren können, haben wir schon in 3.5 gesehen. Für Punkte P_j^* auf dem Einheitskreis erhalten wir die Punkte $1/P_j^* = P_k^*$ einfach durch das Abtragen des Winkels $\sphericalangle(g(P_0 P_1), g(P_0 P_j^*))$ auf der anderen Seite des x-Achsen-Strahls von P_0 in Richtung von P_1, also entgegen dem Uhrzeigersinn.

Die Redebereiche G_1 und G_2 bilden zusammen mit den beschriebenen Operationen (Benennungen der Punkte) einen *Körper*. Um zu sehen, dass $(G_i, +)$ für $i = 1, 2$ eine kommutative Gruppe ist, beachte man einfach, dass $(-x_1, -y_1) + (x_1, y_1) = P_0 = (0, 0)$ ist und dass sich die Kommutativität und die Assoziativität der Vektoraddition aus der Kommutativität und der Assoziativität der Addition auf den beiden Achsen sofort ergibt. (G_i, P_1) ist für $i = 1, 2$ ebenfalls eine kommutative Gruppe: Die Existenz des inversen Elements $1/P_1$ zum multiplikativen Eins-Element P_1 ist klar. Kommutativität und Assoziativität der Multiplikation ergeben sich aus der Kommutativität und Assoziativität der Längenmultiplikation einerseits (wie sie oben gezeigt wurde oder auch aus dem Satz von Pascal deduktiv bewiesen werden

5.2. Die Körper der pythagoräischen und euklidischen Vektoren   217

könnte), und aus der Kommutativität und Assoziativität der die Multiplikation auf dem Einheitskreis definierenden Winkelantragungen andererseits. Außerdem lässt sich in $(G_i, P_0, P_1, +, \cdot)$ das folgende Distributivgesetz der komplexen (planaren) Vektor-Multiplikation und Vektor-Addition beweisen:

(*) $P_k \cdot (P_i + P_j) = (P_k \cdot P_i) + (P_k \cdot P_j)$.

Für $P_k = P_0$ ist dieses ‚Distributivgesetz' der Multiplikation offenbar erfüllt. Es reicht daher zu zeigen, dass für je drei Punkte ungleich dem Nullpunkt gilt:

(1) $\|P_k\| \cdot (P_i + P_j) = (\|P_k\| \cdot P_i) + (\|P_k\| \cdot P_j)$ (skalare Linearität) und:

(2) $P_k^* \cdot (P_i + P_j) = (P_k^* \cdot P_i) + (P_k^* \cdot P_j)$

Ist $P_i = (x_1, y_1)$, so ist $P_i = x_i \cdot P_1 + y_1 \cdot P_2$, d. h., für (1) reicht es zu zeigen, dass gilt:

(3) $\|P_k\| \cdot (P_1 + P_2) = (\|P_k\| \cdot P_1) + (\|P_k\| \cdot P_2)$ und:

(4) $\|P_k\| \cdot (x_1 + x_2) = (\|P_k\| \cdot x_1) + (\|P_k\| \cdot x_2)$ und:

(5) $\|P_k\| \cdot (y_1 + y_2) = (\|P_k\| \cdot y_1) + (\|P_k\| \cdot y_2)$

(4) und (5) ergeben sich sofort aus der Distributivität der Längenmultiplikation, wenn man nur noch beachtet, dass uns die Multiplikationsregeln für Vektoren tatsächlich immer auf die richtige Achsenseite (die positive resp. negative x- bzw. y-Achse) führen. (3) ergibt sich aus der Festlegung $\overline{P_0 P_1} = \overline{P_0 P_2} = e = 1$ und aus dem folgenden Bild:

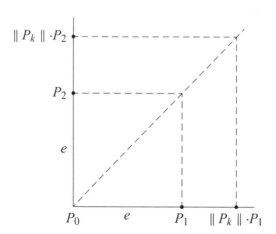

Abbildung 62.

Die Multiplikation eines Punktes P mit einem Punkt P_k^* auf dem Einheitskreis bedeutet gerade, dass man den Strahl t um den Winkel $\sphericalangle(g(P_0 P_k^*), g(P_0 P_1))$ gegen den Uhrzeigersinn dreht. Daher sieht man die Gültigkeit von (2) demonstrativ (geometrisch) sofort ein. Daraus ergibt sich insbesondere folgende Koordinatenrechnungsregel für die Vektormultiplikation, wie sie aus dem Bereich des Rechnens mit komplexen Zahlen bekannt ist:

$$(x_1, y_1) \cdot (x_2, y_2) = (x_1 \cdot P_1 + y_1 \cdot P_2) \cdot (x_2 \cdot P_1 + y_2 \cdot P_2) =$$
$$(x_1 \cdot x_2 \cdot P_1 \cdot P_1) + (x_1 \cdot y_2 \cdot P_1 \cdot P_2) + (y_1 \cdot x_2 \cdot P_2 \cdot P_1) + (y_1 \cdot y_1 \cdot P_2 \cdot P_2) =$$
$$(x_1 \cdot x_2 \cdot P_1 - y_1 \cdot y_2 \cdot P_1) + (x_1 \cdot y_2 \cdot P_2 + y_1 \cdot x_2 \cdot P_2) =$$
$$(x_1 \cdot x_2 - y_1 \cdot y_2, x_1 \cdot y_2 + y_2 \cdot x_2).$$

Da allen algebraischen Operationen, welche hier auf der Ebene des Operierens mit den *Punktbenennungen* definiert wurden, *kreisfrei ausführbare geometrische Konstruktionen* korrespondieren, haben wir jetzt also bewiesen, dass die Redebereiche M_1, M_2 *Körper* sind.

Es ist leicht zu sehen, dass bei Addition, Subtraktion, Multiplikation und Division von Punkten der x-Achse die x-Achse nicht verlassen wird. Dies gilt nicht für die y-Achse, da offenbar $P_2 \cdot P_2 = -P_1$ ist. Diese Gleichung zeigt, was es eigentlich heißt, dass die zwei Wurzeln der ‚Zahl' -1 gerade die imaginären ‚Zahlen' $i = (0, 1) = P_2$ und $-i = (0, -1) = -P_2$ sind. Mit anderen Worten, an den so genannten imaginären Zahlen ist offenbar überhaupt nichts Mystisches, wenn man nur beachtet, dass sie gar keine Zahlen auf der Zahlgeraden, der x-Achse, sondern Punkte der Ebene auf der y-Achse sind. Der Mystizismus um diese Zahlen entsteht nur dann, wenn wir die Multiplikation von Längen *und die Konventionen der Vorzeichenrechnung* nicht angemessen *geometrisch interpretieren*. Wenn man das beachtet, verschwindet alle Mystik aus der imaginären Zahl i: Diese ist nämlich, wenn wir die Dinge genau genug notieren, gar nicht einfach eine von zwei Quadratwurzeln der Zahl -1, sondern die Wurzel des um 180 Grad gedrehten Ursprungsvektors $(-1, 0)$.[2]

Geraden lassen sich, wie wir für drei Dimensionen noch etwas genauer sehen werden, mit Hilfe der skalaren Multiplikation in der kanonischen Form $P + s(Q - P)$ darstellen, wobei P und Q zwei verschiedene Punkte sind, während s ein Element der *x-Achse* ist. Eine rechen- und beweistechnisch besonders einfache und wichtige Darstellungsform für Kurven in der

---

2 Vgl. dazu auch Robert Brandom, *Tales of the Mighty Dead* (281ff.), wo im Kontext einer Überlegung zu Frege klargestellt wird, dass wir für zwei Wurzeln i und $-i$ eine Konvention der Unterscheidung festlegen müssen.

Ebene macht von Werteverläufen $(s, f(s))$ Gebrauch. Wir können im Ausdruck auch auf die Achsen verweisen: $(x, y(x))$. $f(s)$ bzw. $y(x)$ *sind dabei Funktionen*, deren Argumente die Skalare s bzw. x der *x-Achse* sind und deren Werte $y = f(s)$ bzw. $y = y(x)$ auf der *y*-Achse liegen. Geraden nehmen dabei die lineare Form $y = a + b \cdot x$ an. Die *y-Achse* selbst und alle ihre Parallelen erweisen sich aus dem Blick dieser bevorzugten Darstellung als besondere, wenn man will ‚imaginäre', Linien, und zwar weil sie offenbar die *einzigen Geraden* bzw. *Richtungen* der Ebene sind, die durch eine solche Geradengleichung *nicht darstellbar sind*. Das ‚Imaginäre' der *y*-Achse ergibt sich in dieser Sicht aus einer ganz allgemein zu beachtenden systematischen Begrenzung der Darstellbarkeit von ebenen Kurven in der Form von Werteverläufen der geschilderten Art.

Die ‚skalaren' Punkte der *x*-Achse bilden offenbar einen Teilkörper des Körpers der Ebenenpunkte (Ursprungsvektoren) der jeweils betrachteten idealen Ebene G_1 oder G_2. Es handelt sich um die pythagoräischen bzw. euklidischen (gerichteten) Längen bzw. Zahlen $\mathbb{P}$ bzw. $\mathbf{E}$, die, wie wir noch etwas genauer sehen werden, einen Teilkörper der reellen Zahlen bilden.

5.3 Räumliche Geometrie

Wir können nun die ebenen Konstruktionen (Zeichnungen nach Anweisungen mit Lineal und Eichstrecke auf einer Quaderfläche) zu einem Bereich der räumlichen Operationen mit Quadern erweitern, indem wir folgende *räumliche Grundkonstruktion* (*) betrachten:

(*) In jeder auf einer ebenen Fläche (Ebene) schon konstruierten geraden Linie (Geraden) lässt sich eine zu der Fläche orthogonale Fläche (die orthogonale Ebene) konstruieren.

Technisch lassen sich diese Konstruktionen einfach dadurch ausführen, dass wir auf die Quaderfläche, welche die Ebene repräsentiert, einen zweiten Quader legen und eine seiner Kanten auf die konstruierte gerade Linien passen, welche die Gerade repräsentiert. Auf dieser neuen ebenen Fläche können wir dann wieder ebene Konstruktionen (Zeichnungen, also fiktive Schnitte) ausführen und dann wieder orthogonale Ebenen errichten. Aus den so, zunächst bloß protogeometrisch, beschriebenen kreisfreien – pythagoräischen – Konstruktionen von Ebenen, Geraden und Linienschnittpunkten, auf die ich mich hier beschränke, entsteht völlig analog zur Konstitution des Redebereiches G_1 durch Wahrheitswertfestsetzungen für Konstruierbarkeitsaussagen (Sätze) der (ideale, wahrheitslogische) Redebereich G_1^*, der Bereich der *pythagoräischen räumlichen Geometrie*.

Praktisch (extern) sind die Geraden und Ebenen der räumlichen Protogeometrie, wie wir schon mehrfach gesagt haben, immer relativ zu einem Bezugsquader Q_B zu verstehen, an welchem man einen Eckpunkt P_0 als Ursprung und die drei ebenen Grundflächen, in denen P_0 liegt, als die drei Koordinatenflächen ausgezeichnet hat: Erst dann wird die Rede von den (Raum-)Richtungen *konkret*. Alle geometrischen Konstruktionen und Redeweisen beziehen sich also (extern) auf *relativ* zum Bezugsquader *ruhende* Körperformen. Insofern die formentheoretischen Reden der idealen ebenen und räumlichen Geometrie für *beliebige Wahlen* von Bezugsquadern eingerichtet sind, sind sie allerdings *unabhängig* von einem ausgezeichneten Raumnullpunkt konstituiert. Die Wahl des Bezugsquaders ist also für die geometrische *Formentheorie äußerlich*. Für die Geometrie ist die Wahl etwa des schwarzen Würfels der Kaaba in Mekka als Weltmittelpunkt so gut wie die des Zentrums der Sonne oder des Milchstraßensystems.

Es gibt außerhalb des sprachlich konstituierten mathematischen (formentheoretischen) Redebereichs der idealen räumlichen Geometrie nicht so etwas wie einen (den) (unendlichen) *Raum*. Die Reden von den räumlichen Verhältnissen sind extern immer zu konkretisieren durch die Wahl eines Bezugsquaders, welcher ein (externes) Ruhesystem auszeichnet. Eine solche Wahl mag in anderen Hinsichten, etwa für den Aufbau einer physikalischen Kinematik und Dynamik, keineswegs beliebig sein, *geometrisch* kann sie vor einer anderen nicht ausgezeichnet werden.[3]

Die *faktischen* Relativbewegungen der Körper zu einander spielen nun zwar bei der Konstitution der (formentheoretischen Redeweisen der) räumlichen Geometrie keine wesentliche Rolle, wohl aber eine gewisse (lokale) *Starrheit und Bewegbarkeit* der Quader bei der Prüfung der Passungseigenschaften ihrer (ebenen) Oberflächen. In der (protogeometrischen) *Ausführung* und *Überprüfung* von Formkonstruktionen stützen wir uns auf eine breite, ja in einem gewissen praktischen Sinn sogar überwältigende, Erfahrung im Umgang mit geformten Körpern. Dabei unterstellen wir die Beweglichkeit von *formstabilen Körpern*. Diese ist (materialbegrifflich) notwendig für die kontrollierte Reproduzierbarkeit räumlicher Formen. Der ‚dreidimensionale' Fall ist hierin völlig analog zur ebenen Protogeometrie. Dort war bestimmt worden, was (extern) hinreichend gute Zeichenwerkzeuge sind, nämlich ebene Zeichenunterlagen und formstabile Lineale mit Eichstrecke(n). Die ideale räumliche Geometrie spricht wie die ebene Geometrie über das prinzipiell Konstruierbare, also darüber, was bei hinreichend guter Erfüllung der Konstruktionsanweisungen von den konstruier-

---

3 Wir werden hierauf noch einmal im § 7.1 zurückkommen.

5.3. Räumliche Geometrie

ten Körperformen zu erwarten ist. Tritt dann das zu Erwartende nicht ein, so wurde *nicht gut genug konstruiert*. Und doch sind unsere Möglichkeiten, gute geometrische Konstruktionen herzustellen, durch das Material (seine Formstabilität und die Beweglichkeit starren Körper) bzw. die zur Verfügung stehenden Kontrollen faktisch begrenzt, während die formale, damit schon idealgeometrische Rede der Mathematik (bewusst und zu Recht) keine derartige Grenzen kennt (festlegt), also die Frage nach den Genauigkeiten der Planrealisierungen *offen* bzw. der realen Praxis überlässt.[4]

Offenbar können wir auch über *bloß mögliche* Konstruktionen sprechen, etwa darüber, welcher geformte Körper einen gewissen *leeren Raum* ausfüllen *würde, wenn* dieser durch wirkliche (materielle) oder aber wiederum bloß gedachte Flächen als begrenzt verstehbar ist. Praktisch brauchen derartige Räume nicht völlig leer zu sein. Es reicht, wenn etwa geformte feste Körper flüssige oder gasförmige Materie verdrängen. Dann messen wir Räume, Flächen und Längen natürlich immer auch stückweise aus, oder benutzen optische Methoden, etwa Lichtstrahlen, zur Bestimmung gerader Linien (fiktiver Quaderkanten) im leeren Raum. Es stimmen dann die optischen Messungen, jedenfalls in den zunächst relevanten Größenbereichen, hinreichend mit den Messungen mit formstabilen Körpern überein. Gerade diese Übereinstimmung begründet die Verwendung der euklidischen Geometrie bei der mathematischen (rechentechnischen) Darstellung (und Deutung) der Ergebnisse optischer Raumvermessungen. *Soweit* die Licht‚strahlen' (im Bezug auf die faktisch angestrebte) Messgenauigkeit als *hinreichend gerade* angenommen werden können *und* soweit die *Dauer der Lichtausbreitung* (für die Messgenauigkeiten und Messstabilitäten) noch keine Rolle spielt, ist dies auch völlig sinnvoll.

Wir übertragen also die uns ‚im mittleren Rahmen' der Körperanpassung und des Ausfüllens von Hohlräumen vertraute Rede von Raumformen und die mit ihr in mittleren (‚mesokosmischen') Bereichen zusammenhängende Raumorientierung und -ausmessung auf Mikro- oder Makro-Bereiche, indem wir zusammen mit (und dann auch anstatt) der Ausmessung der Längen und Winkel durch (hinreichend) formstabile Messlatten andere Verfahren benutzen. Dass dabei die geometrischen Eigenschaften der verwendeten (physikalischen) Messverfahren (der Optik bzw. Elektro-

---

4 Gerade in der Arithmetik und Analysis wird deutlich, dass es ungeachtet der faktischen Grenzen des Rechnens mit großen Zahlen (Zahlworten) wichtig ist, bei der Konstitution mathematischer Redebereiche und der in diese eingebetteten höheren Rechnungsarten Vorsorge zu treffen für jede mögliche Erweiterung derartiger faktisch bestehender Grenzen, insofern ist die potentialen Unendlichkeit der Zahlwortreihe (sinn)konstitutiv für die Analysis. Nicht anders verhält es sich in der Euklidischen Geometrie.

dynamik) jeweils zu berücksichtigen sind, dass also beurteilt werden muss, in welchem Rahmen die Formpostulate für die entsprechend ausgemessen Raumstücke als erfüllt angesehen werden können, sollte sich jetzt eigentlich von selbst verstehen.[5]

Doch betrachten wir zunächst die Grundpraxis der räumlichen Protogeometrie, das Operieren auf und mit (festen) Quadern gemäß den ebenen Konstruktionen und der Ebenenkonstruktion (*). Es sei dazu an einem vorliegenden *Bezugswürfel* Q_B mit Kantenlänge $e = \overline{\Theta\Phi}$ der Ursprung oder Nullpunkt P_0 und das zugehörige Kantentripel P_0P_1, P_0P_2 und P_0P_3, die Einheitsvektoren, ausgezeichnet. Durch die Möglichkeit des Anlegens von Quaderkopien sind dann die (im weiteren immer auf den Quader Q_B zu beziehenden) räumlichen Geraden $g(P_0P_1,), g(P_0P_2)$ und $g(P_0P_3)$, die gerichteten Geraden und die Strahlen $\vec{g}(P_0P_i)$, also die x-, y- und z-*Koordinatenlinien* und die zugehörigen *Koordinatenebenen*, protogeometrisch eindeutig bestimmt.

Hat nun ein zweiter, schon konstruierter Quader Q mit pythagoräischen Kantenlängen (relativ zum Eichmaß des Bezugswürfels) die drei Koordinatenebenen mit dem Bezugswürfel gemeinsam, so lassen sich die Eckpunkte eines solchen zweiten *Ursprungsquaders* Q auf bekannte Weise eindeutig als Tripel von (positiven oder negativen) *Längen* relativ zu Q_B charakterisieren (benennen), d. h. in der Form (x, y, z) mit x, y und z aus $\mathbb{P}$. Die Eckpunkte eines Ursprungsquaders Q erhalten dabei Koordinaten der folgenden Formen: $(0,0,0), (x_1,0,0), (0,y_1,0), (0,0,z_1), (x_1,y_1,0), (x_1,0,z_1), (0,y_1,z_1)$ und (x_1,y_1,z_1), nachdem man den Punkten P_1, P_2 und P_3 die Koordinaten $(1,0,0), (0,1,0)$ und $(0,0,1)$ zugeordnet hat. Der den Quader eindeutig charakterisierende Quadereckpunkt $P_Q = (x_1,y_1,z_1)$ liegt dann, wie wir sagen, dem Ursprung P_0 räumlich diagonal gegenüber. Neben den auf den drei Koordinatenebenen konstruierbaren Punkten sind die Punkte der räumlichen Geometrie gerade die Eckpunkte von derartigen Ursprungsquadern mit pythagoräischen Seitenlängen, wie wir noch genauer sehen werden. *Zumindest* diese Punkte sind nach unseren Verfahren konstruierbar. Zur Vermeidung lästiger Fallunterscheidungen betrachten wir im Folgenden (stillschweigend) auch die auf den Koordinatenebenen konstruierbaren Punkte als mögliche Eckpunkte (uneigentlicher) Ursprungsquader.

Nach unseren Ausführungen für die ebene Geometrie können wir nun die Tripel der (orientierten) Längenmaßzahlen aus $\mathbb{P}$ gleich als ideale Benennung der Eckpunkte der Ursprungsquader oder der Punkte eines idealen Quader- oder Würfelgitters betrachten. Der Raum $\mathbb{P}^3$ wird damit zur ma-

---

5 Vgl. dazu Kap. 7 und 8.

5.3. Räumliche Geometrie

thematischen Darstellung der beschriebenen Raumpunkte. Dies ermöglicht es, unsere weiteren Überlegungen erheblich zu vereinfachen. Der komponentenweisen Addition der Längentripel

$$(x_i, y_i, z_i) + (x_j, y_j, z_j) := (x_i + x_j, y_i + y_j, z_i + z_j)$$

entspricht dann offenbar die Konstruktion eines Ursprungsquaders mit Seitenlängen $x_i + x_j$ usf., also die Konstruktion eines Gitterpunktes (Ursprungsvektors) $P_i + P_j$. Dabei können wir gleich an die Addition orientierter Längen denken, so dass die Subtraktion schon miterklärt ist. Die skalare Multiplikation eines idealen Raumpunktes P_Q mit einer (positiven) Längenmaßzahl k aus $\mathbb{P}$ bedeutet geometrisch gerade, dass der zugehörige Quader Q in jeder seiner Kanten um den Faktor k verlängert (resp. verkleinert) wird. Sie ist natürlich ebenfalls komponentenweise definiert. Multiplikation mit (-1) bedeutet wieder, dass man den Quader am Ursprung spiegelt.

Es sei nun F die Koordinatenebene, in welcher die Kanten $P_0 P_1$ und $P_1 P_2$ des Bezugswürfels liegen. Die in der ebenen Geometrie auf F idealiter konstruierbaren Punkte haben offenbar die Koordinaten $P_3 P_4$ mit x, y aus $\mathbb{P}$. Es seien außerdem zwei verschiedene Punkte $P_i = (x_j, y_j, z_j)$ und $P_j = (x_j, y_j, z_j)$ als irgendwelche Eckpunkte von zwei (wirklich oder fiktiv konstruierbaren) Ursprungsquadern gegeben, also als Punkte eines unserer beiden (idealen) Quadergitter mit Koordinaten aus $\mathbb{P}$. Mit P_i und $P_1 P_2$ sind uns dann auch immer die Bilder $P_3 P_4$ der orthogonalen Projektion auf F gegeben, d. h. die Punkte $P_i^* = (x_i, y_i, 0)$ und $P_j^* = (x_j, y_j, 0)$. Diese sind (extern) die Fußpunkte einer Quaderkante des durch P_i bzw. P_j charakterisierten Ursprungsquaders auf F.

Ist dann $P_i^* \neq P_j^*$, so liegen die Punkte P_i und P_j in der zu F orthogonalen Ebene, die in der Geraden $g(P_i^* P_j^*)$ errichtet wurde, die wir mit ‚$E \perp (P_i^* P_j^*)$' bezeichnen wollen. Ist $P_i^* = P_j^*$, so unterscheiden sich P_i und P_j höchstens in der z-Koordinate, und wir setzen $E \perp (P_i^* P_j^*) := E \perp (P_0 P_i^*)$, falls $P_0 \neq P_i^*$, ist und $E \perp (P_i^* P_j^*) := E \perp (P_0 P_1)$, falls $P_0 = P_i^*$ ist. In der damit eindeutig bestimmten Ebene $E \perp (P_i^* P_j^*)$ lassen sich die Punkte P_i und P_j durch das Anlegen einer Quaderkante (eines Lineals) gerade verbinden. Es entsteht die *Raumgerade* $g(P_i P_j)$.

Es seien nun P, Q und P_j Punkte im Quadergitter mit Seitenlängen in $\mathbb{P}$, also durch die Längentripel in $\mathbb{P}^3$ benennbare Punkte. Dann zeigt eine einfache Fallunterscheidung, dass P genau dann auf der Raumgeraden $g(P_i P_j)$ liegt, wenn es ein k aus $\mathbb{P}$ gibt, für welches die folgende Geradengleichung erfüllt ist:

(1) $P = P_i + k(P_j - P_i)$:

(Fall 1): Ist $P_i^* = P_j^* = (x_i, y_i, 0) = (x_j, y_j, 0)$, aber $P_i \neq P_j$, so unterscheiden sich P_i und P_j (nur) in der z-Koordinate, und alle Quadergitterpunkte P auf der Geraden $g(P_i, P_j)$ erhalten Koordinaten der Form (x_i, y_i, k) aus $\mathbb{P}$ bzw. **E**, also auch Koordinaten der folgenden Form $P_i + k(P_j - P_i)$.

(Fall 2): Sind P_i^* und P_j^* verschieden, so liegt (nach unserem Strahlensatz) ein Punkt P der Ebene F mit Koordinaten $(x, y, 0)$ auf der Geraden $g(P_i^*, P_j^*)$ genau dann, wenn $(x - x_i) : (x_j - x_i) = (y - y_i) : (y_j - y_i) := k$ ist, also genau dann, wenn $P_i - P_i^* = P_i + k(P_j - P_i)$ gilt für ein k aus $\mathbb{P}$. Für zwei verschiedene Punkte P_i^* und P_j^* mit gleicher z-Koordinate $z_i = z_i$ erhalten alle in $E \perp (P_i^*, P_j^*)$ konstruierbaren Punkte auf der in diesem Fall zur Geraden $g(P_i^*, P_j^*)$ auf F *parallelen* Geraden $g(P_i P_j)$ Koordinaten der Form: $P_i + k(P_j^* - P_i^*)$, mit k aus $\mathbb{P}$.

(Fall 3): Ist $P_i^* = P_j^* = (x_i, y_i, 0) = (x_j, y_j, 0)$ und ist $z_i \neq z_j$, so stehen die beiden in der Ebene $E \perp (P_i^*, P_j^*)$ liegenden Geraden $g_0 := g(P_i, P_j^*)$ und $g_1 := g(P_i P_K)$ mit $P_K := P_i + (P_i^* - P_j^*) = (x_i, y_i, z_i)$ orthogonal aufeinander. Ein Punkt P des Quadergitters liegt in der Ebene $E \perp (P_i^* P_i^*)$ genau dann, wenn er Koordinaten der folgenden Form hat:

$$P = (x, y, z) = P_i^* + k(P_j^* - P_i^*) + (0, 0, z)$$
$$= (x_i, y_i, 0) + (k \cdot (x_j - x_i), k \cdot (y_j - y_i), 0) + (0, 0, z)$$

Der Fußpunkt der orthogonalen Projektion eines Punktes P dieser Ebene auf g_0 hat dann die Koordinaten (x_i, y_i, z), der Fußpunkt der orthogonalen Projektion von P auf g_1 hat die Koordinaten x, y, z_i. Nach unserem Strahlensatz liegt P daher auf $g := g(P_i P_j)$ genau dann, wenn die Gleichung

(2) $\quad (z - z_i) : (z_j - z_i) = \|(x, y, z_i), P)_i\| : \|P_j^* P_i^*\| = k$

erfüllt ist. Der Abstand $\| P_i P_j \|$ zweier Raumpunkte $P_i = (x_i, y_i, z_i)$ und $P_j = (x_j, y_j, z_j)$ bzw. die Länge $P_i P_j$ ist dabei natürlich wie in der Ebene formentheoretisch, über die Konstruktion der Streckenabtragung in den Ebenen, definiert. Aufgrund des Satzes von Pythagoras ist dann leicht einzusehen, dass gilt:

(3) $\quad \overline{P_i P_j} = \|P_i P_j\| = \sqrt{\left(\sqrt{(x_j - x_i)^2 + (y_j - y_i)^2}\right)^2 + (z_j - z_i)^2}$
$\qquad \qquad \quad = \sqrt{(x_j - x_i)^2 + (y_j - y_i)^2 + (z_j - z_i)^2}$

Aus (2) und (3) ergibt sich, dass P auf g liegt, genau wenn mit folgender Gleichung auch die folgende Gleichung (1) erfüllt ist: $P = P_i + k \cdot (x_j - x_i, y_j - y_i, 0) + k \cdot (0, 0, z_j - z_i)$. Wir sehen damit, wie die analytische Defi-

5.3. Räumliche Geometrie

nition der Raumgeraden als Punktmengen, welche eine Gleichung der Form (1) erfüllen, protogeometrisch zu verstehen resp. begründet ist.

Sind P_i, P_j, P_k Punkte des idealen Quadergitters, welche alle auf einer schon konstruierten Ebene E liegen, dann stehen nach dem Satz des Pythagoras die Geraden $g(P_i P_j)$ und $g(P_i P_k)$ in der Ebene E orthogonal aufeinander, genau wenn für ihre Koordinaten gilt:

(4) $\quad (x_j - x_i) \cdot (x_k - x_i) + (y_j - y_i) \cdot (y_k - y_i) + (z_j - z_i) \cdot (z_k - z_i) = 0$

Dies zeigt eine einfache Rechnung auf der Basis von Gleichung (3).

Weiter gilt: Ist eine Ebene E nach unseren Konstruktionsverfahren bestimmt, so ist immer auch schon eine Gerade g auf E und ein Punkt P_m auf g mitkonstruiert, so dass P_m im idealen Quadergitter $\mathbb{P}^3$ liegt, also durch ein Koordinatentripel benennbar ist. Trägt man von P_m aus in eine Richtung auf g die Einheitslänge e ab und erhält so den Punkt P_n, dann können wir zu $g(P_m P_n)$ in der Ebene E durch P_m die Orthogonale errichten und auf ihr (in einer Richtung) einen Punkt P_q konstruieren mit $P_m P_q \hat{=} e$. Offenbar sind P_m, P_n, P_q Punkte des Quadergitters, welche die Anfangsbedingungen unserer normierten ebenen Zeichnungen erfüllen, wenn wir P_m als Nullpunkt betrachten. Wählt man eine bestimmte Draufsicht auf die Ebene, so übernimmt P_n die Rolle des Einspunktes auf der x-Achse der Ebene und P_q die Rolle des zweiten Punktes auf der y-Achse. Jeder in E konstruierbare Punkt lässt sich dann in Bezug auf dieses Koordinatensystem durch Zahlenpaare ‚(k_1, k_2)' benennen mit k_i aus $\mathbb{P}$.

Die Umrechnung bzw. Umbenennung, die wir vornehmen müssen, wenn wir nun die Ebene E in den (dreidimensionalen) Grundraum mit den durch Q_B bzw. die Punkte P_0, P_1, P_2, P_3 bestimmten Koordinaten einbetten wollen, und das heißt, wenn wir die Ebenenpunkte in ihrer relativen Lage zu Q_B charakterisieren wollen, ergibt sich aus folgender Überlegung: Die in Bezug auf das Punktetripel (P_m, P_q, P_n) mit ‚$(k_1, 0)$' benannten Punkte der Ebene E sind gerade Punkte der Geraden $g(P_m P_n)$, die mit ‚$(0, k_2)$' benannten sind Punkte der Geraden $g(P_m P_q)$. Der Punkt $(0, k_1)$ der Ebene E erhält dann über die Raumkoordinaten der Punkte P_m, P_n und P_q die Raumkoordinate $P_m + k_1(P_n - P_m)$, der mit ‚$(0, k_2)$' benannte Punkt die Raumkoordinate $P_m + k_2(P_q - P_m)$. Daraus ergibt sich für die Ebenenpunkte (k_1, k_2) im Raum die Koordinatengleichung:

(5) $\quad P_m + k_1 \cdot (P_n - P_m) + k_2 \cdot (P_q - P_m)$.

Sind also P_m, P_n, P_q Punkte im idealen Quadergitter (ideale Eckpunkte von Ursprungsquadern), so auch alle in der Ebene E durch ebene Konstruktionen erhältliche Punkte. Ist nun P_s irgend ein Punkt der Ebene E, welcher nicht auf $g(P_m P_n)$ liegt, so erhält man aus $P_s = P_m + k_1(P_n - P_m) + k_2(P_q - P_m)$ mit $k_2 \neq 0$ für P_q die Koordinatendarstellung:

(6) $\quad P_q = P_m + (1/k_2) \cdot (P_s - P_m) - (k_1/k_2) \cdot (P_n - P_m)$

Hieraus ergibt sich, dass sich jeder in einer Raumebene E durch ebene Konstruktionen erhältliche Punkt P in der Form $P = P_m + k_1(P_s - P_m) + k_2(P_r - P_m)$ (mit k_i aus $\mathbb{P}$ resp. aus $\mathbf{E}$) darstellen lässt, wenn $P_m, P_s,$ und P_r *drei beliebige nicht kollineare* Punkte der Ebene im idealen Quadergitter sind.

Seien nun P_i und P_j zwei Eckpunkte im idealen Quadergitter, und errichten wir in der Geraden $g(P_i P_j)$ zur Ebene $E \perp (P_i^* P_j^*)$ die orthogonale Ebene, dann bezeichnen wir diese mit ‚$F \perp (P_i P_j)$'. Wir wollen nun zeigen, dass es zu je drei (idealen) Gitterpunkten $P_{k_1}, P_{k_2}, P_{k_3}$ (aus $\mathbb{P}^3$) zwei Punkte P_i und P_j (aus $\mathbb{P}^3$) gibt, so dass alle P_{k_i} entweder in der Ebene $E \perp (P_i^* P_j^*)$ oder in der Ebene $F \perp (P_i P_j)$ liegen.

Sind die drei Punkte P_{k_i} nicht kollinear, so bestimmen sie die Ebene eindeutig, wie dies entweder die Gleichung (6) oder auch die folgende Ebenenkonstruktion (**) demonstriert:

> (**) Halten wir die Kante eines entsprechend groß zu wählenden Quaders an der Geraden $g(P_{k_1} P_{k_2})$ in Passlage fest und drehen den Quader um diese Achse, bis der Punkt P_{k_3} auf einer Quaderfläche liegt, welche durch die festgehaltene Kante begrenzt ist, so bestimmt diese Quaderfläche genau eine Ebene im Raum.

Unsere Behauptung besagt dann, dass die gerade geschilderte Ebenenkonstruktion aus Quadergitterpunkten keine Ebenen erzeugt, die man nicht schon als Ebenen $E \perp (P_i^* P_j^*)$ und $F \perp (P_i P_j)$ hätte erhalten können. Mit anderen Worten, durch das Anlegen einer Ebene an drei schon konstruierte und nicht kollineare Raumpunkte ergeben sich keine weiteren Ebenen. Ferner ergeben sich durch Ebenenschnitte keine neuen Geraden auf den Ebenen und daher auch keine neuen Linienschnittpunkte, welche sich auf den Ebenen nicht schon durch ebene Konstruktionen erhalten lassen. Außerdem muss man die Konstruktion orthogonaler Ebenen nur zweimal ausführen, um alle konstruierbaren Ebenen zu erhalten.

Es seien also drei Raumpunkte P_{k_1}, P_{k_2} und P_{k_3} mit Koordinaten (x_1, y_1, z_1) ($1 = 1, 2, 3$) mit $P_{k_1}^* \neq P_{k_2}^*$ gegeben. Für den Fall, dass P_{k_3} nicht schon in der durch P_{k_1} und P_{k_2} bestimmten Ebene $E \perp (P_{k_1}^* P_{k_2}^*)$ liegt, wollen wir dann zeigen, dass sich ein idealer Quadergitterpunkt P finden (konstruieren) lässt, so dass die Punkte P_{k_2} und P_{k_3} in der Ebene $F \perp (P_{k_1} P)$ liegen.

Analytisch lassen sich die Koordinaten des gesuchten Punktes $P = (x, y, z)$ aus den Koordinaten der Punkte P_{k_1}, P_{k_2} und P_{k_3} aufgrund folgender Überlegung berechnen: Wir suchen einen Punkt P, so dass die

5.3. Räumliche Geometrie

Geraden $g(P_{k_2}P_{k_1})$, $g(P_{k_3}P_{k_1})$ und $g(P_jP_{k_1})$ alle orthogonal auf der Geraden $g(P^*P_{k_1})$ stehen (mit $P^* = (x,y,0)$). Denn jede Gerade g durch P_{k_i} in der Ebene $F \perp (P_{k_1}P)$ steht orthogonal zu jeder Geraden g^* durch P in der Ebene $E \perp (P^*P^*_{k_1})$, sofern nur $g \neq g^*$ ist, also g oder g^* ungleich der den beiden Ebenen gemeinsamen Geraden $g(P_jP_i)$ ist. Es sind damit folgende Gleichungen zu erfüllen:

1) $(x_1 - x) \cdot (x_1 - x) + (y_1 - y) \cdot (y_1 - y) + (z_1 - z) \cdot z_1 = 0$
2) $(x_1 - x_2) \cdot (x_1 - x) + (y_1 - y_2) \cdot (y_1 - y) + (z_1 - z_2) \cdot z_1 = 0$
3) $(x_1 - x_3) \cdot (x_1 - x) + (y_1 - y_3) \cdot (y_1 - y) + (z_1 - z_3) \cdot z_1 = 0$

Es ergeben sich die Gleichungen:

1') $z = (1/z_1) \cdot ((x_1 - x)^2 + (y_1 - y)^2 + z_1^2)$
2') $y = (1/(y_1 - y)) \cdot (xx_2 - xx_1) + c_1$ für eine durch P_{k_1}, P_{k_2} und P_{k_3} bestimmte Konstante c_1.
3') $x((x_1 - x_3) + (1/(y_1 - y_2)) \cdot (y_1 - y_3) \cdot (x_2 - x_1) = c_2$ für eine durch $P_{k_1}, P_{k_2}, P_{k_3}$ bestimmte Konstante c_2.

Ist nun $x_3 = x_1 + (1/(y_1 - y_2))(y_1 - y_3)(x_2 - x_1)$, so lassen sich die Koordinatenwerte x, y, z offenbar sofort berechnen. Andernfalls liegen die Punkte $P^*_{k_1}, P^*_{k_2}$ und $P^*_{k_3}$ auf einer Geraden der Grundebene G. Das aber würde bedeuten, dass Punkte P_{k_1}, P_{k_2} und P_{k_3} schon auf der Ebene $E \perp (P^*_{k_1}P^*_{k_2})$ liegen. Damit haben wir gezeigt, dass sich alle über die Konstruktionen (*) und (**) erhältlichen Raumebenen auch durch (höchstens zweimalige) Ausführung der Konstruktion orthogonaler Ebenen in einer Gerade zu einer Ebene ergeben. Darüber hinaus ergeben sich durch Ebenenschnitte keine neuen Ebenen: Zwei nach unseren Verfahren erhältliche nichtparallele Ebenen E_1 und E_2, die also nicht ebene Erweiterungen einer unteren und oberen Fläche eines Quaders im Raum sind, haben immer zwei Punkte P_i und P_j aus dem zugehörigen Quadergitter $\mathbb{P}^3$ gemeinsam und schneiden sich damit in der Schnittgeraden $E_1 \cap E_2 = g(P_iP_j)$. Den Beweis dieser Aussage kann man jetzt natürlich auch analytisch führen, indem man die Menge der möglichen Quadrupel (k_1, k_2, k_3, k_4) in $\mathbb{P}^4$ bestimmt, welche die folgende Schnittgleichung für die entsprechend durch drei Punkte P_i, P_j, P_k bzw. P'_i, P'_j, P'_k aus P^3 bzw. E^3 dargestellten Ebenen E_1, E_2 erfüllen:

(7) $P = P_i + k_1 \cdot (P_j - P_i) + k_2 \cdot (P_k - P_i) = P'_i + k_3 \cdot (P'_j - P'_i) + k_4 \cdot (P'_k - P'_i)$

Genau wenn die Ebenen nicht parallel sind, gibt es ein derartiges Quadrupel, und das heißt, es ist $E_1 \cap E_2$ eine auf E_1 (bzw. E_2) durch ebene Konstruktionen erhältliche Gerade bzw. eine Raumgerade in $\mathbb{P}^3$. Details seien hier dem Leser überlassen. Diese Aussagen scheinen zu zeigen, dass der Raum dreidimensional ist. Doch das ist, wie wir sehen werden, nicht so.

Ist ein Bezugswürfel Q_B gewählt, so kann man die Eckpunkte eines jeden weiteren Würfels Q_B^* in ihren Ortskoordinaten bezüglich Q_B bestimmen, sofern man annehmen kann, dass die beiden Quader relativ zueinander ruhen, sich also insgesamt in einem formstabilen Raumverhältnis befinden. Dann kann man sich überlegen, wie die Koordinaten umzurechnen sind, wenn (etwa in einer anderen Orientierungspraxis) Q_B^* als Bezugswürfel angenommen ist. Derartige Koordinatentransformationen berechnen also die Q_B-Koordinaten für Raumpunkte aus deren Q_B^*-Koordinaten. Auf der Basis dieser Umrechnungsmöglichkeit spielt die Wahl des Ursprungs und des Bezugsquaders keine Rolle.

Diese Situationsinvarianz protogeometrischer (physikalischer) Größen ist natürlich *faktisch nicht a priori erfüllt*: Vielmehr ist es eine Vorbedingung jeder Wissenschaft, in welcher mit räumlichen Maßverhältnissen gerechnet wird, dass es reproduzierbare und situationsunabhängige, insbesondere ortsunabhängige, Messverfahren und Messinstrumente gibt, welche in der faktischen Messpraxis (in gewissen anzugebenden Genauigkeiten) die Formpostulate und mit diesen die Koordinatentransformationen hinreichend erfüllen. Die von uns benutzten Messquader tun dies in mittleren Größenbereichen. Die in einem gewissen Genauigkeitsrahmen durchaus befriedigende Formstabilität der Ausbreitung des Lichtes (der Geradheit der Lichtstrahlen)[6] leistet Analoges in der optischen Raumausmessung.

Damit sind $\mathbb{P}^3$ bzw. $\mathbf{E}^3$, wenn man Kreiskonstruktionen auf der Ebene hinzunimmt, als Gegenstands- bzw. Redebereiche der idealen räumlichen Geometrie soweit konstituiert, dass folgende Tatsachen sofort einleuchten:

1. Zusammen mit den (analytisch, durch die genannten Gleichungen als Punktmengen) definierten Raumgeraden und Raumebenen sind $\mathbb{P}^3$ und $\mathbf{E}^3$ Modelle aller Axiome Hilberts (unter Einschluss der hier nicht aufgeführten räumlichen Axiome) für die euklidische Geometrie, bis auf das Vollständigkeitsaxiom V.2.
2. Wir können ab jetzt in $\mathbb{P}^3$ und $\mathbf{E}^3$ die übliche Analytische Geometrie des Raumes, etwa auch Lineare Algebra betreiben. Es ist auch klar, wie sich die algebraischen bzw. analytischen Operationen in geometrische Konstruktionen übersetzen lassen. Dies ist der wesentliche Grund, warum man in der höheren Mathematik die synthetische Geometrie als bloße Vorstufe betrachtet. Und doch ist die synthetische (protheoretische) Geometrie keineswegs eine Angelegenheit von vagen Vorstellungen und

---

6 Vgl. dazu § 7.1.

5.3. Räumliche Geometrie

Plausibilitäten, sondern, wie wir gesehen haben, eine strenge Methode der logischen Gegenstandskonstitution auf der Grundlage der Formung und Handhabung von Körpern (in der Anschauung) nach gewissen Zielnormen und der diese Formpraxis dann abstrakt darstellenden Wahrheitswertsemantik geometrischer Rede.

3. Der Sinn der Analytischen Geometrie und Linearen Algebra besteht natürlich darin, dass wir das (schematische) Rechnen mit Zahlen und Buchstaben an die Stelle des Zeichnens oder Konstruierens von Formen nach gewissen Konstruktionsanweisungen treten lassen können. Auf diese Weise lässt sich mathematisch vorplanend, insofern a priori, die Form gewisser Figuren *berechnen* – unter der Annahme, dass sie den Konstruktionsnormen gemäß hergestellt sind oder sich (fiktiv) als so hergestellte betrachten lassen.

4. Die Methode der Gegenstandskonstitution durch Wahrheitswertfestsetzung konstituiert ideale Redebereiche. Diese sind Punktmengen und die auf ihnen definierten Prädikate. Diese sollten auf keinen Fall mit realen Räumen, in denen sich physische Dinge bewegen, verwechselt werden: Ideale Ebenen und Räume gibt es nur in der Mathematik und in den mathematisch geformten physikalischen Modellen. Es gibt sie nicht in der phänomenalen und erfahrbaren und insofern einzig mit Recht ‚wirklich' zu nennenden Welt, ebenso wenig wie es dort Zahlen gibt: Zahlen als abstrakte Gegenstände gibt es nur in der (Rede über die) geformten Zähl- und Rechenpraxis der Menschen.

5. Ein bloß abstrakter, metastufiger, Nachweis der prinzipiellen Existenz von Redebereichen, die (semantischen Modellen), die gewisse durch formale Axiome beschriebene Eigenschaften besitzen, etwa in der Naiven oder axiomatischen Mengenlehre, ist von einer konkreten Konstitution eines Redebereiches unbedingt zu unterscheiden. Die abstrakte Existenz eines semantischen Modells ist einfach äquivalent mit der deduktionslogischen Widerspruchsfreiheit des Axiomensystems.[7] Damit weiß man aber noch keineswegs, ‚worüber' man in dem Axiomensystem ‚spricht'.

Versteht man die axiomatische Methode als die Grundlage mathematischer Rede und mathematischen Beweisens und spricht von axiomatisch-impliziten Definitionen, so macht man den zweiten Schritt vor dem ersten. Als Hilfsmittel der Darstellung von Eigenschaften von Modellklassen (Klassen konkret konstituierter semantischer Modelle, bei denen klar ist, was unser Interesse an ihnen begründet) sind Axiomensysteme sinnvoll. Mit ihrer Hilfe lassen sich nämlich modellübergreifende Beweise führen: Alle im

---

7 Vgl. dazu z. B. Stekeler-Weithofer 1986 § 14.2.

Axiomensystem deduzierbaren Formeln gehen in wahre Sätze über, wenn in entsprechenden Redebereichen Wahrheitswertfestlegungen den Sätzen, welche die syntaktische Form der Axiome (also der Prämissen der Deduktionen) haben, auf kanonische Weise den Wert das Wahre zuordnen.

6. Der Begriff des Unendlichen ist dadurch konstituiert, dass wir die Redebereiche der Geometrie und Arithmetik entsprechend *offen* gestalten. Dies geschieht, indem wir die Konstruktion von Zahlnamen oder das Anlegen von Quaderkopien für unbegrenzt ausführbar erklären. Selbstverständlich meinen wir damit nicht, wir könnten wirklich *unbegrenzt* große Zahlen benennen oder unbegrenzt große Quader herstellen. Das wäre Unsinn. Wir verzichten nur auf eine Angabe von Grenzen. Das heißt, die Form der Konstruktion sieht keine Grenzen vor. Das ist der Sinn der Rede vom bloß potential Unendlichen schon bei Aristoteles.[8] Wenn dann, wie in der physikalischen Geometrie, doch Grenzen der Realisierbarkeit der geometrischen Formpostulate zu berücksichtigen sind, werden wir eben andere, nichtsdestotrotz in aller Regel ideal-abstrakte, Redebereiche konstituieren, in denen diese Grenzen Berücksichtigung finden. Auch diese alternativen Geometrien werden dann als zweckorientierte zu verstehen und in ihrem begrenzten Sinn zu beurteilen sein. Sagt einer, er habe eine wahre Geometrie des Weltraumes entworfen, in welcher die räumlichen Verhältnisse der Welt beschrieben oder erklärt seien, wie sie wirklich sind, so ist diese Behauptung zwar nicht a priori falsch. Sie ist nur unverständlich, wenn sie nicht bloß bedeutet, dass der Behauptende mit Emphase die Meinung vertritt, seine Geometrie sei hilfreich zur Darstellung der Praxis und/oder der Ergebnisse empirischer Messungen (einer bestimmten Art).

7. Wie die ideale (euklidische) Ebene gibt es den idealen (euklidischen) Raum nirgends. Er hat keinen Ort und bestimmt auch keineswegs wirkliche Weltorte. Dies gilt für jede andere (axiomatisch, und damit bloß partiell, oder wahrheitswertsemantisch charakterisierte) Raumtheorie. Es geht also keineswegs darum, wie Riemann in seinem Habilitationsvortrag unterstellt, den ‚wirklichen' Raum richtig zu beschreiben. Der euklidische Raum ist vielmehr das mathematische Modell der (formentheoretischen und gegenständlichen) Rede über die Methode der Raumorientierung und Raumausmessung auf der Basis der Wahl eines Bezugswürfels. An die von uns geschilderten Operationen mit Quadern schließt sich die Rede von einem (idealen) Quadergitter an und eine Benennung der Gitterpunkte durch Zahlworte.

---

8 Vgl. dazu Aristoteles, Physik, Buch III, Kap. 6 (206a, b).

5.4 Algebraisierung und Arithmetisierung der Geometrie

5.4.1 Rationale Maßzahlen und Inkommensurabilität

Bisher haben wir Zahlen nur im Zusammenhang des Archimedischen Postulates benötigt, wobei offenbar die natürlichen (positiven ganzen) Zahlen ausreichen. Jetzt wollen wir dagegen auch (rationale und irrationale) Längen- und Flächen*maßzahlen* einführen und dann die Zahlworte auch für eine gegenüber dem Bisherigen neue Art der Benennung der Ebenenpunkte, genauer, der idealen Punkte in G_1 bzw. G_2, verwenden.

Dazu ordnen wir der Länge $e = \overline{\Theta\Phi} = \overline{P_0 P_1} = \overline{P_0 P_2}$ jetzt explizit das Zahlwort ‚1' bzw. die Zahl 1 zu. Jeder Länge $\overline{P_i P_j}$, die sich durch n-maliges Zusammenfügen von Strecken der Länge 1 ergibt, ordnen wir das *Längenmaßzahlwort* ‚n' bzw. die Zahl n zu und sprechen dann auch von ‚der Länge n'. Jeder Länge $\overline{P_i P_j}$, deren n-faches gerade die Einheitslänge 1 ist, ordnen wir als *Längenmaßzahlwort* den *Bruch* ‚$1/n$' bzw. die Längenmaßzahl $1/n$ zu. Jeder Länge $\overline{P_i P_j}$, die das m-fache einer Strecke der Länge $1/n$ ist, ordnen wir als Längenmaßzahl den Bruch ‚m/n' bzw. die ‚rationale Zahl' m/n zu. Offenbar ist einer Länge $\overline{P_{i1} P_{i2}}$ genau dann sowohl der Bruch ‚m_1/m_2' als auch der Bruch ‚n_1/n_2' zugeordnet, wenn die arithmetische Gleichung (*) $m_1 \cdot n_2 = n_1 \cdot m_2$ gilt, wenn also die Brüche, wie wir sagen, die gleiche positive rationale Zahl benennen.[9] Ist der Länge $\overline{P_{i1} P_{i2}}$ das Zahlwort ‚m_1/m_2' und der Länge $\overline{P_{j1} P_{j2}}$ das Zahlwort ‚n_1/n_2' zugeordnet, so entspricht der Länge $\overline{P_{i1} P_{i2}} + \overline{P_{j1} P_{j2}}$ der Bruch (das Zahlwort) ‚$(m_1 \cdot n_2 + m_2 \cdot n_1)/(m_2 \cdot n_2)$'. Es ist nämlich ‚$m_1 \cdot n_2/n_2 \cdot m_2$' ein Längenzahlwort, das $\overline{P_{i1} P_{i2}}$ zugeordnet ist, und ‚$m_2 \cdot n_1/n_2 \cdot m_2$' ein Längenzahlwort für $\overline{P_{j1} P_{j2}}$. Die Multiplikation von Brüchen bzw. von rationalen Zahlen entspricht offenbar völlig der geometrischen Multiplikation der entsprechenden Längen und umgekehrt.

Das Entsprechungszeichen $\cong$ zwischen Längen und Längenmaßzahlen (wie in $a \cong m_1/m_2$) lässt sich zunächst nicht einfach durch ein Gleichheitszeichen ersetzen: Längen sind Kongruenzklassen idealer Strecken, also geometrische Gegenstände. Längenmaßzahlen aber sind durch die Äquivalenzrelation (*) zwischen Brüchen konstituierte rationale Zahlen, also arithmetische Gegenstände. Der Unterschied zwischen Längen und Brüchen wird insbesondere dadurch deutlich, dass es Längen gibt, welchen

---

9 Durch die Wahrheitswertfestlegung (*) für Gleichungen zwischen Brüchen ist der Gegenstandsbereich der rationalen Zahlen konstituiert.

keine rationalen Zahlen entsprechen. Nach dem Satz des Pythagoras gilt nämlich im rechtwinkligen Dreieck für die Kathetenlängen a und b und die Hypothenusenlänge c die Gleichung $c^2 = a^2 + b^2$. Ist x_i ein Punkt auf der positiven x-Achse, so schreiben wir „$\sqrt{x_i}$" für die Seitenlänge eines Quadrats mit Flächeninhalt x_i, das also flächengleich ist zu einem Rechteck mit den Seitenlängen e und x_i.[10] Dann ist offenbar jede Länge $x_3 = \sqrt{x_1^2 + x_2^2}$ aus den Längen x_1 und x_2 kreisfrei konstruierbar. Da die Fläche a^2 des einen Kathetenquadrats gerade gleich der Fläche $p \cdot c$ ist, wobei p die Länge der orthogonalen Projektion der Kathete a auf die Hypothenuse ist, können wir mit Hilfe des Thaleskreises zu jeder positiven Länge $|x|$ ein Quadrat mit Seitenlänge $\sqrt{|x|}$ konstruieren. D. h. G_1 ist abgeschlossen gegenüber der Operation $\sqrt{|x|}$, G_2 ist abgeschlossen gegenüber der Operation $\sqrt{x_1^2 + x_2^2}$.

Weil bekanntlich die Wurzel jeder natürlichen Zahl n, welche *nicht* das Quadrat natürlicher Zahlen $m \cdot m = n$ ist, keine rationale Zahl sein kann (der arithmetische Beweis diese Sachverhalts über einen Widerspruchsbeweis ist höchst einfach), können wir offenbar nicht jeder konstruierbaren Länge eine rationale Zahl zuordnen, und zwar gerade den Längen nicht, welche *inkommensurabel* sind zur Einheit $e = \overline{\overline{\Theta\Phi}}$, welche sich also nicht als ganzzahliges Vielfaches eines ganzzahligen Teils von e darstellen lassen. Die griechischen Geometer haben dementsprechend schon unterschieden zwischen einer Länge mit einer (rationalen) Maßzahl („*mēkos*') und einer Länge ohne derartige Maßzahl, welche „*dynamis*' genannt wurde, also etwa „*potentielles Längenmaß*'.[11]

In einer realen und als solche rein empirischen *Messpraxis* scheinen die irrationalen Längenmaßzahlen zunächst gar keine Rolle zu spielen. Denn praktisch werden unsere Messgenauigkeiten nie auch nur die rationalen Zahlen ausschöpfen. In der Tat macht die Rede von irrationalen Längen im Bereich einer rein *messenden* Physik überhaupt keinen Sinn: Wirkliche Strecken sind keineswegs beliebig (unendlich) teilbar. Und zwischen wirklichen Strecken gibt es nie so etwas wie irrationale Maßzahlenverhältnisse. Nun sind aber, wie wir gesehen haben, die Längen und Maßzahlen der Geometrie völlig unabhängig von der physischen Realisierung der *Maßeinheit* $e = \overline{\overline{\Theta\Phi}}$ rein formentheoretisch definiert. Längenmaßzahlen geben also immer nur das *Längenverhältnis* zur jeweils (extern) gewählten Einheitsstrecke $\Theta\Phi$ an. Der Verzicht auf das *Rechnen* mit exakten, also irrationalen Maß-

---

10 Wir benutzen ab jetzt die (skalaren) Punkte auf der x-Achse auch als Vertreter für (gerichtete) Längen, schreiben also einfach „x_i" für den Vektor „P_0x_i".
11 Vgl. dazu den Beginn von Platons Dialog *Theaitetos* (148a–b).

5.4. Algebraisierung und Arithmetisierung der Geometrie

zahlen und eine Ersetzung dieser Zahlen durch fix gewählte rationalzahlige Approximationen wäre daher *rechentechnischer Unsinn*: Der Approximationsfehler würde ja bei Wahl großer Maßstäbe beliebig groß. Auch die Fixierung eines einzigen Vergleichskörpers (und seiner Länge), etwa eines Urmeters oder irgendeiner anderen physikalischen (empirischen) Längeneinheit, würde hier nicht helfen. Denn es besteht auch dann ein rechentechnisches Bedürfnis, beliebige Teile oder Vielfache der Grundeinheiten im Mikro- oder Makrobereich selbst wieder als *mögliche Längeneinheiten* zu betrachten.

Die Maßstabsinvarianz physikalischer Längen und Flächenmessung ist daher zumindest zunächst eine extrem sinnvolle Forderung der Umrechnungstechnik verschiedener Skalen. Sie ermöglicht es allererst, geometrische Verhältnisse arithmetisch zu behandeln. Diese Größeninvarianz aber ist, wie wir gesehen haben, gleichbedeutend mit der Euklidizität der (idealen) Geometrie.

Wenn wir nun allen Längen Längenmaßzahlen zuordnen wollen, ist dieser Bereich der Zahlen zu erweitern, und zwar zunächst auf die Bereiche der pythagoräischen und euklidischen Längenmaßzahlen, die wir mit ‚$\mathbb{P}$' und ‚**E**' bezeichnen. Diese lassen sich noch ohne den Begriff der Zahlenfolge algebraisch oder wahrheitswertsemantisch einführen und zwar durch folgende Festlegungen für die Zahlennamen und Zahlengleichungen:

(i) Es ist jeder Bruch ‚m/n' und es ist die Null ‚0' ein Zahlenname in $\mathbb{P}$ bzw. E. Sind ‚t_1' und ‚t_2' Zahlennamen in $\mathbb{P}$ bzw. E mit $t_2 \neq 0$, so auch ‚$t_1 + t_2$', ‚$t_1 \cdot t_2$', ‚$(-t_1)$' und ‚(t_1/t_2)'.
(ii) Ist ‚t' ein Zahlenname in $\mathbb{P}$, so auch ‚$\sqrt{1+t}$'.
(iii) Ist ‚t' ein Zahlenname in **E**, so auch ‚$\sqrt{|t|}$'.

Ist dann dem Zahlennamen ‚t_1' bzw. ‚t_2' schon der Punkt x_1 bzw. x_2 auf der positiven x-Achse von G_2 bzw. G_1 zugeordnet, so ist geometrisch schon festgelegt, welchen Punkten die in (ii) und (iii) gebildeten Terme zuzuordnen sind. Damit lässt sich (geometrisch!) die Gleichheit für die $\mathbb{P}$ bzw. **E**-Zahlennamen dadurch definieren, dass der Gleichung ‚$t = t^*$' der Wert das Wahre zugeordnet wird genau dann, wenn ‚t' und ‚t^*' dem gleichen Punkt auf der Zahlengerade, der x-Achse, zugeordnet sind.

Es gelten dann die üblichen Rechenregeln, wie die Assoziativ-, Kommutativ- und Distributivgesetze der Addition und Multiplikation, die Kürzungs-, Erweiterungs-, Additions- und Multiplikationsregeln für Brüche ‚t_1/t_2' usf. Ferner gelten die Regeln: $\sqrt{(t_1 \cdot t_2)/t_3} = \sqrt{t_1} \cdot \sqrt{t_2}/\sqrt{t_3}$ und $\sqrt{t \cdot t} = |t| = |-t|$. Außerdem lässt sich die Ordnung $t_1 < t_2$ über die Links-Rechts-Ordnung der Punkte der x-Achse definieren.

$\mathbb{P}$ und **E** sind dann offenbar Erweiterungskörper des rationalen Zahlenkörpers $\mathbb{Q}$ und dies haben wir *geometrisch bewiesen*. Ferner lassen sich G_1 und $\mathbb{P}^2$ bzw. G_2 und $\mathbf{E}^2$ als bloße Namenvarianten des gleichen Redebereiches einsehen: Die Bereiche sind isomorph, also wahrheitslogisch (intern) ununterscheidbar. Dazu zeigen wir, dass sich jeder Punkt aus G_2 (bzw. G_1) benennen lässt durch ein Zahlnamenpaar $((t_1, t_2)$ mit t_i aus $\mathbb{P}$ (bzw. **E**). Auf Grund unseres Strahlensatzes lassen sich die Koordinaten (x_3, y_3) eines jeden Punktes P auf einer gegebenen Geraden $g(P_iP_j) = g((x_1,y_1)(x_2,y_2))$ in G_1 oder G_2 in folgender Form darstellen:

$$(x_3, y_3) = (x_1, y_1) + x \cdot (x_2 - x_1, y_2 - y_1)$$

für eine positive oder negative Länge x. (D. h. x ist ein Punkt der x-Achse.) Die Koordinaten von Geradenschnittpunkten lassen sich dann, wie man durch Aufstellung der Gleichungen sofort sieht, allein durch rationale Operationen aus den die Geraden definierenden Punkten (Zahlenpaaren) berechnen (bzw. konstruieren). Dies gilt jedoch nicht für das Antragen der Streckenlänge $e = \overline{\overline{\Theta \Phi}}$ auf einen Strahl $g((x_1, y_1)(x_2, y_2))$. Um nämlich die Länge x in der zugehörigen Geradengleichung zu berechnen, hat man die Gleichung

$$x^2 \cdot (x_2 - x_1)^2 + x^2 \cdot (y_2 - y_1)^2 = 1$$

aufzulösen. Es ist also

$$x = 1/\sqrt{(x_2 - x_1)^2 + (y_2 - y_1)^2}$$

zu berechnen bzw. zu konstruieren. Diese Konstruktionen reichen dann aber auch aus, um jeden Punkt in G_2 zu konstruieren. Nachdem uns unsere Grundkonstruktion (1): $[P_0 P_1 P_2]$ schon drei nicht kollineare Punkte liefert, könnten wir nämlich die Konstruktionsanweisung (2): $[P_iP_j \perp P_m : P_{k+1}]$, also die Konstruktion der Orthogonalen, auch im kreisfreien Fall einfach durch das Abtragen der Einheitstrecke ersetzen, ohne dass dadurch weniger Punkte konstruierbar würden. Der Beweis für diese Aussage ist im § 36 von Hilberts Grundlagen der Geometrie geführt. Problematisch ist jedoch, wie schon bei Euklid, die freie Wahl von Punkten und Geraden. Gewählt werden darf bestenfalls unter den jeweils schon konstruierten bzw. in den Konstruktionstermen benannten Punkten. Mit dieser Modifikation lässt sich Hilberts Beweis aber sofort und problemlos auf unseren Aufbau übertragen. Beachtet man nun noch, dass sich jede Länge $\sqrt{x_1^2 + x_2^2}$ auch so schreiben lässt: $x_2 \cdot \sqrt{1 + (x_1/x_2)^2}$ (falls $x_2 \neq P_0$ ist), dann sieht man die behauptete Isomorphie von $\mathbb{P}^2$ und G_1 sofort ein. Zum Beweis der Isomorphie von G_2 und $\mathbf{E}^2$

beachte man, dass für die Koordinaten eines Punktes P auf der Kreislinie $\odot(P_iP_j) = \odot((x_1y_1),(x_2y_2))$ die Kreisgleichung $(x-x_1)^2 + (y-y_1)^2 = r^2$ erfüllt sein muss. Es sei nun g eine Gerade mit der Geradengleichung $(x,y) = (x_3,y_3) + z(x_4,y_4)$, wobei z ein Punkt der x-Achse ist, dann erhalten wir für die Berechnung des Schnittpunktes der Geraden mit dem Kreis die Gleichung: $(x_3 + z(x_4-x_1))^2 + (y_3 + z(y_4-y_1))^2 = r^2$. Derartige gemischt-quadratische Gleichungen lassen sich genau dann auflösen, wenn sich Kreis und Gerade schneiden.

Dass sich die Schnittpunkte eines Kreises und einer Geraden im Allgemeinen nicht durch kreisfreie Konstruktionen ersetzen lassen, sieht man nun daran, dass nicht jede euklidische Zahl (in $\mathbf{E}$) eine pythagoräische, also ein Gegenstand aus $\mathbb{P}$, ist. Z. B. ist schon die Kathetenlänge $\sqrt{(2 \cdot |\sqrt{2}|)-2}$ eines rechtwinkligen Dreiecks mit Hypothenuse der Länge 1 und der anderen Kathetenlänge $\sqrt{2}-1$ nicht pythagoräisch.[12]

5.4.2 Stetige Funktionen und Kurven

Für das Weitere brauchen wir einige Bemerkungen zur Terminologie. Die Funktion $|x|$ auf $\mathbf{E}^2$ definiert durch Drehung des Punktes x auf die positive x-Achse ist eine *Norm* und erfüllt folgende allgemeine Bedingungen für eine Norm als Abbildung eines normierten Raumes auf die Skalare der x-Achse (die man später einfach mit den *reellen Zahlen* identifiziert):

1. $0 \leq |x|$
2. $|sx| = |s| \cdot |x|$, für jeden Skalar s auf der x-Achse.
3. $|x+y| \leq |x| + |y|$.

Die Dreiecksungleichung drückt den wichtigen Gedanken aus, dass die gerade Linie die kürzeste Verbindung ist zwischen zwei Punkten. Ihre geometrische Wahrheit lässt sich an jedem Dreieck unmittelbar demonstrativ einsehen.

Folgendes ist dann die Bedingung für stetige Funktionen in normierten Räumen, wie wir sie hier allein brauchen: Eine Funktion f von einem normierten Raum R in einen normierten Raum Q ist stetig in x genau dann, wenn es für jedes n aus $\mathbb{N}$ ein m aus $\mathbb{N}$ gibt, so dass für alle y mit $|x-y| < 1/m$ gilt: $|fx-fy| < 1/n$. Für stetige Funktionen gilt also auch $\lim(f(a_n)) = f(\lim(a_n))$, wenn a_n eine konvergente Folge und $\lim(a_n)$ ihr Grenzwert ist. Gerade Linien, Kreislinien und die für die weitere Entwick-

---

[12] Näheres zu dem algebraischen Kriterium für pythagoräische Konstruierbarkeiten (mit Lineal und Eichlänge) findet man im § 37 von Hilberts Grundlagen der Geometrie.

lung der Geometrie zunächst besonders wichtigen *Polynome* $y(x) = p(x) = a_0 + a_1 x + a_2 x^2 + \ldots + a_n x^n$ mit a_j aus $\mathbb{Q}$, $\mathbb{P}$ oder $\mathbf{E}$ sind alle überall stetig, wie man sich anhand der Dreiecksungleichung relativ leicht klar macht, da mit f, g die Funktionen $(f + g)(x) = fx + gx$, $(f \cdot g)(x) = fx \cdot gx$ bzw. $(f \circ g)(x) = f(g(x))$ stetig sind.)

Wir nennen das Bild einer stetigen Abbildung von den Skalaren in einen normierten Raum, etwa in $G_1 (= \mathbb{P}^2)$ und $G_2 (= \mathbf{E}^2)$ bzw. $\mathbb{P}^3$ oder $\mathbf{E}^3$ aber auch schon in $\mathbb{P}$ und $\mathbf{E}$ oder $\mathbb{Q}$ eine *stetige Kurve*. Im Ausgang von G_1 bzw. G_2 lassen sich über die Geraden und Kreise hinaus weitere Kurven definieren, zunächst am einfachsten als Wertverläufe von stetigen Funktionen $(s, f(s)) = (x_1, y(x_1, 0))$ mit skalaren Argumenten s bzw. x_1 auf der x-Achse und Werten $f(s)$ bzw. $y(x_1, 0))$ auf der y-Achse.[13] Diese Darstellungsform für Kurven ist höchst begrenzt. Aber sie hat für den Einsatz der Integral- und Differentialrechnung häufig rechentechnische Vorteile.[14] Allgemeiner ist die Beschreibung von (ebenen) Kurven K als Mengen von Paaren (x, y), deren Verhältnis durch eine algebraische Gleichung in zwei Variablen etwa der Form $x^2 + y^2 = r^2$ (für Kreise und andere Kegelschnitte oder ‚conics‘) oder im Beispielfall einer Kurve vom Grad 3 (einer kubischen Gleichung oder ‚cubics‘) etwa der Form $y^3 + axy^2 = x^3 + 2xy$ gegeben ist. Die Variablen sind dabei je nach der Wahl des Koordinatensystems zu deuten.

5.4.3 Schnittpunkte und Kontinuum

Die Bereiche $G_1 = \mathbb{P}^2$ und $G_2 = \mathbf{E}^2$ bzw. $\mathbb{P}^3$ oder $\mathbf{E}^3$ sind schon so konstituiert, dass alle in ihnen bisher definierten Linen (geraden Linien oder Kreislinien) L das folgende Schnittpunkts- oder Stetigkeits-Prinzip erfüllen: Wenn L an einer Stelle unterhalb der x-Achse ist und an einer anderen oberhalb – diese Bedingung heiße ab jetzt *Schnitt(punkts)bedingung* –, dann gibt es mindestens eine Nullstelle. Es wird erhellend sein, dieses Verhältnis zwischen Bereichen von stetigen Kurven und Schnittpunkten etwas

---

[13] Ich habe hier absichtlich die notationellen Identifikationen kenntlich gemacht, zumal wir den Skalarbereich noch gar nicht außerhalb der Geometrien G_1 und G_2 definiert haben.

[14] Die hier als bekannt unterstellte Integration positivwertiger Funktionen auf den reellen Zahlen entspricht in gewisser Weise der Multiplikation von Längen: Es werden durch sie den Flächen unter dem Graphen normierte reellzahlige Mittelwerte zugewiesen. Die Differentiation ist dabei unter anderem wesentliches technisches Hilfsmittel für die Integration und wird hier ebenfalls, wie die unter dem englischen Titel ‚Calculus‘ geführten Kurvendiskussionen etwa von Polynomen, nicht näher behandelt, zumal sie logisch dann kein eigenes Problem mehr darstellt, wenn man den Gebrauch von ‚infinitesimalen‘ Differentialformen auf angemessene Weise, etwa synkategorematisch, erklärt.

genauer zu betrachten. Es handelt sich bei diesem *Schnittpunktsprinzip* um eine Eigenschaft des je betrachteten Punktbereichs G der Ebene relativ zu einer Funktionsklasse $\mathcal{F}$. Der Einfachheit halber betrachten wir hier nur solche Bereiche $\mathcal{F}$ von Funktionen, die in Bezug auf die Subtraktion $f - g$ abgeschlossen sind. Denn dann lässt sich das Schnittpunktsprinzip als Existenz von Nullstellen oder ‚Lösungen' x mit $f(x) = 0$ darstellen: Wir sagen, dass ein (planarer) Punktbereich G diese Eigenschaft relativ zu $\mathcal{F}$ erfüllt genau dann, wenn zu jeder stetigen Kurve f, für die es s_1, s_2 gibt mit $f(s_1) < 0 < f(s_2)$ (das ist unsere Schnittbedingung) ein s_0 gibt mit $s_1 < s_0 < s_2$ und $f(s_0) = 0$. Man sagt auch, die Gleichung $f(s) = 0$ habe eine Lösung in s_0.[15]

Stetigkeit ist *eine Eigenschaft von Funktionen*. Sie ist definiert *relativ zu einer Norm* (verallgemeinert: *Topologie*)[16] auf den Urbild- und Bildbereichen. Grob gesagt ist eine Funktion stetig, wenn die Bilder sehr nahe bei einander liegender Punkte sehr nahe bei einander liegen. Für unsere Zwecke reicht die Betrachtung von in $\mathbb{Q}$ bzw. $\mathbb{Q}^n$ stetigen Funktionen mit Werten in einem normierten Raum.

5.4.4 Algebraische Körper-Erweiterungen

Es ist nun keineswegs gesichert, dass für alle Polynome in einer Variablen der *Form* $y(s) = p(s) = a_0 + a_1 s + a_2 s^2 + \ldots + a_n s^n$ (mit a_j zunächst aus $\mathbb{Q}$ oder $\mathbb{P}$) in Bezug auf $\mathbb{Q}$ oder $\mathbb{P}$ das Schnittpunkts-Prinzip erfüllt ist. Im Gegenteil. Das logische Basisproblem der *Algebraisierung* der Geometrie besteht darin, allen polynomialen Gleichungen der Form $p(s) = 0$, welche die Schnittpunkts-Bedingung erfüllen, eine Lösung zu verschaffen und damit das Schnittpunkts-Prinzip für die Polynome zu erfüllen. Dies geschieht zunächst auf ‚algebraische' Weise, indem man die Punktbereiche $\mathbb{Q}$ oder $\mathbb{P}$ bzw. $\mathbb{Q}^2$ oder $\mathbb{P}^2$ durch das *abstraktionslogische Verfahren* der *Hinzunahme*

---

15 Der *Zwischenwertsatz* sagt, dass das Schnittpunktsprinzip für den Bereich *aller* stetigen Kurven bzw. *aller* stetigen Funktionen von $\mathbb{R}$ nach $\mathbb{R}$ im Bereich *aller* reellen Zahlen erfüllt ist. Cantors Mengenlehre versucht, wie wir sehen werden, im Verein mit Dedekinds Definition der reellen Zahl als *Supremum* einer *beliebigen* nach oben beschränkten Menge rationaler (oder algebraischer) Zahlen, eine Antwort auf die Frage zu geben, was das Wort ‚alle' oder ‚beliebig' hier wohl bedeutet, und zu zeigen, dass der erwünschte Satz dann auch *wirklich gilt*.
16 Die Bedingung lässt sich, wie der Einschub anzeigt, zwar leicht verallgemeinern, indem man bloß eine Metrik oder nur eine Topologie offener Umgebungsmengen betrachtet. Da wir hier aber explizit den Weg vom Konkreten zum Allgemeinen gehen wollen, damit dieses Allgemeine nicht so erscheint, als falle es aus einem platonischen Himmel, machen wir hier diese Verallgemeinerung explizit nicht mit.

der Lösungspunkte entsprechend (stetig) erweitert. Die Untersuchung dieser *algebraischen Körpererweiterungen* und der jeweiligen Begrenzungen der Lösbarkeiten von (polynomialen) Gleichungen ist zunächst der gemeinsame Kernbereich der Algebra und Geometrie.

Unser Ausgangspunkt ist ab jetzt also der Bereich der *rationalen oder pythagoräischen, ggf. auch der euklidischen Längen* – es macht keinen Unterschied welche man nimmt – und aller über ihnen bildbaren Polynome der Form $p(s) = a_0 + a_1 s + a_2 s^2 + \ldots + a_n s^n$ mit skalaren Koeffizienten und Variablen, sagen wir in $\mathbb{Q}$. Es ist klar, dass der Graph jedes derartigen Polynoms die x-Achse maximal n mal, sagen wir k mal, in den Punkten $(x_i, 0)$ schneidet. Da für großes s der Betrag $|p(s)|$ groß wird, können wir außerdem die Untersuchung auf abgeschlossene Intervalle beschränken. Wie viele solche Nullstellen es wirklich gibt, ist für unser abstraktes Verfahren erst einmal gleichgültig. Außerdem lässt sich zeigen, dass wir jede derartige Nullstelle effektiv durch eine Folge rationaler Zahlen approximieren können, zumal wir das bekanntlich für alle Wurzeln können.

Wir erhalten dann die algebraischen Längen oder ‚Zahlen' **A** über $\mathbb{Q}$ direkt durch Adjunktion der k Nullstellen oder Wurzeln $^{p(x)}g_i$ jedes Polynoms (mit ganzen Zahlen als Koeffizienten) zum jeweiligen Ausgangskörper **K**. Diese können wir, um wenigstens ein wenig Ordnung zu halten, von links nach rechts geordnet benennen. Ansonsten geschieht dies erst einmal ‚blind', nämlich einfach dadurch, dass man alle (Ausdrücke für) Summen und Produkte $a+b$ und $a \cdot b$ mit a und b aus **K** oder $a = {}^{p(x)}g_i$ oder $b = {}^{p(x)}g_i$ zu **A** hinzufügt, samt den entsprechenden algebraischen Rechenregeln (in einem Körper). Ihre Hinzunahme erfüllt das Schnittpunkts-Prinzip für die Polynome sozusagen per Beschluss und Notation. Das Verfahren ist aus der Wurzelrechnung wohlbekannt. Denn ein Ausdruck der Form $\sqrt[n]{a}$ ist nur ein Spezialfall unserer allgemeineren Notation $^{p(x)}g_i$, nämlich für $px = x^n - a$. **A** ist, wie man zeigen kann, ein *algebraisch abgeschlossener Körper*. D. h. **A** erfüllt für alle auf **A** definierbaren (*skalaren*) Polynome (in einer Variablen) die Schnittpunkts-Eigenschaft, enthält also schon alle nötigen Nullstellen. Daher enthält auch das cartesische Produkt **A**^{2} für alle *sich irgendwie kreuzenden polynomialen Kurven p, q alle notwendigen Schnittpunkte*.

Jetzt verstehen wir auch die uralte Praxis des algebraischen Rechnens mit Buchstaben, etwa als Vertreter von zunächst nicht weiter ‚ausgerechneten' Längen gekrümmter Kurven, nämlich als implizite oder empraktische Vorwegnahme der hier skizzierten Form der algebraischen Erweiterung der elementargeometrischen Längen. Weiter unten kommen dann noch andere stetige Ergänzungen hinzu.

5.4.5 Arithmetisierung

Der Bereich **A** erfüllt die Bedingungen des Schnittpunkts-Prinzips für skalare Polynome. Aber seine Grenzen werden sofort spürbar, wenn wir zu den unendlichen Funktionsreihen der Form $(\Sigma f_i)(x) := \Sigma (f_i(x))$ übergehen, wie man sie z. B. aus der Entwicklung von Taylorreihen kennt, während in der Physik besonders auch Fourierreihen der Form $a_0 + \Sigma_{k<\infty} a_k \cos(ks) + b_k \sin(ks)$ (a_k, b_k sind reelle oder komplexe Größen) wichtig werden. Für viele der über solche unendliche Reihen definierten Funktionen lässt sich zeigen, dass sie stetig sind. Damit beginnt das Problem der Erfüllung des Kontinumsprinzips sozusagen wieder von vorne, wobei es jetzt keineswegs mehr möglich ist, die Anzahl der hinzuzunehmenden Nullstellen überschaubar zu halten.

Wir können daher das Grundlagenproblem der Analysis, wie es erst im letzten Viertel des 19. Jahrhunderts durch Dedekind und Cantor gelöst wurde, jenseits aller metaphysischen Spekulationen über ‚philosophische' Fundierungen und auch noch jenseits des üblichen Geredes über eine angebliche besondere ‚Exaktheit' formallogischer Definitionen und Deduktionen grob so charakterisieren: Es ging darum, den Zahlenbereich $\mathbb{Q}$ so zu einem Bereich X zu erweitern, dass für ‚alle' stetigen Funktionen $f(x)$ von X nach X das Schnittpunkts-Prinzip erfüllt wird. Es stellen sich dazu die folgenden Fragen:

1. Was sind *alle* (relevanten?) *stetigen* auf $\mathbb{Q}$ oder X definierten Funktionen mit Werten in X?
2. Wie lässt sich sicherstellen, dass *alle* diese Funktionen, wann immer sie die Schnittpunkts-Bedingung des Zwischenwertsatzes erfüllen, in X alle nötigen Nullstellen annehmen?

Doch bevor wir diese Fragen weiter verfolgen, betrachten wir eine inzwischen längst schon naheliegende Einbettung der Längenbereiche $\mathbb{Q}$ bzw. **A** in ein umfassenderes System *reeller* Zahlen, wobei ich zunächst einen in seiner abstraktionslogischen Konstitution ganz unproblematischen Teilbereich, nämlich den der *effektiv beschriebenen* bzw. *rekursiv definierten* reellen Zahlen $^r\mathbb{R}$ betrachte.

Wie für eine logische Konstitution eines Redebereiches generell zu fordern, wird auch der Bereich $^r\mathbb{R}$ der rekursiv definierten reellen Zahlen durch Wahrheitswertfestlegungen für Gleichungen zwischen $^r\mathbb{R}$-Namen definiert. Dabei stützen wir uns auf irgend eine Definition effektiv berechenbarer Funktionen $q(n) = q_n$ von $\mathbb{N}$ nach $\mathbb{Q}$, wobei ein semantisch wohlgeformter Name einer solchen Funktionen einen Beweis dafür umfasst, dass die Funktion für jede Zahl genau einen rationalen Wert liefert. Eine solche Funktionsbenennung wird zu einer Benennung einer rekursiven reellen Zahl, wenn ein (effektiver!) Beweis hinzukommt, dass die Folge eine Cauchyfolge ist. Dabei ist (y_k) eine *Cauchyfolge* oder, wie man dazu auch sagt, eine *konzentrierte* Folge genau dann, wenn es für jedes $n \in \mathbb{N}$ ein $m \in \mathbb{N}$ gibt, so dass für alle $i, j > m$ gilt: es ist $|y_i - y_j| < 1/n$.

Entsprechend definiert man Cauchyfolgen in beliebigen normierten Räumen, etwa in $\mathbb{Q}^2$ oder $\mathbb{P}^2$. Eine solche Cauchyfolge $(y_k) = (^1y_k, ^2y_k)$ ist dabei jeweils ‚wohlplatziert', und zwar weil $s < {}^i(y_k)$ bzw. ${}^i(y_k) < s$ genau dann gilt, wenn es ein $m \in \mathbb{N}$ gibt, so dass für alle $k > m$, $s < {}^iy_k$ (bzw. ${}^iy_k < s$) gilt. Hieraus ergibt sich die naheliegende Äquivalenz bzw. ‚Zahlgleichheit' für Paare skalerer Cauchyfolgen: $(y_k) = (z_k)$ gelte genau dann, wenn es für jedes $n \in \mathbb{N}$ ein $m \in \mathbb{N}$ gibt, so dass für alle $k > m$ gilt: $|y_k - z_k| < 1/n$. (Wir benennen den Funktionswert oder das Folgenglied an der Stelle n wie üblich auch mit ‚q_n' statt mit ‚$q(n)$', die Funktion (Zuordnung oder auch Folge) q von $\mathbb{N}$ nach $\mathbb{Q}$ selbst mit ‚(q_n)' bzw. ausführlicher mit ‚$q_n : n \in \mathbb{N}$'. Soll dann ein derartiger Folgenname als Name einer reellen Zahl aufgefasst werden, schreiben wir ihn in eine weitere Klammer, also so: ‚$((q_n))$'.) Folgende Festsetzung der Wahrheitswerte der *Gleichungen* konstituiert den *Gegenstandsbereich* der berechenbaren reellen Zahlen und damit diese selbst als (abstrakte) Gegenstände: Dem Satz $((q_n)) = ((p_n))$ wird der Wert das Wahre zugeordnet, genau wenn in der Arithmetik der rationalen Zahlen dem folgenden Satz: ‚für jede Zahl m gibt es eine Zahl k, so dass für alle Zahlen n größer als k dem Satz $|q_n - p_n| < 1/m$' das Wahre schon zugeordnet ist. Die rationalen Zahlen werden dann auf die übliche Weise eingebettet: Ist q eine rationale Zahl, so ordnet man ihr die reelle Zahl $((q^*))$ zu, wenn die Abbildung von $\mathbb{N}$ nach $\mathbb{Q}$ die konstante Folge $q_n = q^*$ ist.

Setzen wir (nur zum Zwecke der folgenden Definition!) als Wert der Division einer rationalen Zahl durch 0 willkürlich die Zahl 1 fest, so kann man die Addition, Multiplikation, Subtraktion und Division von *Zahlenfolgen* einfach gliedweise definieren: Der Wert von $(q_n)/(p_n)$ ist dann einfach die Folge (q_n/p_n). Auf diese Weise entstehen aus berechenbaren Folgen rationaler Zahlen immer berechenbare Folgen. Sind nun die (in Klammern gesetzten) Argumente dieser Folgen(namen) Namen reeller Zahlen, so zeigen die bekannten Abschätzungen, dass auch die Werte der beschriebenen Operationen (in Klammern gesetzt) Namen reeller Zahlen sind, mit der einzigen aber wichtigen, Einschränkung, dass bei der Division der Divisor $((p_n))$ *als reelleZahl ungleich* 0 sein muss. Und selbstverständlich sind die Werte (qua reelle Zahlen) unabhängig von der Wahl des Namens, und das heißt invariant bezüglich der Gleichheit reeller Zahlen. M. a. W. es ent-

5.4. Algebraisierung und Arithmetisierung der Geometrie

steht ein wohldefinierter Gegenstands- bzw. Redebereich, in welchem das Leibnizprinzip und das Prinzip *ASWP* bezogen auf die Gleichheit zwischen *wohlgeformten Funktionstermen* (ohne Nullteiler) und dann auch in Bezug auf weitere, auf dieser Basis wahrheitswertsemantisch definierbare, *Relationen zwischen reellen Zahlen* erfüllt sind.

Jede Länge aus $\mathbb{P}$ (oder **E**) lässt sich leicht durch eine (effektive) Folge rationaler Längen (Zahlen) approximieren. Wir kennen ja einfache rationalzahlige Approximationsverfahren für Quadratwurzeln. Diese lassen sich – gliedweise – auf zusammengesetzte Wurzelausdrücke ausdehnen. Es lässt sich sogar zu jeder konkret angegebenen algebraischen Länge in **A** eine sie approximierende berechenbare Folge rationaler Zahlen zuordnen. Die Länge erhält damit gewissermaßen einen neuen Namen: Jede (rekursive) Benennung einer die Länge approximierenden Folge kann ja als ein solcher Längennamen aufgefasst werden. Diese Namen sind dann gleichzeitig Namen berechenbarer bzw. rekursiver reeller Zahlen. Die bisher rein geometrisch definierten Gegenstände (Längen) in $\mathbb{Q}$, $\mathbb{P}$, **E** und **A** lassen sich also offenbar ‚isomorph' in $^r\mathbb{R}$ einbetten, und zwar so, dass man die bisher ebenfalls rein geometrisch definierten Operationen $x+y, x-y, 1/x$ und $\sqrt{x}$ den entsprechenden rein *arithmetischen Rechenoperationen* zuordnen kann und umgekehrt. Es werden damit die zunächst rein geometrisch (bzw. algebraisch) konstituierten Redebereiche $\mathbb{Q}$, $\mathbb{P}$, **E** und **A** zu Zahlenbereichen. Allerdings ist die entstehende Isomorphie weder eine *einfache definitorische Festsetzung, noch eine empirische Annahme, noch ist sie trivial*. Sie ist die Bedingung der Möglichkeit der Analytischen Geometrie. Die Isomorphie zeigt, wie gewisse *arithmetische Sprachkonstruktionen und Rechnungen* einen *geometrischen Sinn* erhalten.

Es ist keineswegs so, dass die neuen Längennamen, weil sie rein arithmetisch konstituiert sind, ‚exakter' wären als die alten. Im Gegenteil, nicht jede Cauchyfolge rationaler Zahlen liefert eine gute, brauchbare, Approximation. Denn die Klassenbildung der reellen Zahlen ist sehr grob. Wo es uns um effektive Approximation geht, sind wir, anders als bei der allgemeinen Technik der Wahrheitswertsemantik, nicht an *beliebigen* oder gar nur *prinzipiell existenten*, sondern erstens an hinreichend schematisch beschriebenen und zweitens an möglichst schnell konvergierenden Approximationsfolgen interessiert. Die Klassenbildung der Konstitution des Gesamtbereichs der (rekursiven) reellen Zahlen ermöglicht dagegen die wahrheitssemantische (gegenständliche) Rede über prinzipiell mögliche Approximationen und damit das wahrheitslogische Folgern und Beweisen, was ein redetechnisch nicht zu unterschätzender Vorteil gegenüber einer bloßen Rede über einzelne gute Approximationen ist. Dies wird klar, wenn man bedenkt, dass die griechischen Mathematiker die Methode der Exhaustion oder Approximation von Längen und Flächen(-Maßzahlen) durchaus kannten, nicht aber die Technik der Rede über die reellen Zahlen und ihre Eigenschaften.

Es werden nun insbesondere auch die Räume $\mathbb{P}^2$, $\mathbf{E}^2$ und $\mathbf{A}^2$ zu rein arithmetisch definierbaren („analytischen") Modellen der Axiome I–V.1 der ebenen Geometrie. Damit ist die Arithmetisierung der ebenen Geometrie und gleichzeitig die Begründung (die logische Analyse) der ebenen analytischen Geometrie abgeschlossen, jedenfalls insoweit, als die geometrischen Grundkonstruktionen und Grundformen betroffen sind.

5.4.6 Das vollständige Kontinuum der Naiven Mengenlehre

Das Kontinuumsproblem tritt jetzt aber in neuer Form auf, nämlich als Frage danach, ob unser Bereich der (durch eine effektiv beschriebene Cauchyfolge) determinierten reellen Zahlen $^r\mathbb{R}$ das Schnittpunkts-Prinzip erfüllt bzw. für welche Funktionen er das tut. Unglücklicherweise wissen wir nämlich noch keineswegs, ob es für alle rekursiv definierbaren stetigen Funktionen $f(x)$ in $\mathbb{Q}$ bzw. $^r\mathbb{R}$ erfüllt ist, da wir aus einer rekursiven Beschreibung einer Funktion von $\mathbb{Q}$ nach $\mathbb{Q}$ und dem Wissen um die Stetigkeit der Funktion bzw. dem Bestehen der Schnittpunkts-Eigenschaft keineswegs immer eine rekursive Nullstellenbeschreibung erhalten. Das aber heißt im üblichen Jargon, dass wir nicht ausschließen können, dass $^r\mathbb{R}$ „zu viele Löcher" enthalten könnte. Wie ernst das Problem wirklich ist, zeigt Georg Cantor Diagonalargument. Dabei hatte Dedekind schon gezeigt, dass wir reelle Zahlen als Dedekindsche Schnitte, d. h. als Paare von nichtleeren Mengen A, B in $\mathbb{Q}$ mit $\mathbb{Q} = A \cup B$ auffassen können, so dass für x aus A und y aus B immer $x < y$ gilt. Denn über das unten gleich an einem zweidimensionalen Beispiel näher erläuterte Verfahren der Intervallschachtelung erhält man dann eine konzentrierte Folge (q_n), die gegen die reelle Zahl $r = \sup(A) = \inf(B)$ konvergiert. Dabei ist $\inf(M)$ bzw. $\sup(M)$ einer nach unten bzw. oben beschränkten Menge M in $\mathbb{Q}$ (oder dann auch in $\mathbb{R}$) als die größte untere (kleinste obere) Schranke definiert durch die Eigenschaft: $\inf(M) \leq x$ gilt für jedes x aus M und zu jeder Zahl n gibt es ein x aus M mit $x < \inf(M) + 1/n$. (Für $\sup(M)$ entsprechend). Umgekehrt liefert die Definition $Q = \{x : x < q_n \text{ für jedes } n\}$ aus jeder monoton fallenden, konzentrierten (Cauchy-)Folge q_n einen Dedekindschen Schnitt mit $\sup Q = ((q_n))$.

Um angesichts der jetzt offensichtlichen Probleme das Spiel der Erweiterung der Bereiche durch neue Punkte ein für allemal zu beenden, schlagen Cantor und später auch Hilbert vor, den Begriff ‚aller' Teilmengen oder

5.4. Algebraisierung und Arithmetisierung der Geometrie

Folgen natürlicher Zahlen sozusagen ‚absolut liberal' zu halten. Bei Hilbert äußert sich diese Idee in dem ‚Axiom', das sagen will, dass der skalare Punktbereich X bzw. der Bereich der ebenen Punkte X^2 so sein soll, *dass man keinen weiteren Punkt hinzunehmen kann, ohne dass eines der anderen Axiome seiner Geometrie falsch wird.* Auch mit Dedekinds Definition der reellen Zahlen und Cantors ‚naivem' Begriff der Klasse oder Menge ‚aller' Teilmengen in $\mathbb{N}$, $\mathbb{Q}$ und später auch $\mathbb{R}$, samt dem zugehörigen Begriff ‚aller' Funktionen in $\mathbb{R}$ erfüllt man sich sozusagen das Schnittpunkts-Prinzip selbst, und zwar ein für allemal. Auf der Basis dieser ebenso liberalen wie informellen Vorstellungen ‚beweist' man dann, dass Hilberts Ebene als durch die Ebenenaxiome beschriebene Punktmenge X^2 der Bereich der Paare von reellen Zahlen $\mathbb{R}^2$ (in der durch Dedekind bzw. Cantor definierten Version) und der Gesamtbereich aller ‚komplexen' Zahlen $\mathbb{C}$ isomorph sind. Das alles geschieht sozusagen auf der Basis eines Beschlusses, also über eine Festsetzung für das scheinbar harmlose Wort ‚alle'. Genauer lautet der Beschluss, dass man nichts festsetzen möchte. Man vergisst dann aber, dass man sich in der Naiven Mengenlehre (sozusagen wie an einem etwas einsamen Weihnachtsabend) selbst beschenkt. Bis heute wird diese Tatsache und ihre Bedeutsamkeit unterschätzt. Dies hatte schon bei Cantor die unglückliche Folge, dass er meinte, die Rede von ‚allen' Teilmengen einer irgendwie gegebenen Menge sei schon wohldefiniert, es gehe nur noch darum, wie viele es sind. Im Falle von endlichen Mengen ist dies klar, nicht aber im Falle von unendlichen Mengen wie etwa den natürlichen Zahlen.

Bevor wird dieses Problem aber genauer verfolgen, betrachten wir Bereiche, die wohldefiniert sind. Dabei gibt es zunächst gute Argumente dafür, dass der (externe, prototheoretische) Begriff der *berechenbaren Funktion* $f(x)$ auf $\mathbb{N}$, $\mathbb{Q}$, und dann auch $\mathbf{A}$ und $^r\mathbb{R}$ durch den (intern wahrheitslogisch geformten) Begriff der *rekursiven Funktion* zu ersetzen ist. Diese *Churchsche These* lässt sich zwar, wie alle derartigen Aussagen, nicht streng beweisen. Denn wir wissen, dass der immer notwendige Übergang von externen, prototheoretischen, Argumenten zu internen Beweisen keinen derartigen internen Beweis erlaubt. Daher ruht die Begründung der genannten These auf unseren bisherigen Kenntnissen über die praktische Äquivalenz oder Übersetzbarkeit alle handhabbaren Berechnungsverfahren.[17] Es ist in der Tat nicht zu sehen, wie man zu einem umfassenderen Begriff der Berechenbarkeit gelangen könnte. Daraus ergibt sich, dass der formale Redebereich, der alle je approximierbaren reellen Zahlen umfasst, gerade unser Bereich $^r\mathbb{R}$ ist. Es haben sich dann ja auch π, die üblicherweise mit ‚e' bezeich-

---

17 Vgl. dazu etwa in Stekeler-Weithofer 1986 die §§ 10.3 und 14.3.

nete Eulersche Zahl und alle rechentechnisch relevanten reellen Zahlen als Gegenstände in $^r\mathbb{R}$ erwiesen.

Im Grundlagenstreit zwischen 1880 und 1930 ging es im Grunde darum, was alles wir als wohlgeformte Konstitution eines Gegenstandsbereiches für mathematische Aussagen, Wahrheiten und Beweise anerkennen sollen oder dürfen. Der so genannte ‚Logizismus' Freges und Russells macht dabei die in der Algebra immer schon implizite klassische Idee explizit, wie man semantisch wohlgeformte Redebereiche erhält. Dies geschieht, indem man erläutert, was Benennungen, Gleichungen, Relationen und Funktionen (bzw. Eigenschaften) sind und wie den wohlgeformten Sätzen bzw. Aussagen genau ein Wahrheitswert zugeordnet ist. Leider zeigt Cantors Diagonalargument, wie wir es unten skizzieren werden, warum es *kein syntaktisch basiertes Definitionsschema* für ‚alle' Teilmengen M der natürlichen Zahlen $\mathbb{N}$ (und dann auch in $\mathbb{Q}$) geben kann. Freges Versuch der Angabe eines solchen Schemas in seinen *Grundgesetzen der Arithmetik* hatte daher als zureichende Grundlegung der Analysis von vornherein keine Erfolgsaussichten. Das gilt ganz unabhängig von allen anderen Problemen, nämlich der formellen Inkonsistenz, verursacht durch Russells berühmtes Paradox, nach dem der Ausdruck ‚die Menge, welche sich selbst nicht als Element enthält' offenbare Probleme bereitet, wie wir noch sehen werden.

Der Intuitionismus L.E.W Brouwers und der Konstruktivismus etwa in der Version von Paul Lorenzen oder der von E. Bishop zeigen zwar (auch), dass man sich Alternativen zu der Entscheidung für die vage Rede von allen Mengen und Teilmengen entwickeln kann – was jeweils durchaus viele Einsichten in die Verfassung mathematischer Redeformen mit sich brachte. Doch diese Verzweigungen der mathematischen Logik lassen sich schon deswegen nicht als allgemeine Fundierungen mathematischen Denkens begreifen – und wir sollten sie daher nicht als gangbare Wege einer allgemeinen Revision der Entscheidung für die Mengenlehre ansehen –, weil in ihrem Rahmen viele mathematischen Argumente und Beweise, die offenbaren Informationsgehalt haben, nicht mehr artikulierbar werden. Dasselbe gilt allerdings auch für diejenige ‚Philosophie' der Mathematik, die als scheinbarer Sieger aus dem Grundlagenstreit der Mathematik hervorgegangen ist, den formalistischen Axiomatizismus. Auch er ist in seiner Artikulationsform allzu beschränkt.[18]

---

[18] Eben das zeigt Gödels Unvollständigkeitssatz, nicht etwa, dass es angeblich prinzipiell unbeweisbare Wahrheiten gibt. Er zeigt damit die begrenzte Ausdruckskraft axiomatischer Systeme. Der logische Status des Beweises ist völlig analog zu dem des Satzes, dass die Quadratwurzel aus 2 nicht rational oder die Kreiszahl nicht algebraisch ist. In allen diesen Fällen wird die Begrenzungen bestimmter Methoden in der Mathematik bewiesen.

5.4. Algebraisierung und Arithmetisierung der Geometrie

Wenn wir eine der üblichen Positionen in der Philosophie der Mathematik, etwa den Logizismus, Konstruktivismus oder Axiomatizismus, wirklich ernst nehmen würden, würden wir unsere Ausdrucks- und Beweismittel auf eine nicht vernünftig begründbare Weise beschränken. Es sollte z. B. einleuchten, dass es unvernünftig wäre, wenn wir einfach erklären würden, dass wir uns mit den *rekursiven reellen Zahlen* $^r\mathbb{R}$ und den *effektiv definierten Funktionen f von* $^r\mathbb{R}$ nach $^r\mathbb{R}$ zufrieden geben wollen. Denn wir wissen überhaupt nicht, ob für diese Funktionen in $^r\mathbb{R}$ das Schnittpunkts-Prinzip erfüllt ist oder nicht. Möglicherweise lassen sich, wie für die Polynome, neue Nullstellen adjungieren. Dann gelangte man zu einem echt größeren Bereich von Gegenständen als es $^r\mathbb{R}$ selbst ist!

Andererseits ist unklar, was es heißt, von wirklich allen Funktionen von $\mathbb{Q}$ nach $\mathbb{Q}$ oder von wirklich allen reellen Zahlen $\mathbb{R}$ bzw. wirklich allen Funktionen von $\mathbb{R}$ nach $\mathbb{R}$ zu sprechen. Anhänger eines formalistischen bzw. axiomatizistischen Zugangs zur Mathematik vergessen bzw. verdrängen diese Unklarheit einfach und erklären, es sei klar, worüber man hier spricht, man müsse jetzt nur noch Ausdrucks- und Schlussweisen beim Umgang mit der Quantor ‚für alle' oder ‚$\forall x A(x)$' exakt machen, also formalisieren und axiomatisieren. Dabei wird aber übersehen, dass eine Regelung eines formal-deduktiven Umgangs mit einem Ausdruck wie ‚$\forall x A(x)$' den Bereich, auf den sich die Variable x bezieht, noch lange nicht klar macht

Viele mathematische ‚Beweise', von Cantors Diagonalargument bis zum Satz von Bolzano und Weierstraß, sind zunächst gar keine formellen Beweise oder Deduktionen, sondern *prototheoretische Argumente*. Der Satz von Bolzano-Weierstraß besagt bekanntlich, dass jede beschränkte unendliche Menge reeller Zahlen einen Häufungspunkt besitzt. Man ,beweist' ihn im Allgemeinen mit Hilfe einer Intervallschachtelung, wie sie unten vorgeführt werden wird. Die Anerkennung entsprechender *informeller* Argumente sind sogar zentral für den Aufbau formaler Reden und Beweise in der Mathematik. So hängen zum Beispiel ganze Zweige der theoretischen Mathematik, etwa auch die allgemeine Maßtheorie und die Erweiterung eines vereinfachten Riemann-Stieltjes Integral zum Lebesgue-Integral wesentlich von der Entscheidung ab, sich in der Naiven Mengenlehre das Schnittpunkt-Prinzip ein für allemal ‚für alle denkbaren stetigen Funktionen' zu erfüllen.

Die zugehörigen Argumente sind dabei keineswegs bloße Plausibilitätsbetrachtungen. Sie haben vielmehr den gleichen logischen Status wie unsere protogeometrischen Demonstrationen. Meine Bemerkungen zur weihnachtlichen Selbstbescherung in der Naiven Mengelehre ist daher auch keineswegs als Aufruf zu einer Revision zu verstehen. Im Gegenteil. Mir geht es um ein klares Wissen darüber, dass man mit der Entscheidung für einen naiv-liberalen Mengen- und Funktionsbegriff zwar viele Probleme löst und, wie wir gleich sehen werden, ein mächtiges Hilfsmittel für sonst nicht mögliche Beweise schafft, aber dass man auch in der Mathematik nichts ohne Kosten bekommt. Die Kosten der Naiven Mengenlehre liegen weniger in der Frage nach der formalen, deduktiven, Konsistenz seiner üblichen Axiomatisierungen, auf die ich hier im Detail ohnehin nicht näher eingehe. Sie liegen vielmehr in materialbegrifflichen Paradoxien und Problemen, die sich aus der Entscheidung für einen nicht mehr an einen syntaktischen Träger der möglichen Benennung gebundenen Mengenbegriff ergeben. So ist der mit Hilfe des Auswahlaxioms beweisbare Wohlordnungssatz von Zermelo sicher in gewissem Sinn paradox. Er sagt, dass es für *jede* Menge, etwa auch für $\mathbb{R}$ oder $\mathbb{C}$ eine Ordnung $<$ *gibt*, so dass im Hinblick auf $<$ jede Teilmenge ein *kleinstes Element* hat. Der Satz und seine Folgerungen zeigen zumindest, wie unübersichtlich die Rede davon wird, was es so alles an Relationen auf einer Menge ‚gibt'. Paradox ist sicher auch, dass es nachweisbar auf den natürlichen Zahlen eine Struktur ‚gibt', welche alle Axiome der höheren Mengenlehre erfüllen.

Zunächst betrachten wir ein einfaches Beispiel eines prototheoretischen Beweises in der Naiven Mengenlehre. Bis zum Ende des 19. Jahrhunderts gab es bekanntlich noch keinen Beweis, dass π keine algebraische Zahl ist, ja man wusste noch nicht einmal, ob es überhaupt solche ‚transzendenten' (nicht algebraischen) reellen Zahlen gibt. In dieser Situation erschien der folgende fast triviale Beweis Cantors wie eine kleine Sensation:

Es sind alle algebraischen Zahlen leicht effektiv aufzählbar, da endliche Folgen rationaler Zahlen, also auch die rationalen Polynome und damit auch ihre Nullstellen, aufgezählt werden können. Außerdem sind abzählbare (aber ggf. schon nicht mehr effektiv aufzählbare) Vereinigungen abzählbarer Mengen immer abzählbar. Wenn wir Cantors weiter unten skizziertes Diagonalargument als ‚Beweis' dafür anerkennen, dass wir von der *Überabzählbarkeit* der *Menge aller reellen Zahlen* (dargestellt etwa durch Dezimalbrüche) ausgehen sollten, gibt es nicht bloß transzendente Zahlen, sondern es sind sogar (maßtheoretisch gesprochen) ‚fast alle' reellen Zahlen transzendent, da ja in der Maßtheorie abzählbare Mengen das Maß Null erhalten.

Die Prinzipien und Axiome der Cantorschen Mengenlehre sind keineswegs einfach als ‚wahr' einsehbar. Andererseits sollte der tatsächliche Einfluss David Hilberts für ihre Anerkennung nicht überschätzt werden. Allerdings will die Hilbert-Schule (etwa Zermelo) gewissermaßen als Kompensation einer Art schlechten Gewissens das liberale und vage Denken

5.4. Algebraisierung und Arithmetisierung der Geometrie

der Mengenlehre axiomatisieren und ihm damit den äußeren Schein des rein formalen Denkens geben. Das hat die eher unglückliche Folge, dass man die Dinge weder im Blick auf die Artikulationstechnik und Ausdruckkraft, noch auf die Gefahren metaphysischer Fehlverständnisse besser als Cantor macht. Denn *alle* revisonistischen Heilmethoden, die man gegen die Probleme der Vagheit und Konsistenz der Naiven Mengenlehre vorgebracht hat, vom Logizismus bis zum Axiomatizismus, sind schlimmer als die vermeintliche Krankheit selbst. Selbstbewusstes mathematisches Denken sollte daher die Probleme anerkennen: Keine ‚formale Fundierung' darf uns hindern, wichtige Argumente zu verstehen. Es gibt wenig, was unvernünftiger ist, als aus Furcht vor dem Irrtum das Urteilen und Begründen zu unterlassen. Das gilt aber gerade auch für einen fallibilistischen Empirismus oder rationalistischen Konventionalismus, mit ihrer durch und durch falschen Bescheidenheit, nach welcher die Axiome der Mathematik angeblich bloß plausible, aber möglicherweise ‚falsche', empirische Hypothesen oder bloß im Großen und Ganzen irgendwie pragmatisch begründete Theorien (wie bei W.V. Quine) sein sollen.

Höchst fragwürdig ist auch die These von der sozialhistorischen Kontingenz in der Ablösung von wissenschaftlichen Paradigmen – im Sinn der immer noch wirkmächtigen Geschichten zur Wissenschaftshistorie, wie sie Thomas Kuhn, Paul Feyerabend und inzwischen eine ganze Industrie sozialevolutionärer Wissenschaftssoziologie und Kulturhistorie erzählen. Wir sollten wohl eher möglichst *alle* diese ‚philosophischen' Positionen in Bezug auf die ‚Grundlagen' und die ‚soziale Entwicklung' der Mathematik hinter uns lassen, und zwar zugunsten einer sowohl historisch als auch systematisch informierten Kenntnis *über die Gründe*, warum man welche Argumente anerkennt und unter welchen Voraussetzungen man überhaupt ein mathematisches Theorem intern, in einem wahrheitssemantischen Redebereich oder bloß in einer axiomatisch-deduktiv verfassten Theorie, formal beweisen kann.

Seit man mit Cantor in den Himmel der Naiven Mengenlehre eingezogen ist, wie sich Hilbert ausdrückt, sind die Mathematiker am Sonntag, wie ein treffendes *Bonmot* sagt, Formalisten, am Werktag aber Platonisten. Das heißt, wenn sie auf ihr Tun reflektieren, *sagen* oder *behaupten* sie, alle ihre Beweise seien formallogisch allgemein gültige Deduktionen aus hypothetisch gesetzten Axiomen. In der Praxis aber akzeptiert man (glücklicherweise) immer auch nicht-deduktive wahrheitswertsemantische Beweise. Man denke etwa an indirekte Beweise der Wahrheit von Sätzen bzw. Aussagen in konkret auf syntaktischer Grundlage wohlkonstituierten Redebereichen wie im Fall der natürlichen Zahlen. Ohne einen solchen Bezug auf das von mir oben skizzierte Standardmodell der Peano-Axiome wäre z. B. Gödels Unvollständigkeitssatz keineswegs lückenlos bewiesen. Entsprechend akzeptiert man durchaus auch informale Argumente in der vagen Rede über ‚alle' Mengen einer wohlkonstituierten Menge wie z. B. $\mathbb{Q}$, $\mathbb{R}$ und $\mathbb{C}$. Warum das höchst sinnvoll ist, werde ich exemplarisch am Beispiel des Beweises des *Fundamentalsatzes der Algebra* im nächsten Abschnitt zeigen.

5.5 Der Fundamentalsatz der Algebra

Der *Fundamentalsatz der Algebra* lautet:

Zu jedem komplexen Polynom p(x) vom Grad n in $\mathbf{A}^2$ bzw. $\mathbb{C}$ gibt es in $\mathbf{A}^2$ bzw. $\mathbb{C}$ genau n (ggf. nicht alle von einander verschiedenen) Nullstellen $g_1, \ldots, g_n$. Daher lässt sich das Ausgangspolynom $p(x)$ eindeutig in die $n+1$ Faktoren $(x - g_1) \cdot (x - g_2) \ldots \cdot (x - g_n) \cdot a_n$ zerlegen.

Für den Beweis reicht es zu zeigen, dass $p(x)$ *eine* Nullstelle z hat. Denn dann gibt es, wie eine Division von $p(x)$ durch $(x - z)$ zeigt, ein Polynom $p^*(x)$ von geringerem Grad mit $p(x) = (x - z) \cdot p^*(x)$. Vor einem Beweis betrachten wir aber erst noch einmal, was Polynome in $\mathbf{A}^2$ (bzw. $\mathbb{C}$) tun, am Beispiel der (in Polarkoordinaten geschriebenen) Geradengleichung $p(x) = a + bx = a^*|a| + (b^*x^*)(|b| \cdot |x|)$. Offenbar bestimmen z. B. die Werte $p((0,0)) = |a| \cdot a^* = a$ bzw. $p((-a/b)) = 0$ an den Stellen (0,0) und $-a/b$ die Koordinaten a, b der Funktion. Sie ist durch die Werte an beliebigen zwei Stellen eindeutig bestimmt. Ist $a = (0,0)$, dann ist $p(0,0) = (0,0)$ und es ist $p(1,0) = b$. Hier hat $p(x)$ schon die Form $b(x - 0) = bx$. Es ist $p(x) = (0,0)$ offenbar genau dann, wenn gilt:

(*) $a^* = -b^*x^*$ und $|b| \cdot |x| = |a|$.

Diese zwei Bedingungen für $x = x^* \cdot |x|$ sind offenbar leicht unabhängig von einander erfüllbar. Es ist ja einfach $|x| = |a|/|b|$ und $x^* = (-a^*/b^*)$.

Gilt (*) für x^o, also $p(x^o) = (0,0)$ bzw. $a^* = -b^*x^{o^*}$ ist und $|b| \cdot |x^o| = |a|$, dann ist offenbar auch $p(x) = b(x - x^o) = bx - bx^o = bx + a^*|a| = a + bx$. Beschränken wir uns auf Skalare $x = (s, 0)$, so erhalten wir eine normale Geradengleichung $a + sb$, die im Fall, dass $a = (a_1, 0)$ und $b = (b_1, 0)$ ist, einfach eine alternative Darstellung einer reellwertigen Geradengleichung ist.

Aber man erhält z. B. auch Bilder von Geraden, die Parallelen zur x- oder zur y-Achse sind. Im ersten Fall ist dann $a = (a_1, a_2)$ (mit $a_2 \neq 0$, da die Parallele nicht die x-Achse selbst sein soll). b hat die Form $(b_1, 0)$. Es hat natürlich $a + sb$ keine Nullstelle (s war ja ein Skalar), wohl aber $a + xb$, nämlich in $x^* = -a^*$ und $|x| = |a|/|b_1|$. Im zweiten Fall hat b die Form

5.5. Der Fundamentalsatz der Algebra

$(0, b_2)$; und es hat $a + sb$ (für das skalare s) keine Nullstelle, wenn $a_1 \neq 0$ ist, wohl aber $a + xb$, nämlich in $x^* = -a^*$ und $|x| = |a|/|b_2|$.

Die rechentechnisch höchst einfache ‚lineare' Abbildung $a + bx$ führt in A^2 bzw. $\mathbb{C}$ mit jedem gegebenen Vektor x eine durch b^* beschriebene Drehung und eine durch den Faktor $|b|$ beschriebene Dehnung aus und verschiebt durch die Addition mit dem Vektor a den Nullpunkt, so dass wir durch sie gerade formenerhaltende Koordinatentransformationen der Ebene $\mathbb{C}$ elegant darstellen können. Es werden in derartigen Verschiebungen, Drehungen und Maßstabsveränderungen bzw. uniformen Dehnungen ganz offenbar Geraden in Geraden und gleiche Winkel in gleiche Winkel überführt. D. h. die Abbildungen sind linear und winkeltreu, damit forminvariant. Im reellwertigen Fall erhält man für $a = (a_1, 0)$, $b = (b_1, 0)$ und den Skalar $x = (s, 0)$ bloß eine etwas umständlichere Notation.

Der Fundamentalsatz der Algebra wird oft nicht als ein Satz der geometrischen Algebra, sondern der Analysis der komplexen Zahlen aufgefasst. Das liegt daran, dass man sich in seinem Beweis auf den allgemeinen Begriff der reellen Zahl stützt, wie er erst seit Weierstraß bzw. Dedekind und Cantor wirklich zur Verfügung steht.

Für $a_0 = 0$ oder $p(x) = a_0 + a_1 x$ ist nichts weiter zu zeigen (Es ist ja $p((-a_o/a_1)) = 0$ und $(-a_o/a_1)$ liegt offenbar in $\mathbf{A}^2$ bzw. $\mathbb{C}$). Für den allgemeinen Fall sei $p(x) = a_0 + a_1 x + a_2 x^2 + \ldots + a_n x^n$ ein Polynom mit a_j, x aus $\mathbf{A}^2$ (oder $\mathbb{C}$) und $0 < |a_0|$.

1. Es ist zunächst ersichtlich, dass für (nicht konstante) Polynome $p(x)$ gilt: es gibt zu jeder (natürlichen oder reellen) Zahl a eine Zahl b, so dass, wenn $|x| > a$ gilt, auch $|p(x)| > b$ gilt. Denn wenn x dem Betrag nach groß wird, so auch $p(x)$: Es ist dazu durch Betragsabschätzungen leicht zu zeigen, dass die höchste Potenz das Divergenzverhalten des Polynoms dominiert. Geht x dagegen gegen 0, so geht $p(x)$ offenbar gegen $a_0 = p(0)$.

2. Wir nehmen nun – kontrafaktisch – an, dass es in den reellen Zahlen ein $\delta > 0$ gäbe, so dass $|p(x)| \geq \delta$ für alle x. Da wir nach dem Infimumsprinzip δ maximal groß wählen können, gibt es zu jedem n $\in \mathbb{N}$ ein x_n, so dass $|p(x_n)| < \delta + 1/n$. Dabei können wir wegen 1. die ganze weitere Betrachtung von $p(x)$ auf ein kompaktes cartesisches Quadrat $Q_0 = [q_0, b_0] \times [q_0, b_0]$ um den Nullpunkt einschränken, so dass außerhalb von Q_0 die Werte von p dem Betrag größer als, sagen wir, $|a_0| + 1 = |p(0)| + 1$ werden. Man stellt sich dann vor, dass man zu unserer Folge (x_n) eine konzentrierte Teilfolge (x_{nk}) in einer *Intervalschachtelung* auswählen könne. Das fiktive

250   5. Axiomatische, algebraische und analytische Geometrie

,Verfahren' geht so: Man wählt irgend einen Folgenwert x_{n0} aus Q_0, halbiert $[q_0, b_0]$, teilt damit Q_0 in vier Teile, ,wählt' ein Teilquadrat Q_1 aus, in dem unendlich viele Folgenglieder unserer Folge (x_n) liegen und wählt in ihm ein Folgenglied x_{n1} aus mit $n_0 < n_1$.[19] Es ist klar, wie fortzufahren ist, so dass wir die Folgenglieder x_{nk} aus immer kleineren ,Quadranten' Q_k ,auswählen'. Das Verfahren ist fiktiv, weil wir oft nicht schematisch entscheiden können, also nicht effektiv wissen, in welchem Quadranten unendlich viele Folgenglieder liegen. Wenn man aber eine solche Teilfolge x_{nk} hätte, oder wenn man auch nur ihre ,Existenz' annehmen darf, dann hätte man eine konzentrierte Teilfolge gefunden und kann mit ihrer Existenz weiter argumentieren. Es ist dann offenbar für den Grenzwert $\alpha = |p(x_{nk})|$: $\alpha < \delta + 1/n$ für jedes n, also $|p((x_{nk}))| = \alpha = \delta$, da ja $|p((x_{nk}))| < \delta$ per Annahme ausgeschlossen ist.

3. Das zentrale Lemma ist nun dieses: Es gibt immer ein x mit $0 < |p(x)| < |p(0)|$.
Es sei dazu k minimal mit $a_k \neq 0$. Dann gilt:
$|p(x)| = |a_0 + a_k x^k + \ldots + a_n x^n| \leq |a_0 + a_k x^k| + |a_{k+1} x^{k+1}| + \ldots + a_n x^n| = |a_0 + a_k x^k| + |x|^k |a_{k+1} x + \ldots + a_n x^{n-k}|$. Wir betrachten dann nur solche Punkte $x = x^* |x|$, so dass $a_k x^k$ diametral gegenüber von a_0 liegt und $|x| < (|a_0|/|a_k|)^{1/k}$ gilt. Es ist dazu ,nur' $(-a_k^* a_0^*)^{1/k} = x^*$ auf dem Einheitskreis zu finden. (Man beachte dabei, dass wir nicht wissen, ob die k-te Wurzel auf dem Einheitskreis elementar konstruierbar ist; stetig approximierbar aber ist sie allemal.) Dann ist $|a_0 + a_k x^k| = |a_0| - |a_k||x|^k$. Falls $n \neq k$ ist, wählen wir, um $|a_{k+1} x + \ldots + a_n x^{n-k}|$ klein zu bekommen, $|x|$ so klein, dass $|a_{k+1} x + \ldots + a_n x^{n-k}| < 1/2 |a_k|$ Am Ende haben wir: $|p(x)| < 1/2 |a_k||x|^k + |a_0| - |a_k||x|^k = |a_0| - 1/2 |a_k||x|^k < |a_0|$.

4. Daraus erhält man in einem nächsten Schritt: Zu jedem x mit $0 < |p(x)|$ gibt es y mit $0 < |p(y)| < |p(x)|$, wobei x auch Cauchyfolge sein kann. Denn wenn wir das um x verschobene Polynom $g(t) = p(x+t)$ betrachten, liefert das zentrale Lemma für g ein y^* mit $0 < |g(y^*)| < |g(0)| = |p(x)|$. Man setzt dann einfach $y = y^* + x$. Das widerspricht aber der Aussage 2, der zufolge $|p(y_k)|$ in der Folge (y_k) das Minimum $\delta > 0$ annimmt. Also kann es ein solches $\delta > 0$ nicht geben, also ist $|p(y_k)| = 0$.

Dieser Satz und sein Beweis verdienen aus mehreren Gründen einen Kommentar. Denn sein Beweis macht offenbar von Methoden Gebrauch, die aus

---

19   Es ist hier nk Notationsvariante für n_k.

5.5. Der Fundamentalsatz der Algebra

der Sicht eines ‚Konstruktivisten', der immer nur mit explizit benennbaren und am liebsten effektiv berechenbaren Folgen, Funktionen und Mengen umgehen möchte, scheinbar höchst dubios sind. Es gibt nämlich weder ein Verfahren, das uns aus einer beliebig vorgegebenen nach unten beschränkten Menge M rationaler Zahlen eine Benennung des Infimums $\inf(M)$ etwa als determinierte reelle Zahl liefert, noch ist das imaginäre ‚Verfahren' der Intervallschachtelung ein solches Verfahren. Dennoch liefert uns der Beweis die Gewissheit, dass sich jedes komplexe Polynom in $\mathbf{A}^2$ (oder $\mathbb{C}$) *im Prinzip auf die beschriebene Weise faktorisieren lässt, auch wenn er uns noch kein schematisches Verfahren der Approximation der Nullstellen liefert.* Den Beweis deswegen als Beweis nicht anzuerkennen, hieße, sozusagen, ein Stück Brot abzulehnen, weil keine Butter dabei ist. Da eben das am Ende die Haltung des Finitismus und Konstruktivismus im Hinblick auf nicht effektive Existenzaussagen und entsprechende Beweise ist, sollten wir diese ‚Positionen' im philosophischen ‚Grundlagenstreit' der Mathematik in der genannten Hinsicht als erledigt betrachten. Denn es ist nicht einzusehen, warum wir auf die Information, die uns der Fundamentalsatz der Algebra und sein Beweis liefert, verzichten sollten. Er sagt uns insbesondere, dass wir sozusagen immer schon berechtigt gewesen wären, zu jedem *komplexen* Polynom $p(x)$ vom Grad n mit Koeffizienten in $\mathbb{Q}^2$ oder $\mathbb{P}^2$ genau n (ggf. nicht alle von einander verschiedenen) Nullstellen oder Wurzeln $^{p(x)}g_1, \ldots, {}^{p(x)}g_n$ sozusagen ‚blindlings' zu adjungieren. Über die entsprechenden rein algebraischen Körpererweiterungen, also die bloße Idee oder den reinen Beschluss, mit den entsprechenden Wurzelausdrücken nach den Körperregeln der Addition und Multiplikation zu rechnen, gelangen wir daher zu dem uns schon bekannten Punktbereich $\mathbf{A}^2$. Das ist insbesondere deswegen bemerkenswert, weil wir jeden in seinen cartesischen Koordinaten (a_1, a_2) beschriebenen Punkt aus $\mathbf{A}^2$ effektiv durch ein Paar konvergenter rationaler Zahlenfolgen approximieren können.

Die Komplikationen beim Beweis des Fundamentalsatzes der Algebra rühren nur daher, dass sich die algebraischen Wurzeln $^{p(x)}g_i$ eines komplexen Polynoms in $\mathbf{A}^2$ nicht immer unmittelbar approximieren lassen. Hermann Weyl hat gezeigt, in welchem Sinn wir das doch immer können, dass sich also der Fundamentalsatz der Algebra effektiv verschärfen lässt.[20]

Im Fall eines komplexen Polynoms $p(x+iy)$ vom Grad n haben die zwei Polynome $(p_1(x,y), p_2(x,y))$ vom Grad n (der Real- bzw. Imaginärteil) offenbar *zwei* Unbekannte, sind also von der Form $^i a_0 + \ldots + {}^i a_{k,l} x^k y^l$ mit

---

[20] Vgl. dazu H. Weyl, ‚Randbemerkungen zu Hauptproblemen der Mathematik', Mathematische Zeitschrift 20, 1924, S. 142–150.

$i = 1, 2, 0 \leq k + l \leq n$ und den a's bzw. x, y aus **A**. Ein solches Polynom definiert eine algebraische Kurve als Graphen der Gleichung $p_i(x, y) = 0$ in der Ebene. Die n Nullstellen von komplexen Polynomen sind die n gemeinsamen Punkte der beiden algebraischen Kurven in den Komponenten. Wir sehen zugleich, dass das, was man üblicherweise als ‚Existenzbeweis' der Wurzeln ansieht, in Wirklichkeit der Beweis der Aussage ist, dass die algebraische Körpererweiterung von $\mathbb{Q}^2$ oder $\mathbb{P}^2$ eine *stetige Ergänzung der betreffenden Punktbereiche ist.*[21]

Wir verstehen jetzt auch, im rekonstruktiven Rückblick, welche systematischen Probleme man mit dem Rechnen mit algebraischen Buchstaben und damit im Grunde mit Wurzeln von Polynomen historisch hatte. Man wusste zwar, dass man über die rein algebraische Adjunktion von solchen Nullstellen für algebraische Gleichungen viele geometrische Probleme rechnerisch lösen konnte, ohne dass aber völlig klar war, was denn die allgemeinen Sinnbedingungen dieses Rechnens waren. Wie wir jetzt sehen, ruht die (geometrische) Algebra auf zwei Pfeilern. Der erste besteht in der logischen Konstitution eines Gegenstandsbereiches (eines Körpers K für die Lösungen einer Klasse von Gleichungen) durch Angabe der zugehörigen Namen oder Benennungen und der Festlegung der Wahrheitswerte für Gleichungen der Formen $x + y = z$ und $x \cdot y = z$. Der zweite besteht in der *Verortung* der entstehenden Gegenstände im Ausgangsbereich X, indem man K als stetige Ergänzung von X nachweist.

Der Fall der ‚imaginären Zahlen', also ‚blinden' Adjunktion zweier Lösungen i und $-i$ für Gleichungen $x^2 = -1$, war daher deswegen lange Zeit besonders irritierend, weil man die adjungierten Gegenstände natürlich nicht auf der skalaren Zahlengerade platzieren konnte, da es sich ja hier gerade nicht um eine stetige Erweiterung der rationalen Zahlen handelt.

5.6 Bogenlängen und Kreisfunktionen

Nachdem wir Streckenlängen- und Rechtecksflächen Flächen-Maßzahlen zugeordnet haben, können wir diese Zuordnung leicht auf alle Polygonzüge und alle Vielecke erweitern: Einem Polygonzug ordnen wir die Summe der Maßzahlen der einzelnen Streckenabschnitte zu, einem Vieleck die Summe der Flächenmaßzahlen der Dreiecke bei einer beliebigen Zerlegung des Vielecks in Dreiecke.

---

21 Erst wenn man das weiß, kann man die *Lage* von $^{px}g_i = g_i$ durch die Regel festlegen, dass g_i immer entweder links von g_{i+1} liegen soll, oder, wenn die x-Koordinaten gleich, die y-Koordinaten aber ungleich sind, unterhalb von g_{i+1}.

5.6. Bogenlängen und Kreisfunktionen

Bekanntlich war es Jahrhunderte lang ein Grundproblem der Geometrie, zu einem Kreis ein flächengleiches Rechteck (z. B. ein flächengleiches Quadrat) zu konstruieren. Wäre eine solche Quadratur des Kreises möglich, so könnte man auf ihrer Grundlage der Kreisfläche eine Maßzahl zuordnen, nämlich die des konstruierten flächengleichen Rechtecks. Entsprechend könnte man von der Länge eines Kreisbogens sprechen, wenn es eine geometrische Konstruktion einer Strecke gäbe, welche in einem vernünftigen Sinne als längengleich zum Bogen definierbar wäre. Nun gibt es aber, wie wir seit Lindemanns Beweis der Transzendenz der Kreiszahl[22] definitiv wissen, keine (konstruktive) Quadratur des Kreises und keine (geometrische) Rektifizierung des Kreisbogens. Daher ist die Rede von der Länge eines Bogens bzw. der Flächengröße eines Kreises (oder eines Kreissektors) auf andere, nicht elementargeometrische Weise zu konstituieren.

Es mag nun nahe liegen, an eine analoge Rekonstruktion der Rede von idealen Bogenlängen zu denken, wie wir sie auf protogeometrischer Grundlage für die ideale Rede von den Längen gerader Linien vorgeführt haben. Wir können ja z. B. Räder, also gewisse Zylinder, herstellen, Schnüre auf- und abwickeln und dann die Länge des Umfangs des Rades durch Messung der Schnurlänge praktisch bestimmen. Sicher machen wir dann die Erfahrung, dass das Verhältnis der abgerollten Kreislinienlänge und der Länge des Kreisdurchmessers (mehr oder minder) größenunabhängig konstant ist. Vielleicht gelangt man durch derartige Messungen zu der Überzeugung, dass die Maßzahl des Kreisumfangs bei guten Kreisen ungefähr das 3,1416-fache des Durchmessers beträgt (betragen sollte).

Während wir aber für eine ausreichend gute Quaderherstellungspraxis die (zweckbezogene) Erfülltheit der Quaderpostulate (etwa der Längengleichheit gegenüberliegender Kanten) sinnvoller Weise direkt, allein unter Hinweis auf ihre in aller Regel praktisch hinreichende Erfüllbarkeit, verlangen können, müssen wir beim Kreis die Möglichkeit eines analogen Gütekriteriums, formuliert über das Längenverhältnis der Mess-Zahlen, allererst *beweisen*. Denn die (ideale) geometrische Form des Kreises ist ja schon vollständig bestimmt.

Damit sehen wir auch, wann ein Beweis nötig werden kann, wann es also nicht mehr sinnvoll ist, neue Postulate einzuführen und auf ihrer Grundlage bloße Demonstrationen zu führen: Die praktischen Messerfahrungen begründen im geschilderten Falle ja bestenfalls die *Hoffnung*, es sei eine Maßzahl für die Bogenlänge größenunabhängig definierbar. Dass dies im

---

[22] Vgl. Lindemann: ‚Über die Zahl π', Math. Ann. 20 (1893), 213-225. Ferner R. Remmert: ‚Was ist π?' in: Ebbinghaus et al. 1983, 98–122.

Rahmen des Redebereiches der reellen Zahlen tatsächlich sinnvoll möglich ist, muss also bewiesen werden. Damit überschreiten wir allerdings den Rahmen der elementaren Geometrie bei weitem, da wir sogar den Bereich der algebraischen Zahlen überschreiten. Das besagt gerade die Transzendenz von π: ‚Transzendent' heißen die nicht-algebraischen reellen Zahlen. Längenzahlen für Kurven und Maßzahlen für von Kurven begrenzte Flächen, ja der allgemeine *ideale Begriff der Kurve* selbst ist nur im Rahmen der Analysis definiert und zwar letztlich durch die allgemeine Methode der Exhaustion und Approximation der Fläche durch Folgen von Vielecken, der Kurve und Kurvenlänge durch Polygonzugfolgen: Die Maßzahlen werden dann als Klassen der konvergierenden Zahlfolgen definiert. D. h. es werden die (erhoffterweise: konzentrierten) Zahlfolgen selbst als Maßzahlen betrachtet. Die geometrische Deutung analytischer Funktionen als Kurven, Kurvenlängen, Richtungen usf. bleibt aber über die euklidische Geometrie vermittelt. Ohne deren (vorgängige) Konstruktion auf der Basis invarianter Rede über Körperformen lässt sich das analytische Reden und Rechnen der Integral- und Differentialrechnung nicht geometrisch deuten, nicht zur Darstellung und Berechnung räumlicher Verhältnisse verwenden.

Die Entwicklung der Elementargeometrie durch die Methoden der mathematischen Analysis wird besonders fruchtbar bei den *Winkelfunktionen* (Sinus, Cosinus, Tangens, Cotangens usf.) und den auf ihrer Grundlage definierten – auf die gleiche Weise benannten – *Kreisfunktionen*. Manche dieser Funktionen haben als Argumente geometrische Winkel, andere arithmetische Maßzahlen für Bogenlängen: Unser Strahlensatz zeigt, dass in rechtwinkligen Dreiecken die Längenverhältnisse (bzw. Zahlen) a/c, b/c, a/b und b/a konstant sind, wenn a die Länge einer (Gegen-)Kathete ist, die einem festen spitzen Winkel α gegenüber liegt, b die Länge der Ankathete und c die Länge der Hypothenuse. D. h. es sind die Zuordnungen *Sin*: $\alpha \to a/b$, *Cos*: $\alpha \to b/c$, *Tg*: $\alpha \to a/b$ und *Ctg*: $\alpha \to b/a$ zwischen spitzen Winkelgrößen α (die als Gegenstände geometrisch definiert sind) umkehrbar eindeutig (bijektiv) festgelegt. Man setzt dann etwa noch $Sin(0) = Cos(R) = 0$ und $Cos(0) = Sin(R) = 1$ für die (uneigentliche) Winkelgröße 0 und den rechten Winkel R. Für stumpfe (aber nicht überstumpfe) Winkel β kann man noch setzen: $Sin(\beta) = Sin(\beta - R)$, wobei $\beta - R$ die Winkelgröße ist, die durch geometrische Subtraktion des rechten Winkels von β definiert ist. Die Werte liegen zwischen *0* und *1*.

Um die Winkelfunktionen zu Kreisfunktionen zu machen, brauchen wir eine bijektive Zuordnung zwischen Winkeln $\alpha \leq R$ und (reellzahligen) Kreisbogenlängen. Diese erhalten wir, indem wir die Länge des Bogens

5.6. Bogenlängen und Kreisfunktionen

eines Kreissektors mit Radius 1 und Zentriwinkel α definieren, und zwar als Approximationsfolge von Maßzahlen entsprechender Polygonzüge. Der Detailgenauigkeit halber soll dies kurz vorgeführt werden:

Es sei dazu zunächst der Radius r beliebig und P_0, P_1 seien die Eckpunkte eines Sektors mit Zentriwinkel $\alpha \leq R$ und Mittelpunkt M. Q_0 sei der Schnittpunkt des Lotes zu MP_0 durch P_0 mit. Den Schnitt der Kreistangenten in P_0 und P_1 miteinander nennen wir ‚R_1' und definieren weiter: $Q_1 := g(MR_1) \cap g(P_0P_1), P_2 := g(MR_1) \cap (MP_0)$. Für $n \geq 2$ setzen wir rekursiv: R_n ist der Schnitt der Kreistangente in P_n mit P_0R_1, $Q_n := g(MR_n) \cap g(P_0P_n)$, $P_{n+1} := g(MR_n) \cap (MP_0)$. Es gilt dann offenbar: $g(MP_0) \perp g(P_0R_n)$ und $g(MP_n) \perp g(P_nR_n)$ für jedes $n \geq 1$, ferner: $g(P_0P_n) \perp g(MR_n)(= g(MQ_n))$, $P_0P_n = R_nP_n$ und $P_0P_{n+1} = P_{n+1}P_n$, wie dies die folgende Zeichnung zeigt:

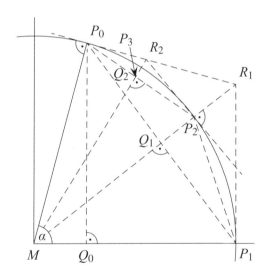

Abbildung 63.

Definieren wir noch: $a_0 := a := \overline{P_0Q_0}$, $a_n := 1/2 \cdot \overline{P_0P_n}$, $b_n := \overline{P_0R_n}$ und $r := \overline{MP_0}$, so können wir die Länge des Kreisbogens zwischen P_0 und P_1 von innen offenbar durch $2n - 1$ viele Strecken der Länge $2 \cdot a_n$ approximieren. Die Folge der Längen bzw. Zahlen $c_n := 2n \cdot a_n$ steigt nämlich streng monoton und ist durch die streng monoton fallende Folge $d_n := 2n \cdot b_n$ beschränkt (es ist offenbar $a_n < b_n$):

Aus dem Satz des Pythagoras ergibt sich nämlich für $n \geq 0$:

(*) $\quad 4 \cdot a_{n+1}^2 = a_n^2 + (r - \sqrt{r^2 - a_n^2})^2,$

woraus die streng aufsteigende Monotonie von $(c_n)_{n\varepsilon N}$ sofort folgt. Da b_n die Länge der Kathete eines rechtwinkligen Dreiecks mit Hypothenuse $R_{n+1}R_n$ ist, gilt

$$b_{n+1} < 1/2 b_n = (1/2) \cdot \overline{P_0 R_n},$$

woraus $d_{n+1} > d_n$ folgt. Man kann dann die Zuordnung (Funktion) $f : a \mapsto \lim c_n$ in $\mathbb{R}$ definieren und die reelle Zahl $f(a)$ als Länge des Kreisbogens zwischen P_0 und P_1 betrachten. Ersichtlich ist f eine streng wachsende Funktion, d. h. es gilt $f(a) < f(b)$, falls $a < b$ gilt. Ferner gilt $f(r \cdot a) = r \cdot f(a)$. Für $0 \leq a \leq 1$ ist $f(a)$ offenbar gerade der Hauptwert von Arcsin(a), d. h. es gilt (**) $\sin(f(a)) = a$. Genauer: Die Funktion $\sin(x)$ wird auf der Menge $\{f(a) | 0 \leq a \leq 1\}$ gerade durch (**) *definiert* und dann ggfs. durch die Festsetzung $f((q_n)_{n\varepsilon N}) := (f(q_n)_{n\varepsilon N})$ auf den Gesamtbereich $\{x | 0 \leq x \leq f(1)\}$, d. h. das Intervall $[0, \pi/2]$, stetig ergänzt: Die Zahl $\pi/2$ wird dabei gerade als $f(1)$ definiert, und es ist nach dieser Definition offenbar der Umfang eines Kreises mit Radius r gerade $4 \cdot r \cdot \pi/2 = 2\pi r$. Die Fläche eines Kreissektors mit Radius r und Zentriwinkel $\alpha := \sphericalangle((g(MP_0), g(MP_1))$, also mit den Eckpunkten P_0 und, ist offenbar sinnvoll durch die Approximation:

$$\lim 2^n \cdot (r/2) \cdot f(a) = (r^2/2) \cdot Arc \sin(a^*)$$

definierbar. Dabei ist a die Länge des Lotes von P_0 auf MP_1 und $a^* = a/r$. a^* ist die Länge des Lotes von P_0^* auf MP_1^*, wenn P_0^* und P_1^* die Schnittpunkte von $g(MP_0)$ bzw. $g(MP_1)$ mit dem Einheitskreis um M mit Radius $r = 1$ sind.) Eine kurze analytische Überlegung zeigt, dass auch $\lim d_n = f(a)$ ist, wobei wir uns gleich auf den Fall $r = 1$ beschränken können. Es ist nämlich dann offenbar $b_n^2 = (\sqrt{(1-a_n^2)} + \overline{Q_n R_n})^2 - 1$ und $\overline{Q_n R_n} = \sqrt{b_n^2 - a_n^2}$, also: $b_n^2 = 1 - a_n^2 + 2\sqrt{(1-a_n^2)} \cdot (b_n^2 - a_n^2) + b_n^2 - a_n^2 - 1$, woraus wir die Gleichung

$$a_n^4 = b_n^2 - a_n^2 - a_n^2 b_n^2 + a_n^4, \quad \text{bzw.} \quad b_n^2 = a_n^2/(1-a_n^2)$$

erhalten. Die Folge $d_n - c_n = 2^n(b_n - a) = 2^n \cdot a_n \cdot (\sqrt{1/(1-a_n)} - 1)$ geht aber monoton gegen 0, woraus die Behauptung sofort folgt.

Einfache Zusatzüberlegungen zeigen dann noch, dass wir $f(a)$ durch beliebige Folgen von Polygonzügen mit Punkten auf dem Kreis (von innen) approximieren können, wenn nur der Abstand der Punkte gegen 0 konvergiert. Daraus ergibt sich dann auch die Additivität des Bogenmaßes (bei geometrischer Addition der Sektoren bzw. der Zentriwinkel).

5.6. Bogenlängen und Kreisfunktionen

Wir sagen, zwei Abbildungen $f : [a, b] \to \mathbb{R}^3$ und $f' : [c, d] \to \mathbb{R}^3$ seien Namen der gleichen Kurve, wenn es eine bijektive monotone (und daher stetige) Abbildung $\tau : [a, b] \to [c, d]$ eine so genannte *Parametertransformation*, gibt mit $f'(t) = f \circ \tau(t) := f(\tau(t))$ für jedes t aus $[a, b]$. Eine Raumkurve f im $\mathbb{R}^3$ heißt nun *rektifizierbar*, genau wenn sie in folgendem Sinne eine Längenmaßzahl $L(f)$ (in $\mathbb{R}$) besitzt: Zu jeder Parametertransformation τ, jedem $f' = f \circ \tau$ und jedem m_0 aus $\mathbb{N}$ soll es ein m_1 aus $\mathbb{N}$ geben, so dass für jede Partition P von $[\tau(a), \tau(b)]$ (bzw. $[\tau(b), \tau(a)]$) der Feinheit $1/m_1$, und das heißt für jede Menge $P = \{t_0, t_1, \ldots, t_{m2}\} \subset [a, b]$ mit $t_0 = \tau(a)$, $t_{m2} = \tau(b)$ (falls $a < b$ ist) und mit $0 < t_i - t_{i-1} < 1/m_1$, gilt:

(*) $\left| L(f) - \sum_{i=1}^{m_2} (\|f(t_i) - f(t_{i-1})\|) \right| < 1/m_0$. Dabei ist die in (*) auftretende Summe offenbar gerade die (euklidische) Länge eines Polygonzuges mit Ecken auf der Kurve. Rektifizierbar sind also alle (endlichen) Kurven, die sich sinnvoll als (parameter-)invariante Approximationen durch (endliche) Polygonzüge darstellen lassen. Auf analoge Weise betrachten wir zwei stetige Funktionen $F : [a, b] \times [c, d] \to \mathbb{R}^3$ und $F' : [a', b'] \times [c' d'] \to \mathbb{R}^3$ als Namen einer (und zwar der gleichen) abstrakten *Fläche*, genau wenn es zwei bijektive monotone (und daher stetige) Parametertransformationen $\tau : [a, b] \to [a' b']$ und $\sigma : [c, d] \to [c' d']$ gibt mit $F'(\tau(t_1), \sigma(t_2)) = F(t_1, t_2)$ für alle t_1 aus $[a, b]$ und alle t_2 aus $[c, d]$.

Das Integral $_a\int^b f =_a \int^b f(t)dt$ einer stetigen Funktion $f : [a, b] \to \mathbb{R}^+$ (also mit positiven Werten) ist bekanntlich nichts anderes als die Approximation der Fläche F_f im $\mathbb{R}^2$ (bzw. der zugehörigen Flächenzahl), welche durch die drei Strecken $(a, 0)(b, 0)$, $(a, 0)(a, f(a))$ und $(b, 0)(b, f(b))$, ferner die Raumkurve $f'(t) := (t, f(t)f(t) := (t, f(t))$ (mit $t \in [a, b]$) begrenzt ist. D. h., zu jedem m_0 aus $\mathbb{N}$ gibt es ein m_1 aus $\mathbb{N}$, so dass für jede Partition $P = \{t_0, \ldots, t_{m2}\}$ von $[a, b]$ der Feinheit $1/m_1$ gilt:

(**) $\quad \left\|_a\int^b f - \sum_{i=1}^{m_2} f(t_i)(t_i t_{i-1}) \right\| 1/m_0$.

Dass die Stetigkeit von f für die Existenz einer solchen Zahl hinreicht, ist nicht schwer zu zeigen. Die in (**) stehende Summe ist offenbar die Flächenmaßzahl einer Stufenfläche bestehen aus m_2 vielen Rechtecken der jeweiligen Höhe $f(t_i)$ mit Grundseite $t_i - t_{i-1}$.

Ist nun $f [a, b] \to \mathbb{R}^3$ eine *stetig differenzierbare* Kurve, existieren also für die Funktionen x_1, x_2, x_3 von $[a, b]$ nach $\mathbb{R}$ mit $f(t) = (x_1(t), x_2(t), x_3(t))$ die folgenden Ableitungen:

$D(x_1)(t) := \frac{dx_i}{dt}(t) := x_i'(t) := \lim(x_i(t) - x_i(t'))/(t - t')$ in jedem t aus $[a, b]$ und definieren sie jeweils stetige Funktionen $f'(t) = (x_1'(t), x_2'(t), x_3'(t))$, so gilt:

$$L(f) =_a \int^b \|f'(t)\| \, dt$$
$$=_a \int^b \sqrt{\left(\frac{dx_1}{dt}(t)\right)^2 + \left(\frac{dx_2}{dt}(t)\right)^2 + \left(\frac{dx_3}{dt}(t)\right)^2} \, dt$$
$$=_a \int^b \sqrt{Dx_1^2 + Dx_2^2 + Dx_3^2} \, dt$$

Dies kann man durch eine bekannte Abschätzung leicht zeigen. Zumindest jede stetige und stückweise stetig differenzierbare Kurve $f : [a, b] \to \mathbb{R}^3$, die also auf endlich vielen Teilintervallen $[a_i, b_i]$ (mit $[a, b] = [a_i, b_i]$) stetig differenzierbar ist, ist damit als rektifizierbar erwiesen, hat also, wie wir sagen, eine Länge.

Es ist sofort zu sehen, wie sich sowohl die Definition einer Kurve, als auch die Überlegungen zur Rektifizierbarkeit auf beliebige Zahlenräume $\mathbb{R}^n$ ausdehnen lassen. Man kann dann die Werte des Integrals $_a\int^b \|f'\| \, dt$ bei stetig differenzierbaren $f : [a, b] \to \mathbb{R}^n$ (metaphorisch) die ‚Länge' der ‚Kurve' f nennen. Der Sinn dieser Rede liegt natürlich in der analogen arithmetisch-analytischen Definition der betreffenden Funktionen und des Integrals auf der Grundlage des analogen Begriffs der geraden Linie im $\mathbb{R}^n$: Wir nennen nämlich eine (Punkt)Menge G im $\mathbb{R}^n$ eine ‚Gerade', wenn es in ihr verschiedene Punkte P_i und P_j gibt, so dass sich jeder Punkt P aus G in der Form $P = P_i + t(P_j - P_i)$ darstellen lässt (mit t aus $\mathbb{R}$) und jeder Punkt dieser Darstellung in G liegt. Damit ist im $\mathbb{R}^n$ auch der Begriff der geradenerhaltenden Abbildungen (die Geraden in Geraden überführen) und der linearen Abbildungen definiert: Letztere sind geradenerhaltend und lassen den Raumnullpunkt $(0, \ldots, 0)$ unverändert.

5.7 Mengen als Gegenstände

Zum Ende dieses Kapitels betrachten wir noch die Idee oder Form einer wahrheitswertsemantischen Konstitution der Mengen der Mengenlehre als mathematische Gegenstandsbereiche und einige ihrer Folgen. In der so genannten Modelltheorie betrachtet man üblicherweise (strukturierte) Mengen als schon gegebene Interpretationsbereiche für die Formeln deduktiver axiomatischer Theorien. Damit wird freilich der Begriff der (strukturierten) Mengen schon als geklärt betrachtet. Eine strenge logische Analyse muss dagegen, wie im Grunde Frege (trotz seines eigenen Scheiterns) schon gesehen hat, das Verfahren umkehren: Mengenbereiche sind als besondere

5.7. Mengen als Gegenstände

Gegenstandsbereiche G zu erläutern, und zwar gemäß der allgemeinen Methode der Konstitution von Gegenständen durch Wahrheitswertfestlegung für Aussagen über sie. Das besondere der *reinen Mengen* ist, dass für sie (neben der Gleichheit) eine einzige elementare zweistellige Relation, die Elementrelation, definiert ist. Eine Analyse von solchen Element-Mengen-Bereichen ist insbesondere deswegen so bedeutsam, weil die Mengenlehre überall dort, wo man sie bloß objektstufig oder axiomatisch erläutert, platonistisch missverstanden und oft obendrein noch als angeblich allgemeine logische Theorie der Abstraktion und Grundlage der Mathematik ausgegeben wird.

Als Ausgangspunkt für die Bildung von Mengen diene uns erst einmal die Annahme, dass eine basaler Gegenstands- oder Redebereich G, wie wir ihn allgemein skizziert haben und am Beispiel der natürlichen Zahlen exemplifiziert haben, als Grundbereich schon gegeben ist.[23] Dann lässt sich zu jeder G-Eigenschaft $\lambda x.A(x)$. der Ausdruck ‚die Menge der g aus G mit der Eigenschaft $\lambda x.A(x)$.' bzw. der entsprechende formale ‚Mengenausdruck': ‚$\{x\,|A(x)\}_G$' bilden, und es lassen sich die Wahrheitswerte der Mengengleichungen festlegen, nämlich über das folgende (definitorische) Extensionalitätsprinzip:

$$\{x\,|A(x)\}_G = \{x\,|B(x)\}_G :\leftrightarrow \forall_{x\varepsilon G}.A(x) \leftrightarrow B(x).$$

Der Index G an den Mengenklammern und die Angaben des Variablenbereiches G am (All-)Quantor machen notationell klar, dass man zur Festsetzung der Wahrheitswerte der linken Seite durch die rechte auf den gegebenen Gegenstandsbereich G Bezug nehmen muss. Die bildbaren Eigenschaften und Mengenterme hängen sogar vom ganzen Redebereich G ab, also von den schon als definiert zu betrachtenden Grundprädikaten auf G – es sei denn, man betrachtet nur solche (logisch komplexen, durch Wahrheitsfunktionen zusammengesetzten) Satzformen, in denen die Gleichheit das einzige (Grund-)Prädikat ist.

Wir bezeichnen den (formalen Gegenstands-)Bereich der *bildbaren Mengen(terme)* über dem Redebereich G mit ‚$M(G)$'. Will man nun die Gegenstandsbereiche G mit $M(G)$ zu einem gemeinsamen Gegenstandsbereich $G \cup M(G)$ vereinigen, so muss man offenbar auch noch den Gleichungen der Art ($g = \{x\,|A(x)\}_G$) mit g aus G genau einen Wahrheitswert, nämlich das Falsche, zuordnen. (Wir benutzen g weiter als Vertreter für G-Namen, also quasi autonym.). Damit wird $G \dot{\cup} M(G)$ zwar schon zu einer

---
[23] Der Beginn eines Aufbaus bei einem einzigen Element, der leeren Menge, ist für ein Verständnis eher irreführend, auch wenn er theoretisch hilfreich ist.

disjunkten Vereinigung gemacht, aber evtl. entsteht so noch kein wohlgebildeter *Redebereich*. Dazu müssen nämlich auch die übrigen G-Prädikate P_i^n auf *ganz* $G \dot{\cup} M(G)$ ausgeweitet werden. D. h. es müssen *für alle* zulässigen Elementarsätze, nicht bloß für Gleichungen, Wahrheitswerte festgesetzt werden – denn sonst gilt ja das Prinzip ASWP nicht. Diese Festsetzung wiederum muss so gemacht werden, dass das Leibnizprinzip bezüglich der schon festgesetzten Gleichheit erfüllt ist. Eine Möglichkeit wäre hier, allen Sätzen der Art $P_i^n(\ldots, \{x|A(x)\}_G, \ldots)$, in denen ein Mengenterm (neben den G-Termen) vorkommt, den Wert das Falsche zuzuordnen.

Die Einführung der Mengenterme ‚$\{x|A(x)\}_G$' neben den λ- oder Eigenschaftstermen ‚$\lambda x.A(x)$.' (auf G) macht nun eigentlich nur dann Sinn, wenn man die bloße Schreibkonventionen ‚$g \, \varepsilon \, \lambda x.A(x)$.' für ‚$A(g)$' in eine *echte* Element*relation* $\in$ bzw. $P_\in$ auf $G \dot{\cup} M(G)$ umformt. Dazu definiert man zunächst:

$$P_\in(g, \{x|A(x)\}_G) :\leftrightarrow_{df} g \in \{x|A(x)\}_G \leftrightarrow_{df} g \, \varepsilon \, \lambda x.A(x). :\leftrightarrow_{df} A(g)$$

für Terme g aus G. Damit $P_\in$ auch wirklich eine Relation auf $G \dot{\cup} M(G)$ ist, muss man allerdings auch allen Sätzen der Formen ‚$P_\in(\{x|A(x)\}_G, g)$', ‚$P_\in(g_1, g_2)$' und ‚$P_\in(\{x|A(x)\}_G, \{x|B(x)\}_G)$' ($g$ aus G) Wahrheitswerte zuordnen. Denn sonst ist ASWP nicht erfüllt. Dabei muss das Leibnizprinzip bezüglich der Gleichheit auf $G \dot{\cup} M(G)$ erfüllt werden. Ist nun auf G schon eine Elementrelation $\tilde{P}_\in$ definiert, so will man in der Regel darüber hinaus, dass $P_\in$ zugleich eine Fortsetzung bzw. Erweiterung von $\tilde{P}_\in$ auf $G \cup M(G)$ ist, d. h., dass gilt: für g_1, g_2 aus G gelte $P_\in(g_1, g_2)$, genau wenn $\tilde{P}_\in(g_1, g_2)$ gilt. Nur dann nämlich gibt es auf $G \cup M(G)$ im Wesentlichen *nur eine Elementbeziehung*. Das skizzierte Problem tritt immer auf, wenn wir von $G \dot{\cup} M(G)$ zu $M(G \dot{\cup} M(G))$ übergehen. Der Aufbau einer Mengenhierarchie über einem Grund(rede)bereich G_0, in welchem noch keine Elementrelation definiert ist, hat also bei jedem Schritt, d. h. beim Übergang von $G_n (n \geq 1)$ zu $G_{n+1} := G_n \dot{\cup} M(G_n)$ durch entsprechende Festsetzungen dafür zu sorgen, dass immer das Folgende gilt:

Sind g_1, g_2 aus G_n und ist $P_\in^n$ die schon definierte Elementrelation auf $G_n(:= G_{n-1} \cup M(G_n))$, so haben ‚$P_\in^n(g_1, g_2)$' und ‚$P_\in^{n+1}(g_1, g_2)$' den gleichen Wahrheitswert. Als Extensionalitätsprinzip ist dabei jeweils neu zu fordern, dass gilt:

Für beliebiges g_1, g_2 aus G_{n+1}, also insbesondere für g_1, g_2 aus $M(G_n)$ habe ‚$(g_1 = g_2)$' den gleichen Wahrheitswert wie der folgende Satz: ‚$\forall x \in G_{n+1}(P_\in^{n+1}(x, g_1) \leftrightarrow P_\in^{n+1}(x, g_2))$'. Hier steht ‚=' für die *Fortsetzung* der Gleichheit auf G_n, die ja immer erst noch *zu definieren ist!*

5.7. Mengen als Gegenstände

Redebereiche G_n nennen wir ab jetzt ‚(Element-)Mengen-Bereiche'. Um nun G_{n+1} ebenfalls zu einem Mengen-Bereich zu machen, kann bzw. muss man (für $n \geq 1$) eine neue Gleichheit und die Relation $P_\in^{n+1}$ auf folgende Weise definieren: Auf G_n muss die neue mit der alten Gleichheit übereinstimmen. Sind g_1, g_2 beide aus $M(G_n)$, so lege das Extensionalitätsprinzip den Wahrheitswert der Gleichung ‚$(g_1 = g_2)$' fest. Ist g_1 aus G_n, $g_2 = \{x | A(x)\}_{G_n}$ aus $M(G_n)$, so setzen wir für ‚$(g_1 = g_2)$' und natürlich auch für ‚$(g_2 = g_1)$' als Wert das Wahre fest, genau wenn für jedes g aus G_n der Wahrheitswert von ‚$P_\in^n(g, g_1)$' und ‚$A(g)$' derselbe ist; das Falsche sonst.

Man prüft leicht nach, dass diese Festsetzungen die geforderten Bedingungen erfüllen. Erst durch derartige Festsetzungen wird die Rede von den Mengen und Elementen *konstituiert*; jetzt erst sind Mengen *Gegenstände der Rede* – im entsprechend verfassten Redebereich. Der Übergang von der Rede über Eigenschaften in einem Redebereich G zu den Mengen, bzw. der Unterschied zwischen ‚$\lambda x.A(x)$.' und ‚$\{x|A(x)\}_G$', besteht also gerade darin, dass für Mengen(terme) die Extensionsgleichheit und die Elementrelation auf dem entsprechend (erweiterten!) Redebereich *definiert* sind, für Eigenschaftsworte nicht. Selbstverständlich kann man, wenn das Bedürfnis besteht, andere, feinere, Äquivalenzen für Eigenschaften (resp. ihre Ausdrücke) festlegen; und wir tun dies auch immer (implizit), wenn wir *Eigenschaften* zum Thema unseres Redens machen.

Es *existieren* (zunächst) nur diejenigen Mengen, die in einem der so aufgebauten Redebereiche liegen. Insbesondere sind die Redebereiche selbst keine Mengen in unserem Sinn. Wohl aber benennt der Ausdruck $\{x|x=x\}_G$ in $M(G)$ eine entsprechende Menge.

Zu der üblichen kumulativen Hierarchie der Naiven Mengenlehre[24] mit ihren *reinen Mengen* gelangt man nun dadurch, dass man den geschilderten Aufbau mit einem ganz einfachen Gegenstandsbereich beginnt, bestehend aus einem Term ‚$\emptyset$' und der trivialen Gleichheit $\emptyset = \emptyset$. Da ‚$P_\in^1(\emptyset, \emptyset)$' den Wert das Falsche erhält, heißt $\emptyset$ ‚leere Menge'. Der Mengenbereich der so genannten hereditär-endlichen Mengen V_ω ergibt sich dabei durch die Vereinigung aller so gebildeten (endlichen!) Mengen-Bereiche G_n. D. h. ein V_ω-Term ist ein Term, der ein G_n-Term ist. Die Wahrheitswerte der Relationen $P_\in^\omega$ und = in V_ω werden festgesetzt durch:

$P_\in^\omega(g_1, g_2) \Leftrightarrow_{df} P_\in^n(g_1, g_2)$, wenn g_1, g_2 aus G_n ist für ein passendes n.

---

24 Vgl. dazu etwa P.R. Halmos, Naive Set Theory, Princeton 1960, oder etwa auch F.R. Drake, Set Theory, Amsterdam 1974 § 1.

$g_1 = g_2$ gilt, wenn es ein n gibt, so dass die g_1, g_2 aus G_n sind und in G_n $g_1 = g_2$ gilt.

Eine derartige Festsetzung verlangt offenbar, dass $P_\in^{n+1}$ und $=$ jeweils Erweiterungen von $P_\in^n$ und der Gleichheit auf G_n sind. Man kann übrigens die natürlichen Zahlen auf vielfältige Weisen in V_ω einbetten oder im Ausgang von V_ω definieren. V_ω ist offenbar abzählbar und heißt ‚die Menge aller hereditär endlichen (reinen) Mengen'.

Wenn man annimmt, dass zu *jedem* Gegenstandsbereich G der volle Potenzbereich $P(G)$ (als Gegenstandsbereich) wertsemantisch bestimmt wäre, könnte man, ausgehend von $G_0 =_{df} G$ die Hierarchie $G_{n+1} := G_n \cup P(G_n)$ bilden und die Vereinigung dieser Hierarchie , $\bigcup_{n \in \mathbb{N}} G_n$'. Aber dann wäre immer noch fraglich, 'wie oft' man die Operation $G \mapsto G^*$ definiert durch: $G^* = \bigcup_{n \in \mathbb{N}} G_n$ ausführen soll. Denn dabei erhalten wir offenbar *nie* einen Element-Mengen-Bereich, der *alle* derart bildbaren Mengen umfasst: Zu jedem derartigen Bereich $\tilde{G}$ kann man ja dann wieder $\tilde{G} \dot\cup P(\tilde{G})$ bilden. Daher ist, in gewissem Sinn, die Rede von *der* kumulativen Hierarchie der Mengen ganz irreführend. Denn es gibt bestenfalls entsprechend umfangreiche Anfangsstücke einer derartigen, immer fortsetzbaren, Hierarchie.

Insbesondere erhält man in $M(V_\omega)$ bzw. $M(\mathbb{N})$ keineswegs die *volle Potenzmenge* von V_ω bzw. der natürlichen Zahlen, da nur relativ wenige (abzählbar viele) Eigenschaften $\lambda x.A(x)$. auf V_ω oder $\mathbb{N}$ logisch definierbar sind. D. h., der Redebereich *aller* Teilmengen von V_ω muss eigens, anders, konstituiert werden. Denn dazu muss über die *Gesamtheit aller* möglicherweise auf V_ω irgendwie bestimmbaren *Wahrheitswertfestsetzungen* resp. Prädikate gesprochen werden.[25] Die Bedeutung des Übergangs zur vollen Potenzmenge besteht darin, dass über sie sichergestellt werden soll, dass der Bereich der reellen Zahlen wirklich ‚alle möglichen' reellen Zahlen enthält.

Die Probleme der Beschreibung von denkbaren Standardmodellen für die axiomatische Mengentheorie, etwa für das System von Zermelo und Fraenkel, steht hier nicht im Kern meiner Überlegung, sondern bloß die Tatsache, dass Prinzipien wie ASWP, das Leibnizprinzip und dann auch das (verallgemeinerte!) Extensionalitätsprinzip keineswegs einfach wahr sind, sondern im wahrheitswertsemantischen Aufbau von Element-Mengen-Bereichen durch entsprechende Fortsetzungen *wahr gemacht werden müssen*. Mengen gibt es also nur in einem festgesetzten Gebrauch von Mengentermen oder für zulässig erklärten Mengenbenennungen im Sinn von mehr

---

25 Vgl. meine Grundprobleme der Logik §§ 10.3 u. 14.2.

5.7. Mengen als Gegenstände

oder weniger informellen Belegungen für Mengenvariablen. Sie sind damit keineswegs, wie Platonisten glauben, *sprachunabhängig gegeben*. Denn dass abstrakte Gegenstände und Bereiche durch *verschiedene* Namen (Ausdrücke) bzw. durch verschiedene Charakterisierungen gegeben werden können, ist kein Anlass für die Behauptung, sie existierten unabhängig von ihrer Konstitution.

Übrigens klärt unser Analysevorschlag zur Rede von Mengen die Ursache für die Russellsche Antinomie (und alle anderen Antinomien der Mengenlehre) m. E. endgültig auf: Cantor, aber auch Frege und Dedekind haben nämlich zunächst schlicht nicht gesehen, dass normalsprachliche Mengenausdrücke und auch Mengenterme wie ,$\{x|A(x)\}$', aber auch schon Quantoren wie ,Für alle x gilt ...' oder Kennzeichnungen *ohne die Angabe des wohlkonstituierten Gegenstandsbereiches G*, auf den sich die Variablen beziehen, *bedeutungslos* sind. Den entsprechenden Sätzen *ist* kein Wahrheitswert zugeordnet. Darum ist die Frage *sinnlos*, *welcher* Wahrheitswert ihnen zugeordnet sei (ob sie wahr seien oder falsch). Die Russellsche Antinomie lässt sich, andererseits, schlicht nicht formulieren, wenn man dies beachtet. Ist nämlich G ein schon wohlkonstituierter Element-Mengen-Bereich mit Elementprädikat $\tilde{P}_\in$, so ist der Ausdruck ,$\left\{x \mid \neg \tilde{P}_\in(x,x)\right\}_G$' noch *gar kein Term in G*. D. h. dem Russellschen Satz

,$\tilde{P}_\in \left(\left\{x \mid \neg \tilde{P}_\varepsilon(x,x)\right\}_G, \left\{x \mid \neg \tilde{P}_\in(x,x)\right\}_G\right)$'

ist noch gar kein Wahrheitswert zugeordnet (auch nicht das Falsche). Es *kann ihm auch kein Wahrheitswert zugeordnet werden, sofern man die üblichen Prinzipien erhalten will*. Erst wenn wir zum neuen Bereich $G \dot{\cup} M(G)$ übergehen, ändert sich das.

Es sollte jetzt auch klar sein, warum wir den Verheißungen der (axiomatischen) Mengentheorie, sie könne der Mathematik einen hinreichend umfassenden Rede- und Argumentationsrahmen verschaffen, nicht wirklich ernst nehmen können. Denn erstens ist eine Einbettung eines wohlkonstituierten wertsemantischen Redebereiches wie der Arithmetik in eine axiomatische (Mengen-)Theorie nicht *nötig*. Eine solche Einbettung macht nämlich keinen einzigen Beweis exakter. Zweitens ist eine solche Einbettung nicht ohne erhebliche Verluste *möglich*, was wir gerade aus den Gödelschen Unvollständigkeitssätzen ersehen könnten.[26] Die Forderung, jede mathematische Theorie habe die Form einer axiomatisch-deduktiven Theorie anzunehmen, ist daher ebenso verfehlt wie der Glaube unbegründet ist, jedes (hinreichend klare) mathematische Urteil resp. Argument ließe sich

---

26 Vgl. dazu *Grundprobleme der Logik*, § 14.3.

in der axiomatischen Mengentheorie formulieren. In Wirklichkeit bedeutet dies nur den *Verzicht* auf die Möglichkeit, direkt über Redebereiche (Modelle), z. B. der reellen Zahlen, zu sprechen, ohne den *Umweg* über die axiomatischen Verallgemeinerungen gehen zu müssen.

Letztlich beruht der Glaube, dass jedes mathematische Argument ein axiomatisch-deduktives Argument sei, auf einer Art Unkenntnis der Methode der wahrheitswertsemantischen *Modellkonstitution*. Hinzu kommt das Unverständnis, das man *halbformalen Herleitungsregeln* mit unendlich vielen Prämissen entgegenbringt.[27] Diese Regeln kann man zwar nicht dazu benutzen, um in endlich vielen Schritten einen Satz abzuleiten. Wohl aber kann man sie dazu gebrauchen, um für einen Satz oder eine Aussage einen unendlich verzweigten Herleitungsbaum zu beschreiben und zu beweisen, dass alle Zweige endlich sind – was bei geeigneter Formulierung des Baumes bedeuten kann, dass die Wahrheit eines quantorenlogisch komplexen (etwa arithmetischen) Satzes bewiesen ist. So ergibt sich z. B. allein schon auf der Basis unserer Skizze der Konstitution des Redebereiches der Arithmetik *ein Beweis der (deduktiven) Konsistenz der Peano-Axiome*.[28] Im Falle der vollständigen Induktion muss man dazu nur einsehen, dass alle Zweige in der Herleitung der Wahrheit der Konklusion ‚$\forall_{x \varepsilon G}.A(x)$' endlich sind, wenn die Prämissen ‚$A(0)$' und ‚$\forall_{x \varepsilon G}.A(x) \to A(x+1).$' wahr sind. Wenn man will, kann man sich das anhand der Betrachtung von sicheren Gewinnstrategien in entsprechend eingerichteten Dialogspielen klar machen. In der so genannten Beweistheorie macht daher Gentzens Konsistenzbeweis der formalen Arithmetik erwartungsgemäß von einer Induktion Gebrauch, welche bis zu der Ordinalzahl reicht, die sich aus einer Wohlordnung aller abzählbar unendlich verzweigten Bäume mit Zweigen endlicher Länge ergibt. Diese ist als Ordinalzahl ε_0 bekannt.

Auch für die axiomatische Mengentheorie ist nicht zu sehen, wie anders man ihre Konsistenz *beweisen* könnte, als durch eine befriedigende informale *Beschreibung* eines wertsemantischen Element-Mengen-Bereiches, der die Axiome erfüllt. Dabei sollten wir gerade im Vergleich zum Verhalten in Bezug auf die Grenzen der axiomatischen Methode darüber staunen, dass die Mehrheit der Mathematiker und Philosophen der Mathematik das folgende Diagonalargument Cantors als ‚Beweis' anerkennt. Dieses Argument

---

27 Vgl. dazu etwa P. Lorenzen, ‚Algebraische und logistische Untersuchungen über freie Verbände' JSL 16 (1951), 81-106. Zu einem effektiven Schnittsatz für die konstruktive halbformale Logik (in unendlich verzweigten Herleitungsbäumen) vgl. meine ‚Systeme der Logik', 3. Teil, Heft 2 (= Schriften des SFB 99, Nr. 99, Universität Konstanz 1985).

28 Die Beschreibung eines Modells zu einem Axiomsystem ist ein ‚nichtdeduktiver' Konsistenzbeweis.

‚zeigt', dass ‚fast alle' Zahlen nicht effektiv approximierbar oder sonstwie vernünftig benennbar sind. Denn wir können offenbar zu jeder denkbaren Abzählung eines Systems von Teilmengen M_n der natürlichen Zahlen $\mathbb{N}$ (und damit dann auch der reellen Zahlen $\mathbb{R}$) auf ganz einfache Weise *neue* Teilmengen *M (also verschieden von allen M_n!) definieren, nämlich so: $n \in {}^*M$ gelte genau dann, wenn n nicht in M_n liegt. Daraus ‚folgt', dass es kein syntaktisch definiertes Rahmenschema zur Bildung von Mengennamen ‚für alle' Mengen in $\mathbb{N}$ (und dann auch keines für ‚alle Folgen' in $\mathbb{N}$) geben kann. Das ist ein durchaus paradoxes Ergebnis. Denn jetzt geraten die *wohlkonstituierten Bereiche von reellen Zahlen*, die als solche alle abzählbar sind, in eine Art Minderheitenposition zugunsten einer keineswegs im selben Maß formal wohlkonstituierten Rede von ‚allen' Teilmengen (zunächst) der natürlichen Zahlen, welche bekanntlich nicht abzählbar ist. Dass dieses Paradox einen gewissen Widerstand gegen Cantors ‚Beweis' hervorruft, wie er besonders im mathematischen Konstruktivismus artikuliert wird, sollte uns kaum wundern. Denn Cantors Argument ist noch ganz informal. Es ist als solches bloß erst ein *protomathematisches* Argument. Bei genauerer Betrachtung macht Cantor ‚nur' einen *externen* Vorschlag, wie die Bedeutung des Ausdrucks ‚alle Teilmengen der natürlichen Zahlen' zu fassen ist.

Das Erstaunliche ist nun, dass im Unterschied zu Cantors informalem Argument Gödels Unvollständigkeitssatz, welcher die Begrenzung der formalaxiomatischen Methode zeigt, bis heute in seiner Bedeutung heruntergespielt wird, offenbar weil man die Folgerungen nicht (so recht) wahrhaben möchte. Man sagt, die Sätze oder Aussagen, für die Gödel zeigt, dass sie nicht aus den Peano-Axiomen und deren Erweiterungen (oder aus den Axiomen von Zermelo-Fraenkel und deren Erweiterungen) herleitbar sind, seien ‚etwas abwegig' oder ‚nicht so wichtig'. Dass das gedankenlos ist, sieht man eigentlich sofort. Denn man könnte so auch auf Cantors Diagonalargument reagieren. Gödels Beweis zeigt den Unterschied zwischen einem *rein* axiomatisch-deduktiven Denken (a), einem umfassenderen Beweisbegriff (b) und einem noch umfassenderen Wahrheitsbegriff in der Mathematik (c). Das geschieht in aller nur wünschenswerter Klarheit, und zwar auf eine im Grundsatz ganz gleiche Weise, wie man die Unmöglichkeit der elementargeometrischen Quadratur des Kreises oder der Dreiteilung beliebiger Winkel zeigt. Der Grundfehler der üblichen Einschätzung zeigt sich schon in der Kolportage, nach welcher Gödel angeblich bewiesen habe, dass es *unbeweisbare mathematische Wahrheiten* gäbe. Was er bewiesen hat, ist vielmehr, dass es eine wichtige Differenz zwischen mathematischen Beweisen in mathematischen Redebereichen und formalaxiomatischen Deduktionen gibt.²⁹ Angesichts dieser Tatsache ist unklar, wer den größeren Irrtum begeht, Gödel selbst, der wenigstens dem Anschein nach zum Platonisten wird, oder seine Kritiker. Denn diese vermuten (nicht anders als manche Konstruktivisten und damit fälschlicherweise), jede Rede von mathematischer Wahrheit, die nicht bloß die relative Beweisbarkeit bzw. Herleitbarkeit einer Formel aus formalen Axiomen nach gewissen festen Deduktionsschemata meint, sei schon *per se* naiver Platonismus.

Allerdings erzeugt die vage Idee der Rede von allen möglichen Teilmengen einer unendlichen Menge durchaus auch neue sachliche Probleme. Daher hat am Ende L.E.J. Brouwer in gewissem Sinn deutlicher als Georg Cantor gesehen, was eigentlich passiert, wenn wir eine kontinuierliche Linie als Punktmenge auffassen wollen, obgleich doch ursprünglich Punkte nur als Teilungen von Linien, zunächst als Paare sich schneidender Geraden in der Ebene, und Geraden als Paare sich schneidender Ebenen aufzufassen waren. Denn Dedekinds Schnitte und Cantors reelle Zahlen stellen sich jetzt, wie Brouwer sieht, so dar: Wir sollten unterscheiden zwischen durch ein Folgengesetz oder eine explizite Regel effektiv beschriebenen konvergenten unendlichen rationalen Folgen a_n und so genannten freien Wahlfolgen, für die man in Fortsetzung einer Anfangsfolge frei die Nachfolger wählen kann. Wenn man sich die Folgen als beliebige Dezimalentwicklungen konkretisiert, ist also zwischen den fest beschrieben unendlichen Dezimalfolgen, den bestimmten reellen Zahlen, und den freien Wahlfolgen im Ausgang von einer m-stelligen Anfangsfolge zu unterscheiden.

Die fest beschriebenen Dezimalfolgen *und damit die genau situierbaren bzw. situierten reellen Zahlen* (zu denen u. a. die Kreiszahl und die Eulersche Zahl e gehören) sind insofern abzählbar, als ihre Namen es sind. Dasselbe gilt für jedes denkbare System der die Folgen situationsinvariant definierenden Regeln. Daraus folgt nun aber, dass jede Klasse von situierten reellen Zahlen notwendigerweise immer abzählbar ist. Maßtheoretisch betrachtet haben diese Klassen das Maß Null. Die Cauchyfolgen, die wir daher immer als Beispiele für reelle Zahlen vorgeführt bekommen, stammen alle aus dieser Sonderklasse. Die überwältigende Mehrzahl der Punkte der reellen Geraden ist dagegen überhaupt nicht situierbar. Das aber heißt, dass die

---

29 Für eine exakte Darstellung von Gödels Sätzen, der Kalkülregeln der Prädikatenlogik und der Begriffe eines vollformalen Axiomensystems und eines halbformalen Beweises muss ich hier auf meine *Grundprobleme bei der Logik*, Berlin 1986 verweisen. Im Unterschied zu formalen Logikern argumentieren Mathematiker selten oder nie so, dass sie vollformale Deduktionen vorführen, sondern fast immer ‚inhaltlich' bzw. ‚wahrheitswertsemantisch'. Diese Form des semantischen Beweisens sowohl im Blick auf einzelne Redebereiche als auch auf Modellklassen steht hier im Mittelpunkt der Analyse.

5.7. Mengen als Gegenstände

kategoriale Unterscheidung zwischen echten, benennbaren, Punkten auf der reellen Zahlengeraden und den nichtsituierbaren ‚Brouwerpunkten' die alte bzw. antike kategoriale Unterscheidung zwischen Punktmengen und Linien gewissermaßen ersetzt. Und es gilt jetzt, wie Brouwer klar sieht, dass aus einem Beweis der Aussage ‚nicht für alle Brouwer-Punkte (also nicht für alle freien Wahlfolgen) r gilt nicht-$A(r)$' *nicht* folgt, dass es ein situierbares r gibt mit $A(r)$, wenn wir für die Existenzaussage $A(r)$ verlangen, dass man die Folge für r situationsinvariant benennen kann oder auch nur könnte. Nur dann aber wäre der Punkt r auf der reellen Zahlengerade *situiert*. In genau diesem Sinn gilt das Tertium non Datur (Entweder-Oder) für Existenz- und Allaussagen über reelle Zahlen nicht. Das ist eine logisch-mathematische Tatsache, deren Geltung ganz unabhängig ist von der Frage, ob man Intuitionist ist oder nicht, an welche Logik man glaubt oder Ähnliches. Und es hat auch nichts mit der Frage nach der Begrenzung unseres Wissens im Unterschied zur Wahrheit (oder objektiven Existenz) zu tun.

Entsprechendes hat auch Hermann Weyl gesehen. Sein Zusatzbeweis für den Fundamentalsatz der Algebra zeigt immerhin, dass alle Nullstellen eines n-stelligen komplexen Polynoms mit rational-komplexen oder situierten komplexen Zahlen als Koeffizienten situiert, also effektiv approximierbar, sind. Das ist deswegen so wichtig, weil damit die Nullstellen des Fundamentalsatzes der Algebra den Bereich der determinierten bzw. situierten komplexen Zahlen nicht überschreiten, sofern wir ihn nicht schon in den Koeffizienten der Polynome überschritten haben.

Wir sollten am Ende wohl auch zwischen denjenigen reellen Zahlen, die bloß deswegen transzendent heißen, weil sie nicht algebraisch sind, die aber noch situiert oder in ihrem Ort auf der Zahlengerade determiniert sind, von den übertranszendenten, nicht situierbaren, Zahlen unterscheiden. Entsprechendes gilt für übertranszendente Folgen und Mengen.

Klassische Logiker rechnen überall blindlings mit dem Tertium non Datur. Das bedeutet am Ende, dass die Existenzaussagen der Form ‚es gibt ein mit x, so dass $A(x)$' *rein fiktiv* gedeutet werden, d. h. nichts anderes ausdrücken als: ‚nicht für alle Zahlen gilt nicht $A(x)$'. Das wiederum bedeutet, dass am Ende weder der Existenzquantor noch der Allquantor weiter *benennungssubstitutionell* deutbar bleiben.

5.8 Nonstandard Axiome und Modelle

5.8.1 Bemerkungen zum Vollständigkeitsaxiom

Hilbert zeigt, dass genau der Zahlenraume $\mathbb{R}^3$ seine Axiome erfüllt: Angenommen, B^* wäre eine echte Erweiterung von $\mathbb{R}^3$, welche die Axiome I–V.1 erfüllt und neue Ebenen e^*, Geraden g^* oder (mindestens) einen neuen Punkt P^* enthält, samt einer passenden Erweiterung der auf (analytisch in ihren Wahrheitsbedingungen festgelegten) geometrischen Relationen Q_Z, Q_A und $=$, die ‚sagen', dass ein Punkte zwischen zwei anderen liegt, auf einer Linie liegt oder gleich einem anderen Punkt ist. Enthielte B^* dann eine Ebene e^* (oder eine Gerade g^*), die nicht in $\mathbb{R}^3$ liegt, dann müsste es schon in $\mathbb{R}^3$ eine (alte) Gerade g geben, auf welcher (in B^* betrachtet) ein neuer Punkt P^* liegen würde, der also kein Punkt aus $\mathbb{R}^3$ wäre, da die neuen Ebenen oder Geraden einige der alten ja schneiden müssten. (Vgl. dazu auch Hilberts *Grundlagen*, § 8). Da g eine alte Gerade ist, haben alle alten Punkte P auf g die Koordinatendarstellung $P = P_i + t \cdot P_j$ mit t aus $\mathbb{R}$, wobei P_i, P_j alte Punkte auf g sind. P^* würde dann offenbar eine (vollständige) Einteilung von $\mathbb{R}$ in genau zwei disjunkte nichtleere Klassen M_1, M_2 definieren, so dass gilt:

1. P^* liegt nicht zwischen $P_i + t_1 \cdot P_j$ und $P_i + t_2 \cdot P_j$ und nicht zwischen $P_i + t_3 \cdot P_j$ und $P_i + t_4 \cdot P_j$, wenn t_1, t_2 aus M_1, und t_3, t_4 aus G_2 ist.
2. Für t_1 aus und t_2 aus M_2 gilt $t_1 < t_2$ und P^* liegt zwischen $P_i + t_1 \cdot P_j$ und $P_i + t_2 \cdot P_j$.

Die Mengen M_1 und M_2 definieren offenbar einen Dedekindschen Schnitt auf $\mathbb{R}$ bzw. eine reelle Zahl $r = \sup(M_1) = \inf(M_2)$. Zwischen dem Punkt $A = P_i + r \cdot P_j$ und P^* gäbe es dann also keinen alten Punkt (aus $\mathbb{R}^3$), obwohl $A \neq P^*$ ist. Da M_1 und M_2 beide nicht leer sind, müsste es einen alten Punkt B auf g geben, so dass P^* zwischen A und B liegt. Nach dem Archimedischen Axiom gäbe es dann aber eine natürliche Zahl n, so dass $n \cdot AP^* > AB$ ist. Teilt man die Strecke AB in n gleiche Teile und ist A^* der erste Teilpunkt von A aus gesehen, so müsste A^* zwischen A und P^* liegen; es ist nämlich $\overline{AA^*} < \overline{AP}$. Dies widerspräche jedoch der Definition von A. Aus dieser Überlegung schließt man, dass der Raum $\mathbb{R}^3$ ein Modell auch des Axioms V.2 ist. Damit scheint das Axiomensystem als Ganzes bis auf Isomorphie genau den Raum $\mathbb{R}^3$ als Modell zu besitzen. Wir werden gleich sehen, dass wir in einem derartigen Urteil durchaus etwas vorsichtiger sein müssen. Die geschilderte Argumentation sprengt den Rahmen axiomatisch-deduktiven Beweisens bei weitem.

5.8.2 Nonstandard Modelle der reellen Zahlen

Mit Hilfe des Potenzmengen- und Auswahlaxioms der (nicht-effektivem, übertranszendenten) Mengenlehre lässt sich leicht zeigen, dass es im Bereich $\wp(\wp(\mathbb{N}))$ aller Teilmengen der Potenzmenge der natürlichen Zahlen einen (freien) Ultrafilter $U \subseteq \wp(\mathbb{N})$ gibt, der die Komplemente endlicher Mengen als Elemente enthält. Die definitorischen Bestimmungen für U sind: $\emptyset \notin U$ (lies: die leere Menge liegt nicht in U). Liegen A und B in U, so auch der Durchschnitt $A \cap B$. Liegt A nicht in U, so liegt $\mathbb{N}\backslash A$ in U. Ein solches U wird sich nie effektiv angeben lassen. Daher nenne ich es übertranszendent. Seine klassische Existenz ist eine hochgradige Fiktion. Auf der Grundlage eines solchen U lassen sich dennoch gewisse nonstandard Modelle (Redebereiche) über den reellen Zahlen (fiktiv) definieren (bzw. als existent behaupten), und zwar durch folgende (fiktive) Wahrheitswertfestsetzungen:

Ist $R \subseteq \mathbb{R}^m$ irgendeine m-stellige Relation in $\mathbb{R}$ (etwa die Gleichheitsrelation $R_=$) und sind $(q_n^1), \ldots, (q_n^m)$ Folgen in $\mathbb{R}$, also Elemente in $\mathbb{R}^{\mathbb{N}}$, so setzen wir für die folgenden neuen Sätze ‚$< [(q_n^1)], \ldots, [(q_n^m)] > \in R^*$' den Wert das Wahre fest, genau wenn $\{n \in \mathbb{N} \mid < q_n^1, \ldots, q_n^m > \in R\}$ in U liegt, das Falsche sonst. Da U nach Annahme ein Ultrafilter ist und da die Festsetzungen das Leibnizprinzip erfüllen, also invariant sind bezüglich der neuen Gleichheit $[q^1] = [q^2]$ (definiert über $< [q^1], [q^2] > \in R_=^*$), ist R^* tatsächlich ein (fiktiv) wohlkonstituierter Redebereich. Dies sieht man durch leichte Rechnungen sofort ein, ebenso dass für beliebige Relationen R und Q in $\mathbb{N}$ gilt: $(R \cap Q)^* = R^* \cap Q^*$ und $(R - Q)^* = R^* - Q^*$. Ist Π eine Projektion von $\mathbb{R}^m$ nach $\mathbb{R}^k$ ($k < n$), welche einem Tupel $<x_1, \ldots, x_n>$ das Tupel $<x_{i_1}, \ldots, x_{i_k}>$ (mit $i_1 < i_2 \ldots < i_k$) zuordnet, so definiert man die Projektion Π^* über die entsprechende Relation $(R_n)^*$, wobei R_n die zu Π passende Teilmenge von $(R^n x R^k)$ ist. Es gilt dann für jede Relation $R \subseteq \mathbb{R}^m$: $\Pi(R^*) = (\Pi(R))^*$ (wobei ‚$\Pi(R)$' natürlich die Bildmenge von R bezeichnet). Insbesondere ist $(Q^n)^* = (Q^*)^n$ für jede Menge $Q \subseteq \mathbb{R}^m$ ($m, n \geq 1$). Wir nennen ein solches R^* eine interne Menge bzw. eine interne Relation in $\mathbb{R}^*$, schreiben gelegentlich ‚$R^*([q^1], \ldots, [q^m])$' statt ‚$< [q^1], \ldots, [q^m] > \in R^*$' und sagen, die hyperreellen Zahlen $[q^1], \ldots, [q^m]$ stünden in der Relation R^*. Weil wir von U nur wenige Eigenschaften kennen, können wir in den meisten Fällen die so festgesetzten Wahrheitswerte nicht wirklich angeben, da sie ja von U abhängen. Das ist aber auch sonst häufig der Fall. Trotzdem gibt es wichtige Fälle, in denen wir die Wahrheitswerte dieser Sätze kennen, auf Grund der Forderung nämlich, dass U die Komplemente endlicher Mengen enthalten soll. Wichtig ist, dass wir (für jeden derartigen

Ultrafilter U) in unserem fiktiven Redebereich folgenden (Meta-)Satz, den Satz von Łoš, hier spezialisiert auf den uns interessierenden Bereich der reellen Zahlen, erhalten:

Ist A irgendein erststufig formulierter Satz über $\mathbb{R}$, dessen Elementarsätze bzw. Elementarformeln von der Form ‚$<x_1, x_2, \ldots, x_n> \in R$' für $R \subseteq \mathbb{R}^n$ sein mögen, und entsteht A^* einfach dadurch, dass man jeden Relationsnamen ‚R' in A durch ‚R^*' ersetzt und jeden Namen ‚a' einer reellen Zahl durch den Namen ‚τa', wobei ‚τa' Name der identischen Folge $[q_n] \equiv [a]$ sein möge, so ist A^* ein wahrer Satz in $\mathbb{R}^*$, genau dann, wenn A in $\mathbb{R}$ wahr ist. (Nach dem schon Gesagten ist der Beweis dieser Aussage eine leichte Übungsaufgabe in elementarer Logik.)

Die Zuordnung τ bettet offenbar jede Menge $R \subseteq \mathbb{R}^n$ in die Menge $(\mathbb{R}^*)^n$ ein; $\tau(R)$ ist aber in aller Regel (d. h., wenn die Menge nicht endlich ist) keine interne, sondern eine externe Menge, für die es keine Menge $M \subseteq \mathbb{R}^n$ gibt mit $M^* = \tau(R)$. Wir schreiben ab jetzt immer $R \subseteq R^*$, etwa auch $\mathbb{N} \subseteq \mathbb{N}^*$, $\mathbb{Q} \subseteq \mathbb{Q}^*$ oder $\mathbb{R} \subseteq \mathbb{R}^*$, und nehmen damit stillschweigend auf die Einbettung τ Bezug. Die Menge aller $[r_n]$ in $\mathbb{R}^*$, für die (r_n) eine *beschränkte* Folge in $\mathbb{R}$ ist, heißt Menge aller *endlichen hyperreellen* Zahlen und wird mit ‚$\mathbb{R}_e^*$' bezeichnet. Wir können dann folgende Aussage beweisen: Zu jedem $[r_n]$ aus $\mathbb{R}_e^*$ gibt es eine konzentrierte rationale Folge (p_n) (aus $\mathbb{Q}^\mathbb{N}$) mit der folgenden Eigenschaft (*): Für jedes $m_0 \in \mathbb{N}$ liegt die Menge $\{n \mid |r_n - p_n| < 1/m_0\}$ in U.

Wir schreiben, wenn (*) gilt: ‚$[r_n] \cong [p_n]$' und sagen, dass die beiden hyperreellen Zahlen infinitesimal nahe beieinander liegen. Die Aussage ermöglicht offenbar folgende Definition einer (surjektiven, also den Bildbereich ganz erfassenden) Projektion st: $\mathbb{R}_e^* \to \mathbb{R}$. Ihr Wert $st([r_n])$ sei die durch die beschriebene Folge (p_n) repräsentierte (benannte) reelle Standard-Zahl. Zum Beweis der Aussage betrachte man zunächst ein Intervall $[-m_0, m_0]$ in $\mathbb{R}$, so dass $-m_0 \leq r_n \leq m_0$ ist für jedes n. Offenbar liegt entweder die Menge $\{n : r_n \in [-m_0, 0]\}$ oder $\{n : r_n \in [0, m_0]\}$ in $q(n)$. Halbieren wir das betreffende Intervall und nennen den entstehenden (rationalen) Halbierungspunkt p_1, so liegt genau eine der Mengen $\{n : r_n \in [0, p_1]\}$, $\{n : r_n \in [p_1, 0]\}$, $\{n / 0 r_n \in [-m_0, p_1]\}$ oder $\{n : r_n \in [p_1, m_0]\}$ in U. Durch eine offenkundige Fortsetzung dieser (selbstverständlich fiktiven) Intervallschachtelung erhält man, wie erwünscht, eine (fiktive) Beschreibung einer konzentrierten Folge (p_n) in $\mathbb{Q}$ mit $[r_n] \cong [p_n]$. Es ist jetzt übrigens relativ leicht zu sehen, dass der Quotientenraum $\mathbb{Q}_{*e}/\cong$ isomorph ist zu $\mathbb{R}_{*e}/\cong$ und beide isomorph sind zu $\mathbb{R}$. Folgendes ist die ‚Null' : $\{q_n : [q_n] \cong 0\}$.

5.8. Nonstandard Axiome und Modelle

Aus unserer Aussage erhalten wir sofort den Satz von Bolzano-Weierstraß, da es in jeder beschränkten und unendlichen Menge A (in $\mathbb{R}$) eine unendliche Folge (q_n) mit $q_n \neq q_m$ für $n \neq m$ gibt. $st(\lceil q_n \rceil)$ ist dann offenbar Häufungspunkt von A, d. h. es gibt zu jedem m_0 aus $\mathbb{N}$ ein q_n und ein a aus A mit $|q_n - a| < 1/m_0$. Nach unserem Übertragungssatz (von Łoš) gibt es für alle internen Teilmengen $A^* \subseteq \mathbb{R}^*$, die in $\mathbb{R}^*$ nach oben beschränkt sind, für die es also ein v aus $\mathbb{N}^*$ gibt mit $a \leq v$ für jedes a aus A^*, ein Supremum $\sup A^*$ in $\mathbb{R}^*$. Damit sehen wir, dass $\mathbb{R}^*$ mit der Ordnung $\leq^*$ zu einem vollständig archimedisch geordneten Körper wird, wenn man die Mengenvariablen auf die internen Mengen beschränkt und die Variablen für natürliche Zahlen in $\mathbb{N}^*$ deutet. Trotzdem ist $\mathbb{R}^*$ eine echte Erweiterung von $\mathbb{R}$ (vermöge der Einbettung τ).

Definiert man auf $\mathbb{R}^{*3}$ Geraden und Ebenen als Punktmengen (welche die Geraden- und Ebenengleichungen erfüllen) und auch die anderen geometrischen Prädikate (wie Punktabstand und Orthogonalität) analog wie im $\mathbb{R}^3$, so ist auch $\mathbb{R}^{*3}$ ein Modell der Axiome I-IV. Bezieht man im Archimedischen Axiom die Zahlvariable n nicht auf die Standardzahlen in $\mathbb{N}$, sondern auf $\mathbb{N}^*$, so ist dieses Axiom V.1 offenbar in $\mathbb{R}^{*3}$ ebenfalls erfüllt.

Da die Ultrafilterkonstruktion dann auch wieder auf $\mathbb{R}^*$ anwendbar ist, so dass man zu einer echten Erweiterung $\mathbb{R}^{**3}$ gelangt, zeigen diese Modelle, in welchem Sinn Hilberts Axiomen V.2 überhaupt nicht erfüllbar ist, *wenn* man die Zahlvariablen n in V.1 rein formal deutet, so dass sie sich nur auf irgendwelche Gegenstände eines Bereiches beziehen, welche, sagen wir, Peanos Axiome erfüllen. Das Archimedische Prinzip ist also nicht nur (wie Hilbert allerdings selbst schon weiß und vorführt) unbedingt nötig, damit das Vollständigkeitsaxiom überhaupt erfüllbar wird. Es ist sogar in einer *Form* anzuwenden, welche den Rahmen formallogischen Deduzierens schon längst sprengt. Erst unter der Voraussetzung, es stünde uns eine *externe*, nicht bloß formalistische Rede von *allen Zahlenfolgen* zur Verfügung, wird der oben geführte Beweis, dass der Raum $\mathbb{R}^3$ alle Axiome erfüllt, gültig. Es sind daher die Stetigkeitsaxiome V.1 und V.2, wenn sie überhaupt erfüllbar sein sollen, nicht als Axiome im üblichen Sinne verstehbar, zumal V.2 ohnehin nicht objektstufig, sondern als Aussage über alle Modelle formuliert ist. Sie lassen sich daher auch überhaupt nicht als Prämissen in rein formallogischen Deduktionen gemäß Freges Logikkalkül verwenden. Das System der geometrischen Prinzipien I–V erweist sich damit bloß als eine Art Metabeschreibung des wahrheitswertsemantischen Modells $\mathbb{R}^3$, versehen mit den geometrischen Prädikaten und den geometrischen Gegenständen, den Geraden und Ebenen. Diese Beschreibung ist insbesondere auch deswegen nicht vollständig, weil sie implizit auf eine unterstellte Beschreibung der natürlichen Zahlen Bezug nimmt.

Schon Frege hatte gegen Hilberts Idee von einer implizit-axiomatischen Definition eingewandt, dass sie, wenn sie überhaupt erfüllbar sind, bestenfalls eine *Klasse* von Redebereichen charakterisieren. In einer bloß axiomatischen Darstellung bleibt daher der genuin geometrische Sinn der Sätze und Beweise ungeklärt. Man beschreibt nur ein (letztlich arithmetisch-analytisches) System in geometrischer Terminologie, ohne damit den Zusammenhang und den Unterschied zwischen Geometrie und Analysis verstehbar machen zu können.

Wir dagegen konnten in der Beschreibung der wahrheitssemantischen Konstitution der Redebereiche der Geometrie auf der Basis protogeometrischer Rede sogar die deduktive Konsistenz und den genuin geometrischen Sinn der Axiome I-V.1 vorführen. Der parallele, rein arithmetische Aufbau der Bereiche $^r\mathbb{R}^2$ und $\mathbb{R}^2$ und die Einbettung des algebraischen Punktbereiches A^2 in $^r\mathbb{R}^2$ und damit in $\mathbb{R}^2 = \mathbb{C}$ zeigt dabei den Zusammenhang der synthetisch-konstruktiven und der Analytischen Geometrie.

5.8.3 Nicht-euklidische nonstandard Modelle der Ebene

Schränkt man den Bereich der (analytischen) nonstandard Punkte, Geraden und Ebenen auf $\mathbb{R}_e^{*3}$ ein, so erhält man ein sehr einfaches Modell der Axiome I–III und der Negation des Parallelenaxioms IV. Durch jeden Punkt P und zu jeder Geraden g, die nicht durch P geht, gibt es nämlich in $\mathbb{R}_e^{*3}$ unendlich viele Geraden g^*, welche g nicht innerhalb von $\mathbb{R}_e^{*3}$ schneiden. Man muss dazu nur die zu g parallele Gerade um einen infinitesimalen Winkel auf irgendeiner Ebene drehen.

Trotzdem gilt in $\mathbb{R}_e^{*3}$ das Archimedische Axiom, wenn man es rein formal versteht: Sind P_1P_2 und P_3P_4 Strecken in $\mathbb{R}_e^{*3}$, so gibt es eine nonstandard natürliche Zahl v aus $\mathbb{N}^*$ (definiert durch eine Folge $(m_n)_{n \in N}$ in $\mathbb{N}^\mathbb{N}$) mit $v \cdot \overline{P_1P_2} > \overline{P_3P_4}$. Aber es gibt natürlich nicht zu jedem v aus $\mathbb{N}^*$ und jeder Strecke P_1P_2 aus $\mathbb{R}_e^{*3}$ eine Strecke P_3P_4 in $\mathbb{R}_e^{*3}$ von der Länge $v \cdot P_1P_2$. *Formal gesehen* ist das Archimedische Axiom also *nicht gleichbedeutend* mit der Aussage, dass es immer Strecken der n-fachen Länge einer gegebenen Strecke gibt. Wir sehen damit auch, dass in $\mathbb{R}_e^{*3}$ die Streckendivision nicht unbegrenzt durchführbar ist. Das Modell $\mathbb{R}_e^{*3}$ einer nichteuklidischen Geometrie zeigt, dass sich das Parallelaxiom IV nicht deduktiv aus den Axiomen I–III beweisen lässt, auch nicht wenn man das Archimedische Axiom als rein formales Axiom hinzunimmt.

5.8. Nonstandard Axiome und Modelle

Wir betrachten nun ein weiteres nonstandard Modell der ebenen Axiome, in welchem nicht nur das Parallelenaxiom falsch wird, sondern, im Unterschied zu $\mathbb{R}_e^{*3}$, auch keine ‚echten Rechtecke' existieren, *obwohl* der Begriff der Orthogonalität definiert ist:

Ist M ein Punkt in $\mathbb{R}_e^{*3}$ und μ eine unendlich große Zahl aus $\mathbb{R}^* \setminus \mathbb{R}_e^*$, so ist die Punktmenge $K_M = \{P \varepsilon \mathbb{R}_e^{*3} : \|P - M\| = \mu\}$ offenbar eine nonstandard Kugeloberfläche mit Mittelpunkt M. Zu jedem Punkt P einer solchen Oberfläche gibt es dann genau eine Tangentialebene

$$E_P^M := \{Q \varepsilon \mathbb{R}_e^{*3} : Q = P + t_1 \cdot (Q_1 - P) + t_2 \cdot (Q_2 - P), t_1, t_2 \in \mathbb{R}_e^{*3}\},$$

welche zu $\mathbb{R}_e^{*2}$ isomorph ist und daher ‚endlich' genannt wird. Man hat dazu nur zwei Punkte Q_1 und Q_2 auf der Tangentialebene nicht kollinear zu P und in einem endlichen Abstand von P zu wählen.

Ist z die Zentralprojektion von E_P^M auf K_M so ist das Bild $z(E_P^M) = \mathcal{E}_P^M$ eine unendliche Kugeloberfläche um P, so dass für jeden Punkt Q aus E_P^M gilt: $\|Q - z(Q)\| \cong 0$. (Das prüft man vermöge des Satzes von Pythagoras leicht nach.) Das z-Bild einer Geraden aus E_P^M durch P ist in $\mathcal{E}_P^M$ offenbar ein endlicher aber unbeschränkter Abschnitt einer geodätischen Linie, also eines Kugelgroßkreises, die wir suggestiv eine ‚Kugelgerade' nennen wollen. Wir sagen weiter, dass zwei Kugelgeraden im Kugelpunkt P ‚senkrecht stehen', wenn sie z-Bilder, also Zentralprojektionen, von Geraden in der Tangentialebene zu P sind, die sich in P orthogonal schneiden. Die Zwischenrelation der Punkte auf den Abschnitten der Kugelgeraden in $\mathcal{E}_P^M$ ist offenbar eindeutig definiert, anders als dies auf einer Gesamtkugel der Fall ist. Die Länge einer Strecke in $\mathcal{E}_P^M$ ist einfach die Länge des betreffenden Abschnitts des Großkreises. Winkel und Winkelkongruenz sind, wie auf Kugeln üblich, über die Tangentialebenen in den Scheitelpunkten zu definieren, ganz analog wie die Orthogonalität.

Versehen mit dieser Struktur erfüllt, wie man leicht zeigt, jede Fläche $\mathcal{E}_P^M$ die ebenen Axiome der Gruppe I–III und natürlich die Negation des Parallelenaxioms. Darüber hinaus gibt es in $\mathcal{E}_P^M$ offenbar keine Rechtecke. Es lassen sich zwar Vierecke mit *drei* rechten Winkeln immer konstruieren, d. h. zu je zwei Punkten P_1 und P_2 aus $\mathcal{E}_P^M$ gibt es (Kugel-)Geraden g_1, g_2, die orthogonal zur Kugelgeraden $g(P_1 P_2)$ stehen, und zu jedem Punkt P_3 auf g_1 gibt es genau eine (Kugel-)Gerade g_4, die in orthogonal zu g_1 steht und g_2 in einem Punkt innerhalb von $\mathcal{E}_P^M$ schneidet. Der Schnittwinkel ist aber nicht orthogonal, was man sich an einer normalen Kugel anschaulich klarmacht oder auch leicht analytisch beweist. Der Winkel weicht allerdings nur infinitesimal vom rechten Winkel ab. Doppelt orthogonale Kugelgeraden sind in $\mathcal{E}_P^M$ natürlich parallel, sie schneiden sich nicht in $\mathcal{E}_P^M$.

Im analytischen Modell $\mathbb{R}_e^{*3}$ lässt sich nun sogar noch die Redeweise von einer ‚Passung' zweier Flächen F_1 und F_2 (natürlich intern und analytisch) dadurch definieren, dass es zu jedem Punkt P_1 auf F_1 einen infinitesimal nahen Punkt P_2 auf F_2 gibt und zu jedem Punkt P_2 auf F_2 einen infinitesimal nahen Punkt P_1 auf F_1. Zwei Kugelflächen E_P^M und $E_P'^{M'}$, die sich in Berührlage befinden, passen offenbar in diesem Sinne als ganze aufeinander, und zwar auch dann, wenn der Berührungspunkt nicht selbst P oder P' ist.

Eine ‚Klappung' δ der Fläche E_P^M um eine (Kugel-)Gerade g lässt sich intern so definieren: Man wählt einen Punkt Q auf g und betrachtet die Berührkugel K' in Q, deren Mittelpunkt M' auf $g(MQ)$ liegt mit $MQ = M'Q$. Es sei h die Gerade auf der Tangentialebene $E_Q^M = E_{Q'}^{M'}$, für die $z(h) = g$ ist, wenn z die zu E_Q^M gehörige Zentralprojektion ist. Gehört die Zentralprojektion z' zu $E_{Q'}^{M'}$, so wird die Klappung δ definiert durch $\delta(P) = z'(\beta(z^{-1}(P))$, wobei β die ‚normale' Klappung der Tangentialebene um die Gerade h ist.

Mit diesen Redeweisen werden alle (Teil-)Flächen E_P^M rein formal betrachtet zu *frei klappsymmetrischen Flächen* im Sinne von Lorenzens konstruktiver Geometrie, d. h. zu *Ebenen$_L$* (wobei der Index L auf Lorenzen hinweisen soll). Damit haben wir aber gezeigt, dass es nicht in jeder Ebene$_L$ (exakte) Rechtecke zu geben braucht. M. a. W. die Postulate der schwachen Transitivität der Passungsrelation und der freien Klappsymmetrie *reichen als Ebenendefinition formal gesehen nicht aus*, um einen wahrheits- oder begründungslogisch eindeutigen Ebenenbegriff so zu definieren, dass man die *Existenz von Rechtecken wie in Lorenzens Elementargeometrie begründen könnte*. Damit habe ich die Behauptung, dass der Aufbau der Geometrie bei Rüdiger Inhetveen und Paul Lorenzen defizitär ist, gewissermaßen in aller Form bewiesen: Die Rechteckseigenschaft kann nicht einfach nachträglich zu einer Ebenendefinition hinzugefügt werden, etwa mit der (ohnehin irreführenden) Bemerkung, dass man sich damit nur auf diejenigen Aussagen beschränken wolle, welche gültig sind für alle geometrischen Konstruktionen der gleichen Art, die also der gleichen Konstruktionsanweisung folgen.

Janich versucht, direkt aus protogeometrischen Betrachtungen von ebenen Oberflächen, zunächst definiert über das bekannte Dreiplatten-Schleifverfahren, in die Geometrie zu gelangen. Dazu betrachtet er später Körperschnitte und am Ende, wie von mir vorgeschlagen, die Körperpassformen des rechtwinkliges Keils. Leider führen seine Ansätze trotzdem nicht weiter. Während sich nämlich Lorenzen durchaus, wenn auch manchmal eher implizit, im Klaren darüber ist, dass der Prozess der Ideation immer in einer gewissen syntakto-semantischen Formalisierung und Reglementierung der Sprache der Geometrie besteht, also in einer sprachtechnischen *metabasis eis allo genos*, einem Wechsel der logisch-kategorialen Ausdrucksform, fehlt diese Einsicht bei Inhetveen und Janich. Dennoch sind die von diesen Autoren geleisteten Vorarbeiten wesentliche Voraussetzungen der hier vorgelegten Untersuchung. Sie werden in den Einsichten, die sie vermitteln, aufgrund der genannten Probleme leider viel zu wenig geschätzt. Ein Grund dafür liegt darin, dass zumindest in einigen älteren Artikeln für eine Revision der Einsteinschen Relativitätstheorie argumentiert wird. Allerdings ist auch hier eine Auseinandersetzung mit den vorgebrachten Argumenten höchst lehrreich, obwohl sie am Ende abgelehnt werden. Das sollen die Kapitel sieben und acht zeigen. Es geht in ihnen darum zu begreifen, warum man die Zeit nicht aus der Geometrie des Raumes ausklammern kann. Und es geht darum, dass diese Unmöglichkeit die geometrische Messpraxis viel enger mit unseren allgemeinen empirischen Erfahrungen materialbegrifflich verbindet, als ein sich allzu sehr an der Mathematik und formalen Logik orientierendes und damit allzu ‚apriorisches' Denken zunächst wahrhaben möchte.

5.9 Zusammenfassung

Unsere Überlegungen zeigen sowohl den Nutzen als auch die Grenzen eines axiomatischen Zugangs zur Geometrie. Der Nutzen besteht in der Kontrolle formallogischer Abhängigkeiten und Unabhängigkeiten. Die letzteren zeigen formallogische Spielräume für alternative Möglichkeiten der Konstitution von Redebereichen, welche sich ggf. als mathematisch oder physikalisch interessant erweisen können. Darüber hinaus haben wir gesehen, dass es im Grunde nur das Problem der Sicherung der Existenz der Schnittpunkte stetiger Kurven sein kann, das uns zur Annahme von Cantors ‚liberalen' Redeweise über ‚alle möglichen' Teilmengen der natürlichen bzw. der rationalen Zahlen ohne die Angabe einer konkreten Konstitution des Redebereiches bewegt – was seinerseits freilich neue Probleme schafft, die mit den offenen und damit durchaus vagen Begriffen der ‚überabzählbaren' Menge ‚aller' Teilmengen einer unendlichen Menge beginnen und sich fortsetzen mit der Frage, was es denn heißen könnte, von ‚allen' Mengen oder ‚allen' Kardinalzahlen der Mengenlehre zu sprechen. Es sollte angesichts dieser Sachlage daher der konstruktivistische Zugang zu mathematischen Problemlagen sinnvoll neben den nicht-effektiven Rahmenüberlegungen über grundsätzliche Möglichkeiten und Unmöglichkeiten, ausgedrückt in klassischen Existenz- oder Nichtexistenzaussagen, bestehen können, ohne dass einer der beiden Zugänge dem anderen das Existenzrecht dogmatisch absprechen müsste. Dabei wird die Zukunft zeigen, dass finite und berechenbare Mathematik in aller Regel den oft allzu abstrakten ‚Existenzaussagen' im Möglichkeitsraum der Naiven Mengenlehre vorzuziehen ist, insbesondere aber allen Theorien, welche bloß durch logische Konsistenz ihrer Axiome definiert sind.

6. Kapitel
Geometrische Invariantentheorien und das Raumproblem

6.0 Ziel des Kapitels

Die Aussagen der idealen (ebenen) euklidischen Geometrie beziehen sich, wie wir gesehen haben, auf ortlose Körperformen. Je nach Komplexität kann man (oder ‚könnte' man) diese an jedem Ort mit mehr oder minder beliebiger Genauigkeit bei entsprechender Wahl der Größeneinheit diagrammatisch auf ebenen Oberflächen (von Quadern) repräsentieren. Dabei ist nicht nur der in einem weiten Ausmaß beliebig große, sondern besonders auch der beliebig kleine Maßstab von Bedeutung, zumal die Größeninvarianz der Formen im Prinzip Darstellungen in ‚mittleren' Maßstäben erlaubt. Dennoch bleibt das, was eine solche formentheoretische Geometrie darstellen kann, zunächst lokal an die präsentische Anschauung von Körperformen gebunden. Insbesondere ist die Frage noch ganz offen, wie *relative Bewegungen im Raum* und, zuvor, wie Perspektiven- bzw. Koordinatenwechsel *geometrie-intern* darzustellen sind. Und wie lässt sich die Geometrie eines Bereichs B, einer so genannten Mannigfaltigkeit, bestimmen, auch wenn wir B nicht als ganzen Bereich unmittelbar übersehen, sondern immer nur lokal ausmessen können? Man denke als Beispiel an die bekannten (ebenen) Karten von Teilen einer Kugeloberfläche wie der Erde oder auch nur einer hügeligen Landschaft, wie sie Carl Friedrich Gauß im Harz mit Messketten, also ohne Luftbilder, auszumessen hatte. Als Ergebnis liegen uns dann nur (lokale) Projektionen von B etwa auf die Ebene (oder in den 3- bzw. dann auch, abstrakter, in einen n-dimensionalen Zahlenraum) vor, ohne dass wir B selbst direkt in den Raum (bzw. in einen vier- oder $n+1$-dimensionalen Zahlenraum) einbetten könnten. Damit tritt die Frage auf, welche Information wir aus den immer lokalen Messungen brauchen, um Rückschlüsse etwa auf die Kugel- oder Hügelform des Urbildes ziehen zu können. Wie also kann man aus den Bildern einer lokalen Abbildung von B eine geometrische Struktur auf B zurückprojizieren? Die Beantwortung von Fragen dieser Art sind Voraussetzungen für ein Verständnis der Mess-

und Modellierungspraxis der physikalischen Raum- und Zeitbestimmungen.

6.1 Affine Abbildungen

Wenn zwei Bezugswürfel nahe beieinander sind, etwa so, dass auch die Informationsübertragung schnell genug ist, um die relative Lage des einen zum anderen (zu einem festen Zeitpunkt) hinreichend genau im (idealen) Quadergitter zu bestimmen, lässt sich der Wechsel vom einen Bezugssystem in das andere rechnerisch durch *euklidische Koordinatentransformationen* τ vom $\mathbb{R}^3$ nach $\mathbb{R}^3$ wiedergeben, die ich zunächst kurz skizzieren will.

1. Dem neuen Bezugswürfel, auf den sich die neue Raumorientierung und Längenmaßeinheit (extern) stützt, entspricht im Zahlenraum $\mathbb{R}^3$ intern ein neues Koordinatensystem, d. h. ein neues Quadrupel $x^0 = (x_1^0, x_2^0, x_3^0)$, $x_1 = (x_1^1, x_2^1, x_3^1)$, $x_2 = (x_1^2, x_2^2, x_3^2)$ und $x_3 = (x_1^3, x_2^3, x_3^3)$ von Punkten mit gleichen Abständen $\|x^1 - x^0\| = \|x^2 - x^0\| = \|x^3 - x^0\|$ vom neuen Nullpunkt x^0, und zwar so, dass die Geraden $g(x^0, x^i)$ paarweise senkrecht stehen. Letzteres heißt, dass das Skalarprodukt

$$\langle x^i - x^0, x^j - x^0 \rangle := \Sigma_{k=1}^3 \left(x_k^i - x_k^0 \right) \cdot \left(x_k^j - x_k^0 \right)$$

für $i \neq j$ gleich 0 wird.

2. Eine *Koordinatentransformation* τ vom $\mathbb{R}^3$ nach $\mathbb{R}^3$ ist eine geradenerhaltende Abbildung, welche ein Koordinatensystem in ein anderes überführt: Das τ-Bild eines beliebigen Koordinatensystems ist wieder ein solches. Unter den Koordinatentransformationen stellen nun nur diejenigen einen externen Perspektivenwechsel (von einem Bezugswürfel zu einem anderen) intern und rechnerisch dar, welche die Links-Rechts-Orientierungen der Koordinatenachsen nicht vertauschen, in denen also nicht etwa der Würfel gespiegelt wird. (Die rechnerischen Bedingungen dafür werden wir gleich erläutern.)

3. Zur Raumausmessung und Raumorientierung ist man natürlich keineswegs immer auf die Form des Quaders angewiesen. Da gegenüberliegende Seiten an Parallelogrammen kongruent sind, kann man auch Parallelepipede benutzen, das sind Körper, deren Flächen alle Parallelogramme sind. Modellintern bedeutet dies, dass man auch affine Koordinatensysteme betrachten kann, das sind im $\mathbb{R}^3$ einfach beliebige Quadrupel nicht komplanarer (im $\mathbb{R}^n$ sagt man: nicht linear abhängiger) Punkte. Eine affine Abbildung, die man dann auch als verallgemeinerte Koordinatentransformation

betrachtet, bildet dann ein affines Koordinatensystem ab in ein anderes und erhält Geraden. Affine Abbildungen lassen sich zerlegen in eine Translation (Ursprungsverschiebung) und eine invertierbare lineare Abbildung im üblichen Sinne (welche den Ursprung unverändert lassen). Affine Abbildungen haben also die Form $A \cdot x + y$ für eine invertierbare Matrix A, welche die lineare Abbildung durch die Matrizenmultiplikation $A \cdot x$ darstellt. Dies ergibt sich daraus, dass für alle Geraden erhaltende Abbildungen $\mu \colon \mathbb{R}^3 \to \mathbb{R}^3$ gilt:

$$\mu\left[x^0 + t_1 \cdot \left(x^1 - x^0\right) + t_2 \cdot \left(x^2 - x^0\right) + t_3 \cdot \left(x^3 - x^0\right)\right] =$$
$$\mu\left(x^0\right) + t_1 \cdot \left(\mu\left(x^1\right) - \mu\left(x^0\right)\right) + t_2 \cdot \left(\mu\left(x^2\right) - \mu\left(x^0\right)\right)$$
$$+ t_3 \cdot \left(\mu\left(x^3\right) - \mu\left(x^0\right)\right),$$

wobei die t_i aus $\mathbb{R}$ sind.

4. Affine Bilder ebener Flächen und paralleler Geraden sind ebene Flächen und parallele Geraden. Schneiden sich zwei Geraden im Punkt x, so schneiden sich natürlich die affinen Bilder im Punkt $\mu(x)$. Im Allgemeinen sind affine Bilder jedoch nicht forminvariant. Sie deformieren z. B. Kreise in Kegelschnitte und Quader in Parallelepipede. Insofern stellen sie nicht bloß externe Perspektivenwechsel intern (analytisch) dar, auch wenn man ausgehend von einem Parallelepiped immer jeden Punkt des Raumes (auch des Zahlenraumes $\mathbb{R}^3$) durch Zahlentripel, die affinen Koordinatenwerte benennen kann.

5. Es sei Ω der Bereich aller affinen Transformationen. In der affinen Geometrie untersucht man nun im Wesentlichen die geometrischen Formen, welche unter jedem $\mu \in \Omega$ oder auch nur bei allen Transformationen μ aus einer Untergruppe U von Ω invariant bleiben. Dabei ist eine Gruppe von Abbildungen dadurch bestimmt, dass sie mit den Abbildungen μ_1 und μ_2 auch die Komposition $(\mu_1 \circ \mu_2)(x) := \mu_1(\mu_2(x))$ und zu jeder Abbildung μ eine inverse Abbildung μ^{-1} mit $\mu^{-1}(\mu(x)) = \mu(\mu^{-1}(x)) = x$ enthält. Z. B. ist die Gruppe H der Koordinatentransformationen eine Untergruppe von Ω, die wir die ‚Hauptgruppe' nennen wollen.[1]

6. Eine wichtige Untergruppe von Ω bilden diejenigen affinen Abbildungen, bei denen die Orientierung (Links-Rechts-Ordnung) des Koordinatensystems erhalten bleibt. Analytisch drückt sich diese geometrische Eigenschaft dadurch aus, dass die Determinante der die lineare Abbildung

---

1 Ich folge dabei dem Sprachgebrauch von Felix Klein, der in seinem *Erlanger Programm* vorgeschlagen hat, verschiedene Geometrien als Invariantentheorien gegenüber Abbildungsgruppen zu charakterisieren.

darstellenden Matrix positiv ist. Geometrisch kann man diese Abbildungen auch als Darstellungen (der Ergebnisse) affin deformierender *Bewegungen* (aller Figuren im Raum relativ zu einem Bezugssystem) auffassen. *Isometrische* affine Abbildungen σ, für welche $\|\sigma(x)\| = \|x\|$ gilt und die *positive Matrixdeterminante* haben, sind dann spezielle Koordinatentransformationen (also Abbildungen der Hauptgruppe), mit deren Hilfe sich im zwei- oder dreidimensionalen Fall nicht nur ein Wechsel des Bezugssystem, sondern Ergebnisse *formstabiler Bewegungen* (eines Quaders relativ zu einem Bezugssystem ohne Berücksichtigung der Zeitdauer!) analytisch (also im idealen Punkte- bzw. Zahlenmodell) darstellen lassen. Wird dabei der Nullpunkt festgelassen, so handelt es sich um eine *Drehung* um den Nullpunkt. Koordinatentransformationen mit negativer Matrixdeterminante sind Ergebnisse von Spiegelungen: Es wird der Umlaufsinn der Benennung der Koordinatenachsen (Einheitsvektoren) geändert. Z. B. führt eine affine ebene isometrische Abbildung mit negativer Determinante Dreiecke in ihre Spiegel- oder Klappbilder über, welche, wie wir wissen, nur im gleichschenkligen Fall durch eine *ebene Bewegung* mit ihren Urbildern zur Deckung gebracht werden können, aber natürlich immer durch eine *räumliche Bewegung*. Analoges gilt dann allgemein für die *analytischen Bewegungen*, d. h. für die isometrischen affinen Abbildungen mit positiver Determinante, im $\mathbb{R}^n$: Wir können dann z. B. die analytischen Repräsentationen einer rechten und einer linken Hand durch eine ‚analytische Bewegung' im $\mathbb{R}^4$, nicht aber im $\mathbb{R}^3$ ‚ineinander überführen' oder ‚zur Deckung bringen'. Das ist aber ganz offenbar *nur eine Metapher*, da es *reale Bewegungen* dieser Art *nicht gibt*. Denn es ist streng zu unterscheiden zwischen dem dreidimensionalen Punkteraum, in welchem geometrische Formen repräsentierbar sind, und den Zahlenräumen höherer Dimensionen, in denen die geometrische Redeweisen wie die von einer ‚Bewegung', ‚Drehung' etc. immer bloß zu einer *metaphorischen façon de parler* werden. Es handelt sich also bei den höherdimensionalen Zahlen- oder Punkteräumen zunächst bloß um *Raumanalogien*. Das ist eine noch kaum in ihrer Bedeutung begriffene Einsicht. Ihr korrespondiert schon Kants Einsicht, dass wir in der Geometrie des realen Raumes Bewegungen von Spiegelungen unbedingt unterscheiden müssen.[2] Dass dazu immer schon die Perspektive vorausgesetzt wird, in der zwischen links und rechts, vorne und hinten, oben und unten unterschieden werden kann, bleibt also unangefochten: Dass man die rechte Hand nicht in den linken Handschuh einpassen kann, ist nicht, wie unter vielen ande-

---

[2] Vgl. dazu noch einmal Kant, *Prolegomena* (1783) § 13, Akad. Ausg. 285, und Kant, ‚Von dem ersten Grunde des Unterschieds der Gegenden im Raume', Akad. Ausg. 379.

6.1. Affine Abbildungen

ren Autoren Reichenbach und Grünbaum meinen, als ‚bloß empirisches' Faktum zu werten, sondern gehört zur materialbegrifflichen bzw. prototheoretischen Grundlage der elementaren Geometrie. Das zeigt sich in der ebenen Geometrie schon daran, dass die Orientierung nach links und rechts bzw. oben und unten absolut wesentlich für die Ausführbarkeit von vielen Konstruktionstermen ist. Insbesondere ist begrifflich zu beachten, dass sich der Kongruenzbegriff für geometrische Figuren ändert, wenn man (analytische) Bewegungen in höheren Dimensionen zulässt oder Spiegelungen nicht von Bewegungen unterscheidet, gerade so, wie wir dies beim Übergang von den ebenen Figuren zu den Flächen im dreidimensionalen Raum sehen können.[3]

Im Folgenden soll nun die Grundidee einer Klassifizierung von abstrakten (analytischen) Geometrien durch Gruppen von Abbildungen – speziell für den $\mathbb{R}^3$ und die Untergruppen der affinen Abbildungen – kurz skizziert werden.[4] Die Verallgemeinerung auf den $\mathbb{R}^n$ ergibt sich dadurch, dass man ‚3' durch ‚n' ersetzt. Man wird sehen, dass die abstrakten Redebereiche der affinen Geometrien und ihre axiomatischen Beschreibungen schlicht redetechnische Hilfsmittel zur analytischen Untersuchung von Invarianz-Eigenschaften geometrischer Formen gegenüber Abbildungen der betrachteten Gruppe sind. Wieder werden diese Redebereiche durch Wahrheitswertzuordnungen für gewisse Sätze explizit bestimmt.

Zu jeder Untergruppe U von Ω konstituiert man auf folgende kanonische Weise einen neuen formalen Gegenstands- und Redebereich G_U von abstrakten Punkten: Sind ‚x' und ‚y' Benennungen von Punkten im $\mathbb{R}^3$, ‚σ' und ‚τ' Benennungen affiner Abbildungen aus U, so betrachten wir die Ausdrücke ‚x^σ' bzw. ‚y^τ' als Benennungen von G_U-Punkten und setzen für die Namengleichheit und damit die Identität der G_U-Gegenstände fest: Der Satz ‚$x^\mu = y^\sigma$' erhält den Wahrheitswert das Wahre zugeordnet, genau

---

[3] Vgl. dazu etwa auch Wittgensteins (durchaus ganz irreführende) Bemerkung 6.36111 im *Tractatus logico-philosophicus* mit Grünbaums vermeintlicher Kritik an Kant, nach der es bloß eine ‚empirische Tatsache' sei, dass wir die rechte Hand nicht in einen (starren, nicht umstülpbaren) linken Handschuh passen können, weil uns empirisch eine Bewegung in der vierten Dimension verwehrt sei. Grünbaum verfehlt unter dem Eindruck mathematischer Metaphern – wie etwa der Rede Cantors von den überabzählbaren Punkten des arithmetisierten(!) Kontinuums – von vornherein den Realbegriff der Bewegung und des Raumes.

[4] In meiner Vergegenwärtigung der affinen und Riemannschen Geometrie, die sich im Wesentlichen an den Ausblick in Lorenzen 1984 (193ff) anschließt, geht es wesentlich nur darum, die Sprachtechnik begreifbar zu machen, welche immer dann nicht genügend beachtet wird, wenn man die Mathematik nur gebraucht und ihre logische Konstitution oder Verfassung nicht hinreichend bedenkt. Das gilt zum Beispiel auch für Grünbaums Arbeiten zur Philosophie von Raum und Zeit.

wenn die Gleichung ‚$\mu(x) = \sigma(y)$' im $\mathbb{R}^3$ wahr ist. Wir benennen diese G_U-Punkte gelegentlich auch (in unbestimmt andeutender Weise) mit ‚P' bzw. ‚P_i'.

Eine ‚Parameterabbildung' oder ‚Koordinate' $X = X_\mu$ von G_U in den Zahlenraum $\mathbb{R}^3$ ist dann definiert durch: Es gelte $X_\mu(P) = x$ genau dann, wenn der Punkt P aus G_U den Namen ‚x^μ' trägt. Zu jedem P aus G_U gibt es einen derartigen Namen. Ist nämlich $P = y^\sigma$, so ist $y^\sigma = x^\tau$, wenn man setzt: $x := \tau^{-1}(\sigma(y))$. Zu je zwei Koordinaten X und Y von G_U in den $\mathbb{R}^3$ gibt es also eine Abbildung σ aus U mit $Y = \sigma \circ X$. Ist nämlich $P = x_i{}^\sigma = x_j{}^t$, $X = X_\sigma$, $Y = X_\tau$, so gilt wegen $\sigma(x_i) = \tau(x_j)$: $Y(P) = x_j = \tau^{-1}(\sigma(x_i)) = \left(\left(\tau^{-1} \circ \sigma\right) \circ X\right)(P)$.

Jeder auf G_U definierbaren n-stelligen Relation R (die etwa durch die Wahrheitsbedingungen einer n-stelligen Aussageform gegeben sein mag) entspricht aufgrund des Leibnizprinzips im $\mathbb{R}^3$ eine U-invariante Relation R^*. D. h. für beliebige Koordinaten X gilt: $R(P_1, \ldots P_n)$ ist wahr in G_U, genau wenn $R^*(X(P_1), \ldots X(P_n))$ wahr ist im $\mathbb{R}^3$. Umgekehrt definiert jede U-invariante Relation R^* im $\mathbb{R}^3$ eine Relation R auf G_U. Derartige Relationen sind etwa: P_1, P_2, P_3 sind kollineare Punkte (in G_U), oder auch: P_2 liegt zwischen P_1 und P_3, oder auch: P_1, P_2, P_3, P_4 sind komplanar (für jede Untergruppe U von Ω). In G_U gibt es also Analoga für Geraden und Ebenen. Diese sind als Punktmengen definierbar. Nur wenn U Untergruppe der Hauptgruppe H ist, ist sichergestellt, dass auch Sätzen wie ‚Die Strecken $P_1 P_2$ und $P_3 P_4$ sind kongruent' invariante Wahrheitswerte über die Aussagen ‚$X(P_1)X(P_2) = X(P_3)X(P_4)$' im $\mathbb{R}^3$ zugeordnet werden, dass also die Kongruenzrelation für Strecken als vierstellige Punktrelation in G_U definierbar wird. Das Gleiche gilt für die (über gleichschenklige Dreiecke dann definierbare) Winkelkongruenz.

Die Redebereiche G_U, auf die man geometrische Relationen übertragen und damit eine geometrische Struktur definiert hat, lassen sich natürlich (partiell) auch axiomatisch beschreiben. Man sollte sie aber nicht bloß axiomatisch, d. h. durch eine Postulatenliste von erwünschten Eigenschaften, definieren wollen. Axiomensysteme sind immer bloß als Hilfsmittel zur Beschreibung anderweitig definierter Gegenstandsbereiche aufzufassen, wenn wir denn die Konstitution ihrer Modelle begreifen wollen.

In G_U gelten dann z. B. immer die Axiome der Gruppen I und II, die eindeutige Existenz der parallelen Geraden durch einen gegebenen Punkt und der Strahlensatz.[5] Wir wollen hier die Räume G_U ‚affine Räume' zu

---

5 Daher lässt sich immer die sogenannte Hilbertsche Streckenrechnung auf diesen Räumen etablieren. Vgl. Hilbert, Grundlagen der Geometrie, § 15.

nennen. Dem steht aber der Sprachgebrauch der axiomatischen Geometrien entgegen, deren formale Definition der Klasse der affinen Räume wesentlich allgemeiner ist, so dass z. B. der Strahlensatz als eigenes Axiom zu den Grundaxiomen hinzugefügt werden muss. Für eine Untersuchung deduktionslogischer Abhängigkeiten bzw. Unabhängigkeiten ist dies durchaus sinnvoll. Nur verfolgt man dann im Vergleich zu den Invariantentheorien der betrachteten wahrheitswertsemantischen Art ein äußerst spezielles Interesse. Die größere Allgemeinheit und vermeintlich größere Exaktheit der Beweise täuscht über diese Tatsache hinweg.

Ist U Untergruppe von H, so gelten in G_U alle Axiome I.–V.1.[6] Sind jedoch in G_H zwei geometrische Formen (Dreiecke z. B.) kongruent, so sind ihre Koordinatenbilder im $\mathbb{R}^3$ einander bloß ähnlich. Nur falls U Untergruppe der isometrischen affinen Abbildungen ist, also der Koordinatentransformationen, sind die Koordinatenbilder von in G_U kongruenten Formen immer auch zueinander kongruent.

6.2 Riemannsche Mannigfaltigkeiten

Die Untersuchung geometrischer Invarianten lässt sich nun kanonisch dadurch verallgemeinern, dass man erstens statt der affinen Abbildungen Untergruppen der n-fach stetig differenzierbaren Bijektionen C^n (der C^n-Diffeomorphismen) vom $\mathbb{R}^m$ in den $\mathbb{R}^m$ betrachtet und zweitens nicht mehr verlangt, dass die Abbildungen auf dem ganzen Raum $\mathbb{R}^m$ definiert sind, sondern nur auf einer offenen Umgebung. Dies führt auf dem uns jetzt wohl vertrauten Weg zum Begriff der m-dimensionalen n-fach stetig differenzierbaren (C^n-)Mannigfaltigkeiten M_U, den wir hier wieder für den Spezialfall $m = 3$ erläutern wollen: (Wieder erhält man die Verallgemeinerung auf den $\mathbb{R}^m$, indem man ‚3' durch ‚m' ersetzt.) Wir betrachten nun irgend ein System U von (lokalen) C^n-Diffeomorphismen σ im $\mathbb{R}^3$, wobei wir immer verlangen, dass sowohl der Definitions- oder Argumentbereich $D(\sigma)$ als auch der Wertebereich $Rg(\sigma)$ von jedem der σ offene Mengen sind, d. h. beliebige Vereinigungen offener Kugeln $K_r^y = \{x\,|\,\|x-y\| < r\}$ des $\mathbb{R}^3$. Ferner soll U abgeschlossen sein gegenüber der Verknüpfung $\sigma \circ \mu$ und der Inversenbildung σ^{-1}. Dabei ist für den Definitionsbereich $D(\sigma \circ \mu)$ der verknüpften Funktionen natürlich festgelegt: $x \in D(\sigma \circ \mu)$ gelte genau dann, wenn $\mu(x)$ und $\sigma(\mu(x))$ definiert sind. Den Gegenstandsbereich der U-Mannigfaltigkeit M_U konstituieren wir dann ganz analog wie die Bereiche

---

[6] Es gilt auch V.2, wenn man dieses Axiom als Metabeschreibung des klassischen Bereiches $\mathbb{R}^3$ versteht. Es ist dann nämlich G_U isomorph zum Bereich $\mathbb{R}^3$.

G_U: Ist ‚x_i' ein Name eines Punktes im $\mathbb{R}^3$, welcher im Definitionsbereich $D(\sigma)$ der durch ‚σ' benannten Abbildung aus U liegt, so betrachten wir ‚x_i^σ' als Namen eines neuen Gegenstandes in M_U und setzen für die Namengleichheit fest: ‚$x_i^\sigma = x_j^\tau$' erhält den Wert das Wahre zugeordnet, genau wenn $\sigma(x_i) = \tau(x_j)$ wahr ist im $\mathbb{R}^3$. Wieder betrachten wir die Gegenstände von M_U als abstrakte Punkte und benennen sie auch auf unbestimmt andeutende Weise mit ‚P' bzw. ‚P_i'. Und wieder definieren wir Koordinaten oder Parameterabbildungen $X = X_\sigma$ von M_U in den $\mathbb{R}^3$ durch die Festsetzung: $x_\sigma(P) := x$, wenn ‚x^σ' Name des Punktes P ist, also der Satz ‚$P = x^\sigma$' wahr ist.

Die Wertebereiche der Koordinaten X sind also jeweils offene Mengen im $\mathbb{R}^3$. Ihre Definitionsbereiche $D(X)$ in M_U heißen ebenfalls ‚offene Mengen': Ist O offen im $\mathbb{R}^3$, und ist X eine Koordinate, so heißt die Punktmenge $X^{-1}(O)$ offen in M_U. (Dadurch ist die Topologie, das System der offenen Mengen, auf M_U definiert.) Zu je zwei Koordinaten X, Y, die in einem Punkt P aus M_U definiert sind, gibt es dann offenbar wieder eine Abbildung μ aus U, so dass $Y = \mu \circ X$ auf einer offenen Menge in M_U gilt.

Man nennt eine U-Mannigfaltigkeit ‚zusammenhängend', wenn die Vereinigung der Definitionsbereiche der μ aus U im $\mathbb{R}^3$ eine topologisch zusammenhängende offene Menge (etwa den ganzen $\mathbb{R}^3$) bilden. Wir nennen eine solche Mannigfaltigkeit M_U ferner ‚zusammengeklebt', wenn U zu je zwei Abbildungen σ und μ, welche auf dem Durchschnitt $D(\sigma) \cap D(\mu)$ ihrer Argumentbereiche übereinstimmen, auch die Abbildung $\sigma * \mu$ enthält mit $D(\sigma * \mu) = D(\sigma) \cup D(\mu)$ und $(\sigma * \mu)(x) := \sigma(x)$, falls $\sigma(x)$ definiert ist und $(\sigma * \mu)(x) := \mu(x)$, falls $\mu(x)$ definiert ist.

Wieder lassen sich auf M_U aus logischen Gründen nur U-invariante Relationen R definieren. D. h. es muss für $P_1, \ldots, P_n$ aus M_U und für jede Koordinate X, welche für alle diese P_i definiert ist, die folgende Bisubjunktion gelten:

$$R(P_1, \ldots, P_n) \leftrightarrow R^*(X(P_1), \ldots, X(P_n))$$

für eine R entsprechende Relation R^* im $\mathbb{R}^3$. Die Begriffe der Linearität, Kollinearität, Komplanarität, der geraden Linie bzw. ebenen Fläche sind dann in aller Regel nicht U-invariant. In M_U gibt es daher diese linearen Begriffe nicht: sie lassen sich nicht definieren. Wohl aber gibt es in M_U Linien, Flächen und dreidimensionale räumliche Gebilde. Ist z. B. U eine Teilmenge der C^1-Diffeomorphismen auf dem $\mathbb{R}^3$ und ist μ aus U, so sind die μ-Bilder von Strecken immer begrenzte Kurven, die Bilder von Rechtecken begrenzte Flächen, die auch bei weiteren U-Transformationen Kurven oder Flächen(stücke) (im $\mathbb{R}^3$) bleiben. In diesem Fall lassen sich dann lokal, und das heißt jetzt: in jedem Punkt P von M_U, so genannte infinitesimale Vektoren und insgesamt ein Tangentialraum T_P derartiger Vektoren definieren, und zwar auf dem kanonischen Weg einer Wahrheitswertfestlegung für gewisse Sätze:

Zu jedem μ aus U, jedem x aus $D\,(\mu)$ und jedem y aus dem $\mathbb{R}^3$ betrachten wir die Ausdrücke ‚$^\mu xy$' als neue Namen von (abstrakten) Gegenständen, nämlich den Vektoren v_P des Tangentialraums T_P im Punkt $P = x^\mu$. Wichtig ist, dass diese Vektoren nicht etwa ihren Endpunkt y^μ in M_U haben. (Daher heißen sie ‚infinitesimal'.) Es werden vielmehr folgende Festsetzungen für ihre Identität getroffen:

1. Ein Satz der Form ‚$^\mu xy = {}^\sigma zw$' ist *wohlgeformt* dann und nur dann, wenn $\mu\,(x) = \sigma\,(z)$ ist, also wenn $P = x^\mu = z^\sigma$ ist.
2. Ein wohlgeformter Satz dieser Form erhält den Wert das Wahre zugeordnet, genau wenn für die *Ableitung* der Abbildung $\tau := \sigma^{-1} \circ \mu$ in x, also für die (umkehrbare) lineare Abbildung $\tau'(x)\colon \mathbb{R}^3 \to \mathbb{R}^3$ gilt: $\tau'(x)(y-x) = w-z$.

Damit ist dann auch die *Vektoraddition* und *skalare Multiplikation* der Tangentialvektoren v_P in T_P U-invariant definiert. Man kann offenbar den Punkt P als Nullvektor des Vektorraumes T_P auffassen. Die Vektoren $v_P = {}^\mu xy = {}^\sigma zw$ heißen ‚Tangentialvektoren', weil offenbar der Vektor zw Tangente ist in $\tau(x) = z$ an der (gerichteten) Kurve $\tau(xy)$, dem τ-Bild des Vektors xy, sofern xy noch ganz im Definitionsbereich $D(\tau)$ von τ liegt.

Da im allgemeinen Fall die (umkehrbar-)linearen Abbildungen $\tau'(x)$ keine (isometrischen) Koordinatentransformationen sind, nennt man eine Mannigfaltigkeit M_U zusammen mit ihren Tangentialräumen T_P sinnvollerweise ‚lokal affin'. Zunächst sind in den Räumen T_P ja z. B. auch keine rechten Winkel definiert (definierbar), deren X-Bilder auch wieder rechte Winkel wären.

6.3 Die innere Geometrie von Flächen

Im Zusammenhang der praktischen Probleme, welche bei der Vermessung eines unübersichtlichen Geländes auftreten, wird der geometrische Sinn der invariantentheoretischen C^n-Mannigfaltigkeiten und der Deutung der C^n-Abbildungen μ als Koordinatentransformationen klarer. Die einschlägigen Methoden und Sätze wurden denn auch von Gauß anlässlich seiner Beschäftigung mit der Vermessung des Königreichs Hannover entwickelt.

Benutzt man bei der Erdvermessung nämlich nur Messketten und verzichtet (zunächst oder in besonderen Fällen) auf optische Methoden und die dadurch mögliche Messung längerer (gerader) Linien im dreidimensionalen Raum, so ist die Geometrie der Erdoberfläche zu bestimmen über die lokalen geraden Linien, die sich durch an die Oberfläche angepassten gespannten Messketten ergeben. Da wir uns dabei immer in (auf) der Oberfläche bewegen, spricht man von der *inneren Geometrie* der so vermessenen Oberfläche O.

Man überzieht dabei O mit Scharen von Koordinatenlinien, so genannten Gaußschen Koordinaten, das sind nummerierte Raster (Liniengitter) der folgenden Art:

Abbildung 64.

Wichtig ist, dass sich die Koordinatenlinien der jeweiligen Schar untereinander nicht kreuzen oder berühren, also in einem gewissen Sinne parallel zueinander laufen und jeweils lokal approximierbar sind durch gerade Linien. M. a. W. in der Messpraxis ist dafür zu sorgen, dass die durch die Messketten ausgemessenen Koordinatengitter einigermaßen glatt an einander anschließen. Außerdem denkt man sich die Koordinatenlinien als hinreichend fein gewählt bzw. als beliebig verfeinerbar.

Mathematisch betrachtet liefert eine konvergierende Folge solcher Koordinatenlinien einer Oberfläche O gerade eine umkehrbare Abbildung X von O in ein offenes bzw. geschlossenes Zahlenrechteck (Intervall) $(0, n) \times (0, m)$ (bzw. $[0, n] \times [0, m]$, wenn wir im zweiten Fall zum Innern der Oberfläche die Randlinien hinzunehmen). Man kann dann annehmen, dass es für jede andere (hinreichend gute) Koordinate Y eine umkehrbar stetig differenzierbare Abbildung (eine Parametertransformation) σ von einem offenen Intervall (bzw. dessen Abschluss) des $\mathbb{R}^2$ in den $\mathbb{R}^2$ gibt mit $Y = \sigma \circ X$. Betrachten wir die Klasse U dieser Parametertransformationen auf dem Innern der geschlossenen Intervalle des $\mathbb{R}^2$, so lässt sich die Oberfläche O selbst in gewisser Weise (abstrakt) auffassen als zweidimensionale Mannigfaltigkeit $M_U = \{x^\sigma \mid \sigma \in \Omega, x \in D(\sigma)\}$ über dem $\mathbb{R}^2$.

Man beachte, dass $O = M_U$ *zunächst keineswegs eine Teilmenge des $\mathbb{R}^3$* ist! Da O aber eine Oberfläche im dreidimensionalen Raum ist, kann man

6.3. Die innere Geometrie von Flächen   287

sie auch statt als zweidimensionale Riemannsche Mannigfaltigkeit als Teilmenge des $\mathbb{R}^3$ auffassen (darstellen). Man kann sich ja den Stellen (Punkten) P aus O dreidimensionale Koordinatenzahlen (x_1, x_2, x_3) im euklidisch ausgemessenen dreidimensionalen Raum zugeordnet denken. Extern heißt dies, man unterstellt die prinzipielle Möglichkeit der Wahl eines Bezugswürfels und der Bestimmung der Koordinaten der Oberflächenstellen in Bezug auf diesen Würfel, ausgemessen etwa mit optischen Methoden und Polarkoordinaten. Dann ist die Koordinate X eine Abbildung einer Teilmenge des $\mathbb{R}^3$ in den $\mathbb{R}^2$. Im $\mathbb{R}^3$ sind für die O-Punkte $P = x^\sigma$ nicht nur die Koordinaten $X_\sigma : O \to \mathbb{R}^2$ definiert, sondern auch die normalen (euklidischen, dreidimensionalen) Projektionen Π_1, Π_2, Π_3 mit $\Pi_i(P) = {}^*x_i$. D. h. es ist $P = ({}^*x_1, {}^*x_2, {}^*x_3)$. Die Parametertransformationen τ von Teilmengen des $\mathbb{R}^2$ in den $\mathbb{R}^2$ mit $Y = \tau \circ X$ liefern dabei einfach andere Parametrisierungen bzw. Koordinaten auf O, evtl. mit anderem Definitionsbereich $D(Y^{-1})$ im $\mathbb{R}^2$.

In jedem Punkt $P = x^\sigma$ aus O ist dann sowohl die abstrakte Tangentialebene $T_P = \{v_P = {}^\sigma x\,y | x^\sigma = P, y \text{ reell und } \sigma \text{ aus } U\}$ definiert, als auch die – auf die gleiche Weise benannte – Tangentialebene im $\mathbb{R}^3$: Schreiben wir $\phi := \phi_\sigma := X_\sigma^{-1}$ so erhält mit der Einbettung von O in den $\mathbb{R}^3$ jeder Vektor v_P die dreidimensionale Koordinatendarstellung $v_P = {}^\sigma xy = [\phi'(x)](x-y)$, wobei $\phi'(x)$ die Ableitung der (zu σ gehörigen) Abbildung $\phi = (\phi_1, \phi_2, \phi_3)$ im Punkte $x = (x_1, x_2)$ ist, also die durch die Matrix der partiellen Ableitungen $(\delta\phi_i/\delta x_j)$ $(i = 1,2,3; j = 1,2)$ definierte lineare Abbildung vom $\mathbb{R}^2$ in den $\mathbb{R}^3$. $\phi'(x)$ definiert im $\mathbb{R}^3$ eine Ebene durch den Nullpunkt, deren Parallelverschiebung zum Punkt P mit der Tangentialebene T_P im Punkt P identifiziert werden kann.

Es sei nun $\phi = X_\sigma^{-1}$ eine fest gewählte Parametrisierung von O, etwa mit $D(\phi) = (0,m) \times (0,n)$. Dann betrachten wir im Punkte $P = x^\sigma = (x_1, x_2)^\sigma$ die Vektoren $e_1 = {}^\sigma\big((x_1,x_2), (x_1+1, x_2)\big)$ und $e_2 = {}^\sigma\big((x_1,x_2), (x_1, x_2+1)\big)$ als Einheitsvektoren der Tangentialebene T_P. Jeder Vektor v_P in P lässt sich dann in der Form ${}^\sigma xy = v_P = v_1 \cdot e_1 + v_2 \cdot e_2$ darstellen. Bei Einbettung in den $\mathbb{R}^3$ ergibt sich, wenn wir den Punkt P als Nullpunkt betrachten, also die Vektoren mit den entsprechenden parallel verschobenen Ursprungsvektoren identifizieren:

$$v_P = \phi'(x)\,(y-x) = \phi'(x)\,(v_1 \cdot (1,0) + v_2 \cdot (0,1))$$
$$= v_1 \cdot \phi'(x)((1,0)) + v_2 \cdot \phi'(x)((0,1)) = v_1 \cdot e_1 + v_2 \cdot e_2.$$

D. h. der Ursprungsvektor v_P erhält die angegebenen $\mathbb{R}^3$-Koordinaten. Notieren wir der Übersichtlichkeit halber die Vektoren v_P in der Form $a = (a^1, a^2)$, $b = (b^1, b^2)$, setzen also $v_P = a^1 e_1 + a^2 e_2$, so ist über das Skalarprodukt im $\mathbb{R}^3$ auf folgende Weise ein inneres Produkt der Vektoren a, b definiert:

$$\langle a, b \rangle = a^1 \cdot b^1 \cdot \langle e_1, e_1 \rangle + a^1 \cdot b^2 \cdot \langle e_1 e_2 \rangle + a^2 \cdot b^1 \cdot \langle e_2 e_1 \rangle + a_2 \cdot b_2 \cdot \langle e_2 e_2 \rangle.$$

Setzt man $g_{ij} := \langle e_i e_j \rangle$ $(i, j = 1, 2)$ und verabredet man, dass der Ausdruck ‚$g_{ij} a^i b^j$' dasselbe bedeuten soll wie die Summe: $\Sigma_{i,j=1} \, g_{ij} \cdot a^i \cdot b^j$, so definiert der so genannte Tensor g_{ij} in jedem Punkt P von O auf den Tangentialvektoren a, b in T_P eine symmetrische Bilinearform $\langle a, b \rangle = g_{ij} a^i b^j$. Dabei hängen zwar noch die Werte g_{ij} und a^i, b^j von der Wahl der Koordinate X_σ bzw. der Parametrisierung $\phi = X_\sigma^{-1}$ von O ab, nicht jedoch die Vektoren $v_P = a^1 e_1 + a^2 e_2$ und nicht der Wert des Skalarproduktes zweier derartiger Vektoren. Für die Umrechnung von $X = X_\sigma$ zu $Y = Y_\mu$ bzw. X^{-1} zu Y^{-1} beachte man, dass gilt: $e_1 = {}^\mu yz$ für dasjenige z, für welches $\mu'(y)(z - y) = \sigma'(x)((1, 0))$ ist, und $e_2 = {}^\mu yw$ für dasjenige w, für welches $\mu'(y)(w - y) = \sigma'(x)((0, 1))$ ist. Das heißt, es gilt

(∗) $\qquad z = y + \left[\mu'(y)^{-1}\right] \left(\sigma'(x)((1, 0))\right)$

(∗∗) $\qquad w = y + \left[\mu'(y)^{-1}\right] \left(\sigma'(x)((0, 1))\right)$

Alles Weitere ist bloße Rechentechnik. Wir können die g_{ij} natürlich als Abbildungen von $D(\phi) = (0, m) \times (0, n)$ in die reellen Zahlen auffassen. Es ist dann eben $g_{ij}(t_1, t_2)$ der Tensor im Punkt $\phi(t_1, t_2) = P$.

Kennt man den zum jeweiligen (lokalen) Parameter ϕ gehörigen Tensor g_{ij} in jedem Punkt P von O und damit das zugehörige Tensorfeld in O, dann lassen sich aus den lokalen Werten (a^1, a^2) der tangentialen Richtungsvektoren a (bezüglich der Einheitsvektoren e_1 und e_2) die Längen $\|a\| = \sqrt{\langle a, a \rangle}$ und die Winkel $\cos(a, b) = \langle a, b \rangle / (\|a\| \cdot \|b\|)$ berechnen. Mehr noch, es lassen sich die Längen beliebiger (stetig differenzierbarer) Kurven in O und die Flächenmaße von Teilflächen von O berechnen. Es sei dazu eine Kurve in $D(\phi)$ durch $u(t) = (u_1(t), u_2(t))$ stetig differenzierbar parametrisiert mit $D(u) = [a, b]$ und es sei ϕ eine Parametrisierung von O, etwa mit $D(\phi) = [0, m] \times [0, n]$. Dann parametrisiert $k(t) := \phi(u(t))$ eine Kurve in O auf stetig differenzierbare Weise mit $D(k) = [a, b]$. Die Länge $L(k)$ von k ist gleich $\|k'(t)\| dt =_a \int^b (\sqrt{dk_1^2/dt + dk_2^2/dt + dk_3^2/dt}) dt$.

Schreiben wir ‚$\delta \phi_l / \delta u^i$' für die entsprechenden partiellen Ableitungen, so gilt: $dk_l/dt = \delta\phi_1/\delta u^1 \cdot du_1/dt + \delta\phi_1/\delta u^2 \cdot du_2/dt$. Das heißt, es lassen sich die Ableitungen resp. Integrale in der entsprechend angedeuteten Weise

6.3. Die innere Geometrie von Flächen

berechnen. Daher gilt:

$$L(k) = \int_a^b \left(\sqrt{\Sigma_{l=1} \Sigma_{i,j=1} \left(\delta\phi_l/\delta u^i \cdot \delta\phi_l/\delta u^j \cdot du_i/dt \cdot du_j/dt \right)} \right) dt$$

$$= \int_a^b \sqrt{g_{ij}(u) \, du^i/dt \, du^j/dt} \, dt,$$

wobei wir die oben eingeführte Summationskonvention mit Hilfe der hochgestellten Einstein-Indizes verwenden.

Es ist ja $g_{ij}(u) = \langle e_i, e_j \rangle$ mit $e_1 = \phi'(u)(1,0) = \left(\delta\phi_1/\delta u^1, \delta\phi_2/\delta u^1, \delta\phi_3/\delta u^1 \right)$ und $e_2 = \phi'(u)(0,1) = \left(\delta\phi_1/\delta u^2, \delta\phi_2/\delta u^2, \delta\phi_3/\delta u^2 \right)$.

Der so genannte metrische Fundamentaltensor g_{ij} erlaubt es also, die wirklichen Längen beliebiger Kurven auf O zu berechnen, wie sie im $\mathbb{R}^3$ (im dreidimensionalem Raum) schon definiert sind. Bedeutsam ist, dass man die g_{ij} mit Hilfe hinreichend feiner Gaußscher Koordinaten direkt durch Messung approximativ bestimmen kann. Misst man nämlich ein genügend feines Maschennetz (vgl. dazu auch Abb. 64) dadurch aus, dass man etwa zu jedem Eckpunkt (r,t) links unten die Längen k_1 und k_2 der Linien zum nächsten derartigen Eckpunkt und den (tangentialen) Winkel α bestimmt, so ergeben sich die zu einer Parametrisierung $\phi : [0,m] \times [0,n] \to O$ passenden Koeffizienten g_{ij} in den Netzpunkten (r,t) approximativ durch: $g_{11} = k_1^2, g_{22} = k_2^2, g_{12} = g_{21} = \cos\alpha \cdot k_1 \cdot k_2$.

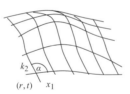

Abbildung 65.

Es ist dann nämlich eine Masche approximativ ein ebenes Parallelogramm. Das heißt, man kann die Oberfläche ausmessen, ohne dass man von einem fest gewählten Raumnullpunkt (Ursprungsquader) aus für jeden Punkt der Oberfläche O seine dreidimensionalen Koordinatenwerte messend zu bestimmen hat.

Die Flächenmaßzahl $F(O)$ ergibt sich dann offenbar (approximativ) als Summe $\Sigma_{r=1}^n \Sigma_{t=1}^m \sqrt{g((r,t))}$, mit $g := g_{11} \cdot g_{22} - g_{21}^2$. Es ist also g gleich $\det(g_{ij})$, der Determinante von g_{ij}. Es ist nämlich $\sqrt{k_1 \cdot k_2 - \cos\alpha \cdot k_1 \cdot k_2}$ die Flächenmaßzahl des zum betreffenden Punkt (r,t) gehörigen Parallelogramms. Im Limes (in der Approximation) ergibt dies: $F(O) = \int \sqrt{g} \, dt_1 \, dt_2$, wobei über den Bereich $D(\phi)$ zu integrieren ist. Es lassen sich dann auch kürzeste Verbindungslinien von einem Punkt P_1 der Fläche O zu einem anderen Punkt P_2 auf O, die geodätischen Linien auf O, definieren bzw. rechnerisch bestimmen.

Von besonderer Bedeutung ist nun, dass Gauß in seinem ‚*Theorema egregium*' zeigen konnte, wie sich bei Wahl einer zweifach stetig differenzierbaren Parametrisierung ϕ von O, also bei hinreichend glatt gewählten Koordinaten und Koordinatenverfeinerungen, allein aus dem Fundamentaltensor g_{ij} die Gaußsche Krümmung $K(P)$, das ist eine reelle Zahl, für jeden Punkt P der Fläche definieren und berechnen lässt. Ist dann $K(P) = 0$, so nennt man den Flächenpunkt ‚parabolisch'; ist $K(P) < 0$, so heißt er ‚hyperbolisch' (oder ein ‚Sattelpunkt') und im Falle $K(P) > 0$ ‚elliptisch'. Verschiebt man nämlich die Tangentialebene in P um ein Weniges (in die richtige Richtung), so wird sie im ersten Fall immer parabelartig, im zweiten hyperbelartig und im dritten elliptisch von O geschnitten. Genau dann hat eine Oberfläche O die konstante Krümmung $K(P) = 0$ in jedem Punkt P aus O, wenn sie sich *isometrisch* auf eine *ebene Fläche* abbilden lässt, so dass also die *Längenverhältnisse der Kurven* unter der Abbildung *erhalten* bleiben. Da die mathematische Herleitung von $K(P)$ bloß eine Frage der Rechentechnik ist und kein begriffliches Problem darstellt, kann hier auf die einschlägigen Lehrbücher der Differentialgeometrie verwiesen werden.

Für unsere Überlegung ist jedoch festzuhalten: *Die Gaußsche innere Geometrie zweidimensionaler Flächen hat nichts Nichteuklidisches an sich.* Sie ist der mathematische Ausdruck einer Mess- und Rechentechnik, deren Sinn nur im Rahmen der euklidischen Begrifflichkeit, also der dort etablierten Rede von gerade und eben, von Länge und Flächenmaß richtig erfasst werden kann. Es handelt sich ja gerade darum, die *euklidischen Maßzahlen* und eine Charakterisierung der Oberfläche im Vergleich zur Form der Ebene (über die Krümmungen $K(P)$) zu bestimmen, und zwar ohne dass Fernmessungen nötig wären. Der formale Redebereich der euklidischen Geometrie und seine Konstitution auf der Basis elementarer Formvergleiche (z. B. auch der Längenvergleich der bei verschiedenen Messungen verwendeten mit Skalen versehenen Messketten) ist hier *methodische und begriffliche Vorbedingung* für die Bestimmung und Deutung der metrischen Koeffizienten g_{ij} und damit der inneren Flächengeometrie. D. h. die mathematische Einbettung des analytischen Modells $O = M_U$ in den $\mathbb{R}^3$ durch die Parameterfunktion $X_\sigma^{-1} = \phi$ ist *logisch wesentlich* und das Verständnis des $\mathbb{R}^3$ als rechentechnischer Darstellungsrahmen für lokale Raumverhältnisse ist gewissermaßen *a priori vorausgesetzt*.[7]

---

7 Diese Einbettung bedeutet natürlich nicht, dass man der Oberfläche damit einen wirklichen Ort im absoluten Raum zuordnete. Es werden nur verschiedene Messmethoden

Es ist also durchaus irreführend, wenn man sagt, bei der Bestimmung der inneren Geometrie von Oberflächen nach dem Gaußschen Verfahren werde die euklidische Geometrie bloß lokal für wahr gehalten. Richtig ist vielmehr, dass die euklidischen Maßverhältnisse der Tangentialebene T_P die Maßzahlen in O durch (infinitesimale) Approximationen bestimmen. Dazu wird natürlich die lokale Approximierbarkeit von O durch ebene Tangentialflächen vorausgesetzt. Analytisch ist dies gerade die stetige Differenzierbarkeit der Parameter ϕ bzw. der Parametertransformationen σ. Diese Voraussetzung wiederum ist *nicht etwa eine empirische Annahme über die physischen oder physikalischen Verhältnisse der zu beschreibenden (auszumessenden) wirklichen Fläche*, sondern *eine Anweisung zur vernünftigen Wahl* (bzw. Konstruktion) *des Maschennetzes*, das zu den (analytischen) Koordinaten führt. Dieses kann ja auch faktisch immer hinreichend glatt gewählt bzw. verfeinert werden, zumal wir jede an der Oberfläche auftretende Ecke bei hinreichend feinem Maßstab auch als gerundet auffassen können, ohne dass unsere Darstellung damit an Genauigkeit verlöre (vgl. dazu noch einmal Abb. 64 und 65). Man kann das auch so sagen: In der Realität treten keine exakten (mathematischen) Ecken auf, in denen die darstellende Funktion nicht differenzierbar wäre. Es liegt sozusagen an uns, Ecken als Grenzen von Rundungen darzustellen.

Das Formprinzip und damit das Parallelenaxiom wird bei unserem Verfahren natürlich als gültig unterstellt und zwar bei der Flächenberechung der die Oberfläche lokal approximierenden Parallelogramme. Das Prinzip sorgt für die Maßstabsinvarianz der sich als Grenzwerte ergebenden Maßzahlen der Oberfläche. Das sich aus den (überprüfbaren) Formeigenschaften der benutzten Messgeräte auf dem von uns skizzierten Wege ergebende Formprinzip ist damit gerade auch für die externe Deutung differentialgeometrischer Rechnungen fundamental. Es gehört zur logischen Vorbedingung der objektiven Erfahrung von Raumverhältnissen, indem es die (immer größeninvarianten, bloß Größenverhältnisse darstellenden) Rechnungen auf die Messpraxis bezieht.

6.4 Vorstellungen nichteuklidischer Räume

Sehen wir nun ab von der Einbettung der Flächen $O = M_U$ in den $\mathbb{R}^3$, so sind sie *nur* als zweidimensionale reelle C^1-Mannigfaltigkeiten zu betrachten. Eine solche kann apriorisch, also durch willkürliche Festsetzungen, mit

---

rechnerisch aufeinander bezogen, wobei die eine einen Bezugsquader und Fernmessungen benutzt.

allerlei Metriken versehen werden, indem man passend zu den Parametrisierungen $\phi = X_\sigma^{-1}$ lokal das innere Produkt der Einheitsvektoren $\langle e_i, e_j \rangle$ und damit den Tensor $g_{ij} = \langle e_i e_j \rangle$ im Punkt $P = x^\sigma = {}^\sigma(x_1, x_2)$ festlegt. (Es ist dann im m-dimensionalen Fall $e_i = \langle x^\sigma, x + (0, \ldots, 1, \ldots, 0) \rangle$, wobei die ‚1' an der i-ten Stelle steht.) Wichtig ist dabei nur, dass das innere Produkt der Tangentialvektoren unabhängig von der Parametrisierung X_σ bestimmt sein soll.

Ein m-dimensionaler Riemannscher Raum ist dann irgendeine m-dimensionale zusammenhängende C^1- oder besser gleich C^2-Mannigfaltigkeit, versehen mit einem Tensorfeld bzw. einem Skalarprodukt auf den Tangentialebenen T_P. Ein solches Skalarprodukt ist definierbar durch eine in i, j, $(1 \leq i, j \leq n)$ symmetrische Bilinearform g_{ij} in jedem Punkt ${}^\sigma x$ von M_U, passend zu $X_\sigma : {}^\sigma x \mapsto x$ mit positiver Determinante. Die g_{ij} sind dabei immer als stetige oder sogar stetig differenzierbare Abbildungen von $D\left(X_\sigma^{-1}\right)$ nach $\mathbb{R}$ anzugeben. Die Umrechnungen der g_{ij} auf andere Koordinaten X_μ einer Umgebung von P sind nach den angegebenen Gleichungen (*) und (**) (vgl. S. 288) vorzunehmen. Dann lassen sich folgende U-invarianten Maßgrößen auf M_U definieren:

1. Ist g die Determinante der g_{ij}, so ist die Maßzahl eines durch X_σ^{-1} parametrisierten Raumstücks in M_U definiert durch $\int \sqrt{g}\, dx_1 \ldots dx_n$, wobei über $D\left(X_\sigma^{-1}\right) = D\left(g_{ij}\right)$ zu integrieren ist.
2. Wir betrachten nun eine k-dimensionale Fläche F im $\mathbb{R}^m$, die parametrisiert ist durch eine C^1- bzw. C^2-Funktion $u = (u_1, u_2, \ldots, u_k)$. Eine k-dimensionale Teilmannigfaltigkeit M_k einer m-dimensionalen Mannigfaltigkeit M_U $(1 \leqslant k < m)$ lässt sich dann über die Funktionen $\sigma \circ u$ definieren (σ aus U) bzw. über die X_σ^{-1}-Bilder von $Rg(u)$ in M_U. Als Maß der (lokalen) Fläche $X_\sigma(F \cap D(\sigma))$ in M_U ergibt sich aus den Tensoren g_{ij} durch Einsetzen der Differentiale: $dx_i = \partial x_i / \partial u_1 \cdot du_1 + \partial x_i / \partial u_2 \cdot du_2 + \ldots + \partial x_i / \partial u_k \cdot du_k$.

Was bedeutet es nun aber, eine beliebige, sagen wir dreidimensionale, Riemannsche Mannigfaltigkeit mit (positivem) Tensorfeld als *mögliche Struktur des Raumes* aufzufassen? Handelt es sich hier bisher nicht etwa bloß um analytische Erwägungen, welche zeigen, dass formale Redebereiche a priori als konstituierbar zu betrachten sind, in denen gewisse *formale Analogien* zur Gaußschen inneren Flächengeometrie zu finden sind?

Derartige analytische Modelle nichteuklidischer Axiomensysteme, insbesondere solche, in denen nur das Parallelenaxiom falsch wird, haben in der physikalischen Geometrie und Kinematik zunächst zu allerlei pythagoräistischen Spekulationen geführt. Nachdem sich nämlich das Paralle-

6.4. Vorstellungen nichteuklidischer Räume

lenaxiom nachweisbar *nicht* aus den anderen, scheinbar plausibleren, Axiomen der Geometrie (formal) deduzieren lässt, scheint es keineswegs mehr sicher zu sein, ob denn im Raume dieses Axiom (für Geraden) gelte. Von diesen Spekulationen zu unterscheiden sind rein innermathematische Modellierungen von Redebereichen, in denen nicht alle formalen Axiome der euklidischen Geometrie formal wahr (erfüllt) werden. Die Bolyai-Lobatschevkij-Version eines nichteuklidischen geometrischen Axiomensystems ersetzt z. B. das Parallelenaxiom durch folgende Forderung: Zu jedem Punkt P, der in einer gemeinsamen Ebene E mit einer Geraden g aber nicht auf g liegt, gibt es zwei Halbstrahlen, die zusammen keine Gerade bilden, so dass jede Gerade, welche echt zwischen diesen Strahlen liegt, die Gerade g schneidet. F. Klein hat folgendes einfache Modell für diese Geometrie angegeben: Man betrachtet die Punkte, die maximalen ebenen Flächen und maximalen geraden Linien im Innern der Einheitskugel

$$K = \{P \in \mathbb{R}^3 : \| P \| < 1\}$$

als Punkte, Geraden und Ebenen. Die Kongruenz zweier Strecken AB und CD in K wird dann definiert durch die Existenz einer linearen Projektion $\Pi : \mathbb{R}^3 \to \mathbb{R}^3$ mit $\Pi(AB) = CD$, $\Pi(K) \subseteq K$ und $\Pi(\partial K) \subset (K)$, wobei $\partial K = \{P : \|P\| = 1\}$ der Rand von K sein möge. Mit der Streckenkongruenz ist auch die Kongruenz von Winkeln resp. Dreiecken definiert. Das Postulat von Bolyai und Lobatschevskij ist offenbar erfüllt. Dass auch die Axiome I–III und V.1 erfüllt sind, kann man dann leicht zeigen oder in der einschlägigen Literatur nachlesen.

Die Konsistenz eines Nonstandard-Axiomensystems einer Geometrie (wie der von Bolyai/Lobatschevskij) zeigt, dass wir mit dem axiomatischen Denken vorsichtig sein müssen. Es zeigt noch keineswegs, dass es sinnvoll ist, die Möglichkeit zu erwägen, die ‚wirklichen' Raumverhältnisse könnten nichteuklidisch sein. Ebenso wenig zeigt die Existenz von Nonstandard-Modellen der Peano-Arithmetik, dass der Bereich der natürlichen Zahlen möglicherweise ein Nonstandard-Modell sein könnte.

Unter dem Eindruck seiner Erkenntnisse über die innere Geometrie zweidimensionaler Flächen hat andererseits aber sogar schon Gauß selbst mit der Vermutung gespielt, es könne der dreidimensionale Raum eine messbare innere Geometrie zeigen.[8] Daher hat er die Frage, ob im Raum vielleicht nichteuklidische Maßverhältnisse herrschen, empirisch durch sorgfältige Messung der Winkel des Dreicks Inselsberg, Brocken, Hoher

---

8 Seine Gedanken zur möglichen Nichteuklidizität des Raumes hat er (vielleicht nicht ohne Grund) nicht veröffentlicht. Vgl. dazu etwa auch Weyl 1923 (Raum, Zeit, Materie) § 10.

Hagen zu beantworten versucht. Ein Ergebnis, welches vom euklidischen Winkelsummensatz (erheblich genug) abgewichen wäre, hätte allerdings zunächst nur bedeutet, dass die bei der Messung verwendeten optischen Geräte und/oder die Lichtstrahlen nicht hinreichend die euklidischen Formpostulate erfüllen, etwa weil die Lichtstrahlen, welche in der Messung für gerade gehalten werden, doch etwas gekrümmt sind. In der Tat machen unsere optischen Messungen in mittleren Bereichen von der Erfahrungstatsache Gebrauch, dass für die normalen Messlängen die Lichtstrahlen als hinreichende Realisierungen gerader Linien angesehen werden können. Dies ist natürlich keine Garantie dafür, dass sich Licht auch in großen Entfernungen gerade (genauer kugelförmig) ausbreitet. Wir werden sogar sehen, dass die Frage, in Bezug auf welches der vielen möglichen bewegten Körpern sich Licht kugelförmig ausbreitet, systematisch zu erheblichen Ergänzungen unserer zunächst bloß statischen Geometrie führt, wenn es darum geht, die räumlichen Verhältnisse von sich relativ zu einander bewegenden Körpern zu bestimmen. Unsere Postulate für Körperformen sind hier jedenfalls, und das ist wichtig zu bemerken, als solche gar nicht mehr anwendbar.

6.5 Zusammenfassung

Dass die Unendlichkeitsprinzipien der euklidischen Geometrie im Bereich der Natur, d. h. der Erfahrung, nie exakt realisiert sind, ist klar. Das gilt besonders für das Parallelenprinzip und das Archimedische Prinzip, welche eine größeninvariante Rede über Formen allererst ermöglichen. Die nicht erst seit den scharfsinnigen Polemiken des Sextus Empiricus ‚Gegen die Mathematiker' oder dann auch Humes, sondern im Grundsatz seit Protagoras bekannte Kritik an derartigen Prinzipien zeigt zunächst nur, dass diese skeptischen Empiristen die Differenz zwischen Redeformen etwa der Normalsprache oder dann auch einer noch nicht formalisierten Physik, in denen wir uns auf reale empirische Erfahrungen beziehen, und mathematischen Redebereichen nicht kennen oder die Konstitution der letzteren nicht voll begreifen. Die Idealität der Geometrie allein tut jedoch, wie wir gesehen haben, dem Sinn euklidisch-geometrischer Rede bei angemessenem Verständnis und richtiger Anwendung keinen Abbruch, sofern wir für unsere Projektion der Aussagen auf reale Raumverhältnisse die Formpostulate für Quader als einen in der Anschauung kontrollierten Kanon gebrauchen können. Der Nachweis der formalen Unabhängigkeit des Parallelenaxioms von den anderen Axiomen der Geometrie und die Formulierung nichteuklidischer Geometrien durch Bolyai und Lobatschevskij bedeutet daher zunächst nur einen wichtigen Schritt im Verständnis der Funktionsweise des formalaxiomatischen Denkens. Der Streit um die Frage, ob der ‚wirkliche Raum' nicht möglicherweise nichteuklidisch sei, hat damit noch keinen Sinn, und zwar weil noch ganz unklar ist, was man sich unter dem ‚wirklichen Raum' vorzustellen hat. Insofern ist auch Riemanns Idee, dass der ‚wirkliche Raum' zunächst nur als eine dreidimensionale und dann zusammen mit der Zeit als eine vierdimensionale Riemannsche Mannigfaltigkeit vorstellbar sei, deren Maßverhältnisse (wohl unter Berücksichtigung materieller Kräfte) in der Form einer inneren Geometrie empirisch zu erforschen sind, zunächst noch einigermaßen vage und unklar.

Immerhin zeigen die Untersuchungen von Gauß und Riemann eine Methode auf, wie wir im Ausgang von lokalen Messergebnissen (hier und jetzt) über die Deutung der Messungen als (stetig differenzierbaren) Abbildungen eine Geometrie auf den zunächst weitgehend unbekannten und fernen Urbildbereich, mathematisch repräsentiert als eine Mannigfaltigkeit, projizieren können. Dazu ist das die Metrik definierende Tensorfeld auf den Tangentialräumen in jedem Punkt der Mannigfaltigkeit durch geeignete Messungen zu bestimmen.

Die Frage ist, welche Messpraxis sich an diese Riemannsche Konzeption sinnvoll anschließen lässt. Ohne eine solche Messpraxis handelt es sich bei den Reden davon, dass der kosmologische Raum (oder auch die Raum-Zeit) möglicherweise nichteuklidisch oder gar höherdimensional ist, wie sie in physikalischen Kosmologien gang und gäbe sind, bloß um noch undurchschaute pythagoräistische Spekulationen. Diese Reden blieben sogar dann noch Zahlenmystik, wenn man sie bloß lokal mit einigen ausgewählten empirischen Phänomenen korreliert, ohne genau zu verstehen, was man dabei tut. Eben das ist schon das Wesen des antiken Pythagoräismus: Da sich – überraschenderweise – mancherlei Phänomene sinnvoll arithmetisch darstellen lassen, etwa Ton- oder Raumverhältnisse, glaubt man, die ganze Welt *sei* eine (mathematische) Struktur. Stattdessen gilt es, streng zu begreifen, was es bedeutet, dass wir die Natur mathematisch darstellen, und wo die Grenzen dieser Darstellungsart und Anschauungsform liegen. Dies geht nicht ohne eine genauere Betrachtung der Messpraxis und der Praxis der Darstellung und Deutung der Messergebnisse. Denn diese bestimmen die projektiven Beziehungen zwischen dem von uns symbolisch bzw. mathematisch entworfenem Weltbild (‚an sich'), der uns immer lokal, in präsentischer Anschauung gegebenen Welt der gemeinsam kontrollierten Erfahrbarkeiten und Machbarkeiten (‚für sich') und einer von uns als *erklärende Ursache* für unsere Wahrnehmungen und Messergebnisse angenommenen *Wirklichkeit* (‚an und für sich'). Aber über diese Wirklichkeit können wir immer nur sprechen oder etwas wissen durch die Vermittlung unseres Weltmodells, das wir an die realen Erfahrungen anpassen. D. h. wir projizieren mehr oder minder hypothetisch mathematische Strukturen (an sich) in die Welt der Ursachen (an und für sich). Dabei ergeben sich die Strukturen selbst aus unseren praktischen Erfahrungen, lokalen Beobachtungen und den Ergebnissen von Messungen. Diese drei ‚Großformen' der Anschauung, das praktische (auch technische) Können, das empirische Beobachten und das (immer auch schon technisch vermittelte, also experimentelle) Messen, machen die uns einzig zugängliche Realität aus – und auf eben diese bezieht sich Hegels etwas obskurer Ausdruck ‚für sich'. Es versteht sich dabei fast von selbst, dass diese (lokale) Anschauung ‚immer schon' durch Sprache begleitet, also begrifflich gefasst ist.

7. Kapitel
Kinematik und der Begriff der Zeit

7.0 Ziel des Kapitels

Schon die Mathematiker und Philosophen der griechischen Antike hatten bemerkt, dass die situationsinvarianten bzw. ewig wahren Formaussagen der reinen Geometrie in gewissem Sinne nicht dazu geeignet sind, Bewegungen direkt darzustellen. Man behilft sich später mit einer analogischen Darstellung der Zeit durch eine gerichtete gerade Linie, dem Zeitstrahl. Es entsteht damit die uns bekannte, leider bloß erst metaphorische, Darstellung der Bewegungen ‚von Punkten' als Graphen einer auf den reellen Zahlen definierten reellwertigen Funktion. Ein solcher Graph ist auf der Punktebene von links nach rechts gerichtet. Dabei sind zunächst viele Fragen offen, von denen ich einige hier nur erwähne und nicht weiter behandle, z. B. die Frage, was der modellinternen Richtung des Zeitstrahls extern in der Welt als ein Früher und Später entspricht und wie man die Zeitpunkte als Zeitmomente je jetzt (und hier!) zu deuten hätte. Schon näher an meinem Interesse liegt die Frage, was es heißt, *die Zeit als stetig* und die *Zeitpunkte als dicht liegend* anzunehmen. Denn auch das ist alles andere als klar. Die Praxis der empirischen Zeitmessung liefert jedenfalls zunächst nur diskrete ‚Zeitpunkte', so wie eine bloß empirische Längenmessung noch nicht einmal zu rationalen Längen, geschweige denn zu irrationalen Längenverhältnissen führt. Und obwohl es zunächst nahe liegt, Bewegungsformen anhand von geführten Bewegungen auf Oberflächen von Festkörpern oder jedenfalls in Relation zu einem solchen zu betrachten, ist es keineswegs klar, wie im Blick auf den Raum, in dem sich Körper relativ zu einander bewegen, *Koordinatentransformationen* zu verstehen sind. Denn erstens können wir keinem einzigen der Körper eine ausgezeichnete *Ruhelage* zusprechen. Zweitens müssen wir unsere Maßstäbe, etwa unsere Quader und dann auch unsere Uhren, erst an einen anderen *Ruhe-Ort* bringen, um *dort lokal* die (Ruhe-)Längen auszumessen. Gleiches gilt für die Zeitmessung. Auch bei ihr müssen wir den relativen Ruhe-Ort der Messung von Zeitdauern berücksichtigen.

Die euklidische Geometrie hängt, wie wir gesehen haben, *materialbegrifflich* eng mit *lokal* erzeugbaren und *lokal* kontrollierten Passungen von Körpern mittlerer Größe zusammen. Über die relativen Eigenschaften zu einander im makrokosmischen Maßstab bewegter Körper, Quader oder Uhren wissen wir dagegen zunächst noch relativ wenig. Daher ist viel unklarer, als man aufgrund des Umgangs mit den scheinbar beliebigen Größen von Quadern in der formentheoretischen Geometrie und unseres *Wunsches nach absolut ortsinvarianten Zeitbestimmungen* durch Uhren zunächst meint, wie der Raum der Relativbewegungen mathematisch zu modellieren ist. Am Ende sind daher Einsteins Überlegungen zu Raum und Zeit nicht eigentlich als Paradigmenwechsel zu einer wohletablierten Theorie des Raumes zu begreifen, sondern eher als ein konsequentes Ergebnis einer bis dahin im Allgemeinen nicht streng genug reflektierten Schwierigkeit.

7.1 Grundprobleme der Bewegungslehre

Bisher haben sich unsere Überlegungen auf den Begriff der geometrischen Form, die auf ihrer Grundlage ermöglichte Längen- und Winkelmessung und deren mathematisierte Darstellung in der idealen synthetischen und analytischen Geometrie beschränkt. Diese Begriffe wurden entwickelt, ohne die Tatsache näher zu berücksichtigen, wie sich die – externen – Bezugssysteme (Koordinatenwürfel) relativ zueinander bewegen. Vorausgesetzt war nur, dass sie beweglich sind und man ihre Passungseigenschaften je lokal kontrollieren kann. Die Festsetzung der Wahrheitsbedingungen für Sätze über die idealen Formen stützte sich sowohl darauf als auch auf praktische Möglichkeiten der Quaderformung. Es wurde dabei, freilich im Ausgang von einer höchst erfolgreichen Praxis, in gewissem Sinne *fingiert*, dass sich hinreichend *formstabile Quader* mehr oder weniger *beliebiger Größe* und *Genauigkeit* herstellen lassen. Diese Fiktion ist aber keinesfalls mit der Ideation, dem Übergang von der Rede über gestaltete Körperflächen zur Rede von idealen Formen der Geometrie wie etwa der euklidischen Ebene als termunabhängiges System von möglichen Schnittpunkten in geometrischen Formen zu verwechseln. Daher habe ich zwischen einer geometrischen Idealform und der Realform eines gestalteten Körpers unterschieden. Die Güte der Realform eines Quaders wird überprüft durch Passungen nach Bewegungen, aber ohne dass dabei die *Bewegungen des Körpers selbst*, der Bewegungszustand des relativen Ruhe-Ortes und des Beobachters oder

7.1. Grundprobleme der Bewegungslehre

dann auch *Probleme der Informationsübertragung im allgemeinen Bewegungsraum* irgend berücksichtigt würden.

Unsere Analyse zeigt damit explizit, was in der üblichen geometrischen Rede implizit unterstellt wird. Die Explikation oder Konstitutionsanalyse der wahrheitswertsemantischen Elementargeometrie zeigt insbesondere, dass dem scheinbar allgemeinlogischen wahrheitswertsemantischen Schließen längst schon *inhaltliche* Unterstellungen bzw. *materialbegriffliche Inferenzen* korrespondieren. Dabei macht erst eine Idealisierung das formale Schließen und damit exakte Wissenschaft möglich. Die entsprechenden Ideationsschritte, wie sie hier im Detail vorgeführt wurden, sind also rede- und rechentechnisch geradezu notwendig. Dazu ist die Differenz zwischen den idealen Strukturmodellen und den phänomenbezogenen Sprechweisen in ihrer Gesamtverfassung zu begreifen. Weder sind die formalen Ausdrucksweisen ohne Erfahrungsgehalt, noch sind sie unmittelbar empirisch begründbar. Weder sind die informalen Redeweisen über Gestalten und Figuren vage oder unstreng, noch sind sie schon von der Art, dass für sie ein formales Schließen immer passend wäre.

Nun wird sich geometrische Rede nicht bloß mit zwei- oder dreidimensionalen *Körperformen*, sondern im Bereich der *Bewegungslehre* (*Kinematik*) auch mit den realen *Relativbewegungen* der Körper im *Bewegungsraum* beschäftigen müssen. Dieser Raum der Relativbewegungen von Körpern lässt sich *nicht* als Hohlform eines formstabilen Körper mittlerer Größe begreifen. Genauer, im Begriff des *Bewegungsraums* ist über den Begriff der Bewegung der *Begriff der Zeit* materialbegrifflich immer schon in gewisser Weise enthalten, was für den Begriff eines durch einen Festköper umgrenzten Hohlraum keineswegs gilt. Das hat schon Kant gegen Newtons Vorstellung von einem absoluten Raum als einer Art Behälter betont, in welchen die Materie wie in eine fertige Mietskaserne einzieht (so Hermann Weyl in *Raum, Zeit und Materie*) und sich in ihm durch Kräfte gesteuert herumbewegt.

Es wird sich darüber hinaus herausstellen, dass die Mess- und Rechenpraxis der Euklidischen Geometrie und der sich an diese anschließenden klassischen Kinematik zwar völlig sinnvoll ist für *mittlere* Größenbereiche realer Raumausdehnung und kleine Relativgeschwindigkeiten, dass aber ihrer Erweiterung auf beliebige Größenbereiche (im Makro- und im Mikrokosmos) gewissermaßen die nötige pragmatische Geschäftsgrundlage fehlt. Wir werden daher nicht bloß gezwungen sein, die begrenzten Möglichkeiten der Herstellung formstabiler Körperformen und stabiler Zeit- bzw. Bewegungsvergleiche in unserem kinematischen Rederahmen zu berücksichtigen, sondern es wird auch die Frage zentral werden, welche

Relativstellungen von Körpern oder welche Ereignisse an verschiedenen Orten im Bewegungsraum als gleichzeitig zu werten sind.

In diesem Zusammenhang werden die folgenden Überlegungen zeigen, dass die (spezielle) Relativitätstheorie, richtig verstanden, nicht eigentlich ein falsches Weltbild umstürzt und durch ein neues, richtigeres oder gar wahres ersetzt. Es wird in der relativistischen Kinematik vielmehr auf die bis dahin systematisch vernachlässigte materialbegriffliche Tatsache aufmerksam gemacht, dass sich zunächst scheinbar naheliegende Darstellungsformen unserer Messergebnisse keineswegs von selbst verstehen. Sie sind insofern nicht rein apriorisch, wenn man das Wort im Sinne von ‚völlig erfahrungsunabhängig' liest, wie es aber gerade auch bei Kant nie gemeint war. Die Kritik der modernen Physik an einem absoluten Apriorismus (etwa der Geometrie und Kinematik), als deren Fürsprecher man Kant ansah, ist zwar verständlich, richtet sich aber eher gegen eine abzulehnende Lesart Kants.

Unabhängig davon, ob diese philosophiegeschichtliche oder interpretatorische These richtig ist, geht es in der relativistischen Kinematik und Dynamik *ebenfalls* um idealisierende Extrapolationen aus als gesichert betrachteten Erfahrungen, die am Ende für eine theoretische Deutung der Ergebnisse einer entsprechenden realen Messpraxis relativ-apriorischen Status erhält. Denn sie geben den entsprechenden Messzahlen allererst empirischen Sinn und Gehalt, indem wir sie nämlich als Inferenzregeln für Perspektivenwechsel gebrauchen. Es werden also auch hier breite Erfahrungen zu Normen und sinnbestimmenden Regeln verfestigt – ein Vorgang des Einfrierens, den gerade auch der spätere Wittgenstein in seiner Bedeutung erkannt hat. (Auf die Möglichkeit der Wiederverflüssigung von solchen materialbegrifflichen Inferenznormen und satzartig artikulierten Schlussregeln durch neue Erfahrungen, die Wittgenstein auch erwähnt, gehe ich hier nicht weiter ein.)

Jedenfalls sind gerade auch die sich in der (neuen Kinematik der) Speziellen Relativitätstheorie ergebenden mathematischen Modelle nur vor dem Hintergrund unserer Grunderfahrungen im präsentischen Anschauungsbereich zu verstehen, der jetzt allerdings auf neue Weise ausgeweitet wird. Bestimmte formale Rechen- und Inferenzregeln werden als allgemein oder generisch wahr gesetzt und dienen einer perspektivenüberschreitenden Darstellung der Messergebnisse. Dabei werden wir keine absolute Situations*in*varianz, sondern nur eine Situations*ko*varianz erreichen, und zwar weil wir die jeweiligen Raumzeitperspektiven immer mit angeben müssen, von denen die Maßzahlen auf andere Raumzeitperspektiven umgerechnet werden. Das Vorgehen ist methodologisch dennoch ganz analog zu dem der

7.1. Grundprobleme der Bewegungslehre 301

klassischen Kinematik und Mechanik: Es gehen *breiteste Erfahrungen* in die *Begrifflichkeit* der Geometrie und Kinematik ein, im einen Fall diejenigen, welche wir im Umgang mit formbaren Materialen machen, im anderen die Erfahrungen gewisser konstanter Eigenschaften der Lichtausbreitung. Auch die relativistische Kinematik ist also ein synthetisch-apriorischer Entwurf einer mathematischen Ordnung, Darstellung und Deutung der Ergebnisse einer zugehörigen Messpraxis.

Für eine erste Vergegenwärtigung der Probleme, die immer dann entstehen, wenn es darum geht, *die Zeit* begrifflich zu erfassen und mathematisch darzustellen, ist eine kurze Betrachtung der berühmtesten und tiefsten der *Bewegungsparadoxien* des Zenon von Elea sehr hilfreich. Ihr zufolge kann der schnelle Achill eine langsame Schildkröte, die sich mit einem Vorsprung stetig, und das heißt hier: ohne Unterbrechung oder Halt geradlinig vorwärts bewegt, nicht einholen. Befindet sich nämlich Achill, so lautet das natürlich irreführende Argument, zum Zeitpunkt t_n am Ortspunkt P_n noch um die Länge w_n von der Schildkröte am Ortspunkt P_{n+1} entfernt, so trennt ihn zum Zeitpunkt t_{n+1}, in welchem er die Wegstrecke $w_n = P_n P_{n+1}$ durchlaufen hat, immer noch die Weglänge w_{n+1} vom Ort P_{n+2}, an dem sich jetzt die Schildkröte befindet. Bei einer isolierten Betrachtung der entstehenden Folge von Orts-Zeit-Punkten P_n, t_n bewegt sich Achill ruckartig jeweils von einem Punkt P_n zum nächsten Punkt P_{n+1}. Fasst man diese ruckartigen Bewegungen ähnlich auf wie das Heben oder Senken eines Armes, so wäre es in der Tat unmöglich, die Schildkröte einzuholen: In endlicher Zeit können nicht unendlich viele derartige Bewegungen getätigt werden.

Mathematisch bedeutet die genannte Unterstellung, dass die *Zeitpunktfolge* t_n nicht konvergiert, nicht beschränkt ist. Um diese Rede von einer Konvergenz oder Divergenz von *Zeitpunkten* aber überhaupt verstehen zu können, muss der Redebereich schon so konstituiert sein, dass man von den Ordnungen und Abständen dieser Punkte sinnvoll sprechen kann. Das ist alles andere als klar. Zur Auflösung der Paradoxie benötigen wir darüber hinaus eine ganz bestimmte Metrik auf der Menge der betrachteten Zeitpunkte $\{t_n : n \in \mathbb{N}\}$. Ganz allgemein betrachtet, würde ja auch eine Festsetzung der Art $t_{n+1} - t_n := 1$ eine Metrik definieren. In dieser Metrik wäre die Zeitpunktfolge offenbar nicht beschränkt bzw. konvergent. Wir sehen damit etwas eigentlich völlig Bekanntes: Die Konvergenz einer Folge ist innermathematisch bestimmt durch die Topologie, die ‚Stetigkeitsstruktur' der betrachteten Punkt- oder Zahlen-Menge. Diese kann bekanntlich durch eine Metrik oder eine (Abstands-)Norm erzeugt sein.

Offenbar ist das Verhältnis zwischen innermathematischen ‚Vorstellungen' von der Zeit als (kontinuierlicher) Zeitpunktmenge und der externen

Bedeutung dieser Rede über Zeitpunkte noch allererst aufzuklären. Die hier auftretenden Unklarheiten werden aber regelmäßig zugunsten von bloß angelernten Techniken des Messens und Rechnens vergessen. So gewöhnen wir uns einfach daran, die Zeit mathematisch als reelle Zahlengerade darzustellen, und zwar mit deren normalen Metrik. Die Stetigkeitsstruktur der (klassischen) vierdimensionalen Raum-Zeit ist dieser gedankenlosen Gewohnheit zufolge einfach bestimmt durch die *euklidische Metrik* im vierdimensionalen (Zahlen-)Raum $\mathbb{R}^4$. Zenons Paradoxien zeigen dagegen nach wie vor, dass die Frage danach, was das mathematikextern bedeutet, doch nicht ganz so einfach ist. Es ist also einfach Unbildung zu sagen, die mathematische ‚Infinitesimalrechnung' habe diese Paradoxien gelöst. Mit dem Hinweis auf die ‚Infinitesimalrechnung' ist ohnehin nur gemeint, dass man erst in der Theorie der reellen Zahlen mit den Grenzwerten beliebiger konzentrierter Folgen oder Cauchyfolgen als Gegenständen rechnerisch souverän umzugehen gelernt hat. Die Frage Zenons, ob bzw. warum wir die Zeit mathematikintern als Längen- oder Zahlengerade darstellen können, obwohl sie extern nie als Länge oder Stecke erscheint, ist damit aber noch nicht einmal verstanden. Diese externe Frage ist auch keineswegs einfach zu beantworten und zwar weil die quantitativen Darstellungen der Zeit, an die wir uns gewöhnt haben, höchst problematische Unterstellungen enthält, die sich zum Teil als falsch herausstellen werden.

Dabei liefert die ‚mathematische' Lösung von Zenons Schildkröte durchaus ein wichtiges Zwischenergebnis: In jeder angemessenen Darstellung unserer Geschichte ‚sollte' offenbar die Ortspunktfolge P_n gegen einen Ort P konvergieren, die Zeitpunktfolge t_n gegen einen Zeitpunkt t, so dass sich Achill und die Schildkröte zur Zeit t am gleichen Ort P befinden. Das Wort ‚sollte' hat es aber in sich. Denn zunächst ist zu fragen: Wie ist die mathematische Darstellung der Zeit als Zahlengerade extern zu verstehen? Ist sie nur ein analoges Bild unseres Zeit*gefühls*, mit dem wir die Dauer von Ereignissen, die zu verschiedenen Zeiten ablaufen, empirisch und das heißt eben immer wesentlich auch: bloß subjektiv mit einander vergleichen? Wie sind solche Dauern *objektiv* als gleich oder verschieden zu werten? Wie ist unser mathematisches Bild (oder Modell) der Zeit mit einer vernünftigen Zeitmesspraxis zu verbinden?

Diese Fragen sind völlig analog zu der in den bisherigen Kapitel abgehandelten Frage nach dem Zusammenhang der analytischen (euklidischen) Geometrie und unserer externen Praxis des Operierens mit geformten Körpern und des Redens über diese Formen.

7.2 Zeittaktgeber und Bewegungsvergleiche

Was ist (die) Zeit? Die Frage hat seit den Spekulationen der Antike, etwa des Neoplatonismus, eher eine religiöse, theologische oder existentielle Bedeutung. Diese interessiert uns hier ebenso wenig wie eine Phänomenologie des subjektiven Zeitgefühls oder mögliche Einstellungen zur Zeitlichkeit des menschlichen Daseins. Hier interessiert der Zeitbegriff der messenden und mathematisierten Wissenschaften. Zu diesem gibt uns schon Aristoteles einen bedenkenswerten Hinweis, wenn er sagt, *Zeit* sei die *Maßzahl jeder Bewegung nach dem Früher und Später*. Diese übertrieben knappe Formulierung vergegenwärtigt immerhin, wie wir sehen werden, eine der wichtigsten Forderungen, die wir an eine gute, und d. h. gewissen Zwecken dienende, *Zeitmesspraxis* stellen.

Zeitmessung dient u. a. der praktischen Verständigung. Wir wollen uns z. B. verabreden können, etwas zu einer bestimmten Zeit (etwa einem bestimmten Datum) zu tun. Wir wollen uns treffen oder unser Tun sonst wie synchronisieren, etwa weil es nur dann auf eine erwünschte Weise zusammenwirkt. Zur Darstellung von Geschehensabläufen bedarf es außerdem einer Zeitordnung des Früher und Später bzw. der relativen Dauer einander partiell begleitender Vorgänge. Es kommt zunächst noch nicht auf Details oder eine exakte Begrifflichkeit an. Wichtig ist nur, dass man sich geeignete, und d. h. verschiedene Situationen vergegenwärtigt, in denen wir an einer intersubjektiven Praxis der Zeitmessung interessiert sind.

Die uns völlig vertraute Grundlage, auf welcher wir eine (zunächst grobe) Zeitordnung und Datierung etablieren können, ist das *Zählen* sich wiederholender oder auch einfach verschiedener aufeinander folgenden Vorgänge, die natürlich als solche wiedererkennbar bzw. unterscheidbar sein müssen. Man denke etwa an (Körper)Bewegungen zyklischer Art. So können wir auf der Grundlage bloßer Naturbeobachtung Tage und Jahre zählen, und wir können mit Hilfe von sehr verschiedenartigen Zeitmessgeräten (Chronometern) Stunden, Minuten oder auch Sekunden zählen. Dabei liefern natürlich bestimmte Chronometer eine feinere Unterteilung und genauere Übereinstimmung der Zeit-Zahlen als andere. Quarzuhren sind z. B. in der Regel wesentlich exakter als etwa Sand- oder Sonnenuhren.

Die Chronometer, die wir zur Zeitmessung konstruieren und benutzen, haben nun meist eingebaute Zählwerke, so dass das Zählen der sich wiederholenden Vorgänge *im* Gerät durch einen sie beobachtenden Menschen überflüssig wird. Dabei ist (zähltechnisch) wichtig, dass die Zählwerke unabhängig von den inneren Vorgängen auf beliebige Zahlanzeigen einstellbar sind: Dadurch lassen sich Chronometer leicht *zahlenmäßig synchronisieren*.

Die sinnkonstitutive Forderung für eine Zeitmessung durch eine Serie (Klasse) von (reproduzierbaren) Chronometern (guten Zeittaktgebern eines bestimmten Herstellungstyps) ist nun natürlich die: Zwei Taktgeber der Serie sollen möglichst immer die gleiche Zahl anzeigen, nachdem ihre Zählwerke *an einem gemeinsamen Startort simultan* auf eine gemeinsame Zahlanzeige gestellt wurden. Dies soll möglichst unabhängig von unseren eigenen Bewegungen gelten, wenn wir die Taktgeber mit uns führen. Denn sonst würden die Geräte keine intersubjektive Zeitbestimmung (der Zeitdaten) erlauben und hätten infolgedessen für uns praktisch wenig Wert. Synchronisierte Chronometer (einer Klasse) *sollen* also unabhängig von ihrer eigenen Bewegung *bei jeder Begegnung* die gleiche Zeitzahl anzeigen. (Dabei ist für Zeitangaben mit derartigen Taktgebern allerdings immer auf einen gemeinsamen Startzeitpunkt zu verweisen.) Wenn nun zwei Chronometer diese schöne Eigenschaft haben, wollen wir sie ‚*ganggleich*' nennen.

Wir sagen, dass zwei Chronometer *gangäquivalent* sind, wenn sie ein festes Gangverhältnis haben, wenn es also eine (ggf. natürliche) Zahl k gibt, so dass nach einem gemeinsamen Start der beiden Taktgeber der erste immer die Zahl t anzeigt, wenn der zweite die Zahl $k \cdot t$ anzeigt. Die Zeitzahlen des zweiten Taktgebers lassen sich dann aus den Zeitzahlen des ersten und dem Gangverhältnis k berechnen. Der erste Taktgeber ist offenbar um das k-Fache feiner als der zweite.

Wir haben aber noch andere Wünsche an unsere Taktgeber oder Chronometer. Wir wollen nämlich, dass sie nicht *schneller oder langsamer werden*, auch nicht synchron. Das ist ja durch die Gangäquivalenz keineswegs ausgeschlossen. Die *Takte* sollen insbesondere nicht *konvergieren*, wie es die in der Zenonschen Geschichte von Achill und der Schildkröte geschilderten Takte tun. Wie aber kann man das Gefühl sprachlich explizit machen, dass es sich dabei um einen *schlechten* Taktgeber handelt? Was heißt es, dass die Takte immer schneller werden? Es ist wichtig zu sehen, dass der Sprung in die Geometrie oder Analysis keine Antwort auf diese Frage liefert. Wir wollen ja wissen, was es *realiter* heißt, dass *Zeittakte schneller oder langsamer werden* oder gleich lang bleiben, nicht, wie wir diese Beschleunigungen bzw. Verlangsamungen *geometrisch darzustellen belieben*.

Zwei ganze allgemeine Forderungen für einen guten Taktgeber lassen sich ganz grob etwa so formulieren: Zu jedem *Takt* soll es einen *nächsten* geben. Der Taktgeber soll also nicht stehen bleiben. Und es soll *nach dem Ende eines jeden realen Vorgangs* in der Welt noch mindestens einen Takt (mit endlicher Taktzahl) geben. Der in Zenons Geschichte von Achill und der Schildkröte geschilderte Taktgeber erfüllt offenbar die erste Bedingung, aber nicht die zweite. Denn jeder Vorgang, welcher erst nach dem Zeitpunkt

7.2. Zeittaktgeber und Bewegungsvergleiche 305

endet, an dem Achill die Schildkröte eingeholt hat, hat keinen nachfolgenden Takt im beschriebenen Einholvorgang mehr, obwohl es in der Taktfolge zu jedem Takt einen nächsten gibt.

Jetzt erst (oder schon jetzt, je nachdem) können wir das Zenon-Paradox auflösen. Zenon schildert in der Achilles-Geschichte einen Taktgeber, dessen Takte in dem Sinn *konvergieren*, dass es viele Vergleichsereignisse gibt – z. B. auch den weiteren Lauf des Achilles, nachdem er die Schildkröte eingeholt hat –, nach deren Ende es keinen Takt mehr auf dem Taktgeber gibt, so dass dieses Ende mit diesem Taktgeber nicht mehr *datierbar* ist. Dabei *datieren* wir ein Ereignis mit einem Taktgeber, indem wir zahlenmäßig bestimmbare Takte vor und nach dem Ereignis angeben.

Natürliche Vorgänge oder auch Klassen von Geräten, welche auf die geschilderte Weise für praktisch jeden endlichen Vorgang ein (zweckbezogen hinreichend) stabiles Zeit-Zahlenmaß liefern, wollen wir der Zeitformel des Aristoteles entsprechend *aristotelische Chronometer bzw. Taktgeber* nennen. Quarz- oder dann auch Cäsiumuhren liefern bekanntlich sehr feine und untereinander sehr genau gehende aristotelische Taktgeber. Seit 1967 ist dementsprechend in der Physik als Zeitmaß festgesetzt: Eine Sekunde sei das 9 192 661 770-fache einer gewissen Schwingung in einem Cäsiumatom.

In allen bisher betrachteten Fällen ist vorderhand allerdings noch völlig offen, ob und in welchem Sinne man sagen könnte, die gezählten Zeiteinheiten (Jahre, Tage, Minuten, Sekunden) seien jeweils *gleich lang* und die betreffenden kleineren Einheiten teilten die längeren in *gleiche* Teile. Üblicherweise meint man, dass diese Frage nur durch eine *konventionelle Festsetzung* beantwortet werden kann: Da ein Zeitvergleich nacheinander ablaufender Vorgänge überhaupt nicht möglich sei, bliebe nichts anderes übrig, als etwa aufeinander folgende Schwingungen des Cäsiumatoms *definitorisch* als gleich lang zu *deklarieren*.[1]

Die Problematik einer konventionalistischen Deutung der gleichen Dauer nicht simultan (aber am gleichen Beobachtungs-Ort) stattfindender Vorgänge besteht nun nicht etwa darin, dass es etwa keine guten Gründe für die obige Definition der Sekunde gäbe. Auch ist klar, dass in der praktischen Zeitmessung – wie in der praktischen Längenmessung – letztlich nur mit diskreten Einheiten operiert werden kann. Praktisch sind wir wohl kaum an einer kürzeren Zeitdauer als der einer Cäsiumschwingung interessiert. Können wir aber wirklich nur überprüfen, ob zwei Taktgeber zueinander *ganggleich* sind, und nicht etwa auch, ob die Taktgeber (einer gesamten Chronometer-Klasse) *gleichmäßig* oder aber *unregelmäßig* gehen? Wäre

---
1 Dies ist z. B. auch eine These Reichenbachs (in Reichenbach 1928).

etwa eine andere Wahl eines Zeittakters, sagen wir des *Pulsschlags* des jeweiligen Inhabers der britischen Krone (jeweils für eine gewisse Zeitspanne, nämlich ihres Lebens) prinzipiell ebenso sinnvoll, wenn er nur auf technisch einfache Weise überallhin übertragbar wäre und ein hinreichend feines Zahlenmaß für alle Vorgänge lieferte, die wir zeitlich charakterisieren bzw. messen wollen? Bedeutet also die Rede von einem *regelmäßigen* Gang eines Taktgebers nicht mehr, als dass der Taktgeber gangäquivalent ist zu einem *willkürlich gewählten realen Standard*, etwa zu den Cäsium- oder Quarzuhren? Was, anders gefragt, wären sinnvolle Kriterien für die Auswahl der Standards?

Eine weitere Frage ist, wie die (ideale, mathematische) *Stetigkeitsstruktur* der Zeit und die sich auf sie stützenden differentialgeometrischen Darstellungen von Körperbewegungen extern zu verstehen sind. Es gibt ja, wie man leicht einsieht, gänzlich beliebige Möglichkeiten der Verfeinerung eines – immer diskreten – Taktgebers durch andere Taktgeber, welche unter einander keineswegs gangäquivalent zu sein brauchen. Ohne den Begriff der *gleichmäßigen* Unterteilung eines Zeittaktes wäre wohl an fiktive und doch genauer zu konkretisierende Folgen jeweils verfeinerter Taktgeber zu denken, da sonst die Zeit auch mathematisch nicht als stetig, sondern als diskret darzustellen wäre. Wie sonst sollten ihre (dann auch: reellen) Zahlenwerte verstehbar sein? Im Übrigen benötigen wir für eine angemessene Darstellung relativer Bewegungsverläufe eine nicht-diskrete Zeit*rechnung*.

Es ist ein Verdienst der Konstruktiven Protophysik, besonders der Arbeiten von Peter Janich, die rein konventionalistischen Antworten auf diese Fragen als nicht zulänglich erkannt zu haben.[2] Es werden dort auch Ansätze einer begrifflichen Klärung des Uhren- und Zeitbegriffes gerade unter Berücksichtigung des Problems der gleichmäßigen Teilung eines (Uhren-) Taktes vorgeführt. Weil dies allerdings auf gelegentlich nicht ganz durchsichtige Weise geschieht und weil diese Unklarheiten des begrifflichen Aufbaus gravierende Folgen für die Beurteilung von Theorie und Praxis der modernen Physik haben, wird sich die folgende einfachere Rekonstruktion des für eine Uhren- und Zeitdefinition grundlegenden Begriffes der *gleichförmigen Bewegung* besonders für ein angemessenes Verständnis des Zeit- und dann auch des Raumbegriffes der *Relativitätstheorie* als notwendig erweisen.

---

[2] Janich 1969/1980.

7.3 Gleichmäßige Bewegungen und Uhren

Wir betrachten im Folgenden (relative) Bewegungsbahnen eines Punktkörpers. Ein solcher kann z. B. einfach als markierte Stelle eines Körpers aufgefasst werden. Er soll sich auf einer in ihrer geometrischen Form identifizierbaren Bahn bewegen. Man denke z. B. an eine auf einer Schiene zwangsgeführte Bewegung. Die geometrische Bahnform ist natürlich auf einen Bezugsquader hin zu bestimmen. Z. B. kann die Bahn auf einer der Quaderflächen liegen oder auf einem solchen liegend gedacht werden. In diesem Fall ist der Bezugsquader gleichzeitig Träger der Bahn. Unterteilt man dann die Bahn auf beliebige Weise in (endlich viele!) Teilpunkte, so kann man, ähnlich wie im Zenonschen Beispiel, den Durchlauf des Punktkörpers durch einen der Teilpunkte jeweils als Takt zählen. Für die Dauer der Bewegung definieren unterteilte Bahnen also Taktgeber.

Sprechen wir hier von einer Bewegung, so meinen wir nicht eine singuläre, sondern eine *typische*, in ihren einzelnen Ausführungen identifizierbare Bewegung. Man denke zunächst etwa an die typischen Relativbewegungen der Gestirne zur Erde, oder auch an so grobe Bewegungstypen wie das Reiten oder das Reisen mit einer Postkutsche und das entsprechende grobe, durch eine Zeitangabe bestimmte, Längenmaß einer Reit- oder Poststunde. Gerade auch im Falle technisch erzeugter Bewegungen stützen wir uns auf erkennbare Stabilitäten der (künstlichen oder natürlichen) Bewegungsverlaufstypen. Das tun wir aber auch schon in einer alltäglichen Orientierung in der Welt, also für Vorhersagen, aber auch schon für bloße Beschreibungen von Geschehnissen und Vorgängen.

Eine typische Bewegung kann sich wiederholen oder sie kann wiederholt werden. Und es können mehrere derartige Bewegungen zeitlich nebeneinander stattfinden. In der Regel werden wir dabei als Identitätskriterium für den Bewegungstyp nicht etwa die gesamte Form des Bewegungsablaufs heranziehen, sondern nur die Art und Weise, wie die Bewegung von uns in Gang gesetzt wird oder in der Welt vorgefunden wird. Man denke dabei durchaus auch an die Bewegungen in Pendel- oder Federuhren: Diese müssen, nachdem wir sie aufgezogen haben, *von selbst laufen*. Oder man denke an typische Bewegungen einer Kugel in einer Fallrinne. Die Bewegung selbst findet natürlich als relativ freie, d. h. nach ihrem Start in ihrem Eigenlauf nicht durch Willkürhandlungen unterbrochene, Relativbewegung zu einem Bezugskörper statt. Völlig frei von willkürlichen Interventionen sind z. B. die Planetenbewegungen. Sie lieferten und liefern zunächst grobe, aber dann doch relativ gute Taktgeber zur Datierung von beliebigen Ereignissen. Sie sind daher seit je her für die Zeitbestimmung wichtig.

Ähnlich wie Janich schlage ich nun vor, *eine typische (Relativ-)Bewegung* eines Punktkörpers ‚in ihrer (kinematischen) Form reproduzierbar' zu nennen, wenn sie erstens immer formgleiche (also geometrisch ähnliche, möglichst sogar kongruente) Bewegungsbahnen durchläuft, wenn zweitens je zwei formgleiche (bei kongruenten Bahnen: kongruente) Unterteilungen der Bewegungsbahnen *bei simultanem Start* zweier singulärer Bewegungen *des betreffenden Typs* zu ganggleichen Taktgebern führen. Bei auf Bahnen zwangsgeführten Bewegungen wird die erste Bedingung natürlich technisch erfüllt.[3] Da nur die Relativbewegung des Punktkörpers zur Bahn betrachtet wird, lassen sich derartige Bewegungsmaschinen mit unterteilten Bahnen zum Zwecke der Zeitmessung konstruieren. Gezählt werden die Durchläufe der Bahnunterteilungen. Um dabei gute Taktgeber zu erhalten, ist eine größtmögliche Invarianz der Takte (Taktzahlen) eines solchen Taktgebers anzustreben, jedenfalls für einige wichtige Relativbewegungen der Apparate (zusammen mit ihren inneren Bewegungsbahnen).

Geometrisch am einfachsten zu beschreiben sind gerade Bahnen oder Kreisbahnen mit gleichmäßigen Unterteilungen. Eine solche Teilung einer Kreislinie ist z. B. durch die Mittelpunktswinkel der Segmente längeninvariant (formentheoretisch) bestimmt. So wie beschrieben, zählen wir etwa die Durchläufe der Uhrenzeiger durch die Unterteilungen eines Zifferblattes. Ersichtlich spielt dabei die Frage gar keine Rolle, ob die Zifferblätter der benutzen Uhren im Zeitlauf gleiche oder verschiedene Größen haben, oder ob sich die Zeiger ‚eigentlich' beschleunigen oder verlangsamen – wenn sie nur *zueinander passen*. So wie wir geometrisch nur sinnvoll über (konstante oder sich ändernde) Form- und Größen*verhältnisse* sprechen können, können wir kinematisch und chronometrisch nur *relative Bewegungsformen vergleichen*.[4]

Wir wollen nun *Paare typischer Punkt-Bewegungen*, die in ihrer Form schon als reproduzierbar angenommen werden, ‚*formgleich*' nennen, wenn folgendes gilt: Es sollen die *Einzelausführungen* der beiden Bewegungen *immer konstante Weglängenverhältnisse* zeigen, wenn sie *am gleichen Ort* stattfinden (und das heißt, in ihrem simultanem Verlauf hinreichend direkt beobachtbar sind, ohne dass also etwa die Zeit und der Weg der Informationsübertragung berücksichtigt werden müsste) *und zum gleichen Zeitpunkt*

---

[3] Die Forderung scheint auf den ersten Blick sehr stark zu sein. Wir werden sehen, dass sie aber keineswegs so umfassend ist, wie der Begriff der gleichmäßigen oder gar gleichförmigen Bewegung.

[4] Dies ist auch das Ergebnis einer eidetischen Variation, welche mit der Vorstellung operiert, *alle* Dinge würden simultan größer oder kleiner und es beschleunigten oder verlangsamten sich *alle* Relativbewegungen entsprechend simultan.

7.3. Gleichmäßige Bewegungen und Uhren

gestartet werden. Wenn also bei gleichzeitigem Start der beiden Bewegungen die eine sich auf der Bahn um eine Weglänge a vom Startpunkt bewegt hat, die andere um b, so soll dies *immer* der Fall sein, und zwar (idealiter) für jede beliebiges Längenpaar a und b. Kurz, das Weglängenverhältnis reproduziert sich. Am liebsten hätten wir natürliche, wenn dies in *fester Proportion* geschieht, so also, dass $b = k \cdot a$ ist.[5]

Diese Formgleichheit typischer Punktkörperbewegungen ist offenbar eine (prototheoretische!) *Äquivalenzrelation*. Wir können daher von *Klassen zueinander formgleicher Relativbewegungen* sprechen, auch wenn in die Beurteilungskriterien der Formgleichheit neben den (jeweils bekannten oder als möglicherweise zu beachtenden) *Störungen* immer auch die relevanten *Toleranzgrenzen* zu berücksichtigen sind.

Die hier definierte Relation der Formgleichheit von Relativbewegungen ist nicht zu verwechseln mit dem üblichen Begriff der *gleichförmigen Bewegung*, nach welchem die *Bewegungsbahnen gerade* und die *Relativgeschwindigkeiten* der Punktkörper zu den *Bahnen konstant* sein sollen. Der Begriff der Gleichförmigkeit einer Bewegung setzt nämlich mit der Rede von der *Geschwindigkeit* schon eine *Zeitmessung voraus*[6] – und natürlich auch ein geometrisches Bezugssystem, das die Rede von der Geradheit der Bahn allererst ermöglicht.[7]

Wir nennen nun eine in ihrer Form reproduzierbare Punktbewegung ‚*zeitlich homogen*' oder auch ‚*gleichmäßig*', wenn für jede Unterteilung der zugehörigen Bahn in längengleiche Abschnitte und jeden zugehörigen Teilpunkt P_i gilt: Beginnen wir eine zweite Bewegung des gleichen Typs im Nullpunkt, gerade wenn sich in der ersten Bewegung der Punktkörper K_1 im Teilpunkt P_i befindet, so definieren die beiden Bewegungen (also die Durchläufe der Punktkörper K_1 und K_2 durch die Bahnunterteilungen) immer ganggleiche Taktgeber. Wichtig ist, dass die Bewegungen wirklich zu verschiedenen Zeiten, also nach einander, *gestartet* werden. Diese innere Homogenitätsbedingung besagt, dass die Bewegung *zeitlich verschiebbar* sein soll, ohne dass sich die Zeittakte ändern, welche zu gleichen Weglängen gehören.

---

5 Diese Forderung ist offenbar unter einer *ceteris-paribus*-Klausel zu verstehen. Es sollen die äußeren Verhältnisse den Gang der einen oder der anderen Bewegung nicht stören. Insbesondere soll der Gang der einen Bewegung nicht (wesentlich) dadurch beeinflusst sein, dass gerade auch die zweite Bewegung (in der Nähe simultan) abläuft.
6 Vgl. dazu auch Reichenbach 1927, § 17.
7 Janich hat völlig Recht, wenn er dafür plädiert, zunächst eine chronometerfreie Begrifflichkeit der Kinematik zu entwickeln: Zeitmessung ist ja ein Spezialfall allgemeiner Bewegungsvergleiche, wie dies Aristoteles wohl schon klar gesehen hat.

Die Bedingungen der Formgleichheit und der inneren Homogenität von Relativbewegungen brauchen technisch nur für bestimmte Bewegungsabschnitte erfüllt zu sein, wenn wir die Bewegungen immer durch Zwischenstarts in Gang halten und (so) die Gesamtbewegung aus einzelnen Bewegungsstücken zusammensetzen. Es müssen so z. B. die meisten technischen Taktgeber immer wieder gestartet werden, damit sie nicht stehen bleiben. Diese Tatsache stellt aber begrifflich ebenso wenig ein Problem dar, wie dass wir auch andere als durch die Trägheitskräfte verursachten Störungen des gleichmäßigen Verlaufes der Bewegung, wenn wir sie erkennen, korrigieren (müssen). Unserer begrifflichen Analyse geht es hier zunächst um die Kriterien, nach welchen wir beurteilen, wie genau die Relativbewegungen in einer Klasse reproduzierbarer Bewegungen zueinander formgleich und zeitlich homogen sind. Erst in zweiter Linie geht es um die Frage nach den Verfahren der Realisierung derartiger Bewegungen.

Allerdings ist hier – ähnlich wie im Fall der Geometrie i. e. S. – durchaus begrifflich relevant, *dass* es eine erfolgreiche Praxis der Herstellung bzw. Identifizierung hinreichend zueinander formgleicher und homogener Bewegungen (im genannten Sinne) gibt. Ohne diese Tatsache könnten wir die Erläuterungen dieser Begriffe nicht verstehen. Es ist daher eher vorschnell und irreführend, wenn man Bewegungen dann und nur dann ‚homogen' (oder dann auch ‚gleichförmig') nennen wollte, wenn sie während eines Taktes eines *willkürlich* gewählten Taktgebers (etwa während jedes Pulsschlags des Königs von England) immer gleich lange (gerade) Wege durchlaufen. So ganz willkürlich sind unsere Taktgeber nicht gewählt, die Bestimmung unserer Uhrenzeiten ist nicht rein konventionell.

Es ist aber durchaus wichtig, sich klar zu machen, dass es *viele verschiedene Klassen formgleicher Relativbewegungen* geben könnte. Denkbar ist das. Daher ist es dann keineswegs a priori klar, welche wir wählen müssten. Es ist jedoch eine Art grundlegende Erfahrungstatsache, dass für unsere Interessen der Identifizierbarkeit von Bewegungsformen (insbesondere in der Physik) im wesentlichen *eine relevante* (Standard)Klasse formgleicher, also in ihrem (relativen) Verlauf situationsinvariant beschreibbarer, Bewegungen auftritt, und dass es in dieser für unsere Zwecke der Zeitmessung (des Bewegungsvergleichs) auch *hinreichend homogene* Bewegungen gibt. In Bezugnahme auf diese Klasse wollen wir nun (gewissermaßen in Umkehrung eines rein konventionalistischen Vorgehens) diejenigen aristotelischen Taktgeber U ‚gute Uhren' nennen, für die es in der betreffenden Klasse (möglichst) immer homogene Eichbewegungen für U gibt. Es sollen also prinzipiell immer homogene Relativbewegungen eines Punktkörpers auf einer Bahn ausführbar sein, so dass während der Dauer eines U-Taktes der

7.3. Gleichmäßige Bewegungen und Uhren

Punktkörper jeweils die gleiche Weglänge (bei bloß formgleichen Bahnen: formgleiche Teilstücke der Bahnen) durchläuft. Aufgrund der Homogenität der Eichbewegungen kann man dann die Takte einer solchen guten Uhr als gleich lang oder homogen ansehen.

Wir definieren also eine Uhr, ähnlich wie Lorenzen, als einen *schubsynchronen aristotelischen Taktgeber*.[8] Lorenzens Erläuterungen schließen allerdings nicht deutlich genug aus, *dass nur die Zählwerke der Taktgeber verstellt werden*.[9] Erheblicher als dieses Bedenken ist, dass es, wie gesagt, *mehrere Klassen* derartiger (zu einander nicht notwendigerweise ganggleicher!) Uhren geben könnte. Logisch ist das durch nichts ausgeschlossen. Daher kann Janichs Versuch, einen *Eindeutigkeitssatz* für Uhren zu beweisen, nicht glücken. D. h. Janichs ‚Beweis' in seiner *Protophysik der Zeit* beweist keineswegs, was er angeblich beweisen soll, wie wir noch etwas genauer sehen werden.

Zur Erläuterung des Uhren- und Zeitbegriffes benötigt man die Formgleichheit und die zeitliche Verschiebbarkeit der Takterzeugung. Dies wird am Deutlichsten im Rahmen des geschilderten geometrieabhängigen Begriffs der homogenen Relativbewegung in einer Klasse formgleicher Bewegungen.[10] Andernfalls muss man sich beliebig feine Taktgeräte *eines bestimmten Typs* unabhängig von ihrem inneren physikalischen Zustand als zeitlich verschiebbar denken, so dass also die Taktzahlen zueinander passen. Im letzteren Fall wäre ersichtlich zu klären, was die Rede vom inneren physikalischen Zustand bedeuten soll.

Uhren liefern also für alle Bewegungen *der zugehörigen Standardklasse formgleicher Relativbewegungen* weitgehend situationsunabhängige, insofern intersubjektive oder objektive Zeit- und Geschwindigkeitsmaßzahlen. Die Tatsache aber, dass Zeitmessungen (immer) auf eine solche Standardklasse zu beziehen sind, wird für ein angemessenes Verständnis des *Uhrenparadoxons der Relativitätstheorie* wichtig werden. Die dort behauptete *Zeitdilatation* bezieht sich, wie wir noch sehen werden, keineswegs bloß auf zwei verschiedene rein konventionelle Formen der Zeitmessung, wobei die eine mit bewegten Uhren operiert, die andere (die Einsteinsynchronisation) zusätzlich Informationsübertragungen benutzt. Der Gehalt der Behauptung Einsteins lässt sich nur verstehen, wenn man unterstellt, dass die verwendeten Uhren *nicht bloß willkürlich gewählte aristotelische Taktgeber* sind, sondern (lokal homogene) Repräsentanten einer als gegeben resp. bekannt

---
8 Vgl. Lorenzen 1984, 222ff.
9 Vgl. Lorenzen 1984, 224f. mit den folgenden Erwägungen.
10 Man kann hierin einen Vorzug von Janichs Analyseansatz gegenüber dem Lorenzens sehen.

unterstellten und in der Physik als relevant erachteten *Standardklasse formgleicher Relativbewegungen*. Eine konventionalistische Deutung der Zeitrechnung würde sogar, wie wir sehen werden, aus der Relativitätstheorie eine Art Papiertiger, eine Theorie ohne jeden empirischen Gehalt machen. Hans Reichenbachs *Philosophie von Raum und Zeit* steht immer in dieser Gefahr. Ihr heimlicher Konventionalismus reicht daher nicht aus, um Einsteins Theorie wirklich voll verständlich zu machen.

Folgende Bemerkung wird dabei ebenfalls wichtig werden. Die Kontrolle, ob bzw. unter welchen Umständen eine Bewegung in ihrer Form reproduzierbar oder homogen ist, bzw. ob zwei Bewegungstypen formgleich sind, benötigt offenbar jeweils einen *simultanen* Vergleich der Stellungen der bewegten Punkte auf den als formgleich erkannten Bewegungsbahnen. Wenn sich die Taktgeber oder die Bahnen relativ zueinander bewegen und dann auch weit von einander entfernt sind, ist eine solche Kontrolle faktisch auf die Medien der Informationsübertragung angewiesen. Man wird dann die empirischen Eigenschaften der Nachrichtenübermittlung, etwa dass diese selbst immer eine gewisse Zeit braucht, berücksichtigen müssen. Dies ist in unserer bisherigen Begriffserläuterung (noch) nicht geschehen und wird daher nachzuholen sein.

Selbstverständlich ist die Zeitdauer der Informationsübertragung für normale Fälle, an die wir hier zunächst denken, weder mess- noch rechentechnisch relevant, etwa wenn die zu vergleichenden Realisierungen der Bewegungsbahnen überschaubar sind, oder wenn, wie zwischen den Orten der Erde, eine so schnelle Informationsübertragung möglich ist, dass sie bei den meisten Zeitmessungen nicht berücksichtigt zu werden braucht. Trotzdem sollte man nicht vergessen, dass bisher offengelassen ist, in welchen Grenzen es formgleiche und homogene Bewegungen bzw. Uhren überhaupt gibt, d. h. sie als realisierbar angesehen werden können. Unsere definitorischen Postulate formulieren ja bisher nur Zielvorstellungen und Gütekriterien, also die *erwünschten* und daher *erhofften* relativen Stabilitätseigenschaften von Uhren zueinander und zur Standardklasse der relevanten Bewegungen, nicht etwa schon *Anweisungen für die Herstellung der Uhren*.[11] Vernachlässigen wir diese Probleme zunächst, so folgt aus unseren definitorischen Uhren-Postulaten, dass je zwei Uhren (einer schon fixierten Klasse formgleicher Bewegungen) gangäquivalent sind, also konstantes Gangverhältnis haben.

---

11 Zielvorstellungen sind von den Vorschriften zu ihrer Realisierung (Konstruktionsanweisungen) zu unterscheiden.

7.3. Gleichmäßige Bewegungen und Uhren

Es seien dazu U_1 und U_2 zwei Zeittaktuhren. B_1 und B_2 seien zugehörige (typische) homogene Eichbewegungen (der gegebenen Formgleichheitsklasse), so dass ein Takt der Uhr U_i der Weglänge w_i der Bewegung B_i entspricht ($i = 1, 2$). Durchläuft dann der B_i-Punktkörper K_1 *einmal* die Weglänge w_3 gerade in der Zeit, in welcher parallel dazu der B_2-Punktkörper K_2 die Weglänge w_2 durchläuft, also in der Zeit eines U_2-Taktes, so sollte er *immer* die Weglänge w_3 durchlaufen während K_2 die Weglänge w_2 durchläuft.

Dies ergibt sich sofort aus der Forderung, dass beide Bewegungen (hinreichend) homogen *und zueinander formgleich* sein sollen. Wenn man nämlich neue B_1- und B_2-Bewegungen gleichzeitig startet, so sollten diese wegen der zweiten Bedingung das Wegverhältnis $w_3 : w_2$ reproduzieren. Die Homogenitätsbedingung verlangt, dass die schon früher gestarteten Bewegungen des Typs B_1 bzw. B_2 parallel dazu ebenfalls die gleichen Weglängen w_3 bzw. w_2 durchlaufen. Die innere Homogenität der Bewegungen reicht zur Durchführung dieses Beweises deswegen nicht aus, weil wir ohne die Annahme der Formgleichheit nicht wissen, ob die zuerst gestarteten Bewegungen die Weglängen $2 \cdot w_3$ bzw. $2 \cdot w_2$ gerade zum *gleichen Zeitpunkt* wie die neugestarteten Bewegungen die Weglängen w_3 und w_2 durchlaufen.[12]

Im Übrigen könnte es mehrere Klassen zueinander homogener und formgleicher Bewegungen geben: Logisch ist das nicht ausgeschlossen, so dass die Eindeutigkeit der Klasse infrage steht.

Man möchte nun *das Gangverhältnis a* der Uhren zahlenmäßig definieren durch: $a = w_1/w_3$. Dieses Gangverhältnis hängt nicht von der Wahl der Eichbewegung ab, also nicht davon, ob es in Bezug auf die Bewegung B_1 oder B_2 definiert wird. Nehmen wir nämlich zunächst an, es sei $a = m/n$ rational, also die Weglängen $w_1 = m \cdot w_0$ und $w_3 = n \cdot w_0$ ganzzahlige Vielfache einer Weglänge w_0. Ferner durchlaufe K_2 immer den Weg w^0, während K_1 den Weg w_0 durchläuft. Es gibt daher für beide Uhren eine gleichmäßige Verfeinerung, nämlich eine Uhr U_0, so dass ein U_1-Takt gerade das m-fache und ein U_2-Takt das n-fache eines U_0-Taktes ist. Durchläuft dann K_2 in einem U_1-Takt den Weg w_4, so ist $w_2 = n \cdot w^0$ und $w_4 = m \cdot w^0$, also $w_4/w_2 = m/n = w_3/w_1 = a$. Im praktischen Fall ist die Annahme, dass a rational ist, selbstverständlich erfüllt, da bei Messungen immer nur rationale Verhältnisse auftreten können. Für den ‚idealen' (‚mathematischen') Fall, in welchem w_1/w_3 irrational werden könnte, ergibt sich die Behauptung aus dem Gezeigten mit Hilfe einer einfachen Grenzwertbetrachtung.

---

12 Janichs Eindeutigkeitssatz für Uhren beachtet diese fundamentale Tatsache nicht. Vgl. dazu Janich 1969, 115ff mit dem Verbesserungsversuch des Beweises in Janich 1980.

Dass es tatsächlich für viele Bedürfnisse hinreichend homogene und zugleich hinreichend bewegungsstabile Zeittaktuhren gibt, zeigt unsere Technik der Uhrenherstellung und die sich auf diese stützende erfolgreiche, d. h. hinreichend stabile Praxis der zahlenmäßigen Bestimmung von Zeitdauern für reproduzierbare bzw. sich wiederholende zueinander formgleiche Bewegungen und Vorgänge. Wie wir wissen, sind Quarz- und Cäsiumuhren nicht bloß feine und exakte Taktgeber, sondern tatsächlich recht gute *gleichmäßige (homogene) Uhren* zur stabilen Zeitmessung von Bewegungen der zugehörigen Formgleichheitsklasse. Ungleichmäßig gehen also alle die Taktgeber und sind die Bewegungstypen, die nicht (hinreichend) formgleich zur Standardklasse oder nicht hinreichend homogen sind.

Der durch die genannten Normen (Ziele) konstituierte Uhrenbegriff und die in der technischen Praxis realisierten Uhren sind in einem gewissen Sinn die Bedingung der Möglichkeit einer übereinstimmenden situationsunabhängigen Messung der Dauer von Ereignissen und Vorgängen. Denn erst bei einer Zeitmessung mit Uhren sind wir nicht an einen bloß deiktischen Aufweis der speziellen Taktgeberklassen und insbesondere deren Startzeiten gebunden. Es reicht, die Zeiteinheit, d. h. einen typischen Takt anzugeben, welcher die externe Benennung der Zeitzahlen (etwa als Sekunden) bestimmt. Für eine Datierung müssen wir allerdings eine (jetzt jedoch tatsächlich rein konventionelle) Nullzeit angeben. Vorausgesetzt ist, dass die Formgleichheit und Homogenität der Taktgeber bzw. Eichbewegungen als hinreichend gesichert gelten können.

Die Möglichkeit, unsere Zielvorstellung für eine Zeitmessung mit Uhren und für Längen- und Winkelmessungen mit formstabilen Körpern (in einem gewissen Größenbereich) hinreichend gut zu realisieren, gehört offensichtlich zugleich zur *empirischen* und zur *begrifflichen* bzw. *handlungstheoretischen* Grundlage der mathematisierten Naturwissenschaft Physik. Man könnte daher die sich aus den Normen der Zeitmessung ergebenden Folgerungen auf analoge Weise wie die geometrischen Sätze mit Kant als ‚synthetisch a priori' verstehen, wenn man nur weiterhin beachtet, welche Idealisierungen schon in der Begrifflichkeit verborgen sind und dass ein solches apriorisches Urteil nicht unumstößlich ist, sondern (nur) eine Unterstellung oder Präsupposition artikuliert für die sich auf die betreffende Grundlage stützende Praxis der Messung und sprachlichen Darstellung der Messergebnisse. Wir werden dabei allerdings die (empirischen) Grenzen der praktischen Erfüllbarkeit der idealen Uhrennormen und ihre Folgen noch genauer zu besprechen haben. Es könnte sich nämlich herausstellen, dass die uns vertrauten reproduzierbaren, untereinander formgleichen und homogenen Bewegungstypen diese Stabilitätseigenschaften nur *orts-*

relativ, in gewissen *Standardbezugssystemen*, zeigen. Dann wird natürlich auch eine übereinstimmende Zeitmessung (Zählung von Uhrentakten oder Durchläufen von Weglängen) erst einmal nur *ortsrelativ*, sozusagen hier bei uns, möglich sein.

7.4 Bewegungsformen und Zeitkontinuum

So wie die Rede von *Linien ohne Breite* bei Euklid und von Punkten *ohne Ausdehnung* nur Sinn macht, wenn wir längst nicht mehr über konkrete Linien und Punkte in realen Diagrammen sprechen, sondern, wie wir gesehen haben, über Linien und Punkte in größenunabhängigen Formen, so hat auch die Rede von Zeit*punkten* und erst recht die Vorstellung von einem *Kontinuum* von Zeitpunkten nach Art der reellen Zahlen nur Sinn, wenn wir längst nicht mehr von realen Zeitstellen sprechen. Was das bedeutet, kann weder dadurch geklärt werden, dass man verbal zwischen realen Zeitstellen und idealen Zeitpunkten unterscheidet, noch hilft die Differenzierung zwischen mathematischer und physikalischer Geometrie bzw. mathematischen und physikalischen Räumen weiter. Denn die physikalischen Geometrien und Räume sind alle längst schon mathematische Geometrien und Räume. Die Frage aber ist, warum wir überhaupt eine stetige Struktur für unsere Zeitzahlen brauchen, da doch alle Ergebnisse realer, empirischer Zeitmessung diskret sind und den Bereich der rationalen Zahlen nie verlassen werden. Wovon spricht man, wenn man annimmt, dass Zeitpunkte ‚dicht' liegen, also dass es zwischen je zwei verschiedenen Zeitpunkten wie in den rationalen Zahlen einen Zeitpunkt gibt, der dazwischen liegt, ja dass man auch eine ‚irrationale' Zeitdauer wie zum Beispiel $c/\sqrt{2}$ (also die Lichtgeschwindigkeit c dividiert durch $\sqrt{2}$) oder gar eine ‚transzendente' Zeitdauer wie das π-fache einer Sekunde, also π sec, betrachtet? In empirischen Messungen treten derartige Größen sicher nie auf. Wenn daher Physiker und Wissenschaftstheoretiker mit diesen Ausdrücken rechnen, dann liegt es doch sehr nahe zu vermuten, dass sie am Ende nur am Sonntag, also in ihren reflektierenden Selbsterklärungen, skeptische Empiristen sind, am Werktag aber, nicht anders als irgend ein ‚*working mathematician*', die Position eines gläubigen Rationalismus oder Platonismus einnehmen. Aber selbst wenn man diese kultursoziologische Sotise über die Wissenschaftsgemeinschaft einklammert, ist hier ein ernstes Paradox benannt. Denn die Frage, warum wir im Bereich der Zeitmessung den Zahlbereich über den der rationalen Maß- oder Messzahlen hinaus erweitern sollten, beantwortet sich keineswegs von selbst. Das heißt, es ist erst einmal darüber nachzudenken, warum die Verwendung von irrationalen Zeitmaßzahlen in entsprechenden Rechnungen trotz aller Üblichkeit am Ende nicht einfach tradierte Gedankenlosigkeit sein könnte.

Wir haben hier durch unsere Begründungen für die Ausweitungen der Punktmengen und Maßzahlen in der Geometrie den Rahmen einer Antwort bereitgestellt. Denn wir haben gesehen, dass wir den Bereich der rationalen Maßzahlen in einer formentheoretischen Geometrie zum Bereich der irrationalen Längenverhältnisse eben deswegen erweitern müssen, weil sonst der Approximationsfehler etwa für das Verhältnis von Diagonale zur Seite im Quadrat je nach Wahl der Größeneinheit beliebig groß werden würde. Wir sollten daher neben die üblichen narrativen Geschichten zur Realentwicklung der Geometrie eine rekonstruktive Gründe-Geschichte stellen. Denn es ist gerade die Entdeckung irrationaler Längenverhältnisse (manche meinen durch Hippasos von Metapont am Beispiel des Verhältnisses der Diagonale und Seite im Pentagon bzw. Pentagramm, dem Erkennungszeichen der Pythagoräer), mit welcher eine wirkliche ‚wissenschaftliche' oder ‚exakte', nämlich formentheoretische und nicht bloß messende und rechnende, Geometrie allererst beginnt. Es ist daher (trotz aller bekannter Esoterik der pythagoräischen Schulen oder ‚Orden') inhaltlich ganz und gar ungereimt, dass Hippasos als ‚Strafe' für die Veröffentlichung dieses pythagoräischen ‚Geheimnisses' ins Meer geworfen worden sein sollte. Denn die Entdeckung stellt, wie wir sehen, gar keine ‚Wissenschaft' infrage. Oder besser: Was sie infrage stellt, war noch kaum Wissenschaft, jedenfalls noch keine mathematische Geometrie. Wir könnten und sollten nämlich seit Hippasos wissen, in welchem Sinn empirische Messungen an Figuren immer als *bloße Approximationen* von Formverhältnissen zählen dürfen. Für diese Einsicht wird Platon bis heute von Empiristen fälschlicherweise gescholten.

Angewendet auf unser Problem bedeutet das: Erst wenn wir wissen, dass es auch in der Chronometrie nicht bloß auf gemessene Maßzahlen und deren Zahlverhältnisse ankommt, sondern auch auf Verhältnisse in größenunabhängigen Bewegungsformen, etwa in Kreisen oder Ellipsen verschiedenster Umfänge, müssen wir nicht nur alle rationalen Zahlverhältnisse, sondern auch alle irrationalen Verhältnisse berücksichtigen. Das aber heißt, dass wir uns klar machen müssen, dass es *die geometrischen Formen* sind, welche die Begriffe der *rationalen und irrationalen Zeitverhältnisse allererst induzieren*. Mit anderen Worten, ohne ihre Fundierung in einem Begriff der *idealen geometrischen Form* verlöre sowohl in der Geometrie als auch in der Chronometrie jedes Rechnen mit irrationalen (reellen) Zahlen seinen Sinn. Wenn wir aber die Durchläufe von Teilbahnen von Formen betrachten und dabei feste Proportionen feststellen, dann brauchen wir auch für die Zeitzahlen zunächst die algebraischen und dann auch die reellen Zahlen.

Die mathematische Darstellung der Zeit durch die stetige Zahlengerade und die üblichen Koordinatentransfomationen der mathematischen Zeiten t vermöge der Form $a \cdot t - b$ werden dann auf folgende Weise verständlich. Wählen wir einen beliebigen Uhrentakt als Maßeinheit der Zeitmessung, so erhält nicht nur die Rede von dessen ganzzahligen Vielfachen, sondern auch von dessen gleichmäßigen Teilen – über die Geometrie der Eichbewegungen – einen klaren (externen) Sinn. Der Übergang von t zu $a \cdot t$ artikuliert mathematisch den Wechsel der Zeiteinheit, der Taktlänge bzw. der Weglänge in einer Eichbewegung zur Festlegung des Einheitstaktes. Die Homogenität der Eichbewegungen bzw. Uhren, mit denen wir die Zeit messen, d. h. den zu den Eichbewegungen formgleich ablaufenden Vorgängen stabile Zeitzahlen zuordnen, erlaubt die Translation des Zeitnullpunktes ohne Änderung der Zeiteinheit.

Wie sich in der Geometrie ein Wechsel des Einheitswürfels, welcher das Koordinatensystem extern fixiert, intern durch orthogonale Koordinatentransformationen darstellen lässt, so drücken in der idealisierten Zeitdarstellung die Transformationen $a \cdot t - b$, jetzt mit reellzahligem positiven a und reellzahligem b, den externen Wechsel von einer Taktuhr zu einer anderen mit anderem Startzeitpunkt b aus. Die Deutung der dabei evtl. auftretenden negativen Zeitzahlen und der Gerichtetheit der Zeitzahlengerade versteht sich jetzt wohl von selbst.

Soweit nun unsere Praxis der Längen- und Zeitmessung durch formstabile Maßstäbe und Uhren auf der Erde für normale Zwecke hinreichend *bewegungsinvariant* ist, lassen sich durch die genannten Transformationen die erhaltenen zahlenmäßigen Charakterisierungen von Orten und Zeiten immer kanonisch umrechnen, wenn die relativen Maß- und Richtungsverhältnisse der Bezugsquader und die relativen Gangverhältnisse und Startzeiten der Uhren bekannt sind. Soweit diese Prämisse erfüllt ist, hat auch die Darstellung der Bewegungsverläufe von Punktkörpern K durch Funktionen $f_K : \mathbb{R} \to \mathbb{R}^3$ wie sie in der klassischen Kinematik (seit Descartes) üblich ist, einen guten Sinn. Der Argumentbereich $D(f_K)$ der Funktion wird dabei als (Teilmenge der) ortsunabhängigen(!) (Uhren)Zeitpunkte aufgefasst, denen die Funktion die jeweiligen ‚Ortswerte' des Punktkörpers K im dreidimensionalen Zahlenraum zuordnet. Extern betrachtet sind die Werte $f_K(t) = (x, y, z)$ Benennungen eines Ortes zu einer Uhrenzeit t, die auf einen fest gewählten Bezugswürfel und eine fest gewählte Startzeit und Zeiteinheit der verwendeten Uhren zu beziehen sind. Dass sich der Betrachter mit seinem Orientierungswürfel dabei selbst relativ zu anderen bewegen mag, spielt für diese kinematische Darstellung solange keine Rolle, wie die (externe) Bewegungsinvarianz der Form (und damit der relativen Längen) der geometrischen Maßstäbe und des Gangverhältnisses der Uhren als hinreichend gesichert gelten kann.

Weiter unter der Annahme bewegungs- und entfernungsinvarianter geometrischer und chronometrischer Messungen ist es dann auch möglich, Koordinatentransformationen für *bewegte Orientierungswürfel* mathematisch zu formulieren. Z. B. erhält eine geradlinige und nirgends beschleunigte Relativbewegungen des Nullpunktes P_0^* eines (zweiten) Koordinatenwürfels K^* die mathematische Darstellung $f_{K^*}(A) = (x(t), y(t), z(t)) = (v_x \cdot t, v_y \cdot t, v_z \cdot t)$ mit den konstanten Koordinaten-Geschwindigkeiten v_x, v_y und v_z, wenn K^* zur Zeit $t = 0$ dem Bezugswürfel mit Nullpunkt P_0 begegnet, so dass sich die beiden Nullpunkte P_0 und P_0^* praktisch am gleichen Ort befinden.

Nehmen wir an, der bewegte Koordinatenwürfel sei keiner Rotation unterworfen, er drehe sich also nicht bezüglich des Bezugssystems, so ordnet die *Galilei-Transformation* $(x, y, z) \mapsto (x - v_x \cdot t, y - v_y \cdot t, z - v_z \cdot t)$ den vom ersten Bezugswürfel in jedem Zeitpunkt bestimmten Koordinatenwerten eines Ortspunktes (eines Punktkörpers) die entsprechenden Werte des zweiten, zum ersten relativ bewegten Systems zu.

Dass die Koordinatentransformationen zwischen zahlenmäßig großen und kleinen Längen und Zeiten nicht unterscheiden und daher grundsätzlich invariant sind gegenüber der (externen) Wahl der Zeit- und Längeneinheit, also der Benennung der Zahlen durch Maßeinheiten wie Meter oder Sekunde, hat nun zwar viele darstellungs- und rechentechnischen Vorzüge, wie wir dies am Beispiel der größeninvarianten Planzeichnungen in der Geometrie sehen können. Realisierungen beliebig großer (und dann auch beliebig exakter) geometrischer Formen und insbesondere bewegungsinvarianter Uhren (wirklich homogener Relativbewegungen) gibt es allerdings nicht. Wollen wir daher die Rechentechnik in einzelnen Fällen diesen Begrenzungen der empirischen Praxis besser anpassen, so werden wir u. U. das Raum-Zeit-Modell der Kinematik, d. h. die mathematische Darstellung relativer Bewegungen, modifizieren müssen, möglicherweise gerade so, wie sie in Einsteins Relativitätstheorie vorgeschlagen wird. Dies wollen wir uns im Folgenden genauer überlegen.

7.5 Bewegte Uhren

Es gibt ein logisches (genauer: materialbegriffliches) Problem bei der Deutung unserer Version der ‚Eindeutigkeit' für Uhren. Man könnte nämlich versucht sein, aus ihr die Folgerung zu ziehen, gewisse *Verfahren der Herstellung und Überprüfung* von Geräten, welche homogene Bewegungen und/oder Uhrentakte erzeugen sollen, könnten die Konstanz der Gangverhältnisse dieser Geräte *garantieren*, auch wenn diese relativ zueinander bewegt werden. Die bei der Uhrenherstellung und der immer ortsbezogenen Überprüfung durch Eichbewegungen benutzten Kriterien begründen aber auf keine Weise diese Erwartung einer Bewegungsinvarianz der Gangverhältnisse der Uhren.

Richtig ist zwar, dass *ideale formgleiche und homogene Relativbewegungen* absolut bewegungsinvariante Uhren definieren würden. Wenn man schon *voraussetzt*, dass ein (etwa in einem Gerät erzeugter) Bewegungstyp mit allen (relevanten) Bewegungen der Formgleichheitsklasse überall im Raum simultan vergleichbar wäre und sich dann zu diesen global als formgleich und homogen erweise, dann folgt die Bewegungsinvarianz der an dieser global-homogenen Bewegung geeichten Uhren trivialerweise, da sie, wenn auch verdeckt, Teil der Annahme ist. Bei der Deutung der Kriterien für die Beurteilung der (je hinreichenden) Homogenität einer (typischen!) Relativbewegung oder eines Taktgebers sind allerdings die Grenzen der uns wirklich möglichen Eichverfahren auch begrifflich zu berücksichtigen.

Um dies noch deutlicher zu machen, betrachten wir folgende Frage: Könnte sich *empirisch* herausstellen, dass Uhren, welche auf der Erde mit unseren Uhren synchronisiert wurden und sich mit einem Beobachter im Raum (etwa mit großen Geschwindigkeiten) bewegen, diesem immer als Uhren (mit a fortiori zueinander konstantem Gangverhältnis) erscheinen, bei Rückkehr zur Erde jedoch andere Zeitzahlen als die Erduhren anzeigen? Oder gibt es (material)begriffliche Gründe dafür, dass keiner der bewegten Taktgeber dauernd eine Uhr geblieben sein kann, wenn wir annehmen können, dass die Erduhren auf ihre Uhreneigenschaft hinreichend überprüft werden?

Es wird dazu nützlich sein, sich noch einmal die Methode der Eichung einer Uhr klar zu machen. Um zu prüfen, ob in einer Gruppe von Taktgebern manche oder gar alle Uhren sind, reicht natürlich der bloße Vergleich ihrer relativen Gangverhältnisse nicht aus. Uhren könnten ja, z. B. wegen des Bewegungszustandes der Geräte, simultan zu bloßen Taktgebern geworden sein, welche (zufälligerweise oder aus gewissen physikalischen Gründen) untereinander weiterhin gleiches Gangverhältnis haben, aber nicht mehr homogen (schubsynchron) oder nicht mehr formgleich zur Klasse der Standardbewegungen sind. Um Taktgeber wenigstens lokal als Uhren zu eichen, müssen wir mindestens (bei einer kosmische Reise ebenso wie auf der Erde) dauernd entsprechende Eichbewegungen (oder wenigstens Taktgeber des gleichen Typs) starten und kontrollieren, ob die Gangverhältnisse gleich bleiben. Bei Eichbewegungen ist also zu überprüfen, ob diese bei beliebiger gleichmäßiger Feinunterteilung der (auf einem Träger oder Bezugskörper mitgeführten) Bewegungsbahnen und bei beliebiger zeitlicher Verschiebung der Startzeit Taktgeber mit gleichen Gangverhältnissen definieren, und ob ein Takt der zu prüfenden Taktgeber immer dem Durchlauf eines Exemplars der Eichbewegung durch einen jeweils gleich langen Bahnabschnitt entspricht. Eine derartige Eichung wäre offenbar immer auf einen gewissen *Umgebungsraum des Beobachters* zu beziehen. Der lokale Bereich, auf den bezogen die Bewegungen und die Uhren als hinreichend homogen überprüft gelten, wäre dann immer explizit anzugeben.

Könnten sich nun nicht *alle lokalen*(!) Eichbewegungen bzw. alle Taktgeber des betreffenden Typs im bewegten System *synchron beschleunigen* (oder verlangsamen), und zwar so, dass dies von einem mitbewegten Beobachter (lokal) überhaupt nicht bemerkt werden kann?[13] D. h. die betreffenden Beschleunigungen würden sich erst herausstellen, wenn man wieder auf das andere Bezugssystem, in unserem Beispiel die Erde trifft oder über gewisse Informationsübermittlungen mit diesem in Kontakt bleibt und so die Uhren vergleicht. Dann wäre offenbar *die bloß lokale Eichung der Taktgeber untauglich*, um ihre absolute, d. h. *ortsübergreifende* Uhreneigenschaft, nämlich die bewegungsinvariante Gangäquivalenz zu gewährleisten.

Der Begriff der Homogenität charakterisiert, wie wir gesehen haben, nicht einzelne Bewegungen oder Taktgeber, sondern *Bewegungstypen*, welche letztlich bestimmt sind durch (reale oder fiktive) Anweisungen zur Herstellung der Bewegungsverläufe bzw. der Gerätetypen. Nun sind zwar die natürlichen Bewegungen, die wir als homogen ansehen, bzw. die Konstruktionen und Kontrollverfahren für Uhren, von uns schon zielgerichtet ausgewählt oder geschaffen, so dass sie möglichst die erwünschten Eigenschaften der Formstabilität und ortsinvarianten Gangäquivalenz erfüllen. Dies gilt allerdings tatsächlich nur unter normalen Bedingungen, also insbesondere bloß lokal, in einem ausreichenden Ausmaß.

Wenn die idealen Begriffe der Formgleichheit und Homogenität von Relativbewegungen die begrenzte Reichweite der uns möglichen Verfahren der

---

13 Man beachte den feinen, aber äußerst bedeutsamen Unterschied zwischen dieser Erwägung und der eidetischen Variation, dass sich nur die bewegten und keineswegs alle Taktgeber synchron beschleunigen (oder verlangsamen).

Konstruktion und Eichung von Uhren transzendieren, werden sie durchaus problematisch. So kann man z. B. nicht einfach definitorisch festlegen, dass an verschiedenen Orten stattfindende Ereignisse e_1 und e_2 ‚gleichzeitig' heißen sollen, wenn man an lokal geeichten Uhren zum Zeitpunkt der Ereignisse (am jeweiligen Ort) die gleichen Zeitzahlen ablesen *würde*, nachdem diese Uhren vorher an einem gemeinsamen Ort synchronisiert und an die betreffenden Orte transportiert wurden. Es könnte nämlich sein, dass auf verschiedenen Wegen von einem gemeinsamen Ort an einen gemeinsamen Ort transportierte Uhren beim Zusammentreffen *nicht* die gleichen Zeitahlen anzeigen, obwohl sie synchronisiert und lokal sorgfältig geeicht wurden. In diesem Fall erschiene uns die gegebene Konvention für die Gleichzeitigkeit von Ereignissen offenbar als unangemessen, und zwar weil sie nicht zusammenstimmt mit dem elementaren Begriff der Gleichzeitigkeit zweier Ereignisse an einem Ort. Dass diese Möglichkeit ernstgenommen werden muss, ist einer der wichtigsten Ausgangspunkte von Einsteins Überlegungen zur Relativität der Zeitrechnung. Es bedarf offenbar eines globaleren empirischen Wissens, um wirklich oder auch nur in der Fiktion sagen zu können, welche Eigenschaften eine Zeitmessung mit transportierten lokal geeichten Uhren haben wird (oder haben würde). Es ist übrigens wieder ganz entscheidend, dass diese Überlegungen Einsteins selbst als prototheoretische Argumentationen zu begreifen sind.

Weil nun nicht bloß theoretisch, sondern auch praktisch auf die Konstanz der Gangverhältnisse von Taktgebern, die sich relativ zueinander bzw. zu uns bewegen, in der Regel nicht genügend Verlass ist, wird man zur Kontrolle immer auch Signale zum Zeitvergleich an verschiedenen Orten benutzen. Man erhält z. B. auf folgende Weise eine zur lokalen Uhrenzeit alternative Zeitmessung auf der Basis einer Informationsübertragung, welche jeweils auf einen Beobachterort O bezogen ist und dies auch bleibt. Man sendet (wirklich oder fiktiv) Signale zur (lokalen) Uhren-Zeit t vom Ort O aus, reflektiert das Signal am Ankunftsort (Körper) O^* und *setzt als Ankunftszeit* des Signals am Ort O^* die *Zeitzahl* $(t^* - t)/2 + t$ fest, wobei t^* die Rückkunftzeit des reflektierten Signals am Beobachtungs-Ort O ist. Man wird dabei die beste, vielleicht die schnellstmögliche, Signalübertragung wählen, und das ist, wie wir aus allen unseren Erfahrungen wissen, die (elektromagnetische) Lichtübertragung. Mit dieser *Einsteinsynchronisation* können wir (fiktiv, d. h. unter der Voraussetzung, dass das Verfahren realisierbar ist) auch entferntes Geschehen zeittopologisch und zeitmetrisch danach ordnen, wie es sich in unseren Beobachtungen zeigt oder zeigen würde. Die Einsteinsynchronisation passt damit in jedem Fall zum elementaren Begriff der Gleichzeitigkeit zweier Ereignisse am gleichen Ort, anders als die Zahlen auf bewegten Uhren.

Nun stehen uns Uhren praktisch nur auf der Erde (bzw. in Erdnähe) zur Zeitmessung zur Verfügung. Ein Transport von Uhren (mit Eichungen) auf weit entfernte Gestirne erscheint daher zunächst als ähnliche Fiktion wie die absolute Gleichzeitigkeit. Aber auch die Einsteinsynchronisation arbeitet mit einer Fiktion, da ja die Reflexion eines von der Erde ausgesandten Signals in der Regel nur mit Hilfe von in den Kosmos transportierten Vorrichtungen hinreichend exakt realisierbar ist. Für eine beobachterbezogene Synchronisation und Zeitrechnung des Einstein-Typs spricht also nicht etwa das Argument, (nur) die anderen Synchronisationsvorschriften bzw. Zeitmessverfahren stützten sich auf Fiktionen, welche faktisch nicht realisierbar seien. Bedeutsam ist vielmehr, dass bei einer Zeitrechnung mit bewegten Uhren immer *damit zu rechnen* ist, dass am gleichen Ort (etwa dem des Beobachters) vorher synchronisierte Uhren vorbeikommen könnten, welche untereinander verschiedene Zeitzahlen anzeigen.[14] Will man daher nicht mit unbegründeten Annahmen über die Welt operieren – und die Hoffnung, es könne bewegungsinvariante Uhren geben, welche bei jedem Zusammentreffen immer übereinstimmen, ist offenbar eine solche Annahme –, wird man die Zeitrechnung von vornherein *ortsrelativ* gestalten und damit gerade als Form ‚gegenwärtiger' Bewegungsvergleiche in der Anschauung begreifen, etwa so, wie dies die Einsteinsynchronisation vorsieht. *Damit spaltet man aber den Zeitbegriff auf in die Ortszeiten, wie sie von ortsfesten Uhren angezeigt werden, und die durch die Einsteinsynchronisation von einem Ort auf andere übertragene Zeiten.* Eine Antwort auf die Frage, wie sich die beiden Zeitrechnungen (vermutlich) zueinander verhalten, wird dann, wie wir sehen werden, nicht ohne gewisse Extrapolationen aus empirischen Befunden *gegeben werden können*.

Wichtig ist, dass man sogar bei der Bestimmung der Lichtgeschwindigkeit im Experiment auf der Erde mit Uhren nur am Ort des Beobachters arbeitet, da uns eine hinreichend exakte Methode der Übertragung der Zeitzahl einer Uhr nicht zur Verfügung steht. Gemessen wird also die Zeit des *Hin- und Rückweges* der vom Experimentator aus gesendeten und dann gespiegelten Lichtstrahlen, wobei die Weglänge durch als hinreichend starr (formstabil) gewertete Maßstäbe fixiert ist. Aus einer solchen lokalen Zwei-Wege-Messung der (Uhrenzeit-) Dauer von Informationsübertragungen auf der Erde lässt sich offenbar nicht so ohne weiteres die Dauer des Hin- bzw.

---

14 Ohne dass man schon einen Beweis dafür benötigen würde, dass eine bewegungsinvariante Zeitmessung mit Uhren nicht möglich ist, ist also logisch mit Problemen der geschilderten Art zu rechnen.

des Rückweges ermitteln, bezogen auf die Zeitzahlen von an einem Ort synchronisierten und an die Orte des Senders und des Empfängers bewegten Uhren. Bei einer Zwei-Weg-Messung erhalten wir weniger, jedenfalls andere, Informationen als bei einer Ein-Weg-Messung der geschilderten Art. In jedem Fall aber ist die Verwendung von Uhren (und nicht beliebigen Taktgebern) und von Längenmaßen (formstabilen Körpern) für die experimentell erhaltenen Geschwindigkeiten, gerade auch der Lichtgeschwindigkeit, sinnkonstitutiv.

7.6 Gleichförmige Bewegung als Voraussetzung mechanischer Erklärung

Die klassische Kinematik ist nur ein *formales Darstellungssystem* für Bewegungen relativ zu einem realen oder fiktiven Beobachter. Sie darf daher nicht korrespondenztheoretisch interpretiert werden, als könnte man den Beobachter einfach streichen. Es ist sogar die wichtigste Einsicht unserer Überlegungen zu Abstraktion und Ideation, dass das Abstrahieren nicht bedeutet, von etwas abzusehen, etwa vom Beobachter oder von den Endlichkeiten unserer Praxis der Formung von Körpern oder des Messens. Abstrahieren bedeutet vielmehr, geeignete Äquivalenzbeziehungen zu finden und über diese geeignete Regeln der Perspektiventransformation zu artikulieren. Mit anderen Worten, Objektivität ist Invarianz oder wenigstens Kovarianz perspektivischer Erfahrung, nicht Unabhängigkeit von jeder Perspektive.

Raum und Zeit sind nach Kant reine, und das heißt: ideale *Formen der Anschauung*. Diese wiederum sind nicht etwa angeborene Weisen der Zeit- und Raum*wahrnehmung*, sondern von uns Menschen konstruierte modellhafte, insofern dann auch mathematische *Ordnungsschemata der Erfahrung*. Sie gehören – wenn man Kant angemessen interpretiert – zur vorausgesetzten *Methode* der intersubjektiven Darstellung und Erklärung erfahrbarer Phänomene, welche insbesondere die (intersubjektive) Kommunizierbarkeit und Überprüfbarkeit entsprechender Erfahrungsaussagen mit Objektivitätsanspruch allererst ermöglicht.[15]

Mit der expliziten Deutung von Raum und Zeit als mathematischen Darstellungsformen der Erfahrung verlegt Kant in gewisser Weise das Zentrum der Weltbeschreibung und dann auch der Naturerklärung von der Astrophysik und Kosmologie wieder auf die Erde, genauer: in unsere reale Erfahrungspraxis zurück. Alles menschliche Erfahrungswissen ist, sofern es nicht bloß ein scheinbares Wissen, etwa Anmaßung oder spekulative Scholastik

---
15 Kant nennt daher die Axiome der Anschauung ‚mathematisch'.

ist, in unserer Sprache verständlich zu artikulieren, mit den uns verfügbaren Maßstäben zu messen und als in unserer Praxis, nicht bloß in einem theoretischen Bild, als bewährt auszuweisen. Dies ist kein Anthropozentrismus, wie man immer noch hört, sondern Einsicht in die prinzipielle Form unserer allgemeinen Wahrheitsbegriffe und der sich an diesen kriterial orientierenden besonderen Wissensansprüche einzelner Personen. Diese zunächst immer implizite, empraktische, Form ist explizit zu machen. Dazu bedarf es einer Analyse und Artikulation der Form der menschlichen Erfahrungspraxis.

Die Grenzbestimmung menschenmöglichen Wissens ist daher nicht als Begrenzung unseres Wissens, sondern des Begriffs sinnvoller Wahrheitsansprüche zu begreifen. Sie geschieht ‚von innen‘, aus der Erfahrungspraxis heraus. Es gibt keinen Standpunkt jenseits unserer Perspektiven auf die Welt. Es macht auch keinen Sinn, einen solchen anzunehmen, wenn wir jede Anmaßung eines solchen Standpunktes jenseits unseres je lokalen Erfahrungswissens als transzendent und sinnleer ablehnen, was wir ja auch sollten. So jedenfalls ist meinem Urteil nach Kants Andeutung zu verstehen, seine *Kritik der reinen Vernunft* und seine Analyse des Sinnes der Rede von Objektivität und Realität bedeuteten eine ‚kopernikanische Wende der Denkungsart‘.

Für die Physik hat die Einsicht in die Relativität der (klassisch-)geometrischen und analytischen Beschreibungen räumlicher Verhältnisse zur Folge, dass auch die Gesetze (Gleichungssysteme) der Newtonschen Mechanik auf einen konkreten oder fingierten Beobachterort zu beziehen sind, welcher in der Beschreibung als ruhend betrachtet wird. Die Frage ist, welches System dazu sinnvollerweise zu wählen ist. In welcher Weise diese Wahl für eine geglückte physikalische Beschreibung und dann auch Erklärung der Phänomene relevant wird, zeigt gerade die kopernikanische Wende der Astronomie.

Da nun die Gesetze der klassischen Mechanik nur (Richtungs-)Beschleunigungen betreffen, sind sie mathematisch invariant gegenüber gleichförmigen und geradlinigen Bewegungen relativ zum Bezugssystem, das (extern) dem Raumnullpunkt des vierdimensionalen Raum-Zeit-Modells $\mathbb{R}^4 = \mathbb{R}^3 \times \mathbb{R}$ zugeordnet wird. Die Gleichungssysteme der klassischen Mechanik sind invariant gegenüber den Galilei-Transformationen

$$(x,y,z;t) \to (x - v_1 \cdot t, y - v_2 \cdot t, z - v_3 \cdot t, t).$$

D. h. die Newtonsche Mechanik gilt in allen Systemen, die sich zu einem sinnvollerweise als ruhend betrachteten Bezugssystem geradlinig und gleichförmig bewegen. Derartige Systeme nennt man dann ‚*Inertialsysteme*‘. Diese Benennung ist aus der Tradition der Kinematik und Dynamik zu ver-

7.6. Gleichförmige Bewegung als Voraussetzung mechanischer Erklärung 325

stehen: Dort nimmt man an, dass sich jeder Körper *ohne Krafteinwirkung* in der momentanen Geschwindigkeit geradlinig, und zwar in tangentialer Richtung zu seiner momentanen Bewegungsbahn, weiterbewegt. Unter dieser Annahme ist für kein zum Ruhesystem gleichförmig (geradlinig) bewegtes System irgend eine Kraft verantwortlich zu machen. Man spricht zwar dennoch (bildhaft) von ‚Trägheitskräften', um auszudrücken, dass es, nach Annahme, das Bestreben eines jeden Körpers wäre, sich inertial zu bewegen. Diese Bewegung wäre für ihn eine Ruhestellung. Wir werden sehen, dass und warum diese Annahmen zu revidieren sind, auch wenn sie im Laufe der historischen Entwicklung plausibel waren und zunächst auch gute Dienste leisten.

Erklärt man z. B. das Zentrum der Sonne und damit das Sonnensystem als Ganzes für ruhend, so wäre etwa jede zeitlich homogene und zur Kreisbahn der Erde um die Sonne tangentiale Bewegung eine inertiale Bewegung im geschilderten Sinn. Da die Kreisbahn der Erde groß ist, kann man für kurzzeitige Vorgänge dann auch die Erde selbst bzw. ihren Mittelpunkt als relativ zur Sonne geradlinig bewegt betrachten. Wird die (relativ schnelle) Rotation der Erde nicht berücksichtigt, so lassen sich gleichförmige Bewegungen auf der Erde und in Erdnähe – wenigstens approximativ – als inertiale Bewegungen verstehen.

In einem gewissen Sinne setzt die Darstellungsweise der klassischen Mechanik auf der Grundlage gewisser Erfahrungen definitorisch und damit für alle in ihrem Rahmen möglichen Erklärungen apriorisch fest, dass die relativen Bewegungsbahnen kräftefreier Bewegungen im vierdimensionalen Zahlenraum der Orte und Zeiten $\mathbb{R}^4$ als gerade Linien darstellbar sein sollen[16] und dass nur diejenigen Körperbewegungen durch wirkende Kräfte erklärt werden müssen, deren Bewegungsbahn in der kinematischen Darstellung (im $\mathbb{R}^4$) nicht gerade ist. Es können dann natürlich auch nur (in einer Richtungsgeschwindigkeit) beschleunigte Bewegungen dynamisch in ihrem Bewegungsverlauf erklärt werden, während die (geraden) Bewegungsbahnen der kräftefreien Bewegungen mit der Wahl des Ruhsystems und des Zeitmaßes (der Uhren) beschrieben sind.

Offenbar wird in der geschilderten Begriffsanalyse, die m. E. zumindest als mögliche Perspektive auf die Verfassung physikalisch-mechanischer Erklärungen ernst zu nehmen ist, die Wahl der kinematischen Beschreibung der Bewegungen eine sinnkonstitutive und a priorische Vorbedingung für den Kraftbegriff und die zugehörige Lehre (Darstellung) der (physikali-

---

16 Ist also ein Bezugsystem gewählt, so sind die Bewegungsbahnen einer inertialen Punktbewegung gerade und der Punkt bewegt sich unbeschleunigt also gleichförmig.

schen) *Dynamik*. Damit ist allerdings auch schon die *Form* der Mechanik (Dynamik) festgelegt.[17] *Gerade deswegen aber ist eine Wahl der Kinematik nicht ohne dynamisches Vorwissen sinnvoll.*

7.7 Zusammenfassung

Das mathematische Problem des Raumes oder, wie man dazu auch sagt, der *physikalischen Geometrie* besteht darin, dass diese als solche schon Kinematik ist. Diese wiederum kann nicht ohne Berücksichtigung von Bewegungsvergleichen und Zeitmessungen entworfen werden. Zeitmessungen wiederum hängen sowohl mit dem mikrokosmisch-dynamischen als auch einem makrokosmisch-globalen Verhalten von bewegten Körpern eng zusammen. Aus einem Wissen über das lokale Verhalten von Quadern und Uhren lässt sich daher das globale Bewegungsverhalten von Körpern nicht ‚a priori' vorhersagen. Dazu bedarf es, wie im nächsten Kapitel näher erläutert werden wird, eines Vergleiches zwischen Elektrodynamik und Festkörperbewegungen. Eine formentheoretische *Geometrie* reicht dann für eine mathematische Darstellung des *Bewegungsraumes* nicht aus, und zwar weil sie sich bloß auf statische und lokale Invarianzen an reproduzierbaren *Körperformen* in präsentischer Anschauung und daher in unserem Nahbereich und nicht auf makrokosmische Relativ*bewegungen* bezieht. Hinzu kommen Probleme der *Datierung* von Ereignissen und der Messung einer *Zeitdauer* bzw. der Bestimmung von *Bewegungsformen*, von denen man nicht zugunsten mathematischer Einfachheit abstrahieren kann. Hier wird sogar schon der Konventionalismus zu einer Art Wunschdenken.

Am Ende sehen wir, dass die traditionelle Wissenschaftsgeschichtsschreibung, die sozusagen im Positivismus Thomas Kuhns und Relativismus Paul Feyerabends gipfelt und vage von inkommensurablen Theorien spricht, mit falschen Prämissen arbeitet. Es handelt sich um die Unterstellung, die *reellzahligen ‚Zeit'variablen*, mit denen die ‚traditionelle' Theorie der Körperbewegungen, die klassische Mechanik, rechnet, seien wirklich schon begriffen. In Wirklichkeit haben die Probleme, die sich beim Vergleich zwischen physikalischer Elektrodynamik und klassischer Festkörperkinematik ergeben, zunächst Physiker wie Lorentz und Einstein, dann Mathematiker wie Minkowski und Hilbert allererst dazu gezwungen, stren-

---

17 Dies ist übrigens gerade die Perspektive, in welcher Kant die synthetische und apriorische Grundlage der klassischen Mechanik sieht. Die Frage, ob dies das einzig sinnvolle Vorgehen ist, hat er allerdings, wohl angesichts der faktischen Erfolge der Newtonschen Physik, etwas vorschnell bejaht.

ger auf die mathematischen Darstellungsformen des Raumes, in dem allerlei Relativbewegungen stattfinden, zu reflektieren. Ein solche materialbegriffliche Reflexion im Allgemeinen hatten allerdings Leibniz, Kant und Hegel, gegen die vermeintlichen Selbstgewissheiten der herrschenden Gruppe der ‚Newtonianer‘, durchaus schon angemahnt, freilich ohne die speziellen Probleme des Raum- und Zeitbegriffs, wie sie im ausgehenden 19. Jahrhunderts erst klar wurden, auch nur zu ahnen.

8. Kapitel
Zeit und Raum in der (speziellen) Relativitätstheorie

8.0 Ziel des Kapitels

Nachdem klar ist, dass die Euklidische Geometrie lokal kontrollierte Körperformen darstellt und sich Zeitzahlen ebenfalls auf lokal kontrollierte Bewegungsformen beziehen, ist unsere schon früher gestellte Frage zu klären, was es denn heißen kann, dass sich Licht unabhängig vom relativen Bewegungszustand des aussendenden Körpers im Vergleich zu anderen Körpern mit konstanter Geschwindigkeit im Raum ausbreitet. Denn welcher Ort ist dann jeweils als Bezugs- oder Nullpunkt der Ausbreitungskugel zu nehmen? Das ist keine triviale Frage, da sich ja die Lichtquelle auf verschiedenste Weise relativ zu anderen Körpern bewegen kann. Welche Rolle spielt diese Bewegung für die Ausbreitung des Lichtes? Gibt es wirklich noch die Möglichkeit, von einer ‚Stelle' im Raum oder gar von einem Raum in Ruhe zu reden, in Bezug auf den sich das Licht kugelförmig ausbreitet? Wie ist die *Raumgeometrie* zu konzipieren, wenn nach dem Relativitätsprinzip ein Lichtblitz, der mal an einer ‚ruhenden', mal an einer ‚bewegten' Kugelfläche in die Kugelzentren reflektiert wird, von beiden Mittelpunkten aus ganz gleich aussieht?

Offenbar haben wir hier zur Aufhebung einer Ambiguität in der Rede über Kugelformen zwischen den verschiedenen kugelförmigen Festkörpern und ‚der' kugelförmigen Lichtausbreitung zu unterscheiden. Und es wird sich herausstellen, dass sich die Geschwindigkeit c der Lichtausbreitung und die Geschwindigkeit a der Bewegung der Lichtquelle relativ zu einem anderen Ort zahlenmäßig nicht einfach aufaddieren. Die Formel $c + a = c$ sollte nämlich in einem gewissen Sinn als wahr gelten, und zwar weil die Lichtgeschwindigkeit relativ zu beliebigen Festkörpern konstant ist. In Bezug auf Festkörperbewegungen ist sie damit offenbar als eine Art unerreichbar-unendliche Geschwindigkeit aufzufassen. Während nämlich rein arithmetisch gesehen die Formel $c + a = c$ Unsinn ist, da c ja eine endliche Zahl ist, verhält sich in gewissem Sinn die Lichtgeschwindigkeit c zu jeder anderen Geschwindigkeit ähnlich wie das arithmetische Unendliche

∞, für das ja $\infty + a = a + \infty = \infty$ gilt (bzw. gesetzt werden kann), und zwar für jede Zahl a.

Es sind diese Probleme und Paradoxien, die es mathematisch konsistent zu modellieren gilt. Dabei wird insbesondere die Frage nach den verschiedenen Möglichkeiten der Bestimmung der gleichen Zeit an verschiedenen Orten eine Rolle spielen. Auch die Frage nach der Dimension und der geometrischen Struktur des Raumes lässt sich nur sinnvoll beantworten, wenn wir zwischen Anschauungsraum und Bewegungsraum unterscheiden. Die allgemeine Relativitätstheorie liefert dabei einen Modellrahmen für die konkrete Bestimmung der Struktur des Bewegungsraums, ohne die reinen Formen, mit denen wir die Anschauung unseres Umgangs mit Körpern mathematisch thematisieren, unmittelbar und ungeprüft als Strukturbeschreibung des so genannten leeren Raumes, also des Bewegungsraumes von Festkörpern und aller anderen physikalischen Bewegungen auszugeben.

8.1 Die Isotropie der Lichtausbreitung

Benutzt man, wie bei der Einsteinsynchronisation, die Lichtausbreitung zur Definition der Gleichzeitigkeit mit anderen Orten als dem Beobachter-Ort, so hat man natürlich schon in der *Kinematik*, also der bloßen (mathematischen) *Beschreibung* der Bewegungsabläufe, die *Orts-Relativität* dieser Zeitrechnung und ihre Abhängigkeit von den physikalischen Eigenschaften der Signalübertragung zu berücksichtigen. Die bekannten Experimente von Michelson und Morley zeigen in diesem Zusammenhang, dass die Lichtgeschwindigkeit in folgendem Sinne richtungsunabhängig ist: Die Bewegungsrichtung der Erde um die Sonne hat keinen erkennbaren Einfluss auf die Dauer der Hin- und Herbewegung eines Lichtstrahls auf einem formstabilen Stab, in welche Richtung dieser auch weist. Aus dem Experiment ergibt sich daher, dass man sich die Lichtausbreitung nicht ohne Zusatzhypothesen dadurch anschaulich machen kann, dass man einen im Sonnensystem ruhenden Äther annimmt, in dem sich die Lichtwellen mit konstanter Geschwindigkeit fortpflanzen. Unter dieser Annahme müssten sich nämlich gewisse im Modell vorausberechenbare Zeitdifferenzen durch Interferenzen des Lichtspektrums mit Hilfe des Michelson-Interferometers beobachten lassen.

Die anschaulichen Modelle, die wir zur Darstellung unserer Erfahrungen entwerfen, sollen natürlich auf die Erfahrungen passen. Formallogische Konsistenz ist im Grunde nur eine Bedingung, die wir an wohlkonstituierte mathematische Redebereiche stellen. Kohärenz bedeutet, dass theoretische

8.1. Die Isotropie der Lichtausbreitung

Rede und praktische Erfahrung materialbegrifflich zusammenhängen oder kanonisch zusammenpassen. Denn nur wenn die im Modell durch Rechnung hergeleiteten Ergebnisse sich (regelmäßig, kanonisch) in der Erfahrung zeigen, können wir das Modell und seine Rechnungen sinnvollerweise eine ‚Erklärung' der Phänomene nennen. Eine mit dem Michelson-Versuch zunächst kompatible Zusatzhypothese zum Äthermodell wäre etwa, dass sich die Stäbe bei Bewegung gegen den Äther um einen gewissen Faktor verkürzen (Fitzgerald und Lorentz). Es handelt sich dabei aber, wie sich herausstellt, um eine *ad-hoc*-Maßnahme, welche die Schwierigkeiten, in die der Michelson-Versuch das Äthermodell gebracht hat, erst einmal bloß rechentechnisch, und das heißt letztlich bloß verbal, ausräumen soll. Eine andere Hypothese wurde von Ritz vorgeschlagen. Danach breitet sich Licht um den *aussendenden Körper* in alle Richtungen in gleicher Geschwindigkeit aus. Dann aber wäre die Lichtausbreitung abhängig vom Bewegungszustand der Lichtquelle, was sich nicht in Einklang bringen lässt mit anderen empirischen Befunden (auch aus kosmologischen Beobachtungen).[1]

Der Michelson-Versuch macht deutlich, dass der früher aufgrund der Analogie zwischen dem Verhalten von Wellen in einem Medium und der Ausbreitung von Licht weithin angenommene Äther selbst als materiales Medium nicht nur empirisch nicht (einfach) fassbar ist, sondern dass ein Festhalten an diesem (Vorstellungs-)Modell zu eher willkürlichen Annahmen zwingt, von denen die meisten (wie etwa die Annahmen einer gesamten oder partiellen Mitführung des Äthers durch bewegte Körper) entweder nicht zu beobachteten Phänomenen oder nicht in das (bewährte) Modell der klassischen mechanischen Bewegungsgesetze passen. Daher liegt es nahe, das Äthermodell ganz aufzugeben, sich also um eine andere Art der Darstellung der beobachteten Phänomene der Ausbreitung der elektrischen und magnetischen Wellen zu bemühen.

Der Michelson-Versuch lässt sich nun auch folgendermaßen deuten: Die mit Interferometern auf der Erde als Zwei-Wege-Geschwindigkeit gemessene Lichtgeschwindigkeit c (im Vakuum), deren konstanter Zahlenwert durch verschiedenartigste Messungen und Beobachtungen auch von Himmelserscheinungen bestätigt wird, ist in allen (klassischen, das heißt, in den auf das im Wesentlichen als ruhend betrachtete Sonnensystem bezogenen) Inertialsystemen richtungsunabhängig konstant. Rechnen wir im

---

[1] Es tut dabei nichts zur Sache, dass die entscheidenden Widerlegungen der Ritzschen Hypothese durch empirische Beobachtungen erst viel später, nämlich Anfang der zwanziger Jahre erfolgten. Mir geht es hier nicht um die Wissenschaftsgeschichte, sondern um die begriffliche Deutung experimenteller Ergebnisse. Daher sind hier auch die Details des Michelson-Versuchs irrelevant.

folgenden mit der Approximation $c = 300\,000$ km/sec (der exakte Zahlenwert von c spielt für unsere Überlegungen keine Rolle), so besagt diese Extrapolation der Erdmessungen auf alle Inertialsysteme, dass die Dauer der Hin- und Herbewegung des Lichtes auf einem hinreichend formstabilen Stab der Erdlänge 1,5 m unabhängig von der Richtung des Stabes und seiner möglichen inertialen (zum Sonnenmittelpunkt geradlinigen und nicht beschleunigten) Bewegung immer 10^{-8} Sekunden *betragen würde*, und zwar bei einer (fingierten) Messung mit hinreichend exakten *Uhren der uns vertrauten Art*.

Logisch betrachtet operiert man hier also mit einer Fiktion der folgenden Art: *Wenn* wir Stäbe und Uhren *ohne Änderung ihrer inneren Eigenschaften* in eine beliebige inertiale Bahn bringen *könnten*, so dass diese dort als zu unseren Erdstäben und Erduhren physikalisch gleich zu bewerten wären (was auch immer dies alles im einzelnen heißen möge), so *würde* sich herausstellen, dass die Uhren für die Hin- und Herbewegung des Lichtes die gleichen Zeitzahlen wie auf der Erde anzeigen.

Solange allerdings nicht explizit gesagt wird, was alles zu den konstant zu haltenden inneren Eigenschaften derartigen formstabiler Stäbe und Uhren zu zählen ist, ist diese Annahme noch unscharf. Zunächst erscheint es sinnvoll, dass man die (hinreichende) Erfülltheit der *globalen* geometrischen und chronometrischen Passungs- bzw. Formpostulate dazu zählt. Je zwei hinreichend formstabile und zu einander passende Stäbe sollten danach bei jedem Zusammentreffen aufeinander passen, und die Zeitzahlanzeigen zweier hinreichend gangäquivalenter Uhren sollten auch nach jeder Relativbewegung beim Zusammentreffen konstantes Gangverhältnis zeigen.

Praktisch kennen wir aber keine bessere Garantie für die Erfülltheit der genannten Formpostulate als die in den mittleren Bereichen hinreichend guten Erfahrungen, die wir mit natürlichen Gegenständen gewisser Arten oder auch mit nach gewissen Konstruktionsanweisungen aus gewissen Materialien hergestellten Geräten gemacht haben. Dabei kennen wir inzwischen den Zusammenhang unserer Praxis des Umgangs mit geformten Körpern und den Redeformen der mathematischen Geometrie. Danach stützen wir uns gerade *nicht* bloß auf *erhoffte*, möglicherweise *utopische*, Postulate. Die von uns gesetzten und erwünschten Erfüllungsbedingungen sind vielmehr an *reale Erfüllbarkeiten* schon angepasst. Die Haltung des Realismus bedeutet, dass man sich von jedem bloßen Wunschdenken fern hält. Die sich aus unseren Wunschvorstellungen ergebenden ‚idealen' Formen einer idealen Geometrie oder Chronometrie taugen am Ende nicht unmittelbar zur Bestimmung der realen Eigenschaften der betreffenden bewegten Körper. Sie sind keine realen Formen, sondern Verbalformen.

Um das zu sehen, ist darüber nachzudenken, ob bzw. in welchem Rahmen es sinnvoll sein könnte, auch von relativ zu einander schnell und weit bewegten Körpern (Uhren und Quadern) die Erfülltheit unserer Formpostulate zu erwarten. Es ist ja im Interesse des Realismus wichtig, die relevanten Eigenschaften zunächst als bloß *lokal zu überprüfende* zu konzipieren. M. a. W. die Identität der physikalischen (Systeme) und die Konstanz ihrer inneren Eigenschaften ist immer nur als (hoffentlich methodisch kontrollierte und zum Teil auch schon sprachtechnisch vermittelte) Extrapolation unserer realen Praxis der Gegenstandsidentifizierung und Verifikation der Eigenschaften durch *lokale Kriterien* festgelegt.

8.2 Relativistische Längen- und Zeitrechnung

Zum Zwecke unserer weiteren Analyse der (speziellen) Relativitätstheorie wollen wir nun die Annahme der Isotropie und Konstanz der Lichtausbreitung, dass also die Lichtgeschwindigkeit unabhängig vom gewählten (klassischen) Inertialsystem ist, zunächst in dem auf die Zwei-Wege-Geschwindigkeitsmessung mit Uhren am Ort des Beobachters eingeschränkten Sinne verstehen. Es geht im folgenden nicht darum, irgendwelche empirischen Ergebnisse als solche in Frage zu stellen oder auch nur weiter darauf zu insistieren, dass schon die Zwei-Wege-Konstanz der Lichtgeschwindigkeit in beliebigen Inertialsystemen eine Extrapolation aus Messergebnissen ist, die wohl um einiges über das hinaus geht, was wir empirisch als gesichert betrachten können. Was wir ‚Naturgesetze' nennen, stützt sich ja immer auf derartige Extrapolationen und Fiktionen; anders wären sie nicht mathematisch formulierbar. Auch die im Aufbau der Geometrie benutzte Annahme der prinzipiellen Möglichkeit, Quader zu Quadern beliebiger Größe an einander zu passen, geht weit über das Erfahrbare hinaus und ist trotzdem keine unsinnige Fiktion – sofern man nicht vergisst, welche Rolle sie bei der Konstitution (der idealen Wahrheit) geometrischer Aussagen spielt und wie diese mit Urteilskraft auf reale Quader von je endlicher Größe und Formgenauigkeit anzuwenden ist.

Wir wollen nun untersuchen, wie eine reale und dann fiktiv erweiterte Zeit- und Längenmessung und das Rechnen mit entsprechenden Zeitzahlen und geometrischen Größen zu deuten ist, wenn diese sich auf die geschilderte Annahme oder dann auch auf gewisse Verschärfungen des Prinzips der Konstanz der Lichtgeschwindigkeit stützt. Dazu stelle ich die Einsteinsynchronisation zunächst rein schematisch dar.

Wenn man einen Stab AB mit Mittelpunkt M als ruhend betrachtet und von M aus Lichtstrahlen lossendet und in A resp. B reflektiert, so ergibt sich folgendes Diagramm, wenn wir die Zeitachse ‚m' des Ortes M orthogonal auf die x-Achse g $((a, 0), (b, 0))$ einzeichnen. (Mit ‚a' und ‚b' benennen wir die zu den Stellen A und B gehörigen Parallelen zur Zeitachse.)

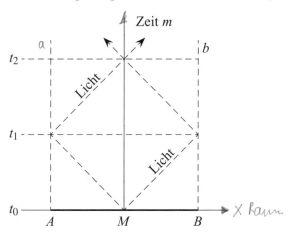

Abbildung 66.

Zunächst scheint dies die übliche Darstellung einer Bewegung von M nach A bzw. B und zurück in einem Zeit-Raum-Diagramm zu sein. Dem ist aber nicht so. In der klassischen Lesart würde das Diagramm besagen, dass die in M zur Zeit t_o abgesandten Lichtstrahlen zur *gleichen Zeit* t_1 an den Stab-Enden A bzw. B ankommen, dort reflektiert werden und simultan zur Zeit $t_2 = 2 \cdot t_1$ in M zurückkommen. Nun sind zwar die Zeiten t_o und t_2 *in M*, dem Ort des Beobachters, ja alle Zeitzahlen auf der Achse m, wie in den klassischen Diagrammen als *durch Uhren* bestimmt zu verstehen. Die Parallelen zur x-Achse aber sind neu zu deuten. Sie artikulieren jetzt eine *Konvention*, die der *Einsteinsynchronisation* nämlich, nach welcher dem *Ankunftsmoment* des Strahls auf A bzw. B die Zeitzahl t_1 von jetzt aus rückblickend *definitorisch zugeordnet* wird, *zunächst* ohne Rücksicht auf die Frage, was für Zeiten (Zeitzahlen) synchronisierte und nach A bzw. B bewegte Uhren in diesem Moment anzeigen würden.

Denkt man sich nun etwa die Sonne S als ruhend und den Stab als in positive x-Richtung geradlinig und gleichförmig relativ zum Ruhe- und Beobachtungsort bewegt, so ergibt sich vom Ruhepunkt S aus gesehen fol-

8.2. Relativistische Längen- und Zeitrechnung

gendes Bild (für die Erläuterung aller Linien und Punkte dieses zentralen Diagramms bitte ich den Leser um einige Geduld):

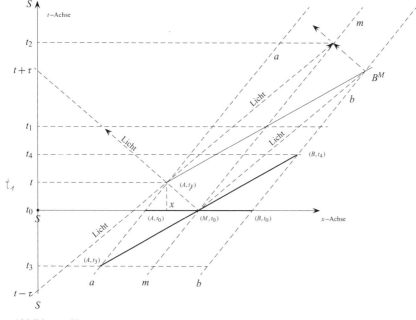

Abbildung 67.

Der Stab AB bewegt sich relativ zu S in (positive) x-Richtung. Die im Diagramm mit ‚a', ‚m' und ‚b' bezeichneten Orts-Zeit-Linien der mit ‚A', ‚B' und ‚M' bezeichneten Stellen auf dem Stab sind dann in Bezug auf die Einsteinsynchronisation von S aus zu deuten. Der Schnitt von a mit einer waagrechten Gleichzeitigkeitslinie etwa, den wir sowohl als Paar ‚(A, t)' als auch als auf S bezogenes Koordinatenpaar von Raum-Zeit-Zahlen ‚(x, t)' notieren wollen, soll im Diagramm die Ecke A des Stabes darstellen in dem Moment, für welchen gilt: Ein zur S-Zeit $t - \tau$ von S ausgesandter Lichtstrahl, der in A gespiegelt wird, kommt zur Zeit $t + \tau$ wieder in S an. Entsprechendes gilt für b bzw. (B, t) und m bzw. (M, t). Dabei ist die Entfernung x von A zur Zeit t, also die x-Koordinate des Punktes $(x, t) = (A, t)$, von S aus unter Rückgriff auf die Lichtgeschwindigkeit durch die Entfernungsmaßzahl $x := c \cdot \tau$ definitorisch bestimmt. Diese Definition stützt sich auf die Messung der Lichtgeschwindigkeit c mit starren Maßstäben und Uhren und, wie wir gleich noch genauer sehen werden, auf den Michelson-Versuch.

Die *Richtung* des Stabes bzw. seiner Stellen A, M oder B ist von S aus mit Hilfe eines als ruhend betrachteten Koordinatenwürfel bestimmt. Der an A reflektierte Strahl fällt zum Zeitpunkt $t + \tau$ aus der betreffenden Richtung – in unserem Fall also aus der Richtung der x-Kante des Würfels – in S ein. M. a. W. zur *rückdatierten Ortsbestimmung* der (Stab)Stelle A (zum S-Zeitpunkt) t benutzt man *Polarkoordinaten*. Man misst die Einfallswinkel des reflektierten Strahls in Bezug auf die Koordinatenachsen in S.

Dass sich der Stab AB bezüglich des Ruhsystems S (geradlinig und) gleichförmig bzw. inertial bewegt, bedeutet nichts anderes, als dass die auf der Basis der Einsteinsynchronisation der Lichtgeschwindigkeitskonstante c und der Winkelmessung definierten Richtungsgeschwindigkeiten aller Stellen auf AB konstant sind. In unserem Fall einer als in x-Richtung konstant angenommenen Bewegung heißt dies, dass sich aus allen entsprechend gemessenen, zu einer Stelle, etwa A, gehörigen Koordinaten (x_i, t_i), (x_j, t_j) konstante Brüche $(x_i - x_j) / (t_i - t_j) = c \cdot (\tau_i - \tau_j) / (t_i - t_j)$ ergeben (und dann natürlich auch $(x_i - x_j) = c \cdot (\tau_i - \tau_j)$), wenn zu den Zeiten $t_i - \tau_i$ von S Lichtstrahlen losgesandt, diese an A reflektiert und zu den Zeiten $t_i + \tau_i$ wieder auf S aufgefangen werden.

Sendet nun ein Beobachter im Mittelpunkt des Stabes M zum (von S aus durch Einsteinsynchronisation bestimmten) Zeitpunkt t_o Licht aus, das an den Stab-Enden A und B reflektiert wird, so kommen nach dem Michelson-Versuch die reflektierten Strahlen gleichzeitig, etwa zur S-Zeit t_2, wieder in M an. Der Michelson-Versuch wird dabei gewissermaßen doppelt benutzt. Zunächst muss ja sichergestellt sein, dass sich der Stab selbst im klassischen Sinne (geradlinig und) gleichförmig, also inertial bewegt. Um dies zu wissen, bedarf es des Vergleichs zwischen der klassischen Definition der gleichförmigen Bewegung, die sich auf starre Maßstäbe und Uhrenzeiten stützt, und der in der geschilderten Einsteinmessung bestimmten Gleichförmigkeit. Da der Michelson-Versuch zusammen mit dem konstanten Wert der Zwei-Wege-Lichtgeschwindigkeit gerade zeigt, dass sich starre (euklidische) Stablängen mittlerer Größe im klassischen Sinne richtungsunabhängig durch Messung der Zeit der Hin- und Herbewegung des Lichtes bestimmen lassen (nun, sofern uns eine entsprechend feine Zeitmessung zur Verfügung steht oder stünde), ist diese Übereinstimmung gewährleistet. Wir werden jetzt inertiale Bewegungen (relativ zu einem als extern gegeben betrachteten Ruhsystem) gemäß der ‚Einstein'-Zeit- und -Längenmessung bzw. -Rechnung definieren, und das Ergebnis des Michelson-Versuchs auf diesen Begriff des Inertialsystems extrapolieren. Gerade so ist auch Einstein selbst vorgegangen, allerdings ohne zu sagen, dass man hiermit den Begriff des Inertialsystems gegenüber dem klassischen (leicht) verändert.

8.2. Relativistische Längen- und Zeitrechnung

Es ergibt sich nun aber, wieder auf der Basis des Michelson-Versuchs, dass die von M aus losgesandten Lichtstrahlen von S aus gesehen die Stab-Enden *nicht* etwa *zur gleichen* (S-)Zeit t_1 erreichen, sondern nacheinander, so wie im Bild gezeichnet. Denn das Licht breitet sich (nach Annahme) unabhängig vom Bewegungszustand von M aus, auf die gleiche Weise also, wie wenn es etwa von einem Körper ausgesandt worden wäre, welcher zu S konstanten Abstand hält und damit im System S ruht, wenn dieser nur in dem betreffenden Moment mit M zusammengetroffen wäre. Das bedeutet, dass wir die Lichtstrahlen in unserem Raum-Zeit-Diagramm grundsätzlich als zur Winkelhalbierenden des Koordinatensystems parallele nach oben gerichtete Geraden einzeichnen können, wenn wir als *Längeneinheit* die zur *Zeiteinheit passende* Zahl (Länge) c nehmen. Es spielt keine Rolle, von welchem Körper das Licht ausgesendet wurde.

Wenn nun unser Beobachter in M den Stab mit Lichtstrahlen ausmisst oder mit dem Stab die Lichtgeschwindigkeit bestimmt, wird er (oder auch: darf er) zumindest zunächst, in einer rein kinematischen Betrachtung, glauben, *er* ruhe und nicht etwa das System S. Er wird den von ihm gemessenen Sachverhalt so schildern, wie wir dies im ersten Bild gesehen haben, nur dass er nicht S, sondern M zusammen mit einem hinzugedachten Orientierungswürfel als Ruhsystem ansieht. Das heißt, ein Beobachter in M wird nicht die x-Achse, sondern, von S aus gesehen, die Gerade $x' = g\,((A, t_3), (B, t_4))$ und alle ihre Parallelen als Gleichzeitigkeitslinien und damit als Raumachsen betrachten. Der Beobachter in M ordnet ja den Ankunftsmomenten der von ihm losgesandten und am Ankunftsort gespiegelten Lichtstrahlen als Zeitzahlen die Summe $t' + \tau'$ der mit Uhren (in unserem Sinne!) auf M gemessenen Sendezeitzahl t' und der Hälfte τ' der Laufzeit des Lichtstrahls zu. Im Bild heißt dies gerade, dass er all denjenigen (auf S bezogenen) Ortszeitpunkten (x, t) die gleiche Zeitzahl zuordnet, welche auf den Gleichzeitigkeitslinien von M liegen. Die Richtungen bestimmt er mit seinem Koordinatenwürfel, dessen eine Kante, also gerade unser Stab AB, die x-Achse festlegt, so dass sich S gemäß der Ortung von M aus in negative x-Richtung bewegt.

Die Annahme, dass sich nach Ortung von M aus (mit M-Uhren!) S in konstante Richtung und mit konstanter Geschwindigkeit bewegt, und dass diese Geschwindigkeit (als Maßzahl) *gleich* ist derjenigen, welche auf S für M ermittelt wurde, dass es ferner für den Beobachter in M keine dynamischen Gründe gibt, nicht sich, sondern S als ruhend zu betrachten, ist nun die eine Hälfte des so genannten Relativitätsprinzips. Es handelt sich um eine Voraussetzung über das Verhalten der Uhren (in unserem Sinne) auf M relativ zur Einsteinsynchronisation.

8. Zeit und Raum in der (speziellen) Relativitätstheorie

Das ist eine (erhebliche) Annahme über das Bewegungsverhalten *aller* einschlägigen mechanischen Systeme im Bezugssystem M relativ zu den Eigenschaften der Lichtausbreitung. Was eine Uhr ist, ist ja, wie wir gezeigt haben, gerade mit Bezug auf die Klasse der typischen Bewegungen (Bewegungssysteme) der klassischen Mechanik definiert.[2] Daraus ergibt sich, dass wir keinen sinnvollen *Zeitbegriff* auf M durch Einsteinsynchronisation willkürlich *definieren* können. Denn woher wüssten wir sonst, dass der so erzeugte Taktgeber auf M zu der angenommenen resp. anzunehmenden Standardklasse von formstabilen resp. formgleichen (reproduzierbaren) Bewegungstypen auf M passt und noch dazu homogen ist (im Sinne der Überlegungen zur Homogenität im 7. Kapitel)?

Klar ist immerhin, dass ein durch Einsteinsynchronisation von S aus auf M etablierter Taktgeber von der Bewegungsform von M relativ zu S abhängen kann, dass also jede Veränderung der Bewegungsform den Taktgeber und damit die Zeitzahlbestimmungen für die lokalen Relativbewegungen in M ändern könnte. Damit also die Einsteinsynchronisation von den Uhren eines Ruhsystems S auf ein (anderes) inertiales System M (im Sinne Einsteins) einen sinnvollen *Zeitbegriff überträgt*, muss man mindestens annehmen, dass alle mechanischen Gesetze invariant gelten: Das eben besagt, dass wir uns in einer sinnvollen Klasse von Bewegungsformen und Zeittaktgebern befinden.

Wir werden im nächsten Abschnitt sehen, was es bedeutet, wenn Einstein gleichzeitig die zweite Hälfte des Relativitätsprinzips annimmt, nach dem auch alle *elektrodynamischen Gesetze* invariant sein sollen bezüglich seines Begriffs der gleichförmigen Bewegung relativ zu einem Ruhsystem.

Jetzt können wir zur Erläuterung unseres Bildes zurückkehren. Im Koordinatensystem, das sich auf einen Beobachter in M und nicht in S bezieht, ist nach dem Gesagten der Stab AB als Strecke (A, t_3) (B, t_4) und nicht als Strecke (A, t_0) (B, t_0) darzustellen. Die Gerade, welche auf S bezogen die raumzeitliche Bewegungslinie m von M darstellt, ist von M aus gesehen als Zeitkoordinate aufzufassen. Die zugehörigen Gleichzeitigkeitslinien, die man auch als Raumkoordinate(n) oder x-Achsen auffassen kann, ergeben sich im Diagramm durch Klappung der Bewegungslinie (Zeitkoordinate) an den Lichtlinien. Zur Frage der Eindeutigkeit sage ich hier nur dies: In jeder (analytisch-)geometrischen Darstellung einer Zeitachse zu einem als ruhend betrachteten Koordinatennullpunkt ist die Wahl der Winkel der Zeit-

---

[2] Dies ist auch faktisch so, wie die Festsetzung der Ephemeriden-Zeitrechnung in Übereinstimmung mit der klassischen Mechanik zeigt. Weil sie praktisch leichter handhabbar ist, ist eine Zeitrechnung durch Zeittakter wie Cäsiumuhren natürlich vorzuziehen, zumal diese ideale Zeiten in hinreichender Näherung anzeigen.

8.2. Relativistische Längen- und Zeitrechnung

geraden zu den Raumkoordinaten rein konventionell. Natürlich ist dann im schiefwinkligen Fall das Raumkoordinatensystem immer parallel zur Zeitlinie zu verschieben.

Die Achse m ist also zweifach, einmal als Zeitkoordinate (t-Achse) von M und einmal als Bewegungslinie von M relativ zu S zu deuten. Das Relativitätsprinzip bedeutet unter Anderem die Annahme, dass gleiche Streckenlängen auf m homogene Uhrentakte auf M repräsentieren, dass also m tatsächlich als Zeitachse im üblichen Sinn aufgefasst werden kann. Dabei werden wir die keineswegs unbedeutende Frage nach der richtigen Zeiteinheit noch gesondert besprechen müssen.

Wir benutzen im Folgenden (weiterhin) die Konvention, dass dasjenige System K_0 als (standardgemäßes) Ruhe- oder Beobachtersystem ausgezeichnet ist, dessen Zeitkoordinate (auf dem Papier) orthogonal auf der waagrechten Raumkoordinate, der zum Ruhsystem gehörigen Gleichzeitigkeitslinie, steht. Die Zeit- oder t-Koordinate selbst bezeichnen wir mit ,K_0', um diese Zuordnung auszudrücken. K_0 übernimmt jetzt die Rolle von S, während die mit K_i ($i = 1, 2 \ldots$) bezeichneten Zeitkoordinaten (die zugleich Bewegungslinien relativ zu K_0 sind!) die Rolle von M übernehmen und inertiale (gleichförmig zu K_0 bewegte) Systeme (Bezugswürfel) darstellen. Es soll zur Zeiteinheit e auf K_0 (z. B. *1 sec*) die graphische Darstellung der zu K_0 gehörigen Längeneinheit E gerade so gewählt sein, dass die Lichtlinien parallel zur Winkelhalbierenden liegen. D. h. es soll $E = c \cdot e$ gelten und e und E graphisch gleich lang dargestellt werden. Die zu den Zeitkoordinaten der Systeme K_i gehörigen Raumkoordinaten (oder besser: Gleichzeitigkeitslinien) ergeben sich dann wie im Beispiel durch Klappung an den Lichtlinien.

Die Gleichzeitigkeitslinien t (bzw. dann auch die zu K_i gehörigen Gleichzeitigkeitslinien t^i) sind, das sei noch einmal gesagt, durch die Methode der Einsteinsynchronisation relativ zu Uhren in K_0 bzw. K_i bestimmt. Werden Lichtstrahlen von K_0 (oder K_i) zu einer K_0-Zeit $t - \tau$ (oder K_i-Zeit $t^i - \tau^i$) ausgesandt, an einem Körper K reflektiert und auf K_0 (bzw. K_i) zur Zeit $t + \tau$ (bzw. $t^i + \tau^i$) wieder aufgefangen, so ordnet man den Ankunftszeiten der Strahlen auf K von K_0 aus die Zeitzahl t zu, von K_i aus die Zeitzahl t^i.

Die Lichtlinien bestimmen offenbar in jeder Zeit t (wobei wir t, wenn es ohne oberen Index auftritt als Zeitmaßzahl auf das Ruhsystem K_0 beziehen wollen) für jedes inertiale System K_i den Bereich all der Raum-Zeit-Stellen, welche durch von K_i zu einer Zeit später als t abgesandte Lichtstrahlen erreichbar sind. Sie bestimmen außerdem den Bereich der Raum-Zeit-Stellen, von welchen auf K_i zur Zeit t möglicherweise ein Lichtstrahl ankommen kann. Der erste dieser kegelförmigen Bereiche heißt aktive Zukunft, der zweite aktive Vergangenheit des Systems K_i zum Zeitpunkt t. Alle Raumzeitpunkte außerhalb dieser beiden Zeitkegel von K_i zur Zeit t heißen bezüglich (K_i, t) raumartig. Wir erhalten das bekannte Minkowski-Welt-Diagramm:

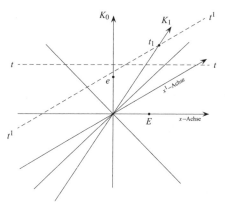

Abbildung 68.

Im vierdimensionalen Fall sind dann die (zu K_i gehörigen) Ortskoordinaten x_1^i, x_2^i, x_3^i eines Körperpunktes zur (K_i-)Zeit t^i über die euklidische Abstandsformel $\left\| \left(x_1^i, x_2^i, x_3^i\right) \right\| = \sqrt{\left(x_1^i\right)^2 + \left(x_2^i\right)^2 + \left(x_3^i\right)^2} := c \cdot \tau^i$ und den Einfallswinkel des Strahls in K_0, also über Polarkoordinaten zu bestimmen, wobei τ^i die halbe Reisedauer des Lichtstrahls ist, der zur Zeit $t^i + \tau^i$ wieder auf K_i ankommt. Der Faktor c rechnet dabei nur die Zeiten in das gewünschte Längenmaß um.

Evtl. mögliche Abweichungen der Richtung des Lichteinfalls aus jeweils anzugebenden physikalischen Ursachen sind dabei natürlich immer eigens zu berücksichtigen. Mögliche Ortungsfehler sind also (etwa rechnerisch) zu berichtigen, z. B., wenn man feststellt, dass die Lichtstrahlen doch nicht ganz gerade sind (die Lichtausbreitung also nicht ganz kugelförmig ist). Ersichtlich kommt aber ein auf optischer Grundlage errichtetes raumzeitliches Koordinatensystem auf keinen Fall ohne den wenigstens lokalen Begriff des (euklidischen) Einfallswinkels aus! Die lokale Euklidizität des relativistischen Raum-Zeit-Modells ergibt sich damit als methodische Forderung schon aus der geschilderten (realen oder fiktiv erweiterten) Messpraxis, und zwar auch für die Allgemeine Relativitätstheorie.

Es wird hier offenbar die (Zwei-Wege-)Konstanz der Lichtgeschwindigkeit als präsuppositionslogische Grundlage der zahlenmäßigen Angaben

8.2. Relativistische Längen- und Zeitrechnung

von Entfernungen und Geschwindigkeiten benutzt. Diese Festsetzungen sind offenbar nicht *willkürlich*, da sie sonst *unsinnig* wären. Sie sind *synthetisch* und doch partiell auch *apriorisch*, durch eine naheliegende und praktisch sinnvolle Extrapolation *begründet*, und zwar dadurch, dass nach all unseren Beobachtungen eine Längenmessung der hier geschilderten Form auf den mittleren Größen mit der Längenmessung durch formstabile Maßstäbe hinreichend genau übereinstimmt. Die Festsetzung stützt sich also auf die erfahrene Konstanz und Richtungs-Unabhängigkeit der Lichtausbreitung (bei Messung im Zwei-Wege-Verfahren!). Vermöge dieses Postulats erweitern wir die elementare Mess- und Rechenpraxis der Längenmessung mit formstabilen Maßstäben durch optische (elektromagnetische) Methoden auf Bereiche, in denen uns eine elementare Messpraxis nicht zur Verfügung steht. Analoges gilt für die Erweiterung der (immer lokalen) Uhren-Zeit-Rechnung durch die Einstein-Zeit-Rechnung, wobei allerdings nicht angenommen werden kann, dass die beiden Zeitrechnungen miteinander übereinstimmen werden, wie wir noch genauer sehen werden. Was es heißt, von Uhren und Ortszeiten in beliebigen Inertialsystemen zu sprechen, wird dazu noch genauer zu besprechen sein.

Die auf der Basis des Michelson-Versuchs für hinreichend begründet erachtete (Zwei-Wege-)Konstanz der Lichtgeschwindigkeit in Inertialsystemen und das Relativitätsprinzip (bzw. zunächst dessen erste Hälfte) sind also die *materiale* Rechtfertigung dafür, dass man die Lichtausbreitung und die auf der Basis der (lokalen) Uhrenzeit etablierte Einstein-Zeitrechnung generell zu einer *Erweiterung* des elementargeometrischen Begriffs des *Abstandes* zweier Orte (*der Länge* einer Strecke) benutzen kann. Sie werden damit zu ‚*materialbegrifflichen*' oder (relativ) ‚*synthetisch-apriorischen*' Vorbedingungen der Deutung der Zahlen einer ‚kosmologischen' Längen-Winkel- und Zeitmessung. Sie werden dies auf der Basis einer breiten Erfahrung, und zwar nicht ohne einen (zumeist durch implizite Anerkennung gefassten) Beschluss der Wissenschaftsgemeinschaft *in Bezug auf die Artikulationsform* und damit *Deutung* der (numerischen) Ergebnisse einer zugehörigen Messpraxis.

Unsere Erweiterung der Praxis der Längenmessung ist nun offenbar nur in *der vierdimensionalen Raum-Zeit* formulierbar. Denn *ein ortsunabhängiger Begriff der Gleichzeitigkeit* steht *nicht* zur Verfügung, oder kann wenigstens nicht a priori angenommen werden.

Jetzt wollen wir uns überlegen, was geschieht, wenn wir das Bezugssystem wechseln, also Zeiten und Abstände nicht mehr von K_0 sondern etwa von K_1 aus bestimmen, das mit K_0 zu einem gewissen Zeitpunkt zusammentrifft, und zwar mit physikalisch identischen und beim Zusammentreffen simultan auf die Zeitzahl 0 synchronisierten Uhren.

Es sei $0 < \beta_1 < 1$ und $c\beta_1$ die konstante Geschwindigkeit von K_1 gemessen in der zur Zeiteinheit $e = 1$ sec auf K_0 gehörigen Längeneinheit $E = c$. Wir markieren dann zunächst *irgendeine* Zeiteinheit e^1 auf der zu K_1 gehörigen Bewegungs- bzw. Zeitlinie $x = \beta_1 \, t$ (oberhalb der x-Achse) *willkürlich*. Nach unseren Annahmen drücken die (reellzahligen) Vielfachen und gleichmäßigen Teile von e^1 auf der Linie K_1 (also im Diagramm) *gleiche* Uhrentakte in K_1[3] und zugleich *gleiche Streckenlängen* in der K_0-Entfernungsmessung aus.

Es sei T_{e1} die K_0-Gleichzeitigkeitslinie, auf der e^1 liegt. Auf der Basis der Einsteinsynchronisation *bewertet* man also *auf* K_0 den Zeitpunkt e^1 auf K_1 als gleichzeitig mit T_{e1}. Man beachte dass ‚e1' hier und im Folgenden eine Notationsvariante für e_1 ist.

Senden wir nun zu Zeiten $-\tau^1$ von K_1 Lichtstrahlen aus, deren Reflexionen an einem anderen Körper zur Zeit τ^1 wieder auf K_1 anlangen, so ergibt sich in unserem Diagramm, das allerdings weiterhin vom Standpunkt K_0 aus gezeichnet ist, eine Figur der folgenden Art:

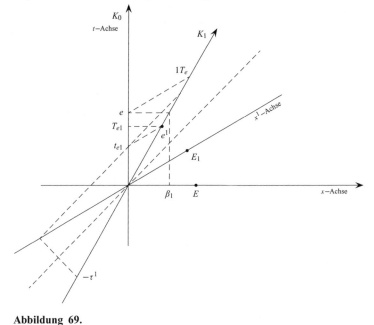

Abbildung 69.

---

3 Um von gleichen Uhrentakten nacheinander überhaupt reden zu können, bedarf es des Begriffs der homogenen Uhr, wie wir ihn eingeführt haben.

8.2. Relativistische Längen- und Zeitrechnung

Die als ‚x^1-Achse' bezeichnete Linie ist dann die Gleichzeitigkeitslinie $t^1 = 0$ im System K_1, und alle ihre Parallelen sind ebenfalls Gleichzeitigkeitslinien von K_1. Die Koordinatengleichung für die x^1-Achse bezogen auf die x, t-Koordinaten ist offenbar $x = t/\beta_1$ bzw. $t = \beta_1 x$. Die Längeneinheit E^1 möge wieder graphisch gleich lang wie e^1 gewählt werden. Es sei nun t_{e1} der Zeitpunkt auf K_0, welcher *von K_1* für gleichzeitig mit der Zeit e^1 erklärt wird, also auf der entsprechenden Gleichzeitigkeitslinie liegt, ^1T_e der Zeitpunkt auf K_1, welcher von K_1 für gleichzeitig mit e erklärt wird.

Ist dann (x, t) irgendein Raum-Zeit-Punkt im Koordinatensystem K_0, so haben wir durch (x, t) die K_1-Gleichzeitigkeitslinie und die K_1-Ortslinie, also die Parallelen zur t^1- und x^1-Achse zu legen, um die (schiefwinkligen) Zeit- und Längenkoordinaten von (x, t) im System K_1 zu berechnen.

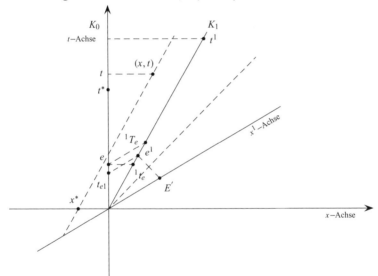

Abbildung 70.

Der Schnittpunkt der Gleichzeitigkeitslinie mit der t-Achse hat dann die Koordinaten $(0, t^*)$ mit $t^* = t - \beta_1 x$, weil ja $x = (t - t^*)/\beta_1$ gelten soll. Der Schnittpunkt der Ortslinie mit der x-Achse hat im Diagramm die Koordinaten $(x^*, 0) = (x - \beta_1 t, 0)$, da $\beta_1 t = x - x^*$ ist. Weil offenbar $t_{e1} : e = e^1 : T_e$ ist, also numerisch $t_{e1} : 1 = 1 : T_{e1}$, erhalten wir aus $e : t^* = T_e : t^1$ den numerischen Wert

(*) $\qquad t = (t - \beta_1 x)/t_{e1}$

Im (affinen) Koordinatensystem K_1 ist die Zeitkoordinate des Punktes (x, t) bezogen auf die Zeiteinheit e^1 gerade dieser Wert t^1. Auf Grund unserer

Normierung der Längeneinheiten erhalten wir – in unserem Diagramm –
als Wert für die x'-Koordinate des Punktes (x,t):

(**) $\qquad x^1 = (x - \beta_1\, t)/t_{e1}$

Wir betrachten nun noch den Zeitpunkt ^1t_e auf K_1, welcher K_0-gleichzeitig
ist zu e. Dann ist offenbar $t = (t^1 + \beta_1 x^1)/{}^1t_e$ und $x = (x^1 + \beta_1 t^1)/{}^1t_e$.
Denn es ist ja $-\beta_1$ der Wert der x'-Koordinate des Punktes $(0, t_{e1})$ im Diagramm. K_0 bewegt sich demnach aus der Sicht von K_1 in der gleichen
Relativgeschwindigkeit, wie sich K_1 von K_0 aus gesehen bewegt. Dies gilt
unabhängig von der Wahl der Zeiteinheit e^1 auf K_1, wenn wir die Längenmaße passend zur Zeiteinheit und Lichtgeschwindigkeit normieren.

Wie lässt sich nun der (numerische) Wert t_{e1} von K_0 aus bestimmen?
Dazu benötigen wir eine *weitere Annahme* über das Verhalten der Lichtausbreitung zwischen Inertialsystemen (im Sinne Einsteins).

Offenbar gibt es *genau eine Wahl* der Zeiteinheit e^1 auf K_1, so dass
die Proportionsgleichung $t_{e1} : e = {}^1t_e : e^1$ erfüllt ist, so dass also numerisch
$t_{e1} = {}^1t_e$ gilt. Dazu muss das Diagramm die folgende Form annehmen:

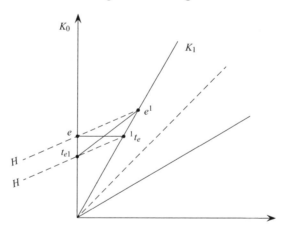

Abbildung 71.

Die beiden mit dem Buchstaben H markierten Linien müssen also parallel
sein. Die in dieser Zeiteinheit e^1 auf K_1 mit Uhren (wirklich oder fiktiv) gemessene Zeit heißt ‚Ortszeit' (Lorentz) oder ‚Eigenzeit' (Einstein) von K_1.

Genau dann, wenn die Proportionalitätsforderung für die Uhrenzeiten in den (sich treffenden) Inertialsystemen erfüllt ist, kommen zu gleichen Uhrenzeiten, d. h. zu gleichen Zeitzahl-Anzeigen entsprechender realer oder fiktiver Taktuhren, von K_0 bzw. K_1 abgesandte Lichtstrahlen zu
gleichen Uhrenzeiten auf K_1 bzw. K_0 an. Das ist das Prinzip der *Einweg-*

Konstanz der Lichtgeschwindigkeit für sich treffende Inertialsystem (im Sinne Einsteins).

Ersichtlich ist diese Einweg-Konstanz der Lichtgeschwindigkeit bisher bloß *rein definitorisch erfüllt*, nämlich durch die passende Festsetzung der Eigenzeiten bzw. der zum Uhrentakt e auf K_0 gehörigen Takteinheit e^1 der Uhren in den Inertialsystemen K_1. Dies alles geschieht auf der Basis der Einsteinsynchronisation.

Es ist nun m. E. die Frage nach dem physikalischen Sinn und der empirischen Rechtfertigung der geschilderten Definition der Eigenzeiten streng zu unterscheiden von den schönen mathematischen Eigenschaften dieser Definition. Trotzdem wird es sinnvoll sein, zuerst die letzteren zu untersuchen, da sie uns über die innere Form der Festsetzung Aufschluss geben.

Zunächst ist wichtig, dass sich mit Hilfe der Proportionalitätsforderung an die Zeittakter allein aus der (in K_0 auf einem Zwei-Wege-Verfahren gemessenen) Relativgeschwindigkeit β_1 von K_1 der numerische Wert von $t_e = t_{e1}$ in der Einstein-Zeitrechnung berechnen lässt. Man betrachte dazu folgendes Diagramm:

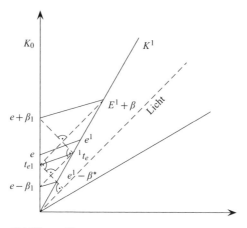

Abbildung 72.

Es ist offenbar $(e + \beta_1)/t_{e1} = t_e/\left(e^1 - \beta^*\right)$. Da numerisch $t_e = t_{e1}$ ist und $\beta_1 = \beta^*$, ist $(t_{e1})^2 = (1 + \beta_1)(1 - \beta_1)$, also $t_{e1} = \sqrt{1 - \beta_1^2}$.

Ersetzen wir nun die Geschwindigkeit β_1 durch v_1/c und beachten, dass dann auch immer t bzw. t_{e1} durch ct bzw. ct_{e1} zu ersetzen ist, so erhalten wir aus den Gleichungen (*) und (**) die bekannten Lorentz-Transformationen für den eindimensionalen Fall:

(*) $\qquad x^1 = (x - v_1 t)/\sqrt{1 - v_1^2/c^2} \qquad$ und

(**) $t^1 = (t - v_1 c^2) / \sqrt{1 - v_1{}^2 c^2}.$

Die Lorentz-Transformationen erlauben es also unter anderem, allein durch (Zwei-Wege-)Messungen der Relativgeschwindigkeit die Orts- oder Eigenzeit zusammentreffender inertial (geradlinig und gleichförmig) bewegter Systeme, also die Einheit e^1 in den Einstein-Koordinaten (d. h. den zur Einsteinsynchronisation gehörigen Zeit- und Längenzahlen) zu berechnen, ohne dass wir Uhren ins jeweils andere System schicken müssten. (Dies alles gilt natürlich nur unter den Annahmen der hier genannten Grundprinzipien der Relativitätstheorie.) Die K_0-Koordinate des Punktes mit K_i-Koordinaten $(0, 1)$ ist gerade $\left(v_i / \sqrt{1 - v_i^2/c^2}, 1 / \sqrt{1 - v_i^2/c^2}\right)$, bzw. $\left(\beta_i / \sqrt{1 - \beta_i^2}, 1 / \sqrt{1 - \beta_i^2}\right)$, wenn wir im zweiten Fall wieder die Normierungen $\beta_i = v_i / c$ und $e = c$ benutzen.

Jetzt sehen wir auch, dass und warum wir in der Relativitätstheorie Geschwindigkeiten nach einer besonderen Formel addieren müssen: Wenn sich K_1 bezüglich K_0 in der Geschwindigkeit $\beta_1 \cdot c = v_1$ in positive x-Richtung bewegt und K_2 bezüglich K_1 mit der Geschwindigkeit $\beta' \cdot c = v'$ in positive x^1-Richtung, so wird sich K_2 keineswegs mit der Geschwindigkeit $v_1 + v'$ in positive x-Richtung bewegen, sondern mit der Geschwindigkeit $v_2 = c\beta_2$ mit $\beta_2 = \beta_1 + \beta' / (1 + \beta_1 \cdot \beta')$. Dies errechnet man leicht aus den Lorentztransformationen.

Wir haben bei unseren Überlegungen die Orthogonalität des K_0-Diagramms offenbar an keiner Stelle benutzt. Beliebige Umrechnungen von (schiefwinkligen) K_i-Koordinaten auf K_j-Koordinaten nehmen daher ganz die gleiche Form an. Wir erhalten daraus sofort die fundamentale *Eichkurve* für die Eigen- oder Uhrzeiten der Inertialsysteme K_i, dargestellt durch die Gleichung $x^2 - t^2 = -1$ bzw. (bei anderer Normierung der Längeneinheit) durch die Gleichung $x^2 - c^2 t^2 = -1$. Dabei beziehen sich die x- und t-Werte auf *irgendein Bezugssystem*, das im Diagramm keineswegs mehr durch die Orthogonalität von Zeit- und Raumachse hervorgehoben zu sein braucht. Wohl aber soll die Raumachse aus der Zeitachse durch Klappung an der Lichtlinie hervorgehen, da ja nur dann die bisherigen Überlegungen anwendbar sind.

Wenn also e^1 auf K_1 die zu e auf K_0 passende Eigenzeit ist und e^2 auf K_2 die zu e^1 auf K_1 passende Eigenzeit auf K_2, dann ist e^2 auch die zu e passende Eigenzeit, sofern die K_i einen gemeinsamen Treffpunkt haben.

Die eigentlichen Koordinatenlinien der hier betrachteten (optischen) Zeit- und Längenrechnung sind, wie wir jetzt sehen, die Lichtlinien, die wir weiterhin, allerdings nur aus Darstellungsgründen, im zweidimensionalen Diagramm als senkrecht aufeinander stehende Strahlen wiedergeben.

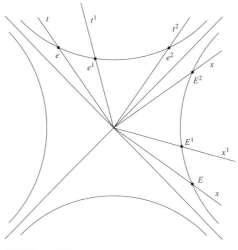

Abbildung 73.

Welches System extern als Bezugssystem gewählt wird, spielt also gar keine Rolle. Wenn wir nun noch die zusätzlichen zwei Raumdimensionen berücksichtigen, erhalten wir die Minkowskische Grundinvariante der Zeit- und Längenrechnung auf der Basis optischer (bzw. elektromagnetischer) Messmethoden, nämlich die quadratische Form $F(x,y,z,t) := x^2 + y^2 + z^2 - c^2 t^2$. Die Minkowski-Metrik $\sqrt{x^2 + y^2 + z^2 - c^2 t^2}$ gibt nach Wahl eines Bezugssystems, von dem aus gemessen wird und durch welches auch die Raumrichtungen bestimmt werden, den Abstand des Raum-Zeit-Punktes $(x,y,z;ct)$ vom Nullpunkt $(0,0,0,0)$ in der folgenden Form an: Ist der Wert der Wurzel imaginär, so ist der Punkt zeitartig. D. h. die Verbindungslinie des Punktes $(x,y,z;ct)$ mit $(0,0,0,0)$ stellt ein Inertialsystem bzw. dessen Relativbewegung zum Bezugssystem dar. Der Wert der Wurzel $\sqrt{c^{\prime 2} - x^2 - y^2 - z^2}$ ist die *Eigenzeit* des Raum-Zeit-Punktes in diesem Inertialsystem. Ist die Wurzel reell, so ist der Punkt raumartig, die Verbindungslinie mit dem Ursprung ist eine Gleichzeitigkeitslinie $t' = 0$ bzw. eine x'-Koordinate und der Wert der Wurzel $\sqrt{x^2 + y^2 + z^2 - c^2 t^2}$ ist der Abstand des Raum-Zeit-Punktes vom Nullpunkt, bezogen auf die zum entsprechenden Inertialsystem gehörige Längeneinheit, welche durch den Schnitt der Eichlinien mit der x'-Achse bestimmt ist. Die Bewegungsbahn oder Zeitachse des zugehörigen Inertialsystems ist natürlich durch Klappung der Geraden x' an der (nächstgelegenen) Lichtlinie zu ermitteln.

8.3 Zeitdilatation und Zwillingsparadox

Wir haben schon an den Diagrammen gesehen, dass die durch Einsteinsynchronisation auf anderen Systemen etablierten Zeiten immer *hinter den Eigenzeiten zurückbleiben*. Es ist ja immer $t_{e1} < e$. Über diesen einfachen und nicht allzu verwunderlichen Sachverhalt hinaus geht die berühmte Behauptung, dass die *Uhren* ihren Gang verlangsamen, ja *die Zeit selbst* langsamer vergeht, wenn man sich von einem Inertialsystem (hinreichend schnell oder lange) weg und dann wieder zurück bewegt. Wir betrachten dazu zunächst die folgende auf die Eigenzeitdefinition bezogene Darstellung dieses Uhrenparadoxons:

Bewegt sich gemäß einer Zwei-Wege-Messung von K_0 aus ein Inertialsystem (bzw. sein Zentrum) K_1, das zur Zeit $t_0 = 0$ mit K_0 zusammentrifft, mit Geschwindigkeit β_1 ($= v_1/c$) in x-Richtung und trifft dort zur K_0-Zeit e auf ein Inertialsystem K_2, welches sich – wieder nach Messung von K_0 aus – mit gleicher Geschwindigkeit auf K_0 zu bewegt, so treffen offenbar K_0 und K_2 zur Zeit $2e$ zusammen. Zeigen die K_1-Uhren die auf die K_0-Uhren und den Treffpunkt $(0,0,0,0)$ bezogenen *Eigenzeiten* an, die K_2-Uhren die auf den Treffpunkt mit K_1 und die K_1-Uhren bezogenen *Eigenzeiten*, so folgt aus der Definition der Eigenzeit, dass die Uhren von K_2 und K_0 beim Zusammentreffen *nicht* die gleiche Zeitzahl anzeigen werden. Dies macht man sich leicht an folgendem Diagramm klar:

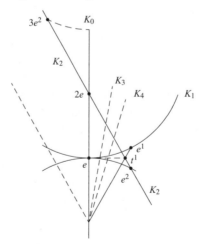

Abbildung 74.

Offenbar treffen K_1 und K_2 zur K_1-Eigenzeit $t^1 < e^1 (= 1)$ zusammen. Wenn man die K_2-Eigenzeiten zunächst statt auf das Treffen mit K_1 auf das Treffen mit K_0 bezieht und in die Vergangenheit zurückrechnet, so ist nicht das jeweilige t, sondern $2e - t$ die K_2-Eigenzeit des Treffpunktes mit K_1. Dies sieht man an der Parallelverschiebung der zu K_1 symmetrischen Punktkörperbewegung K_3 bzw. an der Vergangenheits-Eichkurve bezogen auf den Punkt $(0, 2e)$. *Soll* also das *Prinzip der Einweg-Konstanz* der Lichtgeschwindigkeit für K_2 und K_0 erfüllt werden, dürfen die Uhren auf K_1 und K_2 beim Zusammentreffen *nicht* die gleiche Zeitzahl anzeigen. Man muss jedoch auf K_2 beim Zusammentreffen mit K_1 die zu K_0 passenden Eigenzeit-Uhren nur auf die Zeitanzeige t stellen, ohne ihr Gangverhältnis zu verändern, wenn man die zu K_1 *passenden* Eigenzeit-Uhren auf K_2 erhalten will. Die so gestellten Uhren würden dann offenbar beim Zusammentreffen mit K_0 die Zahl $2t < 2e$ anzeigen. Die Differenz $2e - 2t$ macht gerade die (Eigen)Zeitverschiebung oder Zeitdilatation des relativistischen Uhrenparadoxes aus. Es ist jetzt mathematische Routine, über Approximationen durch Polygonzüge bzw. im Rahmen der Integralrechnung die Eigenzeitverschiebungen auf Kurvenbahnen zu bestimmen.

Zunächst handelt es sich hier jedoch um überhaupt kein Paradox, sondern um eine *schlichte Folgerung aus der Definition der Eigenzeiten* auf inertialen Bewegungsbahnen. Das *Postulat der Einweg-Konstanz der Lichtgeschwindigkeit verlangt* in den geschilderten Fällen die beschriebenen Änderungen der Startzeiten (Anzeigen) der Eigenzeit-Uhren, wenn drei sich zu verschiedenen Zeiten paarweise treffende Inertialsysteme betrachtet werden.

Erst die folgende externe (physikalische) Deutung des Eigenzeitbegriffes erzeugt hier eine Art Paradox. Dieses ist zunächst aber immer noch nur die ungewohnte und eher nicht (so ohne weiteres) einleuchtende *zentrale Behauptung* der Speziellen Relativitätstheorie. Nach dieser Behauptung sind die *Eigenzeitdauern* das *richtige Zeitmaß* für alle in den entsprechenden Inertialsystemen stattfindenden inneren (dynamischen, materiellen) Vorgänge.

Was diese Behauptung *besagt*, macht das Zwillingsparadox nur anschaulich und damit deutlich: Wenn sich einer von zwei Zwillingen mit einer von zwei in K_0 synchronisierten Uhren auf einer Bewegungsbahn B bewegte, welche (annähernd) auf der Bahn K_1 von K_0 weg- und dann auf der Bahn K_2 wieder zurück zu K_0 führt, ohne dass bei den nötigen Richtungs-Beschleunigungen die Uhr (als lokale Uhr!) oder der Organismus der Person zerstört würde, so würde die auf K_0 verbliebene Uhr bei Wiederbegegnung eine größere Zeit(zahl) anzeigen und der daheimgebliebene Zwilling wäre ganz entsprechend *schneller gealtert*.

Behauptet wird also keineswegs nur eine Störung der Taktuhren (also etwa ihre Veränderung in bloße Taktgeber) bei einer Bewegung der geschilderten Art. Behauptet wird eine *globale Eigenschaft aller inneren Vorgänge* in der Materie und aller lokalen Relativbewegungen auf den gekrümmten Bewegungsbahnen, wie sie durch das Verhalten der Eigenzeiten ihren rechnerischen Ausdruck findet. Dies ist insofern konsequent, als die Zeitangabe durch Uhren gerade auch nach unserer Analyse des Uhrenbegriffes nur ein Maß ist für das Verhalten der typischen bzw. relevanten mechanischen oder dynamischen Standardbewegungen in einer gewissen Umgebung der Uhren. Die inneren Vorgänge der Materie lassen sich ja durchaus sinnvoll als derartige lokale Relativbewegungen begreifen oder wenigstens grob als solche anschaulich darstellen. (Auf die durch die Quantenphysik entstehenden Problemlagen gehe ich hier aber nicht auch noch ein.)

Bevor wir auf eine Untersuchung der *Begründungslage* der genannten *zentralen Behauptung der Relativitätstheorie* eingehen, sind einige der immer wieder vorgebrachten Einwände in dem Bände füllenden Streit um das Uhrenparadox kurz zu besprechen.

Ein Einwand besagt, dass man nach dem Relativitätsprinzip auch den zweiten Zwilling und seine Uhr als ruhend auffassen könnte. Das ist nicht der Fall. Allerdings könnte man die ganze Situation von K_1 aus schildern. Dann würde $K_2 \, K_0$ *hinterher reisen.* (Von K_2 aus betrachtet reist $K_0 \, K_1$ hinterher.) Daraus ergibt sich aber keineswegs, wie von Gegnern der Relativitätstheorie häufig gesagt wird, dass die Rückreise auf der Bahn B nach K_0 (in Eigenzeiten gemessen) *länger* dauern müsse als die Zeit, die auf K_1 zwischen dem Zusammentreffen mit K_0 und dem Zusammentreffen mit K_2 vergangen ist. Die Zeitdilatation bedeutet auch keinen Widerspruch zur *Gleichwertigkeit aller Inertialsysteme*. Das Relativitätsprinzip behauptet nämlich nur deren Ununterscheidbarkeit *bezogen auf lokale (innere) mechanische und elektromagnetische* Vorgänge. Immerhin zeigt die vorgebrachte Kritik, dass es wichtig ist, die Prinzipien der Relativitätstheorie detailliert zu analysieren, etwa indem man, wie hier, die dort benutzten Prinzipien der Konstanz der Lichtgeschwindigkeit und des Relativitätsprinzips durch mehrere Prinzipien ersetzt und deren Rechtfertigung *einzeln* untersucht.

Ein weiterer Einwand lehnt die übliche Erklärung der Zeitdilatation durch die Einwirkung von Beschleunigungskräften auf die in der Bahn B bewegten Körper und Uhren ab. Es findet jedenfalls dann keine Richtungsbeschleunigung statt, wenn wir die Uhren in den Inertialsystemen bei ihrem Zusammentreffen nach der Methode der Einsteinsynchronisation und der Definition der Eigenzeiten durch bloße *Informationsübertragung als synchronisiert* denken. Und natürlich ist neben der *Geschwindigkeit* von K_1

8.3. Zeitdilatation und Zwillingsparadox 351

(relativ zu K_0) auch die *Verweildauer* von B im Ruhezustand von K_1 und K_2 für das Ausmaß der Zeitverschiebung verantwortlich. Bezogen auf die (zu K_0 passenden) Eigenzeiten der Inertialsysteme K_i zwischen K_0 und K_1 wird daher die Zeitverschiebung auf K_2 in Richtung K_0 immer größer, was man sich an dem Bild zum Zwillingsparadox leicht klar machen kann.

Lässt sich aber ohne die Annahme eines wirklichen oder fiktiven Transports von Geräten oder anderen materiellen Dingen überhaupt sinnvoll sagen, dass zwei Gegenstände in verschiedenen Inertialsystemen physikalisch gleich seien? Was soll logisch (grammatisch) zur faktischen und dann auch ideal-prinzipiellen Beurteilung der physikalischen Identität zweier Gegenstände gehören? Etwa bloß, dass sie in der gleichen strukturellen (mathematisch formal beschriebenen) Beziehung zu anderen Gegenständen stehen? Damit würde der Identitätsbegriff abhängig von der gewählten Darstellung bzw. Normierung. Würde man z. B. lokale Relativbewegungen von Punktkörpern (von Partikeln etc.) in den Inertialsystemen als physikalisch gleichartig ansehen, wenn ihre Relativgeschwindigkeiten bzw. Beschleunigungen in Bezug auf die lokalen *Eigenzeiten gleich* sind, so würde man die Eigenzeit schon *definitorisch* zu einem Teil des *Identitätskriteriums* erheben. Dasselbe gilt, wenn man die Erfülltheit der Maxwell-Gleichungen der Elektrodynamik in den Inertialsystemen *fordert* und auf diese Forderung hin den (Eigen-)Zeitbegriff und damit dann auch den Identitätsbegriff lokaler Relativbewegungen definiert. Aus einer derart *konventionalistischen* Deutung der Richtigkeit der Eigenzeiten zur Zeitmessung in den Inertialsystemen ließe sich *keine reale* Zeitdilatation der inneren Vorgänge in bewegten Systemen folgern.

Nur wenn wir die zentrale These der Relativitätstheorie wirklich auf bewegte physikalische Gegenstände (oder Systeme) beziehen, deren Identität nicht bloß ‚strukturell', sondern genetisch (durch ihre Historie) bestimmt ist, kann sie überhaupt einen nicht-tautologischen und empirisch überprüfbaren Gehalt ausdrücken.

Ein weiterer, trotz aller Bedenken gegen eine apriorisch als absolut aufgefasste Raum-Zeit noch zu betrachtender Einwand gesteht der relativistischen Zeit- und Längenrechnung alle Prinzipien als hinreichend gerechtfertigt zu bis *auf das Prinzip der Einweg-Konstanz der Lichtgeschwindigkeit*, und das heißt, bis auf die dann mit ihr äquivalente *zentrale These* der Realität des Zwillingsparadoxons. Man könnte nämlich tatsächlich, jedenfalls ohne irgendwelche logischen Widersprüche, annehmen, dass die physikalisch richtigen Zeiteinheiten auf den Zeitachsen der Inertialsysteme mit einem gemeinsamen Treffpunkt (Ursprung) alle auf einer *Geraden* liegen, welche die Lichtstrahlen oberhalb der zu K_0 gehörigen x-Achse schneidet:

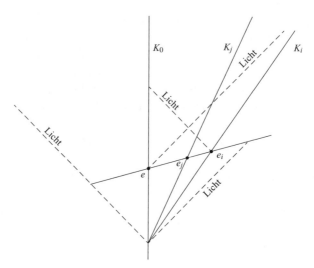

Abbildung 75.

In diesem Fall wäre natürlich zuzugeben, dass wir solange nicht wissen, welches die richtige Gerade ist, solange die Einweg-Geschwindigkeiten des Lichtes zwischen Inertialsystemen nicht mit hinreichend genau definierten Standarduhren in den Systemen hinreichend exakt gemessen werden können. Das Bild zeigt nämlich, dass bei einer Zeitdefinition der geschilderten Art die Einweggeschwindigkeiten des Lichtes *je nach Beobachterort verschieden* wären, und dass man daher gerade diejenige Weltlinie als *eigentlich ruhend* oder als *Zentrum* der physikalischen Welt auffassen könnte, in der die Gleichzeitigkeitslinie der Einstein-Zeit mit der (dann geraden) Eichlinie der Standarduhren übereinstimmte.

Ein solches Zentrum des physikalisch relevanten Raumes, das man sich z. B. nach dem Vorschlag von Ernst Mach als durch die Gesamtheit der Massen der Himmelskörper bestimmt denken könnte, bräuchte natürlich nicht apriorisch als existent angenommen zu werden. Die Hypothese wäre vielmehr als Alternative zur realen Konstanz der Einweg-Lichtgeschwindigkeit zu überprüfen, und zwar mit Hilfe von in anderen Inertialsystemen bewegten und dabei nicht (lokal) gestörten Standarduhren.

Die geschilderte, zur Relativitätstheorie alternative, Hypothese steht nicht im Widerspruch zum Michelson-Versuch und zur empirisch als gesichert anzusehenden Unabhängigkeit der Lichtausbreitung vom Bewegungszustand der Quelle. Denn außer dem in Frage gestellten Prinzip der Einweg-Konstanz der Lichtgeschwindigkeit bleiben die übrigen Prinzipien der Relativitätstheorie erfüllt.

8.3. Zeitdilatation und Zwillingsparadox

Obendrein ließe sich im Rahmen dieser Alternative angesichts unseres beschränkten Wissens über die Einweg-Lichtgeschwindigkeit neben der schon verwendeten Einstein-Zeit auch die Eigenzeit, jetzt aber als vorläufiger analytischer Hilfsbegriff definieren und mit ihm rechnen. Es wären dann eben nur immer die Gangverhältnisse der Einstein- und Eigenzeituhren zu den wirklichen für die Standardbewegungen des betreffenden Inertialsystems *relevanten* Standard-Uhrenzeiten nachzutragen, wenn man sie empirisch ermittelt hätte. In dieser Deutung des Minkowski-Kegels gäbe es *bloß eine rechnerische Zeitdilatation der Eigenzeituhren, keine Zeitverschiebung der Standarduhren und keine rein kinematisch begründete Verlangsamung der Standardvorgänge in bewegten Systemen*. Jede derartige Veränderung der Relativbewegungen wäre vielmehr durch *materie-bezogene* Ursachen zu erklären.

Selbst wenn man die geschilderte Alternative für empirisch falsch hält, macht sie logisch klar, dass die eigentliche Grundthese der Relativitätstheorie tatsächlich die erfahrbare Realität der Einweg-Konstanz der Lichtgeschwindigkeit bezogen auf in die Inertialsysteme *bewegte* Standarduhren bzw. auf mitbewegte Standard-Bewegungen behauptet bzw. behaupten muss, wenn sie nicht ein bloßes Gebäude aus Worten und Definitionen errichten will. Die Realitätsbehauptung der Zeitdilatation bedeutet nichts anderes, als dass gewisse Veränderungen der inneren und lokalen Bewegungszustände der Materie in beschleunigten Systemen *global* sein sollen, und zwar so, dass sie immer nur beim mehrmaligen Zusammentreffen mit anders bewegten Systemen in Bezug zum dortigen Verhalten gleicher Vorgänge bemerkbar werden.

Diese These ist selbstverständlich nicht mehr durch den Michelson-Versuch zureichend begründet. Daher ist Einsteins Theorie nicht bloß eine formal überzeugendere Theorie als die Theorie von Lorentz. Einstein behauptet, zunächst ohne hinreichende Gründe, wesentlich mehr und Anderes. Der Versuch von Michelson-Morley zeigt nur, dass eine solche Behauptung mit unserem bisherigen Wissen kohärent, also sinnvoll möglich ist. Daher hatten diejenigen Kritiker an Einstein zunächst durchaus recht, welche darauf hinwiesen, dass auf keine Weise die Notwendigkeit der Revision der Kinematik und Dynamik im Sinne Einsteins gezeigt worden war, sondern nur, dass ein solche Revision möglicherweise sinnvoll ist. Sie hat dann aber auch durchaus erhebliche materiale Folgen, gerade in Bezug auf Vorhersagen, wie sich langsam bewegte Körper und schnell bewegte atomare Partikel zu einander verhalten.

Einsteins These ist in ihrer Globalität übrigens von einem ähnlichen, wenn nicht dem gleichen, Status, wie die gegenteilige Behauptung, dass hinreichend gute, nicht durch materielle Einflüsse gestörte, synchronisierte und dann bewegte Uhren beim Zusammentreffen immer gleiche Zeitzahlen anzeigen würden.

Wir wollen noch einen weiteren unzulässigen Schluss betrachten: In den Diagrammen erhalten relativ zum Bezugssystem K_0 schnell bewegte Systeme offenbar weit vom Ursprung entfernte Eigenzeitpunkte zugeordnet. Dies bringt im Bild den Sachverhalt zum Ausdruck, dass der Hin- und Rückweg des von K_0 ausgesandten Lichtes in diesen Fällen sehr lang dauert. Weil später gesendetes Licht vorher losgeschicktes nie erreichen kann, ist auf den Lichtlinien weder eine Einstein-Zeit noch eine Eigenzeit definierbar. Es gibt daher keine Eigenzeitpunkte auf den Lichtlinien. Daraus allein lässt sich nun keineswegs *schließen*, dass es keine schnelleren (Partikel-)Geschwindigkeiten als die des Lichts gibt. Die Minkowski-Kegel sind also nur unter einer ganz bestimmten Prämisse Darstellungen des Bereichs der aktiven Vergangenheit und Zukunft eines Raum-Zeit-Punktes. Voraussetzung ist, dass die Lichtausbreitung obere Grenze jeder Informationsübertragung ist in dem Sinne, dass jede physikalischen Einwirkung eines Körpers auf einen anderen eine gewisse Zeit $\mu c > t$ benötigt, wenn die Körper einen Abstand der Größe $c \cdot t$ haben.

Diese Folgerungen ergeben sich (nur), wenn man die Eigenzeiten als reale Anzeige der inneren und lokalen Vorgänge im bewegten System deutet. Erst dann kann man auch sagen, dass in annähernd mit Lichtgeschwindigkeit relativ zu anderen bewegten Systemen der Trägheitswiderstand so groß ist, dass sich die inneren Vorgänge entsprechend verlangsamen. Details zur relativistischen Mechanik brauchen hier wohl nicht weiter ausgeführt werden. Wichtig ist nur, dass die *zentrale These* der Relativitätstheorie eigentlich schon eine *These der Dynamik* (Mechanik) ist und nicht *bloß* der Zeit- und Längenrechnung, also der Kinematik im engeren Sinne.

Allerdings hat sich die – wie gesehen: zunächst bloß als sinnvoll möglich ausgewiesene – Grundüberzeugung Einsteins als richtig erwiesen, dass der Uhren- und damit der Zeitbegriff *nicht* sinnvoll *unabhängig* von dynamischen Überlegungen definiert werden kann und daher nicht rein *a priori*, bloß in Bezug auf ideale Zielvorstellungen, definiert werden sollte. Denn sicherlich ist es im Bereich der Physik wichtiger, dass die Uhren wenigstens *lokal ein gutes Standardmaß für die relevanten formstabilen reproduzierbaren Bewegungen* liefern, als dass sie *bei jedem Zusammentreffen das gleiche Datum* zeigen. Die Prinzipien, auf die sich Einsteins Überlegungen stützen, sind nun allerdings etwas anders als unsere formuliert. In seinen eigenen Worten:

8.3. Zeitdilatation und Zwillingsparadox

‚Dieselben Gesetze der Elektrodynamik und Optik gelten in allen Bezugssystemen, für die die Gleichungen der Mechanik gültig sind. Wir erheben diese Vermutung (deren wesentlicher Inhalt von nun an Relativitätsprinzip heißen soll) in den Status eines Postulats. Gleichzeitig führen wir ein anderes Postulat ein, das nur scheinbar mit dem ersten unvereinbar ist, nämlich dass Licht im leeren Raum immer mit der Geschwindigkeit c propagiert wird, unabhängig vom Bewegungszustand des emittierenden Körpers.'[4]

Einstein unterscheidet hier (noch) nicht zwischen Einweg- und Zweiweg-Konstanz der Lichtgeschwindigkeit. Und doch reicht die schwächere Forderung. Aus der zweiten Hälfte des Relativitätsprinzips, der Annahme nämlich, dass die Maxwell-Gleichungen der Elektrodynamik in beliebigen Inertialsystemen gleichermaßen gelten, hatte schon Lorentz auf der Basis des Michelson-Versuchs die (von Poincaré nach ihm benannten) Transformationen für die Zeiten und Längen sich treffender Inertialsysteme hergeleitet, wobei er allerdings die Ortszeiten als rein mathematisches Hilfsmittel betrachtete, da er noch an einem absoluten Zeitbegriff festhielt. Aus der angenommenen Gültigkeit der Maxwell-Gleichungen in allen über die Hin- und Herbewegung des Lichtes definierten Inertialsystemen (in Einsteins Sinne also), erhalten wir damit die Einwegkonstanz der Lichtgeschwindigkeit resp. die Zeitdilatation. Diese ist also gerade die Folge der zweiten Hälfte des Relativitätsprinzips – natürlich unter der Annahme, dass die Einsteinsynchronisation zu einem vernünftigen Begriff des Inertialsystems führt, und dies beruht wiederum auf den Ergebnissen des Michelson-Versuchs.

Die eigentliche Stütze der für die (spezielle) Relativitätstheorie zentralen Annahme der Einweg-Konstanz der Lichtgeschwindigkeit ist daher für Einstein das Relativitätsprinzip in seiner starken, auf die Elektrodynamik ausgedehnten, Form. Und bis heute ist das Hauptargument für die Theorie die Lorentzinvarianz der Maxwell-Hertz-Gleichungen der Elektrodynamik, wenn man diese als in allen (Einstein-)Inertialsystemen gültig postuliert und damit natürlich eine idealisierende und apriorische Extrapolation vornimmt. Das Grundproblem der Dynamik der Relativitätstheorie ist, wie *dieses* Postulat zu verstehen und zu begründen ist. Der Michelson-Versuch jedenfalls kann entgegen den früher häufig üblichen Darstellungen dafür nicht herhalten.

Für die These von der realen Zeitdehnung sprechen auch noch ein paar empirische Befunde. Bei einem Vergleich von in Satelliten um die Erde be-

---
4 A. Einstein, ‚Zur Elektrodynamik bewegter Körper', Ann. d. Phys. 17, 1905, Einleitung.

wegten Uhren mit auf der Erde ruhenden hat man Gangunterschiede festgestellt, die sich in die Vorhersagen der Relativitätstheorie einfügen lassen. Außerdem hat man gewisse Teilchen (μ-Mesonen) von sehr kurzer Lebensdauer T_0 (10^{-8}sec.) in Beschleunigungsmaschinen hergestellt. Derartige Teilchen entstehen auch beim Zusammenprall von sehr schnellen Protonen mit Teilchen der Erdatmosphäre, und können auf Meereshöhe beobachtet werden. Bei ihrer Lebensdauer T_0 könnten sie aber selbst in Lichtgeschwindigkeit nur eine Strecke von 3 m durchlaufen. Wie können sie daher die 30.000m Erdatmosphäre durchdringen?

Man löst dieses Problem durch Hinweis auf die Zeitdilatation so: Die Eigenzeit des sich bewegenden Teilchens sei nämlich nicht etwa T_0, sondern $T = T_0/\sqrt{1 - v^2/c^2}$, woraus sich dann die (Minimal-)Geschwindigkeit $v = c \cdot (1 - 1/2 \cdot 10^{-8})$ km/sec der kosmischen μ-Mesonen relativ zur Erde errechnen lässt. Eigentlich wird damit aber nicht etwa die längere Lebensdauer kosmischer μ-Mesonen erklärt, sondern das Phänomen dient zur Rechtfertigung der Theorie, in die es sich offenbar leicht einordnen lässt. Das klärt per se noch nicht, ob, wie und welche Beobachtungen ausreichen könnten, um die globale Behauptung der Theorie soweit zu stützen, dass man mit ihr auf hinreichend gesicherte Weise verlässliche Erklärungen und Vorhersagen formulieren kann. M. a. W. methodologisch sind theorieinterne bzw. kohärenztheoretische Erklärungen, nach welchen gewisse Phänomene in die Theorie *eingeordnet* werden können, von Erklärungen mit Hilfe einer für die betreffenden Phänomenart schon hinreichend überprüften Theorie (qualitativ) zu unterscheiden. Die Einordnungen von allerlei Geschehen in ein *Weltbild* sind z. B. Erklärungen der ersten Art. Sie dienen häufig eher als Gründe dafür, dass man sich vorläufig nicht von seinen Vorstellungen abbringen lassen will. Es ist zwar letztlich keine logische, sondern wirklich eine empirisch-physikalische Frage, ab wann man die zentrale Behauptung der speziellen Relativitätstheorie tatsächlich als hinreichend überprüft ansehen kann oder konnte, oder wie lange sie doch noch eher als bloß erst spekulative Idee zu betrachten ist oder war. Um das Problem aber überhaupt zu begreifen, bedarf es m. E. zuvor einer Sinnanalyse der hier versuchten Art. Erst dann wird erkennbar, was die strittigen Behauptungen überhaupt besagen.

8.4 Inwiefern ist der Raum dreidimensional?

Räumliche Verhältnisse an Körpern haben insofern genau *drei* Dimensionen, als ein *Quader* genau *sechs* ebene Flächen besitzt. Je zwei von ihnen, die gegenüberliegenden, liegen parallel. Jede orthogonale Gerade bzw. orthogonale Ebene auf einer ebenen Fläche ist daher eine mögliche Quaderkante bzw. Quaderfläche. Dies wissen wir aus dem Umgang mit entsprechend geformten Körpern, die wir sowohl zur Bestimmung von Längen als auch von geradlinigen Richtungen und Winkeln im Nahbereich unserer Anschauung[5] gebrauchen. Dabei gibt es Quader und Körpergestalten in vielen Größen.

Mehr ist zu den drei Dimensionen *eines von einem Körper umgebenen Raums* nicht zu sagen. Mehr an Informationen erhält man auch nicht, wenn man einen Körper eben schneidet. Es ist zwar völlig richtig: Wenn man Körper irgendwie orthogonal zu einer schon erhaltenen Schnittebene eben schneidet, dann gibt es nur noch genau einen ebenen Schnitt bzw. eine Ebene, die orthogonal zu den beiden anderen Ebenen liegt. Damit scheint, wie Peter Janich meint, gezeigt zu sein, dass und in welchen Sinne der Raum genau dreidimensional ist.

Doch das scheint nur so. Denn es handelt sich offenbar um einen Raum, der durch eine Hohlform fest umgrenzt ist und in bezug auf diesen Rahmen ruht. Insofern ist er unbewegt, aber offenbar auch nur insofern. Ein entsprechender unbewegter Leerraum ist unbedingt zu unterscheiden vom Bewegungsraum der Raum-Zeit, also von räumlichen Verhältnissen sich relativ zu einander bewegender Körper. Dass es so schwierig ist, diese kategoriale Differenz zu begreifen, rührt daher, dass wir in der formentheoretischen Geometrie über ‚beliebig große' Ausdehnungen (Längen, Flächen und Volumina) zu sprechen scheinen. Dies legt die Vorstellung *beliebig umfangreicher Quader und Quadergitter* nahe. In Bezug auf diese scheint auch der Bewegungsraum wenigstens fiktiv ausmessbar zu sein, wie etwa auch Lorenzen in seiner *Elementargeometrie* meint. Man meint also, die Bestimmung der Koordinaten beliebiger Raumpunkte relativ zu einem gewählten Bezugskörper sei nur ein empirisches oder praktisches und nicht vielleicht doch ein prinzipielles, jedenfalls allgemeines und als solches materialbegriffliches Problem. Dass es das tatsächlich ist, erkennen wir nicht unmittelbar, sondern erst im Kontext der Beurteilung der Grenzen einer etablierten, selbst schon begrifflich gefassten und sinnkritisch reflektierten Erfahrung.

---

5 Anschauung, wie ich sie hier verstehe, ist dabei längst schon gemeinsam kontrolliert und nicht, wie im klassischen Empirismus bei Berkeley oder Hume und dann auch noch im Logischen Positivismus des 20. Jahrhundert, etwa beim frühen Carnap, bloß eine subjektive Mannigfaltigkeit sensueller Empfindungen, aus der wir angeblich unsere Welt irgendwie aufbauen. Locke, Quine und andere kognitionstheoretische Naturalisten unterstellen dann noch zusätzlich eine kausale Verursachung der Empfindungen und damit ein Wissen über das Verhältnis von physischer Welt und Wahrnehmung.

Unsere Analyse hat dazu gezeigt, dass die Größen der formentheoretischen Geometrie, also die internen Längen, Flächen und Volumina, selbst *bloß als Proportionen*, also als *abstrakte Größenverhältnisse* in Bezug auf beliebig klein (oder groß) wählbare Einheitslängen zu verstehen sind. Daher sind die beiden zentralen Unendlichkeitsprinzipien der Euklidischen Geometrie, das Archimedische Prinzip und das Parallelenprinzip, keinesfalls unmittelbar als Aussagen über eine angeblich reale Existenz *beliebig* großer Quader oder als Behauptungen zur physischen Realisierbarkeit beliebig bewegungsstabiler Mess-Stäbe zu lesen. Sie sind vielmehr interne Sätze der formentheoretischen Geometrie. Ebenso sagt z. B. der arithmetische Satz, dass es unendlich viele, beliebig große, natürliche Zahlen gibt, nichts über die reale Anzahl der Dinge in der Welt aus. Es ist eine unzulässige Übertragung der immer bloß mathematikintern zu verstehenden Rede von Unendlichkeiten auf die reale Erfahrungswelt, welche uns hier leicht irreführt. Die allgemeinen Zugeständnisse, dass wir immer idealisierende Modelle gebrauchen, sind dabei wenig hilfreich. Es geht ja um die Differenz verschiedener Modelle.

Es war bekanntlich Kant, der auf die Differenz zwischen reiner Anschauung und empirischer Anschauung als erster aufmerksam gemacht hat. Das, was er dazu sagt, ist allerdings gelegentlich, milde gesagt, etwas obskur. Trotz aller Unklarheit erkennt er aber, dass jede Rede von irgendwelchen Unendlichkeiten immer nur im Rahmen reiner, mathematischer, Redeformen wohldefiniert ist. Das ist eine durchaus tiefe Einsicht, auch wenn sie in ihrer sinnkritischen Tragweite bis heute weitgehend unbegriffen ist.

Wie in den mathematischen Modellen die Rede über Unendliches zur Darstellung von endlichen Verhältnissen eingesetzt wird, zeigt sich nun gerade in unserem Übergang von einer Geometrie des Umgangs mit körperlichen Dingen in präsentischer Anschauung zur Darstellung der Räumlichkeit frei gegeneinander sich bewegender Körper. Denn es werden dabei die Grunderfahrungen, die wir mit Körperformen mittlerer Größen machen, aus darstellungstechnischen Gründen im Modell nur in der Form infinitesimaler Verhältnisse repräsentiert. Nur so lassen sich die Differenzen zwischen ‚kleinen' bzw. ‚mittleren' und ‚großen' Entfernungen und Geschwindigkeiten als kategoriale Unterschiede im mathematischen Modell repräsentieren: Der mathematikinterne Bereich des euklidisch verfassten ‚Infinitesimalen' bzw. die entsprechenden Tangentialräume entsprechen dabei sozusagen dem, was extern als ‚kleine' und ‚mittlere' Größen (Längen, Winkel und Geschwindigkeiten) aufzufassen ist. Im Grund heißt das, dass man jetzt die ‚großen' Größen sehr weiter Entfernungen und sehr schneller Geschwindigkeiten zum Maß auch noch der kleinen Größen macht, also

8.4. Inwiefern ist der Raum dreidimensional?

die Elektrodynamik zur theoretischen Grundlage aller Maße erklärt. Theoretisch, d. h. verbal, ist das möglich und sinnvoll. Praktisch sind die Fundierungsverhältnisse gerade umgekehrt.

Wenn wir beachten, dass kategoriale Differenzen wie die zwischen Bewegungen von Festkörpern und der Lichtgeschwindigkeit sich mathematisch nicht einfach darstellen lassen, da man die endliche Lichtgeschwindigkeit nicht einfach ‚gleich unendlich' setzen kann, was aber wegen unserer Gleichungen für die Geschwindigkeitsaddition (also sowohl wegen $a+c=c$, als auch $\beta_2 = \beta_1 + \beta' / (1 + \beta_1 \cdot \beta')$) nötig wäre, dann verstehen wir wenigstens in Umrissen, dass und warum sich in der physikalischen Geometrie die formentheoretischen Darstellungen lokaler räumlicher Verhältnisse in einer gewissen Euklidizität der *infinitesimalen Größen* bzw. der *Tangentialräume* wiederfinden. Denn die geometrischen und chronometrischen Verhältnisse bei kleinen Größen im Blick auf Entfernung, Zeit und Geschwindigkeit sind euklidisch. Um die kleinen Größen aber im mathematischen Modell kategorial von großen Größen unterscheiden zu können, bleibt uns nur die Option, den Verhältnissen der relativ kleinen Größen die Verhältnisse im infinitesimalen Größenbereich bzw. in der Tangentialebene zuzuordnen. Daher sind die Tangentialebenen euklidisch. Den relativ großen Größen entsprechen dann die Längen und Zeiten im Normalbereich. Mit anderen Worten, das Modell orientiert sich an den großen Größen, der Lichtausbreitungsgeschwindigkeit, so dass sich die kategoriale Differenz zwischen den relativ kleinen und lokalen Größen der (Bewegung der) Festkörper und den relativ großen und globalen Größen der Lichtausbreitung im mathematischen Modell als Differenz zwischen der Euklidizität der ‚unendlich' kleinen Größen und ‚Normalgrößen' darstellt.

In der formentheoretischen Geometrie werden, wie wir gesehen haben, intern keineswegs Bewegungen dargestellt. Darstellbar sind bestenfalls Wegverläufe von Bewegungen. Extern entspricht dem die Praxis der Herstellung und Kontrolle geformter Körper. Zeit spielt hier noch keine Rolle. Denn Bewegungen gibt es hier nur im prototheoretischen Hintergrund, nicht in der Theorie. Um Körper in Passlagen zu bringen, müssen wir sie ja bewegen. Man meint zwar, diese Bewegungen ließen sich im mathematischen Modell als Abbildungen von der Zeitgeraden in den dreidimensionalen Punktraum darstellen. Wir haben jedoch gesehen, dass weder die externe Deutung der Zeitzahlen, noch die der Längenverhältnisse ohne Reflexion auf das reale Verhalten von relativ zu einander bewegten Uhren und Körpern wohldefiniert sind.

Am Ende ist einfach anzuerkennen, dass der dreidimensionale mathematische Punktraum der Geometrie als solcher noch gar keine angemessene

Darstellung des Bewegungsraumes sein kann. Dass er es auch dann nicht ist, wenn wir mit der Zeitlinie oder den Zeitzahlen eine Zeitdimension hinzufügen, ist allerdings nicht ganz leicht zu sehen, auch nicht, dass die räumlichen Aspekte sich relativ zu einander bewegender Körper nicht ohne Rückbezug auf ihre Relativbewegungen und damit auf eine vorgängige Zeitlichkeit begreifbar sind. Daher wäre der Raum der bewegten Körper immer schon, also auch schon vor Einstein, als eine Raum-Zeit aufzufassen gewesen. Als solcher ist ‚der Raum' *keineswegs einfach dreidimensional.*

Ob sich dabei von der Raum-Zeit der Bewegungen ein reiner Raumbegriff fein säuberlich abtrennen lässt, wenigstens so, wie es die Galilei-Transformationen sagen, ist außerdem materialbegrifflich keineswegs selbstverständlich. Es wäre daher in jedem Fall vorsichtiger gewesen, wenn man diese Frage *von vornherein* erst einmal *offen* gelassen hätte. Es gibt daher, wie unsere Rekonstruktion zeigt, in gewissem Sinn ‚bloß historische' Ursachen dafür, dass Descartes, Newton und Kant mit einer rein mathematischen Raum-Zeit-Geometrie und insofern apriorischen Kinematik beginnen und dabei insbesondere die reale Bedeutung der Zeitzahlen nicht weiter klären. Das sieht ja auch Einstein explizit und spricht daher (mit Infeld) von einer ‚Gedankenlosigkeit' im Blick auf das klassische ‚Verständnis' der Zeit. Die von Einstein erreichte systematische Klärung eben dieser Zeitangaben wurde gerade durch die Probleme erzwungen, welche sich aus dem Vergleich der Theorien der Elektrodynamik mit der klassischen Mechanik ergeben. Damit sehen wir, dass sich die allgemeine Vorstellung von der Trennbarkeit des Räumlichen vom Zeitlichen auf eine irreführende Projektion der statischen euklidischen Geometrie auf die immer schon raumzeitlich zu verstehenden Verhältnisse im Bewegungsraum stützt. Die Annahme, man könne die Elementargeometrie unmittelbar als apriorische Theorie des Raumes ansehen, ist daher durchaus falsch. Ich habe dazu gezeigt, dass sie ‚nur' eine Theorie geformter Körper ist. Damit nehme ich in gewisser Weise gerade unter Berufung auf Kants eigene Analysemethode (freilich in eigener Rekonstruktion) gegen Kants Urteile Stellung.

Meine These ist daher, dass Einsteins ‚Revision' der vor ihm üblichen Vorstellungen vom Raum und der Zeit keineswegs eine in der Anschauung wohlfundierte Theorie aufhebt, sondern eher, ganz allgemein betrachtet, auf eine wesentliche Lücke in der Analyse des Begriffs der Zeit und damit des Bewegungsraumes aufmerksam macht. Einsteins zunächst noch ganz allgemeinen Reflexionen zu den Begriffen der lokalen Uhrenzeiten und der Bestimmung der Gleichzeitigkeit von Ereignissen an verschiedenen (relativ zu einander bewegten!) Orten im Raum erhält natürlich ihre konkrete physikalische Bedeutung dadurch, dass sich das Verhältnis zwischen der

Bewegung von Festkörpern und der Ausbreitung elektromagnetischer Wellen wie des Lichts als unerwartet komplex erweist. Das heißt aber nur: Der ebenso verständliche, wie sich nicht von selbst erfüllende Wunsch nach einfachen Rechnungen zur Darstellung eines Perspektiven- oder Koordinatenwechsel etwa durch Galilei-Transformationen wird angesichts der realen Verhältnisse offenbar frustriert. Damit zeigt sich, dass sich die Quadergeometrie und die Uhrenchronometrie des Nahbereiches jedenfalls *nicht ohne Kontrolle der faktischen Bewegungsformen* auf den gesamten Bewegungsraum ausdehnen lässt. Ob wir diese Tatsachen ‚empirisch' nennen sollen, oder aber, weil sie ganz allgemein sind, ‚materialbegrifflich' und damit relativ zur Deutung der empirischen Messzahlen für Entfernungen und Zeiten doch lieber ‚a priori', das ist, wie gesagt, Geschmackssache, wenn wir nur den Unterschied zwischen dem echt Empirischen der Einzelbeobachtung und dem Allgemeinen begreifen.

Mathematisch lässt sich, wie ebenfalls schon angedeutet, eine so vage Differenzierung wie zwischen ‚nah' und ‚fern' bzw. zwischen ‚kleinen' Relativgeschwindigkeiten und ‚großen' (aber immer noch endlichen) Entfernungen und Geschwindigkeiten nur dadurch in eine exakte (und kategoriale) Unterscheidung verwandeln, dass das ‚Nahe' und ‚Kleine' im Modell in gewisser Weise zum ‚Infinitesimalen' wird. Die logische Konstitution dieser Sprachtechnik, welche intern eine kategoriale Unterscheidung zwischen ‚infinitesimalen' und ‚normalen' Größen ermöglicht, haben wir hier durch die Rekapitulation der Konstitution der reellen Zahlen, der nonstandard Analysis und der Riemannschen Differentialgeometrie gezeigt. Damit lösen sich die Probleme der Kindheit der Analysis auf, wie sie die vagen Vorstellungen etwa eines Kepler über unendliche Summationen infinitesimaler Längen oder die Fluxionen Newtons mit sich bringen.

Lokal unterscheiden wir dann zwar die Richtungen der Bewegungen, in drei Dimensionen. Aber wir haben keine Möglichkeit, dabei einen Ruheort auszuzeichnen. Das gilt am Ende auch für Drehungen eines Körpers um seine lokale Achse. Eine Auszeichnung der geradlinig-gleichförmigen, also im klassischen Sinn kräftefreien oder eben inertialen Bewegung, gibt es in der realen Welt jedenfalls nicht. Formal bzw. mathematisch ist der Begriff zwar klar. Das reicht aber offenbar nicht aus, um seinen konkreten Weltbezug zu klären. Er ist daher empirisch höchst fragwürdig, wie Einstein klar sieht.

Diese Einsicht ist der systematische Grund, der von der Speziellen zur Allgemeinen Relativitätstheorie führt. Einsteins originale Idee besteht hier eben darin, auf die Hypostasierung einer Klasse fiktiver Raum-Zeit-Geraden, welche inertiale Bewegungen sein sollen, zu verzichten und im Ausgang unseres Wissens über die *reale Lichtausbreitung* bzw. *die Ausbreitung elektromagnetischer Wellen* die metrische (und damit auch topologische) Struktur des realen Raumes der sich relativ zu einander bewegten Körper zu bestimmen. Die ‚Lichtstrahlen' werden dabei gewissermaßen *per definitionem* zu den ‚kürzesten' und damit ‚geradesten' Linien im (physikalischen) Raum und zugleich zur absolut schnellsten Bewegungsform erklärt.[6] Lokal betrachtet, für mittlere und kleine Längen also, die im mathematischen Modell beide durch den infinitesimalen Bereich bzw. die ‚Tangentialebenen' repräsentiert werden, sind sie ja auch wirklich so ‚gerade', wie man sich das empirisch für diese Größen nur wünschen kann. Allerdings müssen dazu, wie sich in der Allgemeinen Relativitätstheorie zeigt, die Feldkräfte der Gravitation in das Bewegungsmodell mit aufgenommen werden, da je nach Wahl des Koordinatennullpunkts eine Relativbewegung als Kräftefeld erscheint. Damit wird in der dualen Materie-Feld-Geometrie nicht bloß der empirisch fragwürdige Begriff der inertialen oder kräftefreien Bewegung aufgehoben, sondern auch der ebenso fragwürdige Komplementärbegriff der (fernwirkenden) Gravitationskräfte. Das geht dann aber über das hier Verhandelte hinaus und soll hier daher nur grob erwähnt werden.

Jetzt begreifen wir auch schon das allgemeine Format des Riemann-Einstein-Raum-Zeitmodells: Das Modell liefert einen mathematischen Rahmen für eine ‚physikalische Geometrie', welche der Empirie einen gewissen Platz zur Bestimmung der globalen kinematischen, also bewegungsgeometrischen Verhältnisse lässt. Dies geschieht im wesentlichen dadurch, dass man im Modell nur den Bildbereich der den Messungen korrespondierenden Abbildungen relativ zur lokalen Messung und zur Darstellung der Messergebnisse a priori fixiert. Die jeweils lokal bzw. je ‚hier und heute' gemessenen Daten betreffen erstens Winkel, zweitens am Ort durch Uhren gemessene Zeiten, drittens indirekt erschlossene Entfernungen, viertens die Feldkräfte. Aus den lokalen Bildern oder Karten im Minkowski-Raum lässt sich eine geometrische Struktur auf den Urbildraum der Messabbildung induzieren. D. h. wir erschließen bzw. rekonstruieren aus den lokalen Karten im Bildbereich die ggf. ‚gekrümmte' Struktur des Urbildraumes, so dass sich die Mess-Abbildungen am Ende umgekehrt als ‚Plättungen' eben dieses gekrümmten Urbildraumes darstellen, in denen die Feldlinien der (Gravitations-)Kräfte schon eingetragen sind. Das alles beruht auf der in Einsteins Modell allererst durchsetzbaren Identifizierung von schwerer und träger Masse und der zusätzlichen Einsicht in die prinzipielle Äqui-

---

6 Die Lichtgeschwindigkeit bildet eine absolute Grenze für jede mögliche Bewegung, so wie der absolute Nullpunkt eine Grenze für jede Minustemperatur ist, sagt schon H. Poincaré 1904, cf. The Monist 15, 1905, 24.

8.4. Inwiefern ist der Raum dreidimensional?

valenz von Masse und Energie, vermittelt durch die zentrale Gleichung $E = mc^2$. Diese besagt zunächst natürlich, dass auch (elektromagnetische) Phänomene wie Energie(wellen) bzw. Licht eine (wenn auch sehr kleine) Masse haben. Andererseits sind dann große Massen als Zusammenballungen großer Energien anzusehen.

Damit wird insbesondere die Ablenkung der Lichtausbreitung durch die Wirkkräfte großer Körper verstehbar. Das muss ins Modell aufgenommen werden. Denn es kann jetzt zwar, *lokal* gesehen, die Lichtausbreitung ‚im lokalen Vakuum' (etwa in einem schnell fallenden Aufzug oder Weltraum) als kugelförmig-konstant angesehen werden. Aber die *globale* Form der Ausbreitung elektromagnetischer Wellen und dann auch der Gravitationskräfte ergibt sich erst über die Auswertung aller lokalen Karten. Diese sind je aus einer bestimmten Perspektive zu lesen. Gewisse hier material nicht näher erläuterte Regeln kovarianter Koordinatentransformationen korrespondieren dabei jeweils einem externen Perspektivenwechsel.

Damit wird auch klar, was es heißt, dass die ‚halbeuklidische' Minkowski-Geometrie die Metrik der lokalen Karten bzw. der Tangentialebenen bestimmt. Das Minkowski-Modell ersetzt damit gewissermaßen die cartesische vierdimensionale Raum-Zeit mit ihrer Hypostasierung von globalen Inertialsystemen. Es wird zu revidierten Form der Darstellung unserer *lokalen Anschauung von Bewegungsformen im globalen Raum*. Daher ist der Bildraum der als diffeomorph angenommenen Mess-Abbildungen die lokale Raum-Zeit der speziellen Relativitätstheorie. Schon in dieser lässt sich, wie gesehen, ein cartesischer dreidimensionaler ‚rein geometrischer' Raum nicht einfach auskoppeln.

Auf diese Weise wird der Raum der Lichtausbreitung und der Relativbewegungen der Körper zu einer vierdimensionalen Mannigfaltigkeit. Unter Bezugnahme auf eine Art Einbettung in den fünfdimensionalen Zahlenraum (der Fünf-Tupel reeller Zahlen) lässt sich über die innere Geometrie dieser Mannigfaltigkeit die so genannte Raumkrümmung bestimmen. Grundsätzlich geschieht dies auf die gleiche Weise, wie Gauß die innere Geometrie des hügeligen Geländes des Harzes bestimmt hat. Freilich gibt es den fünfdimensionalen Raum nur als Zahlenraum, während man die Hügel des Harzes in den drei Dimensionen des Anschauungsraumes real modellieren und inzwischen auch direkt aus der Luft ausmessen kann. Die zusätzliche, fünfte, Dimension ist also nur deswegen nötig, um durch die Idee dieser Einbettung der vierdimensionalen Mannigfaltigkeit der räumlichen Defaultbewegungen in einen cartesischen Raum höherer Dimension die Rede von der Raum(zeit)*krümmung* anschaulich zu erläutern. Extern bzw. realiter bedeutet diese Rede von einer Krümmung, dass die Lichtpartikelbewegungen bzw. die Ausbreitung elektromagnetischer Wellen ‚global gesehen' nicht (alle) im euklidischen Sinn (bzw. im Sinn des Minkowski-Modells) ‚geradlinig' oder ‚kugelförmig' sind. Das heißt am Ende wiederum, dass sich extern, im Bewegungsraum, kein System inertialer Bewegungen global und absolut auszeichnen lässt.

Jetzt können wir unsere Frage, ob und in welchem Sinn der Raum dreidimensional ist, auf entsprechend differenzierte Weise beantworten. Jeder lokale und präsentische Anschauungsraum hat drei Dimensionen. Hinzu kommt in der klassischen Kinematik eine vierte Dimension, die Zeit, definiert durch (lokal) als ‚unbeschleunigt' oder ‚gleichförmig' ausgezeichnete Uhrenbewegungen. Diese liefern einen (lokalen) Standard für die Messung von (lokalen) Geschwindigkeiten und Beschleunigungen. Aber wenn wir zum Raum der Relativbewegungen von Körpern und lichtartigen Phänomen übergehen, ist dieser nicht mehr einfach ein vierdimensionaler cartesischer Raum, aus dem sich die Zeit sozusagen auskoppeln ließe, noch nicht einmal ein Minkowski-Raum der speziellen Relativitätstheorie, der ja zunächst noch eine Klasse globaler gleichförmiger, inertialer Bewegung als Ausgangspunkt (und damit als bestimmbar) unterstellt. Am Ende wird auch diese Vorstellung ‚lokalisiert'.

Andererseits kann uns die Vorstellung von einer vierdimensionalen Raum-Zeit-Mannigfaltigkeit und die Idee ihrer Einbettung in einen fünfdimensionalen cartesischen Zahlen- oder Vektorraum durchaus auch in die Irre führen. Denn schon in einem vierdimensionalen Raum könnte man ja die linke Hand durch eine Bewegung in der vierten Dimension zur Deckung mit der rechten Hand bringen, also in einen rechten Handschuh einpassen. Daher meint wohl Adolf Grünbaum, es sei ‚bloß' eine empirische Tatsache, dass dieses dann doch nicht geht. Doch in Wirklichkeit sind die logischen Verhältnisse gerade umgekehrt. Jedes Raum-Zeit-Modell, das eine solche ‚Bewegung' erlaubte, wäre als Raumzeitmodell inadäquat, so wie es inadäquat wäre, wenn das Modell Reisen in die Vergangenheit erlauben würde. Mit anderen Worten, es sind die materialbegrifflichen Selbstverständlichkeiten oder Phänomene im physikalischen Modell zu retten oder aufzuheben, wenn es denn empirisch sinnvoll und nicht irreführend sein soll. In diesem Sinn ist es auch a priori wahr, dass, was geschehen ist, nicht ungeschehen gemacht werden kann, und dass es a priori einen Unterschied zwischen Raumspiegelungen und Bewegungen im Raum gibt. Das gilt *vor* jeder mathematischen Modellierung dieser materialbegrifflichen Grundtatsache raumzeitlicher Verhältnisse. In einem gewissen Sinn bleibt es daher auch noch nach Entwicklung der Relativitätstheorie richtig zu sagen, dass ‚der Raum' dreidimensional ist, nämlich wenn man das so liest, dass der Satz bloß *dieses* ausdrückt: Die Hinzunahme der vierten Dimension, also der immer schon gerichteten Zeit, in das Raumzeitmodell sowohl in der klassischen Kinematik als auch im Minkowski-Modell und dann auch in der allgemeinen Relativitätstheorie unterscheidet sich ganz wesentlich von der Hinzunahme der dritten Dimension zur Ebene. Daher ist gerade diese Analogie, obgleich sie von Einstein selbst bemüht wird, höchst obskur. Denn im klassischen dreidimensionalen Raum sind z. B. alle Drehungen um einen Punkt einfache Koordinatentransformationen. Entsprechende *Drehungen der gerichteten Zeitlinie im Modell aber lassen sich extern nicht als bloße Perspektivenwechsel deuten*. Und das liegt nicht bloß an irgendwelchen besonderen Theoremen etwa der Thermodynamik. Denn die Gerichtetheit der Zeit gehört als vortheoretische Grunderfahrung zur absoluten Sinnbedingung jedes angemessenen Verständnisses von Zeitzahlen und ist als solche viel allgemeiner als irgendeine besondere physikalische Theorie wie etwa die Thermodynamik. Und auch sonst verhalten sich die Transformationen, welche einem Wechsel der Betrachtung aller Bewegungen von einem bewegten Ort zu einem anderen korrespondieren, anders als die Koordinatentransformationen der Elementargeometrie.

Der Standard sowohl für eine globale Längenmetrik als auch für die Geltung der Bewegungsgesetze der klassischen Mechanik ist jetzt auch nicht mehr ein fiktives Globalsystem von kräftefreien Bewegungen, sondern, nach dem Vorschlag von Einstein, die Ausbreitung von Licht bzw. von elektromagnetischen Wellen, und zwar sowohl für die globalen Bestimmungen von Gleichzeitigkeiten, als auch, freilich im Zusammenwirken mit den lokalen Uhren, zur globalen Längenbestimmung. Auf sie bezogen ist auch die erwähnte Definition der kürzest möglichen und ‚gangbaren' Verbindung zwischen zwei Raumzeitpunkten. Diese ist immer schon gerichtet, und zwar insofern, als sie aus der Vergangenheit über die Gegenwart in die Zukunft führt, nie anders herum. In die Vergangenheit reisen kann man auch nach der Relativitätstheorie gerade *nicht, nicht einmal zu räumlich* fernen und irgendwie als *gleichzeitig* zu wertenden Ereignissen, jedenfalls wenn man die Theorie angemessen deutet.

Wir induzieren dann auf die Raumzeit eine metrische Struktur gerade so wie Gauß auf den Harz. Die lokalen Vierecke der Messungen von Gauß werden hier zu dreidimensionalen Parallelgittern mit einer zusätzlichen lokalen Zeitlinie. Diese repräsentiert die lokale Uhrenzeit, welche, wie gesagt, die je lokale Basis bildet für die indirekte Entfernungsbestimmung auf der Grundlage der als konstant angenommenen Lichtgeschwindigkeit. Lokal bzw. tangential nimmt damit die Raum-Zeit eine Minkowskische Form an. Global ist sie eine gekrümmte Riemannsche Fläche. Das bedeutet gerade, dass es im Modell keine globalen inertialen Linien mehr gibt. Der neue Mess-Standard oder die Defaultbewegung ist also in der Tat die Lichtausbreitung, aber nicht ohne systematische Rückkoppelung an eine Messpraxis, welche lokal mit Quaderformen und guten Uhren operiert.

Der Grund, warum ich im Kapitel 6 an die Technik der Induzierung einer Metrik auf eine Riemansche Fläche erinnert habe, ist nun gerade dieser: Das, was wir als realen Raum und kausales Urbild für unsere Messungen rekonstruieren, ist ein mathematisches Modell, das die Messungen als (diffeomorphe) Abbildungen deutbar macht. Es ist daher eine wissenschaftlich ganz naive Vorstellung, das Raum-Zeit-Modell als unmittelbar wahre oder falsche Darstellungen einer Raum-Zeit an sich zu deuten und die Messungen als unmittelbare Korrespondenzfunktionen. Eine solche ‚Korrespondenztheorie' physikalisch-kosmologischer ‚Wahrheit' wäre trotz aller mathematischer und experimenteller Technik nichts als kindlicher bzw. gedankenloser Phythagoräismus. Andererseits ist an der ‚Realität' der entsprechend rekonstruierten Raumverhältnisse solange und soweit nicht zu zweifeln, als uns das Modell erlaubt, reale Messergebnisse sinnvoll darzustellen und viele reproduzierbare Messergebnisse vorherzusagen. Es liefert daher wie eine gute Weltkarte eine gute Orientierung sowohl in bezug auf schon geschehene Ereignisse als auch auf mögliche Bewegungen, Prozesse und Geschehnisse.

An keiner Stelle aber tritt dabei ein Wissen der Form auf, dass man ‚im Prinzip' alles zukünftige Geschehen ‚schon jetzt' in die Bewegungslandkarten der Raum-Zeit eintragen könnte. Diese Art des apriorischen Determinismus ist ein Aberglauben, der mit den realen Leistungen der physikalischen Wissenschaften am Werktag viel weniger zu tun hat, als manche Wissenschaftsphilosophen zusammen mit spekulierenden Wissenschaftlern am Sonntag glauben oder uns glauben machen wollen. Leider findet diese vorsichtige Deutung der Leistungen der Relativitätstheorie bis heute kaum Gehör.

Dabei löst sich in dieser vorsichtigen Lesart – und nur in ihr – das klassische Problem der Erklärung der Bewegungen durch Kräfte einfach auf. Denn einerseits ist der klassische Kraftbegriff durchaus ominös, besonders in der Vorstellung von einer *actio in distans*, einer Fernwirkung. Dasselbe gilt für die Hypostasierung unbeschleunigter Bewegungen auf geraden Linien als ‚kräftefreier' Bewegungsform. ‚Gravitationskräfte' sollen demnach ‚erklären', warum sich die Körper nicht so bewegen, wie sie sich ohnehin nie bewegen, nämlich geradlinig und unbeschleunigt. Es ist daher ein Fortschritt des Erklärungsformats, wenn wir wenigstens die in kosmischen Körpern zentrierten ‚Gravitationskräfte' direkt in ein geometrisch-

8.4. Inwiefern ist der Raum dreidimensional? 367

dynamisches Feld von Defaultbewegungslinien eintragen, und zwar unter Berücksichtigung der zeitlichen Wirkungsstruktur der ‚Gravitationswellen'. Damit verzichten wir auf die klassische Unterscheidung zwischen einer reinen Kinematik, bestehend aus Quadergeometrie und utopisch-idealer Chronometrie, und einer Dynamik der durch Gravitationskräfte und ggf. durch alle weiteren (ebenfalls utopischen) ‚Kräfte' erklärten Richtungsbeschleunigungen.

Die Gefahren in einer solchen globalen bzw. globus-artigen Vorstellung einer überzeitlichen Körper-Feld-Geometrie bestehen dann aber darin, dass gerade in ihr jede Bewegung als durch das Feld determiniert erscheint. Doch in dieser Lesart wiederholt man nur einen Denkfehler der Antike auf höherer Ebene. Denn der architektonische Gott der Geometrie kennt keine Zeit. Daher würfelt er auch nicht. Die Überzeitlichkeit der griechischen Idee eines geometrischen Weltarchitekten wird damit in die Materie-Feld-Theorie übernommen. Damit betrachtet man die Form der Darstellung, die man als Projektrahmen konkreter Erklärungen für generische Relativbewegungen zu lesen hätte, als schon vollständig bestimmt, so wie in einem schon fertig ausgemalten Atlas oder auf einem Globus. Dass eine solche Lesart des Models sinnvoll sein soll, lässt sich aber nicht einfach durch bloße Behauptungen entscheiden. D. h. jedes entsprechende Glaubensbekenntnis bleibt mystische Spekulation. In ihm wird obendrein die modale Struktur des Zukünftigen, also die relative Offenheit der Zukunft, im kategorialen Unterschied zur Unabänderlichkeit der Vergangenheit gerade wieder vergessen. In einer vorsichtigen Lesart hätte man gerade sie als tiefe Einsicht der Entwicklung der Relativitätsgeometrie ansehen können und müssen. Sie ist eine Einsicht in die notwendige Lokalität der Rekonstruktionen und Kontrollen unserer raum-zeit-geometrischen Karten, samt den induzierten Gesamtbildern, auf der Grundlage lokaler Messungen und entsprechender Modellierungen eines Riemannschen Verursachungsraumes. Wir können hier daher sehr schön sehen, wie eine transzendent-spekulative Geometrisierung der Zeitstruktur einen apriorischen Glauben an die Prä-Determiniertheit aller Bewegungsverläufe und Prozesse nahe legt, obwohl nichts in der realen Erfahrung diese Vorstellung von einer fixierten Zukunft stützt. Im Übrigen lässt sich gerade Einsteins Revision als Zentrierung der Weltdarstellung auf Betrachterperspektiven deuten, ganz in der Linie von Kants Wende der Denkungsart.

Offen ist die Frage, ob die Idee einer Aufhebung des Begriffs der Kraft in einer universalen Feldtheorie zuviel des Guten ist. Das könnte so sein. Denn möglicherweise ist zwar die klassische Kinematik zugunsten einer Defaultdynamik sinnvoll aufzulösen, indem die möglichen Gravitationskräfte in eine entsprechende Raumzeitstruktur einzutragen sind. Es wäre dann aber immer noch Platz zu lassen für die Möglichkeit der Freisetzung anderer, zunächst bloß potentieller, physikalischer Kräfte, die dann auch darstellungstechnisch anders zu behandeln sind.

Es soll hier allerdings keineswegs eine Antwort auf diese und andere Fragen gegeben werden, etwa ob die bescheidenere und skeptischere Idee von Niels Bohr von der Komplementarität und relativen Kontextabhängigkeit verschiedener Methoden der Darstellung und Erklärung am Ende doch der richtigere Ansatz ist gegenüber der allzu optimistischen Suche nach universalen Weltkarten und Weltformeln samt dem zugehörigen oft genug bloß dogmatischen Glauben, dass diese Suche sinnvoll sei. Es geht mir nur darum zu zeigen, dass das letztgenannte Projekt nicht a priori als vernünftig gelten kann, genauso wenig wie der Glaube, ‚es müsse doch' der Raum drei Dimensionen haben und die Zeit überall gleich eindeutig bestimmt sein. Dass sich die Welt so darstellen lässt, kann man sich zwar wünschen. Aber ob der Wunsch sinnvoll erfüllbar ist, kann sich immer erst in den Tatsachen des Wissens und Könnens zeigen.

Wir unterscheiden eben daher auch zwischen einem ‚aktiven' Können im Nahbereich und einem ‚passiven', genauer: theoretischen Wissen. Handlungen können nun zwar immer auch schief gehen. Aber ein bloß einzelnes Scheitern ist per se noch kein Normalfall. In ähnlicher Weise zählt etwa ein Zusammenstoß von Körpern anders als eine freie Defaultbewegung. Der Fall ist analog dazu, dass ein Zwischenfall, bei dem etwa ein Tier sein Ziel, sagen wir das Nest mit den Jungen, nicht mehr erreicht, obwohl es das normalerweise tut, anders als der generische Defaultfall zählt.

Man könnte jetzt analogisch sagen, dass wir die generischen Defaultfälle ‚freier' Bewegungen sozusagen *geometrisch beschreiben*. Weil sich die entsprechenden allgemeinen und ‚freien' Bewegungs- oder Prozessformen reproduzieren, ist unser Wissen über sie wie das Wissen der Geometrie *zeitinvariant*. Wir *erklären* dann die besonderen Zwischenfälle und einzelnen Abweichungen durch Zufälle oder durch sonst wie frei gesetzten Wirkkräfte. Dazu gehören dann wohl auch absichtliche Handlungen.

Natürlich sagen wir oft auch, dass der allgemein beschriebene Defaultfall eine besondere Aktualisierung erklärt, etwa wenn wir fragen, warum der Vogel zum Nest fliegt, und dann auf das allgemeine Verhalten der Vögel bei der Brutpflege verweisen, oder wenn wir erklären, warum ein Himmelskörper von einem anderen eingefangen wurde oder mit ihm zusammengestoßen ist. Ob sich aber Handlungen so erklären lassen, ist mehr als fraglich. Daher ist zwischen der einen Welt, in der wir leben, der Natur, in der sich Dinge frei, d. h. ohne Handlungsintervention, nach generischen Gesetzen bewegen, und einem nicht vorhersehbaren ‚Zufall' unbedingt zu unterscheiden, der als solches wiederum von Handlungsfolgen zu differenzieren ist.

8.5 Zusammenfassung

Nur wenn man es wenigstens prinzipiell für möglich hielte, im System der realen Körper des Weltalls und ihrer Relativbewegungen eine Klasse der geradlinigen oder, wie man dazu üblicherweise auch sagt, gleichförmigen Bewegungslinien global zu bestimmen, wäre der auch noch für die spezielle Relativitätstheorie zentrale Begriff des Inertialsystems bzw. der unbeschleunigt-gleichförmigen Bewegung extern wohldefiniert. Ohne eine solche Anbindung an reale Verhältnisse bliebe dagegen eine Inertialkinematik als Lehre von den kräftefreien Bewegungen immer bloß mathematisch und damit durch rein theoretisches Wunschdenken eines linguistischen Idealismus motiviert. Damit würde jeder Versuch, in impliziter Bezugnahme auf diese (wenigstens gedachten) kräftefreien Bewegungslinien im Raum alle anderen Bewegungen durch Wirkungen von Beschleunigungskräften zu erklären, methodisch fragwürdig. Denn realiter gibt es die Inertialsysteme gar nicht. Es ist zumindest unklar, was es heißt, ihre Realität zu behaupten oder zu unterstellen. Damit kollabiert die präsuppositionslogische Voraussetzung der an die Inertialkinematik angeschlossenen Dynamik. Es liegt daher gewissermaßen in der Logik der Entwicklung des Gedankens bzw. des Begriffs der Kraft und der Erklärung von Bewegungen durch Kräfte, so vorzugehen: Man nimmt die das freie Bewegungsverhalten von Körpern und Partikeln bestimmenden ‚Gravitations'-Kräfte direkt in die Raumgeometrie auf. Man unterscheidet also gar nicht mehr, wie zuvor, zwischen einer freischwebenden, von den wirklichen Körpern im Raum losgelösten, Inertial-Kinematik und einer Gravitationsmechanik bzw. Gravitationsdynamik, sondern beschreibt die freien Bewegungsformen direkt in einer Art total geometrisierten Theorie von Raum, Zeit und Materie.

Damit ändert sich die Situation insofern, als der Begriff der geradlinig-gleichförmigen Bewegung jetzt wieder bloß lokal in Bezug auf Quader und Uhren gedeutet wird. Das heißt, es ist der lokale Bildbereich der Messabbildungen, in welchen wir den ‚künstlichen' Begriff der inertialen Bewegung zu situieren haben. Von hier aus modellieren wir die Krümmungen des Raumes, indem wir unsere Messergebnisse sozusagen in lokal euklidische, genauer Minkowskische Karten eintragen und die Struktur auf den ausgemessenem Raum induzieren. Dazu braucht man die Tensoren. Das aber geht über das Thema dieses Buches insofern hinaus, als die allgemeine

Relativitätstheorie doch nicht mehr bloße Raumgeometrie, sondern schon Dynamik ist und daher schon einen vollen Ersatz der Newtonschen Mechanik darstellt. Hier ging es nur darum, die logische Entwicklung dieser Theorie aus der Raumgeometrie aufzuzeigen.

Insgesamt besteht jede vernünftige Beurteilung, was es wirklich gibt oder was als objektive Realität zu zählen hat, immer in der Unterscheidung zwischen *projektivem Wunschdenken* (eines *bloßen Sollens*, wie sich Hegel ausdrückt) und *wirklicher Erfüllbarkeit*. Von zentraler Bedeutung ist dabei die Differenzierung zwischen rein formallogischen und als solchen rein verbalen Möglichkeiten, wie wir sie in allzu großzügigen kontrafaktischen Konditionalen und in einem Blick von Nirgendwo auf die Welt oder auf eine Menge von möglichen Welten finden, und tatsächlichen Möglichkeiten. Hegel sieht gerade dieses im Kontext seiner Erwägungen zur Erklärungen von Bewegungen und Ereignissen durch *Kräfte*. Er erkennt, dass der Begriff der Kraft ein bloß theoretischer Rede-Gegenstand ist. Kräfte sind als solche immer generisch und theorieabhängig. Sie werden unterstellt, um normale, generische, Ereignisverläufe allgemein darzustellen und eben damit, wie wir sagen, die Einzelverläufe in ihrer jeweiligen Besonderung zu erklären. Soweit eine philosophische Modallogik mit ihren Reden über rein verbale ‚mögliche Welten' auf diese Unterscheidung verzichtet, taugt sie insbesondere nicht zur Erläuterung von Kausalbeziehungen über irreale Konditionalsätze oder eben auch über wirkende Kräfte. Mit anderen Worten, soweit man in den gegenwärtigen philosophischen Reden etwa von Kausalitäten und Determiniertheiten die skizzierte, schwierige, Unterscheidung zwischen *kontrafaktischen Vorstellungen* oder *Utopien* und *realen Möglichkeiten* nicht angemessen berücksichtigt, und soweit man dabei relativ gedankenlos bloß mit reinen wahrscheinlichkeitstheoretischen Modellen arbeitet, ohne deren Bezug auf die reale Welt prototheoretisch aufzuklären (eine Aufgabe, die hier nicht geleistet werden kann), bleiben alle ihre Analysen zur Kausalität von Ereignissen formalistisch. Gerade aufgrund ihrer bloßen Formalität leisten diese dann einer unbegriffenen korrespondenztheoretischen und eben damit transzendenten Metaphysik Vorschub. Es ist dies die Metaphysik des Szientismus oder physikalistischen Naturalismus. Dieser Naturalismus ist das vermeintlich wissenschaftliche, am Ende aber doch nur unsere physikalischen Erklärungen von Phänomenen ontisch überschätzende, Weltbild unserer Zeit. Es erscheint nur dadurch als vernünftig, dass man es mit der in der Tat vernünftigen Anerkennung der Einheit der Welt verwechselt, und weil es sich von theologisch-transzendenten Weltanschauungen scheinbar positiv abhebt. Es ist allerdings nicht leicht, dies einzusehen. Hier wurde am Beispiel der Raum-Zeit-Lehre immerhin

8.5. Zusammenfassung

exemplarisch vorgeführt, wie Erklärungen in den exakten Wissenschaften überhaupt zu verstehen sind, und warum eine größere Bescheidenheit in der Einschätzung unserer Theorien wohl generell not tut.

Vielleicht verstehen wir jetzt auch etwas besser, was Kant wohl hat sagen wollen, bzw. in welche Richtung wir seinen Denkansatz fortsetzen können und sollen, wenn er im § 10 seiner *Prolegomena* schreibt:

> ‚Nun sind Raum und Zeit diejenigen Anschauungen, welche die reine Mathematik allen ihren Erkenntnissen, und Urteilen, die zugleich als apodiktisch und notwendig auftreten, zum Grunde legt'.

Die Mathematik der zunächst zwei- und dreidimensionalen Punkträume wird ja, wie hier gezeigt wurde, aus der Proto-Geometrie der räumlichen Verhältnisse von Körpern über eine abstraktive Sprachtechnik der Ideation oder eine formentheoretische Reinigung entwickelt. Der elementaren Arithmetik korrespondiert die Praxis des Zählens. In einer idealen, formentheoretischen, Kinematik werden klassischerweise Bewegungen als Abbildungen von Zeitzahlen in einen dreidimensionalen Punktraum dargestellt, wobei den Zeitzahlen eine Zeitmessung korrespondiert, die man sich verständlicherweise zunächst als ortsinvariant vorgestellt bzw. gewünscht hatte. Kants Satz sagt vor diesem Hintergrund, dass die Mathematik, soweit sie auf die reale Welt anwendbar ist, wesentlich aufruht auf den entsprechend ideal thematisierten bzw. mathematisch dargestellten Formen der Anschauung. Kant fährt fort:

> (...) wenn man von den empirischen Anschauungen der Körper und ihrer Veränderungen (Bewegung) alles Empirische, nämlich was zur Empfindung gehört, wegläßt, so bleiben noch Raum und Zeit übrig, welche also reine Anschauungen sind, die jenen a priori zugrunde liegen, und daher (...) beweisen, dass sie bloß Formen unsere Sinnlichkeit sind...

Hier wurde gezeigt, dass eine Abstraktionslehre des Weglassens ohne Berücksichtigung der sprachlogischen Konstruktionen in die Irre führt. Alle reinen Ideen von Raum und Zeit haben daher eine sprachtechnische Konstruktion gewissermaßen schon im Rücken. Sie sind also nicht einfach Realformen unserer sinnlichen Wahrnehmung. Sie sind längst schon Idealformen mathematischer Rede. In der reinen Mathematik sprechen wir allerdings auf formalisierte und schematisierte Weise über Idealformen oder generische Forminvarianzen. Nur über ihre Vermittlung gelangen wir zu einer mathematisierten Weltdarstellung. Insofern liegen die Abstraktionen und Ideationen, welche aus der Realanschauung von Körpern zu den Idealformen einer mathematisierten Raum-Zeit führen, jeder entsprechenden quantitativen Darstellung von typischen Bewegungen und dann auch von Einzelbewegungen wirklich relativ a priori zugrunde. Weniger irreführend als der bei Kant häufig vorkommende obskure Ausdruck ‚Formen der Sinnlichkeit' wäre daher die Rede von den *Formen einer durch unsere Darstellungs- und Sprachtechniken geformten Erfahrung* auf der Grundlage eines gemeinsamen Umgangs mit Körperdingen in der präsentischen Anschauung.

Literatur

Bassols, Alejandro Tomasini, *Filosofía y Mathemátikas: ensayos en torno a Wittgenstein*. Mexico 2006.
Becker, Oskar, *Die Grundlagen der Mathematik in geschichtlicher Entwicklung*, Freiburg (Alber) ²1964 (1954).
– ‚Mathematische Existenz. Untersuchungen zur Logik und Ontologie mathematischer Phänomene', in: *Jahrbuch für Philosophie und phänomenologische Forschung*, Bd. VIII (1927), 440–809.
– ‚Das Symbolische in der Mathematik', *Blätter für Deutsche Philosophie 1*, 1927/28, 369–387.
– ‚Die apriorische Struktur des Anschauungsraumes (mit besonderer Beziehung auf H. Reichenbachs Philosophie der Raum-Zeit-Lehre', *Philosophischer Anzeiger 4*, 1930, 129–162.
– *Grundlagen der Mathematik in geschichtlicher Entwicklung*, Freiburg (Alber) ²1964 (1954), Frankfurt/M. ³1975.
– *Größe und Grenze der mathematischen Denkweise*. Freiburg (Alber) 1959.
– ‚Die Rolle der euklidischen Geometrie in der Protophysik', *Philosophia Naturalis 8*, 1964, 348–356.
– *Mathematische Existenz. Untersuchungen zur Logik und Ontologie mathematischer Phänomene*, Tübingen 1973.
Benacerraf, Paul., ‚Mathematical truth', *Journal of Philosophy 70*, 1973, 661–679.
– & Putnam H. (eds), *Philosophy of Mathematics. Selected Readings*. New Jersey, 1964.
Bernays, Paul, Fraenkel, Abraham, *Axiomatic Set Theory*. Amsterdam 1958.
Berry, G., ‚Logic without Platonism', in: D. Davidson und J. Hintikka (eds.), *Words and Objections: Essays on the Work of W.V. Quine*. Dordrecht 1969.
Beth, Everet Willem, *The Foundations of Mathematics. A Study in the Philosophy of Science*. Amsterdam 1959.
– *Mathematical Thought. An Introduction to the Philosophy of Mathematics*. Dordrecht 1965.
Bishop, Errett, *Foundations of Constructive Analysis*, New York 1967.
Bishop, Errett/Bridges, Douglas, *Constructive Analysis*. Berlin 1985.
Böhme, Gernot (Hrsg), *Protophysik - Für und wider eine konstruktive Wissenschaftstheorie der Physik*. Frankfurt a. M. (Suhrkamp) 1976.
– ‚Ist die Protophysik eine Reinterpretation des Kantischen Apriori?', in Böhme 1976, 219–234.
Born, Max, *Die Relativitätstheorie Einsteins*. (zus. m. W. Biem) Berlin (Springer) 1964.

Bourbaki, Nicolas, *Élements de mathématique. Théorie des ensembles*. Paris, engl.: *Elements of Mathematics. Theory of Sets*. Reading/Mass (et al.) 1968.
Brandom, Robert, *Making It Explicit. Reasoning, Representing, & Discursive Commitment*. Cambridge, London (Harvard University Press) 1994.
– *Articulating Reasons. An Introduction to Inferentialism*. Cambridge, London (Harvard University Press) 2000.
– *Tales of the Mighty Dead. Historical Essays in the Metaphysics of Intentionality*. Cambridge, London (Harvard University Press) 2002.
Bridgman, P. W., *The Logic of Modern Physics*. New York (Macmillan Company) 1927.
Brouwer, Luitzen E. J., *Over de Grondslagen der Wiskunde*. Amsterdam/Leipzig 1907.
– ‚De Onbetrouwbaarheid der Logische Principes', in: *Tijdschrift voor Wijsbegeerte* 2, 1908, 152–158.
– *Intuitionisme en Formalisme*. Amsterdam 1912.
– ‚Begründung der Mengenlehre unabhängig vom logischen Satz vom ausgeschlossenen Dritten. Erster Teil: Allgemeine Mengenlehre', *KNAW* [Koninklijke Nederlandse Akademie van Wetenschapen] Verhandlungen, le Sectie, deel XII, no. 5, 1918, 1–43.
– ‚Begründung der Mengenlehre unabhängig vom logischen Satz vom ausgeschlossenen Dritten. Zweiter Teil: Theorie der Punktmengen', *KNAW* (s.o.) Verhandlungen, le Sectie, deel XII, no. 7, 1919, 1–33.
– *Wiskunde, Waarheid, Werkelijkheid*. Amsterdam/Leipzig 1919.
– ‚Intuitionistische Zerlegung mathematischer Grundbegriffe', in: *Jahresbericht der Deutschen Mathematikervereinigung* 33, 1924, 251–256.
– ‚Über die Bedeutung des Satzes vom ausgeschlossenen Dritten in der Mathematik, insbesondere in der Funktionslehre', in: *Journal für eine reine und angewandte Mathematik* 154, 1925, 1–7.
– ‚Zur Begründung der intuitionistischen Mathematik I-III', in: *Mathematische Annalen* 93 (1925) 244–257; 95 (1926) 453–472; 96 (1927) 451–488.
– ‚Intuitionistische Betrachtungen über den Formalismus', in: *Sitzungsberichte der Preußischen Akademie der Wissenschaften*, 1928, 48–52 (ursprünglich in: KNAW *Proceedings* 31, 1928, 374–379).
– ‚Mathematik, Wissenschaft und Sprache', *Monatshefte für Mathematik und Physik* 36, 1929, 153–164.
– *Die Struktur des Kontinuums*. Wien 1930.
– *Collected Works*, Bd. 1: *Philosophy and Foundations of Mathematics*. Bd. 2: *Geometry, Analysis, Topology and Mechanics*, ed. H. Freudenthal, Amsterdam 1975/1976.
Brown, James Robert, *Philosophy of Mathematics. An Introduction of the World of Proofs and Pictures*. London, New York (Routledge) 1999.
Cantor, Georg, *Gesammelte Abhandlungen mathematischen und philosophischen Inhalts.*, hg. v. E. Zermelo, Berlin 1933.
Carnap, Rudolf, *Der logische Aufbau der Welt*. Berlin 1928.
– ‚Die logizistische Grundlegung der Mathematik', *Erkenntnis* 2, 1931, 219–241.

– ‚Formalwissenschaft und Realwissenschaft', *Erkenntnis 5*, 1935, 30–37.
– ‚Die alte und die neue Logik', in: Skirbekk, G. (ed.), *Wahrheitstheorien*, Frankfurt a. M. (Suhrkamp) 1977, 73–88.
Chang, C. C. / Keisler, H. J., *Model Theory*, Amsterdam, New York, Oxford 1977.
Chihara, Charles S., *A Structural Account of Mathematics*. Oxford 2004.
– *Constructibility and Mathematical Existence*. New York (Oxford University Press) 1990.
Christianidis, Jean (ed.), *Classics in the History of Greek Mathematics*. Dordrecht 2004.
Courant, Richard, Robbins, Herbert, *What is Mathematics?*, New York 1941 dt.: *Was ist Mathematik?*, Berlin (Springer) ²1967.
Dalen, Dirk van, *Mystic, Geometer, Intuitionist. The Life of L. E. J. Brouwer*. Oxford 1999.
Dedekind, Richard, *Was sind und was sollen die Zahlen* (1888)? *Stetigkeit und irrationale Zahlen*. (1872) (Sonderdruck) Braunschweig 1965.
– *Gesammelte mathematische Werke*. Herausgegeben von R. Fricke, E. Noether, Ö. Ore. Braunschweig 1932.
Deiser, Oliver, *Reelle Zahlen. Das klassische Kontinuum und die natürlichen Folgen*. Berlin 2007.
Demopoulos, William (ed), *Frege's Philosophy of Mathematics*. Cambridge MA 1995.
Detlefsen, Michael, *Hilbert's Program. An Essay on Mathematical Instrumentalism*. Dordrecht, Boston, Lancaster, Tokyo, 1986.
– ‚Brouwerian Intuitionism', *Mind XCIX*, no. 396, Oct 1990, 501–534.
Dingler, Hugo, *Die Grundlagen der angewandten Geometrie*. Leipzig 1911.
– *Die Grundlagen der Physik. Synthetische Prinzipien der mathematischen Naturphilosophie*. Berlin/Leipzig 1919.
– *Aufbau der exakten Fundamentalwissenschaft*. München 1964.
Drake, F. R., *Set Theory*. Amsterdam 1974.
Dummett, Michael A. E., ‚Wittgenstein's Philosophy of Mathematics', *Philosophical Review 68*, 1959, 324–348.
– *Elements of Intuitionism*. Oxford 1977.
– *Frege, Philosophy of Mathematics*. Cambridge. (Harvard University Press) 1991.
Ebbinghaus, Heinz-Dieter, *Einführung in die Mengenlehre*. Darmstadt 1976.
– et al., *Einführung in die mathematische Logik*. Darmstadt 1978.
– et al. *Grundwissen Mathematik I: Zahlen*. Berlin (Springer) 1983.
– *Ernst Zermelo. An Approach to His Life and Work*. Springer 2007.
Edwards, Harold M., *Essays in Constructive Mathematics*. New York (Springer) 2005.
Einstein, Albert, ‚Zur Elektrodynamik bewegter Körper', *Ann. d. Phys. 17*, 1905, 891ff. (Siehe auch Lorentz et al., *Das Relativitätsprinzip*).
– ‚Die Grundlage der allgemeinen Relativitätstheorie', *Ann. d. Phys. 49*, 1916, 767ff.
– *Über die spezielle und allgemeine Relativitätstheorie*. Braunschweig (Vieweg) 1954.
– *Aus meinen späten Jahren*. Stuttgart 1952 (engl. N.Y. 1950).

Enskat, Rainer, *Kants Theorie des geometrischen Gegenstandes. Untersuchungen über die Voraussetzungen der Entdeckbarkeit geometrischer Gegenstände bei Kant*. Berlin, New York (de Gruyter) 1978.

Ewald, William, *From Kant to Hilbert. A Source Book in the Foundation of Mathematics*. New York & Oxford (Oxford University Press) 1996.

Euklid, *Elemente*. Ed. Cl. Thaer, Darmstadt 1980.

Fefermann, Solomon, *In the Light of Logic*. New York (Oxford University Press) 1998.

Felscher, Walter, *Naive Mengen und abstrakte Zahlen I-III*. Mannheim 1978/9.

Fowler, David, *The Mathematics of Plato's Academy. A New Reconstruction*. Oxford 1999.

Frege, Gottlob, ‚Erkenntnisquellen der Mathematik und der mathematischen Naturwissenschaften' (aus den nachgelassenen Schriften), in: Frege 1973, 227–237.

– ‚Neuer Versuch der Grundlegung der Arithmetik', (aus den nachgelassene Schriften), abgedruckt in Frege 1973 242–247.

– *Schriften zur Logik. Aus dem Nachlass*. Ed. G. Gabriel, Hamburg (Meiner) 1973.

– *Wissenschaftlicher Briefwechsel*. Ed. G. Gabriel et al., Hamburg 1976.

von Fritz, Kurt, *Grundprobleme der Geschichte der antiken Wissenschaft*. Berlin (de Gruyter) 1971.

Gauß, Carl Friedrich, *Disquisitiones generalis circa superficies curvas*, (1828) ed. A. Wangerin, (Allgemeine Flächentheorie).

Gethmann, Carl Friedrich, *Vom Bewusstsein zum Handeln. Das phänomenologische Projekt und die Wende zur Sprache*. München (Fink) 2007.

Gethmann, Carl Friedrich/Siegwart, Geo, ‚The Constructivism of the ‚Erlanger Schule': Backgrounds – Goals – Developments', in: *Cogito* 8, 1994, 226–233.

Gödel, Kurt, *Collected Works I*. Ed.: S. Feferman et al., Oxford, New York, 1986.

– ‚Die Vollständigkeit der Axiome des logischen Funktionen-Kalküls', *Monatshefte für Mathematik und Physik 38*, 1930, 213–242.

– ‚Über formal unentscheidbare Sätze der Principia Mathematica und verwandter Systeme I', *Monatshefte für Mathematik und Physik 38*, 1931, 173–242.

Grattan-Guinness, Ivar (ed), *From Calculus to Set Theory 1630–1910*. Princeton 1980.

– *The Search for Mathematical Roots, 1870–1910*. Princeton 2000.

Grünbaum, Adolf, *Philosophical Problems of Space and Time*. Dordrecht/ Boston ²1973 (1963).

Haaparanta, L./Hintikka. J., *Frege Synthesized. Essays on the Philosophical and Foundational Work of Gottlob Frege*. Dordrecht 1986.

Halmos, P. R., *Naive Set Theory*. Princeton 1960; dt.: *Naive Mengenlehre*. Göttingen (Vandenhoek).

Hallett, Michael, *Cantorian Set Theory and Limitation of Size*. Oxford 1984.

Hart, W. D., *The Philosophy of Mathematics*. New York (Oxford University Press) 1996.

Hartmann, Dirk/Janich, Peter (Hg.), *Methodischer Kulturalismus. Zwischen Naturalismus und Postmoderne*. Frankfurt a. Main 1996.

– *Die Kulturalistische Wende. Zur Orientierung des philosophischen Selbstverständnisses*. Frankfurt a. Main 1998.
Hartshorne, Robin, *Geometry: Euclid and Beyond*. New York 2000.
Hausdorff, Felix, *Grundzüge der Mengenlehre*. Leipzig 1914.
Heath, Sir Thomas, *A Manual of Greek Mathematics*. Oxford 1931.
Hegel, G. W. F., Wissenschaft der Logik I, in: ders., *Gesammelte Werke*, Bd. 21, hg. von Friedrich Hogemann, Walter Jaeschke, Hamburg 1984, S. 199f.
Heijenoort, Jean van (ed), *From Frege to Gödel. A Source Book in Mathematical Logic*. Cambridge, MA 1967.
Heinzmann, Gerhard, *Zwischen Objektkonstruktion und Strukturanalyse*. Göttingen (Vandenhoeck & Ruprecht) 1995.
Hellmann, Geoffrey, *Mathematics without Numbers*. Oxford 1989.
Hermes, Hans, *Aufzählbarkeit, Entscheidbarkeit, Berechenbarkeit. Einführung in die Theorie der rekursiven Funktionen*. Berlin, Heidelberg, New York, 1961 und 1971.
Heyting, Arend, ‚Die intuitionistische Grundlegung der Mathematik', in: *Erkenntnis* 2, 1931, 106–115.
– *Intuitionism. An Introduction*. Amsterdam 1956.
Hilbert, David, *Grundlagen der Geometrie*. Leipzig 1899, 11. Aufl. (mit Suppl. hrsg. v. P. Bernays), Stuttgart 1972.
– ‚Axiomatisches Denken', *Mathematische Annalen 78*, 1918, 405–415, abgedr. in Hilbert 1935, 146–156 und Hilbert 1964, 1–11.
– ‚Neubegründung der Mathematik (1. Mitteilung)', Abhandlungen aus dem mathematischen Seminar der Hamburgischen Universität 1, 1922, abgedr. in Hilbert 1935, 157–177 und Hilbert 1964, 12–32.
– ‚Die logischen Grundlagen der Mathematik', *Mathematische Annalen 88*, 1923, 151–165, abgedr. in Hilbert 1935, 178–191 und Hilbert 1964, 47–78.
– ‚Über das Unendliche', *Mathematische Annalen 95*, 1926; abgedr. in Hilbert 1935, 367–392 und Hilbert 1964, 79–108.
– *Gesammelte Ahandlungen*, Band III. Berlin 1935.
– *Hilbertiana, Fünf Aufsätze*. Darmstadt 1964.
– & Bernays, Paul, *Grundlagen der Mathematik I und II*. Berlin 1934 und 1968 bzw. 1939 und 1970.
– *Lectures on the Foundations of Geometry 1891–1902*. (M. Hallett, U. Majer, eds.). Berlin 2004.
Hintikka, Jaakko, *The Principles of Mathematics Revisited*. Cambridge 1996.
Hodges, Wilfrid. *Model Theory*. Cambridge 1993.
Hübner, Kurt, Menne, A. (Hrsg.), *Natur und Geschichte*, X. Deutscher Kongress für Philosophie, Kiel 1972, Hamburg 1973.
Husserl, Edmund, *Philosophie der Arithmetik. Psychologische Untersuchungen*. Halle 1891.
– ‚Philosophie als strenge Wissenschaft', in: *Logos* 1, 1910/11, 289–340 (Nachdr. Frankfurt a. M. 1965).
Inhetveen, Rüdiger, *Konstruktive Geometrie. Eine formentheoretische Begründung der euklidischen Geometrie*. Zürich (BI) 1983.

Jacquette, Dale (ed.), *Philosophy of Mathematics. An Anthology.* Oxford 2002.
– *Philosophy of Logic. An Anthology.* Oxford 2002.
Jahnke, Hans Niels (ed.), *Geschichte der Analysis.* Heidelberg 1999.
Janich, Peter, *Die Protophysik der Zeit. Konstruktive Begründung und Geschichte der Zeitmessung.* Überarbeitete Ausgabe: Frankfurt (Suhrkamp) 1980, erste Ausg. Mannheim (BI) 1969.
– ‚Zur Protophysik des Raumes', in: Böhme 1976, 83–130.
– (Hg.) *Methodische Philosophie. Beiträge zum Begründungsproblem der exakten Wissenschaften in Auseinandersetzung mit Hugo Dingler.* Zürich (BI) 1984.
– H. Dingler, ‚Die Protophysik und die spezielle Relativitätstheorie', in Janich 1984, 113–127.
– (Hg.) *Protophysik heute.* Sonderheft von ‚Philosophia Naturalis', 1985/1.
– *Euklids Erbe. Ist der Raum dreidimensional?* München (Beck) 1989.
– (Hg.) *Entwicklungen der Methodischen Philosophie.* Frankfurt a. M. 1992.
– ‚Was heißt und woher wissen wir, dass unser Erfahrungsraum dreidimensional ist?', in: *Sitzungsbericht der Wissenschaftlichen Gesellschaft an der Johann Wolfgang Goethe-Universität Frankfurt am Main*, Bd. XXXIV, 2, 1996.
– *Das Maß der Dinge. Protophysik von Raum, Zeit und Materie.* Frankfurt a. M. (Suhrkamp) 1997.
– *Kleine Philosophie der Naturwissenschaften.* München (Beck) 1997.
– ‚Die Begründung der Geometrie aus der Poiesis', in: *Sitzungsberichte der Wissenschaftlichen Gesellschaft an der Johann Wolfgang Goethe-Universität Frankfurt am Main* , Bd. XXXIX, Nr. 2.
– *Logische-pragmatische Propädeutik. Ein Grundkurs im philosophischen Reflektieren.* Weilerswist 2001.
– (Hg.) *Wissenschaft und Leben. Philosophische Begründungsprobleme in Auseinandersetzung mit Hugo Dingler.* Bielefeld 2006.
Juhos, Béla, *Die erkenntnislogischen Grundlagen der modernen Physik.* Wien 1965.
Karzel, Helmut/Kroll, Hans-Joachim, *Geschichte der Geometrie seit Hilbert.* Darmstadt 1988.
Kambartel, Friedrich, *Erfahrung und Struktur. Bausteine zu einer Kritik des Empirismus und Formalismus.* Frankfurt (Suhrkamp) 1968.
– ‚Apriorische und empirische Elemente im methodischen Aufbau der Physik', in: Böhme 1976.
– ‚Strenge und Exaktheit', in: Lueken, G.-L. (Hg.), *Formen der Argumentation*, Leipzig (Universitätsverlag) 2000, 75–86.
Kamlah, Wilhelm/Lorenzen, Paul, *Logische Propädeutik. Vorschule des vernünftigen Redens.* Mannheim 1967.
Kant, Immanuel, ‚Von dem ersten Grunde des Unterschieds der Gegenden im Raume', *Kant Werkausgabe*, ed. H. Weischedel, Darmstadt und Frankfurt a. M. (Suhrkamp) 1960.
– *Kritik der reinen Vernunft. Kant Werke I.* ed. H. Weischedel, Darmstadt/ Frankfurt 1956.
– *Prolegomena zu einer jeden künftigen Metaphysik, die als Wissenschaft wird auftreten können. Kant Werke III.* Ed. H. Weischedel, Darmstadt/ Frankfurt 1958.

– ‚De mundi sensibilis atque intelligibilis forma et principiis', *Kant Werke III*. Ed. H. Weischedel, Darmstadt/Frankfurt 1958.
– *Metaphysische Anfangsgründe der Naturwissenschaft. Kant Werke V.* Ed. H. Weischedel, Darmstadt/Frankfurt 1957.
Kleene, Stephen C., *Introduction to Metamathematics*. Princeton 1952.
Klein, Felix, *Vergleichende Betrachtungen über neuere geometrische Forschungen.* Erlangen 1872.
Kline, Morris, *Mathematical Thought from Ancient to Modern Times* (Vol. 1,2,3). New York & Oxford (Oxford University Press) 1972.
Kolman, Vojtich, ‚Lässt sich der Logizismus retten?', *Allgemeine Zeitschrift für Philosophie*, 30, 159–174, 2005.
– ‚Gödel's Theorems and the Synthetic/Analytic Distinction', in: Kolman, V. (ed.) *From Truth to Proof*. Prag 2007.
– ‚Logicism and the Recursion Theorem', in: Tomala, O./Honzík, R. (eds.). *Logica Yearbook 2006*. Prag 2007.
– ‚Der Zahlbegriff und seine Logik. Die Entwicklung einer Begründung der Arithmetik bei Frege, Gödel und Lorenzen', to appear in: *Logical Analysis and the History of Philosophy,* Bd. 11.
– ‚Is the Continuum Denumerable?', to appear in: Peliš, M. (ed.) *Logica Yearbook 2007*, 2008.
Koriako, Darius, *Kants Philosophie der Mathematik. Grundlagen – Voraussetzungen – Probleme*. Hamburg (Meiner) 1999.
Körner, Stephan, *The Philosophy of Mathematics. An Introductory Essay.* London 1960, dt.: *Philosophie der Mathematik. Eine Einführung*. München 1968.
Lakatos, Imre, *Proofs and Refutations: The Logic and Mathematical Discovery.* Cambridge 1976.
– ‚Cauchy and the Continuum: The Significance of Nonstandard Analysis for the History and Philosophy of Mathematics', *Mathematical Intelligence* 1, 151–161.
Landau, E., *Grundlagen der Analysis. Das Rechnen mit ganzen, rationalen, irrationalen, komplexen Zahlen. Ergänzung zu den Lehrbüchern der Differential- und Integralrechnung.* Leipzig 1930, repr. Frankfurt 1970.
Laugwitz, D., *Differentialgeometrie*. Stuttgart ^{3}1977 (1960).
Lavine, Shaughan, *Understanding the Infinite*. Cambridge 1994.
Leibniz, G.W., *Hauptschriften zur Grundlegung der Philosophie, I und II*. Übers.: A. Buchenau, Einleitungen: E. Cassirer, Hamburg 1904, ^{3}1966.
– *Neue Abhandlungen über den menschlichen Verstand*. Ins Deutsche übersetzt, mit Einleitung, Lebensbeschreibung des Verfassers und erläuternden Anmerkungen versehen von C. Schaarschmidt. Zweite Auflage. Leipzig: Dürr, 1904 (Philosophische Bibliothek, Bd. 69).
Lindemann, ‚Über die Zahl π', Math. Ann. 20 (1893), 213–225.
Lingenberg, R., *Grundlagen der Geometrie*. Zürich (BI) 1978.
Lorentz, H. A., Einstein, A., Minkowski, H., *Das Relativitätsprinzip*. Stuttgart (Teubner) 1958.

Lorenzen, Paul, ‚Konstruktive Begründung der Mathematik', in: *Mathematische Zeitschrift* 53, 1950, 162–201.
- ‚Algebraische und logistische Untersuchungen über freie Verbände', *Journal of Symbolic Logic 16*, (1951), 81–106.
- ‚Das Begründungsproblem der Geometrie als Wissenschaft der räumlichen Ordnung', *Philos. Nat. 6*, 1960, 415–431.
- ‚Wie ist Philosophie der Mathematik möglich?', *Philosophia Naturalis* 4, 1957, 192–208.
- *Metamathematik*. Mannheim 1962.
- ‚Gleichheit und Abstraktion', *Ratio 4/77*, 1962.
- *Differential und Integral. Eine konstruktive Einführung in die klassische Analysis*. Frankfurt 1965.
- ‚Constructive Mathematics as a Philosophical Problem', in: *Compositio Mathematica* 20, 1968, 133–142.
- *Methodisches Denken*. Frankfurt a. M. 1968.
- ‚Eine Revision der Einsteinschen Revision', *Philos. Nat. 16*, 1976. 383–391.
- ‚Eine konstruktive Theorie der Formen räumlicher Figuren', *Zentralbl. f. Didaktik d. Math. 9/2*, 1977, 95–99.
- ‚Relativistische Mechanik mit klassischer Geometrie und Kinematik', *Math. Z. 155*, 1977, 1–9.
- ‚Geometrie als metatheoretisches Apriori der Physik', in: Pfarr (Hrsg.) 1981.
- *Elementargeometrie. Das Fundament der Analytischen Geometrie*. Mannheim (BI) 1984.
- ‚Neue Grundlagen der Geometrie', in Janich (Hrsg.), 1984, 101–112.
- *Lehrbuch der konstruktivistischen Wissenschaftstheorie*. Mannheim (BI) 1987.
Lueken, Geert-Lueke (Hg.), *Formen der Argumentation*. Leipzig (Universitätsverlag) 2000.
Maddy, Penelope, *Realism in Mathematics*. Oxford 1990.
- *Naturalism in Mathematics*. Oxford 1997.
Mainzer, Klaus, *Geschichte der Geometrie*. Zürich (BI) 1980.
Mancosu, Paolo, *Philosophy of Mathematics & Mathematical Practice in Seventeenth Century*. New York & Oxford (Oxford University Press) 1996.
- *From Brouwer to Hilbert. The Debate on the Foundations of Mathematics in the 1920*. Oxford 1998.
Manders, Ken, ‚Interpretations and the Model Theory of the Classical Geometries', in: G. Mueller and M. Richter (eds.), *Models and Sets*. Springer Lecture Notes in Mathematics 1103 (1984), pp. 297–330.
- ‚Domain extension and the philosophy of mathematics', *Journal of Philosophy* 86 (1989), pp. 553–62.
Marder, L., *Time and the Space-Traveller*. dt.: *Reisen durch die Raum-Zeit. Das Zwillingsparadoxon – Geschichte einer Kontroverse*. Braunschweig (Vieweg) 1979 (engl.: London 1971).
Mayberrey, J. P., *The Foundations of Mathematics in the Theory of Sets*. Cambridge 2000.

Mehrtens, Herbert, *Moderne Sprache Mathematik*. Frankfurt a. M. (Suhrkamp) 1990.
Menger, Karl, ‚Der Intuitionismus', in: *Blätter für die Deutsche Philosophie* 4, 1930, 311–325.
Mittelstaedt, P., *Philosophische Probleme der modernen Physik*, Mannheim ^{5}1976 (1963).
– *Der Zeitbegriff in der Physik. Physikalische und Philosophische Untersuchungen zum Zeitbegriff in der klassischen und relativistischen Physik*. Mannheim (BI) ^{2}1980 (1976).
Mittelstraß, Jürgen, *Die Rettung der Phänomene*. Berlin 1962.
– ‚Metaphysik in der Methodologie der Naturwissenschaften', in: Hübner/Menne (Hrsg.) 1973.
– ‚Die geometrischen Wurzeln der Platonischen Ideenlehre', *Gymnasium 92*, (1985), 399–418.
Moore, Gregory H., *Zermelo's Axiom of Choice. Its Origins, Development and Influence*. Springer 1982.
Müller, Thomas (Hg.), *Philosophie der Zeit. Neue analytische Ansätze*. Frankfurt a. M. (Klostermann) 2007.
Neumann, Johann von, ‚Die formalistische Grundlegung der Mathematik', *Erkenntnis* 2, 1931, 116–121.
Netz, Reviel, *The Shaping of Deduction in Greek Mathematics. A Study in Cognitive History*. Cambridge, New York (Cambridge University Press) 1999.
Parsons, Charles, *Mathematics in Philosophy. Selected Essays*. Ithaca 1983.
Pfarr, J. (Hrsg.), *Protophysik und Relativitätstheorie*. Mannheim (BI) 1981.
Posy, Carl. J (ed.), *Kant's Philosophy of Mathematics. Modern Essays*. Dordrecht 1992.
Potter, Michael, *Reason's Nearest Kin: Philosophies of Arithmetic from Kant to Carnap*. Oxford 2000.
– *Set Theory and its Philosophy*. Oxford 2004.
Prätor, Klaus (Hg.), *Aspekte der Abstraktionstheorie*. Aachen (Rader) 1988.
Quine, W.V. O, *Word and Object*. Cambridge(Mass) 1960.
– *Mathematical Logic*. New York (Harward University Press) 1940.
– *Set Theory and its Logic*. Cambridge MA 1969.
– ‚Two Dogmas of Empiricism', in ders.: *From a Logical Point of View*. Harvard 1980.
Ramsey, Frank Plumpton, ‚The Foundations of Mathematics', *Proceedings of the London Mathematical Society 25*, 338–384.
Reichenbach, Hans, *Philosophie der Raum-Zeit-Lehre*. Berlin (de Gruyter) 1928.
– ‚Zum Anschaulichkeitsproblem der Geometrie. Erwiderung auf Oskar Becker', *Erkenntnis* 2, 1931, 61–72.
– *Space & Time*. New York 1958.
Remmert, R., ‚Was ist π?' in: Ebbinghaus et al. 1983, 98–122.
Resnik, M. D., *Frege and the Philosophy of Mathematics*. Ithaca, 1974.
– *Mathematics as a Science of Patterns*. Oxford 1997.

Riemann, Bernhard, ‚Über die Hypothesen, welche der Geometrie zu Grunde liegen' (1854), ed. H. Weyl, Berlin 1919.
Robinson, Abraham, *Nonstandard Analysis*. Amsterdam, London 1966, ²1974.
Russell, Bertrand, *An Essay on the Foundations of Geometry*. Cambridge 1897.
– *Introduction to Mathematical Philosophy*. London 1919.
Sacks, Gerald E. (ed.), *Mathematical Logic in the 20th Century*. Singapore 2003.
Sasaki, Chikara, *Descartes's Mathematical Thought*. Dordrecht 2003.
Schirn, Matthias (ed.), *Philosophy of Mathematics Today*. Oxford 1997.
– *Frege: Importance and Legacy*. Berlin 1996.
Schleichert, Hubert, ‚Lösungsversuche für das Uhrenparadoxon, erkenntnislogisch betrachtet', *Philosophia Naturalis 9*, Heft 3, 1966.
Schneider, Hans Julius, *Historische und systematische Untersuchungen zur Abstraktion*. Dissertation Erlangen 1970 (Fotodruck).
– *Pragmatik als Basis von Semantik und Syntax*. Frankfurt a. M. (Suhrkamp) 1975.
– *Phantasie und Kalkül. Über die Polarität von Handlung und Struktur in der Sprache*. Frankfurt a. M. (Suhrkamp) 1992.
– ‚Begriffe als Gegenstände der Rede', in: Max. I./ Stelzner, W. (Hg.), *Logik und Mathematik. Frege Kolloquium Jena 1993*. Berlin (de Gruyter) 1995, 165–179.
– ‚Metaphorically Created Objects: ‚Real' or ‚Only Linguistic'?', in: Debatin, B./ Jackson, T.R./ Steuer, D. (Hg.), *Metaphor and Rational Discourse*. Tübingen (Niemeyer) 1997, 91–100.
– ‚Lorenz lesen. Oder: Was heißt ‚ein Zeichen steht für etwas'?', in: Astroh, M./ Gerhardus, D./ Heinzmann, G. (Hg.), *Dialogisches Handeln. Eine Festschrift für Kuno Lorenz*. Heidelberg (Spektrum Akademischer Verlag) 1997, 281–294.
Scholz, Heinrich, *Mathesis Universalis. Abhandlungen zur Philosophie als strenger Wissenschaft*. Hrsg. Hans Hermes, Friedrich Kambartel und Joachim Ritter, Basel, Stuttgart 1961, ²1969.
– & Hasenjaeger, G., *Grundzüge der mathematischen Logik*. Berlin, Göttingen, Heidelberg, 1961.
Schütte, Kurt, *Beweistheorie*. Berlin 1960.
Schwabhäuser, W., *Modelltheorie I, II*. Mannheim (BI) 1971/72.
Shapiro, Stewart, *Foundations without Foundationalism. A Case for Second-order Logic*. Oxford 1991.
– *The Oxford Handbook of Philosophy of Mathematics and Logic*. New York e.a. (Oxford University Press) 2004.
– (ed.), *Limits of Logic*. Aldershot 1996.
– *Thinking about Mathematics: The Philosophy of Mathematics*. Oxford 2005.
Shoenfield, J. R., *Mathematical Logic*. Menlo Park 1967.
Sklar, Lawrence, *Space, Time and Spacetime*. London 1974.
Smith, Peter, *An Introduction to Gödel's Theorems*. Cambridge 2007.
Steiner, H.G., ‚Explizite Verwendung der reellen Zahlen in der Axiomatisierung der Geometrie', *Der Mathematikunterricht*, Heft 4, 1963, 66–87.
– ‚Frege und die Grundlagen der Geometrie' (I und II), *Math.-phys. Semesterberichte 10*, Heft 2, 175–186 und *Math.-phys. Semesterberichte 11*, 35–47 (1964/1965).

– *Grundlagen und Aufbau der Geometrie in didaktischer Sicht*, Münster ²1975.
Stekeler-Weithofer, Pirmin, *Grundprobleme der Logik. Elemente einer Kritik der formalen Vernunft*. Berlin (de Gruyter) 1986.
– ‚Anschauung, Raum und Ideal in der Geometrie. Exemplarisches zum Begriff des synthetischen Apriori', in: Pasternack, Gerhard (Hrsg.), *Philosophie und Wissenschaften: Das Problem des Apriorismus*. Frankfurt a. M. (Peter Lang) 1987, 149–156.
– ‚Sind die Urteile der Arithmetik synthetisch a priori? Zur sprachanalytischen Interpretation einer vernunftkritischen Überlegung', *Zeitschrift f. Allg. Wiss.theorie*, XVII/1–2, 1987, 215–238.
– ‚On the Concept of Proof in Elementary Geometry', in: M. Detlefsen (Ed.), *Proof and Knowledge in Mathematics*. London und New York (Routledge) 1992, 135–157.
– ‚Pragmatische Grundlagen der Geometrie', *Pragmatik. Handbuch pragmatischen Denkens* hg. v. Herbert Stachowiak, Bd. IV, 401–423, Hamburg (Meiner) 1993.
– ‚Ideation und Projektion. Zur Konstitution formentheoretischer Rede', *Dtsch. Z. Philos. 42*, 1994, 783–798.
– *Sinnkriterien*. Paderborn (Schöningh/Mentis) 1995.
– ‚What are Geometrical Forms?', *The Logica Yearbook 1996* (Proceedings of the 10th International Symposium), Prag 1997, 211–228.
– ‚Philosophie der Mathematik nach Wittgenstein', in: Lütterfelds, Wilhelm (Hrsg.), *Erinnerungen an Wittgenstein*. Frankfurt a.M. (Peter Lang) 2004, 193–215.
– ‚Zu einer prototheoretischen Begründung der klassischen Mengenlehre', in: Peckhaus, Volker (Hrsg.), *Oskar Becker und die Philosophie der Mathematik*. München (Finck) 2005, 299–324.
Ströker, Elisabeth, *Philosophische Untersuchungen zum Raum*. Frankfurt a. M. 1965.
Tait, William, *The Provenance of Pure Reason. Essays in the Philosophy of Mathematics and its History*. Oxford 2005.
Tetens, Holm, *Bewegungsformen und ihre Realisierungen. Wissenschaftstheoretische Untersuchungen zu einer technikorientierten Rekonstruktion der klassischen Mechanik*. Diss. Erlangen 1977.
Thiel, Christian, *Grundlagenkrise und Grundlagenstreit. Studie über das normative Fundament der Wissenschaften am Beispiel der Mathematik und Sozialwissenschaft*. Meisenheim a.Gl. 1972.
– *Philosophie und Mathematik. Eine Einführung in ihre Wechselwirkungen und in die Philosophie der Mathematik*. Darmstadt 1995.
Tiles, Mary, *The Philosophy of Set Theory. A Historical Introduction to Cantor's Paradise*. Oxford 1989.
Troelstra, Anne Sjerp, ‚The Interplay between Logic an Mathematics: Intuitionism', in: E. Agazzi (Hg.), *Modern Logic – A Survey*. Dordrecht/Boston 1980, 197–221.
– ‚Arend Heyting and his Contribution to Intuitionism', in: *Nieuw archief voor wiskunde* 29, 1981, 1–23.

Troelstra, Anne Sjerp/van Dalen, Dirk, *Constructivism in Mathematics. An Introduction.* Amsterdam 1988.
Truss, J. K., *Foundations of Mathematical Analysis.* Oxford 1997.
Tugendhat, Ernst, Wolf, Ursula, *Logisch-semantische Propädeutik.* Stuttgart (Reclam) 1983.
Tymoczko, T. (ed.), *New Directions in the Philosophy of Mathematics.* Boston/Stuttgart (Birkhäuser) 1985.
Wang, Hao, *A Survey of Mathematical Logic.* Peking 1962.
Weinberg, Stephen, *Gravitation and Cosmology. Principles and Applications of the General Theory of Relativity.* New York 1972.
Weyl, Hermann, *Das Kontinuum. Kritische Untersuchungen über die Grundlagen der Analysis.* Leipzig 1918.
– ‚Über die neue Grundlagenkrise der Mathematik (Vorträge gehalten im Mathematischen Kolloquium Zürich)', in: *Mathematische Zeitschrift* 10, 1921, 39–79.
– *Raum, Zeit, Materie.* 6. Aufl. Berlin (Springer) 1970 (^{1}1923).
– *Mathematische Analyse des Raumproblems. Vorlesungen gehalten in Barcelona und Madrid*, Berlin 1923.
– *Was ist Materie?* Berlin 1924.
– *Philosophie der Mathematik und Naturwissenschaft.* München/Berlin 1928, München ^{3}1966.
Wille, Mathias, *Die Mathematik und das synthetische Apriori. Erkenntnistheoretische Untersuchungen über den Geltungsstatus mathematischer Axiome.* Paderborn (Mentis) 2007.
Wilson, Mark, *Wandering Significance. An Essay on Conceptual Behavior.* New York & Oxford (Oxford University Press) 2006.
Wittgenstein, Ludwig, *Philosophical Investigations / Philosophische Untersuchungen.* Oxford 1953, Frankfurt 1971.
– *Bemerkungen über die Grundlagen der Mathematik*, hrsg. v. G.E.M. Anscombe, Rush Rhees und G.H. von Wright. rev. und erw. Ausg. (= L. Wittgenstein, Schriften 6), Frankfurt a. M. 1974.
Zermelo, Ernst, ‚Beweis, dass jede Menge wohlgeordnet werden kann', *Mathematische Annalen* 59, 1904, 514–516
– ‚Untersuchungen über die Grundlagen der Mengenlehre', *Math. Ann.* 65, 1908.
– ‚Über die Grenzzahlen und Mengenbereiche', *Fundamenta mathematicae* 16, 29–47.

Personenindex

Andersen 69
Archimedes 77
Aristoteles vif, 13, 16, 25, 64, 83, 85, 96, 167, 176, 185, 230, 303, 305, 309

Becker 3
Berkeley 357
Bishop 20, 244, 61
Bohr 368
Bolyai 44, 293f
Bolzano 10, 245, 271
Bourbaki 20
Brandom viii, 25, 32, 42, 49, 108, 218
Bridgman 61
Brouwer 11, 20, 59, 60f, 244, 266f
Bühler 25

Cantor 1, 7, 9ff, 11f, 19f, 59f, 144, 182, 209, 211, 237, 239, 242ff, 249, 263ff, 275, 281
Carnap 18, 24, 29, 68, 76, 79, 357
Cauchy 240ff, 250
Chomsky vii
Church 243

Davidson vii
Dedekind 9ff, 19f, 59, 144, 182, 209, 237, 239, 242f, 249, 263, 266, 268
Desargues 117, 152, 156f, 159, 201f, 213
Descartes 19, 143, 185, 317, 360
Dewey 59

Dingle 61
Dingler 44, 61f, 91
Drake 261
Dummett 61
Ebbinghaus 253

Edwards 20, 61
Einstein 1, 2, 14, 29, 37, 39f, 62, 289, 298, 311f, 318, 321f, 326, 336, 338, 341, 344ff, 352ff, 360ff, 365, 367
Epikur 31
Eudoxos 117
Euklid 3, 19, 40, 77, 117f, 126, 149, 157, 185, 208, 234, 315,

Feyerabend 247, 326
Fichte 55
Fitzgerald 331
Frege vif, 10f, 13, 16, 20, 23, 25, 35, 64, 66, 70, 72, 79, 105, 113, 118, 130, 144, 162, 167, 218, 244, 258, 263, 271f

Galilei 318, 324, 360, 361
Gauß 277, 285, 290, 293, 295, 363, 365
Gödel 20, 23, 72f, 244, 248, 265f
Grünbaum 2, 29, 38, 45, 53, 57, 114, 281, 364

Halmos 261
Hartmann viii
Hegel 15, 18, 25, 31f, 40, 54f, 73, 78ff, 85, 161, 183, 296, 327, 370
Heidegger vi

Heraklit vi, 51
Heyting 60f
Hilbert 1, 4, 6, 8, 10f, 20f, 28, 76, 79, 105, 112f, 117, 175, 208f, 211f, 228, 234f, 242f, 246f, 268, 271f, 282, 326
Hippasos 316
Hogemann 78
Hume 31, 42, 68, 294, 357
Husserl vi, 3

Infeld 360
Inhetveen 26, 28, 92, 94, 96, 106f, 109, 126, 181,195, 202, 274, 275

Jaeschke 78
Janich 2, 4, 6, 28, 45, 61, 91, 274f, 306, 308f, 311, 313, 357

Kambartel vi, 26, 76, 145, 162
Kant vi, 1, 6, 9, 13, 18, 22ff, 29ff, 39f, 42, 47, 49f, 54ff, 68f, 73, 75ff, 84f, 87ff, 109, 111, 114f, 157, 163, 170, 182, 186, 207, 280f, 299f, 314, 323f, 326f, 358, 360, 367, 371f
Karzel 78, 118
Kepler 361
Klein 279, 293
Kolman viii
Kroll 78, 118
Kronecker 11, 20
Kuhn 247, 326

Lebesgue 245
Leibniz 3, 4, 33, 46, 76ff, 111, 145, 327
Lewis vii, 48
Lindemann 253
Lobatschevskij 44, 293, 294
Locke 77, 357
Lorentz 326, 331, 344ff, 353, 355

Lorenzen 2, 4, 6, 20, 26ff, 43f, 61f, 92, 94, 96, 106ff, 128, 181, 195, 201f, 213, 244, 264, 274, 281, 311, 357
Loš 270f

Mach 352
Mancosu 33
Manders viii, 33
Maxwell 351, 355
McDowell 85
Michelson 45, 330f, 335ff, 341, 352f, 355
Minkowski 1, 2, 46, 326, 340, 347, 353f, 362ff
Mittelstraß vi
Montague vii
Morley 330, 353

Netz 13f, 33
Newton 76, 87, 299, 324, 326, 360f, 370

Ockham 176

Parmenides v, vi, 15, 35, 38
Pascal 216
Pasch 76
Peano 10, 24, 76, 186, 210, 248, 264f, 271, 293
Philebos 48
Platon vf, 1, 11, 15f, 18, 20, 25, 35ff, 48, 51, 58, 63f, 66, 81, 83ff, 96, 118, 122, 160ff, 185, 203, 205, 213, 232, 266, 315f
Poincaré 75, 355, 362
Popper 51, 68
Protagoras 31, 42, 81, 294
Pythagoras 145, 192, 224f, 232, 255, 273

Quine 49, 65f, 68, 79f, 108, 247, 357

Reichenbach 2, 24, 29, 38, 114, 281, 305, 309, 312

Remmert   253
Riemann   88f, 230, 245, 292, 295, 362,
Stieltjes   245
Ritz   331
Russell   20, 244

Sacchieri   107
Schmidt   viii
Sellars   25, 68, 108
Sextus Empiricus   31, 42, 58, 294
Simon   viii
Skirbekk   76
Sokrates   51
Spinoza   4, 5, 112
Steiner   113

Tarskis   21

Thales   47, 141, 145, 183, 202
Theaitetos   232
Tugendhat   76

von Stechow   vi
Weierstraß   9f, 144, 182, 245, 249, 271
Weyl   61, 88, 106, 251, 267, 293, 299
Wilson   66
Wittgenstein   vi, 1, 21, 48, 54f, 57, 64f, 70, 145, 185, 281, 300
Wojke   viii

Zenon   38, 301f, 304f
Zermelo   20, 76, 246, 262, 265

Sachindex

a posteriori 24, 49ff, 76
a priori 2, 22ff, 40ff, 47, 50ff, 57, 73, 77ff, 88, 91,107ff, 114f, 142, 162, 181ff, 186, 197, 201, 228ff, 275, 292ff, 303, 313, 317, 325, 328f, 344, 354f, 363ff, 369ff, 374
Ableitung 193, 194, 257, 286ff
Ableitungsbaum 172, 93
abstrakte Gegenstände 5, 19, 31, 36, 63ff, 85, 160, 162, 168, 176, 193, 196, 229, 263
Abstraktion 19, 28, 37ff, 66, 117, 144f, 149, 159, 162f, 173, 208, 259, 326
Abstraktionslogik 160
abstraktiv 47, 66, 115
Abstraktor 18, 23, 36, 47, 65f, 71, 166, 171
abzählbar 10f, 246, 262ff
Achill 310f, 304f
Achsenkreuz 177, 180
actio in distans 369
affin 44, 278ff, 346
Ähnlichkeit 70, 93, 154, 190, 202
Algebra 8ff, 14, 43, 73, 113, 147, 185, 208, 214, 238, 244, 249, 252
algebraisch 3, 7ff, 19, 23, 35, 43, 69ff, 113, 145f, 192, 205, 208ff, 218, 228, 233-238, 241, 244ff, 251ff, 267, 272, 320
algebraisch abgeschlossener Körper 211, 252
algebraischer Körper 7
algebraische Körpererweiterung 238, 251
algebraischer Längenkörper 144

Algebraisierung 1, 3, 144, 231, 237
Allgemeine Relativitätstheorie 44, 343, 364f
an sich 14f, 25, 37, 40, 65ff, 85f, 89, 118, 121f, 135, 173, 179, 213, 292, 298f, 369
analogia 83
Analogie/analogisch viff, 20, 38, 49, 63, 83f, 300, 334, 368, 371
Analytizität 76
Anamnesis 83
Ankunftszeiten 45, 324, 342
Anschauung 1ff, 14, 18-48, 60, 63, 72-78, 85, 89f, 111, 115ff, 134, 147, 158ff, 175, 178, 180ff, 193, 205f, 213, 229, 277, 297ff, 303, 325ff, 333, 360ff, 374f
Anschauungsraum 14, 15, 29, 333, 367
Antinomie 10, 118, 263
Anweisung 27, 34, 90, 161, 170, 175ff, 181, 187, 193ff, 206, 219, 293, 315, 323
Anzahl 23, 101, 164, 167, 206, 239, 361
apagoge 185
aphairesis 96
Approximationsfehler 233, 319
Apriorismus 303
Äquivalenzrelation 28, 39, 93, 145ff, 208ff, 231, 312
Archimedisches Axiom/Prinzip 102, 114, 210ff, 231, 271, 297, 361

Sachindex

Arithmetisierung 1, 3, 9, 145, 231, 239, 242
Artikulation vii, 24, 38, 47, 50, 57, 68, 74, 83, 175, 207, 214, 327
Assoziationsgesetz 152, 156, 216f
ASWP (=Allg. Substitutions- und Wertigkeitsprinzip) 169ff, 176, 241, 260ff
Äther 333, 334
Ausdrucksvarianzen 173
Auswahlaxiom 246, 269
Axiomatisierung 1, 3, 175, 210
Axiomatizismus 11, 17, 20, 69, 206, 244, 245ff

backward causation 39
Belegung 12, 60, 263
benannte Diagramme 1, 14, 33, 134
berechenbar 11, 61, 240f, 276
Berührpunkt 99, 131ff
Bewegungsformen vii, 28, 39, 44, 74, 82, 91, 300, 310ff, 318f, 322f, 329, 332, 341, 365ff, 372
Bewegungsinvarianz 45, 320ff
Bewegungslehre 15, 24, 301, 302
Bewegungsparadoxien 304
Bewegungsraum 2, 14ff, 29, 62, 302ff, 329, 333, 360ff, 367

Deduktionen vii, 8, 11, 20f, 33, 37, 49, 56, 63, 73ff, 83, 92, 104, 111ff, 135f, 172, 175, 184, 194, 230, 239, 245ff, 266, 271
Deduktionsmaschinen 194
Defaultbewegungslinien 370
Defaultinferenzen 25
Defaultschluss 26
Diffeomorphismus 283f
Differential 46, 294
Differentialgeometrie 292, 364
Differentialrechnung 236, 254
differenzierbar 257f, 258, 287, 290, 293f

Dimensionen 30, 46, 87, 218, 280f, 333, 351f, 364ff
Diophant 158
Distributivgesetze 153, 217, 233
Division 7, 43, 144, 155f, 218, 240, 248
doxa 51
Drehkonvention 216
Drehsinn 123
Drehung 93, 99, 235, 249, 280, 364, 368
dreidimensional 2, 6f, 30, 43, 82, 90, 98, 112, 119, 196f, 214, 220, 225, 228, 280-288, 291, 294ff, 302, 320, 362, 368, 374
Dreieckspyramide 113
Dreiplattenverfahren 44
Dynamik 29, 40, 62, 220, 303, 327ff, 356ff, 370ff
dynamis 232

Eichkurve 349, 352
Eichmaß 128f, 222
Eichung 322ff
eidos 25, 33, 66, 205
Eigenzeit 347ff
Einheitselement 216
Einheitskreis 208, 215ff, 250, 256
Einheitslänge 7, 128f, 139, 151, 180, 201, 208, 212, 216, 225, 231
Einsteinsynchronisation 314, 324f, 333, 337-353, 358
Einweg-Konstanz 45, 348, 352-358
Elektrodynamik 329, 341, 354, 358, 362, 363
Element-Mengen-Bereich 259-264
Elementrelation 259ff
Empirismus 5, 17, 61, 68f, 73, 77ff, 85, 247, 360
empraktisch 25, 29f, 64ff, 74, 83, 86, 104f, 108, 111ff, 121, 170, 207, 238, 327
Energie 366
Entidealisierung 80

entscheidbar 34, 158
epagoge 83, 185ff
Ephemeriden 341
episteme 51, 85
epistemisch 13, 17, 60, 161
Erfahrungsraum 22, 197
Erfüllbarkeit 27, 41ff, 94f, 183, 248, 253, 271f, 317, 371ff
Ergänzungswinkel 123f, 129
euklidisch 1f, 10, 15, 27f, 39, 44ff, 109, 118, 186f, 210, 221, 228ff, 235, 254, 257, 272, 278, 288, 293, 297, 301f, 305, 339, 343, 361, 362, 372
Euklidisches Axiom 210
Euklidizität 108, 233, 343, 362
Exhaustion 27, 62, 242, 254
Experiment 5, 21, 76, 325, 333
Explikation 16, 32, 57, 67, 83, 207, 302
Extension 25, 66, 160
Extrapolation 4, 41, 53ff, 89, 139, 206, 303, 325, 335f, 344, 358

Fallunterscheidungen 147, 177f, 188, 191, 214, 222f
Fehlerrechnung 139
Feldkräfte 365
Feldtheorie 370
Fernwirkung 369
Festkörper 82, 362
Festkörperkinematik 329, 332
Fiktion 42, 55, 74, 95, 134, 269, 301, 324f, 335f
Finitisierung 80
Finitismus 251
Flächengleichheit 101, 144ff, 232,
Flächengröße 144, 149f, 153, 253
Flächenmaßzahl 144, 150, 231, 252, 257, 291
Flächenzerlegung 212
Folgengesetz 266
formalanalytisch 78ff, 183
Formalisierung 7, 27, 37, 56, 275
Formalismus 20

Formalist 58, 63, 176, 247
Formalität v, 373
Formalsprache 38
Formäquivalenz 18, 36, 49, 117
Formaussagen 161, 181, 300
Formbegriff 36, 90, 197
Formbenennungen 6, 206

ganggleich 312
Gangverhältnis 307, 315f, 321f, 335, 352
Gaußsche Krümmung 292
Gegenstandsbereich vii, 9ff, 19, 43, 48, 58, 61, 66, 72, 90, 112, 119, 145, 160, 172f, 186, 195ff, 209f, 231, 240, 244, 252, 258ff, 263, 282f
Gegenstandskonstitution 9, 92, 176, 229
Geltung 24ff, 33, 48ff, 61, 86, 102, 114, 136ff, 146, 161, 212, 267, 368
generisch 3, 8, 15, 25, 32, 37, 50ff, 67, 80, 85, 136, 159, 303, 370ff
genos 25, 32, 205, 275
geodätisch 273, 292
Geometrisierung 370
Gitterpunkt 223
Glaubensphilosophie 39, 79
gleichförmig 15, 309, 311ff, 326ff, 337ff, 341, 349, 364, 367, 372
Gleichförmigkeit 312, 339
gleichschenklig 189, 282
Gleichzeitigkeitslinie 338-355
Gott 370
Graph 238, 300
Gravitation 139, 365ff, 370ff
Grenzwert 70, 235, 250, 293
Größeninvarianz 28, 39, 107, 114, 118, 154, 159, 187, 192, 212, 233, 277, 293, 297, 321
Gründegeschichte 11, 319
Grundfiguren 126

Grundgesetze der Arithmetik 10
Grundlagenkrise/ Grundlagenstreit
  11, 20f, 184, 244, 251
Grundurteile 89, 130

haptisch 30
Haufenparadox 118
Häufungspunkt 245, 271
Hauptgruppe 279-282
hereditär-endlich 261
Herleitungsbaum 33, 184, 264
Heuristik 185
höherstufig v, 171
Hohlform 90ff, 98ff, 106, 128,
  140, 147, 302, 360
holistisch 79ff, 105ff, 167
horos 25
hyperreell 269f
Hypostasierung 64, 85
Hypothenuse 232, 235, 254ff
Hypothese vii, 56, 68, 88, 247,
  334, 355
hypothetisch vii, 4, 30, 37, 40, 55,
  247, 299
hypothetisch-deduktiv 79

ideale euklidische Ebene 197
ideale Geltung 161
Idealform 37, 65ff, 83, 301, 374,
  358, 361
Idealisierung 55, 86, 95, 108, 159,
  205f, 302f, 317, 358, 361
Idealismus 12, 85
Idealität 85, 297
Ideation 27, 44, 48, 86, 90, 105,
  159, 274, 301, 326, 374
ideativ 27, 37, 41f, 65f, 92, 115,
  205
Ideator 27, 36, 65
Idee vif, 8ff, 13, 26ff, 34ff, 41f,
  46, 51, 59, 62f, 68, 70, 78, 85f,
  106, 114, 122, 133f, 162, 176f,
  205, 211ff, 243f, 251, 258, 266,
  272, 298, 359, 364, 366f, 370f,
  374
Idee des Guten 205

Ideenlehre 25, 35f, 64
imaginär 218, 252, 350
Imaginärteil 251
Imagination 23, 49
Induktivismus 68
inertial 328, 335, 339, 342, 349,
  364
Inertialsystem 327, 334f, 344,
  347-358, 366, 372
Inferentialismus 25
Inferenzerlaubnisse 80
Inferenzformen /-regeln 8, 15f, 27,
  32, 41, 50, 67, 75, 86, 145, 303
infinitesimal 85, 270, 273, 274,
  286, 361, 364
Infinitesimalrechnung 305
Inhaltsäquivalenz 18
inkommensurabel 232
innere Geometrie 286, 292, 296,
  366
inneres Produkt 290
Integral 46, 236, 254, 257, 290
Intension 65f
Interpretation 104, 206ff
Intervallschachtelung 242, 245,
  251, 270
Intuition 3f, 7, 60, 115
Intuitionismus 5, 11, 17, 20, 59ff,
  69, 176, 244
Invariantentheorien 44, 277ff, 283
Invarianz 54, 281, 311, 326, 329
isometrisch 280, 283, 286, 292
Isomorphie 71, 173, 234, 241, 268
Isotropie 62, 333, 336

Kanon 15, 80ff, 297
kanonisch 67, 82ff, 200, 207, 218,
  283, 286, 320, 334
Kardinalzahl 23, 61, 275
kategorisch 59, 71
Kathete 232, 254, 256
Kausalität 373
Kegelschnitte 2, 208, 236, 279
Keil 41, 90, 94, 97, 101-110,
  123ff, 201, 274

Kinematik 14f, 21, 24, 28f, 38, 40, 44f, 62, 80, 84, 89, 187, 220, 295, 300ff, 312, 320f, 326f, 329, 333, 356f, 363, 367ff
Klappsymmetrie 62, 44, 106, 274,
Klappung 106, 125, 128, 201, 274, 341f, 349, 350
Klassifikation 16, 25, 66
Kodierung 2, 33
Koeffizienten 209, 238, 251, 267, 291f
Kollinearität 126, 129, 189f, 199f, 209ff, 226, 234, 273, 282ff
Kommutativität 216f
Komparativität 150
Komplanarität 284
Komplementarität 371
Konditionalaussagen 42
Konditionalsätze 373
kongruent 36, 92f, 99, 101f, 108, 117, 127ff, 136ff, 142ff, 147, 153, 212f, 278, 282f
Konkatenation 176
Konsistenz 21ff, 44, 88, 95, 103, 112ff, 212, 246f, 264, 272, 276, 296, 333
Konsistenzbeweis 22, 28, 264
Konstruierbarkeit 3-7, 34, 96, 108, 158, 187, 212, 219
Konstruktionsanweisung 34, 41, 107, 134, 138, 151, 159, 174f, 178f, 181, 186, 192ff, 213, 220, 229, 234, 274, 315, 335
Konstruktionsbeschreibung 41, 162, 174, 180, 206
Konstruktionsnormen 229
Konstruktionsterm 34, 42, 159, 179, 181f, 193ff, 205, 234, 281
Konstruktionsvorschrift 26, 128, 197
konstruktiv 4, 22, 41, 44, 107, 110, 113, 115, 195, 197, 272
Konstruktivismus 11, 17, 20, 61, 162, 176, 244f, 251, 265

Kontinuum 11, 15, 43, 59f, 85, 236, 242, 181, 318
Kontinuumsproblem 60f, 242
Konventionalismus 5, 17, 206, 247, 315, 329
konvergent 145, 235, 304
Kooperation 32, 50, 63, 85
Koordinate 44, 179, 214, 222-228, 234f, 248ff, 278-294, 301, 320f, 338-350
Koordinatennullpunkt 215, 341, 365
Koordinatenstrahlen 129, 192
Koordinatensystem 7, 225, 236, 278f, 320, 340f, 343, 346
Koordinatentransformationen 228, 249, 278ff, 283, 286, 300, 320f, 366, 368
Kopien 90-94, 98, 100-104, 110, 119, 122, 128, 135ff, 140, 147, 201
Körperformen 8, 41, 48, 82, 91, 103, 105f, 113ff, 118, 187, 220f, 254, 277, 297, 302, 329, 332, 361
korrespondenztheoretisch 207, 326
Kovarianz 326
Kraftbegriff 41, 328, 369ff
Kräfte 85, 88, 207, 298, 302, 328, 365, 369ff
Kräftefeld 365
Kreisfunktionen 252, 254
Krümmung 44, 95, 110, 139, 292, 366, 372
Kryptoplatonismus 17
kumulative Hierarchie 261f

laios 51
Längenmaß 78, 232, 310, 343
Längenverhältnis 9, 232, 253f, 292, 319, 362
Lebesgue-Integral 245
Leibnizprinzip 149, 169, 171ff, 241, 260, 262, 269
lettered diagram viii, 135
Lichtgeschwindigkeit 45, 318, 325f, 333ff, 352ff, 362, 365, 368

Lichtstrahlen 110, 139, 186, 221, 228, 297, 325, 333, 337ff, 347, 354, 365
Lichtwellen 333
Lineare Algebra 228f
Linearität 217, 284
Linguistischer Idealismus 372
Liniengitter 287
Logischer Empirismus 24, 114f
Logisierung 1
Logizismus 10, 20, 244ff
logos 25, 66
lokal 40, 45, 57, 70, 100f, 110, 123, 181, 277, 286f, 293f, 298ff, 314, 323f, 332, 336, 355, 357, 365 ff, 372
lokal affin 286
Lokalität 370
Lorentzinvarianz 358
Lorentz-Transformation 348 ff
lotrecht 106, 122

Mächtigkeiten 60
make-believe 205
makrokosmisch 301, 329
Mannigfaltigkeit 9, 44, 85, 88, 277, 283ff, 293f, 298, 360, 366f
Maschennetz 291
Masse 355, 365f,
Maßstab 80ff, 88, 133, 159, 178, 181, 187f, 193, 233, 277, 293, 300f, 320f, 325, 339, 344
Maßstabsinvarianz 233, 293
Maßtheorie 245 ff
Maßzahlen 78, 150, 231f, 242, 252ff, 292ff, 303, 319, 306, 340
materialbegrifflich 2, 25, 32, 40, 50, 53, 57, 68, 73ff, 108ff, 127, 136, 158, 183, 220, 246, 275, 282, 301ff, 330ff, 344, 363ff
material 18f, 25, 32, 61ff, 80, 344, 356
mathemata 37
mathematischer Redebereich 12, 18ff, 70ff, 160f, 172, 202, 221

Mathematisierung 19, 27, 37, 86, 160
mathesis 184
Matrix 279f, 288
Maxwell-Gleichungen 354, 358
mechanische Gesetze 341
mechanistisch 87
mekos 232
Mengenabstraktion 66, 145
Mengenlehre 1ff, 7ff, 20, 46, 71, 76, 118, 145ff, 160, 163, 177, 213, 229, 237, 244ff, 258ff, 263, 269, 275
Mengentheorie 1ff, 10f, 145, 163, 262ff
meros 25
Mesonen 359
Messketten 277, 287, 292
Messpraxis 44, 54, 62, 88f, 109f, 228, 232, 275, 287, 293, 298, 303f, 343f, 369
Messung 21f, 40, 53ff, 62, 78, 89, 221, 230, 253, 277, 287, 291, 296f, 297ff, 317ff, 326, 329, 334ff, 338, 339, 344, 349, 351, 365ff
Metabeschreibung 271, 283
Metamathematik 21
Metapher 37, 38, 67, 258, 280, 300
Metaphysik vif, 1, 39, 56, 64, 76, 84, 89, 187, 239, 373
Metasprache 176, 193
metastufig v, 60
Methexis vi, 38
Metrik 15, 237, 298, 304f, 350, 366, 369
modal 370
Modallogik 373
Modell vii, 2, 18, 20ff, 28, 44ff, 58, 71f, 85ff, 92, 108, 111ff, 136f, 163, 173, 186, 212f, 228ff, 264-274, 282, 292ff, 303ff, 321, 327, 333f, 343, 361ff, 373
Modellklasse 71f, 229, 266

Modelltheorie   163, 258
mögliche Welten   373
Möglichkeit   1, 4f, 8f, 13, 19,
  42ff, 53ff, 67, 76, 84, 88, 91, 96f,
  102ff, 119ff, 125, 146, 164, 171,
  177, 181, 184, 193, 221f, 241,
  253, 260, 264, 275, 288, 296,
  301ff, 309, 317, 324, 332f, 336,
  364, 371ff
Multiplikation   7, 43, 117, 144,
  155ff, 166, 208, 215ff, 223, 231,
  233, 236, 240, 251, 286
Multiplikation von Strecken   117,
  144, 157
Mystifizierung   212

Naive Mengenlehre   242ff, 261,
  276
Namen   5f, 12, 18, 21, 24, 34, 47,
  57, 64, 121ff, 130, 135, 144ff,
  150, 159ff, 171ff, 176f, 180,
  193ff, 214, 239ff, 252, 257ff,
  263, 266, 270, 282ff
namensubstitutionell   12
Natur   46, 55, 58, 84, 87, 111,
  297f, 371
Naturalismus   79, 86, 373
Naturgesetz   336
Naturwissenschaft   16, 55ff, 65,
  84ff, 92, 110, 208, 317
Nebenwinkel   81, 108, 125, 127,
  136, 139, 183
Neologizismus   20
nichteuklidisch   44, 272, 296,
  296ff
Nominalismus   6, 17, 65, 176
Nonstandard-Modell   43f, 296
Norm   4ff, 25, 32f, 42, 49ff, 57,
  62, 75, 83, 94f, 118, 134, 161,
  181, 235, 237, 303f, 317
Normalität   80
Normalsprache   vii, 32, 38, 57, 68,
  70, 167, 297
normativ   5, 33, 49, 83, 136, 183
normierter Raum   235ff

Normierung   75, 90, 103ff, 159,
  174, 178f, 214, 347ff, 354
Notwendigkeit   22, 33, 48, 59, 88,
  159, 186, 207, 220, 238, 302,
  309, 356, 374
Nullelement   216
Nullpunkt   128, 215, 217, 222,
  225, 249, 278, 280, 288, 312,
  321, 332, 350, 365
Nullstelle   1, 9, 43, 61, 208, 209,
  236ff, 245, 246ff, 267

Oberfläche   64ff, 82, 92ff, 97f,
  110, 118ff, 273f, 277, 287, 291ff,
  300
objektstufig   v, 13, 19, 206, 259,
  271
Ontologie   1, 13, 18, 39, 64, 84
Operationalismus   61f
Operator   27, 36, 47, 66
Ordnungsschemata   326
Organon   13, 32
Orientierung   15, 22, 28, 39, 47,
  64, 67, 70, 76, 278ff, 310, 369
orthogonal   25f, 29, 81f, 98, 106ff,
  117, 122, 132f, 150, 183, 224ff,
  273, 337, 342, 360
Orthogonale   25, 35, 81, 82, 98,
  107, 117, 126f, 136ff, 143, 154,
  177, 198, 212ff, 219, 226, 234,
  273, 320, 359
Orthogonalität   81, 95, 106, 109ff,
  271ff, 349
ortlos   6, 118, 159
ortsinvariant   30, 374
Ortszeiten   325, 344, 347, 358

Paradigma   32, 83, 160, 180, 247
Paradox   13, 118, 244ff, 265, 305,
  308, 318, 333, 352
Parallelen   117, 128, 136, 154,
  166, 188ff, 213, 219, 248, 337,
  340, 346
Parallelenaxiom   81f, 105, 108ff,
  114, 136ff, 210, 272f, 293ff, 297

Parallelenprinzip 81, 117, 297, 361
Parallelensatz 27, 44, 108, 135ff, 142, 154, 157, 202, 212
Parallelepiped 278f
Parallelverschiebung 288, 352
Parameterabbildung 282ff
Parametertransformation 257, 287f, 293
Parametrisierung 288ff
Passungsnormen 92
Peano-Axiome 186, 210, 248, 264f,
Perspektive 30, 36ff, 46, 98, 277, 280, 326ff, 364ff
Perspektivenwechsel 278f, 303, 366ff,
Perspektivität 90
Phänomen vi, 37, 57, 85, 87, 92, 298, 326, 327, 334, 359, 366f
Phantasiebild 77
Physik 14ff, 28, 39, 48, 56, 61, 63, 76, 80, 84ff, 92, 110f, 139, 162, 186, 207, 230, 232, 239, 297, 303, 308f, 313ff, 327ff, 329, 357
Physikalismus 86
Planetenbewegungen 310
Planimetrie 30, 34, 64, 82, 119,182
Platonismus vi, 11, 18, 20, 58, 64, 84, 160, 266, 318
Plättung 365
Polarkoordinaten 215f, 248, 288, 339, 343
Polygon 129, 144, 147, 149, 153
Polygonzug 252, 255, 257, 352
Polynom 43, 208f, 211, 236ff, 245ff, 267
Postulat 4, 9, 26f, 85, 90, 94ff, 101, 104f, 108f, 114, 126, 134, 139, 183, 202, 206, 211, 253, 274, 296f, 315, 335, 352, 358
potential Unendliches 207, 230
Potenzmenge 61, 211, 262, 269

Prädikat 23, 160, 171, 173, 206, 259, 271
Prädikatenkalkül 16, 71f, 104, 112f, 145, 172, 175
Prädikatenlogik 104, 111, 160, 194f, 266
pragmatisch 5, 38, 56, 145, 247, 302
Prämisse 14, 49, 79, 104, 136, 175, 194, 230, 264, 271, 320, 329
präskriptiv 27
Präsupposition 2, 54, 88, 199, 317
Praxis v, vii, 1, 4, 14, 21ff, 31ff, 41, 44, 50, 53, 63f, 67f, 77, 81ff, 82-99, 103ff, 109, 111ff, 119, 122, 168, 184, 221, 230, 238, 247, 298ff, 305f, 309, 313, 317, 320f, 326f, 335f, 344, 362, 374
Praxisform 63, 74, 106, 167f, 180
Probabilismus 68
Projektion vii, 70, 73, 75, 82, 207, 214, 223f, 232, 269f, 277, 288, 296f, 363
Projektionsmethode 181
projektiv vi, 32, 37, 58, 80, 84, 206, 213f, 298
projektive Ebene 213
projektive Geometrie 214
Prolegomena 90, 280, 374
Proportion 9, 117, 144f, 154, 158, 208, 312, 319, 361
Prototheorie 2, 5, 20, 23, 73, 120, 126, 130ff, 146, 157ff, 202, 205, 210, 228, 243ff, 281, 312, 324, 362, 373f
Protogeometrie 42, 111, 117ff, 136, 139, 144ff, 150, 157, 193ff, 203ff, 219ff, 245, 274
Protomathematik viii, 1, 13, 32, 72, 83, 121, 265
Protophysik 6, 45, 309, 314
Punktkörper 208, 312, 314ff, 320, 354

Punktmenge 9ff, 15, 59f, 176, 193, 196, 225, 228ff, 243, 266f, 271ff, 282ff, 319
pythagoräisch 71, 87, 118, 129, 158, 205, 208, 211ff, 219, 222, 233ff, 238, 319
Pythagoräismus vi, 11, 18, 58, 73, 84, 298
pythagoräistisch vi, 57

Quader 30, 48, 52, 90-110, 114, 117, 119, 120, 122, 125f, 135f
Quaderform 94f, 106, 369
Quadergitterpunkt 224ff
Quaderpostulate 100, 105ff, 117, 119, 126, 136, 142, 157ff, 180, 183, 187, 212, 253
Quadratur des Kreises 253, 265
Quadratwurzel 218, 241, 244
Quantenphysik 353
Quantifikation 12, 170
Quantor 8, 11, 245, 259, 263
Quotientenraum 270

Rationalismus 61, 68, 318
Raumgeometrie 332, 372f
Raumkrümmung 366
Raumzeit 57, 74, 86, 186, 303, 368, 373
Realform 37, 64ff, 301, 374
Realismus 69, 335f
Realität 85, 293, 299, 327, 354ff, 369, 372f,
rechtwinklige Keile 100ff, 114, 122, 142
Redebereich 2f, 5, 10, 21ff, 29, 36f, 40f, 44, 51, 71f, 112, 118, 145, 160, 163, 170ff, 206f, 212f, 219, 241ff, 247, 259ff, 269f, 281, 292, 304
Redegegenstand 47
Redemodus 18
reelle Zahl 12, 20, 69, 145, 160, 182, 208f, 214, 219, 235ff, 239-246, 249, 251, 254, 256, 262, 264ff, 269f, 292, 305

Referenz 35
Reglementierung vii, 8, 68, 275
reine Anschauung 158, 206, 361, 374
rektifizierbar 257f
Rektifizierung 253
rekursiv 1, 6, 35, 163ff, 175, 182, 194, 239ff, 255
Relativbewegung 45, 82, 220, 301f, 310ff, 321ff, 329f, 341, 335, 350ff, 356, 363ff, 372
relativistisch 40, 62, 89, 304
Relativitätsgeometrie 370
Relativitätsprinzip 62, 332, 342ff, 353, 358
Relativitätstheorie 2, 29, 39f, 45f, 61f, 86, 275, 303, 309, 314f, 321, 332f, 336, 349, 352ff, 366ff,
Relevanz 80, 113
Relevanzfilter 27, 80f
Relevanzlogik 32
Repräsentant 31ff, 67, 76, 83, 91, 121, 162, 314
Repräsentation 2, 9, 29ff, 144, 280
Revision v, 10, 14, 46, 59, 62, 187, 244f, 275, 356, 363, 370
Richtungsbeschleunigung 353, 370
Riemannscher Raum 294
Riemann-Stieltjes Integral 245
Ruhelage 300
Russellsche Antinomie 118, 263

Satz des Thales 142, 146, 183, 202
Satz von Desargues 117, 158f, 202
Satz von Loš 270
Scheitelpunkt 123, 143, 210, 212
Scheitelwinkelsatz 125, 138, 140
Schematismuskapitel 163
Schenkel 123, 127, 142, 210, 212, 215
Schleifverfahren 91, 274
Schnittpunktsprinzip 237

schubsynchron 323
Sehraum 29
senkrecht 122, 128, 132, 136, 273, 278, 350
Signal 324
simultan 307, 308, 311ff, 322, 337, 345
Sinnesempfindung 29, 85
Situationsinvarianz 16, 36ff, 41, 60, 91, 110, 135, 266ff, 300, 313
Situationskovarianz 303
situationsunabhängig 101, 135, 181, 228, 314
Skalar 215ff, 223, 235f, 239, 243, 248f, 286
Skalarprodukt 278, 294
sokratisch 52, 57, 59
Sophistes 25
Sortal 23
Spekulation 39, 76, 239, 295f, 298, 306, 370
spekulativ v, 18, 326, 359
Spiegelung 215, 280f
spitzwinklig 125
spontan 22, 49ff, 76, 89, 183
Sprachtechnik 15, 19, 48, 56, 66, 159, 281, 364, 374f
sprecherinvariant 30
Standardklasse 314ff, 341
Standardmodell 248
Standardsymbol 164
Starrheit 90, 101, 110, 134, 220
Stetigkeit 10, 43, 59, 60f, 74, 88, 235ff, 250, 256ff, 283, 287, 290, 292, 294, 298, 300, 304, 309
stetige Ergänzung 238, 252
Stetigkeitsstruktur 89, 304f, 309
Strahl 117, 121, 129, 139ff, 152, 154ff, 189f, 210ff, 218, 222, 234, 296, 339, 342, 350
Strahlensatz 43, 117, 144, 188ff, 194ff, 201f, 212f, 224, 234, 254, 282f,
Streckenmultiplikation 152, 156

Streckenrechnung 8, 151, 192, 202, 212, 282
Stufenwinkelsatz 138
stumpfwinklig 125
Supremum 237, 271
surjektiv 270
Symbol 24, 49, 160ff, 306
Szientismus 51, 59, 373

Taktgeber 45, 307ff, 322ff, 341, 353
Tangente 190, 195, 286
Tangentialraum 286
Tangentialvektor 286, 290, 294
Taylorreihe 239
techne 207
Teilhabe 38, 96
Tensor/ Tensorfeld 290, 294, 298
Tertium non datur 176, 195, 206, 213
Thalesviereck 128, 139
Theophilus 77
Theorema egregium 292
theorieintern 5, 81
Theorienholismus 108
Thermodynamik 368
Topologie 15, 43, 237, 284, 304
Totalordnung 149
Trägheitskräfte 313, 328
Trägheitswiderstand 357
Transitivität 93, 147, 149, 274
Translation 279, 320
transzendent 28, 37ff, 56ff, 115, 159, 246, 267, 318, 327, 373, 370
transzendental 18, 54, 58, 84, 73, 76, 109
Transzendenz der Kreiszahl 253

überabzählbar 1, 6, 18, 20
übertranszendent 269
Überzeitlichkeit 370
Uhren 45, 52, 53, 61, 300f, 309-372
Uhrenparadoxon 314, 351
Uhrentakt 320, 348
Ultrafilter 269, 270

unabhängig 162, 181, 201
unbeschleunigt 15, 47, 328, 367, 369, 372

Vektor 43, 208, 214ff, 286ff
Vektormultiplikation 218
Verbalform 64ff, 336

Wahrheitsbewertung 31, 69, 81,167
Wahrheitssemantik 193
Wahrheitswert 3, 8, 12f, 23, 33f, 41ff, 83, 112, 117, 135, 160f, 168f, 172, 175f, 183, 196, 205, 240, 244, 252, 259ff, 281f
Wahrheitswertfestlegung 10, 42, 73, 135, 163, 169f, 181, 193, 196, 212f, 230f, 239, 259, 286
Wahrheitswertprinzip 35, 212
Wahrheitswertsemantik 20f, 41, 44, 48, 69, 73, 91, 99, 104, 108f, 113, 116, 119, 193f, 210, 213, 229ff, 241, 247, 258, 262, 264, 266, 271, 283, 302
wahrscheinlichkeitstheoretisch 373
Wechselwinkelsatz 105, 122, 138, 142
Weglänge 304, 311ff, 320, 325
Weglängenverhältnis 311f
Welt 4ff, 16ff, 29, 37ff, 47, 50, 54ff, 65, 68, 73ff, 80ff, 87, 114, 183, 197, 206, 207, 213, 229f, 298ff, 325ff, 343, 355, 360ff, 371ff
Weltarchitekt 370
Weltbild 14, 298, 303, 359, 373
Weltkarte 369ff
Weltmodell 299
Wertsemantik 69
Widerspruch 353ff
Wiedererinnerungslehre 83
Wiederverflüssigung 303
Winkel 22, 25, 75f, 81f, 98ff, 106ff, 122ff, 151, 180, 183, 189, 200, 203, 208, 210, 212ff, 215, 216, 249, 254, 265, 272ff, 286, 290f, 296, 341, 344, 361, 365
Winkelfunktionen 254
Winkelhalbierende 106f, 128f, 139, 200f, 212, 340ff
Winkelsummensatz 81, 135, 140ff, 297
Wirklichkeit 16, 18, 38, 50f, 87, 114, 115, 139, 147, 184ff, 252, 264, 298, 329, 367
Wissensanspruch 51, 327
Wissenschaftsgeschichtsschreibung 329
Wissenschaftsphilosophie 40, 57, 73, 369
Wohlordnungssatz 246
Wunschdenken 329, 335, 372f
Würfelgitter 222

Zahlenbereich 7, 239ff
Zahlengerade 43, 60, 145, 233, 252, 267, 305, 320
Zahlenmystik 298
Zählpraxis 163, 170
Zahlsymbol 23, 31, 64, 121, 162ff, 169
Zahlterm 19, 55, 160, 164f, 170, 206
Zeit 1f, 20ff, 38ff, 45, 53, 63, 76, 84ff, 106, 186, 252, 275, 296ff
Zeitbestimmung 39, 307, 310
Zeitdauer 280, 300, 308, 315ff, 318, 329
Zeitdilatation 314, 351ff
Zeitgefühl 305f
Zeitkoordinate 341f, 346
Zeitlichkeit 306, 363
Zeitmessung 4, 15, 40, 45, 88, 300, 305ff, 311ff, 324f, 339, 344, 354, 374
Zeitpunkt 54, 62, 278, 300, 304ff, 316ff, 324, 339, 343ff
Zeitreisen 39
Zeitstrahl 20, 300
Zeitstruktur 29, 370

Zeittaktgeber 45, 306f, 341
Zeitverschiebung 352, 354, 356
Zerlegungsgleichheit 144ff
Zukunft 54, 74, 276, 343, 357, 368, 370
zusammengeklebt 284

zusammenhängend 221, 284, 294
Zwei-Wege-Messung 325, 351
Zweiwertigkeit 20, 35, 95, 96
Zwillingsparadox 45, 351ff
Zwischenrelation 211, 273
Zwischenwertsatz 10, 60, 237